Laserspektroskopie 2

Wolfgang Demtröder

Laserspektroskopie 2

Experimentelle Techniken

6., neu bearbeitete und aktualisierte Auflage

 Springer Spektrum

Wolfgang Demtröder
TU Kaiserslautern
Kaiserslautern, Deutschland

ISBN 978-3-662-44216-6   ISBN 978-3-662-44217-3 (eBook)
DOI 10.1007/978-3-662-44217-3

Die Deutsche Nationalbibliothek verzeichnet diese Publikation in der Deutschen Nationalbibliografie;
detaillierte bibliografische Daten sind im Internet über http://dnb.d-nb.de abrufbar.

Springer Spektrum
© Springer-Verlag Berlin Heidelberg 1977, 1991, 1993, 2000, 2007, 2013. Nachdruck 2014

Planung und Lektorat: Vera Spillner, Barbara Lühker

Gedruckt auf säurefreiem und chlorfrei gebleichtem Papier.

Springer Spektrum ist eine Marke von Springer. Springer ist Teil der Fachverlagsgruppe Springer
Science+Business Media (www.springer.de)

Vorwort zur 6. Auflage

Weil die Entwicklung der Laserspektroskopie mit unvermindertem Elan fortschreitet und dadurch viele neue Methoden mit interessanten Ergebnissen vorliegen, war es notwendig, diese neue Auflage in zwei Bände aufzuteilen, um den Umfang eines einzelnen Bandes nicht zu stark zu erhöhen. Während der erste Band, der 2011 erschienen ist, die begrifflichen und experimentellen Grundlagen der Laserspektroskopie behandelt, werden in dem hier vorliegenden zweiten Band die verschiedenen Techniken vorgestellt, welche den Fortschritt gegenüber der konventionellen Spektroskopie deutlich machen. Dazu gehören die Doppler-limitierten Verfahren, welche vor allem die Nachweisempfindlichkeit oft um Größenordnungen erhöhen und den Nachweis einzelner Moleküle erlauben. Von besonderem Interesse sind die Dopplerfreien Techniken, wie die nichtlineare Spektroskopie in ihren verschiedenen Modifikationen oder die lineare Spektroskopie in kollimierten Molekülstrahlen.

Neben der erhöhten spektralen Auflösung dieser Verfahren hat auch die räumliche Auflösung einen erstaunlichen Fortschritt erlebt. Die von Abbé postulierte beugungsbegrenzte Auflösung von $\Delta x > \lambda/2$ kann mithilfe verschiedener Techniken, wie der Nahfeld-Mikroskopie oder der 4π-Mikroskopie in Kombination mit der stimulierten Emissions-Mikroskopie erheblich unterschritten werden.

Neue Physik bei ultratiefen Temperaturen ist durch die Realisierung von Bose-Einstein-Kondensaten und ihrer Speicherung in Atomfallen möglich geworden. Die hier gewonnenen Erkenntnisse über die Wechselwirkungen in einem Vielteilchensystem können auch der Festkörperphysik neue Impulse geben.

Auch die Präzisions-Spektroskopie zur Bestimmung absoluter Frequenzen optischer Übergänge in Atomen oder Molekülen hat durch die Entwicklung des optischen Frequenzkamms eine rasante Verbreitung gefunden. Sowohl wissenschaftliche Anwendungen als auch technische Entwicklungen profitieren von den neuen Möglichkeiten, die optische Frequenzkämme bieten.

In diesem Band 2 der 6. Auflage sollen einige dieser neuen Gebiete der Laserspektroskopie behandelt werden. Das ausführliche Literaturverzeichnis gibt dem Leser die Möglichkeit, genauere Details in der Originalliteratur nachzulesen.

Ich danke allen Kollegen für die Erlaubnis, Abbildungen aus ihren Arbeiten zu übernehmen. Ebenso bin ich Herrn Dr. Schneider und Frau Heuser vom Springer Verlag dankbar für ihre Unterstützung und der Firma le-tex für die Gestaltung, das Layout und die gute Umsetzung der vielen Korrekturen und Änderungen gegenüber der vorherigen Auflage.

Meiner Frau danke ich besonders herzlich für ihre stete Unterstützung und ihr Verständnis für die vielen Stunden, die ich für diese neue Auflage gebraucht habe und die gemeinsamen Unternehmungen verloren gingen.

Ich hoffe, dass die neue Auflage genau so gut angenommen wird wie die vorherigen. Da ein Buch niemals vollkommen ist, freue ich mich über Zuschriften, die Korrekturen oder Verbesserungsvorschläge enthalten.

Kaiserslautern
Juli 2012

W. Demtröder

Vorwort zur 2. Auflage

Seit dem Erscheinen der 1. deutschen Auflage dieses Buches im Jahre 1977 hat sich die Laserspektroskopie in eindrucksvoller Weise weiterentwickelt und ist inzwischen in vielen Bereichen der Grundlagenforschung und ihren Anwendungen zu einer unentbehrlichen Untersuchungsmethode geworden. In dieser Zeit wurden eine Reihe neuer Lasertypen entwickelt und die Technik der Frequenzmischung und nichtlinearen Optik auf einen größeren Spektralbereich vom Vakuum-Ultravioletten bis ins ferne Infrarot ausgedehnt. Auch eine Vielzahl neuer empfindlicher Nachweistechniken wurden verbessert oder erfunden. Insbesondere auf dem Gebiet der Untersuchungen einzelner Atome und Ionen, die optisch gekühlt und in Fallen gespeichert werden können, sind aufsehenerregende Erfolge erzielt worden.

Deshalb erschien es notwendig, dieses als Lehrbuch der Laserspektroskopie konzipierte Buch, das schon in seiner 1. Auflage eine sehr freundliche Aufnahme gefunden hatte, völlig neu zu überarbeiten. Dabei haben viele Leser der deutschen und englischen Ausgabe durch ihre Zuschriften, Hinweise auf Fehler und Verbesserungsvorschläge geholfen. Ihnen allen sei dafür herzlich gedankt. Auch wenn in dieser 2. Auflage viele solcher Hinweise zur sachlichen und didaktischen Verbesserung der Darstellung genutzt wurden, lebt ein Lehrbuch immer von der Mitarbeit kritischer Leser. Der Autor möchte deshalb auch weiterhin um Kommentare und Verbesserungsvorschläge seiner Leser bitten. Er würde sich sehr freuen, wenn dieses Buch dazu mithilft, das interessante Gebiet der Laserspektroskopie einem größeren Kreis von Studenten und jungen Wissenschaftlern leichter zugänglich zu machen. Die Laserspektroskopie hat den Verfasser während der 25 Jahre, die er auf diesem Gebiet gearbeitet hat, immer sehr fasziniert. Dieses Buch möchte etwas von dieser Faszination auf den Leser übertragen.

Viele Leute haben bei diesem Buch mitgeholfen. Allen Kollegen, die Abbildungen aus ihren Forschungsarbeiten zur Verfügung gestellt oder ihre Erlaubnis zur Nachzeichnung gegeben haben, sei herzlich gedankt. Viele Beispiele sind aus Arbeiten meiner Mitarbeiter in Kaiserslautern entnommen, denen dafür ebenfalls Dank gebührt. Mein Dank gilt Frau Weyland, die einen Teil des Manuskriptes geschrieben hat und Frau Wollscheid, die viele Bilder gezeichnet hat. Besonderer Dank gebührt Dr. H. Lotsch, Frau Ilona Kaiser und den anderen Mitarbeitern des Springer Verlages für ihre aktive Mitarbeit bei der Fertigstellung des Buches und ihre Geduld, wenn Termine vom Autor nicht eingehalten wurden.

Zum Schluss möchte ich meiner Frau ganz besonders danken, die viel Geduld und Verständnis aufgebracht hat für die vielen Arbeitswochenenden, welche für das Schreiben eines solchen Buches gebraucht wurden.

Kaiserslautern
Januar 1991   *W. Demtröder*

Inhaltsverzeichnis

1 Doppler-begrenzte Absorptions- und Fluoreszenz-Spektroskopie mit Lasern

Im letzten Kapitel von Bd. 1 wurden durchstimmbare Laser für die verschiedenen Spektralgebiete vorgestellt. Nun wollen wir uns der Anwendung dieser Laser in der Spektroskopie zuwenden. Dabei sollen zuerst solche Methoden behandelt werden, bei denen die spektrale Auflösung prinzipiell durch die Linienbreiten der molekularen Übergänge begrenzt ist. Diese Auflösungsgrenze wird auch tatsächlich erreicht, wenn die Frequenzbreite der Lichtquelle schmal ist gegenüber der Halbwertsbreite der Absorptionslinien. Da im gasförmigen Zustand im Allgemeinen das Linienprofil molekularer Übergänge durch die Doppler-Breite bestimmt wird, spricht man bei diesen Methoden auch von **Doppler-begrenzter Laserspektroskopie**.

Ein wesentliches Kriterium jeder spektroskopischen Methode ist ihre Nachweisempfindlichkeit. So ist z. B. für die analytische Spektroskopie die Frage: „Wie wenige Atome bzw. Moleküle einer bestimmten Sorte lassen sich in einer Probenmenge noch nachweisen?" von großer Bedeutung. Anwendungsbeispiele sind der Nachweis seltener Isotope, oder die Identifizierung von Reaktionsprodukten kleinster Substanzmengen.

In der Absorptionsspektroskopie ist die Grenzempfindlichkeit durch die minimale, noch nachweisbare absorbierte Strahlungsleistung bestimmt. Es ist also das Ziel, diese untere Grenze so klein wie möglich zu machen und alle Einflüsse, wie Schwankungen der Strahlungsquellenleistung oder das Detektorrauschen, die die Empfindlichkeit begrenzen, so weit wie möglich zu eliminieren.

In diesem Kapitel sollen die wichtigsten Nachweisverfahren vorgestellt werden, die in den letzten Jahren entwickelt wurden und sich in der Praxis bewährt haben.

1.1 Vorteile des Lasers für die Spektroskopie

Wir beginnen mit der konventionellen Absorptionsspektroskopie, die bei Verwendung von durchstimmbaren Lasern als Strahlungsquellen in vieler Hinsicht der Mikrowellenspektroskopie gleicht, jedoch den Spektralbereich vom fernen Infrarot bis ins Vakuum-UV ausdehnt. Manche Nachweistechniken, die in der Laser-Absorptionsspektroskopie heute verwendet werden, sind aus der Mikrowellenspektroskopie übernommen.

Um die Vorteile der Laseranwendung gegenüber konventioneller Absorptionsspektroskopie mit inkohärenten Strahlungsquellen deutlich zu machen, werden beide Verfahren in Abb. 1.1 schematisch miteinander verglichen. In der klassischen Ab-

W. Demtröder, *Laserspektroskopie 2*, DOI 10.1007/978-3-642-21447-9_1,
© Springer-Verlag Berlin Heidelberg 2013

sorptionsspektroskopie benutzt man Lichtquellen mit einem breitem Emissionskontinuum (z. B. Hg-Hochdrucklampen, Xe-Blitzlampen usw.), deren Strahlung durch die Linse L_1 gesammelt und als paralleles Bündel durch die Absorptionszelle geschickt wird. Hinter einem Wellenlängenselektor (z. B. ein Spektrograph oder Interferometer) wird die Intensität $I_T(\lambda)$ des transmittierten Lichtes als Funktion der Wellenlänge gemessen (Abb. 1.1a). Durch Vergleich mit einem Referenzbündel $I_R(\lambda)$ kann das Absorptionsspektrum durch Differenzbildung ermittelt werden.

Die transmittierte Leistung ist für kleine Absorptionen αL

$$P_t = P_0\,e^{-\alpha L} \approx P_0(1 - \alpha L)\,.$$

Deshalb wird die Differenz

$$\Delta P = P_0 - P_t = P_0 \cdot \alpha L$$

proportional zum Produkt $\alpha \cdot L$ aus Absorptionkoeffizient α und Absorptionslänge L.

Die **spektrale Auflösung** ist durch das Auflösungsvermögen des verwendeten Spektrographen bzw. Interferometers begrenzt und nur bei sehr aufwändigen Instrumenten wird die Doppler-Breite erreicht (Bd. 1, Abschn. 4.1,2). Die **Nachweisempfindlichkeit** der Anordnung ist definiert als die kleinste, noch nachweisbare Absorption. Diese kann folgendermaßen abgeschätzt werden: Die auf der Strecke dz innerhalb des Absorbers auf dem Übergang $|i\rangle \to |k\rangle$ mit dem Absorptionsquerschnitt σ_{ik} absorbierte Leistung dP ist bei einer einfallenden Leistung P_0:

$$dP = -P_0 \cdot \alpha \cdot dz$$
$$= -P_0 N_i \sigma_{ik} \cdot dz \quad N_i: \text{Molekülzahldichte im Zustand } |i\rangle\,. \tag{1.1a}$$

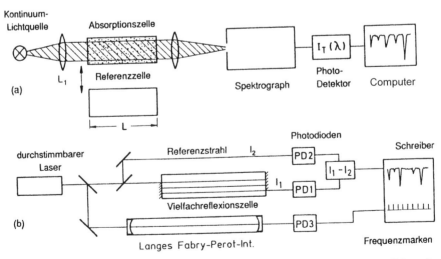

Abb. 1.1a,b. Vergleich zwischen Absorptionsspektroskopie mit inkohärenter Kontinuumslichtquelle (**a**) und mit einem schmalbandigen, durchstimmbaren Laser (**b**)

Bei linearer Absorption wird N_i nur unwesentlich entvölkert, und wir können $N_i \approx$ const. annehmen. Dann folgt

$$P = P_0 \cdot e^{-N_i \sigma_{ik} z} \approx P_0 (1 - N_i \sigma_{ik} z) \quad \text{für} \quad N_i \sigma_{ik} z \ll 1 \, . \tag{1.1b}$$

Das Detektorsignal $S = a \cdot (P_0 - P)$ ist proportional zur Differenz zwischen einfallender und transmittierter Leistung. Einsetzen von (1.1b) ergibt:

$$S = a \cdot P_0 N_i \sigma_{ik} \cdot z \, . \tag{1.1c}$$

Soll dieses Signal größer als die Rauschleistung R sein, so muss bei einer Länge L des Absorptionsweges gelten:

$$a \cdot P_0 \cdot N_i \cdot \sigma_{ik} \cdot L > R \, . \tag{1.1d}$$

Die minimal noch nachweisbare Zahl absorbierender Moleküle pro Volumen im Zustand $|i\rangle$ ist deshalb:

$$\boxed{N_i \geq \frac{R}{a \cdot P_0 \cdot \sigma_{ik} \cdot L}} \, . \tag{1.1e}$$

Um eine hohe Empfindlichkeit (minimaler Wert von N_i) zu erreichen, muss R möglichst klein sein, aber a, P_0, σ_{ik} und L sollten möglichst groß sein!

Das Rauschen ist begrenzt durch Detektorrauschen und durch Intensitätsschwankungen der Lichtquelle. Die Intensitätsstabilisierung des Lasers minimiert deshalb R. Die Absorptionslänge L lässt sich durch Mehrfach-Reflexions-Zellen erhöhen. Die Eingangsleistung P_0 ist durch die Strahlungsquelle vorgegeben. Die Nachweisgrenze liegt typischerweise bei einer relativen Absorption von $\Delta P/P \geq 10^{-4} \div 10^{-6}$.

Durch periodisches Vertauschen von Absorptionszelle mit einer leeren Zelle (Referenzzelle) kann abwechselnd die transmittierte Leistung $P_T(\omega)$ und die Referenzleistung $P_R = P_0(\omega)$ gemessen werden. Ist das spektral noch aufgelöste Intervall $\Delta\omega$, die Linienbreite des Absorptionsüberganges $\Delta\omega_D$, so erhält man für schwache Absorption, d.h. $\alpha L \ll 1$,

$$P_T(\omega) = \int_{\omega - \Delta\omega/2}^{\omega + \Delta\omega/2} P_0(\omega') e^{-\alpha(\omega')L} \, d\omega' \simeq \int P_0 (1 - \alpha L) \, d\omega' \, , \tag{1.2a}$$

$$P_R(\omega) = \int_{\omega - \Delta\omega/2}^{\omega + \Delta\omega/2} P_0(\omega') \, d\omega' \, . \tag{1.2b}$$

Bildet man den Quotienten $(P_R - P_T)/P_R$, so ergibt sich mit $\int P_0(\omega') \, d\omega' \approx \overline{I}_0(\omega) \cdot \Delta\omega$ und $\int \alpha \, d\omega' \approx \overline{\alpha} \cdot \Delta\omega_D$

$$\frac{P_R - P_T}{P_R} = \begin{cases} \overline{\alpha}(\omega) L \dfrac{\Delta\omega_D}{\Delta\omega} & \text{für} \quad \Delta\omega \geq \Delta\omega_D \\[2mm] \overline{\alpha}(\omega) L & \text{für} \quad \Delta\omega \leq \Delta\omega_D \end{cases} \tag{1.2c}$$

Mit einer intensitätsstabilisierten Lichtquelle kann man bei phasenempfindlichem Nachweis bestenfalls Werte von $(P_R - P_T)/P_R \geq 10^{-6}$ noch sicher messen. Man sieht aus (1.1e) und (1.2c), dass dann der kleinste, noch messbare Wert für den Absorptionskoeffizienten

$$\alpha \geq \frac{1}{L} 10^{-6} \frac{\Delta\omega}{\Delta\omega_D} \; [\text{cm}^{-1}] \tag{1.2d}$$

vom Verhältnis des spektral noch auflösbaren Intervalls $\Delta\omega$ zur Linienbreite $\Delta\omega_D$ des Absorptionsüberganges abhängt, solange $\Delta\omega \geq \Delta\omega_D$ gilt.

Beispiel 1.1

Für $L = 10$ cm und $\Delta\omega = 100\Delta\omega_D$ wird mit $(P_R - P_T)/P_R \geq 10^{-6}$ der kleinste, noch messbare Wert des Absorptionskoeffizienten $\alpha_{min} = 10^{-5}$ cm^{-1}, für $\Delta\omega = \Delta\omega_D$ aber bereits $\alpha_{min} = 10^{-7}$ cm^{-1}.

Höhere spektrale Auflösung bringt also größere Empfindlichkeit, so lange $\Delta\omega \geq \Delta\omega_D$ und die transmittierte Leistung groß genug ist, um das Detektorrauschen gegenüber Schwankungen von P_T vernachlässigen zu können!

Im Gegensatz zur breitbandigen Lichtquelle in der konventionellen Absorptionsspektroskopie steht dem Laserspektroskopiker eine extrem schmalbandige, durchstimmbare Lichtquelle vom UV bis zum IR zur Verfügung, deren spektrale Leistungsdichte oft um Größenordnungen höher ist. Dies bringt folgende Vorteile mit sich:

1) Man benötigt keinen Monochromator, da der monochromatische, durchstimmbare Laser der absorbierenden Probe zu einem Zeitpunkt jeweils immer nur Licht einer Frequenz anbietet. Die spektrale Auflösung ist wesentlich höher und in vielen Fällen nicht durch die instrumentelle Anordnung, sondern durch die Doppler-Breite $\Delta\omega_D$ der Absorptionslinien begrenzt.

2) Infolge der höheren spektralen Auflösung (d. h. $\Delta\omega$ wird kleiner) wird der Faktor $\Delta\omega/\Delta\omega_D$ in (1.2d) kleiner, und damit steigt die Empfindlichkeit (d. h. der minimal noch messbare Absorptionskoeffizient wird kleiner). Bei genügend schmalbandigen Lasern wird $\Delta\omega < \Delta\omega_D$, und man gewinnt gegenüber dem Beispiel 1.1 einen Faktor 100 an Empfindlichkeit.

3) Wegen der hohen spektralen Leistungsdichte der Lichtquelle spielen Rauschprobleme des Detektors im Allgemeinen keine Rolle. Intensitätsschwankungen des Lasers können durch Amplitudenstabilisierung stark reduziert werden (Bd. 1, Abschn. 5.6.2).

4) Wegen der guten räumlichen Bündelung der Laserstrahlung kann man lange Absorptionswege realisieren – z. B. durch Mehrfachreflexion in der Absorptionszelle. Unerwünschte Reflexionen an Zellwänden, die bei inkohärenten Lichtquellen oft die Messung beeinflussen, können hier weitgehend vermieden werden (z. B. durch Verwendung von Brewster-Endfenstern). Durch die langen Absorptionswege kann man auch kleine Absorptionskoeffizienten noch messen, d. h. man kann z. B. gasförmige Proben bei niedrigem Druck untersuchen und dadurch die Druckverbreiterung reduzieren. Dies ist besonders im infraroten Spektralbereich wichtig, wo die Doppler-Breite kleiner wird und die Druckverbreiterung bei hohem Druck dominieren kann.

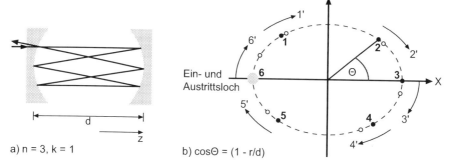

Abb. 1.2a,b. Vielfach-Reflexionszelle. **a)** Fast konfokaler Resonator mit Spiegelradien $r > d$. **b)** Auftreffpunkte des Laserstrahls auf einem Spiegel

In Abb. 1.2 ist eine mögliche experimentelle Realisierung einer Vielfachreflexionszelle gezeigt, die aus einem fast konfokalen Resonator mit sphärischen Spiegeln ($r > d$, aber $r - d \ll d$) in einem Vakuumbehälter besteht, in den das gasförmige absorbierende Medium eingelassen wird. Der einfallende Laserstrahl wird durch ein kleines Loch im Eingangsspiegel schräg eingekoppelt und wird vom Rückspiegel auf einen zum Eingangsloch benachbarten Ort auf dem Eingangsspiegel reflektiert. Bei geeigneter Justierung liegen die Auftreffpunkte auf den beiden Spiegeln auf einem Kreis mit einem Radius, der etwas kleiner als der halbe Durchmesser der Spiegel ist. Die sphärischen Spiegel refokussieren bei der Reflexion jedes Mal den Strahl wieder auf den gegenüberliegenden Spiegel, sodass die Fleckgrösse klein bleibt. Nach n Umläufen wird der Strahl wieder durch das Eingangsloch, aber unter einem anderen Winkel ausgekoppelt. Die Auftreff-Flächen auf den Spiegeln sollen sich möglichst nicht überlappen, weil sonst Interferenzeffekte auftreten, die sich beim Durchstimmen der Laserwellenlänge ändern und Strukturen im Spektrum vortäuschen können. Der Winkelabstand Θ zwischen benachbarten Auftreffpunkten auf einem Spiegel, und damit die maximale Zahl der Umläufe ohne Fleck-Überlappung, kann durch Wahl von Krümmungsradien r und Spiegelabstand d variiert werden (Abb. 1.2b). Er muss so gewählt werden, dass der Strahl nach n Umläufen wieder das Eintrittsloch erreicht und dort unter einem Winkel α gegen den Eintrittsstrahl ausgekoppelt wird. Die führt zu der Bedingung $n \cdot \Theta = k \cdot 360° \Rightarrow n = k \cdot (2\pi/\Theta)$, wobei k die Zahl der 2π-Drehungen zwischen Eintritts- und Austritts-Strahl ist und in der zweiten Gleichung Θ im Bogenmaß angegeben wird. Wenn die Spiegel genügend groß sind, kann man bis etwa $n = 100$ Umläufe erreichen, ohne dass ein Überlapp eintritt. Der Vorteil dieser Methode ist, dass man eine große Absorptionslänge erreichen kann und man beim Durchstimmen der Laserwellenlänge die Resonatorlänge nicht ändern muss [1.2].

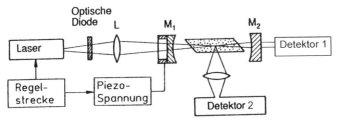

Abb. 1.3. Spektroskopie in einem externen Resonator, der mit der Laserwellenlänge synchron mithilfe eines Piezoelementes durchgestimmt wird

---

Beispiel 1.2

Mit $d = 1$ m, Reflexionsvermögen $R = 99\,\%$, $\Theta = 3{,}6°$ lassen sich $n = 100$ Umläufe realisieren. Die Ausgangsleistung des leeren Resonators (d. h. ohne absorbierende Probe) ist dann aber bereits auf $P = P_0 R^{2n} = P_0 \cdot 0{,}99^{200} = 0{,}13 P_0$ gesunken.

Statt der Vielfach-Reflexionszelle kann man auch einen Überhöhungsresonator (Abb. 1.3) verwenden, bei dem der eintretende Laserstrahl mit der Resonatorachse zusammenfällt. Man kann damit bei genügend großem Reflexionsvermögen $R > 0{,}99$ sogar längere Wege als mit der Vielfach-Reflexionszelle erreichen, weil das Problem mit den Interferenzen überlappender Strahlen nicht auftritt. Allerdings muss man das Strahlprofil an die Grundmode des Resonators anpassen und man muss beim Durchstimmen der Laserwellenlänge die Resonatorlänge synchron mit verändern.

Statt die Absorption über den ausgekoppelten Strahl zu messen, kann man auch die von den absorbierenden Molekülen emittierte Fluoreszenz als empfindlichen Nachweis durch Detektor 2 in Abb. 1.3 verwenden (siehe auch Abschn. 1.6).

5) Schickt man einen Teil des Laserstrahls durch ein langes Interferometer (Spiegelabstand: d, Abb. 1.1b), so registriert ein Detektor hinter dem Interferometer beim Durchstimmen der Laserfrequenz die Transmissionsmaxima, deren Frequenzabstand gleich dem freien Spektralbereich $\delta\nu = c/2d$ ist. Auf diese Weise erhält man genaue Frequenzmarken, mit deren Hilfe man die Abstände zwischen den verschiedenen Absorptionslinien absolut eichen kann. Zur Absolutmessung der Wellenlängen selbst braucht man allerdings Eichlinien, die man entweder von einem Wellenlängenstandard erhält (z. B. einer Thorium-Hohlkathodenlampe [1.2]) oder durch eine Referenz-Absorptionszelle, die Moleküle mit bekannten Absorptionslinien enthält (z. B. Jodmoleküle J_2 [1.3]). Mithilfe der verschiedenen Lambdameter (Bd. 1, Abschn. 4.4) kann man Wellenlängen von gepulsten und CW Lasern auf besser als 10^{-5} nm bestimmen.

6) Man kann die Laserfrequenz sehr schnell durchstimmen. Mit elektrooptischen Komponenten innerhalb des Laserresonators sind definierte Durchstimmbereiche über einige Wellenzahlen im Mikrosekundenbereich möglich. Dies wurde z. B. mit gepulsten Farbstofflasern oder mit Diodenlasern gezeigt und eröffnet bei chemi-

schen Reaktionen neue Wege für spektroskopische Untersuchungen von kurzlebigen Zwischenprodukten und erweitert die Möglichkeiten der klassischen Blitzlichtphotolyse beträchtlich.

1.2 Empfindliche Verfahren der Absorptionsspektroskopie

Bei sehr kleinen Absorptionen ist die Methode der Absorptionsmessung, bei der $\alpha(\omega)$ über die kleine Differenz $P_R - P_T$ zweier Größen bestimmt wird (1.2c), nicht genau genug. Daher sind verschiedene Verfahren entwickelt worden, die oft eine Steigerung der Nachweisempfindlichkeit um viele Größenordnungen erlauben. Mit einigen dieser Verfahren lässt sich die durch das Photonenrauschen prinzipiell gegebene Grenze erreichen.

1.2.1 Frequenzmodulation des Lasers

Bei der ersten Methode wird – wie in der Mikrowellenspektroskopie seit langem üblich – die Frequenz ω des Lasers während des Durchstimmens um einen Betrag $\Delta\omega$ moduliert, der klein gegen die Linienbreite der Absorption ist. Die Differenz $P_T(\omega_L) - P_T(\omega_L + \Delta\omega)$ wird dann mit einem phasenempfindlichen Verstärker nachgewiesen (Abb. 1.4). Wird die Laserfrequenz $\omega_L = \omega_0 + a\sin\Omega t$ sinusförmig mit der Modulationsfrequenz Ω verändert, so lässt sich die transmittierte Laserleistung in eine Taylor-Reihe

$$P_T(\omega_L) = P_T(\omega_0) + \sum_n \frac{a^n}{n!} \left(\frac{d^n P_T}{d\omega^n} \right)_{\omega_0} \sin^n \Omega t \tag{1.3}$$

um die Mittenfrequenz ω_0 entwickeln.

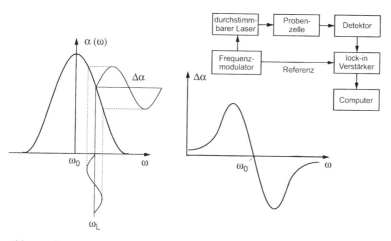

Abb. 1.4. Absorptionsspektroskopie mit einem frequenz-modulierten Einmoden-Laser

Hängt die Laserleistung P_0 nicht von ω ab, so folgt für $\alpha L \ll 1$ aus

$$P_\mathrm{T}(\omega) = P_0 \, \mathrm{e}^{-\alpha(\omega)L} \simeq P_0 [1 - \alpha(\omega)L] \tag{1.4}$$

die Beziehung

$$\left(\frac{\mathrm{d}^n P_\mathrm{T}}{\mathrm{d}\omega}\right)_{\omega_0} = -P_0 L \left(\frac{\mathrm{d}^n \alpha(\omega)}{\mathrm{d}\omega}\right)_{\omega_0} . \tag{1.5}$$

Durch Anwenden trigonometrischer Relationen kann man in (1.3) die Potenzen $\sin^n \Omega t$ in Funktionen von $\sin(n\Omega t)$ und $\cos(n\Omega t)$ umwandeln. Man erhält nach Umordnen der Reihenglieder, wenn man bei genügend kleinem Modulationshub ($a/\omega_0 \ll 1$) die höheren Potenzen von a^n vernachlässigt, für das auf die Eingangsintensität normierte Signal bei der Frequenz $n\Omega$

$$\begin{aligned}
S(n\Omega) = \frac{P_\mathrm{T}(\omega) - P_\mathrm{T}(\omega_0)}{P_0} &\approx aL \left[\frac{a}{4} \frac{\mathrm{d}^2 \alpha}{\mathrm{d}\omega^2} + \frac{\mathrm{d}\alpha}{\mathrm{d}\omega} \sin(\Omega t) \right. \\
&\left. - \frac{a}{4} \frac{\mathrm{d}^2 \alpha}{\mathrm{d}\omega^2} \cos(2\Omega t) - \frac{a^2}{24} \frac{\mathrm{d}^3 \alpha}{\mathrm{d}\omega^3} \sin(3\Omega t) + \dots \right] .
\end{aligned} \tag{1.6}$$

Stellt man den phasenempfindlichen Verstärker auf die Harmonische $n\Omega$ der Modulationsfrequenz Ω ein, so misst man im Wesentlichen die n-te Ableitung des Absorptionskoeffizienten $\alpha(\omega)$ (Abb. 1.5a).

Dies kann ausgenutzt werden, wenn Linien mit kleiner Linienbreite in Anwesenheit eines spektralbreiten Untergrundes detektiert werden sollen. Dieses Problem tritt z. B. in der nichtlinearen Laserspektroskopie auf, wenn Doppler-freie Signale ($\Delta\omega \approx 0{,}01\Delta\omega_\mathrm{D}$) bei einem Doppler-verbreiterten Untergrund mit der Breite $\Delta\omega_\mathrm{D}$ gemessen werden (Kap. 2). Die höheren Ableitungen $\mathrm{d}^n\alpha/\mathrm{d}\omega^n$ sind dann für das Doppler-freie Signal groß, für den Untergrund dagegen klein. Wie Abb. 1.5 zeigt, wird z. B. bei der 3. Ableitung eines Absorptionsprofils, das aus einer schmalen Struktur bei ω_0 und einem breiten Untergrund besteht, der Untergrund vollständig unterdrückt.

Durch den phasenempfindlichen Nachweis bei einer geeignet gewählten Frequenz $n\Omega$ lässt sich das „technische Rauschen", das im Allgemeinen mit wachsender Frequenz abnimmt, stark vermindern, sodass die Nachweisempfindlichkeit steigt [1.4, 1.5].

Eine andere Methode basiert auf der Phasen-Modulation der Laserstrahlung bei hohen Modulationsfrequenzen. Sie kann realisiert werden, wenn der Laserstrahl durch einen optischen Kristall geschickt wird, dessen Brechungsindex periodisch variiert wird. Um die Empfindlichkeit bei der Doppler-limitierten Absorptionsspektroskopie optimal zu machen, wählt man bei dieser Methode die Modulationsfrequenz Ω so, dass sie in etwa der Linienbreite $\Delta\omega_\mathrm{D}$ der Absorptionslinien entspricht. Wird der monochromatische Laserstrahl (Frequenz: ω) durch einen elektro-optischen Modulator (Modulationsfrequenz: Ω_1) geschickt, so enthält das transmittierte Licht außer der Trägerfrequenz ω auch Seitenbänder bei den Frequenzen $\omega \pm n\Omega_1$, wobei

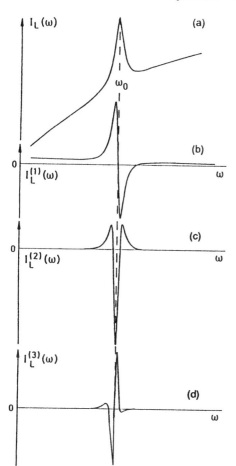

Abb. 1.5a–d. Doppler-freies Linienprofil über der Flanke eines Doppler-verbreiterten Untergrundes (**a**) sowie erste (**b**), zweite (**c**) und dritte (**d**) Ableitung

die Phase der Seitenbänder mit $+n$ entgegengesetzt zu der mit $-n$ ist. (Abb. 1.6). Der Detektor hinter der Absorptionszelle misst die Differenzsignale $S(\omega + \Omega_1) - S(\omega)$ bzw. $S(\omega) - S(\omega - \Omega_1)$ auf der Differenzfrequenz $\Delta\omega = \Omega$. Fallen beide Seitenbänder nicht mit einer Absorptionslinie des zu untersuchenden Gases zusammen (Abb. 1.6a), so haben sie auch nach Durchlaufen der Absorptionszelle gleiche Amplituden, aber die beiden Differenzsignale $S(\omega + \Omega_1) - S(\omega)$ und $S(\omega - \Omega_1) - S(\omega)$ haben entgegengesetzte Phasen, sodass ein phasenempfindlicher Detektor auf der Frequenz Ω_1 das Signal Null anzeigt. Dies bedeutet, dass ohne Absorption eventuelle Intensitätsschwankungen des Lasers völlig kompensiert werden und deshalb nicht zum Untergrundrauschen beitragen. Fällt beim Durchstimmen der Laserwellenlänge eines der Seitenbänder mit einer Absorptionslinie zusammen (Abb. 1.6b), so wird die Amplitude dieses Seitenbandes durch Absorption geschwächt, die Kompensation der beiden Seitenbänder ist nicht mehr vollständig und der Detektor zeigt ein Signal [1.6, 1.7].

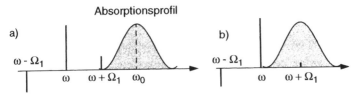

Abb. 1.6a,b. Prinzip der Differenzmessung bei hohen Modulationsfrequenzen

Zur Illustration der Empfindlichkeit zeigt Abb. 1.7 einen Obertonübergang des Wassermoleküls, der unter gleichen Bedingungen mit einem Halbleiterlaser einmal ohne die Modulation und einmal mit Modulation gemessen wurde, wobei das Signal/Rauschverhältnis bei Verwendung der Modulation um mehr als zwei Größenordnungen anstieg.

Die Frequenz $\Omega_1 \approx \Delta\omega_D$, auf der das Transmissionssignal detektiert wird, ist bei Doppler-Breiten von $\Delta\omega_D \approx 1\,$GHz für einen Lock-in-Nachweis zu groß. Deshalb wird das Ausgangssignal des Detektors mit einem, vom Modulationsgenerator zusätzlich erzeugten Referenzsignal bei der Frequenz Ω_2 gemischt und der Lock-in wird auf die Differenzfrequenz $\Delta\Omega = \Omega_1 - \Omega_2 \approx 10^4 - 10^5\,\mathrm{s}^{-1}$ eingestellt.

Statt dieser Mischung kann man auch die auf den Lichtmodulator gegebene Spannung $U = U_0 \cos(\Omega t)$ mit der Frequenz $\Delta\Omega$ amplituden-modulieren, also $U_0 = A\cos(\Delta\Omega t)$ wählen.

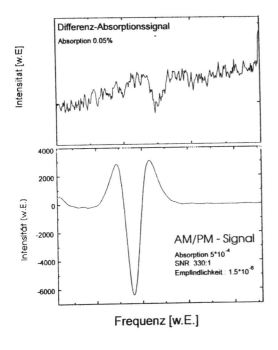

Abb. 1.7. Vergleich des Absorptionssignals eines Oberton-Überganges im H_2O-Molekül ohne und mit Modulation des Lasers [1.6]

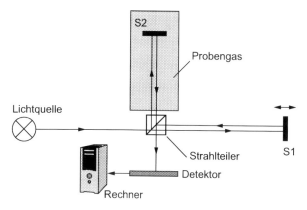

Abb. 1.8. Schematischer Aufbau eines Fourier-Spektrometers

In Konkurrenz zu diesen Laser-Verfahren steht die Fourier-Transform-Spektroskopie, die durch die Entwicklung leistungsstarker Rechner eine weite Verbreitung gefunden hat. Hier verwendet man keinen Laser als Lichtquelle, sondern eine breitbandige inkohärente Strahlungsquelle, wie z. B. eine Quecksilber-Hochdrucklampe (Abb. 1.8). Der Detektor befindet sich am Ausgang eines Michelson-Interferometers, bei dem die Länge eines Arms kontinuierlich verändert wird (siehe Bd. 1, Abschn. 4.2.1). Das so erhaltene Fourier-Spektrum als Interferenzintensität $I(t)$ muss durch einen Rechner Fourier-transformiert werden in das gewünschte Spektrum $I(v)$ bzw. $I(\lambda)$. Der Vorteil der Fourier-Spektroskopie ist die gleichzeitige Messung des gesamten Spektrums, während bei der oben diskutierten Laserspektroskopie die Laserfrequenz zeitlich nacheinander über die verschiedenen Absorptionslinien im Spektrum durchgestimmt wird. Die spektrale Auflösung wird im Allgemeinen durch das Interferometer begrenzt und erreicht nur bei sehr großen Weglängendifferenzen zwischen den beiden Interferometer-Armen die Doppler-Breite der Absorptionslinien. Der größere Zeitaufwand bei der Laserspektroskopie wird daher wettgemacht durch die höhere spektrale Auflösung.

Einen Vergleich der Empfindlichkeiten der verschiedenen Methoden findet man in [1.8, 1.9].

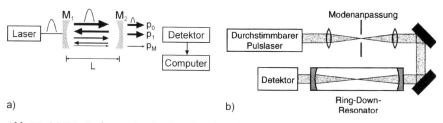

a)   b)

Abb. 1.9. (a) Prinzip der „cavity-ringdown" Spektroskopie. **(b)** Experimenteller Aufbau

1.2.2 Absorptionsspektroskopie durch Messung der Abklingzeit eines optischen Resonators

Diese, auch als „Cavity-Ringdown-Spectroscopy CRDS" bezeichnete Methode zur Messung kleiner Absorptionen [1.10] führt die Absorptionsmessung auf eine Zeitmessung zurück. Sie beruht auf folgendem Prinzip (Abb. 1.9): Die absorbierende Probe befindet sich in einem nicht konfokalen Resonator hoher Güte, der aus zwei sphärischen Spiegeln mit sehr hohem Reflexionsvermögen $R_1 = R_2 = R > 0{,}999$ im Abstand d besteht. Der Ausgangspuls eines Lasers wird durch den Eingangsspiegel M_1 in den Resonator eingekoppelt und läuft dort zwischen den Spiegeln M_1 und M_2 hin und her. Bei jedem Umlauf wird ein kleiner Teil der Pulsenergie durch den Spiegel M_2 mit Transmissionsvermögen $T = 1 - R - A$ ausgekoppelt und vom Detektor (Photomultiplier) gemessen. Das absorbierende Medium mit Absorptionskoeffizient α und Länge L im Resonator hat die Absorption $\exp(-\alpha L)$ pro Einfachdurchgang. Der erste austretende Puls hat deshalb die Pulsenergie

$$P_1 = P_0 T^2 e^{-\alpha L} . \tag{1.7}$$

Nach jedem weiteren Umlauf sinkt die Pulsenergie um den Faktor $R^2 e^{-2\alpha L}$. Nach n Umläufen ist die Pulsenergie des $(n + 1)$ten Pulses deshalb auf

$$P_{n+1} = \left(R \cdot e^{-\alpha L} \right)^{2n} P_1 \tag{1.8}$$

gesunken. Dies lässt sich wegen

$$R = 1 - (T + A) \quad \text{mit} \quad A + T \ll 1 \quad \text{und} \quad \ln(1 - A - T) \approx -(A + T)$$

schreiben als

$$P_{n+1} = P_1 e^{-2n(T+A+\alpha L)} . \tag{1.9}$$

Der Zeitabstand zwischen zwei aufeinander folgenden Pulsen ist durch die Resonatorlänge d bestimmt und gleich der Umlaufzeit $T = 2d/c$. Die Einhüllende der diskreten Pulsfolge ist durch die kontinuierliche Funktion

$$P(t) = P_1 e^{-t/\tau_1} \tag{1.10}$$

gegeben mit der Abklingzeit

$$\tau_1 = \frac{d/c}{T + A + \alpha \cdot L} = \frac{d/c}{1 - R + \alpha \cdot L} . \tag{1.11a}$$

Wenn die absorbierende Probe den ganzen Resonator ausfüllt, ist $L = d$.

Für den leeren Resonator ($\alpha = 0$) erhält man die längere Abklingzeit

$$\tau_2 = \frac{d/c}{1 - R} . \tag{1.11b}$$

Die Differenz der reziproken Abklingzeiten

$$\frac{1}{\tau_1} - \frac{1}{\tau_2} = \frac{c}{d} \cdot \alpha \cdot L \tag{1.11c}$$

ergibt direkt die Absorption αL.

Beispiel 1.3

$R = 0{,}999$, $d = 1\,\mathrm{m}$, $L = d$, $\alpha = 10^{-6}\,/\mathrm{cm} \rightarrow \tau_1 = 3{,}03\,\mu\mathrm{s}$, $\tau_2 = 3{,}33\,\mu\mathrm{s}$. Der Unterschied ist also klein. Wenn hingegen $R = 0{,}9999$ ist, wird $\tau_1 = 16{,}5\,\mu\mathrm{s}$ und $\tau_2 = 33\,\mu\mathrm{s}$. Man sieht hieraus, wie wichtig ein großes Reflexionsvermögen der Spiegel ist, um eine hohe Empfindlichkeit zu erreichen.

Anmerkung: Die Cavity Ringdown-Technik verwendet das gleiche Prinzip wie die Spektroskopie in einem Resonator (Laser-Resonator oder externer Überhöhungs-Resonator). In beiden Fällen wird die effektive Absorptionslänge vergrößert. Der Unterschied ist, dass bei der CRDS die Absorption über eine Zeitmessung (die Abklingzeit des Resonators) bestimmt wird, während bei der Absorption im Laser-Resonator die Änderung der Laser-Ausgangsleistung als Monitor verwendet wird.

Wenn die Spiegelreflexion sehr hoch wird, können Beugungseffekte nicht mehr vernachlässigt werden. Da diese für die Grundmode TEM$_{00}$ am geringsten sind, ist auch aus diesem Grunde die Modenanpassung auf die Grundmode vorteilhaft für die Empfindlichkeit der Absorptionsmessung.

In Abb. 1.10 ist zur Illustration ein Ausschnitt aus dem rotationsaufgelösten Oberton-Spektrum des HCN Moleküls gezeigt, das mit der CRS aufgenommen wurde [1.11].

Eine genauere Betrachtung muss die Modenstruktur des Resonators berücksichtigen, weil die hohe Güte nur für solche Frequenzen erreicht wird, die mit einer der Resonatormoden übereinstimmen. Deshalb würde bei allen Wellenlängen λ_i für die $\nu_i = c/\lambda_i \neq m \cdot c/2d$ ist, die Güte, und damit auch die Nachweiswahrscheinlichkeit, klein sein und man könnte Absorptionslinien, die in diesen Bereichen liegen, „übersehen".

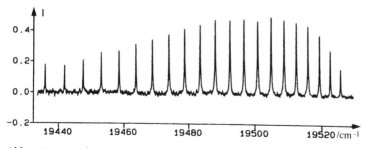

Abb. 1.10. Ausschnitt aus dem Rotationsspektrum des HCN-Moleküls auf dem Oberton-Schwingungsübergang $(2, 0, 5) \leftarrow (0, 0, 0)$ [1.11]

Es gibt mehrere Lösungen für dieses Problem:

a) Man schickt den Laserpuls ohne Modenanpassung in den nichtkonfokalen Reso-
    nator. Er regt dann nicht nur longitudinale, sondern auch viele transversale Mo-
    den an, deren Frequenzen so dicht liegen, dass ihr Abstand klein ist gegen die
    Dopplerbreite der Absorptionslinien. Dies hat den Vorteil eines einfachen expe-
    rimentellen Aufbaus ohne Modenanpassungsoptik und die Justierung ist nicht
    kritisch. Der Nachteil ist die geringere Empfindlichkeit, weil bei der Mittelung
    über die Modenstruktur die mittlere Güte kleiner wird als für nur eine funda-
    mentale Mode.

b) Man bildet die Phasenfronten des Eingangspulses durch eine geeignete Optik
    (System aus 2 Linsen) so in den Resonator ab, dass sie genau denen einer fun-
    damentalen Mode TEM_{00q} entsprechen (Abb. 1.9b). Nun muss man allerdings
    die Länge des Resonators stabilisieren und beim Durchstimmen der Laserwel-
    lenlänge synchron verändern, sodass der Resonator immer in Resonanz mit der
    Laserfrequenz ist.

Die höchste Empfindlichkeit erreicht man mit CW-Lasern, deren Ausgangsstrahl
durch einen Amplitudenmodulator zu Pulsen gewünschter Länge ΔT und Repetitionsrate f geformt wird. Da hier die Bandbreite der Laserstrahlung die Fouriergrenze
$\Delta \nu = 1/(2\pi\Delta T)$ erreicht, ist sie besser an die schmalen Resonanzen des Resonators angepasst und ist auch schmaler als die Doppler-verbreiterten Absorptionslini-
en. Man kann deshalb die Linienprofile ausmessen und den Einfluss der Druckverbreiterung untersuchen.

Die erreichbare Empfindlichkeit ist durch die Genauigkeit begrenzt, mit der die
Abklingkonstanten τ gemessen werden können. Diese Genauigkeit ist wiederum begrenzt durch das Rauschen der gemessenen Abklingkurve. Die Hauptrauschquellen
sind Schwankungen der Resonatorlänge und Intensitätsschwankungen des Lasers.
Ein besonders empfindliches Verfahren, das den Einfluss dieser Rauschqellen vermindert, ist die Heterodyn-Technik [1.12]. Das Prinzip ist in Abb. 1.11 illustriert. Der
Ausgangsstrahl eines CW-Lasers wird in zwei Teilstrahlen aufgespalten. Der erste
wird direkt in den Resonator eingekoppelt, der durch eine elektronische Stabilisierung an die Laserfrequenz gekoppelt ist. Das Ausgangssignal des Resonators dient
als lokaler Oszillator.

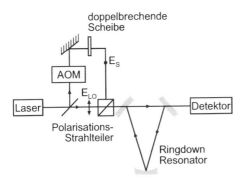

Abb. 1.11. Anordnung für die Heterodyn-
Cavity-Ringdown Spektroskopie

Die Frequenz des zweiten Teilstrahls wird durch einen akusto-optischen Modulator genau um den Modenabstand $\delta v = c/2d$ verschoben. Die Amplitude dieses „Signalstrahls" wird mit einer Frequenz von 40 kHz moduliert. Beide Teilstrahlen werden vor dem Eintritt in den Resonator wieder überlagert und sind im Resonator beide resonant mit zwei benachbarten Resonatormoden. Berücksichtigt man eine mögliche Phasenverschiebung ϕ zur Zeit $t = 0$ zwischen den beiden Wellen, so erhält man die transmittierte Leistung

$$
\begin{aligned}
P_t &\propto \left| E_S(t) + E_{LO} \cdot e^{-i(2\pi t \cdot \delta v + \phi)} \right|^2 \\
&< |E_S(t)|^2 + |E_{LO}|^2 + 2E_S \cdot E_{LO} \cdot \cos(2\pi \delta v t + \phi)
\end{aligned}
\tag{1.12}
$$

die vom Detektor gemessen wird. Während der zweite Teilstrahl aus Pulsen mit der Dauer 12 µs und einem Pulsabstand von 25 µs besteht, und daher zu exponentiellen Abklingkurven hinter dem Resonator führt, bleibt die Leistung des ersten Teilstrahls konstant und kann deshalb zur Stabilisierung des Resonators benutzt werden.

Der Interferenzterm in (1.12) ist das Produkt der großen Amplitude des lokalen Oszillators (die Transmission durch den Resonator für diesen zeitlich konstanten Anteil erreicht fast 100 %) und der viel kleineren Amplitude E_S des modulierten Signalanteils. Wenn man die Abklingzeit dieses Interferenzterms auf der Modulationsfrequenz $\delta v = c/2d$ misst, erhält man ein größeres Signal als bei der normalen cavity-ringdown Methode, das allerdings jetzt mit der Zeitkonstante 2τ abklingt, aber ein wesentlich besseres Signal-zu-Rausch-Verhältnis hat.

Eine weitere Methode benutzt als Eingangssignal einen amplituden-modulierten cw-Laserstrahl. Er wird vor der Absorptionszelle durch einen Strahlteiler aufgespalten in einen Signalstrahl, der durch die Zelle läuft, und einen Referenzstrahl. Die Absorption des Probengases und der Spiegel im Resonator verursachen eine Phasenverschiebung ϕ, die vom Absorptionskoeffizienten α und damit von der Abklingzeit τ des Resonators abhängt. Es gilt (siehe Abschn. 1.3)

$$
\tan\!g\, \phi = \Omega \cdot \tau
\tag{1.13}
$$

wenn Ω die Modulationsfrequenz ist. Diese Phasenmethode wird auch bei der Messung von Lebensdauern angeregter Atom- bzw. Molekülniveaus verwendet (siehe Abschn. 6.2).

Misst man die Phasenverschiebung ϕ zwischen den beiden Teilwellen, so lässt sich die Abklingzeit τ des Resonators und damit auch der Absorptionskoeffizient α nach (1.16) ermitteln.

Eine Variante der CRDS ist die „cavity-leak-out"-Spektroskopie CALOS [1.14–1.16].

Hier wird ein cw-Laser verwendet, dessen Ausgangsstrahl an die Grundmode des Abklingresonators angepasst wird und dessen Frequenz kontinuierlich durchgestimmt wird. Jedes Mal wenn die Laserfrequenz mit einer Eigenresonanz des Resonators übereinstimmt, baut sich eine intensive stehende Welle im Reosnator auf. Der Laser wird beim Erreichen der maximalen Intensität im Resonator kurzzeitig abgeschaltet und die Abklingzeit der im Resonator gespeicherten Leistung wird mit und ohne absorbierende Probe im Resonator gemessen.

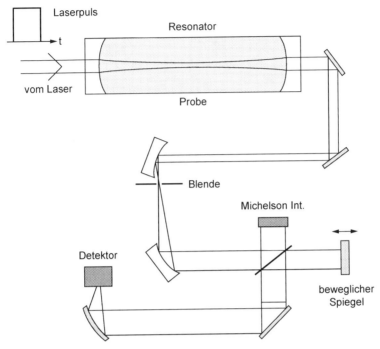

Abb. 1.12. Experimentelle Anordnung zur Fourier-CRD-Spektroskopie. Nach [1.17]

Weil das Rauschen von cw Lasern im Allgemeinen kleiner ist als für gepulste Laser, ist die Nachweisempfindlichkeit von CALOS höher. Die kleinsten noch messbaren Absorptionskoeffizienten liegen bei $\alpha = 5 \cdot 10^{-11}\,\mathrm{cm}^{-1}\,\mathrm{Hz}^{-1/2}$. Relative Konzentrationen bis in den ppb-Bereich (parts per billion , d. h. $1\,\mathrm{ppb} = 10^{-12}$) können für molekulare Gase wie NO, CO, CO_2, NH_3 etc., die für biologische und medizinische Diagnosen eine Rolle spielen, noch sicher nachgewiesen werden [1.14].

Anmerkung: Im Englischen ist $1\,\mathrm{ppb} = 10^{-9}$, weil die Benennung „billion" für unsere Milliarde gebraucht wird.

Eine besonders effiziente Technik verwendet die Kombination von Fourier-Transform-Spektroskopie und CRDS [1.17]. Hier wird die Empfindlichkeit der CRDS mit dem Multiplex-Vorteil der Fourier-Spektroskopie, bei der das gesamte Spektrum gleichzeitig gemessen wird, verbunden (Abb. 1.12).

Mehr Informationen über die cavity-ringdown spectroscopy kann man in den Review-Artikeln [1.17–1.19] finden, in denen auch viele Referenzen zu speziellen Methoden und Ergebnissen angegeben sind.

1.2.3 Absorptionsspektroskopie innerhalb des Laserresonators

Bringt man die absorbierende Probe in den Laserresonator, so kann die Nachweisempfindlichkeit in günstigen Fällen um viele Größenordnungen höher sein als bei

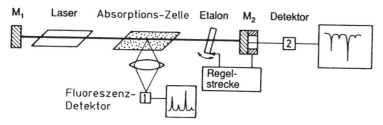

Abb. 1.13. Spektroskopie innerhalb des Laserresonators

der in Abschn. 1.1 beschriebenen Einwegabsorption. Man kann dabei drei verschiedene Effekte ausnutzen:

1) Innerhalb eines Laserresonators, dessen einer Endspiegel das Reflexionsvermögen $R_1 = 1$ und der andere das Transmissionsvermögen T_2 haben möge, ist die Laserleistung um den Faktor $q = 1/T_2$ größer als ausserhalb des Resonators. Bringt man eine Absorptionszelle der Länge L in den Resonator, so ist die von dieser Probe bei der Frequenz ω absorbierte Leistung P_a, bei der Laserausgangsleistung P_L

$$P_a(\omega) = qP_L\alpha(\omega)L \,. \tag{1.14}$$

Misst man diese absorbierte Leistung direkt, z.B. über die von den absorbierenden Molekülen emittierte Fluoreszenz (Abbschn. 1.3.1) oder über die Druckerhöhung in einer optoakustischen Absorptionszelle (Abbschn. 1.3.2), so erhält man dabei ein q mal so großes Signal wie bei der Einwegabsorption (Abb. 1.13). Mit einem praktisch realisierbaren Wert $T_2 = 0,01$ wird $q = 100$, und die absorbierte Leistung steigt auf das Hundertfache der Einwegabsorption an, solange Sättigungseffekte vernachlässigt werden können.

Eine andere Betrachtungsweise für dieselbe Tatsache geht davon aus, dass jedes Laserphoton im Mittel $q = 1/T_2$ mal im Resonator hin- und herläuft, und deshalb die effektive Absorptionslänge q mal höher als bei der Einwegabsorption ist.

Man kann die Absorption über die von den angeregten Molekülen emittierte Fluoreszenz nachweisen (siehe Abschn. 1.3.1).

2) Eine andere Nachweismöglichkeit für kleine Absorptionen benutzt die Abhängigkeit der Laserausgangsleistung von den Verlusten im Resonator bei vorgegebener Pumpleistung. Dicht oberhalb der Oszillationsschwelle können bereits geringe Änderungen dieser Verluste zu drastischen Änderungen der Ausgangsleistung führen. Dies hat folgenden Grund:

Bei gegebener Pumpleistung nimmt die Verstärkung $G(P)$ des aktiven Mediums mit zunehmender Laserleistung P_L im Resonator ab, weil die Inversion durch die induzierte Emission abgebaut wird (Sättigung). Im stationären Betrieb stellt sich P_L so ein, dass die Gesamtverstärkung $G(P)$ genau die Gesamtverluste γ des Resonators kompensiert. Der Verstärkungsfaktor pro Umlauf $G = \exp[-2\alpha_s L - \gamma]$ wird für $\gamma = -2\alpha_s$: $G = 1$, d. h. die gesättigte Verstärkung $g_s = -2L\alpha_s$ ist gleich den Verlusten γ pro Resonator-Umlauf (Bd. 1, Abschn. 5.4). Bringt man in den Resonator eine Probe mit dem Absorptionskoeffizienten $\alpha(\omega)$ und der Länge L, so sinkt P_L infolge der

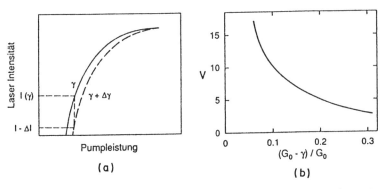

Abb. 1.14a,b. Laserausgangsleistung und ihre Änderung bei zusätzlichen Verlusten $\Delta\gamma$ als Funktion der Pumpleistung (**a**) und des Verstärkungsfaktor V gegenüber der Einwegabsorption als Funktion der Pumpleistung oberhalb der Schwelle (**b**)

zusätzlichen Verluste $\Delta\gamma = 2\alpha L$ auf den Wert $P_{\mathrm{L}} - \Delta P_{\mathrm{L}}$. Dabei ist ΔP_{L} dadurch festgelegt, dass die größere Verstärkung $G(P_{\mathrm{L}} - \Delta P_{\mathrm{L}})$ gerade wieder die größeren Verluste $\gamma + \Delta\gamma$ kompensiert. Wie man aus Abb. 1.14 sieht, ist die relative Leistungsänderung $\Delta P_{\mathrm{L}}/P_{\mathrm{L}}$ bei kleinem P_{L}, d. h. dicht oberhalb der Schwelle, besonders groß, sodass dort eine vorgegebene Absorptionsänderung $\Delta\gamma = \Delta G(P_{\mathrm{L}})$ bei konstanter Pumpleistung zu großen relativen Leistungsänderungen ΔP_{L} führt.

Die gesättigte Verstärkung $g_{\mathrm{s}} = 2L\alpha_{\mathrm{s}}$ hängt von der Intensität im Resonator ab. Es gilt:

$$g_{\mathrm{s}} = \frac{g_0}{(1 + I/I_{\mathrm{s}})} = \frac{g_0}{(1 + P/P_{\mathrm{s}})} \qquad (1.15a)$$

wobei I_{s} die Sättigungsintensität ist (siehe Bd. 1, Abschn. 3.5). Der Verstärkungsfaktor g sinkt von g_0 für $P = 0$ auf $g_0/2$ für $P = P_{\mathrm{s}}$. Bei einer konstanten Pumpleistung stabilisiert sich die Laserleistung P_{L} auf einen Wert bei dem $g_{\mathrm{s}} = \gamma$ ist. Dies ergibt mit (1.15a) für die Laser-Ausgangsleistung

$$P_{\mathrm{L}} = P_{\mathrm{s}} \cdot \frac{g_0 - \gamma}{\gamma} \; . \qquad (1.15b)$$

Wenn zusätzliche kleine Verluste $2\alpha L$ durch die Absorption der Probe im Resonator auftreten, sinkt die Laserleistung auf den Wert

$$P_{\mathrm{a}} = P_{\mathrm{L}} - \Delta P = P_{\mathrm{s}} \cdot \frac{g_0 - \gamma - \Delta\gamma}{\gamma + \Delta\gamma} \qquad (1.15c)$$

Aus den Gl. (1.15a–c) erhält man die relative Änderung

$$\frac{\Delta P_{\mathrm{L}}}{P_{\mathrm{L}}} = \frac{g_0}{g_0 - \gamma} \cdot \frac{\Delta\gamma}{\gamma + \Delta\gamma} \approx \frac{\Delta\gamma \cdot g_0}{\gamma(g_0 - \gamma)} \; . \qquad (1.15d)$$

Gegenüber der Einwegabsorption ($\Delta P/P = \Delta\gamma$) erhält man also eine Verstärkung der relativen Leistungsänderung um den Faktor

$$V = \frac{g_0}{g_0 - \gamma} \frac{1}{\gamma + \Delta\gamma} \simeq \frac{g_0/\gamma}{g_0 - \gamma} , \quad \text{wenn} \quad \Delta\gamma \ll \gamma . \tag{1.15e}$$

Bei Pumpleistungen weit oberhalb der Laserschwelle ist die ungesättigte Verstärkung $g_0 \gg \gamma$, und (1.15) geht über in $V = 1/\gamma$. Sind die Resonatorverluste hauptsächlich durch die Transmission $T_2 = 1/q$ des Auskoppelspiegels bestimmt, so wird $V = 1/\gamma = q$. Die relative Leistungsänderung ist dann q mal größer als bei der Einwegabsorption – genau wie die Signalverstärkung bei dem unter 1) diskutierten Effekt.

Dicht oberhalb der Schwelle ist g_0 jedoch nur wenig größer als γ, d. h. $g_0 - \gamma \ll g_0$. Der Verstärkungsfaktor V kann dann sehr große Werte annehmen. Die praktisch erreichbare Verstärkung des Absorptionssignals ist im Wesentlichen begrenzt durch die zunehmende Instabilität der Laserleistung gegen die Schwelle hin und durch die Tatsache, dass bei sehr kleiner Laserintensität die spontane Emission in Richtung der Laseremission nicht mehr vernachlässigbar ist und die Messung stört.

3) Wir hatten bei Punkt 2) angenommen, dass der Laser nur in einer Mode schwingt. Die größte Nachweisempfindlichkeit für geringe Absorptionen im Laserresonator erreicht man jedoch mit Lasern, die gleichzeitig in vielen, miteinander gekoppelten Moden oszillieren. Dies trifft z. B. zu auf Farbstofflaser ohne zusätzliche Modenselektion, die ein breites, homogenes Verstärkungsprofil haben (Bd. 1, Abschn. 5.6.4). Bei einem solchen Profil können im Prinzip die gleichen Moleküle des aktiven Mediums zur Verstärkung aller Frequenzen ω_i, der verschiedenen Moden innerhalb der homogenen Linienbreite beitragen. Dies führt zu einer Kopplung zwischen den Moden, wodurch die Empfindlichkeit für die selektive Absorption einer Mode erheblich größer werden kann. Dies lässt sich folgendermaßen einsehen:

Der Laser möge gleichzeitig auf M Moden schwingen, von denen aber nur eine Mode mit einer Absorptionslinie der absorbierenden Probe innerhalb des Resonators überlappt. Diese Mode erfährt daher einen zusätzlichen Verlust $\Delta\gamma = \alpha(\omega_k)\cdot 2L$, wodurch ihre Leistung abnimmt, und die Inversion des aktiven Mediums von dieser Mode weniger stark abgebaut wird. Bei einem homogenen Verstärkungsprofil werden die anderen Moden durch die gleichen Moleküle des aktiven Mediums verstärkt; deren Verstärkung nimmt daher durch die Leistungsabnahme der einen Mode zu. Ihre Leistung steigt, sodass die Inversion weiter abgebaut wird. Dies vermindert aber wiederum die Verstärkung der einen Mode deren Leistung deshalb weiter abnimmt. Bei genügend starker Kopplung führt dieses Wechselspiel dazu, dass die durch die zusätzliche Absorption benachteiligte Mode vollständig unterdrückt wird.

Nun ist im Allgemeinen die Kopplung zwischen den Moden begrenzt, weil die entsprechenden stehenden Wellen im Resonator wegen ihrer etwas unterschiedlichen Wellenlänge ihre Bäuche und Knoten an verschiedenen Orten im aktiven Medium haben, sodass sich die Volumina des aktiven Mediums für die verschiedenen Moden nur teilweise überlappen („**spatial hole-burning**", Bd. 1, Abschn. 5.3.3). Man kann dadurch bei geeigneter Pumpleistung erreichen, dass die absorbierende Mode nicht vollständig unterdrückt wird, sondern nur eine starke Intensitätsabnahme erfährt.

Eine genauere Rechnung [1.20, 1.21] ergibt für die Verstärkung V der Nachweis-empfindlichkeit gegenüber derjenigen bei Einwegabsorption außerhalb des Resonators anstelle von (1.15e) den erweiterten Ausdruck

$$V = \frac{G_0}{G_0 - \gamma} \frac{1}{\gamma + \Delta\gamma} (1 + MK) \,, \tag{1.16}$$

wobei K ein Maß für die Kopplung zwischen der absorbierenden Mode und allen anderen Moden ist. Bei fehlender Kopplung ($K = 0$) erhält man dasselbe Ergebnis wie (1.15e) beim Einmodenlaser. Für $K = 1$ wird der Verstärkungsfaktor V proportional zur Zahl M der miteinander koppelnden Moden. Haben die absorbierenden Moleküle mehrere Absorptionslinien innerhalb der Bandbreite des Laser-Verstärkungsprofils, so werden die Lasermoden, die mit Absorptionslinien zusammenfallen, geschwächt oder ganz ausgelöscht. Im Ausgangsspektrum des Lasers erscheinen also bei den entsprechenden Wellenlängen Minima, deren Tiefe um den Faktor V größer ist als bei der Einwegabsorption. Der Faktor M in (1.16) gibt jetzt das Verhältnis der Zahl aller Moden zur Zahl der unterdrückten Moden an. Dies ist bei gleichmäßiger Modendichte gleich dem Verhältnis der Spektralbreite des homogenen Verstärkungsprofiles zu dem der Absorptionslinien.

Wird die Ausgangsstrahlung des Lasers durch einen Spektrographen dispergiert, so kann man den Leistungseinbruch bei allen Laserfrequenzen ω_k, bei denen Absorptionslinien liegen, gleichzeitig nachweisen. Statt des Spektrographen kann man auch zeitaufgelöste Fourier-transform-Spektroskopie (siehe Bd. 1, Abschn. 4.2.1) verwenden, die ein höheres Auflösungsvermögen erreicht [1.24].

Bisher hatten wir angenommen, dass die Modenfrequenzen und die Kopplung zwischen den Moden zeitunabhängig sei. Dies ist jedoch in realen Lasern nicht der Fall, weil durch Dichtefluktuationen der Farbflüssigkeit und durch äußere Störungen Phasen und Frequenzen der Lasermoden schwanken. Man kann eine mittlere Modenlebensdauer t_m definieren, die angibt, wie lange eine Mode im Mittel in einem Multimode-Laser oszilliert. Die Messzeit für Absorptionsspektren sollte diesen Wert t_m nicht überschreiten. Deshalb wird für die „Intracavity Absorption" der in Abb. 1.15 gezeigte Aufbau benutzt, bei dem der Pumpstrahl für den Farbstofflaser durch den

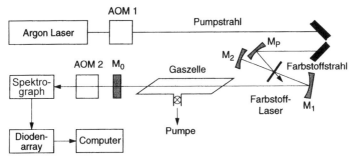

Abb. 1.15. Experimentelle Anordnung für die Spektroskopie im Laserresonator mit optoakustischen Schaltern zur Abschaltung des Pumplasers und zur Einstellung der Detektionszeit [1.24]

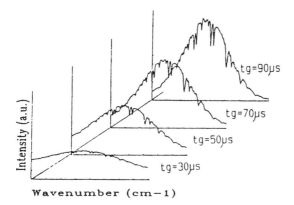

Abb. 1.16. Zeitliche Entwicklung des Ausgangsspektrums des Farbstofflasers mit interner Absorptionszelle [1.28]

akusto-optischen Modulator zur Zeit $t = 0$ abgeschaltet wird, und ein zweiter Schalter AOM2 zur Zeit $t < t_m$ den Ausgang des Farbstofflasers für ein Zeitintervall Δt freigibt [1.24].

Das durch den Spektrographen gemessene Absorptionsspektrum entspricht dann einer effektiven Absorptionslänge

$$\Delta L_{\text{eff}} = ctL/d \;, \tag{1.17}$$

wenn L die Länge der Absorptionszelle und d die des Laserresonators ist.

Beispiel 1.4

$T = 10^{-4}\,\text{s}$, $L/d = 0{,}4 \rightarrow \Delta L_{\text{eff}} = 1{,}2 \cdot 10^4\,\text{m} = 12\,\text{km}!$

In Abb. 1.16 ist die zeitliche Entwicklung des Ausgangsspektrums gezeigt, aus der man die mit wachsendem t immer stärker werdenden Absorptionslinien erkennt. Man sieht auch die zunehmende spektrale Einengung der Intensitäsverteilung.

Diese spektroskopische Technik erreicht von allen *Absorptionsmethoden* die höchste Empfindlichkeit. Die Nachweisgrenze liegt bei Absorptionskoeffizienten von $\alpha \geq 10^{-14}\,\text{cm}^{-1}$. Dies soll durch einige Anwendungsbeispiele illustriert werden:

1) Die selektive Absorption einiger Moden eines CW Farbstofflasers durch Jodmoleküle im Laserresonator wurde dadurch nachgewiesen (Abb. 1.17), dass die Änderung der laserinduzierten Fluoreszenz einer zweiten Jodzelle außerhalb des Resonators als Monitor benutzt wurde [1.25]. Die Empfindlichkeitsverstärkung V erreichte bei dieser Anordnung Werte bis $V = 10^5$ und erlaubte den Nachweis von J_2-Molekülen noch bei Konzentrationen von $n < 10^8\,\text{cm}^{-3}$ ($3 \cdot 10^{-9}\,\text{mbar}$).

2) Wie von *Atkinson* et al. [1.26] am Beispiel von NH_2 und HCO Radikalen gezeigt wurde, deren Konzentration nach der Photolyse von NH_3 zeitlich aufgelöst mithilfe eines Blitzlampen-gepumpten Farbstofflasers gemessen wurde, lassen sich auch kurzlebige Radikale in geringen Konzentrationen nachweisen.

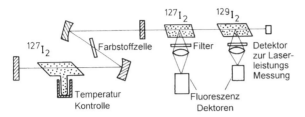

Abb. 1.17. Isotopen-selektive Intracavity-Absorptionsspektroskopie. Die Wellenlängen λ_k, die vom Isotop $^{127}I_2$ innerhalb des Laserresonators absorbiert werden, fehlen in der Laser-Ausgangsleistung und regen deshalb keine Fluoreszenz in der Absorptionszelle mit $^{127}I_2$ außerhalb des Resonators an [1.36]

3) Sehr schwache Obertonbanden $3 \leftarrow 0$ des verbotenen Überganges $^1\Sigma_g^+ \leftarrow {}^3\Sigma_g^-$ im O_2 Molekül konnten bei einer Empfindlichkeit von $\alpha > 10^{-8}\,\mathrm{cm}^{-1}$ im Resonator eines CW Farbstofflasers noch vermessen werden [1.27].

4) Die Kopplung der Lasermoden durch eine absorbierende Probe im Resonator wurde experimentell von *Baev* et al. [1.28–1.30] genauer untersucht. Sie erreichten mit einem CW Farbstofflaser eine Empfindlichkeit von $\alpha < 10^{-11}\,\mathrm{cm}^{-1}$

Mithilfe von vibronischen Festkörperlasern mit breitem Verstärkungsprofil sollten effektive Absorptionslängen von mehr als $10^5\,\mathrm{km}$ möglich sein [1.31]. Bisher begrenzt jedoch die Doppelbrechung in den Laserkristallen die mögliche Empfindlichkeit. Wird der Kristall so geschliffen, dass der Laserstrahl in Richtung der optischen Achse läuft, sollte diese Begrenzung wegfallen.

Eine interessante Kombination von „ring-down"- und „intra-cavity"-Spektroskopie wurde von *Atherton* et al. [1.33] und *Löhden* et al. [1.34] vorgestellt zur Erhöhung der Empfindlichkeit von Gas-Sensoren in optischen Fibern, die einen geschlossenen Ring bilden, der als Resonator dient, in dem die Absorptionszelle als mikro-optische Zelle integriert ist.

Für eine ausführliche Behandlung der Empfindlichkeit und Dynamik der „Intracavity"-Absorption wird auf die Literatur [1.24–1.28, 1.30–1.35] verwiesen.

1.3 Direkte Messung der absorbierten Photonen

Die größte Nachweisempfindlichkeit wird erreicht, wenn man nicht die Änderung der Laserleistung durch die Absorption der Probe als Nachweis benutzt sondern direkt die absorbierte Energie misst. Dies kann mit verschiedenen Methoden realisiert werden, die in diesem Abschnitt vorgestellt werden.

1.3.1 Anregungsspektroskopie

Bei der Anregungsspektroskopie wird die von den absorbierenden Molekülen emittierte Fluoreszenz als Nachweis für die Absorption verwendet. Die Laserfrequenz möge auf den absorbierenden Übergang $E_i \rightarrow E_k$ abgestimmt sein (Abb. 1.18). Bei

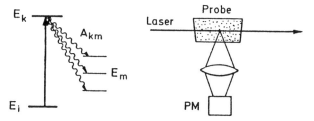

Abb. 1.18. Niveauschema für die Anregungsspektroskopie

einer Dichte von N_i absorbierenden Molekülen im Zustand E_i werden auf der Strecke Δx von den auftreffenden n_L Laserphotonen die Anzahl

$$n_a = N_i n_L \sigma_{ik} \Delta x \tag{1.18}$$

pro Sekunde absorbiert, wenn σ_{ik} der Absorptionsquerschnitt pro Molekül für den Übergang $i \rightarrow k$ ist. Die Zahl der pro Sekunde von N_k Molekülen pro cm^3 im angeregten Zustand E_k emittierten Fluoreszenzquanten ist

$$n_{Fl} = N_k A_k = n_a \eta_k \,, \tag{1.19}$$

wobei A_k die gesamte spontane Übergangswahrscheinlichkeit pro Sekunde

$$A_k = \sum_m A_{km} \tag{1.20}$$

für alle möglichen Fluoreszenzübergänge zu Zuständen $E_m < E_k$ ist. Wenn die Quantenausbeute $\eta_k = A_k/(A_k + S_k)$, die das Verhältnis von spontaner zu totaler (einschließlich strahlungsloser) Übergangswahrscheinlichkeit angibt, gleich eins ist, wenn also keine strahlungslose Deaktivierung des Zustandes E_k erfolgt, ist $n_{Fl} = n_a$. *Jedem absorbierten Laserphoton entspricht dann ein Fluoreszenzphoton.*

Erfasst man von den in alle Richtungen ausgesandten Fluoreszenzphotonen den Bruchteil δ mit der Photomultiplier-Kathode, deren Quantenausbeute η_{Ph} sei, so ist die Zahl n_{Ph} der gemessenen Photoelektronen

$$n_{Ph} = n_a \eta_k \eta_{Ph} \delta = N_i n_L \sigma_{ik} \Delta x \eta_k \eta_{Ph} \delta \,. \tag{1.21}$$

Moderne Photomultiplier erreichen eine Quantenausbeute $n_{Ph} = 0,2$. Mit einer gut ausgelegten Optik kann man $\delta \geq 0,1$ erzielen. In Abb. 1.19 sind zwei besonders effektive Abbildungssysteme gezeigt [1.36], bei denen ein kleines Anregungsvolumen entweder durch einen Parabolspiegel und eine Linse auf den Photomultiplier (Abb. 1.19a) oder über einen elliptischen und einen sphärischen Spiegel auf die Eintrittsfläche eines Lichtleiters abgebildet wird (Abb. 1.19b). Mit einem optischen Fiberbündel lässt sich der Ausgangsquerschnitt ideal auf die Fläche des Eintrittsspaltes eines Monochromaters anpassen (Abb. 1.19c). Man erreicht mit diesen Anwendungen Sammelwahrscheinlichkeiten von $\delta > 0,7$.

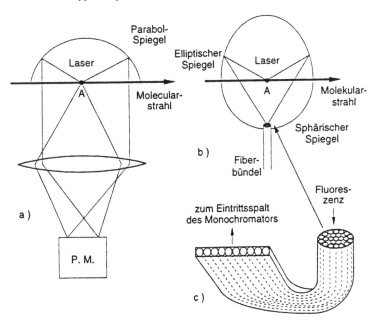

Abb. 1.19a–c. Zwei optische Systeme zur effektiven Sammlung der laserinduzierten Fluoreszenz: (**a**) Mit Parabolspiegel und Linse, (**b**) mit elliptischem und sphärischem Spiegel, (**c**) Fiberbündel zur Abbildung auf den Spektrographenspalt

---

Beispiel 1.5

Benutzt man zum Nachweis Photonenzählverfahren (Bd. 1, Abschn. 4.5.3), so kann man bei Zählraten von 100 Pulsen/s mit gekühlten Multipliern (Dunkelstrom $\leq$ 10 Pulse/s) bereits ein ausreichendes Signal/Rausch-Verhältnis erhalten. Einsetzen dieser Zahlenwerte in (1.21) ergibt, dass man mit Quantenausbeuten von $\eta_k = 1$ bereits Absorptionsraten von 10^3 Laserphotonen pro Sekunde quantitativ messen kann. Da einer Laserleistung von 0,3 W bei λ = 500 nm ein Photonenstrom von $n_L = 10^{18}$ Photonen/s entspricht, bedeutet dies, dass man bereits eine relative Absorption von $\Delta I/I \leq 10^{-15}$ nachweisen kann!

Die Empfindlichkeit lässt sich weiter steigern, wenn man die Probe in den Laserresonator stellt (Abb. 1.13) und damit n_L um den Faktor $q \simeq 10$ bis 100 erhöht (Abschn. 1.2.3).

Verstimmt man die Laserfrequenz ω_L durch den interessierenden spektralen Absorptionsbereich und misst dabei die Fluoreszenzintensität $I_{Fl}(\omega_L)$, so erhält man ein sogenanntes „**Anregungsspektrum**", das ein Spiegelbild des Absorptionsspektrums ist. Die relativen Intensitäten der einzelnen Spektrallinien in einem solchen Anregungsspektrum entsprechen genau denen der Absorptionslinien, wenn die Nachweisempfindlichkeit η_{Ph} des Fluoreszenzdetektors im Spektralbereich der emittier-

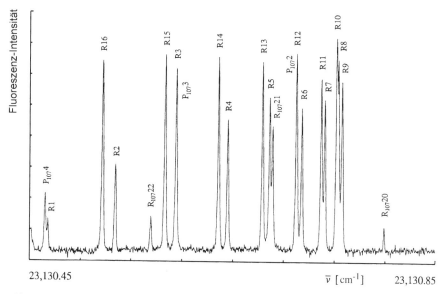

Abb. 1.20. Ausschnitt aus dem Doppler-freien Anregungsspektrum des ^{107}Ag^{109}Ag Isotopomers, der den Bandenkopf der $v' = 1 \leftarrow v'' = 0$ Bande im $A\,^1\Sigma_u \leftarrow X\,^1\Sigma_g$ System zeigt, überlagert von einigen Linien des ^{107}Ag^{107}Ag Isotopomers [1.37]

ten Fluoreszenz konstant ist und die Quantenausbeute η_k aller angeregten Zustände die gleiche ist.

Dieses Nachweisverfahren hat sich bei der Messung sehr kleiner Absorptionen im sichtbaren und ultravioletten Spektralbereich sehr bewährt. Es wurde z. B. bei Messungen der Absorptionsspektren in Molekularstrahlen erfolgreich verwendet, wo sowohl die Dichte der absorbierenden Moleküle ($N_i \approx 10^6 \div 10^{12}\,\mathrm{cm}^{-3}$) als auch die Absorptionsweglänge ($\Delta x \approx 0{,}1\,\mathrm{cm}$) sehr klein sind (Abschn. 4.1).

Zur Illustration ist in Abb. 1.20 ein Ausschnitt aus dem rotationsaufgelösten Anregungsspektrum des Isotopomers ^{107}Ag^{109}Ag des Silbermoleküls Ag$_2$ um $\lambda = 423\,\mathrm{nm}$ gezeigt, das mit einem frequenzverdoppelten cw-Farbstofflaser in einem Molekularstrahl aufgenommen wurde. Trotz der geringen Dichte von Silberdimeren konnte ein sehr gutes Signal/Rausch-Verhältnis erreicht werden [1.37].

Auch beim Nachweis geringer Konzentrationen von Radikalen und kurzlebigen Zwischenprodukten bei chemischen Reaktionen zeigt sich die große Empfindlichkeit der Anregungsspektroskopie [1.38]. Dies wurde besonders eindrucksvoll demonstriert durch ein Experiment von *Fairbanks* et al. [1.39] bei dem mithilfe eines CW-Farbstofflasers Na-Atom-Konzentrationen bis herunter zu 10^2 Atomen/cm^3 gemessen werden konnten. Aus der Abhängigkeit der Fluoreszenzintensität von der Temperatur der Na-Zelle erhält man wegen des einfachen Zusammenhanges zwischen Atom-Dichte und Fluoreszenzintensität sehr genaue Dampfdruck-Kurven.

Für Moleküle in einer Flüssigkeit oder in Gasen bei hohem Druck kann dasselbe Molekül sehr oft angeregt werden, sodass ein einziges Molekül viele tausend Fluoreszenzphotonen aussenden kann. Dies ist in Abb. 1.21 erläutert:

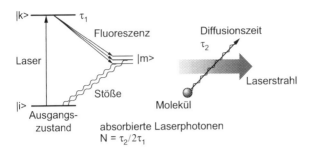

Abb. 1.21. Zum Einzelmolekül-Nachweis durch N Fluoreszenz-Photonen

Wenn ein Molekül in ein oberes Niveau $|k\rangle$ durch Absorption eines Laserphotons angeregt wird, kann das angeregte Molekül durch Fluoreszenz in viele tiefere Niveaus $|m\rangle$ übergehen. Nur ein kleiner Bruchteil geht zurück in das Ausgangsniveau $|i\rangle$. Bei genügend kurzen Stoßzeiten, d. h. bei hohem Gasdruck oder in Flüssigkeiten sorgen schnelle stoßinduzierte Übergänge dafür, dass das entleerte Niveau $|i\rangle$ wieder aufgefüllt wird. Wenn die stoßinduzierten Übergänge in einer Zeit erfolgen, die kurz ist gegenüber der spontanen Lebensdauer τ des angeregten Niveaus, können pro s im Mittel bis zu $1/(2\tau)$ Anregungszyklen durchlaufen werden, d. h. es werden $1/(2\tau)$ Fluoreszenzphotonen pro s emittiert, solange sich das Molekül im anregenden Laserstrahl befindet. In einer Flüssigkeit vollführt das Molekül eine Brown'sche Molekularbewegung, sodass seine Aufenthaltszeit T im Laserstrahl durchaus einige Millisekunden betragen kann. Die Zahl N der von einem Molekül emittierten Fluoreszenzphotonen wird dann

$$N = \frac{T}{2\tau}. \tag{1.22}$$

Beispiel 1.6

Mit $\tau = 10^{-8}$ s und $T = 10^{-3}$ s wird $N = 5 \cdot 10^4$, d. h. ein einzelnes Molekül sendet beim Durchqueren des Laserstrahls etwa 50.000 Fluoreszenz-Photonen aus.

Beobachtet man die Fluoreszenz durch ein Mikroskop, so kann man den Weg eines einzelnen Moleküls in der Flüssigkeit verfolgen [1.40]. Dies hat große Bedeutung z. B. für die Untersuchung des Weges von Bakterien, die in Zellen eindringen (siehe Abschn. 10.5.7).

Mit abnehmenden η_k und η_{Ph} steigt die noch messbare Minimalzahl der absorbierten Photonen. Daher sinkt die Empfindlichkeit der Anregungsspektroskopie im infraroten Spektralbereich stark ab. Dafür sind folgende Ursachen verantwortlich: Einmal ist die Empfindlichkeit der Photodetektoren im IR wesentlich kleiner als im sichtbaren Gebiet. Zum anderen sind bei Anregung mit Infrarotstrahlung die angeregten Zustände im Allgemeinen Schwingungs-Rotations-Niveaus im elektronischen Grundzustand, deren spontane Lebensdauer häufig um Größenordnungen länger ist als die der elektronisch angeregten Zustände. Bei niedrigem Druck diffundieren daher viele Moleküle aus dem Gesichtsfeld des Detektors an die Wände der

Absorptionszelle, bevor sie spontan emittieren. Bei höherem Druck kann die Anregungsenergie durch Stoßprozesse in Translationsenergie der Stoßpartner umgewandelt werden. Beide Effekte vermindern drastisch die Quantenausbeute.

Glücklicherweise wurde für diesen IR-Bereich ein Nachweisverfahren entwickelt, das gerade die strahlungslose Energieübertragung von den laserangeregten Molekülen ausnutzt, nämlich die photoakustische Spektroskopie, die auf der Umwandlung von Photonenenergie in akustische Energie basiert.

1.3.2 Photoakustische Spektroskopie

Die photoakustische Spektroskopie ist ein empfindliches Verfahren zur Messung kleiner Absorptionen und wird vor allem angewendet, wenn man geringe Konzentrationen einer Molekülsorte in Gegenwart von anderen Gasen bei relativ hohem Druck (bis zu 1 atm) nachweisen oder ihr Absorptionsspektrum messen will. Es basiert auf folgendem Prinzip:

Wird der Laser auf eine Absorptionsfrequenz der zu untersuchenden Moleküle abgestimmt, so wird ein Teil dieser Moleküle durch Absorption des Laserlichtes in einen energetisch angeregten Zustand gebracht. Durch Stöße mit anderen Gasmolekülen in der Absorptionszelle können die angeregten Moleküle ihre Anregungsenergie ganz oder teilweise abgeben und in Translations-, Rotations- oder Schwingungs-Energie der Stoßpartner umwandeln (Abb. 1.22a). Im thermischen Gleichgewicht wird sich die Energie gleichmäßig auf alle Freiheitsgrade verteilen. Die Erhöhung der Translationsenergie bedeutet aber eine Temperaturerhöhung des Gases und damit – bei konstanter Dichte in der Zelle – einen Druckanstieg.

Bei Relaxationsquerschnitten in der Größenordnung von $\sigma \simeq 10^{-18} \div 10^{-19}\,cm^2$ für die Stoßdeaktivierung angeregter Schwingungsniveaus geschieht diese Gleichverteilung bei einem Druck von 1 mbar bereits in etwa 10^{-5} s. Unterbricht man den Laserstrahl periodisch mit Frequenzen unterhalb 10 kHz, so erhält man periodische Druckschwankungen in der Absorptionszelle, die von einem empfindlichen Mikrophon an der Innenwand der Zelle nachgewiesen werden können (Abb. 1.22b). Wenn man die Unterbrecherfrequenz so wählt, dass sie einer akustischen Eigenresonanz der Zelle entspricht, erhält man eine Verstärkung der Druckamplitude, die zwei Größenordnungen betragen kann. Dieser experimentelle Trick hat den zusätzlichen Vorteil, dass man Eigenschwingungen, die stehenden Wellen in der Zelle entsprechen, so wählen kann, dass sie an den Orten des Laserstrahls optimal, an den Zellwänden aber weniger angeregt werden. Wird die Laserwellenlänge über eine Absorptionslinie der Moleküle in der Zelle durchgestimmt, so ist das Ausgangssignal des Mikrophons proportional zur absorbierten Laserenergie und damit zum Absorptions-Koeffizienten. Da bei diesem Messverfahren die Energie der absorbierten Laserphotonen in periodische Druckschwankungen, d. h. akustische Signale umgewandelt wird, nennt man es **photoakustische Spektroskopie** und die Messzelle selbst **Spektraphon**.

Die Messmethode an sich ist sehr alt und wurde bereits 1880 von A.G. Bell und J. Tyndal – siehe [1.41] – angegeben. Ihre große Nachweisempfindlichkeit erlangte sie allerdings erst durch die Verwendung leistungsstarker Laser, empfindlicher Kondensatormikrophone und rauscharmer Verstärker. Konzentrationen absorbierender

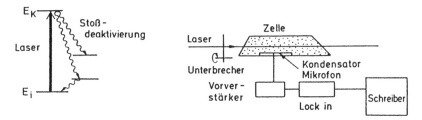

Abb. 1.22a,b. Termschema (**a**) und experimentelle Anordnung (**b**) für die photo-akustische Spektroskopie

Moleküle im ppb-Bereich (1 ppb entspricht einer relativen Konzentration von 10^{-9}) bei einem Gesamtdruck von 1 mbar bis 1 atm sind mit einem modernen Spektraphon sicher nachzuweisen.

Solange man Sättigungseffekte vernachlässigen kann, ist das gemessene akustische Signal S

$$S = C N_i \sigma_{ik} \overline{P}_L R / \eta_k \tag{1.23}$$

proportional zur Teilchendichte N_i der absorbierenden Moleküle im Zustand E_i, zum Absorptionsquerschnitt σ_{ik} des molekularen Überganges $E_i \rightarrow E_k$, zur mittleren Laserleistung $\overline{P}_L$ und zur Empfindlichkeit R des Mikrophons, aber umgekehrt proportional zur Quantenausbeute η_k des angeregten Molekül-Niveaus. Der Proportionalitätsfaktor C hängt von der Geometrie der Zelle und vom Gesamtdruck des Gases ab. Moderne Kondensatormikrophone mit rauscharmen FET-Vorverstärkern und phasenempfindlichen Verstärkern erreichen Signale von mindestens 1 V pro mbar Druckschwankung bei einem Rauschen von $3 \cdot 10^{-8}$ V mit 1 s Integrationszeit.

Die Nachweisempfindlichkeit liegt daher bei Druckamplituden unterhalb 10^{-7} mb. Sie ist im Allgemeinen jedoch nicht begrenzt durch das elektronische Rauschen des Nachweissystems, sondern durch einen anderen Störeffekt: Laserlicht, das von den Zellfenstern reflektiert wird, oder von Aerosolen in der Zelle gestreut wird, kann teilweise von den Zellwänden absorbiert werden und trägt daher zur Erwärmung der Zelle bei. Der daraus resultierende Druckanstieg ist natürlich auch mit der Unterbrecherfrequenz moduliert und wird vom Detektor als Untergrundsignal registriert.

Es gibt mehrere Möglichkeiten, diesen Störeffekt zu vermeiden: einmal benutzt man Fenster mit Antireflexbelägen, oder – bei linear polarisiertem Laserlicht – Brewster-Fenster. Dies reduziert das oben erwähnte Untergrundsignal und erhöht die Empfindlichkeit [1.42]. Eine weitere Methode benutzt frequenzmodulierte Laser und zeichnet daher die 1. Ableitung des Absorptionsspektrums auf (Abschn. 1.2.1). Da die Absorptionslinien viel schmaler sind als die breitbandige Absorption der Wände, ist für sie die 1. Ableitung wesentlich größer. Bei allen diesen Verfahren kann die Absorptionszelle auch in den Laserresonator gestellt werden, sodass man wegen der höheren Laserintensität die Nachweisempfindlichkeit noch weiter steigern kann (Abschn. 1.2.2), oder man verwendet Vielfachreflexionszellen (Abb. 1.23).

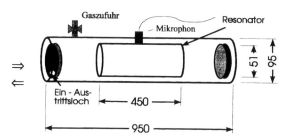

Abb. 1.23. Optoakustische Resonanzzelle in einer optischen Vielfach-Reflexionszelle mit sphärischen Spiegeln. Der Laserstrahl wird durch ein Loch im Spiegel ein- und ausgekoppelt. Die Maße sind in mm angegeben [1.43]

Das optoakustische Signal wird umso kleiner, je größer die Quantenausbeute η_k des angeregten Molekülzustandes wird – siehe (1.23) – weil die Fluoreszenz, solange sie nicht innerhalb der Zelle wieder absorbiert wird, Anregungsenergie wegtransportiert, ohne das Gas aufzuheizen. Diese optoakustische Methode ist daher bei höherem Druck besonders gut im infraroten Spektralgebiet zum Nachweis kleinerer Molekülkonzentrationen in Gegenwart anderer Gase geeignet, weil hier die Anregungsenergie durch Stoßdeaktivierung besonders effektiv in Wärmeenergie umgewandelt wird.

Besonders erfolgreich wurde die optoakustische Methode zur hochauflösenden Absorptionsspektroskopie im Bereich der Schwingungs-Rotationsbanden zahlreicher Moleküle verwendet. Abbildung 1.24 zeigt als Beispiel einen Ausschnitt aus dem

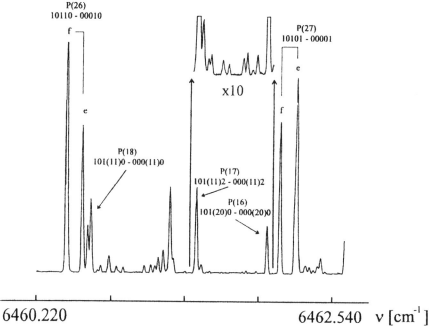

Abb. 1.24. Ausschnitt aus dem photo-akustischen Obertonspektrum von C_2H_2 bei $\bar{\nu} = 6460\,\mathrm{cm}^{-1}$. Das Spektrum zeigt Rotationslinien der Schwingungsübergänge $(10100 \leftarrow 00000)$ und $(00210 \leftarrow 00001)$ [1.43]

Obertonspektrum von Azethylen, an dem man die erreichbare hohe Auflösung bei gleichzeitigem guten Signal/Rausch-Verhältnis erkennt, wie man an dem mit zehnfacher Empfindlichkeit dargestellten Einschub sieht [1.43].

Außer zur Schwingungsanregung von Molekülen kann das Spektraphon – wenn auch mit verringerter Empfindlichkeit – zur Messung von reinen Rotationsspektren [1.44] oder im sichtbaren Spektralgebiet [1.45] verwendet werden. Eine interessante Anwendung liegt in der Messung der Dissoziationsgrenze größerer Moleküle, die bestimmt werden kann, auch wenn das Spektrum in der Nähe dieser Grenze nicht auflösbar ist. Wenn man die Laserwellenlänge über die Dissoziationsgrenze hinweg durchstimmt, sinkt plötzlich das optoakustische Signal drastisch, weil die absorbierte Laserenergie zur Dissoziation gebraucht wird – d. h. in potenzielle Energie umgewandelt wird – und nicht mehr für die kinetische Energie – d. h. Temperaturerhöhung – zur Verfügung steht [1.46].

Eine ausführliche Darstellung der photoakustischen Technik findet man in [1.47 – 1.52].

1.3.3 Ionisationsspektroskopie

Während bei der Anregungsspektroskopie (Abschn. 1.3.1) die Absorption auf dem Übergang $|i\rangle \rightarrow |k\rangle$ durch die vom angeregten Zustand $|k\rangle$ emittierte Fluoreszenz nachgewiesen wird, benutzt die Ionisationsspektroskopie die Photoionisation der Moleküle im Zustand $|k\rangle$ durch einen zweiten Laser L2 zum Nachweis (Abb. 1.25). Die dabei entstehenden Photoionen oder Elektronen werden durch ein elektrisches Feld abgezogen und auf die Kathode eines Teilchen-Multipliers beschleunigt. Jedes Ion oder Elektron erzeugt dort eine Elektronenlawine und am Ausgang des Multipliers einen elektrischen Impuls, der gezählt wird. Wenn man jedes Ion bzw. Elektron sammelt, lässt sich auf diese Weise jeder einzelne Übergang von $|k\rangle$ ins Ionisationskontinuum nachweisen. Die Empfindlichkeit der Methode kann man folgendermaßen abschätzen:

Bei einer Intensität I des ionisierenden Lasers ist die Photonenflussdichte $n_{L2} = I/h\nu_2$ [cm^{-2}/s]. Ist σ_{kI} [cm^2] der Wirkungsquerschnitt für die Photoionisation des Zustandes $|k\rangle$, so wird die Ionenrate S_I [Zahl der Photoionen pro Sekunde und Volumeneinheit]

$$S_I = N_k \sigma_{kI} n_{L2} \, . \tag{1.24a}$$

Die Besetzungsdichte N_k des angeregten Zustandes ergibt sich im stationären Fall aus der Besetzungsdichte N_i des unteren Zustandes und dem Photonenfluss n_{L1} des 1. Lasers:

$$\frac{dN_k}{dt} = 0 = N_i \sigma_{ik} n_{L1} - N_k (R_k + \sigma_{kI} n_{L2}) \, ,$$

$$\Rightarrow N_k = N_i \left(\frac{\sigma_{ik} n_{L1}}{R_k + \sigma_{kI} n_{L2}} \right) . \tag{1.24b}$$

Dabei ist $R_k = A_k + S_k$ die gesamte Relaxationsrate von $|k\rangle$, die gleich der Summe aus spontaner Rate A_k und strahlungsloser Deaktivierungsrate S_k ist.

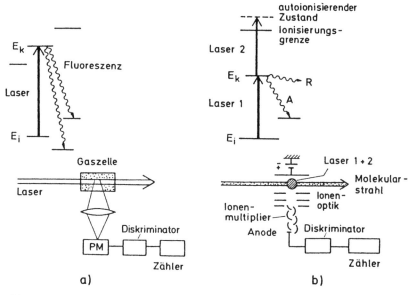

Abb. 1.25. (a) Termschema und experimentelle Anordnung für Anregungsspektroskopie und (b) Ionisationsspektroskopie

Setzt man N_k in (1.24a) ein, so erhält man für die Ionenrate

$$S_{\mathrm{I}} = N_i \left(\frac{\sigma_{ik} n_{\mathrm{L1}}}{1 + R_k / (\sigma_{kl} n_{\mathrm{L2}})} \right). \tag{1.25}$$

Man sieht daraus, dass die Ionenrate gleich der Rate $N_i \sigma_{ik} n_{\mathrm{L1}}$ der auf dem Übergang $|i\rangle \rightarrow |k\rangle$ absorbierten Photonen $h\nu_1$ wird, wenn

$$\sigma_{kl} n_{\mathrm{L2}} \gg R_k \tag{1.25a}$$

ist. *In diesem Fall kann also jedes absorbierte Photon nachgewiesen werden.*

Wir wollen uns an einem Beispiel klar machen, ob dieses Ziel erreichbar ist:

Typische Wirkungsquerschnitte für die Photoionisation liegen bei $\sigma_{kl} = 10^{-17}\,\mathrm{cm}^2$, während die spontanen Lebensdauern etwa bei $\tau = 10^{-8}\,\mathrm{s}$ liegen, also $A_k \simeq 10^8$ ist. Um daher $\sigma_{kl} n_{\mathrm{L2}} = A_k$ zu machen (dies würde bedeuten, dass $S_{\mathrm{I}} = (1/2) \sigma_{ik} n_{\mathrm{L1}}$; d. h. jedes 2. Photon $h\nu_1$ würde nachgewiesen werden), muss $n_{\mathrm{L2}} = 10^{25}\,\mathrm{cm}^{-2}/\mathrm{s}$ sein. Mit gepulsten Lasern ist dies ohne Fokussieren zu realisieren.

Beispiel 1.7

Excimerlaser: 100 mJ/Puls, $\Delta T = 10\,\mathrm{ns}$, $h\nu = 3\,\mathrm{eV}$, Laserstrahl-Querschnitt 1 cm²:
$\rightarrow n_{\mathrm{L2}} = 2 \cdot 10^{25}\,\mathrm{cm}^{-2}\mathrm{s}^{-1}$. Farbstofflaser: 1 mJ/Puls, $\Delta T = 7\,\mathrm{ns}$ $h \cdot \nu = 2\,\mathrm{eV}$ $\rightarrow$ um gleiche Photonenflussdichten zu erreichen, muss der Strahlquerschnitt < 2 mm² sein.

Mit einem CW Laser muss man den ionisierenden Laser in einen kleinen Bündelquerschnitt fokussieren, um die obige Bedingung zu erreichen.

Beispiel 1.8

CW Argonlaser mit 10 W Leistung bei $\lambda = 488\,\text{nm}$ ($\hat{=} 2,5 \cdot 10^{19}$ Photonen/s). Um einen Photonenfluss von $n_{\text{L2}} = 2 \cdot 10^{25}\,\text{cm}^{-2}\,\text{s}^{-1}$ zu erreichen, muss man daher den Strahl auf eine Fläche von $10^{-6}\,\text{cm}^{-2}$ fokussieren, d. h. auf einen Durchmesser von etwa 12 μm.

Oft lässt sich der Laser L2 auf Übergänge vom angeregten Zustand $|k\rangle$ in autoionisierende Rydberg-Zustände oberhalb der Ionisierungsgrenze abstimmen. Für solche Übergänge ist σ_{kI} um bis zu drei Größenordnungen höher, sodass man die Bedingung (1.25a) bereits mit entsprechend kleineren Intensitäten erfüllen kann.

Die Vor- und Nachteile bei der Verwendung von gepulsten bzw. cw-Lasern für die Zweiphotonen-Ionisation in Molekularstrahlen lassen sich wie folgt abschätzen:

Mit gepulsten Lasern genügend hoher Leistung kann jedes absorbierte Photon des anregenden Lasers L_1 zu einem Ion führen, d. h. alle Moleküle, die während der Laserpulsdauer den Laserstrahl durchlaufen, werden ionisiert. Wenn die Laserpulsdauer ΔT ist und die Folgefrequenz $f = 1/T$, wird bei einem kontinuierlichen Molekülstrahl der Bruchteil $\Delta N/N = f \cdot \Delta T$ aller Moleküle, die das Ionisierungsvolumen (Überlapp von Molekularstrahl und Laserstrahl) durchlaufen, ionisiert. Wegen der erreichbaren hohen Leistung kann der Laserstrahl aufgeweitet werden, sodass sein Durchmesser mindesten gleich dem Durchmesser des Molekularstrahls im Kreuzungsvolumen wird. Dann müssen alle Moleküle den Laserstrahl passieren.

Beispiel 1.9

$\Delta T = 10^{-8}\,\text{s}$, $f = 1\,\text{kHz} \rightarrow \Delta N/N = 10^{-5}$.

Bei einer Geschwindigkeit v der Moleküle legen diese während der Laserpulsdauer ΔT eine Strecke von $\Delta z = v \cdot \Delta T$ zurück. Für $\Delta T = 10^{-8}\,\text{s}$ und $v = 500\,\text{m/s}$ wird $\Delta z = 5\,\text{μm}$. Die Zahl der erzeugten Ionen pro Laserpuls hängt deshalb nicht von der Flussdichte $N = v \cdot n$ ab sondern von der Dichte n, der Geschwindigkeit v und dem Ionisierungsvolumen V.

Bei kontinuierlichen Lasern muss der Laserstrahl fokussiert werden, weil sonst nicht die erforderliche Intensität erreicht werden kann. Hier hängt die Ionenrate von der Flussdichte N der Moleküle ab. Nach (1.25) wird das gemessene Signal für die Ionenrate

$$S_{\text{I}} = \beta \cdot N_i \quad \text{mit} \quad \beta = \frac{\sigma_{ik}\,n_{\text{L1}}}{1 + R_k/(\sigma_{kI}\,n_{\text{L2}})} \;. \tag{1.26}$$

Mit fokussierten Strahlen von cw Lasern lassen sich Werte $\beta = 10^{-2}$ durchaus erreichen. Damit werden 1 % aller durch die beiden Laserstrahlen fliegenden Moleküle ionisiert. Dies würde eine 1000fach höhere Ionenausbeute pro sec gegenüber dem

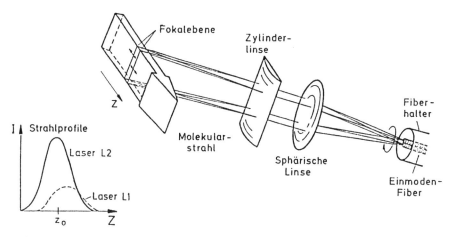

Abb. 1.26. Glasfasereinkopplung und Fokussierung mit einer Zylinderlinse für die Zweiphotonen-Ionisation in einem Molekularstrahl. Der Einschub zeigt die optimale Lage der beiden Strahlprofile, wenn der Molekularstrahl in z-Richtung läuft

Beispiel für gepulste Laser bedeuten. Hinzu kommt noch, dass die spektrale Auflösung mit kontinuierlichen Einmoden-Lasern um etwa 2 Größenordnungen höher ist als bei gepulsten Lasern. Deshalb sind gepulste Laser günstig einzusetzen bei gepulsten Molekülstrahlen, in denen man bei vorgegebener Vakuum-Pumpleistung eine höhere Dichte realisieren kann.

Bei der resonanten Zweistufen-Ionisation von Molekülen mit 2 kontinuierlichen Lasern tritt folgendes Problem auf. Die angeregten Moleküle fliegen während ihrer spontanen Lebensdauer von $\tau \simeq 10$ ns bei thermischen Geschwindigkeiten von $v \simeq 500$ m/s im Mittel nur eine Strecke von $\Delta s \simeq 5 \mu$m, bevor sie durch Fluoreszenz in tiefere Zustände übergehen. Da diese tieferen Zustände im Allgemeinen vom Ausgangszustand $|i\rangle$ verschieden sind, können sie nach der Fluoreszenzemission nicht mehr durch den Laser L1 hochgepumpt werden und gehen damit für den Nachweis durch den ionisierenden Laser L2 verloren. Der Laser L1 muss daher, genau wie L2, fokussiert werden (die Intensität von L1 darf aber wegen $\sigma_{ik} \gg \sigma_{kl}$ viel schwächer sein als die von L2) und beide Foki müssen innerhalb von $\leq 10 \mu$m übereinander liegen.

Eine technische Lösung dieses Problems für die Ionisationsspektroskopie in Molekularstrahlen wird in Abb. 1.26 gezeigt. Die beiden Laser werden durch zwei optische Glasfasern eingekoppelt, deren Enden dicht beieinander liegen. Das aus den Glasfaser austretende divergente Licht wird durch eine Kombination aus sphärischer und zylindrischer Linse zu einem schmalen „Lichtteppich" mit einem Querschnitt von etwa $2 \times 0{,}01$ mm^2 fokussiert, durch den alle Moleküle des Molekularstrahls fliegen. Durch Drehen der beiden Fasern lassen sich die beiden Fokallinien von L1 und L2 genau übereinander legen. Es zeigt sich, dass man ein maximales Ionensignal erhält, wenn die Fokallinie von L2 in Flugrichtung der Moleküle gesehen etwas vor der von L1 liegt, weil bereits alle Moleküle in der Flanke des Gauß-Profils von L1 von $|i\rangle$

nach $|k\rangle$ gepumpt werden und deshalb dort das Intensitätsmaximum von L2 liegen
sollte (Abb. 1.26, links).

Bei echten Zweiniveau-Systemen mit dem Übergang $|i\rangle \to |k\rangle$, wie sie z. B. mit
Atomen realisiert werden können, tritt dieses Problem des optischen Pumpens in
verlorene Zustände nicht auf. So kann man z. B. beim Na-Atom durch Wahl des
richtigen Hyperfeinstruktur-Überganges ein Atom nach einem Fluoreszenzüber-
gang immer wieder von $|i\rangle$ nach $|k\rangle$ pumpen. Hier braucht man daher die beiden
Laser nicht unbedingt zu fokussieren.

Die resonante Zweistufen-Ionisation stellt die bisher empfindlichste Nachweismethode dar. Wenn der anregende Laser L1 alle Atome bzw. Moleküle, die durch den
Laserstrahl fliegen, anregt, dann lassen sich bei Erfüllung der Bedingung (1.25a) *einzelne* Atome bzw. Moleküle detektieren [1.53–1.55], wobei dies, wie oben erläutert,
für Atome leichter zu realisieren ist als für Moleküle.

Es gibt eine Anzahl von Varianten dieser Methode, die darauf basieren, dass L2
nicht direkt photoionisiert, sondern hochliegende gebundene Zustände dicht unterhalb der Ionisierungsgrenze anregt. Diese Zustände werden dann entweder durch ein
drittes Laserphoton [1.56], ein elektrisches Feld [1.57] oder durch Stöße mit Elektronen, Ionen oder Atomen ionisiert [1.58]. Die Feldionisation eines Elektrons in einem
hochliegenden Rydberg-Zustand wird in Abb. 1.27 illustriert. Durch die Überlagerung des Coulomb-Feldes mit dem äußeren Feld (z. B. in einem Plattenkondensator)
wird die Ionisierungsgrenze in einer Raumrichtung abgesenkt. Selbst Zustände, die
unterhalb des Potenzialwalls liegen, können durch den Tunneleffekt ionisieren.

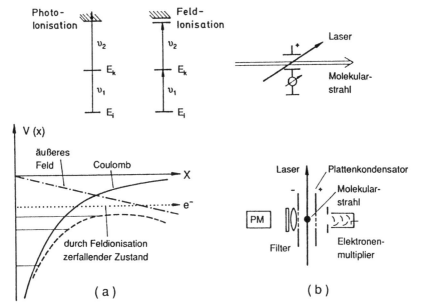

Abb. 1.27a,b. Feldionisation des Rydberg-Zustandes (**a**) und schematische experimentelle Anordnung zur Feldionisation in einem Molekularstrahl (**b**)

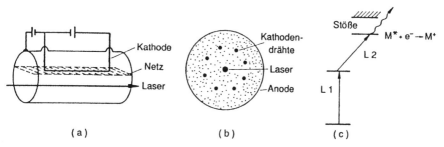

Abb. 1.28a–c. Zwei Ausführungsformen (**a**) und (**b**) einer „thermionischen Heatpipe" mit praktisch feldfreier Anregungszone. In (**a**) wird die feldfreie Anregungszone von der Nachweiszone durch ein Gitter, durch das die Ionen diffundieren, abgeschirmt. In (**b**) ist die Anregungszone entlang der Mittelachse durch die Symmetrie der Kathodenanordnung feldfrei, (**c**) Termschema der Stoßionisation von Rydberg-Zuständen in der Raumladungszone

Die Stoßionisation von Rydberg-Zuständen wird in der „**thermionischen Heatpipe**" [1.59] ausgenutzt (Abb. 1.28). Zwischen dem geheizten Kathodendraht und der Anode (Wand der „Heatpipe") wird nur eine so kleine Spannung (wenige Volt) angelegt, dass das System, welches die zu untersuchenden Atome bzw. Moleküle als Gas oder Dampf enthält, wie eine Diode im raumladungsbegrenzten Bereich arbeitet. Werden nun durch zwei übereinanderliegende Laserstrahlen, die parallel zum Kathodendraht durch das Raumladungsgebiet laufen, durch Zweistufen-Anregung Rydberg-Zustände bevölkert, so werden diese durch Stöße mit den Elektronen der Raumladungswolke ionisiert. Wegen seiner viel kleineren Beweglichkeit hält sich ein Ion wesentlich länger im Raumladungsgebiet auf als ein Elektron. Seine positive Ladung kompensiert daher im Mittel viele Elektronenladungen, und der Diodenstrom steigt um

$$\Delta I = eN\Delta t_{ion}/\Delta t_{el} = eMN \, , \tag{1.27}$$

wobei N die Zahl der pro Sekunde erzeugten Ionen und Δt die Verweilzeit für Ionen bzw. Elektronen in der Raumladungszone ist. Der „**Verstärkungsfaktor**" M kann Werte bis $M = 10^5$ annehmen.

Mit der „thermionischen Heatpipe" sind sehr empfindliche und genaue Messungen atomarer Rydbergzustände durchgeführt worden [1.60, 1.61]. Durch eine besondere Anordnung der Elektroden kann man eine praktisch feldfreie Anregungszone realisieren, sodass Rydberg-Zustände bis zur Hauptquantenzahl $N = 300$ ohne Stark-Verschiebung untersucht werden konnten [1.62].

Die hier dargestellte Zweistufen-Ionisation ist ein Spezialfall der resonanten Mehrphoton-Ionisation (REMPI: „**Resonant Multiphoton Ionisation**"), die vor allem mit gepulsten Lasern ausgenutzt wird, um zustandsspezifische Spektroskopie an Molekülen und ihren Dissoziationsprodukten durchzuführen. Es ist eine in vielen Labors verwendete Technik. Wird durch die REMPI ein genügend hoher Energiezustand im Mutter-Ion angeregt, so kann dieser in neutrale oder ionisierte Fragmente zerfallen. Wenn die gebildeten Ionen in einem Massenspektrometer nach Massen selektiert werden, kann man die Zerfallskanäle des angeregten Zustandes und ihre

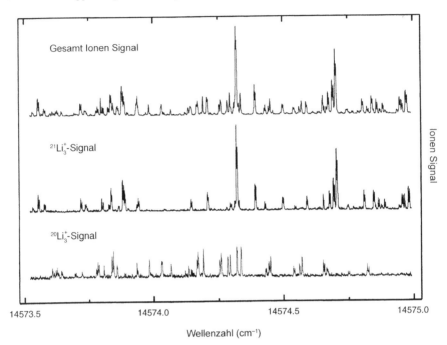

Abb. 1.29a–c. Anregungsspektrum des Li_3-Trimers, detektiert mit resonanter Zwei-Photonen-Ionisation. (**a**) Ohne Massenselektion, (**b**) nur $^{21}Li_3$, (**c**) nur $^{20}Li_3$ [1.65]

relative Zerfallswahrscheinlichkeit bestimmen [1.64]. Eine ausführliche Darstellung der **REMPI** und ihrer Anwendungen findet man in [1.53, 1.63].

Die Kombination von Zweiphotonen-Ionisation und Massenspektrometrie erlaubt die selektive Spektroskopie von Isotopomeren, wenn die Probe eine Mischung mehrerer molekularer Isotopomere enthält. Die Photoionisation findet nun in der Ionenkammer des Massenspektrometers statt. Bei Verwendung gepulster Laser ist ein Flugzeit-Massen-Spektrometer optimal, bei cw-Lasern ein Quadrupol-Massenspektrometer, das kontinuierliche Signale liefert. Zur Illustration zeigt Abb. 1.29 einen Ausschnitt aus dem Absorptionsspektrum des Li_3 Trimers, das die Rotationslinien mit Hyperfeinstruktur eines elektronischen Überganges darstellt [1.65]. In der oberen Zeile ist das Spektrum ohne Massenselektion gezeigt, das durch eine Überlagerung der drei verschiedenen Isotopomere entsteht. In den beiden unteren Zeilen sind mithilfe eines Quadrupol-Massenspektrometers die Spektren der Isotopomere $^7Li^7Li^7Li = {}^{21}Li_3$ und $^7Li^7Li^6Li = {}^{20}Li_3$ selektiv aufgenommen worden. Dadurch kann man sofort entscheiden, welche der Linien im oberen Spektrum welchem Isotopomer zuzuordnen ist.

Eine besonders empfindliche und genaue Methode zur Bestimmung der Ionisationsenergie von Molekülen ist die **ZEKE-Methode** (zero electron kinetic energy), bei der nicht die Ionen sondern die Elektronen gesammelt werden und als Nachweis der Ionisation dienen. Bei dieser Methode werden die Moleküle in einem feldfreien

Raum durch zwei- oder mehr Photonen ionisiert und nur solche Elektronen nachgewiesen, die eine sehr kleine kinetische Energie haben. Um diese Elektronen auf den
Detektor zu sammeln, wird einige Mikrosekunden nach der Photo-Ionisation ein
schwaches gepulstes elektrisches Feld angelegt, das die langsamen Elektronen aus
dem Ionisationsvolumen abzieht, während die schnellen Elektronen dieses bereits
verlassen haben. Dies verhindert, dass hohe Rydberg-Zustände des neutralen Moleküls im elektrischen Feld ionisieren und dadurch eine niedrigere Ionisationsgrenze
vortäuschen.

Die ZEKE-Methode wird inzwischen in vielen Labors eingesetzt und hat eine
Fülle von Informationen über die Dynamik hoher molekularer Rydberg-Zustände
oberhalb der tiefsten Ionisationsenergie und ihre Wechselwirkung mit den fast ener-
gie-entarteten Ionenzuständen (Auto-Ionisation) erbracht [1.66–1.69].

Durch eine geeignete Wahl der Pulsfolge und Stärke der ionisierenden Feldpulse konnte die spektrale Auflösung weiter gesteigert werden, wie am Beispiel der
Rydberg-Spektren des Edelgasatoms Ar von Merkt et al. demonstriert wurde [1.70].

1.3.4 Optogalvanische Spektroskopie

Die optogalvanische Spektroskopie nutzt als Messgröße die Stromänderung ΔI aus,
die in einer Gasentladung bei fester angelegter Spannung auftritt, wenn sich die Be-
setzungsdichten N_k eines oder mehrerer Niveaus $|k\rangle$ von Atomen, Molekülen oder
Ionen ändert. Das Prinzip dieser Technik [1.71] ist in Abb. 1.30 dargestellt.

Der Strahl eines durchstimmbaren Lasers (z. B. Farbstofflasers) wird durch die
Gasentladung geschickt. Wird die Frequenz v_L des Lasers auf einen Übergang $|i\rangle \rightarrow$
$|k\rangle$ des Entladungsgases abgestimmt, so ändern sich durch die Absorption der Laserphotonen die Besetzungsdichten N_i um ΔN_i und N_k um ΔN_k. Da die Ionisie-
rungswahrscheinlichkeiten $P_I(E)$ für die einzelnen Niveaus im Allgemeinen unterschiedlich sind, ändern sich in der Gasentladung Ionen- und Elektronendichte und
damit der Strom I bei vorgegebener Spannung U. Wird die Gasentladung über einen
Vorwiderstand R von einem Netzgerät konstanter Spannung U_0 betrieben, so kann
man am Widerstand R ein Spannungssignal der Frequenz f und der Amplitude

$$\Delta U = R\Delta I = a\left[\Delta N_i P_I(E_i) + \Delta N_k P_I(E_k)\right] \tag{1.28}$$

abgreifen, wenn der Laser mit der Frequenz f periodisch unterbrochen wird.

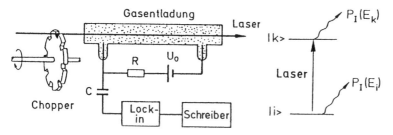

Abb. 1.30. Experimentelle Anordnung und Termschema bei der optogalvanischen Spektroskopie

Eine genauere Betrachtung des optogalvanischen Effektes [1.72] muss auch die Änderung der Elektronen-Energieverteilung durch die Besetzungsänderungen (ΔN_k, ΔN_i) berücksichtigen, sowie Stoßprozesse in der Gasentladung, welche diese Besetzungsänderungen auch auf andere Niveaus teilweise übertragen können.

In dem einfachen Zweizustandsmodell, das (1.28) zugrunde liegt, ist $\Delta N_i = -\Delta N_k$, und man sieht, dass die Spannungsänderungen ΔU sowohl positiv [$P_1(E_i) > P_1(E_k)$] als auch negativ sein können. Am Ausgang des Lock-in-Verstärkers erhält man daher beim Durchfahren eines optogalvanischen Spektrums sowohl positive als auch negative Signale (Abb. 1.31).

Die optogalvanische Spektroskopie ist eine experimentell recht einfache Technik, die aber hervorragend geeignet ist, hochliegende Zustände von Atomen, Ionen und Molekülen mit sichtbaren Laserstrahlen spektroskopisch zu erfassen. Auch Materialien wie Wolfram, Thorium, Uran usw., die schwer thermisch zu verdampfen sind, lassen sich durch Sputtern in einer Hohlkathodenentladung, bei der die Innenwand der Hohlkathode mit dem zu untersuchenden Material ausgekleidet ist, in genügender Dichte erzeugen (Abb. 1.32), um mit dieser Methode spektroskopisch untersucht werden zu können [1.72–1.74].

Inzwischen sind auch eine große Zahl stabiler Moleküle, die einem Trägergas zugemischt werden, mithilfe der optogalvanischen Spektroskopie untersucht worden [1.75, 1.76]. Von besonderem Interesse ist die Spektroskopie von Molekülradikalen und instabilen Zwischenprodukten, die durch Fragmentation in der Gasentladung entstehen und die in den extrem dünnen Plasmen in Molekülwolken sich bildender Sterne eine Rolle spielen.

Auch für die Untersuchung der Anregungs- und Ionisationsprozesse in Flammen sowie für die Spurenanalyse hat sich die optogalvanische Spektroskopie bewährt [1.77].

Wenn die Fenster der Entladungszelle genügend gute optische Qualität haben, kann man die Zelle in den Resonator des Lasers oder in einen externen Überhöhungsresonator setzen. Dadurch kann man die q-fache Laserintensität gegenüber der Einwegabsorption ausnutzen (siehe Abschn. 1.2.3. Eine weitere Erhöhung der Empfindlichkeit lässt sich erreichen durch optogalvanische Spektroskopie in einer *thermionischen Heatpipe* bei raumladungsbegrenzten Bedingungen (Abschn. 1.3.3). Hier wird der interne Raumladungs-Multiplikationsfaktor ausgenutzt, weil ein gebildetes Ion sich viel länger im Raumladungsgebiet aufhält als ein Elektron und deshalb für eine längere Zeit die Raumladung der Elektronenwolke kompensiert und vielen Elektronen erlaubt, die Anode zu erreichen. Dies führt zu optogalvanischen Signalen in der Größenordnung von Millivolt bis zu einigen Volt [1.78].

Eine interessante Anwendung der optogalvanischen Spektroskopie ist die Messung lokaler elektrischer Felder in einer Gasentladung [1.79]. Sie basiert auf der Messung der Stark-Aufspaltung von Linien mithilfe der Doppler-freien optogalvanischen Spektroskopie, bei der die Strahlen von zwei Diodenlasern gegenläufig durch die Gasentladung geschickt werden.

Neuere Arbeiten über optogalvanische Spektroskopie findet man in [1.80, 1.81].

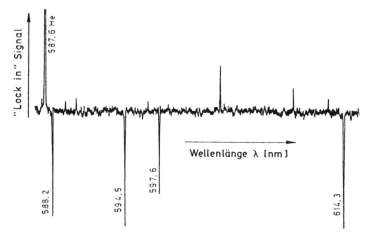

Abb. 1.31. Optogalvanisches Spektrum einer Neonentladung, das mit einem breitbandigen Farbstofflaser aufgenommen wurde

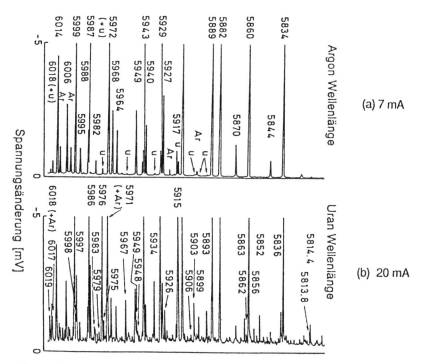

Abb. 1.32a,b. Optogalvanisches Spektrum einer Uran-Hohlkathode. Bei 7 mA Entladungsstrom (**a**) sieht man überwiegend die Argonlinien des Trägergases, während bei 10 mA auch die Uranlinien durch die erhöhte Sputterausbeute (**b**) auftreten [1.73]

1.3.5 Optothermische Spektroskopie

Für die Spektroskopie von Schwingungs-Rotations-Übergängen in Molekülen ist die Anregungsspektroskopie nicht optimal geeignet, wie am Ende von Abschn. 1.3.1 diskutiert wurde. Auch die Ionisationsspektroskopie ist hier nur begrenzt einsetzbar, weil die vom 1. Laser angeregten Niveaus energetisch tief liegen und der 2. Laser daher oft nicht nur die vom infraroten angeregten, sondern auch unspezifisch alle thermisch besetzten Nachbarniveaus ionisieren kann. Die optoakustische Spektroskopie ist auf Stöße angewiesen und daher nur für Gase bei bestimmtem Mindestdruck oder bei Zusatz von Fremdgas anwendbar.

Für die Infrarotspektroskopie von Molekülen in einem Molekularstrahl wurde deshalb eine Methode entwickelt, welche die lange Lebensdauer von Schwingungs-Rotationsniveaus im elektronischen Grundzustand und die Bedingung der Stoßfreiheit in einem Molekularstrahl ausnutzt [1.82]. Bei dieser „**optothermischen Spektroskopie**" treffen die Moleküle in einem Molekularstrahl nach Durchlaufen der Wechselwirkungszone auf ein gekühltes Bolometer (Abb. 1.33). Dort geben sie ihre Energie (Translations-Energie und Schwingungs-Rotations-Energie) ab und erwärmen dadurch das Bolometer auf die Temperatur T [1.83]. Die Bedingung ist hier, dass die Lebensdauer des angeregten Niveaus länger ist als die Flugzeit der Moleküle vom Anregungsort zum Bolometer.

Werden die Moleküle von einem durchstimmbaren Infrarotlaser (z. B. Diodenlaser oder Farbzentrenlaser) angeregt, so erhöht sich ihre Schwingungs-Rotations-Energie um $\Delta E = h\nu$. Beim Auftreffen der angeregten Moleküle auf die Bolometeroberfläche wird diese Energie auf das Bolometer übertragen. Dies führt zu einer Temperaturerhöhung ΔT des Bolometers. Schickt man einen schwachen Strom i (einige μA) durch das Bolometer, so ändert sich der Spannungsabfall mit der Temperatur um

$$\Delta U = \frac{dR}{dT} \cdot i \cdot \Delta T \tag{1.29}$$

wobei R der elektrische Widerstand des Bolometers ist.

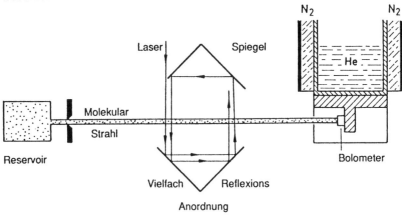

Abb. 1.33. Optothermische Spektroskopie. Experimentelle Anordnung mit He-gekühltem Bolometer

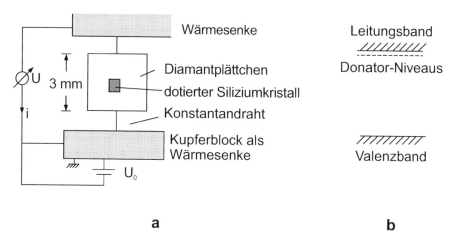

Abb. 1.34a,b. Zentraler Teil des Bolometers. Das Diamantplättchen erhöht die Empfindlichkeit, ohne viel zur Wärmekapazität beizutragen. (**b**) Termschema des dotierten Silizium-Kristalls

Um die Nachweisempfindlichkeit zu steigern, wendet man folgende experimentelle Tricks an: Die dem Bolometer pro Sekunde durch die angeregten Moleküle zusätzlich zugeführte Wärmemenge ist

$$\frac{dQ}{dt} = \dot{n}\Delta E = \dot{n}h\nu \,, \tag{1.30}$$

wenn $\dot{n}$ die Zahl der pro Sekunde auf das Bolometer auftreffenden angeregten Moleküle ist. Die Temperatur T des Detektors wird dann durch die Gleichung

$$\dot{n}h\nu = C\frac{dT}{dt} + G(T - T_0) \tag{1.31}$$

bestimmt (Bd. 1, Abschn. 4.5.1), wobei C die Wärmekapazität, $G(T - T_0)$ die Wärmeverlust-Rate des Bolometers an die Umgebung und T_0 die Temperatur für $\dot{n} = 0$ ist. Im stationären Betrieb wird $dT/dt = 0$, und wir erhalten aus (1.31)

$$\Delta T = T - T_0 = \frac{\dot{n}h\nu}{G} \tag{1.32a}$$

$$\Rightarrow \Delta U = i \cdot (dR/dT) \cdot \dot{n} \cdot h\nu/G \,. \tag{1.32b}$$

Die Temperaturerhöhung hängt daher im stationären Betrieb nur von den Wärmelecks, *nicht* aber von der Wärmekapazität C ab! Die Zeitkonstante des Bolometers ist jedoch durch den Quotienten $\tau = C/G$ bestimmt (Bd. 1, Abschn. 4.5.1). Man muss daher C und G klein machen, um eine große Empfindlichkeit bei genügend kleiner Zeitkonstante zu erreichen.

Das zentrale Element des Bolometers ist ein Halbleiter-Plättchen aus dotiertem Silizium, dessen elektrische Leitfähigkeit durch Elektronen in Zuständen dicht unter dem Leitungsband bewirkt wird (Abb. 1.34). Das Spannungssignal wird umso größer, je größer die Temperaturabhängigkeit dR/dT des Bolometers ist. Dies erreicht

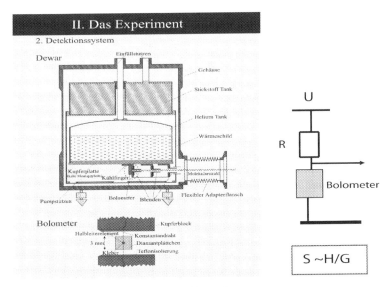

Abb. 1.35. Auf Helium-Temperatur gekühltes Bolometer

man für Halbleiter bei tiefen Temperaturen, z. B. bei wenigen Kelvin. Die üblichen Bolometer bestehen aus dotierten Siliziumkristallen, die bei 1,6 K betrieben werden, was man durch Abpumpen von verdampfendem Helium in einem He-Kryostaten erreichen kann.

Das gesamte Bolometer mit Kühlkammern ist in Abb. 1.35 gezeigt. Die Moleküle treffen nach Durchlaufen durch mehrere Blenden auf das Bolometer. Die Blenden sollen die Infrarot-Strahlung von den auf Zimmertemperatur befindlichen Wänden der Vakuumapparatur vermindern, die sonst einen großen Signaluntergrund bewirken würde. Der Vorverstärker für das Signal wird ebenfalls auf der tiefen Temperatur gehalten, um das elektrische Rauschen des Vorverstärkers klein zu halten (Abb. 1.35).

Einen noch steileren Anstieg vom dR/dT erhält man für Supraleiter bei der Sprungtemperatur T_c, also im Übergangsgebiet zwischen Normal- und Supraleitung. Wählt man supraleitende Materialien für das Bolometer, so muss man jedoch die Temperatur immer bei der Übergangstemperatur T_c halten. Dies geschieht durch einen Temperaturregelkreis, der bei Änderung von dQ/dt ein Regelsignal erzeugt, das die Temperatur konstant hält. Die Größe dieses Signals, die proportional zu dQ/dt ist, dient als Detektorsignal [1.84].

Mit einem Silizium-Detektor lassen sich bei Temperaturen um 1,6 K noch Leistungen $dQ/dt \leq 10^{-13}$ W nachweisen. Um die Empfindlichkeit der Methode bei gleichzeitiger hoher spektraler Auflösung zu demonstrieren, ist in Abb. 1.36 ein Ausschnitt aus dem Oberton-Spektrum (Q-Zweig der Bande $\nu_5 + \nu_9$) von Ethylen (C_2H_4) mit einer Linienbreite von 3 MHz gezeigt, das mit einem Farbzentrenlaser (NaCl:OH) aufgenommen wurde. Der Vergleich mit dem Fourierspektrum und dem optoakustischen Spektrum im gleichen Ausschnitt illustriert die Vorzüge der opto-

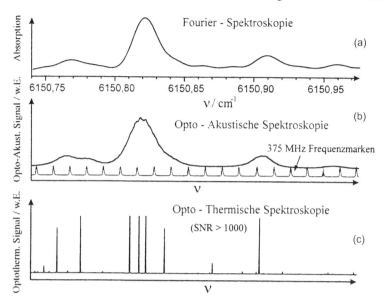

Abb. 1.36a–c. Ausschnitt aus der Obertonbande (v_5+v_9) des C_2H_4-Moleküls: (**a**) Fourier-Spektrum, (**b**) optoakustisches Spektrum und (**c**) Doppler-freies optothermisches Spektrum [1.85]

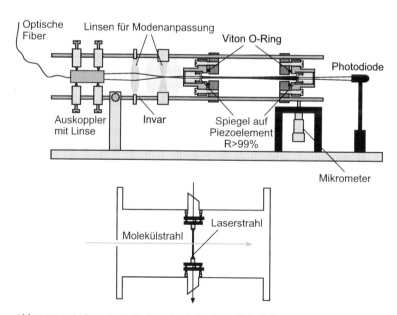

Abb. 1.37. Optothermische Spektroskopie in einem Überhöhungsresonator mit Faser-Einkopplung und Modenanpassung des Laserstrahls

thermischen Spektroskopie hinsichtlich spektraler Auflösung und Signal/Rausch-Verhältnis [1.85].

Man kann die Empfindlichkeit um mindestens zwei Größenordnungen steigern, wenn man den Wechselwirkungspunkt zwischen Laser und Molekülen in die Strahltaille der Grundmode eines sphärischen Resonators legt. Der Eingangsstrahl des Lasers muss dann modenangepasst werden und beim Durchstimmen der Laserwellenlänge muss der Resonator synchron mit durchgestimmt werden. In Abb. 1.37 ist eine Anordnung gezeigt, in der der Laser durch eine optische Fiber läuft und durch ein System von zwei Linsen modenangepasst wird.

1.4 Magnetische Resonanz- und Stark-Spektroskopie mit Lasern

Anstatt die Laserfrequenz über die Absorptionslinien von Molekülen durchzustimmen, kann man auch in vielen Fällen die Absorptionslinien mithilfe von magnetischen oder elektrischen Feldern über die zeitlich konstante Frequenz eines Festfrequenzlasers hinwegstimmen. Dies ist vor allem dann ein Vorteil, wenn in dem interessierenden Spektralbereich keine intensiven durchstimmbaren Laser, wohl aber starke Linien von Festfrequenzlasern zur Verfügung stehen. Als solche Spektralgebiete kommen vor allem die Bereiche um 5 und $10\,\mu m$ in Frage, wo intensive Linien von CO-, N_2O- und CO_2-Lasern liegen, und im fernen Infrarot die Gebiete um $125\,\mu m$ (H_2O-Laser) und $330\,\mu m$ (HCN-Laser). Im ersten Bereich liegen viele Schwingungsübergänge, im zweiten Rotationsübergänge polarer Moleküle. Durch die Entwicklung optisch gepumpter Moleküllaser im fernen Infrarot hat sich die Zahl der verfügbaren Laserlinien stark erhöht [1.86].

Die Methoden der **Laser magnetischen-Resonanz** (LMR) **Spektroskopie** und der Stark-Spektroskopie ist bei Festfrequenzlasern beschränkt auf Moleküle mit genügend großem magnetischen bzw. elektrischen Dipolmoment, damit bei technisch realisierbaren äußeren Feldern eine hinreichend große Zeeman- bzw. Stark-Aufspaltung und damit Verschiebung der Absorptionslinien erzielt werden kann. Zum Nachweis der Absorption wird die Probe in den Laserresonator gebracht und die Änderung der Laserintensität als Funktion des äußeren Magnetfeldes bzw. des elektrischen Feldes gemessen, in dem sich die Probe befindet (Abb. 1.38). Durch diese „Intracavity"-Methode ist die Empfindlichkeit sehr hoch. Sie kann noch zusätzlich durch Modulation des Magnetfeldes während des Durchstimmens erhöht werden, sodass man die 1. Ableitung der Spektren erhält (Abschn. 1.1). Konzentrationen von $2 \cdot 10^8$ Moleküle/cm^3 konnten bei Zeitkonstanten des Nachweissystems von $1\,s$ nachgewiesen werden [1.87, 1.88].

Wegen ihrer großen Empfindlichkeit eignet sich die LMR-Spektroskopie besonders gut zum Nachweis von Radikalen, die häufig nur in kleinen Konzentrationen vorliegen, aber wegen des ungepaarten Elektrons ein magnetisches Spinmoment haben. So wurden z. B. alle bisher von Radioastronomen im interstellaren Raum nachgewiesenen Radikale mithilfe der LMR-Methode im Labor untersucht. Die Messungen erlaubten die präzise Bestimmung der Rotationskonstanten, Feinstrukturparameter und der magnetischen Momente. Die Identifizierung der gemessenen Spek-

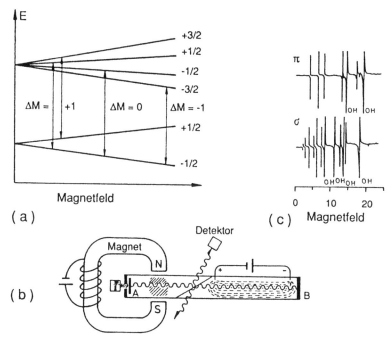

Abb. 1.38a–c. Lasermagnetische Resonanzspektroskopie (**a**) Termschema, (**b**) experimentelle Anordnung, (**c**) LMR-Spektrum von CH ($X^2\pi$) mit mehreren OH-Linien, gemessen in einer Sauerstoff-Azethylen-Flamme mit einem H_2O-Laser [1.87]

tren und die Zuordnung der Linien ist in vielen Fällen sogar möglich, wenn über die Molekülkonstanten noch nichts bekannt ist [1.89]. Die LMR-Spektroskopie kann auch auf angeregte Molekülzustände, die selektiv durch Laserabsorption bevölkert werden, angewandt werden [1.90],

Statt die Absorption im Laserresonator durch die einzelnen Zeeman-Übergänge auszunutzen, kann man auch die Probe außerhalb des Laserresonators zwischen zwei gekreuzte Polarisatoren stellen (Abb. 1.39). In einem longitudinalen Magnetfeld wird aufgrund des Faraday-Effektes die Polarisationsebene des transmittierten Lichtes gedreht, wenn seine Frequenz mit einem der Zeeman-Übergänge übereinstimmt. Dadurch empfängt der Detektor nur im Resonanzfall ein Signal, während der nichtresonante Untergrund durch die gekreuzten Polarisatoren unterdrückt wird [1.91]. Bei Modulation des Magnetfeldes kann die Empfindlichkeit durch einen phasenempfindlichen Nachweis weiter gesteigert werden [1.92] (Abschn. 1.1).

Oft ist eine Kombination von LMR-Spektroskopie mit einem Festfrequenzlaser und Absorptionsspektroskopie mit einem durchstimmbaren Laser sehr hilfreich für die Zuordnung der Linien in einem Spektrum.

Schickt man zwei gegenläufige Laserstrahlen durch die NMR-Zelle, so kann man Doppler-freie Sättigungsspektroskopie (siehe Abschn. 2.2) realisieren [1.93]. Aus der Breite der Lamb-dips lässt sich die Stoßverbreiterung ermitteln und auch Übergangsmomente für molekulare Ionen bestimmen.

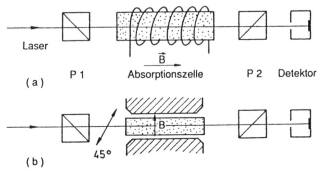

Abb. 1.39a,b. Schematische Anordnung für die LMR-Spektroskopie bei Ausnutzung des Faraday- (**a**) oder des Voigt-Effektes (**b**) [1.91]

Eine ausführliche Darstellung der LMR-Technik findet man in [1.97].

Analog zur LMR-Technik benutzt die Stark-Spektroskopie die Verschiebung des Molekülniveaus durch elektrische Felder, sodass die Absorptionslinien in Resonanz mit einer Linie eines Festfrequenzlasers gebracht werden können. Mit dieser Methode wurden bisher vor allem kleinere Moleküle mit genügend großer Stark-Verschiebung untersucht, deren Rotationsspektren außerhalb des der Mikrowellenspektroskopie zugänglichen Bereiches liegen [1.94]. Um möglichst große elektrische Feldstärken zu erreichen, wählt man den Abstand zwischen den beiden Elektroden so klein wie möglich (typisch etwa 1 mm). Dadurch ist es im Allgemeinen nicht mehr sinnvoll, die Absorptionszelle innerhalb des Resonators aufzustellen, weil durch die Begrenzung des Strahldurchmessers die Beugungsverluste zu groß werden. Man benutzt daher – wie bei der Faraday-Spektroskopie – die Absorption außerhalb des Resonators. Zur Erhöhung der Empfindlichkeit wird auch hier das elektrische Feld während des Durchstimmens moduliert und das differenzierte Spektrum hinter einem Lock-in-Verstärker aufgezeichnet, wie dies auch in der Mikrowellenspektroskopie üblich ist. Abbildung 1.40 zeigt als Beispiel das Stark-Spektrum des Ammoniak-Isotops NH_2D bei Anregung mit mehreren CO_2- bzw. N_2O-Laserlinien.

Die bisher in der Stark-Spektroskopie am meisten verwendeten Laser sind der HeNe-Laser bei $\lambda = 3,39\,\mu m$, der Xe-Laser bei $\lambda = 2 \div 5\,\mu m$ und die vielen Linien der CO-, CO_2- und N_2O-Laser im Bereich von $5 \div 10\,\mu m$. Da der Absolutwert vieler Laserfrequenzen mit einer Genauigkeit von $25 \div 40\,kHz$ bekannt ist, erreicht man in der Stark-Spektroskopie eine sehr hohe Genauigkeit in der Absolutmessung der Absorptionsfrequenzen. Man benutzt die verschiedenen Laserlinien oder ihre Summen- bzw. Differenzfrequenzen als Eichmarken und misst die elektrische Feldstärke, bei der eine Moleküllinie in Resonanz mit einer Laserlinie kommt.

Bei Verwendung durchstimmbarer Laser kann man die Laserfrequenz in die Nähe einer molekularen Absorptionslinie abstimmen und braucht dann für die magnetische und elektrische Feinabstimmung nur noch kleinere Zeeman- bzw. Stark-Verschiebungen. Dadurch erhöht sich die Zahl der für diese Techniken zugänglichen Moleküle erheblich. Eine elegante Methode, durchstimmbare kohärente Strahlung

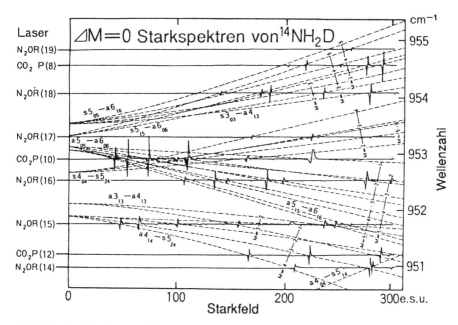

Abb. 1.40. Stark-Spektren von $^{14}NH_2D$ mit $\Delta M = 0$, aufgenommen mit verschiedenen Laserlinien [1.94]

im fernen Infrarot zu erzeugen, basiert auf der Frequenzmischung von Festfrequenz-CO_2-Laserlinien mit durchstimmbaren Wellenleiter-CO_2-Lasern in MIM oder in Schottky-Dioden (Bd. 1, Abschn. 5.7). Mit dieser Technik wurden z. B. Stark-Spektren von $^{13}CH_3OH$ über einen weiteren Spektralbereich aufgenommen [1.95].

Die Stark-Spektroskopie erlaubt eine sehr genaue Messung der elektrischen Dipolmomente polarer Moleküle [1.96], weil die Stark-Aufspaltung $\Delta W = \boldsymbol{p} \cdot \boldsymbol{E}$ bei bekanntem Feld E direkt das Dipolmoment $\boldsymbol{p}$ ergibt.

Eine Übersicht über Arbeiten der LMR- und Stark-Spektroskopie, die auch das sichtbare und UV-Spektralgebiet einschließt, findet man in [1.98–1.100].

1.5 Geschwindigkeitsmodulations-Spektroskopie

Die Analyse von Absorptionsspektren in molekularen Gasentladungen wird dadurch erschwert, dass neben den neutralen „Muttermolekülen" viele neutrale Fragmente und ionisierte Spezies vorhanden sind, deren Spektren sich überlagern können, sodass eine eindeutige Zuordnung gemessener Absorptionslinien zu einer spezifischen Molekülsorte oft nicht möglich ist, wenn die Spektren nicht bekannt sind. Hier hilft eine elegante Methode, die von *Saykally* und Mitarbeitern entwickelt wurde und zur Trennung von Ionenspektren und Neutralgasspektren führt [1.101].

Durch die von außen angelegte Spannung werden die Ionen in der Gasentladung in Richtung auf eine Elektrode hin beschleunigt und erfahren aufgrund ihrer

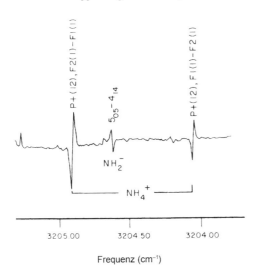

Abb. 1.41. Entgegengesetzte Signalphasen bei den 1. Ableitungen der Linienprofile von Übergängen in negativen bzw. positiven Ionen bei der Geschwindigkeits-Modulations-Spektroskopie

Driftgeschwindigkeit v eine Doppler-Verschiebung $\Delta\omega = \boldsymbol{k} \cdot \boldsymbol{v}$ ihrer Absorptionsfrequenz ω_0, wenn eine Laserwelle mit dem Wellenvektor $\boldsymbol{k}$ eingestrahlt wird (Bd. 1, Abschn. 2.3). Legt man eine Wechselspannung der Frequenz f an, so wird die Driftgeschwindigkeit v periodisch mit f ihre Richtung ändern und die Absorptionsfrequenz $\omega = \omega_0 - \boldsymbol{k} \cdot \boldsymbol{v}$ wird periodisch moduliert, während die Geschwindigkeit der Neutralgasteilchen zeitlich stationär bleibt, wenn die Modulationsfrequenz hoch genug ist.

Beim Nachweis der Absorption mit einem phasenempfindlichen Detektor lassen sich dadurch die Absorptionslinien der Ionen von denen der neutralen Spezies trennen. Positive Ionen haben eine um π verschobene Phase der Geschwindigkeitsmodulation gegenüber negativen Ionen, sodass diese beiden Ionensorten durch das Vorzeichen der Ausgangssignale des Lock-in-Verstärkers unterschieden werden können (Abb. 1.41). Mit speziellen elektronischen Schaltern lässt sich z. B. eine Gasentladung von 500 V und 3 A bei Frequenzen bis zu 50 kHz in ihrer Polarität umschalten [1.102].

Die Abbildung 1.42 zeigt eine experimentelle Anordnung zur Anwendung der Geschwindigkeitsmodulations-Spektroskopie. Im nahen infraroten Spektralbereich sind inzwischen mit Farbzentrenlasern und Diodenlasern (Bd. 1, Abschn. 5.6) die Schwingungs-Rotations-Übergänge vieler positiver und negativer Ionen gemessen worden [1.103], aber auch elektronische Übergänge sind mit Farbstofflasern untersucht worden [1.104]. Abbildung 1.43 zeigt zur Illustration des erreichbaren Signal/Rausch-Verhältnisses den Bandenkopf einer Schwingungsbande im elektronischen Übergang $A^2\Pi_{1/2} \leftarrow X^2\Sigma_g^+$ des CO^+-Ions.

Die Linienprofile bei der Geschwindigkeits-Modulations-Spektroskopie zeigen für negative Ionen die entgegengesetzte Phase wie bei positiven Ionen (Abb. 1.41), sodass man beide im Spektrum sofort unterscheiden kann.

Eine Kombination von Geschwindigkeits-Modulation und Signal-Überhöhung in einem externen Resonator wurde von *Siller* et al. publiziert. Hier wird die Ge-

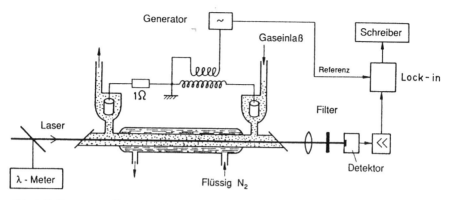

Abb. 1.42. Experimentelle Anordnung für die Geschwindigkeits-Modulationsspektroskopie

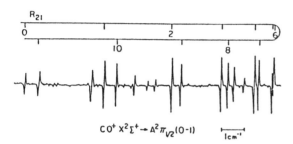

Abb. 1.43. Rotationslinien mit $N = 0$ bis 11 im Bandenkopf des R_{21}-Zweiges der Schwingungsbande $A^2\pi_{1/2}(v' = 1) \leftarrow X^2\Sigma^+(v'' = 0)$ des CO$^+$-Ions (aus [1.101])

schwindigkeit der Ionen durch eine Wechselspannung der Frequenz f moduliert, das Signal aber auf der Frequenz $2f$ detektiert. Dies bringt eine um mindestens eine Größenordnung höhere Empfindlichkeit [1.105].

Eine Modifikation dieser Geschwindigkeitsmodulations-Technik, angewandt auf die Spektroskopie in schnellen Ionenstrahlen wird im Abschn. 4.4 behandelt.

1.6 Laserinduzierte Fluoreszenz

Während bei der bisher behandelten Absorptionsspektroskopie und ihren verschiedenen Varianten die Laserwellenlänge über den Spektralbereich der verschiedenen Absorptionsübergänge durchgestimmt wird, hält man bei der Fluoreszenzspektroskopie den Laser auf einem ausgesuchten Übergang $|i\rangle \rightarrow |k\rangle$ fest. Die vom angeregten Zustand $|k\rangle$ emittierte Fluoreszenz wird hinter einem Spektrographen spektral zerlegt gemessen (Abb. 1.44). Durch die selektive Bevölkerung nur eines Niveaus $|k\rangle$ wird das Fluoreszenzspektrum sehr einfach – verglichen mit den Emissionsspektren aus Gasentladungen oder heißen Plasmen – bei denen viele angeregte Niveaus bevölkert sind, deren Fluoreszenzspektren sich überlagern.

In der Atomphysik wurde die selektive Anregung einzelner atomarer Niveaus bereits vor Erfindung des Lasers mithilfe atomarer Resonanzlinien aus Hohlkathoden

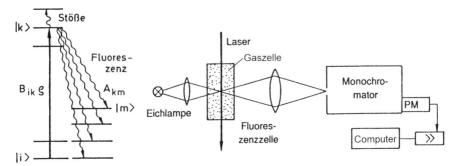

Abb. 1.44. Laserinduzierte Fluoreszenz. Termschema und schematische experimentelle Anordnung mit einer Eichlampe zur Wellenlängen-Kalibrierung

oder HF-angeregten Resonanzlampen erreicht. In der Molekülphysik hingegen war man auf zufällige Koinzidenzen zwischen atomaren Resonanzlinien und molekularen Übergängen angewiesen, da molekulare Lichtquellen im Allgemeinen sehr viele Linien aussenden und daher zur selektiven Anregung eines Molekülniveaus ungeeignet sind.

Durchstimmbare schmalbandige Laser können auf jeden gewünschten Übergang $|i\rangle \rightarrow |k\rangle$ innerhalb des Durchstimmbereiches eingestellt werden. Selbst bei Verwendung schmalbandiger Laser als Anregungsquelle lässt sich jedoch die selektive Bevölkerung eines einzigen Niveaus in einer Gaszelle nur erreichen, wenn die benachbarten Absorptionslinien sich nicht innerhalb ihrer Doppler-Breite überlappen (Abb. 1.45). Dies ist bei Atomen im Allgemeinen gewährleistet nicht aber bei Molekülen mit komplexen Absorptionsspektren, wo häufig viele Absorptionslinien innerhalb einer Doppler-Breite liegen. In diesem Fall regt der Laser die entsprechenden Übergänge gleichzeitig an und bevölkert dann mehrere (nicht notwendigerweise benachbarte!) Niveaus (Abb. 1.45), deren Fluoreszenzspektren sich aber häufig relativ leicht durch den Spektrographen trennen lassen. Will man auch in solchen Fällen die selektive Anregung nur eines Niveaus erreichen, so muss man einen kolliminier-

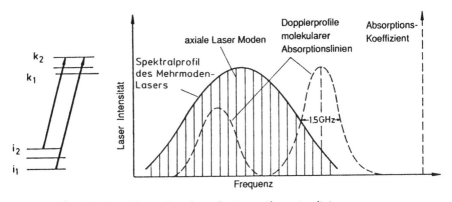

Abb. 1.45. Überlapp benachbarter Doppler-verbreiterter Absorptionslinien

ten Molekularstrahl verwenden, in dem die Doppler-Breite der Anregungsübergänge stark reduziert werden kann (Kap. 4).

Nehmen wir an, ein Schwingungs-Rotationsniveau (v'_k, J'_k) in einem elektronisch angeregten Zustand eines zweiatomigen Moleküls sei durch Absorption von Laserlicht durch den Übergang $(v''_i, J''_i \to v'_k, J'_k)$ selektiv bevölkert worden und habe die Besetzungsdichte N_k. Die angeregten Moleküle geben ihre Anregungsenergie nach einer mittleren Lebensdauer τ durch spontane Emission wieder ab. Die Fluoreszenzübergänge gehen dabei zu allen energetisch tiefer liegenden Niveaus (v''_j, J''_j), die mit dem Niveau $|k\rangle$ durch optisch erlaubte Übergänge verbunden sind.

Die Intensität I_{kj} einer Fluoreszenzlinie $|k\rangle \to |j\rangle$

$$I_{kj} \propto N_k A_{kj} h \nu_{kj} \tag{1.33}$$

ist dabei proportional zur entsprechenden Übergangswahrscheinlichkeit A_{kj}. Nach (Bd. 1, Gl. 2.76) ist A_{jk} wiederum proportional zum Quadrat des Matrixelementes $\langle k|r|j\rangle$

$$A_{kj} \propto \left| \int \Psi_k^* \, r \, \Psi_j \, d\tau \right|^2 . \tag{1.34}$$

Für viele Molekülzustände lässt sich im Rahmen der Born-Oppenheimer-Näherung [1.107] die Gesamtwellenfunktion Ψ eines Zustandes

$$\Psi = \Psi_{el} \Psi_{vib} \Psi_{rot} \tag{1.35}$$

als Produkt von elektronischem, Schwingungs- und Rotations-Anteil schreiben. Setzt man (1.35) in (1.34) ein, so spaltet A_{kj} (falls k und j verschiedene elektronische Zustände beschreiben) in drei Faktoren auf

$$A_{kj} \propto |R_{el}|^2 |R_{vib}|^2 |R_{rot}|^2 . \tag{1.36}$$

Das elektronische Matrixelement R_{el} beschreibt dabei die Kopplung zwischen den beiden am Fluoreszenzübergang beteiligten elektronischen Zuständen. Es ist ein Maß für die gesamte Übergangswahrscheinlichkeit $\Sigma_j A_{kj}$ summiert über alle erreichbaren Niveaus j im unteren Zustand. Der Schwingungsanteil

$$|R_{vib}|^2_{kj} = \left| \int \Psi_{vibk}^* \Psi_{vibj} R^2 \, dR \right|^2 \tag{1.37}$$

heißt **Franck-Condon Faktor**. Er gibt als Integral über den Kernabstand die relative Übergangswahrscheinlichkeit für den Übergang $v'_k \to v''_j$ in ein unteres Schwingungsniveau v''_j an. Der Rotationsanteil

$$|R_{rot}|^2_{kj} = \left| \int \Psi_{rot\,k}^* \Psi_{rot\,j} \, d\phi \, d\chi \sin\theta \, d\theta \right| \tag{1.38}$$

heißt **Hönl-London Faktor** und gibt die relative Übergangswahrscheinlichkeit für den Übergang zwischen den Rotationsniveaus mit den Quantenzahlen J'_k und J''_j an, wobei die Orientierung des Moleküls im Raum durch die drei Euler-Winkel ϕ, χ und θ gegeben ist.

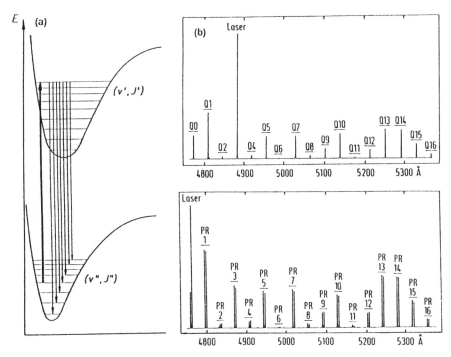

Abb. 1.46a,b. Laserinduzierte Fluoreszenzspektren des Na_2-Moleküls bei Anregung mit Linien des Argonlasers, (a) λ_{exc} = 488 nm, absorbierender Übergang (v' = 3, J' = 43 ← v'' = 3, J'' = 43), (b) λ_{exc} = 476,5 nm (v' = 6, J' = 27 ← v'' = 0, J'' = 28) [1.108]

Im Fluoreszenzspektrum treten nach (1.33) (1.34) (1.35) (1.36) nur solche Linien auf, für die alle drei Faktoren von Null verschieden sind. Der Hönl-London-Faktor ist fast immer Null, außer wenn ΔJ = 0 oder ±1. Vom angeregten Niveau (v'_k, J'_k) gibt es also zu jedem v''_j höchstens drei Fluoreszenzlinien ($J' \to J''$ = J' + 1 (**P-Linie**); $J' \to J''$ = J' (**Q-Linie**) und $J' \to J''$ = J' − 1 (**R-Linie**)). Bei zweiatomigen, homonuklearen Molekülen kommen zu dieser Auswahlregel ΔJ = 0, ±1 noch zusätzliche Symmetriebedingungen, welche die Zahl der möglichen Übergänge noch weiter einschränken können. So gibt es z.B. bei einem $\Pi \to \Sigma$-Übergang nur erlaubte Rotationslinien, wenn entweder ΔJ = 0 *oder* ΔJ = ±1 ist [1.107]. Das von einem selektiv angeregten Molekülniveau emittierte Fluoreszenzspektrum ist daher sehr einfach, verglichen mit dem Emissionsspektrum bei breitbandiger Anregung. Abbildung 1.46 zeigt als Beispiel zwei laserinduzierte Fluoreszenzspektren des Na_2-Moleküls, wo je nach angeregtem Zustand entweder nur Q-Linien (ΔJ = 0) oder nur P- und R-Linien (ΔJ = ±1) auftreten [1.108].

Eine besonders interessante Anwendungsmöglichkeit der laserinduzierten Fluoreszenz liegt in der Messung der relativen Besetzungsdichten $N_i(v_i, J_i)$ und ihrer Verteilung auf die einzelnen Molekülzustände. Entstehen die Moleküle z.B. durch eine chemische Reaktion, so ist ihre anfängliche Zustandsverteilung im Allgemeinen weit von einer thermischen Gleichgewichtsverteilung entfernt. Bei einigen chemischen Reaktionen wird sogar eine Besetzungsinversion beobachtet, die den Betrieb chemischer Laser ermöglicht [1.109]. Die Untersuchung solcher Besetzungsverteilungen gibt wichtige Aufschlüsse über die Reaktionswege und ermöglichen unter Umständen eine gezielte Steuerung und Optimierung von Reaktionen.

Die Besetzungsverteilung N_k in angeregten Zuständen $|k\rangle$ lässt sich aus der Rate der Fluoreszenz-Photonen $n_{Fl} = N_K A_K V_R$ bestimmen, die aus dem Reaktionsvolumen V_R emittiert werden.

Zur Messung der Besetzungsverteilung im elektronischen Grundzustand stimmt man den Laser nacheinander auf verschiedene Übergänge $|i\rangle \to |k\rangle$ der zu untersuchenden Reaktionsprodukte ab und vergleicht die totale Fluoreszenzleistung, die von den entsprechenden oberen Niveaus emittiert wird. Die Zahl n_{Fl} der pro Sekunde vom oberen Niveau $|k\rangle$ emittierten Fluoreszenzphotonen ist bei einer Dichte N_i von Molekülen im Zustand $|i\rangle$ im Anregungsvolumen V nach (Bd. 1, Gl. 3.48) mit $P = B_{ik}\rho$

$$n_{Fl} = N_k A_k V = N_i A_k V \frac{B_{ik}\rho}{B_{ik}\rho + R_k + A_k} , \tag{1.39}$$

wobei R_k die strahlungslose Deaktivierungs-Wahrscheinlichkeit des Niveaus $|k\rangle$ ist. Wenn seine Stoßaktivierung vernachlässigbar gegen die Fluoreszenzemission ist, so gilt $R_k \ll A_k$, und aus (1.39) wird

$$n_{Fl} = N_i V \frac{B_{ik}\rho}{1 + B_{ik}\rho/A_k} . \tag{1.40}$$

Wir unterscheiden jetzt zwei Grenzfälle:

a) Die Laserleistung ist so klein, dass $B_{ik}\rho \ll A_k$. Dann erhält man für das Verhältnis der Fluoreszenzraten bei Anregung auf den Übergängen $|1\rangle \to |k\rangle$ und $|2\rangle \to |m\rangle$ mit den Absorptionswirkungsquerschnitten σ

$$\frac{n_{Fl}(k)}{n_{Fl}(m)} = \frac{N_1}{N_2} \frac{B_{1k}}{B_{2m}} = \frac{N_1 \sigma_{1k}}{N_2 \sigma_{2m}} ; \tag{1.41}$$

man kann also aus dem gemessenen Verhältnis $n_{Fl}(k)/n_{Fl}(m)$ der Fluoreszenzraten das Besetzungsverhältnis N_1/N_2 bestimmen, wenn man das Verhältnis der optischen Absorptionsquerschnitte σ_{1k}/σ_{2m} kennt. Man erhält dann das Verhältnis der **Moleküldichten** N_1/N_2 im stationären Gleichgewicht.

b) Die Leistung des anregenden Lasers ist so groß, dass der absorbierende Übergang gesättigt ist, d. h. $B_{ik}\rho \gg A_K$ gilt. Man erhält dann aus (1.40) und (Bd. 1, Gl. 3.51)

$$\frac{n_{Fl}(k)}{n_{Fl}(m)} = \frac{N_1}{N_2} \frac{A_k}{A_m} = (\widetilde{A}_1/\widetilde{A}_2) \frac{R_2 + R_m - R_{m2}}{R_1 + R_k - R_{k1}} \cdot \frac{A_K}{A_m} , \tag{1.42}$$

wobei $\widetilde{A}_1$, und $\widetilde{A}_2$ die Auffüllraten (Diffusion oder Stöße) der Niveaus $|1\rangle$ bzw. $|2\rangle$ sind.

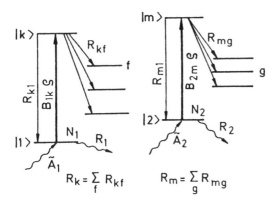

Abb. 1.47. Termschema zur Messung der Zustandsverteilung von Reaktionsprodukten im elektronischen Grundzustand

Wenn Stoßrelaxationen vernachlässigt werden können, wird $R_m = A_m$; $R_k = A_k$; $R_1, R_2 \ll A_m, A_k$. Für Moleküle gilt ferner: $A_{k1} \ll A_k$, $A_{m2} \ll A_m$. Dann ergibt sich

$$\frac{n_{Fl}(k)}{n_{Fl}(m)} \simeq \widetilde{A}_1 / \widetilde{A}_2 . \tag{1.43}$$

Das Verhältnis der Fluoreszenzraten gibt dann direkt das Verhältnis der Auffüllraten für die beiden Niveaus $|1\rangle$ und $|2\rangle$. Sind die Diffusionsraten klein gegen die Bildungsraten aus der zu untersuchenden Reaktion, so lassen sich die gesuchten Bildungsraten bei gesättigter Absorption also direkt ohne Kenntnis der Übergangswahrscheinlichkeiten bestimmen (Abb. 1.47).

Die Bestimmung der Zustandsverteilung in Reaktionsprodukten mithilfe der laserinduzierten Fluoreszenz wurde zuerst von *Zare* und Mitarbeitern [1.110] auf Reaktionen von Barium mit Sauerstoff oder mit Halogenwasserstoffen angewandt [1.111]

$$Ba + HF(v = 0, 1) \Rightarrow BaF(v = 0 \div 12) + H . \tag{1.44}$$

Ein weiteres Beispiel ist die Bestimmung der Zustandsverteilung in molekularen Überschallstrahlen [1.112], in denen die Moleküle durch adiabatische Expansion einen großen Teil ihrer inneren Energie verlieren und daher nur noch die tiefsten Energieniveaus besetzt sind (Abschn. 4.2). Im thermischen Gleichgewicht würde diese Besetzungsverteilung einer Temperatur von wenigen Grad Kelvin entsprechen. Wir wollen noch einmal die Vorteile der LIF-Methode bei selektiver Anregung mit schmalbandigen Lasern zusammenfassen:

1) Die einfache Struktur des Fluoreszenzspektrums erlaubt eine schnelle Identifizierung. Die Fluoreszenzlinien lassen sich schon mit Spektrographen mittlerer Größe völlig auflösen und stellen daher an die experimentelle Ausrüstung erheblich geringere Anforderungen als z. B. die Analyse des Absorptionsspektrums desselben Moleküls. Dies gilt meistens auch dann noch, wenn wenige Niveaus gleichzeitig durch den Laser angeregt werden. Dies gilt auch für mehratomige Moleküle, deren Absorptionsspektrum im Allgemeinen wesentlich komplexer ist. Hier treten in den angeregten Zuständen häufig Störungen auf, die durch Kopplungen zwischen verschiedenen energetisch benachbarten Zuständen bewirkt werden. Sie machen sich

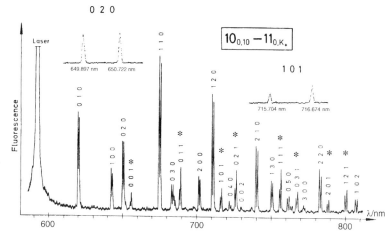

Abb. 1.48. LIF-Spektrum von NO_2, angeregt bei λ = 590,8 nm. Die Vibrationsbanden, die mit einem Stern gekennzeichnet sind, sind durch Symmetrie-Auswahlregeln eigentlich verboten aber erscheinen im Spektrum weil der angeregte Zustand durch Zustände anderer Symmetrie gestört ist und deshalb seine Wellenfunktion eine Linienkombination mehrerer Anteile verschiedener Symmetrie darstellt [1.113]

im LIF-Spektrum bemerkbar durch zusätzliche Linien, die aus Symmetriegründen ohne diese Störungen nicht erlaubt wären. Abbildung 1.48 zeigt zur Illustration einen Ausschnitt aus dem LIF-Spektrum des NO_2-Moleküls, das durch einen Farbstofflaser bei λ = 590,8 nm angeregt wurde. Man sieht die verschiedenen Schwingungsbanden, die jeweils aus drei Rotationslinien (P, Q und R-Linien) bestehen. Die eigentlich aus Symmetriegründen verbotenen, aber durch die Störungen erlaubten Banden sind mit einem Stern gekennzeichnet [1.113].

2) Wegen der zur Verfügung stehenden großen Laserintensität lassen sich hohe Besetzungsdichten N_k im oberen Zustand erzielen, d.h. die Fluoreszenzlinien sind entsprechend intensiv. Man kann daher auch bei kleinen Franck-Condon-Faktoren noch Fluoreszenzlinien mit gutem Signal/Rausch-Verhältnis nachweisen und z.B. eine Fluoreszenzprogression $v'_k \rightarrow v''_j$ bis zu sehr hohen Schwingungsniveaus v''_j vermessen. Die Potenzialkurve eines zweiatomigen Moleküls lässt sich aus der Bestimmung der Energiewerte der Schwingungs-Rotations-Niveaus (v''_i, J''_i) nach dem Rydberg-Klein-Rees (RKR)-Verfahren mit großer Genauigkeit berechnen [1.114]. Da diese Energieniveaus unmittelbar aus den Wellenlängen λ_{kj} der Fluoreszenzlinien bestimmbar sind, kann die Potenzialkurve des unteren Molekülzustandes bis zu den höchsten, noch vermessenen Fluoreszenzzuständen v''_j verfolgt werden. Reichen diese bis dicht unter die Dissoziationsgrenze, so lässt sich durch eine Extrapolation der mit wachsendem v'' abnehmenden Schwingungsniveauabstände $\Delta v''_j = E(v''_{j+1}) - E(v''_j)$ die Dissoziationsenergie des Moleküls spektroskopisch bestimmen [1.115].

3) Die relativen Intensitäten der Fluoreszenzlinien von dem selektiv angeregten Niveau v'_k zu den verschiedenen Niveaus v''_j sind proportional zu den Franck-

Condon-Faktoren. Zusammen mit einer Lebensdauerbestimmung des oberen Niveaus erlaubt die Messung der relativen Intensitäten der Fluoreszenzlinien eine absolute Bestimmung der Franck-Condon-Faktoren (1.37), aus der die Schwingungswellenfunktionen erhalten werden können. Ein Vergleich der so erhaltenen Funktionen ψ_{vib} mit denen, die man aus der Schrödinger-Gleichung mit dem RKR-Potenzial berechnen kann, liefert einen empfindlichen Test für die Güte des Potenzials.

4) Mithilfe der LIF lassen sich die Besetzungsdichten der absorbierenden Moleküle in spezifischen Quantenzuständen messen. Damit kann z. B. die Verteilung der inneren Energie molekularer Reaktionsprodukte bei chemischen Reaktionen bestimmt werden.

Für weitere Aspekte der LIF siehe [1.116–1.119].

Eine Zusammenstellung von Artikeln über LIF findet man in [1.120].

1.7 LIBS

Das Acronym *LIBS* steht für „**laser-induced breakdown spectroscopy**". Bei dieser Technik werden Elektronen, Atome und Ionen durch Beschuss einer Festkörper- oder Flüssigkeits-Oberfläche mit einem fokussierten Laser hoher Leistung (z. B. einem Nd:YAG-Laser) verdampft und bilden ein heißes Plasma, das rasch expandiert. Mit einem zweiten, durchstimmbaren Laser werden elektronische Übergänge der Atome und Ionen angeregt und die Laser-induzierte Fluoreszenz auf den Eintrittsspalt eines Spektrographen abgebildet und wellenlängenselektiv gemessen (Abb. 1.49). Dies ermöglicht es, die Art und Konzentration der verschiedenen Atome und Ionen im Plasma zu bestimmen und dadurch Rückschlüsse auf die Atomzusammensetzung der oberen Schichten des Festkörpers zu ziehen. Man kann durch Vergleich der Intensitäten mehrerer Absorptionslinien desselben Atoms oder Ions die Besetzungsverteilung der verschiedenen Niveaus und damit die Temperatur des Plasmas bestimmen, die von der Zeit zwischen Produktion und Detektion des Plasmas abhängt, weil sich das Plasma bei der Expansion abkühlt. Deshalb muss man Detek-

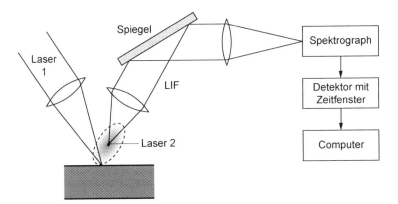

Abb. 1.49. Schematische Anordnung für LIBS

toren mit einstellbarem Zeitfenster verwenden, sodass man das Spektrum zu einer vorgegebenen Zeit messen kann.

LIBS wird oft angewandt zur schnellen Analyse von Stahlproben während die Stahlmischung noch im Ofen ist und deshalb noch durch spezifische Zusätze korrigiert werden kann. Bei molekularen Festkörpern werden sowohl Atome als auch Moleküle im Plasma gefunden. Durch Messung der Temperaturverteilung lässt sich bestimmen, ob die Moleküle ohne Dissoziation verdampft wurden, oder ob sie als Atome den Festkörper verlassen und erst im Plasma aus diesen Atomen durch Stoßprozesse zu Molekülen rekombinieren.

Man kann auch in Gasen im Fokus genügend intensiver Laserstrahlung ein Plasma erzeugen und dann mit LIBS die Zusammensetzung einer Gasmischung bestimmen.

Mehr Informationen findet man in [1.121–1.123].

1.8 Vergleich zwischen den verschiedenen Verfahren

Die in den vorhergehenden Abschnitten behandelten Verfahren für die Dopplerbegrenzte Laser-Absorptionsspektroskopie ergänzen sich in idealer Weise. Im sichtbaren und ultravioletten Spektralbereich, in dem durch Absorption von Laserphotonen elektronisch angeregte Zustände von Molekülen bevölkert werden, ist nach der resonanten Zweiphotonen-Ionisation die Anregungsspektroskopie (oft auch **Fluoreszenzmethode** genannt) die empfindlichste Messmethode. Wegen der kurzen, spontanen Lebensdauer dieser Zustände ist die Quantenausbeute in den meisten Fällen nahe bei 100 % und zum Nachweis der laserinduzierten Fluoreszenz stehen empfindliche Photodetektoren zur Verfügung.

Auch im infraroten Spektralbereich kann bei niedrigem Gesamtdruck in der Absorptionszelle die von den angeregten Schwingungs-Rotationszuständen emittierte Fluoreszenz als Monitor verwendet werden. Jedoch ist die Empfindlichkeit wegen der geringen Quantenausbeute und der kleineren Detektorfläche der Infrarotdetektoren kleiner. Hinzu kommt die wesentlich längere spontane Lebensdauer der Schwingungsniveaus, die entweder zu einer Diffusion der schwingungsangeregten Moleküle aus dem Beobachtungsvolumen oder – bei höherem Druck – zu stoßinduzierter, strahlungsloser Deaktivierung der angeregten Zustände führt. Die Quantenausbeute wird daher bei großem Druck sehr klein.

Hier beginnt die Überlegenheit der photoakustischen Methode, die gerade diese strahlungslose Umwandlung von Anregungsenergie in Wärme ausnutzt. Ihr Anwendungsgebiet liegt vor allem in der quantitativen Bestimmung kleiner Konzentrationen absorbierender Moleküle in Gasen bei höherem Druck. Beispiele sind die Messungen molekularer Luftverunreinigungen, wie Schadstoffkonzentrationen in Auto-Abgasen, bei denen Nachweisempfindlichkeiten im ppb-Bereich erfolgreich demonstriert wurden.

Beide Methoden können Absorptionszellen im Laserresonator verwenden und durch Frequenzmodulation des Lasers die Empfindlichkeit zusätzlich steigern. In der hochauflösenden Spektroskopie mit schmalbandigen Lasern ist die Linienbreite bei der Anregungsspektroskopie im Sichtbaren im Allgemeinen durch die Doppler-Breite begrenzt, bei der photoakustischen Spektroskopie häufig durch die Druckverbreiterung der Absorptionslinien. Die optothermische Spektroskopie mit kollimierten Molekülstrahlen erreicht die Empfindlichkeit der photoakustischen Spektroskopie, hat aber eine etwa 100 mal höhere spektrale Auflösung.

Die opto-galvanische Spektroskopie ist sehr hilfreich für die Messung von angeregten neutralen und ionisierten Molekülen in Gasentladungen, wobei die beiden Spezies mithilfe der Geschwindigkeits-Modulation unterschieden werden können. Die „cavity-ring-down" Spektroskopie kann – anders als die optoakustische Spektroskopie – bereits bei kleinen Drucken betrieben werden. Ihre Empfindlichkeit kann so groß sein, dass die Photonenrauschgrenze erreicht wird. Die LMR-Spektroskopie kann hinsichtlich ihrer Nachweis-Empfindlichkeit mit den beiden ersten Verfahren durchaus konkurrieren. Sie ist jedoch beschränkt auf Moleküle mit genügend großem magnetischem Dipolmoment, um einen ausreichenden Abstimmbereich durch Zeeman-Verschiebung der Absorptionslinien über eine Linie eines Festfrequenzlasers zu gewährleisten. Sie wird daher vor allem angewandt zur Spektroskopie von Radikalen oder Molekülen mit einem ungepaarten Elektron, deren magnetische Momente durch den Elektronenspin um Größenordnungen höher sind als diejenigen stabiler Moleküle in $^1\Sigma$-Grundzuständen. LMR-Spektroskopie und Stark-Spektroskopie geben darüber hinaus Informationen über die Größe von Zeeman- bzw. Stark-Aufspaltungen und erlauben daher die Bestimmung von magnetischen, bzw. elektrischen Dipolmomenten, Landé-Faktoren und Kopplungsverhältnissen der verschiedenen Drehimpulse im Molekül. Der Vorteil beider Verfahren ist die größere Genauigkeit bei der Absolutbestimmung der Mitten-Frequenzen von Absorptionslinien, da die Frequenzen der verwendeten Festfrequenzlaser mit größerer Genauigkeit bekannt und reproduzierbarer sind, als dies bei durchstimmbaren Lasern möglich ist.

Während alle absorptionsspektroskopischen Techniken im Wesentlichen Informationen über die Energieniveaus im angeregten Zustand liefern und den elektronischen Grundzustand nur bis zu thermisch besetzten Niveaus „abtasten" können, erlaubt die Messung der spektral zerlegten LIF die Bestimmung auch höherer Schwingungs-Rotations-Niveaus im **elektronischen Grundzustand**. Bei Verwendung von CCD-Arrays als Detektoren hinter dem Spektrograph kann ein größerer Spektralbereich simultan gemessen werden. Die Analyse der LIF-Spektren ist im Allgemeinen einfacher als die von Absorptionsspektren, weil bei selektiver Anregung nur eines der oberen Niveaus das Spektrum aus regelmäßigen Progressionen von Fluoreszenzlinien besteht. Bei der Absorptionsspektroskopie braucht man im Allgemeinen zusätzliche Informationen zur eindeutigen Analyse des Spektrums, die man bei der LMR- oder Stark-Spektroskopie aus den Zeeman-bzw. Stark-Aufspaltungen erhält, allgemein aber auch z. B. durch Doppel-Resonanztechniken gewinnen kann (Abschn. 5.3).

Außer ihrer Bedeutung für die Molekülspektroskopie haben die in diesem Kapitel besprochenen empfindlichen Verfahren großen praktischen Nutzen für analytische

Nachweisverfahren zur Detektion geringer Spurenkonzentrationen [1.120] in Gasen, Flammen [1.124–1.127] und Plasmen [1.128].

Weitere interessante Anwendungen in der Strömungstechnik, den Nachweis von Adsorbaten auf Oberflächen, in der Biologie und Medizin werden im Kap. 10 behandelt.

2 Nichtlineare Spektroskopie

Einer der wesentlichen Vorteile schmalbandiger Laser für die Spektroskopie gasförmiger Medien liegt in der Möglichkeit, die Begrenzung der spektralen Auflösung infolge der Doppler-Breite der Spektrallinien durch Anwendung verschiedener Techniken zu überwinden. Die meisten Techniken basieren auf der selektiven Sättigung atomarer bzw. molekularer Übergänge. Die Besetzungsdichte der absorbierenden Niveaus wird durch die Absorption der einfallenden Laserstrahlung verringert, sodass die absorbierte Leistung selbst in nichtlinearer Weise von der einfallenden Laserintensität abhängt. Man spricht daher auch von **nichtlinearer Laserspektroskopie**. Wir wollen im Folgenden die wichtigsten nichtlinearen Techniken behandeln.

2.1 Lineare und nichtlineare Absorption

Durchläuft eine Lichtwelle

$$E = E_0 \cos(\omega t - kz)$$

mit einem Lichtbündelquerschnitt A und einer mittleren Intensität

$$I = \frac{c\epsilon_0}{2} E_0^2$$

eine Probe, deren Moleküle auf dem Übergang $E_i \rightarrow E_k (E_k - E_i = \hbar\omega)$ absorbieren, so ist die auf der Strecke dz im Volumen $A\,dz$ absorbierte Leistung $dP = A\,dI$ – siehe Bd. 1, (5.2) –

$$dP = AI\sigma_{ik}[N_i - (g_i/g_k)N_k]dz \ . \tag{2.1}$$

Die zeitliche Änderung der Besetzungsdichte N_i der absorbierenden Niveaus mit den statistischen Gewichten g_i ist bei homogener Linienverbreiterung und breitbandiger Strahlung mit der spektralen Energiedichte ρ

$$\frac{dN_i}{dt} = B_{ik}\rho[(g_i/g_k)N_k - N_i] - N_i\gamma_i + \widetilde{A}_i \ , \tag{2.2}$$

wobei $B_{ik}\rho = B_{ik}I(\omega)/c$ die Absorptionswahrscheinlichkeit pro Molekül und Sekunde angibt, $I(\omega)$ die spektrale Intensitätsdichte $[W/(m^2 s)]$, $N_i\gamma_i$ die gesamte Entleerungsrate des Niveaus $|i\rangle$ (z. B. durch Fluoreszenz, Stöße oder auch durch Diffusion der Moleküle *aus* dem Anregungsvolumen) und $\widetilde{A}_i$ die gesamte Auffüllrate des

W. Demtröder, *Laserspektroskopie 2*, DOI 10.1007/978-3-642-21447-9_2,
© Springer-Verlag Berlin Heidelberg 2013

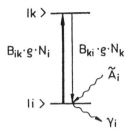

Niveaus $|i\rangle$ (z. B. durch Fluoreszenz aus anderen Niveaus $|m\rangle$ oder durch Diffusion ungepumpter Moleküle *in* das Anregungsvolumen) (Abb. 2.1).

Im stationären Gleichgewicht wird $dN_i/dt = 0$, und wir erhalten aus (2.2) die stationäre Besetzungsdichte

$$N_i = \frac{\widetilde{A}_i}{B_{ik}\rho + \gamma_i} + N_k \frac{(g_i/g_k)B_{ik}\rho}{B_{ik}\rho + \gamma_i} \tag{2.3}$$

Solange die einfallende Lichtintensität I so klein ist, dass $B_{ik}I/c \ll \gamma_i$ gilt, können wir $B_{ik}\rho$ im Nenner vernachlässigen und erhalten für $N_k \ll N_i$ die thermische Besetzungsdichte im Grenzfall $I \to 0$

$$N_i^0 = \widetilde{A}_i/\gamma_i \tag{2.4}$$

die durch die Absorption praktisch nicht verändert wird, und gleich dem Verhältnis von Auffüllrate $\widetilde{A}_i$ zu Entleerungswahrscheinlichkeit γ_i ist (Bd. 1, Abschn. 3.5.1). In diesem Fall, der bei Verwendung inkohärenter Lichtquellen fast immer vorliegt, wird $(N_i - N_k)$ unabhängig von I, und die Integration von (2.1) ergibt das **Beer'sche Gesetz** der linearen Absorption

$$P = P_0 e^{-[N_i - (g_i/g_k)N_k]\sigma_{ik}z} \,. \tag{2.5}$$

Für größere Intensitäten I, wie sie mit Lasern leicht erreichbar sind, kann der erste Term in (2.2) nicht mehr gegenüber den Relaxationsraten vernachlässigt werden. Ist $B_{ik}I/c$ immer noch kleiner als γ_i, so lässt sich (2.3) unter Berücksichtigung von $N_k \ll N_i$ für $E_k - E_i \ll kT$ näherungsweise schreiben als

$$N_i = \frac{N_i^0}{1 + aI} \simeq N_i^0(1 - aI) \text{ mit } a = B_{ik}/(c \cdot \gamma_i) \,. \tag{2.6}$$

Die Besetzungsdichte $N_i(I)$ nimmt mit wachsender Intensität I ab, sodass die absorbierte Leistung in (2.1) für $N_k \ll N_i$

$$dP = N_i \cdot A \cdot I \, dz \simeq A\sigma_{ik}N_i^0(I - aI^2) \, dz \tag{2.7}$$

als Funktion von I einen linearen und einen quadratischen Anteil enthält.

Man kann dies experimentell verifizieren, wenn man z. B. die vom Niveau $|k\rangle$ emittierte Fluoreszenzrate als Maß für die Absorptionsrate verwendet (Abschn. 1.2) und sie als Funktion der einfallenden Laserintensität misst (Abb. 2.2).

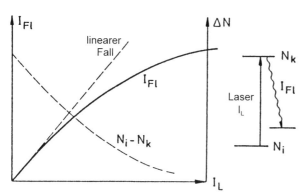

Abb. 2.2. Nachweis der Sättigung des absorbierenden Niveaus durch Messung der Fluoreszenzrate als Funktion der einfallenden Laserintensität. Gestrichelt ist der lineare, ungesättigte Fall eingezeichnet

Für den Grenzfall großer Intensitäten $B_{ik}I/c \gg \gamma_i$ wird aus (2.3)

$$N_i \simeq \frac{\widetilde{A}_i}{B_{ik}I/c} + \frac{g_i}{g_k}N_k \; . \tag{2.8}$$

Mit wachsender Intensität I wird der 1. Term kleiner, d. h. die Besetzungsdichten N_i und N_k nähern sich immer mehr an, und für $I \to \infty$ geht die Nettoabsorption gegen Null, d. h. die Probe wird völlig transparent.

Man nennt die Abweichung der Funktion $dP(I)$ in (2.7) von der Geraden $dP = A\sigma_{ik}N_i^0 I\,dz$ auch **Sättigung** des Überganges $|i\rangle \to |k\rangle$ infolge der Entleerung des absorbierenden Niveaus $|i\rangle$ durch optisches Pumpen.

Quantitativ lässt sich die Sättigung des Niveaus $|i\rangle$ durch den **Sättigungsparameter**

$$S_i = \frac{B_{ik}\rho}{\gamma_i} \tag{2.9}$$

beschreiben, der das Verhältnis von induzierter Absorptionsrate $N_i B_{ik}\rho$ zur Relaxationsrate $N_i\gamma_i$ des Niveaus $|i\rangle$ angibt. Mit dem Sättigungsparameter S_i lässt sich (2.6) schreiben als

$$\boxed{N_i = \frac{N_i^0}{1 + S_i} \Rightarrow N_i \approx N_i^0(1 - S_i) \quad \text{für} \quad S_i \ll 1} \; . \tag{2.10}$$

Die Sättigung des Überganges $|i\rangle \to |k\rangle$ hängt von der Sättigung der Besetzungsdifferenz ΔN ab und damit sowohl von der Entleerung des Niveaus $|i\rangle$ als auch der Bevölkerung von $|k\rangle$ d. h. von den beiden Relaxationswahrscheinlichkeiten γ_i und γ_k. Der Sättigungsparameter für den Übergang $|i\rangle \to |k\rangle$ mit der Linienbreite $\Delta\nu_a = (\gamma_i + \gamma_k)/2\pi$ wird deshalb definiert als

$$S_{ik} = B_{ik}\rho\left(\frac{1}{\gamma_i} + \frac{1}{\gamma_k}\right) = B_{ik}\rho\frac{\gamma_i + \gamma_k}{\gamma_i \cdot \gamma_k} = \frac{B_{ik}I}{c\gamma_i \cdot \gamma_k}2\pi\Delta\nu_a \; . \tag{2.11a}$$

Ersetzt man die spektrale Energiedichte $\rho = I/(c \cdot \Delta\nu_a)$ durch die spektrale Intensitätsdichte $I/\Delta\nu_a = c \cdot \epsilon_0 \cdot E_0^2/\Delta\nu_a$ innerhalb der Absorptionslinienbreite $\Delta\nu_a$ und führt die Rabi-Frequenz $\Omega_R = M_{ik}E_0/\hbar$ ein, wobei M_{ik} das Dipolmatrixelement und E_0 die Amplitude der Lichtwelle ist, so lässt sich (2.11a) mit Bd. 1, Gl. (2.77) und (2.31a) schreiben als

$$S_{ik} = \frac{\Omega_R^2}{\gamma_i \cdot \gamma_k} \; . \tag{2.11b}$$

Der Sättigungsparameter ist also gleich dem Quadrat des Verhältnisses von Rabi-Frequenz Ω_R zu geometrischem Mittel $(\gamma_i\gamma_k)^{1/2}$ der beiden Relaxationsraten. Die Rabi-Frequenz gibt an, wie schnell die Besetzungsinversion ΔN bei einem Zwei-Niveau-System oszilliert. Nach einer Zeit $\Delta t = \pi/\Omega_R$ geht die ursprüngliche Besetzung $N_i = N_0$, $N_k = 0$ ohne Relaxationsprozesse über in $N_i = 0$, $N_k = N_0$.

Definiert man als **Sättigungsintensität** I_s diejenige Intensität I, bei der $S_{ik} = 1$ wird, so erhält man aus (2.11a) und (2.11b)

$$I_s = \frac{c}{B_{ik}} \gamma_i \cdot \gamma_k \quad \text{und} \quad \Omega_R(I = I_s) = \sqrt{\gamma_i\gamma_k} \; . \tag{2.12a}$$

Bei einer monochromatischen Lichtwelle mit der Frequenz ω muss die Frequenzabhängigkeit des Sättigungsparameters $S(\omega)$ berücksichtigt werden (Bd. 1, Abschn. 3.5). Der Absorptionsquerschnitt für ein Molekül mit der Geschwindigkeitskomponente $v_z = 0$ ist (siehe Bd. 1, Abschn. 3.5.2):

$$\sigma_{ik} = \sigma_0 \frac{(\gamma/2)^2}{(\omega - \omega_0)^2 + (\gamma/2)^2} \; . \tag{2.12b}$$

Da der Sättigungsparameter $S(\omega)$ proportional zum Absorptionsquerschnitt ist, erhält man eine entsprechende Gleichung

$$S(\omega) = \frac{S_0(\gamma/2)^2}{(\omega - \omega_0)^2 + (\gamma/2)^2} \; . \tag{2.12c}$$

Die Besetzungsdifferenz $\Delta N = N_k - N_i$ ist nach Bd. 1, Gl. (3.41)

$$\Delta N = \frac{\Delta N_0}{1 + S}$$

mit $\Delta N_0 = \Delta N(S = 0)$.

Setzt man hier (2.12c) ein so ergibt sich für die gesättigten Besetzungszahlen bei homogener Linienverbreiterung für $S \ll 1$:

$$N_i(\omega) = N_i^0 - \frac{\Delta N^0}{\gamma_i \tau} \frac{S_0(\gamma/2)^2}{(\omega - \omega_0)^2 + (\gamma/2)^2(1 + S_0)} \; , \tag{2.13a}$$

$$N_k(\omega) = N_k^0 + \frac{\Delta N^0}{\gamma_k \tau} \frac{S_0(\gamma/2)^2}{(\omega - \omega_0)^2 + (\gamma/2)^2(1 + S_0)} \; , \tag{2.13b}$$

wobei $S_0 = S(\omega_0)$ ist und $\Delta N^0 = N_i^0 - N_k^0$ die thermische Besetzungsdifferenz für $S = 0$. Die Größe $\gamma = (\gamma_i + \gamma_k)$ ist die homogene Linienbreite des Überganges $|i\rangle \to |k\rangle$, und

$$\tau = \frac{1}{\gamma_i} + \frac{1}{\gamma_k} = \frac{\gamma}{\gamma_i \gamma_k} \tag{2.14}$$

wird longitudinale Relaxationszeit genannt, während $T = 1/\gamma$ auch **transversale Relaxationszeit** heißt.

Die Sättigungsintensität I_s für den Übergang $|i\rangle \to |k\rangle$ ist dann nach (2.12a)

$$I_s = \frac{c \cdot \gamma}{\tau B_{ik}} \tag{2.12b}$$

Man sieht aus (2.13), dass die gesättigten Besetzungsdichten und damit auch der Absorptionskoeffizient $\alpha_S(I, \omega)$ des homogen verbreiterten Überganges von der Intensität und der Frequenz des Lasers und außerdem von den Relaxationsraten der beteiligten Niveaus abhängt.

Man beachte: Die obige Betrachtung hat alle kohärente Prozesse vernachlässigt. Diese bewirken jedoch nur kleine Modifikationen.

2.2 Sättigung inhomogen verbreiterter Absorptionsübergänge

In Bd. 1, Abschn. 3.5.2 wurde gezeigt, dass die Sättigung *homogen* verbreiterter Übergänge wieder zu einem Lorentz-Profil führt, dessen Halbwertsbreite

$$\Delta\omega_s = \Delta\omega_0(1 + S_0)^{1/2}, \quad S_0 = S(\omega_0) \tag{2.15}$$

um den Faktor $(1 + S_0)^{1/2}$ größer ist als die der ungesättigten Linie. Der homogene Übergang wird verbreitert, weil die Übergangswahrscheinlichkeit und damit der Sättigungsparameter $S(\omega)$ selbst ein Lorentz-Profil hat, und deshalb die Sättigung in der Linienmitte stärker als in den Linienflügeln ist. Dies führt zu einer „Stauchung" des Absorptionsprofils (Bd. 1, Abb. 3.13a) und damit zu einer Linienverbreiterung.

Wir wollen uns nun die Sättigung von *inhomogen* verbreiterten Linienprofilen ansehen und verwenden als Beispiel die in der Laserspektroskopie wichtige Sättigung Doppler-verbreiterter Absorptionslinien.

Wenn eine monochromatische Lichtwelle

$$\boldsymbol{E} = \boldsymbol{E}_0 \cos(\omega t - kz) \text{ mit } k = k_z \tag{2.16}$$

eine gasförmige Probe in z-Richtung durchläuft, deren Moleküle eine Maxwell-Boltzmann-Geschwindigkeitsverteilung haben, so hängt die Wahrscheinlichkeit, dass ein Molekül ein Photon absorbiert, von seiner Geschwindigkeitskomponente v_z ab. Im System des bewegten Moleküls erscheint die Lichtfrequenz ω Dopplerverschoben zu

$$\omega' = \omega - \boldsymbol{v} \cdot \boldsymbol{k} = \omega - v_z k \qquad (2.17)$$

Eine signifikante Absorption tritt nur auf, wenn $\omega' - \omega_0 < \Delta\omega_h$, d. h. wenn ω' innerhalb der homogenen Linienbreite $\Delta\omega_h$ (bedingt durch natürliche Linienbreite und Stoßverbreiterung) mit der Resonanzfrequenz ω_0 übereinstimmt. Der optische Absorptionsquerschnitt des Moleküls für den Übergang $|i\rangle \rightarrow |k\rangle$ ist

$$\sigma_{ik}(\omega, v_z) = \sigma_0 \frac{(\gamma/2)^2}{(\omega - \omega_0 - kv_z)^2 + (\gamma/2)^2} \,, \qquad (2.18)$$

wobei $\sigma_0 = \sigma(\omega = \omega_0 + kv_z)$ der maximale Querschnitt in der Linienmitte ist. Man sieht hieraus, dass nur Moleküle in einem schmalen Geschwindigkeitsintervall $\Delta v_z = \pm\gamma/k$ um den Wert $v_z = (\omega - \omega_0)/k$ merklich zur Absorption beitragen.

Durch die Absorption wird die Besetzungsdichte $N_i(v_z)$ des absorbierenden Niveaus in diesem Intervall Δv_z verringert und die des oberen Niveaus $N_k(v_z)$ entsprechend vergrößert (Abb. 2.3). Aus (2.13) erhält man, wenn ω_0 gemäß (2.18) durch $(\omega_0 + kv_z)$ ersetzt wird, die gesättigten Besetzungsdichten

$$N_i(\omega, v_z) = N_i^0(v_z) - \frac{\Delta N^0}{\gamma_i \cdot \tau} \frac{S_0(\gamma/2)^2}{(\omega - \omega_0 - kv_z)^2 + (\gamma_s/2)^2} \,, \qquad (2.19a)$$

$$N_k(\omega, v_z) = N_k^0(v_z) + \frac{\Delta N^0}{\gamma_k \cdot \tau} \frac{S_0(\gamma/2)^2}{(\omega - \omega_0 - kv_z)^2 + (\gamma_s/2)^2} \,, \qquad (2.19b)$$

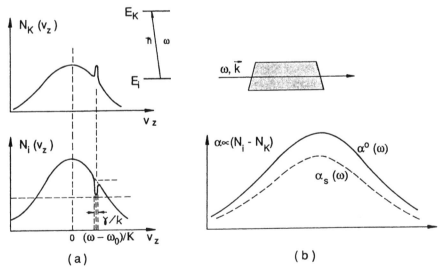

Abb. 2.3. (a) Selektive Verringerung der Besetzungsdichte $N_i(v_z)\,\mathrm{d}v_z$ und entsprechende Vergrößerung von $N_k(v_z)\,\mathrm{d}v_z$ bei Absorption von Licht der Frequenz $\omega = \omega_0 - kv_z$ (a). Man beachte, dass für $\gamma_i \neq \gamma_k$ die Lochtiefe in $N_i(v_z)$ und die Spitzenhöhe in $N_k(v_z)$ nicht gleich sind, (b) Sättigung eines inhomogenen verbreiterten Absorptionsprofils $\alpha^*(\omega)$ auf die tiefere gestrichelte Kurve $\alpha_S(\omega)$ beim Durchstimmen eines monochromatischen Lasers über das Doppler-Profil eines molekularen Überganges

sodass sich für die gesättigte Besetzungsdifferenz $\Delta N(\omega, v_z) = N_i(\omega, v_z) - N_k(\omega, v_z)$
wegen $\tau = (\gamma_i + \gamma_k)/\gamma_i \cdot \gamma_k$ ergibt:

$$\Delta N(\omega, v_z) = \Delta N^0(v_z) \left(1 - \frac{S_0 (\gamma/2)^2}{(\omega - \omega_0 - k v_z)^2 + (\gamma_s/2)^2} \right) . \tag{2.20}$$

Die Gleichungen (2.19a) und (2.19b) zeigen, dass in der Geschwindigkeitsverteilung
$N(v_z)$ des unteren Zustandes ein Loch, in der des oberen eine Spitze erscheint.

Man kann dieses Ergebnis auch mithilfe der Dichtematrix für das System $|i\rangle, |k\rangle$
herleiten [2.1].

Das lokale Minimum in der Besetzungsverteilung bei $v_z = (\omega - \omega_0)/k$, das auch
Bennet-Loch genannt wird [2.2], hat eine homogene Breite von

$$\gamma_S = \gamma (1 + S_0)^{1/2} \tag{2.21}$$

und eine Tiefe

$$\Delta N^0(v_z) - \Delta N(v_z) = \Delta N^0(v_z) \frac{S_0}{1 + S_0} . \tag{2.22}$$

Die Moleküle mit einer Geschwindigkeitskomponente v_z geben zum Absorptionskoeffizienten den Beitrag

$$\alpha(\omega, v_z) = \Delta N(v_z) \sigma(\omega, v_z) . \tag{2.23}$$

Alle Moleküle innerhalb der gesamten Geschwindigkeitsverteilung bestimmen dann
den gesamten Absorptionskoeffizienten

$$\alpha(\omega) = \int \Delta N(v_z) \sigma(\omega, v_z) \, dv_z . \tag{2.24}$$

Mit $\Delta N(\omega, v_z)$ aus (2.20) und $\sigma(\omega, v_z)$ aus (2.18) ergibt dies, wenn für $\Delta N^0(v_z)$ die
Geschwindigkeitsverteilung (Bd. 1, 3.23) eingesetzt wird:

$$\alpha(\omega) = \frac{\Delta N^0 \sigma_0}{v_w \cdot \sqrt{\pi}} \int \frac{e^{-(v_z/v_w)^2}}{(\omega - \omega_0 - k v_z)^2 + (\gamma_s/2)^2} \, dv_z , \tag{2.25}$$

wobei $\Delta N^0 = \int \Delta N_0(v_z) \, dv_z$ ist. **Man erhält also trotz Sättigung für $\alpha(\omega)$ wieder
ein Voigt-Profil!** Der einzige Unterschied zwischen (2.25) und Bd. 1, (3.28) ist die
sättigungsverbreiterte homogene Linienbreite γ_s im Nenner von (2.25) anstelle von
γ in Bd. 1, (3.28).

Da die Doppler-Breite im Allgemeinen sehr groß gegen die homogene Breite γ_s
ist, ändert sich der Zähler in (2.25) bei einer vorgegebenen Frequenz ω nicht wesentlich innerhalb des Intervall $\Delta v_z = \gamma_s/k$, in dem der Integrand merklich zur Absorption beiträgt. Man kann deshalb den Faktor $\exp[-(v_z/v_w)^2]$ vor das Integral ziehen.
Das restliche Integral ist analytisch lösbar, und man erhält mit Bd. 1, (3.24b):

$$\alpha(\omega) = \frac{\alpha^0(\omega_0)}{\sqrt{1 + S_0}} e^{-[(\omega - \omega_0)/0{,}6\delta\omega_D]^2} , \tag{2.26}$$

wobei

$$\alpha^0(\omega_0) = \Delta N^0 \frac{\pi^{1/2}|M_{ik}|^2}{\epsilon_0 h \nu_w} , \qquad \delta\omega_D = \frac{\omega_0}{c}\sqrt{\frac{8kT\ln 2}{m}} , \qquad (2.27)$$

und M_{ik} das Dipolmatrixelement für den Übergang $|i\rangle \to |k\rangle$ ist.

Gleichung (2.26) zeigt ein bemerkenswertes Ergebnis: obwohl durch die Absorption des Laserlichtes bei jeder Frequenz ω ein „Loch" in die Besetzungsverteilung „gebrannt" wird (2.20), lässt sich dies allein durch die Absorption des sättigenden Lasers, dessen Frequenz ω über das Dopplerverbreiterte Absorptionsprofil durchgestimmt wird, *nicht* nachweisen. Der Absorptionskoeffizient

$$\alpha(\omega) = \frac{\alpha^0(\omega)}{\sqrt{1+S_0}} \qquad (2.28)$$

sinkt im Fall des inhomogenen Absorptionsprofils bei jeder Frequenz ω um denselben Faktor $(1+S_0)^{1/2}$ (Abb. 2.3b), während er bei einem *homogenen* Absorptionsprofil um den frequenzabhängigen Faktor $[1+S(\omega)]$ abnimmt – siehe Bd. 1, Abschn. 3.5.2 und Abb. 2.3.

Das Bennet-Loch lässt sich jedoch nachweisen, wenn man *zwei* Laser verwendet:

a) Einen Pumplaser mit Wellenvektor $\mathbf{k}_p$, der auf der Frequenz ω_1 festgehalten wird und dort gemäß (2.20) in der Besetzungsverteilung $\Delta N(v_z)$ im Geschwindigkeitsintervall $\Delta v_z = \gamma_s/k$ um $v_z = (\omega_0 - \omega_1)/k_1$ ein Bennet-Loch erzeugt.

b) Einen schwachen Abfragelaser mit der Wellenzahl k_2, dessen Frequenz über das Doppler-Profil durchgestimmt wird und dessen Absorptionsprofil bei Anwesenheit des Pumplasers

$$\alpha(\omega, \omega_1) = \frac{\sigma_0 \Delta N}{\sqrt{\pi}v_w} \int \frac{e^{-(v_z/v_w)^2}}{(\omega_0 - \omega - k_2 v_z)^2 + (\gamma/2)^2}$$

$$\times \left(1 - \frac{S_0(\gamma/2)^2}{(\omega_0 - \omega - k_1 v_z)^2 + (\gamma_s/2)^2}\right) dv_z \qquad (2.29)$$

ein Voigt-Profil ist mit einem „Loch" bei $\omega = \omega_1 = \omega_0 - k_1 v_z$ (Abb. 2.4). Ausführung der Integration ergibt für $\mathbf{k}_1 \approx \mathbf{k}_2$ und $S_0 \ll 1$ [2.3]:

$$\alpha_s(\omega) = \alpha^0(\omega)\left(1 - \frac{S_0}{\sqrt{1+S_0}}\frac{(\gamma/2)^2}{(\omega - \omega')^2 + (\Gamma_s/2)^2}\right) \qquad (2.30)$$

mit $\omega' = \omega_1$ für kollineare und $\omega' = 2\omega_0 - \omega_1$ für antikollineare Ausbreitung von Pump- und Abfragestrahl. Halbwertsbreite $\Gamma_s = \gamma[1 + (1+S_0)^{1/2}] = \gamma + \gamma_s$ und Tiefe $\alpha^0 S_0/2$ (für $S_0 \ll 1$) des Loches hängen wegen $S_0 \propto I_p$ von der Intensität I_p des Pumplasers ab.

Pump- und Abfragestrahl können auch dadurch realisiert werden, dass man den einfallenden Laserstrahl in sich reflektiert. Diese Situation ist z. B. verwirklicht, wenn die absorbierende Substanz in den Laser-Resonator gestellt wird (Abb. 2.5b). Die gesättigte Besetzungsdifferenz in einer solchen stehenden Laser-Welle ist dann bei gleicher Intensität beider Strahlen:

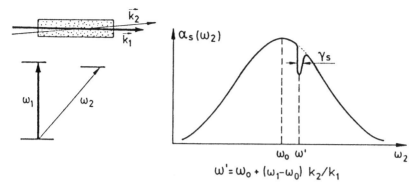

Abb. 2.4. Nachweis der durch den Pumplaser mit $\omega_p = \omega_1$ erzeugten selektiven Sättigung mithilfe eines kollinearen durchstimmbaren Abfragelasers, der bei $\omega_2 = \omega'$ ein lokales Minimum seiner Absorption (**Bennet-Loch**) erfährt

$$\Delta N(v_z) = \Delta N^0(v_z) \tag{2.31}$$

$$\times \left(1 - \frac{S_0(\gamma/2)^2}{(\omega_0 - \omega - kv_z)^2 + (\gamma_s/2)^2} - \frac{S_0(\gamma/2)^2}{(\omega_0 - \omega + kv_z)^2 + (\gamma_s/2)^2}\right)$$

und der Absorptionskoeffizient wird

$$\alpha_s(\omega) = \int \Delta N(v_z)[\sigma(\omega_0 - \omega - kv_z) + \sigma(\omega_0 - \omega + kv_z)]\,dv_z \ . \tag{2.32}$$

Nach einiger Rechnung [2.3] erhält man durch Einsetzen von $\Delta N(v_z)$ aus (2.31) für $S_0 \ll 1$ analog zur Berechnung von (2.30) das Ergebnis für den Absorptionskoeffizienten einer *stehenden Welle*:

$$\boxed{\alpha_s(\omega) = \alpha^0(\omega)\left[1 - \frac{S_0}{2}\left(1 + \frac{(\gamma_s/2)^2}{(\omega - \omega_0)^2 + (\gamma_s/2)^2}\right)\right] \ ,} \tag{2.33}$$

wobei anstelle von $\Gamma_s = \gamma + \gamma_s$ jetzt die gesättigte Linienbreite $\gamma_s = \gamma(1 + S_0)^{1/2} = (\gamma_i + \gamma_k)(1 + S_0)^{1/2}$ auftritt, die durch die Summe der Intensitäten beider Teilwellen gesättigt wird.

Dies ist wegen $\alpha^0(\omega) = \alpha^0 \exp[-(\omega - \omega_0)^2/(0{,}6\Delta\omega_D)^2]$ ein Doppler-Profil mit einer Einbuchtung in der Linienmitte bei $\omega = \omega_0$ (Abb. 2.5c), die nach W. Lamb, der dieses Phänomen zuerst theoretisch gedeutet hat, **Lamb-Dip** genannt wird [2.4].

Anschaulich kann man diesen Lamb-Dip folgendermaßen verstehen: Für $\omega \neq \omega_0$ trägt die Geschwindigkeitsklasse $v_z = +(\omega - \omega_0 \pm \gamma_s/2)/k$ zur Absorption der einfallenden Welle und die Klasse $v_z = -(\omega - \omega_0 \pm \gamma_s/2)/k$ zur Absorption der reflektierten Welle bei. Für $\omega = \omega_0$ werden beide Wellen von derselben Molekülklasse im Intervall $kv_z = 0 \pm \gamma_s/2$ absorbiert. Dies sind diejenigen Moleküle, deren Geschwindigkeitskomponente v_z Im Intervall $v_z = 0 \pm \gamma_s/2h$ liegen, d. h. die praktisch senkrecht zu den beiden antiparallelen Laserstrahlen fliegen. Die absorbierte Intensität ist für diese Klasse dann doppelt so hoch und die Sättigung entsprechend größer.

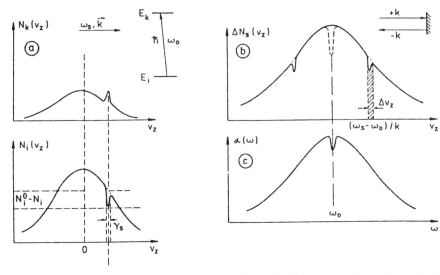

Abb. 2.5a–c. Bennet-Löcher in der Besetzungsverteilung $N(v_z)$: (**a**) erzeugt durch eine laufende Welle, (**b**) durch einfallende und reflektierte Wellen für $\omega \neq \omega_0$ und für $\omega = \omega_0$, (*gestrichelt*), (**c**) Lamb-Dip im Absorptionsprofil $\alpha(\omega)$ der stehenden Welle

Die Tiefe des Lamb-Dips ist

$$\alpha_0^0(\omega_0) - \alpha_s(\omega_0) = \alpha^0(\omega_0)S_0 \quad \text{mit} \quad S_0 = B_{ik}I/(c \cdot \gamma \cdot \gamma_s),$$

wobei I die *gesamte Intensität* der stehenden Welle ist. Für $\omega_0 - \omega \gg \gamma_s$ wird $\alpha_s = (1 - S_0/2)\alpha^0$, was gerade der Sättigung durch eine der beiden Teilwellen mit der Intensität $I/2$ entspricht.

In Abb. 2.6 ist noch einmal der Unterschied bei der Sättigung eines homogenen und eines inhomogenen Absorpionsprofils durch eine stehende Welle beim Durchstimmen der Frequenz ω illustriert.

Anmerkung

1) Die Breite des Lamb-Dips (LD) erscheint beim Durchstimmen des Lasers als $\delta\omega_{\text{LD}} = \gamma_s$, entspricht aber in der Besetzungsverteilung $N(v_z)$ einem Geschwindigkeitsintervall $\Delta v_z = 2\gamma_s/k$, weil sich beim Durchstimmen der Laserfrequenz ω die entgegengesetzten Doppler-Verschiebungen $\Delta\omega = (\omega_0 - \omega) = \pm kv_z$ der beiden Wellen addieren.

2) Wir haben in diesem Abschnitt nur Besetzungsänderungen durch Sättigung berücksichtigt und alle kohärenten Effekte vernachlässigt. Dies ist zulässig für $S_0 \ll 1$.

Kohärente Effekte führen zu Interferenzphänomenen, die aber nur bei geeigneten Anordnungen zu beobachten sind (Kap. 7).

2.3 Sättigungs-Spektroskopie

Die Sättigungs-Spektroskopie beruht auf der im vorigen Abschnitt behandelten selektiven Sättigung Dopplerverbreiterter Molekülübergänge, bei der die spektrale Auf-

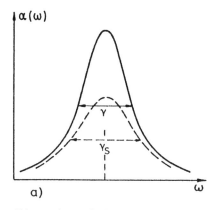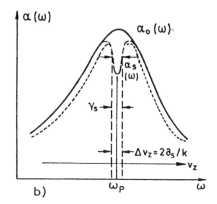

Abb. 2.6a,b. Vergleich der Sättigung eines homogenen (**a**) und eines inhomogenen (**b**) Absorptionsprofils durch eine stehende durchstimmbare Laserwelle im Laserresonator

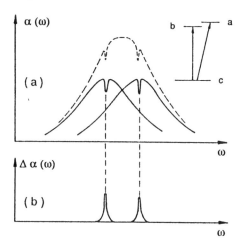

Abb. 2.7. (**a**) Spektral getrennte Lamb-Dips zweier sich überlappender Doppler-Profile von Übergängen mit gemeinsamen unteren Niveau. (**b**) Lock-in Nachweis der Differenzabsorption $\Delta\alpha = \alpha^0 - \alpha_s$

lösung nicht mehr durch die Doppler-Breite, sondern durch die viel schmalere Breite der erzeugten Lamb-Dips bestimmt wird [2.5, 2.6]. Der Vorteil dieser Technik gegenüber der Dopplerbegrenzten Spektroskopie soll am Beispiel zweier Übergänge von einem gemeinsamen Niveau a zu zwei energetisch dicht liegenden Niveaus b und c illustriert werden (Abb. 2.7). Auch wenn sich die Doppler-Profile der beiden Linien völlig überlappen, sind die Lamb-Dips deutlich zu trennen, solange ihr Abstand $\Delta\omega > 2\gamma_s$ ist.

Eine mögliche experimentelle Anordnung für die Sättigungs-Spektroskopie ist in Abb. 2.8 gezeigt. Der Ausgangsstrahl eines durchstimmbaren Lasers wird durch den Strahlteiler ST in einen schwachen Abfragestrahl und einen stärkeren Pumpstrahl aufgeteilt, die beide die Absorptionszelle fast antikollinear durchlaufen. Stimmt man die Laserfrequenz ω über die Absorptionslinien der Moleküle in der Zelle ab, so zeigt die transmittierte Abfragelaser-Leistung $P_t(\omega)$ die Doppler-verbreiterten Absorptionslinien mit ihren Lamb-Dips in der Linienmitte (Abb. 2.7a).

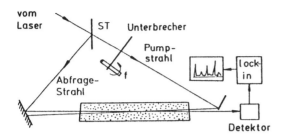

Abb. 2.8. Experimentelle Anordnung für die Sättigungsspektroskopie, bei der die Absorption der Abfragewelle nachgewiesen wird

Wird der Pumpstrahl periodisch unterbrochen, so wird abwechselnd die Abfragestrahl-Absorption mit bzw. ohne Pumplaser gemessen. Mit einem phasenempfindlichen Verstärker (**Lock-in**) lässt sich daher gemäß (2.30) mit $\omega_1 = \omega_2 = \omega$ die Differenz

$$\Delta\alpha(\omega) = \alpha^0(\omega) - \alpha_s(\omega) = \alpha^0(\omega)\frac{S_0}{\sqrt{1+S_0}}\frac{(\gamma/2)^2}{(\omega-\omega_0)^2 + (\Gamma_s/2)^2} \tag{2.34}$$

mit α^0 aus (2.27) messen und damit der Doppler-Untergrund eliminieren (Abb. 2.7b und 2.9).

Bei geringen Dichten der absorbierenden Moleküle wird die Absorption des Probenlasers sehr klein. In solchen Fällen ist der Nachweis der laserinduzierten Fluoreszenz oft günstiger als die Messung der Absorptionsänderung (Abb. 2.10). Das Fluoreszenzlicht, das aus einer Absorptionsstrecke Δz emittiert wird, ist proportional zur Zahl der auf der Strecke Δz absorbierten Photonen beider Laserstrahlen:

$$I_{FL} = C\delta_{ik}N_i(I_1 + I_2)\Delta z \;. \tag{2.35}$$

Wird die Intensität $I = (1/2)I_0(1 - \cos\Omega t)$ des Pumpstrahls mit der Frequenz $f_1 = \Omega_1/2\pi$ und die des Probenstrahls mit $f_2 = \Omega_2/2\pi$ moduliert, so ist der zeitliche

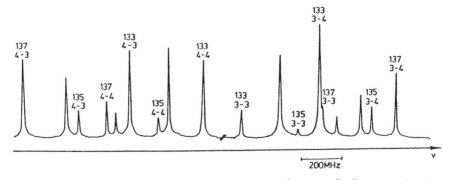

Abb. 2.9. Sättigungsspektrum aller HFS-Komponenten des $6^2S_{1/2} \rightarrow 7^2P$-Überganges bei $\lambda = 459{,}3\,$nm in einem Gemisch der Cäsium-Isotope ^{133}Cs, ^{135}Cs und ^{137}Cs [2.7]

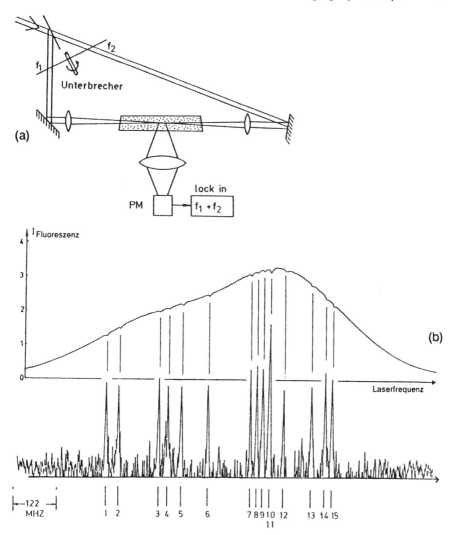

Abb. 2.10a,b. Nachweis der Lamb-Dips über die laser-induzierte Fluoreszenz. (a) Experimentelle Anordnung mit Unterbrechung von Pump- und Probenstrahl bei verschiedenen Frequenzen f_1 bzw. f_2. (b) Lamb-Dips der HFS-Komponenten des Überganges $^1\Sigma_g(v'' = 1, J'' = 98) \rightarrow {}^3\Pi_{ou}(v' = 58, J' = 99)$ im J_2-Molekül bei $\lambda = 514{,}5\,\mu$m, wenn der Lock-in auf die Unterbrecherfrequenz f_1 der Pumpe abgestimmt ist (*oberes Spektrum*) oder auf die Summenfrequenz $f_1 + f_2$ (*unteres Spektrum*) [2.8]

Verlauf der Besetzungsdichte im absorbierenden Niveau gemäß

$$N_i(v_z = 0) \approx N_i^0 \left\{ 1 - a \left[I_{10}(1 - \cos \Omega_1 t) + I_{20}(1 - \cos \Omega_{2t}) \right] \right\}, \tag{2.36}$$

wenn die Laserfrequenz auf die Mitte der Absorptionslinie abgestimmt ist. Die gemessene Fluoreszenzintensität (2.35) wird damit

$$I_{\mathrm{Fl}} = C\sigma_{ik}N_i^0\Delta z\left[I_1 + I_2 - a(I_1 + I_2)^2\right].$$ (2.37)

Der letzte Term beschreibt den nichtlinearen Anteil der Fluoreszenzintensität, der von den beiden entgegenlaufenden Laserstrahlen erzeugt wird, während der erste Term den linearen Doppler-verbreiterten Untergrund des Signals angibt. Da das Produkt $(I_1 + I_2)^2$ einen Term

$$I_{10}I_{20}\cos\Omega_1 t \cdot \cos\Omega_2 t = 1/2 I_{10}I_{20}\left[\cos(\Omega_1 + \Omega_2)t + \cos(\Omega_1 - \Omega_2)t\right]$$ (2.38)

mit Modulationsanteilen auf der Summen- bzw. Differenz-Frequenz enthält, kann durch Lock-in Nachweis auf einer dieser beiden Frequenzen der nichtlineare Anteil selektiv nachgewiesen und damit der lineare Doppler-verbreiterte Untergrund eliminiert werden [2.9]

Setzt man die absorbierende Probe in den Resonator eines durchstimmbaren Lasers, so erscheint an der Stelle des Lamb-Dips eine entsprechende Spitze in der Ausgangsleistung $P(\omega)$ des Lasers („**Lamb-peak**"), weil für $\omega = \omega_0$ seine Absorptionsverluste ein relatives Minimum haben (Abb. 2.11).

Diesen schmalen „Lamb-peak" kann man im Oszillographenbild (Abb. 2.11c) deutlich sehen. Er wird erzeugt durch die Sättigung der Absorptionslinie eines Schwingungs-Rotations-Übergangs in Methan CH_4, der fast genau mit der 3,39 μm Linie des Neons übereinstimmt, sodass für eine Methanzelle im Resonator eines durchstimmbaren Einmoden HeNe-Lasers der „Lamb-peak" praktisch in der Mitte des Verstärkungsprofils liegt. Der Oszillographenstrahl ist hier zweimal mit kleinem horizontalem Versatz über das Profil gefahren. Durch Modulation der Laserfrequenz ω (z. B. durch Modulation der Resonatorlänge mithilfe eines Piezokristalls, auf den einer der Resonatorspiegel geklebt ist) und Nachweis der Laserausgangsleistung $P(\omega, 3f)$ hinter einem Lock-in Verstärker, der auf die dreifache Modulationsfrequenz f abgestimmt ist, lässt sich der lineare Doppler-Untergrund im Ausgangssignal praktisch vollständig unterdrücken (Abschn. 1.2.1), wie im Folgenden näher gezeigt wird.

Die Laserleistung ist proportional zur Nettoverstärkung und wird daher in der Nähe eines Lamb-Dips

$$P_{\mathrm{L}}(\omega) \propto \left[G(\omega - \omega_{\mathrm{m}}) - \alpha_0(\omega)\left(1 - \frac{(\gamma/2)^2 S_0}{(\omega - \omega_0)^2 + (\gamma/2)^2}\right)\right].$$ (2.39)

In dem kleinen Frequenzintervall um den Lamb-Dip bei ω_0 kann man das Verstärkungsprofil $G(\omega - \omega_{\mathrm{m}})$ mit dem Maximum bei ω_{m} durch eine quadratische Funktion approximieren und erhält

$$P_{\mathrm{L}}(\omega) = A(\omega - \omega_{\mathrm{m}})^2 + B(\omega - \omega_{\mathrm{m}}) + C + \frac{D}{(\omega - \omega_0)^2 + (\gamma_{\mathrm{s}}/2)^2},$$ (2.40)

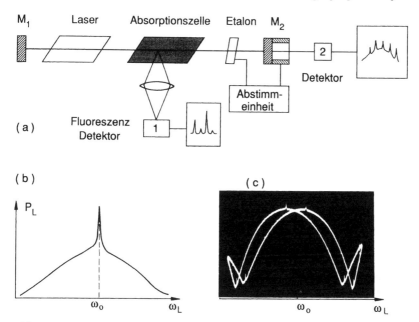

Abb. 2.11a–c. Sättigungs-Spektroskopie im Resonator eines Lasers. (**a**) Experimentelle Anordnung, (**b**) Ausgangsleistung $P_L(\omega)$ des Lasers beim Durchstimmen der Laserfrequenz ω über das Verstärkungsprofil, (**c**) Experimenteller Nachweis des „Lamb-Peaks" in der Ausgangsleistung des HeNe-Lasers bei $\lambda = 3,39\,\mu m$, verursacht durch den Lamb-Dip von CH_4 im Laserresonator, Oszillographenbild der Kurve $P_L(\omega)$ [2.10]

wobei die Konstanten A, B, C und D von ω_0, ω_m, γ_s und S abhängen. Die Ableitungen $P_L^{(n)}(\omega) = d^n P_L / d\omega^n$ werden dann

$$P_L^{(1)}(\omega) = 2A(\omega - \omega_m) + B - \frac{2D(\omega - \omega_0)}{[(\omega - \omega_0)^2 + (\gamma_s/2)^2]^2} \tag{2.41a}$$

$$P_L(2\omega) \propto P_L^{(2)}(\omega) = 2A + \frac{6D(\omega - \omega_0)^2 - D\gamma_s^2/2}{[(\omega - \omega_0)^2 + (\gamma_s/2)^2]^3} \tag{2.41b}$$

$$P_L(3\omega) \propto P_L^{(3)}(\omega) = \frac{-24D(\omega - \omega_0)[(\omega - \omega_0)^2 - (\gamma_s/2)^2]}{[(\omega - \omega_0)^2 + (\gamma_s/2)^2]^4} \tag{2.41c}$$

Diese Ableitungen sind in Abb. 2.12 gezeigt. Man sieht, dass der Untergrund, der von dem Doppler-verbreiterten Absorptionsprofil der absorbierenden Probe und dem gegenüber dem Lamb-Dip breiten Verstärkungsprofil $G(\omega - \omega_m)$ mit seinem Maximum bei ω_m herrührt, für die höheren Ableitungen praktisch völlig unterdrückt wird. Setzt man (2.41) in (1.6) ein, so sieht man, dass das Signal auf 3Ω bestimmt ist durch die dritte Ableitung $P_L^{(3)}(\omega_0) \propto d^3\alpha/d\omega^3$. Man nennt den Nachweis mit der Frequenz $3f$ deshalb auch die Messung der dritten Ableitung des Absorptionsspektrums.

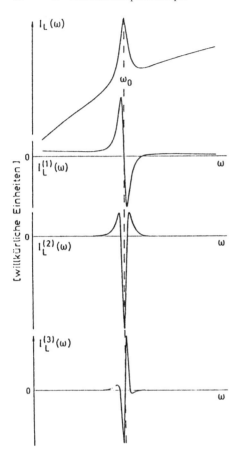

Abb. 2.12. Laserausgangsleistung $P_L(\omega)$ und ihre drei ersten Ableitungen in der Umgebung des Lamb-Dips im Doppler-verbreiterten Übergang einer absorbierenden Probe im Laserresonator

Die experimentelle Anordnung ist in Abb. 2.13 gezeigt. Die Modulationsfrequenz wird verdreifacht, indem die Sinusspannung $\sin \Omega t$ verstärkt, abgeschnitten und zu Rechteck-Pulsen geformt wird. Nur deren dritte Oberwelle $\sin(3\Omega t)$ wird durch ein Frequenzfilter gelassen und als Referenzsignal in den Lock-in Verstärker gegeben, der auf die Frequenz $3f$ abgestimmt ist. Die Abb. 2.14 zeigt zur Illustration die 3. Ableitung des Sättigungsspektrums derselben Iodlinie wie in Abb. 2.10, wobei die Iodzelle im Resonator eines Einmoden-Argonlasers stand.

Diese Technik der Ableitung von Sättigungs-Signalen einer absorbierenden Probe im Laser-Resonator eignet sich sehr gut zur Wellenlängen- Stabilisierung von Lasern, weil das Regelsignal nicht nur die Größe, sondern auch die Richtung der Abweichung enthält. Der Schalter in Abb. 2.13 ist dann geschlossen. Mit einem doppelten Regelkreis für die schnelle Wellenlängen-Stabilisierung auf ein Referenz-FPI und die Langzeit-Stabilisierung des FPI auf die erste Ableitung eines schmalen Absorptionsprofils eines verbotenen Überganges im Ca-Atom konnten *Barger* und Mitarbeiter [2.11] einen ultrastabilen CW Farbstofflaser realisieren; er hatte eine Kurzzeit-Stabilität von 800 Hz und eine Langzeit-Drift von weniger als 2 kHz. Inzwischen er-

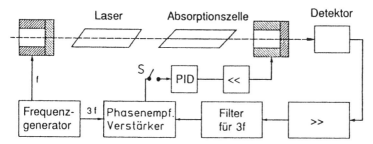

Abb. 2.13. Experimentelle Anordnung zur Messung der dritten Ableitung der Lamb-Dips bei der Sättigungs-Spektroskopie im Laser Resonator. Der Schalter S ist offen und wird nur geschlossen für die „Lamb-Dip-Stabilisierung"

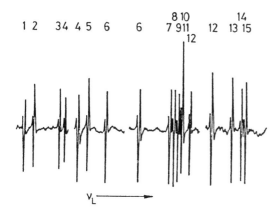

Abb. 2.14. Messung des Jodspektrums der Abb. 2.10 mit der Methode der 3. Ableitung und dem in Abb. 2.11 skizzierten Aufbau [2.13]

reicht man mit elektro-optischen Kristallen im Farbstofflaser-Resonator eine Frequenz-Stabilität von besser als 1 Hz [2.12].

Bei solch extrem schmalen Linienbreiten muss der Laserstrahl für die Spektroskopie von gasförmigen Proben im Resonator aufgeweitet werden, damit die Flugzeit-Verbreiterung (Bd. 1, Abschn. 3.5) nicht zu groß wird. In Abb. 2.15 ist das Sättigungsspektrum einer Rotationslinie des CH_3Cl-Moleküls gezeigt, das mit aufgeweitetem Strahl im Resonator eines HeNe-Lasers aufgenommen wurde und Linienbreiten von 15 kHz erreicht.

Die besonders hohe spektrale Auflösung bei molekularen Übergängen, bei denen die natürliche Linienbreite sehr klein ist, wurde von Bordë und Mitarbeitern am Beispiel des SF_6-Moleküls demonstriert. In Abb. 2.16 ist ein Rotations-Schwingungsübergang des SF_6-Moleküls gezeigt, bei dem die Hyperfeinstruktur, die Spin-Rotations-Aufspaltung und die durch Coriolis-Kopplung bewirkte Aufspaltung aufgelöst wurde. Damit können alle Wechselwirkungen in einem rotierenden Molekül ermittelt werden.

Die extrem hohe Frequenz-Stabilität eines auf eine molekulare Linie stabilisierten Lasers lässt sich auch auf die Spektroskopie mit durchstimmbaren Lasern übertragen

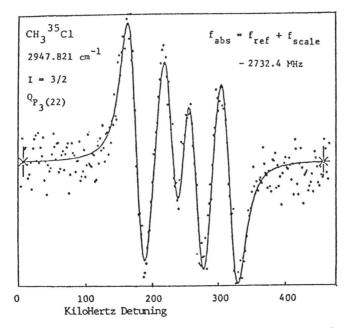

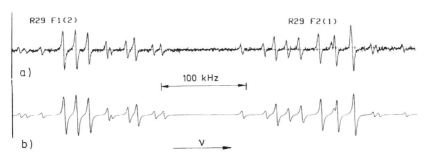

Abb. 2.15. Sättigungsspektrum des CH_3Cl-Moleküls bei $\lambda = 3{,}39\,\mu m$, aufgenommen im Resonator eines durchstimmbaren HeNe-Lasers mit aufgeweitetem Strahl. Das Spektrum zeigt die 1. Ableitung der 4 HFS-Komponenten der Q_{p3} (22) Rotationslinie eines Schwingungsüberganges im CH_3Cl-Molekül [2.10]

Abb. 2.16a,b. Hyperfein- und Super-Hyperfein-Aufspaltungen eines Schwingungs-Rotations-Überganges in SF_6 mit den Cross-over-Signalen. (**a**) Gemessen, (**b**) berechnet

durch eine Frequenzversatz-Technik, die von *Hall* [2.10] in Boulder entwickelt wurde und im Englischen **frequency-offset locking** heißt. Ihr Prinzip ist in Abb. 2.17 erläutert. Ein Referenzlaser ist auf dem Lamb-Dip einer molekularen Line bei der Frequenz ω_0 stabilisiert. Der Ausgang eines zweiten durchstimmbaren Lasers mit der Frequenz ω wird dem des stabilen Lasers auf einem nichtlinearen Detektor D2 überlagert, dessen Signal auf der Differenzfrequenz $\Delta\omega = \omega_0 - \omega$ verstärkt und mit der Frequenz Ω eines stabilen HF-Generators verglichen wird. Ein Regelkreis stabilisiert den zweiten Laser auf die Frequenz ω, für die $\Delta\omega = \Omega$ ist. Durchstimmen des

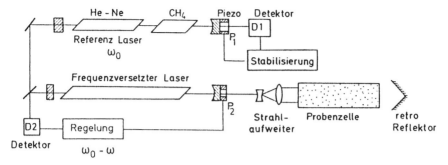

Abb. 2.17. Schematische vereinfachte Darstellung der „Frequenz-Versatz"-Technik

HF-Generators stimmt dann auch den Laser entsprechend durch. Das Spektrum in Abb. 2.15 wurde mit dieser Technik aufgenommen.

Am Schluss dieses Abschnittes soll noch kurz auf ein spezielles Problem der Sättigungs-Spektroskopie eingegangen werden, das immer auftritt, wenn für zwei Übergänge mit den Frequenzen ω_1 und ω_2, die ein gemeinsames unteres oder oberes Niveau haben, der Frequenzabstand $\omega_2 - \omega_1$ kleiner als die Doppler-Breite $\Delta\omega_D$ wird (Abb. 2.18). In diesem Fall kann bei einer Laserfrequenz $\omega = (\omega_1 + \omega_2)/2$ die einfallende Welle die Geschwindigkeitsklasse $v_z dv_z = (\omega_2 - \omega_1)/2k \pm \gamma/k$ auf dem Übergang ω_1 sättigen und die reflektierte Welle dieselbe Klasse $v_z dv_z = (\omega_1 - \omega_2)/(-2k)$ auf dem Übergang ω_2 (Abb. 2.19). Man erhält deshalb, zusätzlich zu den Sättigungs-signalen bei ω_1 und ω_2 (bei denen die Geschwindigkeitsklasse $v_z = 0$ für die beiden Übergänge 1 und 2 gesättigt wird), ein **Überkreuzungs-Signal** (im Engl. **cross-over signal**), das daher rührt, dass die eine Welle eine Abnahme ΔN_i der Besetzungsdich-te N_i im gemeinsamen unteren Niveau, bzw. eine Zunahme ΔN_k im gemeinsamen oberen Niveau für eine Geschwindigkeitsklasse ($v_z \neq 0$) von Molekülen auf dem Übergang 1 erzeugt, mit der die andere Welle gleichzeitig auf einem anderen Über-

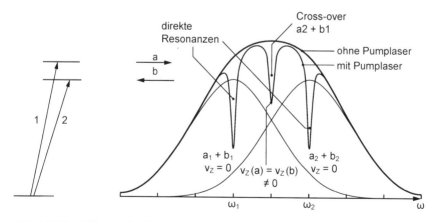

Abb. 2.18. Zur Erklärung der Cross-over-Signale

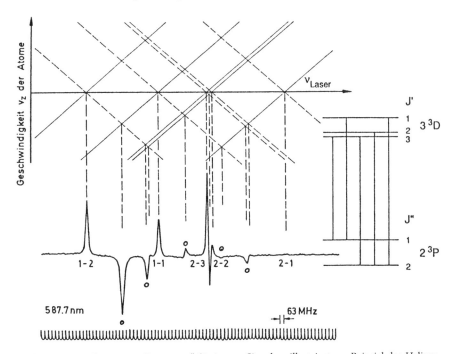

Abb. 2.19. Entstehung von „Cross-over" Sättigungs-Signalen, illustriert am Beispiel des Helium-Überganges $3^3D \leftarrow 2^3P$. Die Cross-over-Signale sind mit o markiert [2.14]. Die *gestrichelten Geraden* sind für den Laserstrahl in $+z$-Richtung, die *durchgezogenen* für den Strahl in $-z$-Richtung

gang vom oder zum gleichen Niveau wechselwirken kann. Die Signale sind negativ bei gemeinsamen unteren Niveaus und positiv bei gemeinsamen oberen Niveaus. Diese cross-over Signale, deren Halbwertsbreite $\gamma = (\gamma_1 + \gamma_2)/2$ ist, machen zwar das Sättigungs-Spektrum linienreicher und damit leicht unübersichtlicher, haben aber auf der anderen Seite den Vorteil, dass man aus ihnen den Energieabstand der beiden nicht gemeinsamen Niveaus sofort bestimmen kann (Abb. 2.19b und die Beispiele im Abschn. 2.6).

2.4 Polarisations-Spektroskopie

Während bei der Sättigungs-Spektroskopie die Änderung der *Absorption* einer Probenwelle infolge der Sättigung des absorbierenden Überganges durch eine intensive Pumpwelle ausgenutzt wird, verwendet die Polarisationsspektroskopie die Veränderung des **Polarisationszustandes** der Probenwelle infolge einer Änderung von **Brechungsindex** n und **Absorptionskoeffizient** α durch die Pumpwelle zum Nachweis der Absorption [2.15].

2.4.1 Anschauliche Darstellung

Das Grundprinzip der Polarisations-Spektroskopie lässt sich anschaulich anhand von Abb. 2.20 erläutern: Der Ausgangsstrahl eines durchstimmbaren Einmoden-Lasers wird aufgespalten in einen schwachen, linear polarisierten Probenstrahl und einen zirkular polarisierten Pumpstrahl, die beide die Absorptionszelle in entgegengesetzter Richtung durchlaufen. Die Zelle befindet sich zwischen zwei gekreuzten Polarisatoren, sodass der Detektor hinter P_2 ohne den Pumplaser nur einen sehr kleinen Lichthintergrund sieht, der von der Resttransmission der gekreuzten Polarisatoren herrührt.

Wird der zirkular polarisierte Pumplaser von den Molekülen der Probe absorbiert, so induziert er optische Übergänge mit $\Delta M = 1$ zwischen den entarteten M-Niveaus der beiden beteiligten Zustände, wobei M die Quantenzahl der Projektion des Gesamtdrehimpulses auf die Richtung des Pumpstrahls ist, die als Quantisierungsachse gewählt wird. Wie man aus Abb. 2.20a sieht, werden nicht alle M-Niveaus durch optisches Pumpen gleichmäßig entleert, bzw. im oberen Zustand bevölkert. Dadurch entsteht eine vom thermischen Gleichgewicht abweichende Besetzung der M-Niveaus, d. h. die Moleküle werden räumlich orientiert. Beim Durchgang durch diese, nun nicht mehr isotrope Probe wird die Polarisationsebene der linear polarisierten Probenwelle etwas gedreht (dies ist völlig analog zur Drehung der Polarisationsebene durch optisch aktive Kristalle, die bereits von Natur aus anisotrop sind, während hier das an sich isotrope Gas erst durch optisches Pumpen anisotrop wird). Der Analysator P_2 transmittiert die in seiner Durchlassrichtung liegende Polarisations-Komponente, und der Detektor empfängt ein Signal.

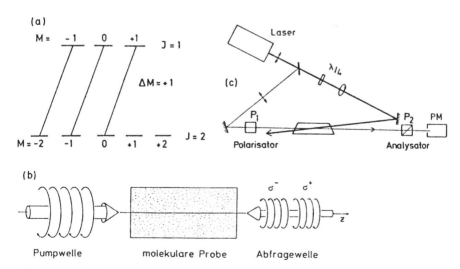

Abb. 2.20a–c. Polarisations-Spektroskopie. (**a**) Termschema für einen σ-Übergang $J = 2 \rightarrow J_1 = 1$. (**b**) Linearpolarisierte Abfragewelle als Überlagerung von σ^+ und σ^- Anteilen. (**c**) Experimentelle Anordnung

Der wesentliche Punkt dabei ist nun, dass dieses Signal – genau wie bei der Sättigungs-Spektroskopie – Doppler-frei ist, d. h. seine Linienbreite ist nur durch die homogene Linienbreite γ des absorbierenden Überganges bestimmt und nicht durch seine Doppler-Breite. Solange nämlich die Frequenz ω des Lasers um mehr als γ von der Mittenfrequenz ω_0 des molekularen Überganges abweicht, d. h., wenn $\omega - \omega_0 > \gamma$ gilt, sind die entgegengesetzten Doppler-Verschiebungen für Pump- und Probenwelle größer als γ, und damit werden beide Wellen von zwei *verschiedenen* Geschwindigkeitsklassen von Molekülen mit den Geschwindigkeits-Komponenten

$$v_z = \pm\left[\,(\omega - \omega_0)/k \pm \gamma/2\,\right] \qquad (2.42)$$

absorbiert. Dies bedeutet, dass die Probenwelle von den durch die Pumpwelle orientierten Molekülen gar nicht absorbiert und deshalb auch ihre Polarisationsebene nicht gedreht wird. Der Detektor empfängt daher nur dann ein Signal, wenn die Laserfrequenz ω auf die Mitte der Doppler-verbreiterten Absorptionslinie abgestimmt wird, d. h., wenn $\omega = (\omega_0 \pm \gamma)$. Wir wollen uns dies jetzt quantitativ ansehen.

2.4.2 Die Frequenzabhängigkeit des Polarisationssignals

Die in z-Richtung durch das Medium laufende, in x-Richtung linear polarisierte Probenwelle lässt sich zusammensetzen aus einer links-zirkular (σ^+) polarisierten Welle (Bd. 1, Abschn. 2.4)

$$\boldsymbol{E}^+ = \boldsymbol{E}_0^+ \, e^{i[\omega t - k^+ z] - \frac{1}{2}\alpha^+ z}, \quad \boldsymbol{E}_0^+ = \frac{1}{2}E_0(\hat{x} + i\hat{y}) \qquad (2.43a)$$

und einer rechts-zirkular (σ^-) polarisierten Welle

$$E^- = E_0^- \, e^{i[\omega t - k^- z] - \frac{1}{2}\alpha^- z}, \quad \boldsymbol{E}_0^- = \frac{1}{2}E_0(\hat{x} - i\hat{y})\,. \qquad (2.43b)$$

Infolge des optischen Pumpens durch die zirkular polarisierte Pumpwelle wird das Medium anisotrop. Deshalb haben beide Wellen unterschiedliche Brechungsindizes n^+ bzw. n^- und Absorptionskoeffizienten α^+ bzw. α^-. Nach einem Weg L durch das anisotrope Medium hat sich dadurch eine Phasendifferenz

$$\Delta\phi = (k^+ - k^-)L = (\omega/c)(n^+ - n^-)L \qquad (2.44)$$

und eine Amplitudendifferenz

$$\Delta E = 1/2 E_0\left(e^{-\alpha^+ L/2} - e^{-\alpha^- L/2}\right) \qquad (2.45)$$

zwischen der σ^+- und der σ^--Welle entwickelt.

Auch die Fenster der Absorptionszelle bewirken eine Absorption und wegen ihrer Verspannung durch den äußeren Luftdruck einen für die σ^+- bzw. σ^--Welle unterschiedlichen komplexen Brechungsindex. Die dadurch entstehende Beeinflussung der Welle berücksichtigen wir durch die komplexe Größe $b^\pm = b_r^\pm - i b_i^\pm$, wobei b_r den

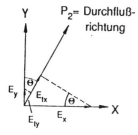

Abb. 2.21. Zur Transmission der elliptisch polarisierten Probenwelle am Ausgang der anisotropen Zelle durch den um den kleinen Winkel θ entkreuzten Analysator

Brechungsindex und $b_i = (c/2\omega)\alpha_F$ den Absorptionskoeffizienten α_F angibt. Hinter dem Austrittsfenster ergibt die Überlagerung beider Wellenanteile die Amplitude

$$E(z = L) = E^+(L) + E^-(L) .\tag{2.46}$$

Wenn wir die gemittelten Größen mit

$$n = 1/2(n^+ + n^-); \quad \alpha = 1/2(\alpha^+ + \alpha^-); \quad b = 1/2(b^+ + b^-)\tag{2.47}$$

und die Differenzen

$$\Delta n = n^+ - n^-; \quad \Delta\alpha = \alpha^+ - \alpha^-; \quad \Delta b = b^+ - b^-\tag{2.48}$$

einführen, so erhält man gemäß

$$e^{x_1} + e^{x_2} = e^{(x_1+x_2)/2}\left[e^{(x_1-x_2)/2} + e^{-(x_1-x_2)/2}\right]\tag{2.49}$$

die transmittierte Amplitude bei Berücksichtigung der Fensterdoppelbrechung b_r und der Absorption $\alpha_F = (2\omega/c)b_i$

$$E(L) = 1/2 E_0\,e^{i\omega t}\,e^{-i(\omega/c)(nL+b_r)}\,e^{-(\alpha L/2-\alpha_F/2)}\left[(\hat{x}+i\hat{y})e^{-i\delta} + (\hat{x}-i\hat{y})e^{+i\delta}\right]\tag{2.50}$$

mit den Abkürzungen

$$\alpha_F = 2d \cdot \alpha_F ;$$
$$\delta = \frac{\omega}{2c}(\Delta nL + \Delta b_r) - i\left(\frac{1}{4}\Delta\alpha L + \frac{1}{2}\Delta\alpha_F\right) .\tag{2.51}$$

Ist die Durchlassrichtung des Polarisators P_2 um den kleinen Winkel θ gegen die y-Achse gedreht (Abb. 2.21), so wird die transmittierte Amplitude

$$E_t = E_x \sin\theta + E_y \cos\theta .\tag{2.52}$$

In der Praxis sind die Differenzen $\Delta\alpha$ und Δn, die durch die Pumpwelle erzeugt werden, und auch die Doppelbrechung Δb der Fenster sehr klein, sodass gilt:

$$\Delta\alpha L \ll 1 \quad \text{und} \quad \Delta kL \ll 1 .$$

Man kann dann die Exponentialfunktion $\exp(i\delta)$ in (2.50) entwickeln und erhält für kleine Drehwinkel θ (d. h., $\cos\theta \simeq 1$ und $\sin\theta \simeq \theta$) die transmittierte Amplitude

$$E_t = E_0\, e^{i\omega t}\, e^{[i\omega(nL+b_r)/c-1/2\alpha L-b_i]}(\theta + \delta)\,. \tag{2.53}$$

Das vom Detektor nachgewiesene Polarisationssignal ist proportional zur transmittierten Intensität:

$$S(\omega) \approx I_t(\omega) = c\epsilon_0 E_t E_t^*\,. \tag{2.54}$$

Auch völlig gekreuzte Polarisatoren $\theta = 0$ haben noch eine kleine Resttransmission $I_t = \xi I_0 (\xi \ll 1)$, sodass auch ohne Zelle zwischen den Polarisatoren der Anteil ξI_0 transmittiert wird. Wir erhalten dann bei einer Eingangsintensität I_0 die insgesamt transmittierte Intensität nach (2.53)

$$\begin{aligned}
I_t &= I_0\, e^{-\alpha L - 2b_i}\left(\xi + |\theta + \delta|^2\right)\\
&= I_0\, e^{-\alpha L - 2b_i}\left[\xi + \theta'^2 + \left(\frac{1}{2}\Delta b_i\right)^2 + \frac{1}{4}\Delta b_i L\Delta\alpha + \frac{\omega}{c}\theta' L\Delta n\right.\\
&\qquad\left. + \left(\frac{\omega}{2c}L\Delta n\right)^2 + \left(\frac{L\Delta\alpha}{4}\right)^2\right)\right]
\end{aligned} \tag{2.55}$$

mit der Abkürzung $\theta' = \theta + \Delta b_r \omega/2c$.

Um die Frequenzabhängigkeit des Signals $S(\omega)$ zu bestimmen, müssen wir beachten, dass die Absorptionsänderung $\Delta\alpha$ von denjenigen Molekülen im Geschwindigkeitsintervall $v_z = 0 \pm \omega_0/k$ bewirkt wird, die gleichzeitig mit Pump- und Probenwelle wechselwirken. Deshalb muss $\Delta\alpha(\omega)$ – genau wie in der Sättigungs-Spektroskopie, siehe (2.34) – ein **Lorentz-Profil**

$$\Delta\alpha(\omega) = \frac{\Delta\alpha(\omega_0)}{1+x^2} \quad\text{mit}\quad x = \frac{\omega_0 - \omega}{\gamma_s/2} \tag{2.56}$$

mit der Halbwertsbreite γ_s haben, die der gesättigten homogenen Breite des molekularen Überganges entspricht.

Absorptionskoeffizient α und Brechungsindex n (und damit auch $\Delta\alpha$ und Δn) sind durch die Kramers-Kronig-Relationen miteinander verknüpft (Bd. 1, Abschn. 2.6). Wir erhalten deshalb für $\Delta n(\omega)$ ein Dispersionsprofil

$$\Delta n(\omega) = \frac{c}{2\omega_0}\frac{\Delta\alpha(\omega_0)x}{1+x^2}\,. \tag{2.57}$$

Aus (2.55) bis (2.54) ergibt sich schließlich für das vom Detektor registrierte Polarisations-Signal bei zirkular polarisierter Pumpwelle:

$$\begin{aligned}
S^{zp}(\omega) = I_0\, e^{-\alpha L - \alpha_F}&\left\{\xi + \theta'^2 + \frac{1}{4}\Delta\alpha_F^2 + \frac{1}{2}\theta'\Delta\alpha_0 L\frac{x}{1+x^2}\right. \tag{2.58}\\
&\left. + \left[\frac{1}{4}\Delta\alpha_0 L\Delta\alpha_F + \left(\frac{\Delta\alpha_0 L}{4}\right)^2\right]\frac{1}{1+x^2} + \frac{3}{4}\left(\frac{\Delta\alpha_0 \cdot x}{1+x^2}\right)^2\right\}
\end{aligned}$$

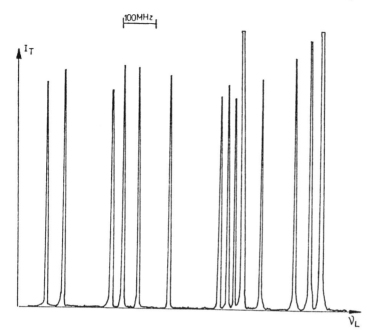

Abb. 2.22. Polarisations-Spektrum des gleichen Jod-Überganges wie in Abb. 2.10, aufgenommen unter gleichen Bedingungen in der Jodzelle. Die intensivsten HFS-Komponenten gehen weit über die Skala hinaus

mit $x = (\omega_0 - \omega)/\gamma_s$. Das Signal enthält einen *frequenzunabhängigen* Hintergrund $\xi + \theta'^2$, der auch ohne Pumpwelle vorhanden ist und durch folgende Effekte verursacht wird: Die Größe $\xi = I_t(\theta' = 0, \Delta\alpha = \Delta n = 0)/I_0$ gibt die Resttransmission der völlig gekreuzten Polarisatoren an. Für gute Glan-Thomson-Polarisatoren erreicht man $\xi < 10^{-6} - 10^{-7}$.

Der zweite Term $I_0 \theta'^2$ gibt die transmittierte Intensität an, wenn die Polarisatoren um den kleinen Winkel $\theta = \theta' - (\omega/2c)\Delta b_r$ „entkreuzt" werden.

Macht man $\theta' = 0$, so wird der Dispersionsterm in (2.58) Null, und man erhält reine Lorentz-Profile. Dazu darf man die Polarisatoren nicht völlig kreuzen ($\theta = 0$), sondern muss einen Winkel $\theta = -(\omega/2c)\Delta b_v$ einstellen, der von der Doppelbrechung der Fenster abhängt. Man kann durch mechanischen Druck auf die Zellenfenster ihren Dichroismus (d. h. die Größen Δb_i bzw. Δb_r) und damit die Signalhöhe des Lorentz-Terms vergrößern. Allerdings steigt dabei auch der Untergrund, und es gibt eine optimale Größe von Δb bei der das Signal/Rausch-Verhältnis maximal wird (Abschn. 2.4.4). Auf der anderen Seite kann man praktisch reine Dispersions-Signale erhalten, wenn man den Entkreuzungswinkel θ optimal wählt, die Fenster-Doppelbrechung minimiert und die Zellenbedingungen so einstellt, dass $\Delta\alpha_0 L \ll 1$ gilt.

Zur Illustration der erreichbaren Empfindlichkeit zeigt Abb. 2.22 ein Polarisations-Spektrum des J_2-Moleküls, aufgenommen unter vergleichbaren Bedingungen wie das Sättigungsspektrum des gleichen J_2-Überganges in Abb. 2.10.

Bei **linear polarisierter** Pumpwelle mit einer Polarisationsrichtung unter $45°$ gegen die x-Richtung erhält man in analoger Weise eine Gleichung wie (2.53) aber statt $(\theta + \Delta)$ den Term $(\theta - \mathrm{i}\Delta)$. Daraus berechnet sich das Polarisationssignal

$$S^{LP}(\omega) = I_0 \, e^{\alpha L - \alpha_\Gamma} \left\{ \xi + \theta^{*2} + \left(\frac{\omega}{2c} \Delta b_r \right)^2 + \frac{1}{4} \Delta b_r \frac{\omega}{c} \Delta \alpha_0 L \frac{x}{1 + x^2} \right.$$

$$\left. + \left[-\frac{1}{4} \theta^* \Delta \alpha_0 L + \left(\frac{\Delta \alpha_0 L}{4} \right)^2 \right] \frac{1}{1 + x^2} \right\} . \qquad (2.59)$$

Hierbei ist $\theta^* = (\theta/2)\Delta b_i$ und die Differenzen $\Delta \alpha = \alpha_\parallel - \alpha_\perp$, $\Delta b = b_\parallel - b_\perp$ gelten jetzt für die Komponenten der Probenwelle parallel bzw. senkrecht zum elektrischen Feldvektor E der Pumpwelle.

Dispersions- und Lorentz-Terme sind für die linear polarisierte Pumpwelle gegenüber dem Signal (2.58) bei zirkular polarisierter Pumpwelle gerade vertauscht.

2.4.3 Größe der Polarisationssignale

Wir wollen jetzt die Größe der Differenz $\Delta \alpha_0 = \alpha^+(\omega_0) - \alpha^-(\omega_0)$ und ihren Zusammenhang mit dem Wirkungsquerschnitt für den entsprechenden molekularen Übergang bestimmen.

Wenn $\sigma^\pm_{J,J_1,M}$ der optische Absorptionsquerschnitt für den Übergang $(J, M) \to (J_1, M \pm 1)$ ist und N_M die Besetzungsdichte in einem der $(2J + 1)$ entarteten M-Niveaus eines Rotations-Niveaus mit der Quantenzahl J, so gilt

$$\Delta \alpha_0 = \sum_M N_M \left(\sigma^+_{J J_1 M} - \sigma^-_{J J_1 M} \right). \qquad (2.60)$$

Ist $N_M^0 = N_J^0/(2J + 1)$ die ungesättigte Besetzungsdichte eines M-Niveaus, so sinkt diese durch die Absorption der Pumpwelle für $S_M \ll 1$ auf

$$N_M^s = \frac{N_m^0}{1 + S_M} \approx N_M^0 (1 - S_M) , \qquad (2.61)$$

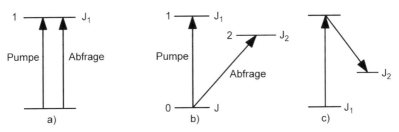

Abb. 2.23a–c. Termschema für Zweiniveau-System (**a**) und Dreiniveau-System mit V-Schema (**b**) und Λ-Schema (**c**)

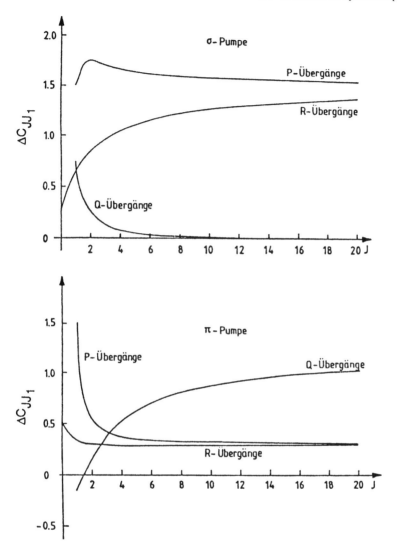

Abb. 2.24. Relative Signalgröße $\propto \Delta C^*$ als Funktion der Rotationsquantenzahl J für P-, Q- und R-Übergänge bei zirkular und linear polarisiertem Pumplicht

wobei der Sättigungsparameter

$$S_M = \frac{2}{\epsilon_0 c} \frac{|M_{12}|^2 \gamma}{h^2 \gamma_1 \gamma_2} I_1 \quad \text{mit} \quad \gamma = \gamma_1 + \gamma_2 \tag{2.62}$$

durch das Matrixelement M_{12} des molekularen Überganges, die Pumpintensität I_1 und die homogenen Breiten γ_1, γ_2 der beiden Niveaus bestimmt wird [2.15].

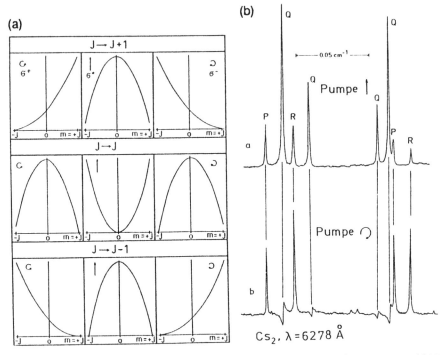

Abb. 2.25. (a) Abhängigkeit der Absorptionsquerschnitte $\sigma_{JJ_1 M}$ von der Projektionsquantenzahl M für R-, Q- und P-Übergänge jeweils für σ^+, π und σ^- Licht. (b) Ausschnitt aus dem Polarisationsspektrum des Cs_2-Moleküls mit linear polarisierter (*oben*) und mit zirkular polarisierter Pumpwelle (*unten*). Man beachte die großen Intensitätsunterschiede zwischen P-, R- bzw. Q-Linien in beiden Fällen

Der Absorptions-Wirkungsquerschnitt $\sigma_{JJ_1 M}$ kann aufgespalten werden in ein Produkt

$$\sigma_{JJ_1 M} = \sigma_{JJ_1} C(J, J_1, M, M_1) \tag{2.63}$$

aus einem orientierungsunabhängigen Faktor σ_{JJ_1}, der nur von dem speziellen Rotationsübergang des Moleküls abhängt, und in einen Clebsch-Gordan-Koeffizienten $C(J, J_1, M, M_1)$, der von der Orientierung des Moleküls relativ zur Quantisierungsachse abhängt [2.16, 2.17].

Fasst man die Relationen (2.60)–(2.63) zusammen, so lässt sich

$$\Delta \alpha_0 = \alpha^0 S(\omega_0) \Delta C^*_{JJ_1} \tag{2.64}$$

ausdrücken durch den ungesättigten Absorptionskoeffizienten

$$\alpha^0 = N_J^0 \sigma_{JJ_1} \tag{2.65}$$

der Probenwelle, den Sättigungsparameter $S(\omega_0)$ der Pumpwelle und einen numerischen Faktor $\Delta C^*_{JJ_1}$, der die Summe über die Differenzen der Wirkungsquerschnitte

Tabelle 2.1. Werte von $2/3\Delta C_{J_1}$ bei linear polarisiertem (**a**) und zirkular polarisiertem (**b**) Pumplaser-Strahl. Im Zweiniveausystem ist J die Quantenzahl des unteren Niveaus und $J_1 = J_2$ die des oberen. Für r gilt: $r = (\gamma_J - \gamma_{J_2})/(\gamma_J + \gamma_{J_2})$. Im Dreiniveau-System ist J die Quantenzahl des gemeinsamen Niveaus und $r = -1$

(a)	Linear polarisiertes Pumplicht		
	$J_2 = J+1$	$J_2 = J$	$J_2 = J-1$
$J_1 = J+1$	$\dfrac{2J^2 + J(4+5r) + 5 + 5r}{5(J+1)(2J+3)}$	$\dfrac{-(2J-1)}{5(J+1)}$	$\dfrac{1}{5}$
$J_1 = J$	$\dfrac{-(2J-J)}{5(J+1)}$	$\dfrac{(2J-3)(2J-1)}{5J(J+1)}$	$-\dfrac{2J+3}{5J}$
$J_1 = J-1$	$\dfrac{1}{5}$	$-2J + \dfrac{3}{5J}$	$\dfrac{2J^2 - 5rJ + 3}{5J(2J-1)}$

(b)	Zirkular polarisiertes Pumplicht		
$J_1 = J+1$	$\dfrac{2J^2 + J \cdot (4+r) + r + 1}{(2J+3) \cdot (J+1)}$	$\dfrac{-1}{J+1}$	-1
$J_1 = J$	$\dfrac{-1}{J+1}$	$\dfrac{1}{J(J+1)}$	$\dfrac{1}{J}$
$J_1 = J-1$	-1	$\dfrac{1}{J}$	$\dfrac{2J^2 - rJ - 1}{J(2J-1)}$

$\Delta\sigma = \sigma^+ - \sigma^-$ mit den entsprechenden Clebsch-Gordan-Koeffizienten abkürzt und der in Tab. 2.1 für P-, Q- und R-Übergänge angegeben ist [2.18].

In Abb. 2.24 wird die J-Abhängigkeit der Differenz $\Delta C_{JJ_1} = \Delta\alpha_0/(\alpha_0 \cdot S)$ und damit des Differenz-Absorptionsquerschnittes $\Delta\sigma_J J_1$ für die Rotationsübergänge mit $\Delta J = 0, \pm 1$ angegeben, und in Abb. 2.25a ist die M-Abhängigkeit von $\sigma_{JJ_1 M}$ für eine links- bzw. rechts-zirkular polarisierte Probenwelle bei zirkular- bzw. linearpolarisierter Pumpwelle illustriert.

Ein besonderer Vorteil der Polarisations-Spektroskopie für die Molekülphysik ist die direkte Unterscheidungsmöglichkeit zwischen Q-Übergängen mit $\Delta J = 0$ und P-, R-Übergängen mit $\Delta J = \pm 1$. Wie man aus Abb. 2.24 und Tab. 2.1 sieht, erhält man bei zirkular polarisierter Pumpwelle und gekreuzten Polarisatoren Lorentz-Profile für die P- und R-Übergänge, aber nur schwache Signale mit einem Dispersionsprofil für Q-Übergänge. Bei linear polarisierter Pumpwelle ergeben Q-Übergänge starke Lorentz-förmige Signale, während P- und R-Linien stark unterdrückt werden. Die Analyse eines molekularen Polarisations-Spektrums wird durch diese Unterschiede wesentlich vereinfacht [2.19]. In Abb. 2.25b sind zur Illustration Polarisations-Signale für P-, Q- und R-Übergänge im Cs_2-Molekül bei Verwendung einer linear bzw. zirkular polarisierter Pumpwelle gezeigt [2.18].

2.4.4 Empfindlichkeit der Polarisations-Spektroskopie

Das maximale Signal/Rausch-Verhältnis, das mit der Polarisationsspektroskopie erreichbar ist, lässt sich folgendermaßen abschätzen: Die Amplitude des Lorentz-Terms im Polarisationssignal (2.58) ist für $x = 0$ und $\Delta\alpha_0 \cdot L \ll 1$:

$$S(\omega_0) \approx (1/4)I_0\,\mathrm{e}^{-\alpha L}\,\Delta\alpha_0\,\Delta b_i L \; .$$

Der Hauptanteil zum Rauschen im Polarisations-Spektrum kommt im Allgemeinen von Intensitätsschwankungen des Probenlasers und ist daher proportional zur transmittierten Probenintensität. Wir schreiben daher $R = \Delta I = aI_0$. Der Proportionalitätsfaktor $a \ll 1$ gibt die mittlere relative Intensitätsschwankung $\Delta I/I_0$ des Probenlaserstrahls an. Weil die gekreuzten Polarisatoren den frequenzunabhängigen Untergrund stark reduzieren, kann man ein besseres Signal/Rausch-Verhältnis erwarten als bei der Sättigungs-Spektroskopie. Bei völlig gekreuzten Polarisatoren ist $\theta = 0$, und wir erhalten aus (2.58)

$$\frac{S}{R} = \frac{\Delta\alpha_0 L(\Delta b_i + \Delta\alpha_0 L)}{4a\left[\xi + (\Delta b_r \omega/2c)^2\right]} \; . \tag{2.66}$$

Das Signal/Rausch (S/R)-Verhältnis ist proportional zu $\Delta\alpha_0 = \alpha^0 S(\alpha_0)\Delta C^*$ und damit proportional zur Pumpintensität und zum Produkt $\alpha^0 \Delta C^*$ aus ungesättigtem Absorptionskoeffizient und Orientierungsparameter ΔC^* des Moleküls durch die Pumpwelle.

Man kann die Fenster-Doppelbrechung und damit die Größe $\Delta b = \Delta b_r - i\Delta b_i$ so wählen, dass S/R maximal wird. Setzt man $\Delta b_i = \epsilon\Delta b_r$, differenziert (2.66) nach Δb_r und setzt die Ableitung Null, so erhält man mit der Abkürzung $\beta = (\omega/2c)\Delta b_r$ die optimale Doppelbrechung:

$$\beta^{opt} = \frac{2\epsilon\xi}{\Delta\alpha_0 L} \; . \tag{2.67}$$

Man kann deshalb durch Optimierung der Fenster-Doppelbrechung (z. B. durch Verspannen der Fenster mit Schrauben) das S/R-Verhältnis optimieren. Möchte man den Dispersions-Term in (2.58) maximal machen, so sollte Δb_r möglichst klein und der Entkreuzungswinkel $\theta \approx \theta' = \xi^{1/2}$ gemacht werden.

Ein zusätzlicher, in der Praxis sehr störender Beitrag zum Untergrund kann durch das sogenannte **Interferenz-Rauschen** entstehen. Wenn sich das an den Fenstern der Absorptionszelle gestreute Pumplicht mit der Amplitude E_{str} dem transmittierten Probenstrahl mit der Amplitude E_t überlagert, so ist die gesamte detektierte Intensität

$$I \propto \left[E_{str} + E_t(\Delta s)\right]^2$$

wegen der kohärenten Überlagerung der beiden Anteile durch das Quadrat der Summe der Amplituden gegeben. Da das Streulicht unpolarisiert ist, wird es vom Analysator nicht wesentlich unterdrückt, und es ist $E_{str} \gg E_t$. Der Mischterm $2E_{str}E_t$

hängt von der optischen Wegdifferenz Δs zwischen beiden Strahlen ab und fluktuiert deshalb bei typischen Wegdifferenzen $\Delta s \approx 1\,\text{m}$ selbst bei kleinen Luftdruck-Schwankungen bereits um seinen doppelten Betrag. Man kann dieses Interferenz-Rauschen unterdrücken entweder durch eine sorgfältige Blendenanordnung, die kein Streulicht auf den Detektor fallen lässt, oder dadurch, dass man den Pumpstrahl über einen Spiegel schickt, der auf einem Lautsprecher periodisch mit einer Amplitude $A > \lambda$ und mit einer Frequenz f_2 schwingt, die groß ist gegen die Nachweisfrequenz, sodass die Schwankungen der Phasendifferenz zwischen E_{str} und E_t ausgemittelt werden.

Die Empfindlichkeit der Polarisations-Spektroskopie wurde durch eine große Zahl verschiedener Experimente bei geringen Dichten der zu untersuchten Moleküle demonstriert [2.20]. Ein Beispiel ist die Spektroskopie an den schwer verdampfbaren Molekülen BaO und CaCl, die in einer exothermen Gasphasenreaktion

$$Ba + N_2O \Rightarrow BaO + N_2$$

gebildet wurden, wobei eine BaO-Dichte von etwa $10^{-4}\,\text{mb}$ erreicht wurde. Obwohl sich die Zustandsverteilung über viele Schwingungs-Rotations-Niveaus erstreckt, die Dichte in einem absorbierenden Niveau (v'', J'') also wesentlich geringer als die Gesamtdichte der BaO-Moleküle ist, konnten Polarisationssignale mit gutem S/R-Verhältnis erzielt werden [2.21].

2.4.5 Vorteile der Polarisations-Spektroskopie

Die Vorteile der Polarisations-Spektroskopie gegenüber der Sättigungs-Spektroskopie lassen sich wie folgt zusammenfassen.

1. Wie alle anderen Sub-Doppler-Techniken hat sie den Vorteil der hohen spektralen Auflösung, die nur begrenzt ist durch die Rest-Doppler-Breite, die wegen des endlichen Kreuzungswinkels zwischen Pump-und Abfragestrahl nicht völlig eliminiert wird. Dies entspricht der Rest-Doppler-Breite bei der linearen Spektroskopie in Molekülstrahlen, die durch den endlichen Divergenzwinkel des Molekülstrahls bewirkt wird. Die Flugzeit-Linienbreite kann reduziert werden, wenn man Pump-und Abfragestrahl weniger stark fokussiert.

2. Die Nachweisempfindlichkeit ist etwa 2–3 Größenordnung höher als bei der Sättigungs-Spektroskopie. Dies liegt daran, dass der Untergrund (Restsignal ohne Pumpstrahl) durch die gekreuzten Polarisatoren weitgehend unterdrückt wird, sodass das Rauschen des Untergrundes vernachlässigbar werden kann.

3. Die Möglichkeit, bei molekularen Polarisations-Spektren zwischen P, Q und R-Linien zu unterscheiden, weil sie unterschiedliche Signalprofile zeigen, ist für die Analyse komplexer Spektren ein nicht zu unterschätzender Vorteil.

4. Die Dispersionsprofile der Polarisations-Signale erlauben eine einfache Stabilisierung der Laserfrequenz auf die Linienmitte einer molekularen Linie, ohne dass man eine Frequenzmodulation braucht. Das hohe Signal/Rausch-Verhältnis der Polarisations-Signale ermöglicht eine hohe Frequenzstabilität [2.22].

Für weitere Einzelheiten über die Polarisationsspektroskopie siehe [2.15, 2.18, 2.21].

2.5 Mehrphotonen-Spektroskopie

In diesem Abschnitt wollen wir die gleichzeitige Absorption von zwei oder mehr Photonen durch ein Molekül betrachten, die zu einem Übergang $E_i \to E_f$ führt, wobei $(E_f - E_i) = \Sigma \hbar \omega_n$. Die absorbierten Photonen können entweder aus nur einem Laserstrahl kommen, der durch die Absorptionszelle läuft, oder auch von verschiedenen Lasern.

Die erste detaillierte theoretische Beschreibung der Zwei-Photonen-Absorption wurde 1931 von Frau *Göppert-Mayer* [2.23] gegeben, während die experimentelle Demonstration dieses Effektes erst 1961 mit einem gepulsten Laser gelang [2.24].

2.5.1 Grundlagen der Zweiphotonen-Absorption

Die Wahrscheinlichkeit W_{if}, dass ein Molekül mit der Geschwindigkeit v im Zustand E_i gleichzeitig zwei Photonen $\hbar\omega_1$ und $\hbar\omega_2$ aus zwei Lichtwellen mit den Wellenvektoren k_1 und k_2, Polarisations-Vektoren $\hat{e}_1$ und $\hat{e}_2$ und Intensitäten I_1 und I_2 absorbiert und dadurch in den Zustand E_f angeregt wird, kann als ein Produkt aus zwei Faktoren geschrieben werden [2.25, 2.26]:

$$
W_{if} \approx \frac{\gamma_{if} I_1 I_2}{[\omega_{if} - \omega_i - \omega_2 - v \cdot (k_1 + k_2)]^2 + (\gamma_{if}/2)^2}
$$
$$
\times \left| \sum_k \frac{(R_{ik} \cdot \hat{e}_1)(R_{kf} \cdot \hat{e}_2)}{(\omega_{ki} - \omega_1 - k_1 \cdot v)} + \frac{(R_{ik} \cdot \hat{e}_2)(R_{kf} \cdot \hat{e}_1)}{(\omega_{ki} - \omega_2 - k_2 \cdot v)} \right|^2 . \tag{2.68}
$$

Da gleichzeitig zwei Photonen vom Molekül absorbiert werden müssen, ist die Übergangswahrscheinlichkeit pro Molekül proportional zum Produkt der beiden Intensitäten $I_1 I_2$, wobei vorausgesetzt ist, dass aus jeder der beiden Wellen ein Photon zum Übergang beiträgt.

Der erste Faktor in (2.68) gibt das spektrale Linienprofil des Überganges $E_i \to E_f$ und entspricht genau dem Linienprofil (2.18) eines Einphoton-Überganges mit der Doppler-verschobenen Mittenfrequenz $\omega_{if} = \omega_1 + \omega_2 + v \cdot (k_1 + k_2)$ und der homogenen Linienbreite γ_{if}. Die Integration über die molekulare Geschwindigkeitsverteilung $N_i(v_z)$ ergibt ein Voigt-Profil, dessen Breite von der relativen Orientierung der beiden Wellenvektoren k_1 und k_2 abhängt. Für kollineare Laserstrahlen ist $k_1 \parallel k_2$, und die Doppler-Breite wird maximal, während für antikollineare Strahlen mit $k_1 = -k_2$ die Doppler-Verbreiterung des Zweiphotonen-Überganges für $|k_1| = |k_2|$ verschwindet, und man ein rein homogen verbreitertes Signal mit der Breite γ_{if} erhält. Diese **Doppler-freie Zweiphotonen-Spektroskopie** wird im nächsten Abschnitt behandelt.

Der zweite Faktor in (2.68), der quantenmechanisch durch eine Störungsrechnung zweiter Ordnung berechnet wird, gibt die Wahrscheinlichkeit für den Zweiphotonen-Übergang als Quadrat einer Summe über die Produkte von Einphotonen-Matrixelementen an. Er lässt sich folgendermaßen anschaulich verstehen: Man kann den Zweiphotonen-Übergang als einen (nicht unbedingt resonanten) Zweistufenprozess $|i\rangle \to |k\rangle \to |f\rangle$ auffassen, wobei die Summe über alle von $|i\rangle$ aus erreichbaren Zwischenzustände $|k\rangle$ des Moleküls geht. Der Nenner der Summanden wird allerdings nur dann genügend klein, wenn $\omega_1 - \boldsymbol{k}_1 \cdot \boldsymbol{v}$ in der Nähe einer Einphotonen-Resonanz ω_{ik} des Moleküls liegt, sodass im Allgemeinen nur wenige Zwischenzustände merklich zur Gesamtübergangswahrscheinlichkeit beitragen.

Dieser Zweistufenprozess wird oft symbolisch durch einen resonanten „**virtuellen Zustand**" $|v\rangle$ des Moleküls mit der Energie $E_v = E_i + \hbar\omega$ beschrieben. Die beiden Summanden in (2.68) entsprechen dann den beiden Zweistufen-Prozessen

$$E_i + \hbar\omega_1 \Rightarrow E_v \; ; \; E_v + \hbar\omega_2 \Rightarrow E_f \, , \tag{2.69a}$$

$$E_i + \hbar\omega_2 \Rightarrow E_v \; ; \; E_v + \hbar\omega_1 \Rightarrow E_f \, . \tag{2.69b}$$

Weil die beiden nicht unterscheidbaren Möglichkeiten zum gleichen beobachtbaren Ergebnis – nämlich der Anregung des realen Endzustandes E_f – führen, ist die Gesamtwahrscheinlichkeit für den Zweiphotonen-Übergang gleich dem Quadrat der Summe beider Teilamplituden.

Der zweite Faktor in (2.68) beschreibt ganz allgemein die Wahrscheinlichkeit für Zwei-Photonen-Übergänge, wie z. B. die resonante Zweistufen-Anregung (Abb. 2.26a), Zweiphotonen-Absorption bzw. Emission (Abb. 2.26b) oder Raman-Streuung (Abb. 2.26c). Für alle diese Prozesse gelten dieselben Auswahlregeln:

Beide Matrixelemente R_{ik} für den Übergang $|i\rangle \to |k\rangle$ und R_{kf} für den Übergang $|k\rangle \to |f\rangle$ müssen von Null verschieden sein, wenn der Zweiphotonenprozess erlaubt sein soll. Daraus folgt z. B., dass Zweiphotonen-Übergänge immer zwischen Zuständen gleicher Parität stattfinden. Die Bahndrehimpuls-Quantenzahl L zweier durch

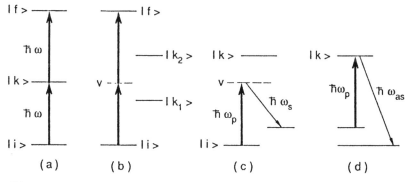

Abb. 2.26a–d. Termschemata verschiedener Zweiphotonen-Prozesse: (**a**) Zweiphotonenanregung mit resonantem Zwischenniveau. (**b**) Zweiphotonen-Absorption mit virtuellem Zwischenniveau. (**c**) Raman-Prozess. (**d**) Resonante Antistokes Raman-Streuung

einen Zweiphotonen-Übergang verbundenen atomaren Zustände ist deshalb entwe-
der gleich oder unterscheidet sich um $\Delta L = \pm 2$, d. h. Übergänge $S \rightarrow S$ oder $S \rightarrow D$
sind erlaubt, $S \rightarrow P$ aber nicht. Man kann den gewünschten Übergang $\Delta L = \pm 0$ oder
± 2 durch eine geeignete Wahl des Polarisationszustandes der beiden Wellen auswäh-
len. Haben beide Wellen σ^+-Polarisation, so werden Übergänge mit $\Delta L = +2$ angeregt, wenn beide Wellen σ^--Polarisation zeigen, so werden Übergänge mit $\Delta L = -2$
erlaubt. Für Wellen mit π-Polarisation oder wenn eine Welle mit σ^+, die andere mit
σ^--Polarisation beteiligt sind, gilt $\Delta L = 0$. Ebenso lassen sich in homonuklearen
zweiatomigen Molekülen $g \rightarrow g$-Übergänge zwischen zwei geraden (g)-Zuständen
oder $u \rightarrow u$-Übergänge zwischen zwei ungeraden (u)-Zuständen anregen, die aus
Paritätsgründen bei Einphotonenabsorption verboten sind.

Man sieht hieraus, dass atomare oder molekulare Zustände durch Zweiphotonen-
Absorption vom thermisch besetzten Grundzustand aus erreicht werden können, die
man durch Einphotonen-Absorption nicht bevölkern kann, und man hat in der Tat
mit dieser Technik eine Reihe von Zuständen entdeckt, die vorher unbekannt waren.
Es kommt oft vor, dass durch Einphotonen-Absorption erreichbare Zustände durch
andere Zustände entgegengesetzter Parität „gestört" werden, weil eine Kopplung mit
$\Delta L = \pm 1$ (z. B. durch Spin-Bahn-Wechselwirkung oder Coriolis-Kopplung) zwischen
Störer und gestörtem Zustand existiert. Dieser störende Zustand kann mithilfe der
Einphotonen-Absorption nur indirekt erschlossen werden, während er mithilfe der
Zweiphotonen-Absorption direkt spektroskopiert werden kann. Die beiden Metho-
den geben daher komplementäre Informationen über angeregte Zustände.

Die resonante Mehrphotonen-Ionisation, bei der ein Molekül durch zwei oder
mehr resonante Einphotonen-Anregungen ionisiert wird, heißt im Englischen
REMPI (REsonant Multi-Photon Ionisation) (siehe Abschn. 1.3.3). Sie ist eine sehr
nützliche Methode zur selektiven Ionisation spezifischer Moleküle oder von atomaren Isotopen bzw. molekularen Isotopomeren [2.27].

Die Besonderheiten und Vorteile der Mehrphotonen-Spektroskopie lassen sich
wie folgt zusammenfassen:

1) Durch Zweiphotonen-Absorption können angeregte Atom- und Molekülzustände erreicht werden, die aus Symmetriegründen nicht durch Einphoton-Dipol-
Übergänge mit dem absorbierenden Anfangszustand verbunden sind.

2) Mit sichtbarem Licht können via Mehrphotonen-Absorption hoch liegende
Energieniveaus von Molekülen mit den Energien $E_f = \Sigma_n \hbar \omega_n$ angeregt werden, die
bei Einphotonen-Absorption energetisch nur durch Vakuum-UV-Photonen zugäng-
lich wären.

3) Oft kann man autoionisierende Zustände (z. B. Rydberg-Zustände, die oberhalb der Ionisierungsenergie des Moleküls liegen, durch Mehrphotonen-Absorption
anregen. Diese Anregung hat im Allgemeinen einen Wirkungsquerschnitt, der um
mehrere Größenordnungen über dem der direkten Photoionisation liegt. Die Messung der Ionen erlaubt dann einen sehr empfindlichen Nachweis geringer Molekül-
Konzentrationen. Die Mehrphotonen-Ionisation ist daher in vielen Fällen als sehr
empfindliches Analyse-Verfahren geeignet und wird als solches auch bereits eingesetzt [2.28–2.30].

4) Durch Multiphotonen-Absorption von infraroter Strahlung (z. B. von einem CO_2-Laser) lassen sich Moleküle dissoziieren, wobei die Hoffnung besteht, dass unter geeigneten Bedingungen die Dissoziation in gewünschte Fragmente erfolgt. Dies würde Möglichkeiten zu gezielten laserinduzierten chemischen Reaktionen eröffnen (Abschn. 10.1.2).

5) Bei geeigneter Wahl der Geometrien der verschiedenen Laserstrahlen lässt sich erreichen, dass die Impuls-Summe $p = \Sigma \hbar k$ der von einem Molekül absorbierten Photonen Null wird. Für eine solche Anordnung wird die Absorption eines Moleküls unabhängig von seiner Geschwindigkeit, und man erhält *Doppler-freie* Absorptionsprofile (Abschn. 2.5.2, 2.5.4).

2.5.2 Doppler-freie Zweiphotonen-Spektroskopie

Für ein ruhendes Molekül lautet die Resonanzbedingung für einen Zweiphotonen-Übergang $|i\rangle \rightarrow |f\rangle$

$$E_f - E_i = \hbar(\omega_1 + \omega_2) \tag{2.70}$$

Wenn sich das Molekül mit der Geschwindigkeit v bewegt, wird die Frequenz ω im bewegten System des Moleküls Doppler-verschoben zu

$$\omega' = \omega - k \cdot v \ .$$

Die Resonanzbedingung (2.70) wird dann

$$E_f - E_i = \hbar(\omega_1 + \omega_2) - \hbar v \cdot (k_1 + k_2) \ . \tag{2.71}$$

Stammen die beiden Photonen aus zwei Lichtwellen mit der gleichen Frequenz, die antikollinear laufen, so wird $k_1 = -k_2$, und (2.71) zeigt, dass die Doppler-Verschiebung des Zweiphotonen-Überganges Null wird! Dies bedeutet, dass in diesem Fall alle Moleküle *unabhängig von ihrer Geschwindigkeit* zur Zweiphotonen-Absorption bei der gleichen Lichtfrequenz beitragen!

Eine mögliche experimentelle Realisierung der Doppler-freien Zweiphotonen-Spektroskopie ist in Abb. 2.27 gezeigt. Der Ausgangsstrahl eines durchstimmbaren

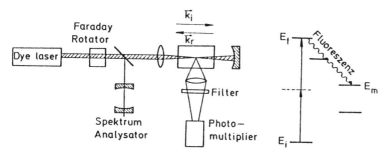

Abb. 2.27. Experimentelle Anordnung zur Doppler-freien Zweiphotonen-Spektroskopie mit Fluoreszenz-Nachweis

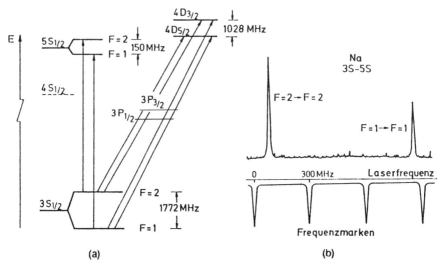

Abb. 2.28a,b. Doppler-freies Zweiphotonen-Spektrum für Übergänge im Na-Atom. (a) Termschema und (b) $3S \rightarrow 5S$-Übergang mit aufgelöster Hyperfeinstruktur [2.31]

Einmoden-Farbstofflasers wird in die Absorptionszelle fokussiert und hinter der Zelle durch einen sphärischen Spiegel wieder in sich zurückreflektiert. Die Zweiphotonen-Absorption wird nachgewiesen durch Messung der Intensität $I_{Fl}(\omega_L)$ der Fluoreszenz des angeregten Zustandes $|f\rangle$ als Funktion der Laserfrequenz ω_L. Durch ein geeignetes Spektralfilter kann das Laser-Streulicht gegen die – im Allgemeinen kurzwelligere – Fluoreszenz unterdrückt werden. Der Faraday-Rotator verhindert die störende Rückkopplung des reflektierten Strahls in den Laser.

Zur Illustration sind in Abb. 2.28 die Doppler-freien Messungen von Hyperfein-Aufspaltungen der Übergänge $3S \rightarrow 5S$ und $3S \rightarrow 4D$ im Na-Atom dargestellt [2.31].

Wir wollen uns noch kurz das Linienprofil eines **Doppler-freien Zweiphotonen-Signals** ansehen:

Wenn der reflektierte Strahl in Abb. 2.27 dieselbe Intensität und dieselbe Polarisationsrichtung $\hat{e}$ hat wie der einfallende Strahl, dann werden die beiden Summanden im zweiten Faktor von (2.68) identisch, während der erste Faktor, der das spektrale Linienprofil angibt, davon abhängt, ob beide Photonen aus verschiedenen oder gleichen Strahlen kommen. Im ersten Fall erhält man ein Doppler-freies Signal, im zweiten Fall ein Doppler-verbreitertes Signal. Die Wahrscheinlichkeit dafür, dass beide Photonen aus verschiedenen Strahlen kommen, ist doppelt so groß wie die, dass sie aus gleichen Strahlen kommen. Dies lässt sich wie folgt einsehen:

Wenn beide Photonen aus dem gleichen Strahl kommen, bezeichnen wir die Wahrscheinlichkeits-Amplitude mit (a, a) für den einfallenden und mit (b, b) für den reflektierten Strahl. Die gesamte Wahrscheinlichkeit für diesen Fall ist dann die Quadratsumme $(a, a)^2 + (b, b)^2$ für zwei unabhängige Ereignisse.

Für das Doppler-freie Signal hingegen sind die beiden Möglichkeiten (a, b) und (b, a) ununterscheidbar. Die Gesamtwahrscheinlichkeit ist deshalb das Quadrat der

Amplitudensumme $[(a, b) + (b, a)]^2$. Bei gleicher Intensität beider Strahlen ist daher diese Wahrscheinlichkeit viermal so groß wie die der Zweiphotonen-Absorption aus nur einem Strahl. Wir erhalten also aus (2.68) für die Zweiphotonen-Absorptions-Wahrscheinlichkeit

$$W_{if} \propto \left| \sum_m \frac{(\boldsymbol{R}_{im} \cdot \hat{\boldsymbol{e}}_1)(\boldsymbol{R}_{mf} \cdot \hat{\boldsymbol{e}}_2)}{\omega - \omega_{im} - \boldsymbol{k}_1 \cdot \boldsymbol{v}} + \sum_m \frac{(\boldsymbol{R}_{im} \cdot \hat{\boldsymbol{e}}_2)(\boldsymbol{R}_{mf} \cdot \hat{\boldsymbol{e}}_1)}{\omega - \omega_{im} - \boldsymbol{k}_2 \cdot \boldsymbol{v}} \right|^2 I^2$$
$$\times \left(\frac{4\gamma_{if}}{(\omega_{if} - 2\omega)^2 + (\gamma_{if}/2)^2} + \frac{\gamma_{if}}{(\omega_{if} - 2\omega - 2kv)^2 + (\gamma_{if}/2)^2} \right.$$
$$+ \left. \frac{\gamma_{if}}{(\omega_{if} - 2\omega + 2kv)^2 + (\gamma_{if}/2)^2} \right), \tag{2.72}$$

was bei Integration über alle Geschwindigkeiten zu dem Linienprofil

$$\alpha(\omega) \propto \Delta N^0 I^2 \left| \sum \frac{(\boldsymbol{R}_{im} \cdot \hat{\boldsymbol{e}})(\boldsymbol{R}_{mf} \cdot \hat{\boldsymbol{e}})}{\omega - \omega_{im}} \right|^2 \left\{ \frac{kv_w}{\sqrt{\pi}} \frac{\gamma_{if}}{(\omega_{if} - 2\omega)^2 + (\gamma_{if}/2)^2} \right.$$
$$+ \left. \exp\left[-\left(\frac{\omega_{if} - 2\omega}{2kv_w} \right)^2 \right] \right\} \tag{2.73}$$

führt, wobei $v_w = (2kT/m)^{1/2}$ die wahrscheinlichste Geschwindigkeit und $\Delta N^0 = N_i^0 - N_f^0$ die ungesättigte Besetzungsdifferenz ist. Das Absorptionsprofil besteht aus einem schmalen Lorentz-Profil mit der homogenen Linienbreite $\gamma_{if} = \gamma_i + \gamma_f$ (Abb. 2.29) und einem flachen Doppler-verbreiterten Untergrund, dessen Fläche halb so groß ist wie die unter dem Lorentz-Profil, und deshalb im Allgemeinen gar nicht sichtbar ist, weil sein Maximum um den Faktor $0{,}5 \cdot \gamma_{if}/\Delta\omega_D$ kleiner ist als das des Doppler-freien Anteils.

Bei geeigneter Wahl der Polarisation der beiden Wellen lässt sich der Untergrund oft vollständig unterdrücken. Wenn z. B. die einfallende Welle σ^+-Polarisation hat (Photonenspin in Ausbreitungsrichtung), ist die reflektierte (Abschn. 2.4.2) Welle σ^--polarisiert. Zweiphotonen-Übergänge $S \to S$ sind dann z. B. nur möglich, wenn ein Photon aus dem einfallenden und das zweite aus dem reflektierten Strahl kommt, während zwei Photonen aus dem gleichen Strahl Übergänge mit $\Delta M = \pm 2$ induzieren würden.

Für $2\omega = \omega_{if}$ wird der erste Term in (2.73) $4kv_w/\gamma_{if}\pi^{1/2} \gg 1$, sodass der Untergrund vernachlässigt werden kann. Bei typischen Werten $\gamma_{if} = 20\,\text{MHz}$ und $\Delta\omega_D = 4kv_w \cdot \sqrt{2} = 2\,\text{GHz}$ wird das Doppler-freie Signal etwa 140 mal höher als der Doppler-verbreiterte Untergrund! In Abb. 2.29 ist dieser Untergrund stark überhöht dargestellt. Wir erhalten dann für die maximale Zweiphotonen-Absorption

$$\alpha(1/2\omega_{if}) \propto I^2 \frac{\Delta N^0 kv_w}{\sqrt{\pi}\gamma_{if}} \left| \sum_m \frac{(\boldsymbol{R}_{im} \cdot \hat{\boldsymbol{e}})(\boldsymbol{R}_{mf} \cdot \hat{\boldsymbol{e}})}{\omega - \omega_{im}} \right|^2 . \tag{2.74}$$

Bei molekularen Übergängen setzen sich die Matrixelemente R_{im}, R_{mf} aus drei Faktoren zusammen, die den elektronischen Anteil, den Franck-Condon-Faktor und

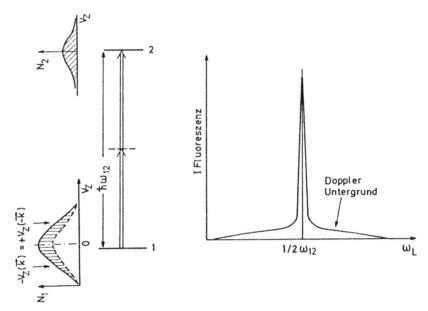

Abb. 2.29. Linienprofil eines Doppler-freien Zweiphotonen-Signals mit (übertrieben dargestelltem) Doppler-Untergrund

den Hönl-London-Faktor für die Rotations-Linienstärke angeben (Abschn. 1.6). Die Berechnung dieser Linienstärken für Zwei- und Drei-Photonen-Übergänge in zweiatomigen Molekülen findet man in [2.32–2.34],

Man beachte: Obwohl das Matrixelement (2.45) wesentlich kleiner ist als das für Einphotonenübergänge, kann die Höhe des Doppler-freien Zweiphotonen-Signals diejenige vergleichbarer Dopplerfreier Einphoton-Sättigungs-Signale übertreffen, weil alle Moleküle im Zustand $|i\rangle$ unabhängig von ihrer Geschwindigkeit zum Zweiphotonen-Signal beitragen, während beim Sättigungs-Signal nur die Geschwindigkeitsklasse $v_z = 0 \pm \gamma/k$ beiträgt, die z. B. bei $\gamma = \Delta\omega_D/100$ nur 1 % aller Moleküle ausmacht.

Die ersten Doppler-freien Zweiphotonen-Übergänge wurden an Alkali-Atomen gemessen, bei denen die Rydberg-Zustände nS oder nD vom $^2S_{1/2}$-Zustand aus angeregt wurden [2.35–2.37]. Die hohe spektrale Auflösung kann genutzt werden, um die mit größerer Hauptquantenzahl abnehmende Feinstruktur-Aufspaltung zu bestimmen. Auch Hyperfein-Aufspaltung und Isotopie-Verschiebung lassen sich mit großer Genauigkeit messen.

Als Anwendungsbeispiel ist in Abb. 2.30 das Doppler-freie Zweiphotonen-Spektrum des Überganges $6p^2(^3P_0) \rightarrow 7p(^3P_0)$ der verschiedenen Blei-Isotope Pb 206–208 gezeigt [2.38], das mit einem CW Farbstofflaser mit einer Ausgangsleistung von 200 mW bei $\lambda = 450$ nm aufgenommen wurde.

Die hohe spektrale Auflösung der Doppler-freien Zweiphotonen-Spektroskopie ist für die Untersuchung der Struktur von Molekülen in angeregten Zuständen von besonderer Bedeutung. Dies wurde durch Messung der Zweiphotonen-Spektren von Benzol C_6H_6 mit einem Einmoden-Farbstofflaser sehr eindrucksvoll demonstriert

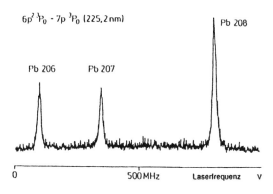

$6p^7 {}^3P_0 - 7p {}^3P_0$ (225,2 nm)

Pb 208

Pb 206   Pb 207

0   500 MHz   Laserfrequenz ν

Abb. 2.30. Isotopieverschiebung der stabilen Blei-Isotope, gemessen mithilfe der Doppler-freien Zweiphotonen Absorption bei $\lambda = 450{,}4\,\mu m$ und Fluoreszenznachweis [2.38]

[2.39, 2.40]. Diese Messungen bewiesen, dass selbst bei einem großen Molekül einzelne Rotationslinien in elektronischen Übergängen aufgelöst werden konnten. Bereiche, die früher als ein Absorptionskontinuum angesehen worden waren, erwiesen sich als völlig auflösbare, diskrete Übergänge zu angeregten Niveaus, deren Lebensdauern aus der gemessenen Linienbreite bestimmt werden konnten. Vor allem konnte die Abnahme der Lebensdauer mit steigender Energie bestimmt werden, die durch den zunehmenden Einfluss strahlungsloser Übergänge bewirkt wird [2.41].

Da die Signalgröße der Zweiphotonen-Signale proportional zum Quadrat der Laserintensität ist – siehe (2.74) – wurde die Absorptions-Zelle zur Intensitätsüberlagerung in die Strahltaille eines externen Resonators gestellt, dessen Spiegelabstand durch eine elektronische Regelung beim Durchstimmen der Laserwellenlänge immer in Resonanz bleibt.

Die Doppler-freie Zweiphotonen-Spektroskopie hat sich als sehr nützlich erwiesen für die spektrale Auflösung komplexer Spektren mehratomiger Moleküle. Dies wurde von Riedle et al. [2.42] demonstriert am Beispiel des Benzol Moleküls C_6H_6 (Abb. 2.31), wo einzelne Rotationslinien im elektronischen Spektrum völlig aufgelöst werden konnten. Aus den gemessenen Linienbreiten konnten die Lebensdauern der oberen Niveaus bestimmt werden sowie die Energie, bei der Prädissoziation einsetzt [2.43].

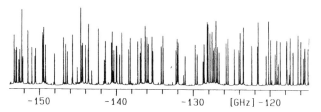

-150   -140   -130   [GHz] -120

Abb. 2.31. Ausschnitt aus dem Doppler-freien Zweiphotonen-Anregungsspektrum der $14_0^1 Q_Q$-Bande des C_6H_6-Moleküls [2.39]

2.5.3 Abhängigkeit des Zweiphotonen-Signals von der Fokussierung

Da die Höhe des Zweiphotonen-Signals bei Verwendung nur eines Lasers vom Quadrat der Intensität und von der Zahl der Moleküle im durchstrahlten Volumen abhängt, gewinnt man durch Fokussieren in die Absorptionszelle im Allgemeinen an S/R-Verhältnis. Bei Verwendung schmalbandiger, gepulster Laser mit hohen Spitzenleistungen darf man allerdings den Fokus-Durchmesser nicht zu klein machen, da man den Zweiphotonen-Übergang oft sättigen kann und dann wegen der mit sinkendem Fokusdurchmesser abnehmenden Zahl absorbierender Moleküle wieder an Signal verliert. Wir wollen im Folgenden eine Abschätzung der Signal-Abhängigkeit vom Fokus-Durchmesser für einen Laser im Grundmode TEM_{00} geben:

Wir nehmen an, dass die Laserstrahlen in $\pm z$-Richtung laufen und dass die Fluoreszenz vom oberen Zustand $|f\rangle$, die als Monitor für die Zweiphotonen-Absorption dient, aus einem durchstrahlten Volumen mit der Länge Δz gesammelt werden kann (Abb. 2.32). Das Zweiphotonen-Signal wird dann

$$S_{if} \approx \int_{z=-\Delta z/2}^{+\Delta z/2} \left(\int_{r=0}^{w(z)} W_{if} N_i 2\pi r \, dr \right) dz$$
$$\propto \left| \sum_m \frac{(R_{im} \cdot \hat{e})(R_{mf} \cdot \hat{e})}{\omega - \omega_{im}} \right|^2 N_i \int_z \int_r r I^2(r,z) \, dr \, dz \,, \qquad (2.75)$$

wobei N_i die Dichte der absobierenden Moleküle,

$$I(r,z) = \frac{2(P)_0}{\pi w^2} e^{-2r^2/w^2} \qquad (2.76)$$

die Intensitätsverteilung des Gauß'schen Laserstrahls und

$$w(z) = w_0 \sqrt{1 + (\lambda z/\pi w_0^2)} \qquad (2.77)$$

sein Radius in der Nähe des Fokus ist. Setzt man dies in (2.75) ein und integriert über r, so ergibt sich, dass das Integral maximal wird, wenn

$$\int_{\Delta z/2}^{+\Delta z/2} \frac{dz}{1 + (\lambda z/\pi w_0^2)^2} = \int_{-\Delta z/2}^{+\Delta z/2} \frac{dz}{1 + (z/\delta z)^2} = 2\delta z \arctan \frac{\Delta z}{2\delta z} \qquad (2.78)$$

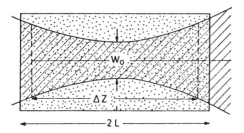

Abb. 2.32. Zur optimalen Fokussierung bei der Zweiphotonen-Spektroskopie

ein Maximum hat, wobei

$$\delta z = \pi w_0^2 / \lambda \qquad (2.79)$$

die **Rayleigh-Länge** ist, bei der der Strahlquerschnitt doppelt so groß wie im Fokus geworden ist.

Differenziert man (2.78) nach δ und setzt die Ableitung gleich Null, so sieht man, dass man durch schärfere Fokussierung nicht mehr an Signal gewinnt, wenn die Rayleigh-Länge δz kürzer als das beobachtbare Intervall Δz wird.

2.5.4 Mehrphotonen-Spektroskopie

Bei genügend großen Intensitäten kann ein Molekül gleichzeitig mehrere Photonen absorbieren. Die Wahrscheinlichkeit für einen Übergang $|i\rangle \rightarrow |f\rangle$ durch Absorption von n Photonen $\hbar\omega_k$ mit $E_f - E_i = \hbar\Sigma\omega_k$ wird durch einen, gegenüber (2.68) entsprechend verallgemeinerten Ausdruck gegeben [2.25, 2.44–2.46], wobei in den Zählern des zweiten Faktors Produkte von n Einphotonen-Matrixelementen stehen und der erste Faktor bei Verwendung von n verschiedenen Lasern das Produkt $\prod_k I_k$ der Intensitäten der einzelnen Strahlen enthält, sodass bei n-Photonen-Übergängen, die durch einen Laser induziert werden, dort I^n steht.

Bei der Doppler-freien Mehrphotonen-Spektroskopie muss außer dem Energiesatz $E_f - E_i = \hbar\Sigma\omega_k$ auch die Impulsbedingung

$$\Sigma \boldsymbol{p}_k = \hbar\Sigma\boldsymbol{k}_k = 0 \qquad (2.80)$$

erfüllt sein. Man kann dies auch als Impulserhaltung für das absorbierende Molekül interpretieren: Jedes der n absorbierten Photonen überträgt durch Rückstoß den Impuls $\boldsymbol{p} = \hbar\boldsymbol{k} = \hbar(\omega/c)\hat{\boldsymbol{k}}_0$ ($\hat{\boldsymbol{k}}_0$ = Einheitsvektor) auf das Molekül. Wenn sich dessen Impuls nicht ändert, bleibt seine Geschwindigkeit und damit seine kinetische Energie während der Absorption erhalten, d. h. die absorbierte Energie geht vollständig in Anregungsenergie über – unabhängig von der Geschwindigkeit des Moleküls – sodass der n-Photonen-Übergang Doppler-frei ist.

Eine mögliche Anordnung für die Doppler-freie Dreiphotonen-Spektroskopie ist in Abb. 2.33 gezeigt. Die drei Laserstrahlen, die durch Strahlteilung von einem Farbstofflaser erzeugt werden, kreuzen sich in der absorbierenden Probe unter $120°$.

Die Dreiphotonen-Spektroskopie kann entweder zur Anregung hoch liegender Zustände mit sichtbaren Lasern verwendet werden (Abb. 2.34a), oder sie kann auch in Form eines Raman-Prozesses als weitere Doppler-freie Technik im Sichtbaren eingesetzt werden (Abb. 2.34b). Der letztere Fall wurde am Beispiel des Na-Überganges $3S \rightarrow 3P$ demonstriert. In beiden Fällen läuft die Dreiphotonen-Anregung im Allgemeinen über zwei virtuelle Niveaus ab, von denen eins oder beide im Resonanzfall auch reale Niveaus sein können (Zwei- bzw. Drei-Stufenanregung).

Man beachte, dass hier der Vektor $\boldsymbol{k}_2$ zu einer stimulierten *Emission* gehört und deshalb die entgegengesetzte Richtung hat wie bei der Absorption.

Ein Anwendungsbeispiel für die Doppler-limitierte kollineare Dreiphotonen-Spektroskopie ist die Anregung hoch liegender Zustände von Xenon und von CO,

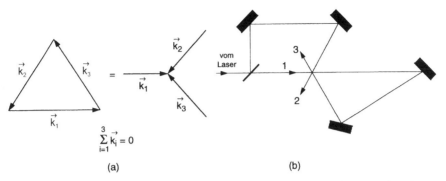

Abb. 2.33a,b. Mögliche Anordnungen für die Doppler-freie Dreiphotonenspektroskopie: (**a**) Photonenimpuls-Diagramm, (**b**) Experimentelle Realisierung

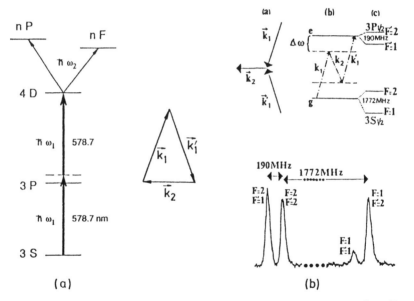

Abb. 2.34a,b. Dreiphotonen-Spektroskopie, (**a**) Stufenweise Anregung von Rydberg-Zuständen, (**b**) Raman-Prozess am Beispiel der $3S \rightarrow 3P$-Anregung im Na-Atom. Man beachte, dass hier $k_2 = (k_1 + k_1')/2$ gilt [2.46]

die mit einem schmalbandigen, gepulsten Farbstofflaser bei $\lambda = 440\,\text{nm}$ durchgeführt wurde [2.47]. Für Einphotonen-Übergänge wären dafür Lichtquellen in VUV bei $\lambda = 146{,}7\,\text{nm}$ nötig. Bei einer Spitzenleistung von 62 kW und einem Gasdruck von unter 1 mb konnte ein ausgezeichnetes Signal/Rausch-Verhältnis erreicht werden.

2.6 Anwendungsbeispiele und spezielle Techniken der nichtlinearen Spektroskopie

Ein für die Grundlagenforschung besonders wichtiges Beispiel ist die Doppler-freie Zweiphotonen-Spektroskopie des $1S \rightarrow 2S$ Überganges im Wasserstoffatom, die von mehreren Gruppen mit hoher Präzision durchgeführt wurde [2.48–2.50]. Weil das obere Niveau $2S$ metastabil ist, hat es eine lange natürliche Lebensdauer $\tau = 0{,}14\,\mathrm{s}$, sodass die natürliche Linienbreite des Zwei-Photonen-Überganges mit $\Delta \nu = 1/(2\pi\tau) = 1{,}1\,\mathrm{Hz}$ extrem schmal ist.

Die Doppler-freien Techniken, die zur Präzisionsmessung des H-Atoms verwendet wurden, sind ein interessantes Beispiel für die in diesem Kapitel beschriebenen nichtlinearen Spektroskopie-Techniken. Sie ermöglichen die Auflösung und Präzisionsmessung der Feinstruktur, der Hyperfein-Struktur, der Lamb-Verschiebung und der Isotopie-Verschiebung zwischen ^{1}H und ^{2}D-Atomen. Vergleicht man die

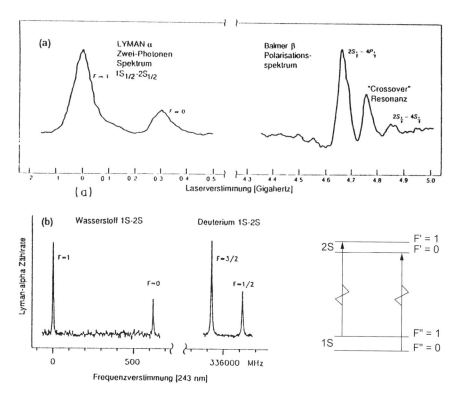

Abb. 2.35a,b. Erste spektroskopische Bestimmung der 1S-Lamb-Verschiebung des H-Atoms aus den Doppler-freien Zweiphotonen-Signalen (mit HFS) $1S \rightarrow 2S$ (*links oben*) und dem Sättigungsspektrum des Balmer-Übergangs $2S_{1/2} \rightarrow 4P_{1/2}$, (*rechts oben*) sowie eine spätere Messung der Isotopie-Verschiebung des $1S \rightarrow 2S$ Übergangs (*unten*) [2.48]. Die Messungen in (**a**) wurden mit einem gepulst nachverstärkten Laser, die in (**b**) mit einem stabilisierten CW Laser durchgeführt. Man beachte den Fortschritt in der Auflösung

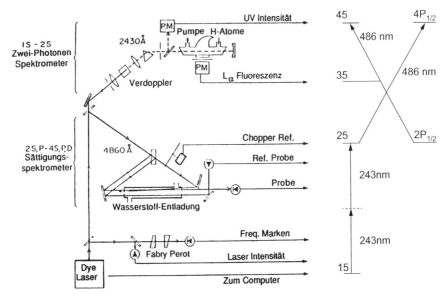

Abb. 2.36. Experimentelle Anordnung und Termschema zur Messung der Lamb-Verschiebung im 1S-Zustand des H-Atoms [2.50]

Frequenz $v(1S \rightarrow 2S)$ mit der vierfachen Frequenz $4v(2S \rightarrow 3P)$, die im reinen Coulomb-Potenzial gleich sein müssten, so kann aus der beobachteten Differenz Δv die Lamb-Shift im 1S Zustand bestimmt werden [2.51]. Vergleicht man die Frequenzen der $1S \rightarrow 2S$ Übergänge im H-Atom ^{1}H und seinem Isotop ^{2}D (Abb. 2.40), so lässt sich aus der Differenz das Volumen des Atomkerns und die örtliche Verteilung von Proton und Neutron im ^{2}D-Kern ermitteln [2.57].

Eine frühe experimentelle Anordnung ist in Abb. 2.36 gezeigt, wo die Wasserstoff-Atome in einer Gasentladungszelle erzeugt werden. In Abb. 2.37 ist eine modernere Version illustriert, wo die H-Atome in einer Mikrowellenentladung erzeugt, durch Stöße mit einer kalten Wand gekühlt und in einem kalten Atomstrahl detektiert werden [2.52].

Der atomare Wasserstoff wird in einer Gasentladung erzeugt, in der neben dem 1S-Grundzustand auch metastabile H-Atome im 2S-Zustand existieren. Die Ausgangstrahlung eines gepulsten Farbstofflasers mit der Wellenlänge $\lambda = 486\,\text{nm}$ wird in einem nichtlinearen Kristall frequenzverdoppelt. Während die Grundwelle bei 486 nm zur Doppler-freien Sättigungsspektroskopie des Balmer-Überganges $2S_{1/2} \rightarrow 4P_{1/2}$ verwendet wird, erzeugt die Oberwelle bei $\lambda = 243\,\text{nm}$ Doppler-freie Zweiphotonen-Übergänge $1S_{1/2} \rightarrow 2S_{1/2}$. Aus dem Frequenzunterschied Δv der beiden Signale kann die Lamb-Verschiebung des $1S_{1/2}$-Grundzustandes bestimmt werden (Abb. 2.36). Ein Vergleich der Zweiphotonen-Übergänge in den Isotopen von H und D ergibt eine sehr genaue Messung der Isotopie-Verschiebung.

Durch das elektrische Feld innerhalb der Gasentladung werden die atomaren Niveaus in ihre Stark-Komponenten aufgespalten, die auch mithilfe der Sättigungsspek-

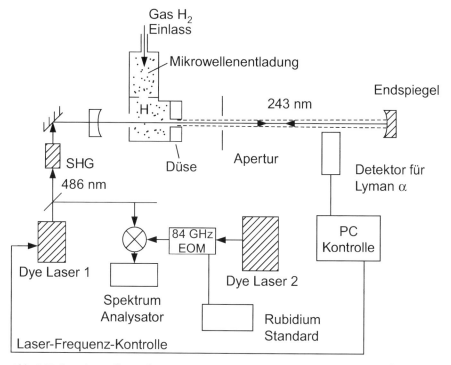

Abb. 2.37. Experimenteller Aufbau zur genauen Frequenzmessung des H(1S → 2S)-Überganges [2.59]

troskopie nur teilweise aufgelöst werden konnten, weil die elektrischen Felder räumlich variieren. Außerdem bewirken die Felder eine Verschiebung der Niveaus. Deshalb wurden in mehreren Labors Anstrengungen unternommen, diese Experimente in kollimierten Molekularstrahlen durchzuführen, wodurch zwar ein Teil dieser Schwierigkeiten vermieden wird, aber durch die kleinen Dichten und die kurzen Absorptionswege die Signale entsprechend kleiner werden (Abschn. 4.1). Die H-Atome werden dabei durch Dissoziation der H_2-Moleküle in einer Mikrowellen-Entladung erzeugt und durch eine gekühlte Düse ins Vakuum expandiert. Bei genügend tiefen Temperaturen wird ihre Geschwindigkeit verringert und dadurch ihre Wechselwirkungszeit mit dem Laserstrahl vergrößert. Bei der hier erreichten hohen Präzision muss trotz der kleinen Geschwindigkeit der Dopplereffekt zweiter Ordnung berücksichtigt werden. Da die langsamen Moleküle länger mit dem Laser wechselwirken, tragen sie mehr zum Signal bei. Das gemessene Linienprofil wird deshalb asymmetrisch (Abb. 2.39) und hängt ab von der Flugzeit der H-Atome. Bei langen Flugzeiten misst man die langsamen H-Atome, für die die Linienbreite schmaler und symmetrischer wird. Die Bestimmung der exakten Linienmitte erfordert eine sorgfältige Analyse. Man erreicht heute eine so hohe Genauigkeit der Linienmittenbestimmung, dass bei Abschätzung aller statistischen und systematischen Fehler die Fehlergrenzen unter $1 \cdot 10^{-14}$ liegen [2.54]. Inzwischen wurden Linienbreiten von unter 1kHz

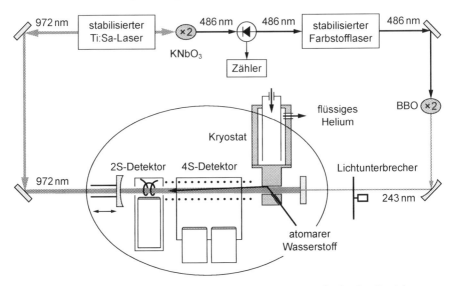

Abb. 2.38. Experimenteller Aufbau zur Doppler-freien Anregung der beiden Zweiphotonen-Übergänge 1S-2S und 2S-4S an demselben kalten Atomstrahl [2.59]

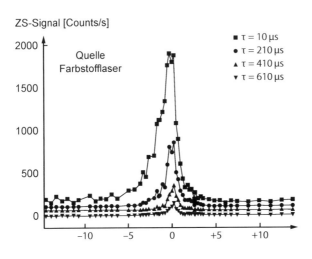

Abb. 2.39. 1S-2S Linienprofile, detektiert für verschiedene Flugzeiten τ der H-Atome im Strahl [2.53]

erreicht. Diese Präzisionsmessungen am H-Atom ($\Delta \nu / \nu < 1 \cdot 10^{-14}$!) haben zu einer sehr genauen Bestimmung der Rydberg-Konstanten mit einer Unsicherheit von $5 \cdot 10^{-12}$ geführt [2.55–2.57] und bieten die Möglichkeit, die Genauigkeitsgrenzen der Quantenelektrodynamik zu testen [2.58]. Messungen des $1S - 2S$ Übergangs beim ^{1}H-Atom (Abb. 2.37) und einem Isotop ^{2}H (Deuterium) erlauben die genaue Bestimmung der Isotopie-Verschiebung (Abb. 2.35), welche Informationen über den Strukturradius des ^{2}H-Kerns (Proton + Neutron) gibt [2.60]. Solche Präzisionsmessungen können obere Grenzen angeben über mögliche zeitliche Veränderungen der

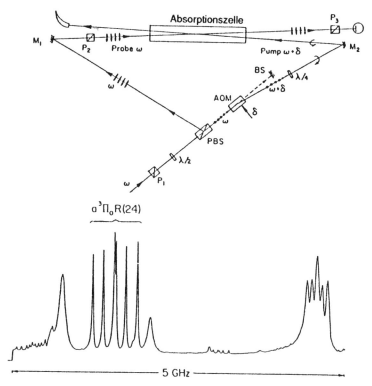

Abb. 2.40. Experimenteller Aufbau der Heterodyn-Polarisations-Spektroskopie und Ausschnitt aus dem Na_2-Spektrum des $A^1\Sigma_u \leftarrow X^1\Sigma_g^+$-Überganges, bei dem die oberen Rotations-Schwingungs-Niveaus durch den $^3\Pi_u$-Zustand gestört sind und deshalb Hyperfeinstruktur zeigen [2.63]

Werte physikalischer Konstanten, wie z. B. der Feinstrukturkonstante oder des Massenverhältnisses von Elektron zu Proton. Wenn man Veränderungen bei Messungen über ein Jahr finden würde, könnte dies existierende kosmologische Modelle testen, weil dann über kosmische Zeiträume hinweg solche Veränderungen durchaus gravierend sein könnten.

Eine Kombination der Doppler-freien Zweiphotonen- und der Polarisations-Spektroskopie wurde von *Grützmacher* u. a. [2.61] verwendet, um das Linienprofil der Lyman-α Linie in einem Wasserstoff-Plasma bei niedrigen Drucken zu messen. Dies erlaubt die genaue Bestimmung von Stark-Verbreiterungen und Verschiebungen unterhalb der Doppler-Breite und kann daher als berührungsfreie Sonde für die Plasma-Diagnostik benutzt werden.

Man kann den Rausch-Untergrund in all den Fällen, bei denen das Rauschspektrum mit steigender Frequenz abfällt, dadurch verringern, dass man den Signal-Nachweis (z. B. hinter einem Lock-in) zu möglichst hohen Frequenzen verschiebt. Dies ist insbesondere von Vorteil, wenn der Hauptanteil zum Rauschen von Intensitätsfluktuationen des Lasers verursacht wird, die bei höheren Frequenzen sehr rasch abnehmen. Dies wird in der **Heterodyne-Polarisations-Spektroskopie** ausgenutzt

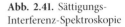

Abb. 2.41. Sättigungs-
Interferenz-Spektroskopie

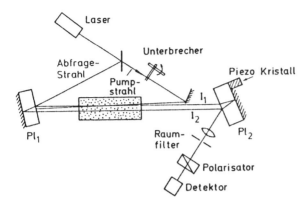

[2.62, 2.63], bei der die Pumpwelle durch einen akusto-optischen Modulator läuft und nur das um die Frequenz f versetzte Seitenband als Pumpstrahl durch die Absorptionszelle geschickt wird. Die vom Analysator P_3 in Abb. 2.40 transmittierte Intensität wird dann wieder durch (2.58) angegeben, aber die Größe $x = (\omega - \omega_0 - 2\pi f)/(2\gamma)$ enthält jetzt die Frequenzverschiebung f des Pumpstrahls. Das im Abschn. 2.4.3 erwähnte Interferenzrauschen wird dadurch in einen Frequenzbereich verschoben, der vom Lock-in nicht durchgelassen wird. Die Empfindlichkeit wird durch das in Abb. 2.40 gezeigte Spektrum von schwachen, verbotenen Übergängen $^3\Pi u \leftarrow X^1\Sigma g+$ des Na_2-Moleküls in den $^3\Pi$-Zustand demonstriert, die durch Spin-Bahn-Kopplung zwischen den Zuständen $A^1\Sigma_u \leftrightarrows {}^3\Pi_u$ erlaubt und damit „sichtbar" werden.

Eine weitere nichtlineare Technik zur Erzielung höherer Empfindlichkeiten ist die **Sättigungs-Interferenz-Spektroskopie** [2.64, 2.65], wo die Interferenz zwischen zwei Probenstrahlen ausgenutzt wird (Abb. 2.41), von denen einer durch den vom Pumpstrahl gesättigten Teil der Absorptionszelle läuft, der andere durch einen ungesättigten Bereich.

Hinter der Absorptionszelle werden beide Probenstrahlen durch Reflexion der Vorder- bzw. Rückseite eines mit einem Piezojustierbaren Spiegels wieder überlagert. Macht man die Intensitäten der beiden Probenstrahlen ohne Pumpstrahl gleich $(I_1 = I_2)$ und stellt über das Piezosystem eine Phasenverschiebung von π ein, so löschen sich die beiden Strahlen aus; d. h. ohne Pumpstrahl erhält man kein Signal.

Durch die Sättigung wird der 1. Abfragestrahl etwas weniger absorbiert, d. h. es gilt:

$$I_1 = I_2(1 + \delta) \quad \text{mit} \quad \delta \ll 1, \tag{2.81}$$

und er erfährt eine kleine zusätzliche Phasenverschiebung ϕ. Für die Überlagerung erhalten wir dann unter Berücksichtigung der eingestellten relativen Phase π die Gesamtintensität

$$I = c\epsilon_0 (E_1 - E_2)^2 = c\epsilon_0 E_2^2 \left[1 - (1 + 1/2\delta) e^{i\phi}\right]^2 \simeq \left(1/4\delta^2 + \phi^2\right) I_2 . \tag{2.82}$$

Sowohl die Amplituden als auch Phasendifferenz zwischen beiden Abfragestrahlen werden, genau wie bei der Polarisations-Spektroskopie, verursacht durch die monochromatische Pumpwelle, die in entgegengesetzter Richtung durch die Zelle läuft. Wir erhalten daher auch hier ein Lorentz-Profil für die Änderung der Absorption und ein Dispersions-Profil für die Änderung der Phase:

$$\delta(\omega) = \frac{\delta_0}{1 + x^2}; \quad \phi(\omega) = \delta_0 \frac{x/2}{1 + x^2} \tag{2.83}$$

mit $x = (\omega - \omega_0)/\gamma$ und $\delta_0 = \delta(\omega_0)$.

Die Phasenverschiebung kann mithilfe eines Regelkreises immer auf $\phi = 0$ stabilisiert werden. Dazu gibt man auf das Piezo-Stellelement eine Wechselspannung der Frequenz f_1, die über die entsprechende Verschiebung des Spiegels zu einer Phasenmodulation

$$\phi(\omega) = \phi_0(\omega) + a \sin(2\pi f_1 t)$$

führt. Das Detektor-Signal wird über einen phasenempfindlichen Verstärker einem Regelkreis zugeführt, der eine entsprechende Gleichspannung auf das Piezosystem gibt und damit je nach eingestelltem Vorzeichen die Gesamtphase immer auf 0 oder π hält. Setzt man (2.83) in (2.82) ein, so erhält man für die Gesamtintensität der Probenwellen im Minimum der Interferenz bei $\phi = 0$

$$I = \frac{1}{4} \frac{\delta_0^2}{(1 + x^2)^2} I_2 \ . \tag{2.84}$$

Die Halbwertsbreite dieses Lorentz-Profils ist reduziert von γ auf $\gamma(2^{1/2} - 1)^{1/2} \simeq 0{,}64\gamma$.

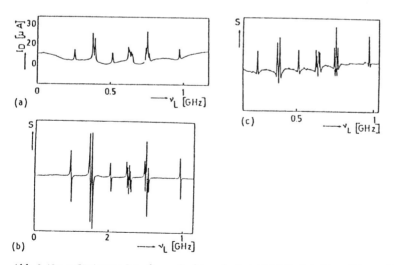

Abb. 2.42a–c. Sättigungs-Interferenz-Spektren des Jod-Moleküls I_2 bei $\lambda = 600\,\mathrm{nm}$. (**a**) gesättigte Absorption, (**b**) 1. Ableitung von (**a**). (**c**) 1.Ableitung des gesättigten Dispersions-Signals [2.65]

Die Empfindlichkeit der Sättigungs-Interferenz-Methode ist vergleichbar mit der der Polarisations-Spektroskopie, sie ist aber nicht wie diese auf Übergänge zwischen Niveaus mit $J \geq 1$ beschränkt, sondern ist auch – genau wie die Sättigungs-Spektroskopie – auf Niveaus mit $J = 0$ anwendbar. Die ganze Anordnung ist im Wesentlichen ein Jamin-Interferometer; und ein experimenteller Nachteil ist die kritische Justierung aller Komponenten.

3 Laser-Raman-Spektroskopie

Die Raman-Spektroskopie ist seit vielen Jahren eine wichtige Methode zur Untersuchung molekularer Schwingungen. Da die Wirkungsquerschnitte für die nichtresonante Raman-Streuung jedoch im Allgemeinen um mehrere Größenordnungen (bis zu 10^8 mal) kleiner sind als die für Resonanzfluoreszenz, war für ihre Anwendung vor dem Einsatz von Lasern die geringe Intensität der Streustrahlung oft der begrenzende Faktor. Dies hat sich gründlich geändert, seitdem leistungsstarke Laser als intensive Lichtquellen zur Verfügung stehen, die nicht nur die spontane, lineare Raman-Spektroskopie sehr intensiviert sondern auch ganz neue Techniken ermöglicht haben, die auf der nichtlinearen Wechselwirkung der Moleküle mit der einfallenden Lichtwelle beruhen wie z. B. die stimulierte Raman-Streuung, die Entwicklung von Raman-Lasern (Bd. 1, Abschn. 5.7.7), die kohärente Anti-Stokes Raman-Streuung (CARS), oder die Hyper-Raman-Spektroskopie. Auch die Detektionsverfahren sind wesentlich erweitert worden, sodass ein empfindlicher Nachweis möglich wurde.

In diesem Kapitel wollen wir kurz die Grundlagen der Raman-Spektroskopie, ihre experimentelle Durchführung mit Lasern und einige Anwendungsbeispiele vorstellen. Für eine detailliertere Darstellung dieses interessanten Gebietes wird auf die Fachliteratur [3.1–3.6] verwiesen.

3.1 Grundlagen

Man kann die Raman-Streuung als die inelastische Streuung eines Photons $\hbar\omega_i$ an einem Molekül im Anfangszustand $|i\rangle$ mit der Energie E_i auffassen, bei der das Molekül in den höheren Energiezustand E_f übergeht und das gestreute Photon mit der Frequenz ω_s die Energie $\Delta E = E_f - E_i = \hbar(\omega_i - \omega_s)$ verloren hat (Abb. 3.1a):

$$\hbar\omega_i + M(E_i) \Rightarrow M^*(E_f) + \hbar\omega_s . \tag{3.1}$$

Die Energiedifferenz ΔE kann in Rotations-, Schwingungs-, oder elektronische Energie des Moleküls umgewandelt werden. Der Energiezustand

$$E_v = E_i + \hbar\omega_i ,$$

in dem sich das System (Molekül plus Photon) während des Streuvorganges befindet, wird formal als **virtueller Zustand** bezeichnet, der im speziellen Fall der **resonanten Raman-Streuung** mit einem möglichen, realen Energie-Niveau des Moleküls zusammenfällt (Abb. 3.1b).

W. Demtröder, *Laserspektroskopie 2*, DOI 10.1007/978-3-642-21447-9_3,
© Springer-Verlag Berlin Heidelberg 2013

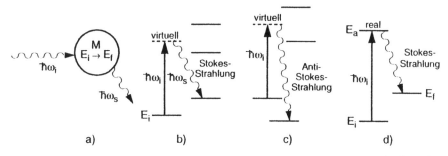

Abb. 3.1a–c. Raman-Streuung als inelastische Photonenstreuuung (**a**). Termschema für die nicht-resonante Stokes (**b**) und Anti-Stokes-Streuung (**c**), sowie für die resonante Raman-Streuung (**d**)

Die klassische Beschreibung des Raman-Effektes [3.1] geht von der Annahme aus, dass eine einfallende Lichtwelle $E = E_0 \cos \omega t$ im Molekül mit der Polarisierbarkeit α ein *oszillierendes Dipolmoment*

$$p_{\text{ind}} = \widetilde{\alpha} E$$

induziert, das sich einem eventuell bereits vorhandenen permanenten Dipolmoment μ_0 überlagert, sodass das *gesamte Dipolmoment*

$$p = \mu_0 + \widetilde{\alpha} E \tag{3.2}$$

wird. Die Polarisierbarkeit $\widetilde{\alpha}$ kann durch einen zweistufigen Tensor (α_{ij}) beschrieben werden, dessen Komponenten von der Molekülsymmetrie abhängen. Dipolmoment und Polarisierbarkeit sind daher Funktionen der Elektronen- und der Kern-Koordinaten. Ist die Frequenz ω weit genug entfernt von elektronischen Resonanzen oder Schwingungs-Resonanzen des Moleküls, so werden die Verschiebungen der Kernkoordinaten, die infolge der Polarisation der Elektronenhülle durch die Lichtwelle induziert werden, genügend klein bleiben. Wir können deshalb das von den Auslenkungen der Kerne abhängige elektrische Dipolmoment μ und die Polarisierbarkeit $\widetilde{\alpha}$ (man beachte, dass die Elektronen sich praktisch „momentan" auf die geänderte Kernkonfiguration einstellen!) in eine Taylor-Reihe nach den Auslenkungen der Kerne aus ihrer Gleichgewichtslage entwickeln. Brechen wir diese Reihe nach dem linearen Glied ab und schreiben die Auslenkungen als Summe aller $(3Q - f)$ möglichen Normalschwingungen q_n des Moleküls mit Q Atomen [3.5], so erhalten wir

$$\mu = \mu(0) + \sum_{n=1}^{3Q-f} \left(\frac{\partial \mu}{\partial q_n} \right)_0 q_n \,,$$

$$\alpha_{ij}(q) = \alpha_{ij}(0) + \sum_{n=1}^{3Q-f} \left(\frac{\partial \alpha_{ij}}{\partial q_n} \right)_0 q_n \,, \tag{3.3}$$

wobei Q die Zahl der Kerne, $3Q - f$ die Zahl der Normalschwingungen ($f = 5$ für lineare bzw. $f = 6$ für nichtlineare Moleküle) ist, und $\mu(0)$, $\widetilde{\alpha}(0)$ Dipolmoment bzw.

Polarisierbarkeit in der Gleichgewichtslage $q_n = 0$ angeben. Für kleine Schwingungs-amplituden können die Normalkoordinaten q_n des schwingenden Moleküls durch die harmonischen Schwingungen

$$q_n(t) = q_{n0} \cos \omega_n t \tag{3.4}$$

beschrieben werden, wobei q_{n0} die Amplitude und ω_n die Frequenz der n-ten Nor-malschwingung angibt. Setzt man (3.4) und (3.3) in (3.2) ein, so erhält man das ge-samte zeitabhängige Dipolmoment

$$\boldsymbol{p}(t) = \boldsymbol{\mu}_0 + \sum_n \left(\frac{\partial \boldsymbol{\mu}}{\partial q_n} \right)_0 q_{n0} \cos \omega_n t + \widetilde{\alpha}_{ij}(0) \boldsymbol{E}_0 \cos \omega t$$
$$+ \frac{E_0}{2} \sum_n \left(\frac{\partial \alpha_{ij}}{\partial q_n} \right)_0 q_{n0} \left[\cos(\omega - \omega_n) t + \cos(\omega + \omega_n) t \right]. \tag{3.5}$$

Der erste Term beschreibt das permanente Dipolmoment des Moleküls in der Gleich-gewichtskonfiguration, der zweite den mit der Molekülschwingung oszillierenden Anteil, der für das Infrarot-Spektrum des Moleküls verantwortlich ist. Der 3. Term hängt von der Polarisierbarkeit ab und beschreibt das durch die einfallende Welle modulierte Dipolmoment $p(t)$. Da ein oszillierendes Dipolmoment neue elektro-magnetische Wellen erzeugt, zeigt (3.5), dass jedes Molekül einen mikroskopischen Anteil zur elastischen Lichtstreuung (**Rayleigh-Streuung**) auf der einfallenden Fre-quenz ω beiträgt. Der 4. Term, der von der Änderung der Polarisierbarkeit mit den Kernkoordinaten abhängt, gibt die Raman-Streuung an, die auf der verschobenen Frequenz $(\omega - \omega_n)$ erfolgt. Befindet sich das Molekül vor der Streuung in einem ange-regten Zustand, so kann auch superelastische Streuung auftreten, wobei die gestreu-te Welle die Frequenzen $(\omega + \omega_n)$ hat, die als **Anti-Stokes-Komponente** bezeichnet wird.

Diese mikroskopischen Anteile der einzelnen Moleküle zur Streustrahlung, die von den Koeffizienten $(\partial \alpha_{ij} / \partial q_n)$ abhängen, setzen sich zu makroskopischen Wel-len zusammen, deren Intensität von der einfallenden Laserintensität I_L, der Beset-zungsdichte N_i der streuenden Moleküle und den Phasendifferenzen der einzelnen Streuwellen bestimmt werden.

Man sieht aus (3.5), dass die Infrarot-Absorption von der Änderung des *mole-kularen Dipolmomentes* mit den Kernkoordinaten $(\partial \mu / \partial q_n)$ abhängt, während die Intensität der Raman-Streuung durch die Änderung der *molekularen Polarisierbar-keit* $(\partial \alpha_{ij} / \partial q_n)$ bestimmt wird (Abb. 3.2). Homonukleare zweiatomige Moleküle ha-ben deshalb kein Infrarot-Spektrum (weil $\partial \mu / \partial q = 0$) aber ein Raman-Spektrum, weil $\partial \alpha / \partial q \neq 0$ ist. Bei mehratomigen Molekülen hängt es von der Symmetrie der Normalschwingungen ab, ob $\partial \mu / \partial q_n = 0$ oder $\partial \alpha / \partial q_n = 0$ wird. Es gibt auch Nor-malschwingungen, für die beide Terme ungleich Null sind.

Obwohl die oben skizzierte klassische Beschreibung der Raman-Streuung die *Frequenzen* der Streustrahlung richtig beschreibt, können ihre *Intensitäten* nur mit-hilfe der Quantentheorie korrekt berechnet werden. Dafür muss der **Erwartungs-wert**

$$\langle \alpha_{ij} \rangle_{ab} = \int u_b^*(q) \alpha_{ij} u_a(q) \, dq \tag{3.6}$$

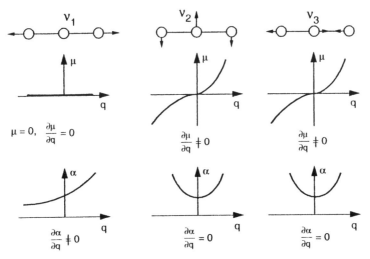

Abb. 3.2. Änderung $\partial\mu/\partial q$ des Dipolmoments und $\partial\alpha/\partial q$ der Polarisierbarkeit für die Normal-schwingungen q_i ($i = 1, 2, 3$) des CO_2-Moleküls

für die Komponente α_{ij} des Polarisierbarkeitstensors $\widetilde{\alpha}$ mithilfe der molekularen Ei-genfunktionen u_a und u_b im Anfangszustand $|a\rangle$ und Endzustand $|b\rangle$ berechnet wer-den. Die Integration erstreckt sich über alle Raman-aktiven Schwingungskoordina-ten q. Für die Berechnung der Schwingungs-Rotations-Raman-Streuung muss man daher die entsprechenden Eigenfunktionen des Moleküls im elektronischen Grund-zustand kennen. Für kleine Schwingungs-Amplituden lässt sich das Potenzial durch ein harmonisches Potenzial annähern, in dem keine Kopplung zwischen den einzel-nen Normalschwingungen des Moleküls auftritt. Die Schwingungswellenfunktionen $u(q)$ sind dann in ein Produkt

$$u(q) = \prod w_n(q_n, v_n) \tag{3.7}$$

von Eigenfunktionen $w_n(q_n, v_n)$ der einzelnen Normalschwingungen q_n mit den Schwingungsquantenzahlen v_n separierbar, die durch Hermitische Polynome be-schrieben werden. Wegen der Orthogonalität dieser Polynome gilt

$$\int w_n w_m \, dq = \delta_{nm} \, , \tag{3.8}$$

und man erhält für den Erwartungswert $\langle\alpha_{ij}\rangle$ aus (3.3) und (3.6):

$$\langle\alpha_{ij}\rangle = (\alpha_{ij})_0 + \sum_n \int_{q_n} w_n^*(q_n, v_a)\left(\frac{\alpha_{ij}}{q_n}\right)_0 q_n w_n(q_n, v_b)\,dq_n \, , \tag{3.9}$$

wobei über alle Raman-aktiven Schwingungen q_n summiert wird.

Die Intensität I_s einer Raman-Linie mit der Polarisationsrichtung $\hat{e}_s$ bei der Fre-quenz $\omega_s = \omega \pm \omega_n$ wird bestimmt durch die Besetzungsdichte $N_i(E_i)$ im Anfangszu-stand, durch die Intensität I_L des verwendeten Lasers mit der Polarisationsrichtung $\hat{e}_L$ und durch den **Raman-Streuquerschnitt**

$$\sigma_R(i \to f) = \frac{8\pi\omega_s^4}{9\hbar c^4}\left[\sum_k \frac{\langle\alpha_{ij}\rangle\hat{e}_L\langle\alpha_{kf}\rangle\hat{e}_s}{\omega_{ik} - \omega_L - i\Gamma_k/2} + \frac{\langle\alpha_{ki}\rangle\hat{e}_L\langle\alpha_{kf}\rangle\hat{e}_s}{\omega_{kf} - \omega_L - i\Gamma_k/2}\right]^2 \, , \tag{3.10}$$

der durch eine Summe über alle molekularen Zustände $|k\rangle$, die sowohl mit $|i\rangle$ als auch mit $|f\rangle$ durch erlaubte Dipolübergänge verbunden sind, repräsentiert wird. Er wird völlig analog zum Querschnitt für Zweiphotonen-Übergänge im Abschn. 2.5 gebildet, da die Raman-Streuung ja ein spezieller Zweiphotonen-Prozess ist (Abb. 2.26). Man sieht hieraus auch, dass durch die Raman-Streuung das Molekül in einen Zustand gleicher Parität wie der Anfangszustand gehen muss, während bei Infrarot-Übergängen immer Zustände ungleicher Parität ineinander übergehen. Infrarot- und Raman-Spektroskopie ergänzen sich also.

Es gibt **Raman-aktive** und **infrarot-aktive** Schwingungen mehratomiger Moleküle, wobei es auch vorkommt, dass eine Molekülschwingung für eine bestimmte Polarisationsrichtung des einfallenden Lichtes Raman-aktiv ist, für eine andere Richtung jedoch infrarot-aktiv [3.7].

Während man zur genauen Berechnung der Streuintensitäten die Kenntnis der Wellenfunktionen $u(q_n)$ braucht, kann man bereits aus Symmetriebetrachtungen erkennen, für welche Molekül-Schwingungen ein Raman-Prozess bzw. eine Infrarot-Absorption möglich ist. Dazu muss man die Symmetriegruppe des Moleküls kennen und kann dann mit Methoden der Gruppentheorie unmittelbar sehen, ob die entsprechenden Matrixelemente $\langle \alpha_{ij} \rangle$ in (3.10) Null werden oder nicht. In der einschlägigen Literatur sind für die einzelnen Symmetriegruppen der Moleküle die Raman- bzw. infrarot-aktiven Normalschwingungen in Tabellen zusammengefasst [3.5–3.7].

Im thermischen Gleichgewicht folgt die Besetzungsdichte $N_i(E_i)$ mit den statistischen Gewichten $g_i = g_v(2J_i + 1)$ einer Boltzmann-Verteilung

$$N_i(E_i) = g_i \frac{N}{Z} e^{-E_i/kT} , \tag{3.11}$$

wobei g_v das statistische Gewicht der betrachteten Schwingung, $N = \Sigma N_i(v, J)$ die gesamte Moleküldichte im elektronischen Grundzustand und $Z = \Sigma g_i \exp(-E_i/kt)$ die Zustandsdichte (Bd. 1, Abschn. 2.3) ist.

Da die Besetzungsdichte vibronisch angeregter Zustände $|k\rangle$ um den Faktor $\exp(-E_k/kT)$ kleiner als im Grundzustand ist, ist die Intensität der Anti-Stokes-Strahlung im Allgemeinen kleiner als die der Stokes-Strahlung.

Ein typischer experimenteller Aufbau ist in Abb. 3.3 gezeigt. Der Laser wird auf eine ausgewählte Stelle der Probe P fokussiert und die von dieser Stelle emittierte Raman-Streuung wird auf den Eintrittsspalt eines Spektrografen abgebildet. Das Raman-Spektrum wird dann von einem CCD-Detektor registriert.

Eine besonders hohe räumlich Auflösung erreicht man mithilfe der konfokalen Mikroskopie (Abb. 3.4). Die aus dem Fokus der abbildenden Linse L_1 emittierte Raman-Streuung wird durch L_2 auf eine optische Faser abgebildet, welche als Kreisblende dient, die nur Licht aus einem kleinen beleuchteten Volumen zum Detektor transmittiert.

Eine Reihe von Beispielen, die das oben Gesagte verdeutlichen, findet man in den folgenden Abschnitten und in der Literatur [3.1–3.7, 3.9–3.12].

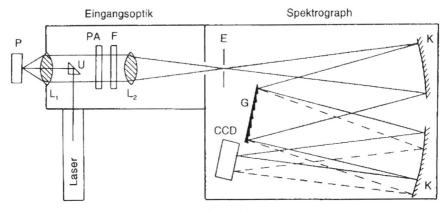

Abb. 3.3. Schematische experimentelle Anordnung für die Raman-Spektroskopie [3.8]

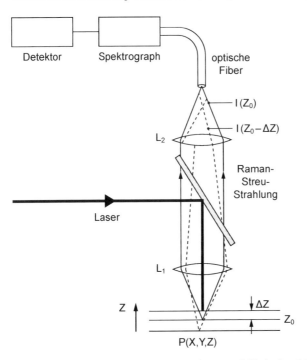

Abb. 3.4. Ortsauflösende Raman-Spektroskopie mithilfe der konfokalen Mikroskopie

3.2 Neuere Techniken der linearen Raman-Spektroskopie

Um die Empfindlichkeit zu optimieren, kann man sowohl die eingestrahlte Lichtintensität erhöhen als auch die Nachweisempfindlichkeit für die Raman-Streustrahlung verbessern. Da die Streuintensität bei der linearen Raman-Spektroskopie von der eingestrahlten, über die Messzeit integrierten, Lichtleistung abhängt, ist es im Allgemei-

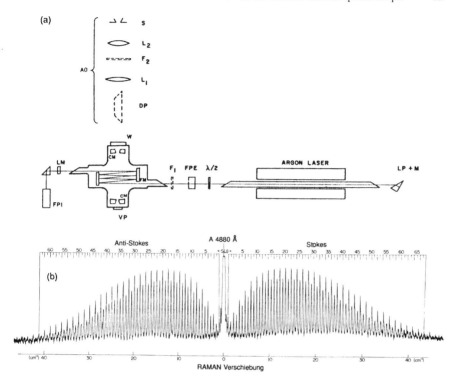

Abb. 3.5. (a) Experimenteller Aufbau für die resonator-interne Raman-Spektroskopie (LM: Laserendspiegel, LP: Wellenlängenselektor, CM: Spiegel zur effektiven Sammlung der Raman-Streustrahlung, AO: Optik zur Abbildung des Raman-Streulichtes auf den Eintrittsspalt des Spektrografen). Das Dove-Prisma DP dreht die Abbildung um 90°. (b) Rotations-Raman-Spektrum von C_2N_2, angeregt mit der 488 nm-Linie des Argonlasers in der Anordnung (a). Photografische Registrierung mit 10 min Belichtungszeit [3.3]

nen günstiger, kontinuierliche Laser zu verwenden, zumal man mit gepulsten Lasern leicht in den Bereich der nichtlinearen Effekte kommt.

Häufig wird die Probe *in den Resonator* eines Argonlasers gebracht, dessen beide Endspiegel hochreflektierend sind, um die resonatorinterne Leistung zu erhöhen (Abschn. 1.1). Durch Mehrfachreflexion zwischen zwei Spiegeln (Abb. 3.5) kann der Weg durch die Probe verlängert und damit die Empfindlichkeit weiter gesteigert werden. Durch eine geeignete Anordnung von Spiegeln und Linsen kann auch die Sammelwahrscheinlichkeit für die Streustrahlung erhöht werden. Zur Illustration der erreichbaren Empfindlichkeit und der spektralen Auflösung ist in Abb. 3.5b das Rotations-Raman-Spektrum von gasförmigem C_2N_2 gezeigt, das bei einem Druck von 5 mb mit einem Argonlaser bei λ = 488 nm angeregt und photografisch aufgenommen wurde.

Außer der photographischen Registrierung des Raman-Spektrums hat sich die wesentlich empfindlichere Aufnahme mittels optischen Vielkanal-Analysatoren (z. B. CCD-Arrays, Bd. 1, Abschn. 4.5) und Bildverstärkern bewährt. Neben ihrer größe-

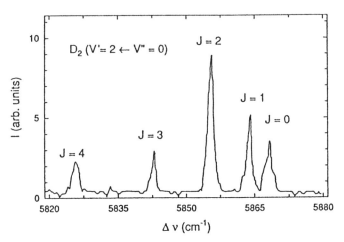

Abb. 3.6. Rotationsaufgelöster Q-Zweig im Oberton-Raman-Spektrum von D_2, aufgenommen im Resonator eines Argonlasers bei $\lambda = 488\,nm$ mit einer resonatorinternen Leistung von 250 W [3.12]

ren Empfindlichkeit bei gleichzeitiger Erfassung eines ausgedehnten Spektralbereiches hat diese elektronische Signalaufnahme den weiteren Vorteil, dass die Daten in digitaler Form zur Verfügung stehen und deshalb von Computern weiter verarbeitet werden können [3.10].

Wird als Anregungslaser ein leistungsstarker Nd:YAG oder Nd:YLF Laser bei $\lambda = 1{,}05\,\mu m$ verwendet, müssen zur Messung der Ramanlinien infrarot-empfindliche gekühlte Detektoren verwendet werden, wie z. B. Germanium-Detektoren bei $T = 77\,K$.

Um die Ramanlinien spektral zu trennen, können Spektrographen oder Interferometer verwendet werden. Weil das Streulicht des intensiven Anregungslasers viel stärker sein kann als die schwachen Raman-Linien, muss man zur genügend guten Streulicht-Unterdrückung Doppel- oder sogar Tripel-Spektrographen verwenden. Als besonders effektiv für die Aufnahme von Raman-Spektren hat sich die Fourier-Tranform-Spektroskopie (siehe Bd. 1, Abschn. 4.2.1) erwiesen [3.13].

Wenn man die Moleküle auf der Oberfläche eines Festkörpers adsorbieren lässt, kann das Raman-Signal um mehrere Größenordnungen größer werden. Der Grund ist die Vergrößerung des elektrischen Dipolmomentes durch Oberflächenladungen.

Wegen der hohen Empfindlichkeit der **Intracavity**-Anordnung lassen sich sogar Schwingungsobertonbanden rotationsaufgelöst messen. Abbildung 3.6 zeigt zur Illustration den Q-Zweig des Raman-Spektrums von D_2 für die Übergänge ($v' = 2 \leftarrow v'' = 0$) [3.11]. Die Zählrate für die Oberton-Übergänge war etwa 5000 mal kleiner als die für die Grundschwingung. Diese **Oberton-Raman-Spektroskopie** kann auch auf größere Moleküle angewendet werden, wie z. B. durch die Messung des Oberton-Spektrums der Torsionsschwingung von CH_3CD_3 gezeigt wurde [3.14].

Genau wie bei der Absorptions-Spektroskopie (Abschn. 1.1) kann man auch bei der Raman-Spektroskopie ein Differenzverfahren anwenden, um die Empfindlichkeit weiter zu steigern. Der Pumplaserstrahl wird abwechselnd durch zwei äquivalente Zellen (Probezelle mit und Referenzzelle ohne Probe) geschickt. Dieses Dif-

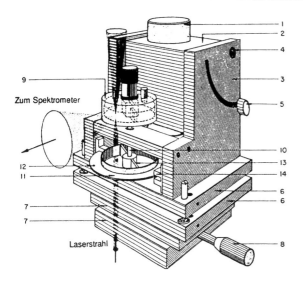

Abb. 3.7. Rotierende Zelle für die Differenz-Raman-Spektroskopie [3.15]

ferenzverfahren erweist sich vor allem bei der Raman-Spektroskopie in flüssigen Lösungsmitteln verdünnter Proben als sehr vorteilhaft, weil die störenden Raman-Linien des Lösungsmittels kompensiert werden.

Da man den Laserstrahl (auch im Resonator) auf wenige μm fokussieren kann, lassen sich noch sehr kleine Probenvolumina untersuchen [3.15]. Besonders große Raman-Querschnitte und damit eine große Nachweisempfindlichkeit erreicht man für die resonante Raman-Streuung, wenn die Wellenlänge des Pumplasers mit einem Absorptionsübergang des Moleküls zusammenfällt. In diesem Fall wird allerdings auch die absorbierte Leistung erhöht, was vor allem bei biologischen Proben zu unzulässig hohen Temperaturen und damit zur Zerstörung der Zellen führen kann. Um die thermische Belastung durch das fokussierte Laserlicht klein zu halten, wurden rotierende Raman-Zellen entwickelt [3.17, 3.18]. In Abb. 3.7 ist ein solches rotierendes System gezeigt. Wenn der Fokalpunkt des Laserstrahls R cm von der Rotationsachse der Zelle entfernt ist, wird bei einer Winkelgeschwindigkeit Ω und einem Fokusdurchmesser d die Wechselwirkungszeit der Moleküle mit dem Laserstrahl pro Umlauf auf $T = d/(R\Omega)$ reduziert.

Diese Technik der rotierenden Zelle kann mit dem Differenzverfahren kombiniert werden, indem eine zylindrische Zelle, die um ihre Achse rotiert, in zwei Hälften unterteilt wird, von denen eine nur das Lösungsmittel und die andere auch noch die Probe enthält [3.17].

Eine große Verbesserung der Empfindlichkeit der linearen Raman-Spektroskopie von Flüssigkeiten wurde dadurch erreicht, dass die flüssige Probe in eine dünne Kapillare gefüllt wird (Abb. 3.8). Wenn der Brechungsindex n_{Fl} der Flüssigkeit größer ist als der der Kapillare, wird sowohl das Laserlicht, das in die Kapillare fokussiert wird, als auch das in der Flüssigkeit erzeugte Raman-Streulicht durch Totalreflexion in der Kapillare gehalten. Wenn die Flüssigkeit das Pumplicht genügend wenig absorbiert, kann man sehr lange Kapillaren verwenden (10–50 m) und erreicht damit eine

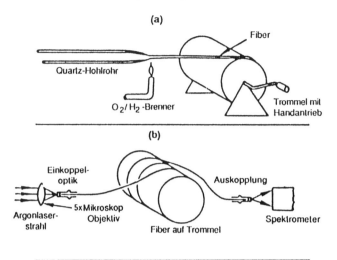

Abb. 3.8a,b. Raman-Spektroskopie flüssiger Proben in einer dünnen Kapillare, in die das Laserlicht mit einem Mikroskop-Objektiv eingekoppelt wird. (**a**) Herstellung der Fiber. (**b**) Ein- und Auskopplung [3.15]

Empfindlichkeit, die um mehrere Größenordnungen höher ist als bei Verwendung von Flüssigkeitszellen [3.17].

Die Empfindlichkeit der Raman-Spektroskopie in der Gasphase lässt sich erhöhen, wenn man sie mit einigen der in Kap. 1 behandelten empfindlichen Nachweisverfahren kombiniert. So lässt sich z. B. die beim Raman-Prozess erzeugte Anregung molekularer Schwingungsniveaus mithilfe der optoakustischen Spektroskopie (Abschn. 1.3.2) nachweisen [3.19]. Noch empfindlicher ist die selektive Photoionisation der angeregten Schwingungsniveaus durch ein UV-Photon $\hbar\omega_{UV}$ eines Lasers oder durch resonante Zweiphotonen-Ionisation mit $2\omega_2$ (Abschn. 1.3.3) eines 2. Lasers L2, die schematisch in Abb. 3.9 gezeigt ist [3.20].

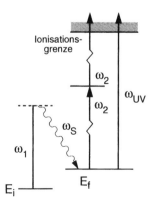

Abb. 3.9. Nachweisverfahren für einen Raman-Übergang durch Einphotonen-Ionisation mit $IP(E_f) < \hbar\omega_{UV} < IP(E_i)$ oder durch resonante Zweiphotonen-Ionisation

In den letzten Jahren hat eine neue Technik Furore gemacht, bei der die zu untersuchenden Moleküle auf eine raue Metall-Oberfläche gebracht werden. Auf dieser Oberfläche ist das elektrische Feld der Lichtwelle größer als im Vakuum, und auch die Polarisierbarkeit des absorbierten Moleküls wird verstärkt. Deshalb wird nach (3.5) die Wahrscheinlichkeit für die Raman-Streuung größer – oft um mehrere Größenordnungen. Diese Technik wird SERS (= surface-enhanced Raman spectroscopy) genannt [3.20]. Aus der Frequenzverschiebung und der Änderung des Linienprofils der Streustrahlung erhält man Informationen über die Wechselwirkung zwischen Molekül und Oberfläche [3.21].

Was lernt man aus den Ergebnissen der Raman-Spektroskopie über die untersuchten Moleküle?

Die Messgrößen der linearen Raman-Spektroskopie sind:

a) Die Frequenzverschiebung Δv gegen die Anregungslinie, aus der die Energiedifferenz $\Delta E = h \Delta v$ des Molekülniveaus, das durch die Raman-Streuung besetzt wird, gegen die Energie des Ausgangsniveaus bestimmt werden kann. Zusammen mit Symmetrie-Auswahlregeln lässt sich damit auch die Symmetrie dieses Niveaus festlegen.

b) Die Linienbreiten der Streustrahlung, die bei gasförmigen Proben durch eine Faltung von Doppler-Breite, Stoßverbreiterung, Laser-Spektralprofil und Lebensdauern der am Raman-Übergang beteiligten Molekülniveaus bestimmt sind und daher ein Voigt-Profil ergeben (Bd. 1, Abschn. 3.2).

c) Der **Polarisationsgrad** $\rho = I_\perp / I_\parallel$ wird durch die beiden Intensitäten der Streustrahlungen mit den Polarisationen parallel ($I_\parallel$) bzw. senkrecht ($I_\perp$) zur Polarisationsrichtung des Pumplasers bestimmt. Bei der Raman-Spektroskopie mit linear polarisiertem Anregungslaserstrahl in Gasen oder Flüssigkeiten ist die Streustrahlung teilweise depolarisiert. Es zeigt sich, dass der Depolarisationsgrad bei statistisch orientierten Molekülen

$$\rho = \frac{3\gamma^2}{45\overline{\alpha}^2 + 4\gamma^2}$$

vom Mittelwert $\overline{\alpha} = (\alpha_{xx} + \alpha_{yy} + \alpha_{zz})/3$ der Diagonalkomponenten des Polarisationstensors $\boldsymbol{\alpha}$ und von der Anisotropie

$$\gamma^2 = \frac{1}{2}\Big[(\alpha_{xx} - \alpha_{yy})^2 + (\alpha_{yy} - \alpha_{zz})^2 + (\alpha_{zz} - \alpha_{xx})^2 + 6(\alpha_{xy}^2 + \alpha_{xz}^2 + \alpha_{yz}^2)\Big]$$

abhängt und seine Messung damit Auskunft über diese Größen gibt [3.23].

Für die nicht vollständig symmetrischen Schwingungsmoden ist $\overline{\alpha} = 0$, sodass $\rho = 3/4$ wird, während für die totalsymmetrischen Moden $\overline{\alpha} \neq 0$ und damit $\rho < 3/4$ wird [3.23]. Man kann deshalb durch Messung des Depolarisationsgrades die totalsymmetrischen von den anderen Schwingungsmoden unterscheiden [3.24].

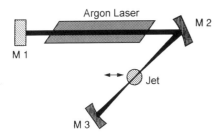

Abb. 3.10. Intracavity-Raman-Spektroskopie im kalten Molekülstrahl mit räumlicher Auflösung

d) Der Raman-Streuquerschnitt σ_R, der gemäß (3.10) von den Matrixelementen $\langle \alpha_{ij} \rangle$ des Polarisierbarkeitstensors abhängt. Die Intensität I_R der Streustrahlung ist dann durch das Produkt $I_R \approx I_P N_i \sigma_R$ aus einfallender Pumplaserintensität I_P, Besetzungsdichte N_i; im molekularen Ausgangsniveau und Streuquerschnitt σ_R gegeben. Bei bekannten Werten für ρ_R kann daher aus der gemessenen Intensität I_R auf die Besetzungsdichten N_i geschlossen werden. Dies wird z. B. zur Messung des Temperaturprofils in Flammen [3.25] und von Dichteprofilen in Strömungen angewandt [3.26].

Zur Erhöhung der Nachweisempfindlichkeit kann man die Probe in den Laser-Resonator stellen (Abb. 3.10). Die Kombination von Raman-Spektroskopie mit der Fourier-Spektroskopie verbindet die Vorteile der Raman-Spektroskopie mit dem Multiplex-Vorteil der Fourier-Spektroskopie, weil man gleichzeitig das gesamte Raman-Spektrum messen kann und damit bei vorgegebener Messzeit ein besseres Signal/Rausch-Verhältnis erreicht [3.27]. Der experimentelle Aufbau ist analog zu dem in Abb. 1.8. Die Lichtquelle ist nun die Probe, die von einem Laser bestrahlt wird und das Raman-Spektrum aussendet.

Für eine ausführlichere Darstellung der linearen Laser-Raman-Spektroskopie, ihrer verschiedenen experimentellen Techniken und ihrer Anwendungen wird auf die entsprechende Literatur [3.15, 3.17–3.21, 3.23–3.26, 3.28–3.30] verwiesen.

3.3 Nichtlineare Raman-Spektroskopie

Wenn die Intensität der einfallenden Lichtwelle genügend groß wird, überschreitet die durch sie bewirkte Auslenkung der Elektronenhülle den linearen Bereich. Dies bedeutet, dass die induzierten Dipolmomente p der Moleküle nicht mehr länger proportional zur elektrischen Feldstärke E sind und deshalb (3.2) erweitert werden muss. Man kann die Abhängigkeit $p(E)$ durch eine Potenzreihe darstellen

$$p(E) = \mu + \widetilde{\alpha}E + \frac{1}{2!}\widetilde{\beta}EE + \frac{1}{3!}\widetilde{\gamma}EEE + \dots , \qquad (3.12a)$$

wobei $\widetilde{\alpha}$ die **Polarisierbarkeit**, $\widetilde{\beta}$ die **Hyperpolarisierbarkeit** und $\widetilde{\gamma}$ die **zweite Hyperpolarisierbarkeit** heißen. Die Größen $\widetilde{\alpha}$, $\widetilde{\beta}$, $\widetilde{\gamma}$ sind zwei-, drei-, bzw. vierstufige Tensoren. Schreibt man die Taylor-Entwicklung für die Komponenten

p_i $(i = x, y, z)$, so ergibt dies:

$$p_i = \mu_i + \sum_k \left(\frac{\partial p_i}{\partial E_k} \right)_0 E_k + \frac{1}{2!} \sum_{k,j} \left(\frac{\partial^2 p_i}{E_k \partial E_j} \right)_0 E_k E_j$$

$$+ \frac{1}{3!} \sum_{k,j,\ell} \left(\frac{\partial^3 p_i}{\partial E_k \partial E_j \partial E_\ell} \right)_0 E_k E_j E_\ell \Big|_0 , \qquad (3.12b)$$

und man sieht, dass die Komponenten der Tensoren $\widetilde{\alpha}, \widetilde{\beta}, \widetilde{\gamma}$ die entsprechenden Ableitungen des Dipolmomentes nach den Feldstärkekomponenten darstellen. Bei genügend kleiner Feldstärke E sind die nichtlinearen Terme vernachlässigbar; wir haben den im vorigen Abschnitt behandelten Fall der linearen Raman-Spektroskopie.

3.3.1 Induzierte Raman-Streuung

Bei großer Laserintensität kann die Raman-Streustrahlung so stark werden, dass wir ihren Einfluss auf die Moleküle nicht mehr vernachlässigen können. Die Moleküle wechselwirken dann gleichzeitig mit zwei Lichtwellen: Der Laserwelle auf der Frequenz ω_L und der Stokes-Welle auf der Frequenz $\omega_S = \omega_L - \omega_v$. Beide Wellen sind durch die auf der Frequenz ω_v schwingenden Moleküle miteinander gekoppelt. Diese parametrische Wechselwirkung ermöglicht einen Energieaustausch zwischen der Laserwelle als Pumpwelle und der Stokes- bzw. Anti-Stokes-Welle und kann zur Ausbildung einer intensiven, gerichteten Strahlung auf den Frequenzen $\omega = \omega_L \pm \omega_v$ führen. Dieses Phänomen der induzierten (**stimulierten**) Raman-Streuung wurde zuerst von *Woodbury* und *Ng* [3.31] beobachtet und von *Eckhardt* et al. [3.32] erklärt; es kann klassisch folgendermaßen verstanden werden:

Man beschreibt das Raman-Medium durch N harmonische Oszillatoren pro Volumeneinheit, die unter dem Einfluss der beiden Wellen mit der Gesamtfeldstärke

$$E(z, t) = 1/2 \left[E_L e^{i(\omega_L t - k_L z)} + E_S e^{i(\omega_S t - k_S z)} + k.k. \right] \qquad (3.13)$$

eine Auslenkung q erfahren, die wegen $p = \widetilde{\alpha} \cdot E$ zu einer potenziellen Energie

$$W_{pot} = -pE = -\alpha(q)E^2 \qquad (3.14)$$

führt. Die Kraft auf ein Molekül ist

$$F(z, t) = -\text{grad } W_{pot} = \frac{\partial}{\partial q} \left[\alpha(q)E^2 \right] = \left(\frac{\partial \alpha}{\partial q} \right)_0 E^2(z, t) . \qquad (3.15)$$

Die Bewegungsgleichung für die erzwungene Schwingung des Oszillators mit der Masse m und der Eigenfrequenz ω_v ist dann

$$\frac{\partial^2 q}{\partial t^2} + \gamma \frac{\partial q}{\partial t} + \omega_v^2 q = \left(\frac{\partial \alpha}{\partial q} \right)_0 \frac{E^2}{m} , \qquad (3.16)$$

wobei γ die Dämpfungskonstante ist, die für die Linienbreite $\Delta \omega$ (d. h. $\Delta \omega = \gamma$) der spontanen Raman-Streuung verantwortlich ist.

Mit dem Lösungsansatz

$$q = 1/2(q_v \, e^{i\omega t} + k.k.)$$ (3.17)

erhalten wir aus (3.17) und (3.13)

$$(\omega_v^2 - \omega^2 + i\gamma\omega)q_v \, e^{i\omega t} = \frac{1}{2m}\left(\frac{\partial\alpha}{\partial q}\right)_0 E_L E_S^* \, e^{i[(\omega_L - \omega_S)t - (k_L - k_S)z]} \, .$$ (3.18)

Da diese Gleichung für alle Zeiten gelten muss, liefert der Vergleich der Exponenten die Frequenzbedingung

$$\omega = \omega_L - \omega_S \, .$$

Die Moleküle werden durch die Wechselwirkung mit den beiden Lichtfeldern zu erzwungenen Schwingungen auf der Differenzfrequenz $\omega = \omega_L - \omega_S$ angeregt. Für die Amplitude q_v dieser Schwingungen, die sich mit den beiden Wellen im Medium fortpflanzt, erhalten wir aus (3.18)

$$q_v = \frac{(\partial\alpha/\partial q)_0 E_L E_S}{2m[\omega_v^2 - (\omega_L - \omega_S)^2 + i(\omega_L - \omega_S)\gamma]} \, e^{-i(k_L - k_S)z} \, .$$ (3.19)

Die induziert-schwingenden N Dipole $p(\omega, z, t)$ pro Volumeneinheit führen zu einer Polarisation $P = Np$, deren Anteil P_S auf der Frequenz ω_S, der für die Raman-Streuung verantwortlich ist, nach (3.5) gegeben ist durch

$$P_S = \frac{N}{2}\left(\frac{\partial\alpha}{\partial q}\right)_0 q E_L \, .$$ (3.20a)

Setzt man q aus (3.19) und E aus (3.13) ein, so ergibt sich eine vom Produkt $E_L^2 E_S$ abhängige „nichtlineare" Polarisation

$$P_S^{NL}(\omega_S) = \frac{N(\partial\alpha/\partial q)_0^2 E_L^2 E_S}{4m[\omega_v^2 - (\omega_L - \omega_S)^2 + i\gamma(\omega_L - \omega_S)]} \, e^{-i(\omega_S t - k_S z)} + k.k.. $$ (3.20b)

Man sieht hieraus, dass sich eine Polarisationswelle durch das Medium ausbreitet, deren Anteil auf der Frequenz ω_S denselben Wellenvektor k_S wie die Stokes-Welle hat und sie deshalb verstärken kann. Die Verstärkung pro Wegintervall dz kann man aus der Wellengleichung

$$\Delta E_S = \mu_0\sigma\frac{\partial E_S}{\partial t} + \mu_0\epsilon\frac{\partial^2 E_S}{\partial t^2} + \mu_0\frac{\partial^2}{\partial t^2}P_S^{NL}$$ (3.21)

in Medien mit der Leitfähigkeit σ erhalten [3.33]. Wenn wir den eindimensionalen Fall $(\partial/\partial y = \partial/\partial x = 0)$ mit der Näherung $d^2E/dz^2 \ll k\,dE/dz$ betrachten, erhalten wir aus (3.21) mit (3.20a) für die Stokes-Welle

$$\frac{dE_S}{dz} = \frac{1}{2}\sigma\sqrt{\frac{\mu_0}{\epsilon}}E_S^* + \frac{1}{2}N\frac{k_S}{\epsilon}E_L\left(\frac{\partial\alpha}{\partial q}\right)_0 q_v \, .$$ (3.22)

Setzt man q_v aus (3.19) ein, so ergibt sich für $\omega_v = \omega_L - \omega_S$

$$\frac{dE_S}{dz} = \left(-\frac{1}{2}\sigma\sqrt{\frac{\mu_o}{\epsilon}} + \frac{N(\partial\alpha/\partial q)^2 E_L^2}{4m\varepsilon i\gamma(\omega_L - \omega_S)} \right) E_S = (-f + g)E_S \,. \tag{3.23}$$

Integration liefert die Amplitude

$$E_S(z) = E_S(0)\,e^{(g-f)z} \tag{3.24}$$

der induzierten Stokes-Welle, die verstärkt wird, wenn $g > f$ gilt, d. h., wenn die Verstärkung durch die induzierte Polarisation größer ist als die Verluste im Medium. *Der Verstärkungsfaktor g hängt vom Quadrat E_L^2 der Pumpwellen-Amplitude und von dem Term $(\partial\alpha/\partial q)^2$ ab.* Man erhält also nur dann induzierte Raman-Streuung, wenn die einfallende Laserintensität einen Schwellwert übersteigt, der vom Quadrat der nichtlinearen Komponente $(\partial\alpha_{ij}/\partial q)_0$ des Polarisierbarkeitstensors $\widetilde{\alpha}$ für die Raman-aktive Normalschwingung q abhängt.

Während bei der spontanen Raman-Streuung die Intensität der **Anti-Stokes-Strahlung** wegen der kleinen thermischen Besetzung angeregter Schwingungsniveaus sehr klein ist, kann dies bei der induzierten Raman-Streuung völlig anders aussehen. Durch die intensive einfallende Pumpwelle wird ein beträchtlicher Anteil aller Moleküle durch den Raman-Übergang in angeregte Schwingungsniveaus gepumpt, und man beobachtet eine starke Anti-Stokes-Strahlung auf der Frequenz $\omega_{AS} = \omega_L + \omega_v$.

Der zur Verstärkung dieser Welle beitragende Term der nichtlinearen Polarisation in (3.5) ist analog zu (3.20):

$$P_{nl}(\omega_{AS}) = \frac{N}{2}\left(\frac{\partial\alpha}{\partial q}\right)_0 \left(q_v E_L\, e^{i[(\omega_L + \omega_v)t - k_L z]} + k.k. \right) . \tag{3.25}$$

Für genügend kleine Amplituden $E_{AS} \ll E_L$ der Anti-Stokes-Welle werden die Molekülschwingungen praktisch nicht durch die Anti-Stokes-Welle beeinflusst, und wir können für die Schwingungsamplituden den Ausdruck (3.19) einsetzen. Dies ergibt für die Verstärkung von E_{AS} die Beziehung

$$\frac{dE_{AS}}{dz} = -\frac{1}{2}f E_{AS}\, e^{i(\omega_{AS}t - k_{AS}z)}$$
$$+ i\frac{\omega_{AS}\sqrt{\mu_0/\epsilon}N(\partial\alpha/\partial q)_0^2}{8m}E_L^2 E_S^*\, e^{i(2k_L - k_S - k_{AS})z} \,. \tag{3.26}$$

welche zeigt, dass sich – völlig analog zur Summen- bzw. Differenzfrequenz-Erzeugung – eine makroskopische Welle nur aufbauen kann, wenn die Phasenanpassung

$$k_{AS} = 2k_L - k_S \tag{3.27a}$$

erfüllt ist.

In Medien mit normaler Dispersion kann diese Bedingung im Allgemeinen nicht für kollineare Ausbreitung der drei Wellen erfüllt werden. Eine dreidimensionale Be-

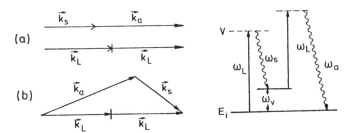

Abb. 3.11a,b. Impulserhaltung für den kollinearen (a) und nichtkollinearen (b) Fall und Termschema für die induzierte Anti-Stokes Strahlung als Vierwellen-Wechselwirkung

trachtung liefert statt (3.27a) die Vektorgleichung

$$2\mathbf{k}_\mathrm{L} = \mathbf{k}_\mathrm{S} + \mathbf{k}_\mathrm{AS} \,, \tag{3.27b}$$

die zeigt, dass die Anti-Stokes-Strahlung in einen Raumkegel emittiert wird, dessen Achse durch die Einfallsrichtung des Lasers bestimmt wird (Abb. 3.11b), im Gegensatz zur Stokes-Welle, für die keine einschränkende Phasenanpassungsbedingung gilt. Dies wurde auch experimentell beobachtet [3.31].

Zur Verdeutlichung wollen wir am Ende dieses Abschnittes die Unterschiede zwischen der linearen (spontanen) und der nichtlinearen (induzierten) Raman-Streuung kurz zusammenfassen:

1) Die induzierte Raman-Strahlung wird erst oberhalb einer Schwellwert-Pumpintensität beobachtet, die von der Raman-Verstärkung des gepumpten Mediums und der Länge des gepumpten Volumens abhängt.

2) Oberhalb der Schwelle kann die Intensität der induzierten Raman-Strahlung die der spontanen um viele Größenordnungen übertreffen und mehr als 30 % der einfallenden Pumpleistung erreichen, d. h. in günstigen Fällen wird ein beträchtlicher Anteil der einfallenden Leistung in Stokes- bzw. Anti-Stokes-Strahlung umgewandelt.

3) Die meisten Raman-aktiven Substanzen zeigen nur 1 bis 2 Stokes-Linien bei den Frequenzen $\omega_\mathrm{S} = \omega_\mathrm{L} - \omega_\mathrm{v}$ mit den größten Raman-Streuquerschnitten. Außer diesen direkten Raman-Linien können jedoch Oberwellen mit den Frequenzen $\omega_\mathrm{S} = \omega_\mathrm{L} - n\omega_\mathrm{v}$ ($n = 1, 2, 3 \dots$) auftreten, wobei $n\omega_\mathrm{v}$ wegen der Anharmonizität des molekularen Potenzials *nicht* mit den Frequenzen $\omega_{n\mathrm{v}}$ des Schwingungsüberganges $\mathrm{v} = 0 \rightarrow \mathrm{v} = n$ übereinstimmen. Die Oberwellen entstehen durch Mehrquantenprozesse, bei denen die Stokes-Welle 1. Ordnung mit der Frequenz $\omega_{\mathrm{S}1} = \omega_\mathrm{L} - \omega_\mathrm{v}$ als Pumpwelle zur Erzeugung einer Welle 2. Ordnung mit der Frequenz $\omega_{\mathrm{S}2} = \omega_{\mathrm{S}1} - \omega_\mathrm{v} = \omega_\mathrm{L} - 2\omega_\mathrm{v}$, dient, usw. (Abb. 3.12).

4) Die Spektralbreiten der spontanen und der induzierten Raman-Streulinien sind im Allgemeinen durch die Linienbreite des Pumplasers bestimmt. Bei Verwendung sehr schmalbandiger Laser wird jedoch die Linienbreite der induzierten Streustrahlung schmaler als die der spontanen, bei der die thermische Bewegung der streuenden Moleküle zu einer zusätzlichen Verbreiterung führt. Ein von einem Molekül mit der Geschwindigkeit $\boldsymbol{v}$ unter dem Winkel ϕ gegen die Einfallsrichtung der

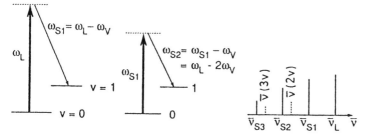

Abb. 3.12. Termschema für die Erzeugung von Stokes-Oberwellen

Pumpstrahlung gestreutes Raman-Photon hat gegenüber der Streuung an ruhenden Molekülen die Dopplerverschobene Frequenz

$$\omega_S = \omega_L - \omega_v - (k_L - k_S) \cdot v = \omega_L - \omega_v - [1 - (k_S/k_L) \cos \phi] k_L \cdot v . \tag{3.28}$$

Da die spontane Raman-Streuung in den gesamten Winkelbereich $0 < \phi < 2\pi$ erfolgt, sind die spontanen Raman-Linien entsprechend Doppler-verbreitert, wobei diese Doppler-Verbreiterung gemäß (3.28) allerdings geringer als bei Fluoreszenzlinien ist. Bei der induzierten Raman-Streuung ist $k_S \parallel k_L$, d. h. $\cos \phi = 1$, und die Klammer in (3.28) nimmt ihren minimalen Wert an.

5) Der Hauptvorteil der induzierten Raman-Streuung für die Molekül-Spektroskopie liegt in ihrer wesentlich höheren Intensität, sodass man bei gleicher Messzeit ein viel besseres Signal/Rausch-Verhältnis erreichen kann. Mit durchstimmbaren Pumplasern lässt sich eine um die Frequenz $\pm n\omega_v$ gegenüber der Frequenz des Pumplasers verschobene, intensive, kohärente, durchstimmbare Strahlungsquelle realisieren (**Raman-Laser**, Bd. 1, Abschn. 5.7.8), welche Spektralbereiche im UV bzw. IR überdeckt, für die es noch keine direkte, genügend intensive Laserstrahlung gibt.

Eine weitergehende Darstellung dieses Gebietes der stimulierten Raman-Streuung findet man in [3.33–3.36].

3.3.2 Kohärente Anti-Stokes Raman-Spektroskopie

Die kohärente Anti-Stokes Raman-Spektroskopie (CARS) braucht *zwei* Laser. Die beiden einfallenden Wellen mit den Frequenzen ω_1 und ω_2, deren Differenz $\omega_1 - \omega_2 = \omega_v$ so gewählt wird, dass sie einer Raman-aktiven Schwingungsfrequenz ω_v entspricht, erzeugen aufgrund der im vorigen Abschnitt behandelten, nichtlinearen Wechselwirkung Stokes- und Anti-Stokes-Wellen (Abb. 3.13).

Sind ω_1 und $\omega_2 < \omega_1$ optische Frequenzen und ω_v eine Schwingungsfrequenz im Infraroten, so gilt $\omega_v \ll \omega_1, \omega_2$. Bei gasförmigen Medien kann der Einfluss der Dispersion in dem kleinen Spektralbereich zwischen ω_1 und ω_2 im Allgemeinen vernachlässigt werden, und man erreicht Phasenanpassung bei kollinearer Einstrahlung beider Wellen (Abb. 3.13b). Die Stokes-Welle bei der Frequenz $\omega_S = \omega_2$ und die Anti-Stokes-Welle bei $\omega_{AS} = \omega_a = 2\omega_1 - \omega_2$ werden dann in derselben Richtung wie die einfallenden Wellen erzeugt, d. h. die Wellenvektoren aller vier Wellen sind parallel.

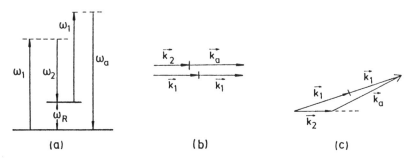

Abb. 3.13a–c. Termschema für CARS (**a**) und Phasenanpassung in gasförmigen Medien mit vernachlässigbarer Disperson (**b**) und in Flüssigkeiten (**c**)

In Flüssigkeiten bewirkt die größere Dispersion einen nicht mehr zu vernachlässigenden Unterschied in den Phasengeschwindigkeiten der beiden einlaufenden Wellen. Um eine Phasenanpassung über eine längere Wegstrecke zu erreichen, muss man die Einfallsrichtungen k_1 und k_2 der beiden Wellen so wählen, dass für die Vektorsumme gilt: $2k_1 - k_2 = k_{AS}$ (Abb. 3.13c).

Bei der kollinearen Anordnung kann die Anti-Stokes-Welle mit der Frequenz $\omega_{AS} = 2\omega_1 - \omega_2 > \omega_1$ durch Filter von den einfallenden Wellen getrennt werden. Eine mögliche experimentelle Anordnung für die Anwendung von CARS auf die Rotations-Schwingungs-Spektroskopie von Flammengasen zur Messung des Temperaturprofils ist in Abb. 3.14 gezeigt. Die beiden einfallenden Laserstrahlen werden von einem gütegeschalteten Rubinlaser (Abschn. 6.1) und von einem Farbstofflaser erzeugt, der von dem Rubinlaser gepumpt wird. Zur Eichung wird ein Teil der einfallenden Wellen in eine Referenzzelle geschickt, in der sich das zu untersuchende Gas bei der Temperatur T_R unter bekanntem Druck befindet. Die Farbstofflaser-Frequenz ω_2 wird so durchgestimmt, dass die Differenz $\omega_1 - \omega_2$ den verschiedenen Rotations-Schwingungs-Übergängen im Molekül entspricht. Der Quotient der Intensitäten der Anti-Stokes-Welle aus der Mess- und der Referenzzelle ergibt dann die relative Besetzungsverteilung $N(v_i, J_i)$ und damit – bei Annahme einer Boltzmann-Verteilung – die Temperatur an der Stelle des Fokus in der Flamme.

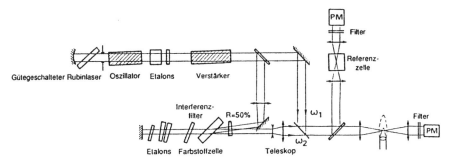

Abb. 3.14. Experimentelle Anordnung zur CARS-Spektroskopie von Flammengasen mithilfe eines Rubinlasers und des von diesem gepumpten Farbstofflasers [3.37]

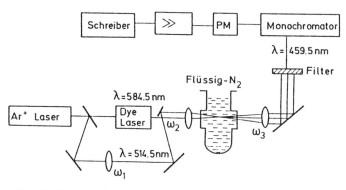

Abb. 3.15. CARS-Spektroskopie in Flüssigkeiten mit zwei kontinuierlichen Farbstofflasern [3.41]

Das am häufigsten benutzte Pumpsystem für CARS besteht aus zwei gepulsten Farbstofflasern, die von einem gemeinsamen Laser (N_2-Laser, Excimerlaser oder Nd-Laser) gepumpt werden. Da beide Frequenzen ω_1 und ω_2 in weiten Grenzen variiert werden können, ist dieses System flexibel und kann auf die meisten zu untersuchenden Probleme angewandt werden. Da Frequenzschwankungen und räumliche Fluktuationen der beiden Laserstrahlen zu starken Intensitätsschwankungen des CARS-Signals führen, muss der Frequenz- und Strahl-Stabilität beider Laser besondere Beachtung gegeben werden. Mit kompakt und stabil aufgebauten Systemen lassen sich diese Signalfluktuationen unter 10 % reduzieren [3.38, 3.39].

Da die Leistungsverstärkung der Anti-Stokes-Welle von $N^2 I_1 I_2$, einem Produkt aus dem Quadrat der Besetzungsdichte $N(v_i, J_i)$ und den Laserintensitäten I_1, I_2 abhängt (3.26), sind für CARS in gasförmigen Proben im Allgemeinen Laserleistungen im Megawatt-Bereich notwendig, während in flüssigen Proben mit viel größeren Dichten CARS auch mit kontinuierlichen Lasern möglich ist. In den letzten Jahren ist es allerdings gelungen, sub-Doppler CARS in Überschallstrahlen mit kontinuierlichen „single-mode" Farbstofflasern zu realisieren [3.40].

In Abb. 3.15 ist der experimentelle Aufbau für CW CARS in flüssigem Stickstoff gezeigt, wo als Pumplaser ein Argonlaser und der von ihm gepumpte Farbstofflaser verwendet werden [3.41].

Wenn die Frequenzen ω_1, und ω_2 der beiden eingestrahlten Laser so gewählt werden, dass einer der beiden virtuellen Zwischenzustände in Abb. 3.11 oder sogar beide mit reellen Niveaus des Moleküls zusammenfallen, dann spricht man von **resonanter CARS**. Analog zur Situation bei der resonanten, linearen Raman-Spektroskopie wird hier die Empfindlichkeit um Größenordnungen höher. Allerdings wird auch die Absorption der einfallenden Strahlung entsprechend groß, sodass man entweder kurze Absorptionswege oder kleine Dichten der absorbierenden Moleküle wählen muss. Resonante CARS ist von besonderem Vorteil, wenn geringe Konzentrationen einer Molekülsorte nachgewiesen werden sollen in einer Lösung, die auch Raman-aktiv ist. Im nichtresonanten Fall wird oft das gewünschte, aber schwache CARS-Signal dieser Moleküle überlagert von einem nichtresonanten Untergrund-Signal, das durch die Suszeptibilität 3. Ordnung der Flüssigkeitsmoleküle erzeugt wird und mit dem

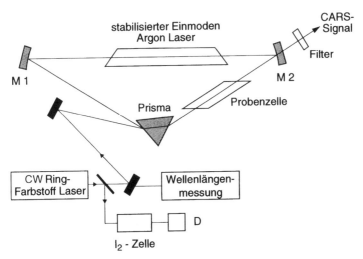

Abb. 3.16. Kontinuierliches CARS im Resonator eines Argonlasers mit Einkopplung des Farbstofflasers über ein Brewster-Prisma [3.43]

eigentlichen CARS-Signal interferiert. Da im Resonanzfall das gewünschte CARS-Signal um mehrere Größenordnungen höher wird, kann man entsprechend kleinere Konzentrationen noch nachweisen. Während im nicht resonanten Fall die molare Nachweiskonzentration typisch bei 0,01–0,05 M liegt, sind mit resonanter CARS schon Konzentrationen von $5 \cdot 10^{-7}$ M nachgewiesen worden [3.42].

Die spektrale Auflösung der CARS mit CW Einmodenlasern ist für die Rotationsauflösung bei größeren Molekülen essenziell. In Abb. 3.16 wird eine Apparatur gezeigt, in der die Probenzelle im Resonator eines stabilisierten Einmoden-Argonlasers steht. Über ein Brewster-Prisma wird der Farbstofflaserstrahl kollinear eingekoppelt, und das CARS-Signal wird aus dem der für die Argonlaserwellenlänge hochreflektierenden Spiegel M_2 ausgekoppelt.

Da die CARS-Signalintensität proportional zum Produkt $I_{Ar}^2 I_F$ ist, gewinnt man durch diese Anordnung mehrere Größenordnungen in der Signalintensität.

Wir wollen zum Schluss dieses Abschnittes die Vorteile und Grenzen der CARS-Technik kurz zusammenfassen:

1) Gegenüber der linearen Raman-Spektroskopie kann man bei genügend hohen Teilchenzahldichten N mit CARS Signale erhalten, die um einen Faktor $10^4 - 10^5$ größer sind als bei linearer Raman-Spektroskopie. Man hat daher im Allgemeinen keine Detektionsprobleme. Da die CARS-Signale $\propto N^2$ sind, die Intensität der linearen Raman-Streustrahlung aber $\propto N$ ist, gewinnt jedoch die lineare Raman-Spektroskopie bei kleinen Dichten N.

2) Bei kollinearer Anordnung kann man durch Spektralfilter das CARS-Signal von den einfallenden Laserstrahlen und der Probenfluoreszenz trennen. Bei nichtkollinearer Einstrahlung lässt sich durch räumliche Filterung das CARS-Signal isolieren. In beiden Fällen kann der Detektor weit entfernt von der Probe aufgestellt werden, da die kohärente CARS-Welle wie ein Laserstrahl gebündelt ist. Dadurch

wird das Fluoreszenzlicht, das besonders bei Flammen oder Gasentladungen sehr intensiv ist, wirksam unterdrückt, weil seine Intensität mit $1/r^2$ abfällt.

3) Der Hauptbeitrag zur Erzeugung der Anti-Stokes-Welle kommt aus einem kleinen Raumvolumen im gemeinsamen Fokus der beiden einfallenden Laserstrahlen. Deshalb bietet CARS eine hohe räumliche Auflösung. Dies ist besonders wichtig, wenn die räumliche Variation der Besetzungsdichte $N(v, J)$ untersucht werden soll, um daraus Temperaturprofile in Flammen oder Dichteprofile in Strömungen zu bestimmen.

4) Wegen der Fokussierbarkeit der einfallenden Laserstrahlen auf ein sehr kleines Volumen lassen sich kleine Substanzmengen im µg-Bereich noch analysieren. Dies ist besonders für Anwendungen in der Biologie wichtig, weil hier räumlich aufgelöste spezifische Teile einer Zelle spektroskopiert werden können. Dazu wurden spezielle Mikroskope entwickelt, in denen zwei Laser in das Probenvolumen fokussiert und das CARS-Signal ortsaufgelöst detektiert werden kann.

5) CARS erlaubt eine hohe spektrale Auflösung, ohne einen Monochromator benutzen zu müssen. Für die kollineare Anordnung wird die Doppler-Breite $\Delta\omega_\mathrm{D}$, die in der linearen Raman-Spektroskopie bei Beobachtung der spontanen Raman-Streuung unter $90°$ eine prinzipielle Grenze darstellt, reduziert auf den Bruchteil $[(\omega_1 - \omega_2)/\omega_1]\Delta\omega_\mathrm{D}$. Mit gepulsten Lasern erreicht man typisch eine spektrale Auflösung von $0{,}3-0{,}03\,\mathrm{cm}^{-1}$, während mit kontinuierlichen „single-mode" Lasern sogar Linienbreiten bis hinunter zu $0{,}001\,\mathrm{cm}^{-1}$ ($30\,\mathrm{MHz}$) erzielt wurden.

Der Hauptnachteil für die allgemeine Anwendung von CARS ist der relativ aufwändige experimentelle Aufbau und die Signalfluktuationen, die durch Frequenz- und Intensitäts-Instabilitäten sowie durch Richtungsfluktuationen der beiden einfallenden Laserstrahlen verursacht werden und welche die Empfindlichkeit der Methode begrenzen. Wenn geringe Konzentrationen von Molekülen der Sorte A in Proben, die hauptsächlich andere Moleküle B enthalten, nachgewiesen werden sollen, kann Interferenz zwischen der Anti-Stokes-Welle von A mit dem nichtresonanten Untergrund von B auftreten und das Signal/Rausch-Verhältnis begrenzen [3.44]. Diese Begrenzung lässt sich allerdings stark reduzieren, wenn man resonante CARS anwenden kann.

3.3.3 Resonante CARS und Box-CARS

Wenn die Frequenzen ω_1 und ω_2 der beiden einfallenden Strahlen mit molekularen Übergängen übereinstimmen, fällt das virtuelle Niveau in Abb. 3.13 mit einem realen Molekülniveau zusammen. Der Nenner in (3.20b) nimmt seinen minimalen Wert an, und die nichtlineare Polarisation also ihren maximalen Wert. Dadurch steigt die Signalgröße und damit auch die Empfindlichkeit um mehrere Größenordnungen. Allerdings wird auch die Absorption der einfallenden Wellen größer und deshalb darf die Absorptionslänge in der absorbierenden Probe nicht zu groß werden [3.46].

Während bei der linearen resonanten Raman-Spektroskopie oft die Lumineszenzintensität die Raman-Signale überdeckt, lässt sich dieser Nachteil bei der resonanten CARS vermeiden, weil der Detektor genügend weit entfernt platziert werden kann und die Lumineszenz durch räumliche Filter unterdrückt wird.

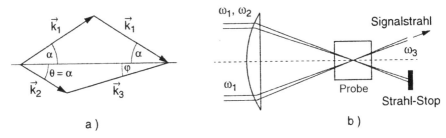

Abb. 3.17. (a) Wellenvektordiagramm für die Box-CARS-Anordnung und (b) experimentelle Realisierung

Ein Nachteil der kollinearen CARS ist der räumliche Überlapp des Signalstrahls mit den beiden einfallenden Strahlen, sodass Spektralfilter nötig sind, um das Signal von den stärkeren Eingangsstrahlen zu trennen. Deshalb hat man sich andere Konfigurationen ausgedacht, die diesen Nachteil vermeiden. Eine davon ist die in Abb. 3.17 gezeigte Box-CARS-Anordnung, bei der die Pumpwelle mit der Frequenz ω_1 in zwei Teilstrahlen aufgespalten wird und die Wellenvektoren der 4 beteiligten Wellen die Seiten eines unregelmäßigen viereckigen Kastens (Kasten = box) bilden. Man entnimmt der Abb. 3.17a mit $k = n \cdot \omega/c$ die Phasenanpassungsbedingungen

$$n_2\omega_2 \sin\theta = n_3\omega_3 \sin\varphi \, , \tag{3.29a}$$

$$n_2\omega_2 \cos\theta = 2n_1\omega_1 \cos\alpha - n_3\omega_3 \cos\varphi \, , \tag{3.29b}$$

die für eine symmetrische Anordnung der beiden Einfallsrichtungen ($\alpha = \theta$) die Relation

$$\sin\varphi = \frac{n_2\omega_2}{n_3\omega_3} \sin\alpha \tag{3.30}$$

ergeben, und damit bei gegebenem Einfallswinkel α die Richtung φ der CARS-Welle festlegen.

Die Probe muss im Überlappbereich der drei einfallenden Wellen liegen. Die experimentelle Realisierung ist in Abb. 3.17b illustriert.

Die zwei Frequenzen ω_1 und ω_2 können auch aus einem breitbandigen Farbstofflaser kommen. Die so vereinfachte experimentelle Anordnung wurde z. B. verwendet, um reine Rotationsspektren von Molekülen in einem gepulsten Molekularstrahl zu messen, woraus die Rotationstemperatur (siehe Abschn. 4.2) und ihre örtliche Variation bestimmt werden konnte [3.47].

In einer anderen geometrischen Anordnung der Laserstrahlen (gefaltete BOX-CARS Anordnung) wird der Pumpstrahl mit der Frequenz ω_1 in zwei parallele Strahlen aufgespalten, die dann durch die fokussierende Linse in solche Richtungen abgelenkt werden, dass die beiden Wellenvektoren $\boldsymbol{k}_1(\omega_1)$ und $\boldsymbol{k}'_1(\omega_1)$ in einer Ebene liegen, die senkrecht auf der Ebene steht, in der die beiden Vektoren $\boldsymbol{k}_2$ und $\boldsymbol{k}_3 = \boldsymbol{k}_{as}$ liegen (Abb. 3.18). Dies hat den Vorteil, dass keiner der beiden Pumpstrahlen den Signalstrahl am Detektor überlappt. Dies ist besonders dann wichtig, wenn die Raman-Verschiebung klein ist und deshalb eine spektrale Filterung schwierig wird.

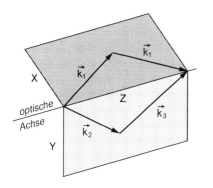

Abb. 3.18. Vektordiagramm für die „folded boxcars"-Technik

3.3.4 Hyper-Raman-Effekt

Der dritte Term $\frac{1}{2}\widetilde{\beta}EE$ in der Entwicklung (3.12) des induzierten Dipolmomentes $p(E)$ nach der Feldstärke E der einfallenden Lichtwelle enthält die **Hyperpolarisierbarkeit** $\widetilde{\beta}$, die durch einen Tensor 3. Stufe dargestellt wird. Analog zu (3.3) entwickeln wir die Koeffizienten β_{ijk} dieses Tensors in eine Taylor-Reihe nach den molekularen Normalkoordinaten:

$$\beta = \beta_0 + \sum_n \left(\frac{\partial \beta}{\partial q_n}\right)_0 q_n + \dots . \tag{3.31}$$

Da die Koeffizienten $(\partial \beta / \partial q)_0$ sehr klein sind, braucht man hohe einfallende Intensitäten, um den **Hyper-Raman-Effekt** zu beobachten. Analog zur optischen Frequenz-Verdopplung (Bd. 1, Abschn. 5.7) gibt es für Moleküle mit einem Inversionszentrum keine Hyper-Raman-Streuung. Die Auswahlregeln für den Hyper-Raman-Effekt sind verschieden von denen des linearen Raman-Effektes [3.48]. Man kann deshalb mithilfe der Hyper-Raman-Streuung Molekülschwingungen untersuchen, die in der linearen Raman-Streuung und in der Infrarot-Absorption nicht auftreten. So haben z. B. Moleküle mit T_d Symmetrie, wie CH_4 oder CCl_4 kein reines Rotations-Raman-Spektrum, aber ein Hyper-Raman-Spektrum, das zuerst von *Maker* [3.49] gemessen wurde.

Ausführlichere Darstellungen der theoretischen Grundlagen des Hyper-Raman-Effektes findet man in [3.50, 3.51].

Beispiel 3.1

Wenn eine in y-Richtung linear polarisierte Welle in z-Richtung einfällt, ist $E_x = E_z = 0$. Wir erhalten dann für die Komponenten des induzierten Dipolmomentes 2. Ordnung, das aufgrund der Hyperpolarisierbarkeit entsteht:

$$p_x^{(2)} = 0; \quad p_y^{(2)} = 1/2\beta_{yyy}E_y^2; \quad p_z^{(2)} = 1/2\beta_{zyy}E_y^2$$

Wenn zwei Laserwellen $E_1 = E_{01} \cos(\omega_1 t - k_1 z)$ und $E_2 = E_{02} \cos(\omega_2 t - k_2 z)$ auf die Raman-Probe fallen, ergibt der erste Term β_0 in (3.31) die Beiträge

$$\beta_0 E_{01}^2 \cos \omega_1 t \quad \text{und} \quad \beta_0 E_{02}^2 \cos 2\omega_2 t$$

zum induzierten Dipolmoment 2. Ordnung, die zu einer Hyper-Rayleigh-Streuung führen. Der Term $(\partial \beta / \partial q_n)_0 q_{n0} \cos \omega_n t$ in (3.31) ergibt nach Einsetzen in (3.12) die Beiträge

$$\left(\frac{\partial \beta}{\partial q_n}\right)_0 q_{n0} [\cos(2\omega_1 \pm \omega_n)t + \cos(2\omega_2 \pm \omega_n)t] \,, \tag{3.32}$$

die für die Hyper-Raman-Streuung verantwortlich sind.

In Abb. 3.19 sind noch einmal zum Vergleich die Termschemata der verschiedenen nichtlinearen Raman-Techniken miteinander verglichen. Man sieht daraus, dass CARS der entartete Spezialfall der allgemeinen Vierwellenmischung ist, bei dem $\omega_3 = \omega_1$ ist. Für $\omega_1 \neq \omega_3$ lässt sich erreichen, dass beide Frequenzen resonant mit erlaubten Übergängen im Molekül sind, sodass die Signalgröße resonant überhöht werden kann.

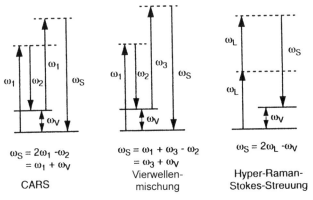

Abb. 3.19a–c. Vergleich der Termschemata für verschiedene nichtlineare Raman-Techniken: (**a**) CARS als entartete Vierwellen-Mischung, (**b**) allgemeine Vierwellen-Mischung, und (**c**) Hyper-Raman-Stokes-Streuung

3.4 Spezielle Techniken der Raman-Spektroskopie

Wir wollen hier noch einige spezielle Techniken der Raman-Spektroskopie vorstellen, die für die praktische Anwendung von Nutzen sind.

3.4.1 Resonante Raman-Spektroskopie

Wenn die Wellenlänge des Pumplasers mit einem elektronischen Übergang des Moleküls übereinstimmt, wird das virtuelle Niveau in Abb. 3.1 zu einem realen Niveau. Der Nenner in (3.10) wird für $\omega_L = \omega_{ik}$ sehr klein und der Raman-Streuquerschnitt wächst deshalb um mehrere Größenordnungen an. Die stärksten Raman-Linien treten auf den Übergängen auf, für die die Franck-Condon-Faktoren groß sind. Deshalb erscheinen auch Linien mit großen Werten von Δv, deren Wellenlänge also weiter entfernt von der Wellenlänge des Anregungslasers liegt. Das Spektrum ähnelt dem Fluoreszenz-Spektrum bei der LIF. Die Nachweis-Empfindlichkeit ist höher als bei der nicht-resonanten Raman-Spektroskopie. Der Nachteil ist die stärkere Absorption des Pumplasers, die zur Aufheizung der Probe führt, was besonders bei biologischen Proben zu Schwierigkeiten führt. Deshalb ist die resonante Raman-Spektroskopie vor allem bei Proben mit geringer Dichte und kleinem Absorptionskoeffizienten vorteilhaft.

3.4.2 Raman-Mikroskopie

Für die zerstörungsfreie Untersuchung lebender Zellen oder winziger Einschlüsse in Kristallen hat sich die Kombination von Mikroskopie und Raman-Spektroskopie bewährt.

Der Laserstrahl wird in die Probe fokussiert und die Raman-Streustrahlung wird durch ein Mikroskop auf den Eintrittsspalt eines Spektrometers abgebildet und gelangt nach spektraler Selektion auf den Detektor. Um die Untergrund-Streustrahlung zu unterdrücken, wird oft ein Dreifach-Monochromator mit drei optischen Reflexionsgittern verwendet (Abb. 3.20). Die räumliche Auflösung erreicht man durch eine konfokale Anordnung, bei der der beleuchtete Fleck der Probe auf eine Blende abgebildet wird, die als räumliches Filter dient (Abb. 3.20).

Das wichtigste und am weitesten verbreitete Anwendungsgebiet der Raman-Mikroskopie liegt in der Biologie.

Die Vorteile der Raman-Mikroskopie sind:

– Die Methode ist nichtinvasiv und erlaubt eine zerstörungsfreie Untersuchung
– Man braucht keine Anfärbung der biologischen Proben
– Eine spektrale Analyse mit einer räumlichen Auflösung von wenigen μm ist möglich.

Kürzlich ist es gelungen, mithilfe der Raman-Mikroskopie einzelne Moleküle sichtbar zu machen [3.54]. Dazu wird ein Laserstrahl auf eine feine Goldspitze fokussiert, die sich dicht über einer mit Molekülen bedeckten Oberfläche befindet. Das von der

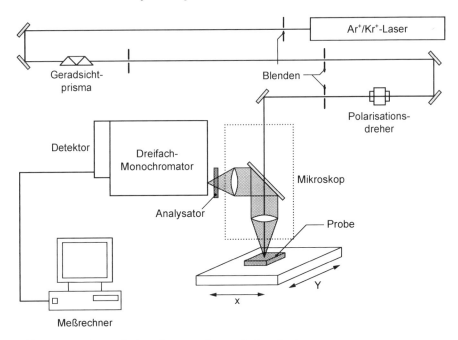

Abb. 3.20. Experimentelle Anordnung zur Raman-Spektroskopie

Spitze reflektierte Licht erzeugt in einem Molekül, das sich dicht bei der Spitze befindet, Raman-Streustrahlung, die dann wellenlängenselektiv mit einer räumlichen
Auflösung von 15 nm nachgewiesen wird.

Ein weiteres interessantes Problem für die Raman-Mikroskopie ist die Untersuchung von Phasenübergängen von Materie bei sehr hohen Drücken, die bis zu
mehreren Gigapascal reichen. Solch hohe Drücke lassen sich für ein Mikrovolumen
mit einer speziellen Diamantzange realisieren, bei der ein kleines Volumen in einem
einschließenden Zylinder mit Querschnitt A durch zwei Diamanten mit einer Kraft
$F = p \cdot A$ auf den Druck p zusammengepresst wird. So lässt sich für $A = 10^{-6}\,\text{cm}^2$
schon mit einer Kraft $F = 10^3\,\text{N}$ ein Druck von $10^9\,\text{Pa} = 1\,\text{GPa}$ erreichen [3.55].

3.4.3 Raman-Spektroskopie auf Oberflächen

Wenn Laserstrahlung auf die Oberfläche eines elektrisch leitenden Festkörpers trifft,
werden Plasmonen angeregt, welche das elektrische Feld an der bestrahlten Fläche
stark erhöhen. Befinden sich Moleküle an dieser Stelle, so werden durch dieses Feld
große elektrische Dipolmomente induziert, welche zu einer intensiven Streustrahlung führen, wenn die Plasmonenschwingung senkrecht zur Oberfläche gerichtet
ist. Verglichen mit der Intensität bei Molekülen in der Gasphase kann der Überhö-
hungsfaktor für die Raman-Streuung Werte von 10^{10} annehmen, wenn aufgeraute
Metalloberflächen verwendet werden, weil dann die lokalen Felder besonders groß
werden [3.56].

Man kann mit dieser Technik kleine Konzentrationen adsorbierter Moleküle untersuchen, und mit zeitaufgelöster Spektroskopie (siehe Kap. 6) auch die Migration von Molekülen und chemischen Reaktionen an Oberflächen studieren. Dies ist besonders wichtig für ein besseres Verständnis katalytischer Prozesse [3.57].

3.5 Anwendungen der nichtlinearen Raman-Spektroskopie

Während der stimulierte Raman-Effekt hauptsächlich zur Erweiterung des Spektralbereiches abstimmbarer Laser ins Infrarot (**Stokes-Raman-Laser**) oder ins UV (**Anti-Stokes-Raman-Laser**) verwendet wird (Bd. 1, Abschn. 5.7), hat sich für diagnostische und analytische Anwendungen überwiegend die CARS-Technik wegen ihrer größeren Empfindlichkeit und ihrer räumlichen Auflösung durchgesetzt.

Da nach (3.26) die Amplitude des CARS-Signals proportional zur Besetzungsdichte N des entsprechenden molekularen Zustandes – die Intensität also $\propto N^2$ – ist, kann mithilfe rotationsaufgelöster CARS-Spektren die Besetzungsverteilung (v'', J'') und Temperatur molekularer Proben ermittelt werden. Dies kann z. B. angewandt werden zur Bestimmung der Besetzungsverteilung von Reaktionsprodukten bei inelastischen oder reaktiven Stößen (Kap. 8) oder zur Temperaturmessung in Flammen oder heißen Gasen in Öfen [3.58–3.60]. Als Beispiel sind in Abb. 3.21 die Linienprofile der CARS-Signale von Wasserstoff in einer horizontalen Gasflamme gezeigt, aus denen die räumliche Dichte- und Temperaturverteilung des Wasserstoffs bestimmt werden kann [3.37].

Die Nachweisempfindlichkeit der CARS-Technik liegt, je nach Größe des Raman-Streuquerschnittes bei 1 – 100 ppm und ist damit i.a. kleiner als bei anderen Verfahren (Kap. 1), obwohl bei einigen Nachweisverfahren für CARS-Übergänge die Empfindlichkeit wesentlich gesteigert werden könnte. Es gibt aber eine Reihe von Anwendungen, wo CARS die beste oder sogar einzige Wahl ist, weil z. B. die untersuchten Moleküle kein Infrarotspektrum haben und auch elektronisch nicht im Bereich existierender Laser angeregt werden können. Auch bei sehr hohen Drucken, wo die Fluoreszenz elektronisch angeregter Moleküle praktisch vollständig durch Stoßdeaktivierung unterdrückt wird, ist CARS immer noch anwendbar [3.60].

Von besonderer Bedeutung für die Untersuchung schneller zeitabhängiger Prozesse hat sich die zeitaufgelöste Raman-Spektroskopie erwiesen, die inzwischen eine Zeitauflösung im Femtosekundenbereich erreicht hat [3.64]. Dieses Gebiet wird in den Kapiteln 6 und 10 behandelt.

Für die räumlich aufgelöste Analyse von Flammen (Temperatur und Konzentrationen der verschiedenen Moleküle) hat die CARS-Methode den entscheidenden Vorteil, dass der Detektor weit von der Flamme entfernt sein kann und damit der störende Untergrund durch das Flammenlicht nicht so gravierend ist wie bei der LIF-Spektroskopie. Außerdem kann man durch Wahl der Lage des Fokus der beiden anregenden Laser eine hohe räumliche Auflösung erreichen und damit die räumliche Variation von Moleküldichten und Temperatur bestimmen. Aus diesen Daten lassen sich dann Rückschlüsse auf die lokalen Reaktionen in der Flamme ermitteln.

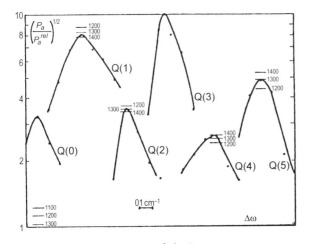

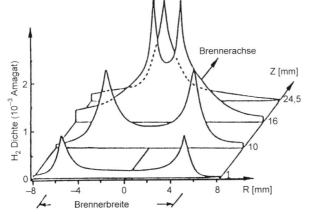

Abb. 3.21. Bestimmung der Dichte- und Temperaturverteilung von H_2 in einer horizontalen Gas-flamme aus den CARS-Linienprofilen und die Intensitäten der Q-Linien [3.37]

Eine ausführliche Darstellung der nichtlinearen Raman-Spektroskopie und ih-rer verschiedenen experimentellen Techniken findet man in [3.3, 3.4, 3.21, 3.28, 3.29, 3.36, 3.61–3.63] und in der Zeitschrift Raman Spectroscopy (Wiley-Interscience).

3.6 Vor-und Nachteile der Raman-Spektroskopie

Wie jede spektroskopische Technik hat auch die Raman-Spektroskopie im Vergleich zu anderen Verfahren Vorzüge und Nachteile.

Die Vorteile sind:

– Die Raman-Spektroskopie stellt eine Ergänzung zur Fluoreszenzspektroskopie dar, weil sie auf Übergängen möglich ist, die im Allgemeinen aus Symmetrie-gründen für die Fluoreszenzspektroskopie verboten sind.

- Die Spektren sind relativ einfach zu interpretieren, weil sie Energieniveaudifferenzen im elektronischen Grundzustand angeben. Damit ist eine schnelle Molekül-Identifizierung möglich, weil die verschiedenen Moleküle durch ihre Schwingungsfrequenzen eindeutig zuzuordnen sind.
- Bei der nichtresonanten Raman-Spektroskopie ist die Absorption der Pumpwelle klein, d. h. man kann größere Proben ohne merklichen Intensitätsverlust durchstrahlen und die Energiedeposition der Pumpwelle in der Probe ist klein.
- Mithilfe der CARS-Technik lässt sich der störende Untergrund durch thermische Emission oder Fluoreszenz der Probenmoleküle unterdrücken, weil der Detektor weit entfernt von der zu untersuchenden Probe sein kann.
- Mithilfe der Mikro-Raman-Spektroskopie können sehr kleine Probenvolumina mit Durchmessern unter 1 µm selektiv untersucht werden.

Die Nachteile sind:

- Die Intensität der Raman-Streuung ist sehr klein verglichen mit der Fluoreszenz-Intensität. Deshalb muss die Anregungsintensität groß sein, was trotz geringer Absorption in manchen Fällen zur thermischen Aufheizung der Probe führen kann und im Falle von biologischen Proben auch zur Zerstörung.
- Wenn Verunreinigungen in der Probe durch den Pump-Laser zur Fluoreszenz angeregt werden, kann diese auch bei geringen Konzentrationen stärker sein als das Raman-Streulicht. Die Überlagerung von Fluoreszenz der gleichen Wellenlänge wie die Raman-Streustrahlung führt zur Verfälschung der Raman-Intensitäten und erhöht das Untergrundrauschen. Man braucht deshalb eine sehr scharfe spektrale Selektion der Raman-Linie. Dies lässt sich mit Tripelspektrometern erreichen, neuerdings auch durch die Kombination sehr steiler Kantenfilter in Kombination mit einem Einfachmonochromator.

4 Laserspektroskopie in Molekularstrahlen

Die Kombination von Molekularstrahl-Techniken mit verschiedenen Methoden der Laserspektroskopie hat für die Untersuchung von Atomen und Molekülen eine Fülle neuer Möglichkeiten gebracht.

a) Durch die Verwendung kollimierter Molekularstrahlen lässt sich die Doppler-Breite von Absorptionslinien um Größenordnungen reduzieren.

b) In Molekularstrahlen geringer Dichte lassen sich praktisch stoßfreie Bedingungen realisieren, sodass freie Moleküle – ungestört durch Wechselwirkungen mit anderen Atomen oder Molekülen – untersucht werden können. Dies ist besonders wichtig für die Spektroskopie von Rydberg-Zuständen, bei denen Stöße infolge ihrer großen Stoßquerschnitte bereits bei kleinen Dichten eine Rolle spielen.

c) In Überschallstrahlen können freie Moleküle durch adiabatische Expansion ins Vakuum auf Temperaturen bis unter 1 K abgekühlt werden. Bei diesen tiefen Temperaturen ist die Relativgeschwindigkeit der Atome bzw. Moleküle sehr klein und die Chance für eine Rekombination zweier Stoßpartner wird sehr groß, wenn die geringe Relativenergie von einem dritten Stoßpartner abgeführt werden kann. Dies fördert die Bildung von größeren Molekül-Verbänden, wie z. B. Clustern oder Molekül-Komplexen. Durch die tiefe Temperatur wird die thermische Besetzungsverteilung auf die tiefsten Energieniveaus komprimiert, sodass die spektrale Dichte der Absorptionslinien drastisch abnimmt und komplexe Spektren wesentlich vereinfacht werden.

d) Bei Verwendung von Lasern zur Untersuchung von Stoßprozessen in gekreuzten Molekularstrahlen lassen sich Anfangszustand und Endzustand der Stoßpartner spektroskopisch bestimmen, sodass bei gleichzeitiger Messung des Streuwinkels eine vollständige Information über den Stoßvorgang erhalten werden kann.

Wir wollen uns in diesem Kapitel mit den physikalischen Grundlagen und den experimentellen Möglichkeiten der Kombination von Laserspektroskopie und Molekularstrahlen näher befassen.

4.1 Reduktion der Doppler-Breite in kollimierten Strahlen

Wir betrachten Moleküle, die aus einem Reservoir R durch ein kleines Loch A mit dem Durchmesser a ins Vakuum strömen (Abb. 4.1). Die Dichte der Moleküle kurz hinter A und der Untergrunddruck im Vakuumgefäß seien so klein, dass man Stöße vernachlässigen kann, d. h. die freie Weglänge der Moleküle möge groß sein gegen

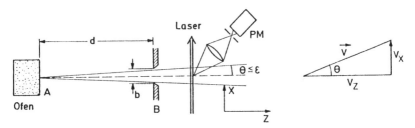

Abb. 4.1. Reduktion der Doppler-Breite von Absorptionslinien in einem kollimierten Molekülstrahl mit Nachweis der Absorption über die LIF

den Abstand d einer kollimierenden Blende B von A, sodass die Moleküle auf geraden Bahnen von A bis B fliegen.

Die Zahl $N(v, \theta)\, d\Omega$ der Moleküle, die pro Sekunde mit der Geschwindigkeit $v = |\boldsymbol{v}|$ in den Raumwinkel $d\Omega$ um den Winkel θ gegen die Molekularstrahlachse ($\theta = 0$, z-Achse) fliegen, ist

$$N(v, \theta)\, d\Omega = n(v)\, v \cos\theta\, d\Omega \,, \tag{4.1}$$

wobei $n(v)\, dv$ die Dichte der Moleküle am Ausgang der Öffnung A mit $\varnothing a$ im Geschwindigkeitsintervall dv ist. Durch die Blende B mit der Breite b in x-Richtung können nur solche Moleküle passieren, deren Geschwindigkeitskomponente v_x für $a \ll b$ die Bedingung

$$\frac{v_x}{v_z} \le \frac{b}{2d} = \tan\epsilon \tag{4.2}$$

erfüllt. Für die Dichte $n(r, v)$ im Abstand $r = (z^2 + x^2)^{1/2}$ von A erhalten wir in einem effusiven Strahl, bei dem die Geschwindigkeitsverteilung $n(v)$ einer Maxwell-Verteilung mit der wahrscheinlichsten Geschwindigkeit $v_w = (2kT/m)^{1/2}$ bei der Temperatur T des Reservoirs folgt:

$$n(r, v, \theta)\, dv = C \frac{\cos\theta}{r^2}\, nv^2\, \mathrm{e}^{-(v/v_w)^2}\, dv \,, \tag{4.3}$$

wobei die Konstante $C = 4/(v_w^3 \pi^{1/2})$ durch die Normierung $n = \int n(v)\, dv$ festgelegt ist.

Wenn der kollimierte Molekularstrahl von einem monochromatischen Laserstrahl in x-Richtung senkrecht gekreuzt wird, hängt die Absorptionswahrscheinlichkeit für ein Molekül von seiner Geschwindigkeitskomponente v_x und von der Laserfrequenz ω ab, die im System des bewegten Moleküls zu $\omega' = \omega - kv_x$ Dopplerverschoben ist. Nach Durchlaufen der Absorptionsstrecke $\Delta x = x_2 - x_1$ ist die eingestrahlte Leistung P_0 des Lasers auf

$$P(\omega) = P_0 \exp\left[-\int_{x_1}^{x_2} \alpha(\omega, x)\, dx\right] \tag{4.4}$$

abgesunken. Da die Absorption im Molekularstrahl extrem klein ist (typische Werte liegen bei $10^{-6} \div 10^{-14}$) können wir die Näherung $e^{-x} \simeq 1 - x$ verwenden und erhalten mit

$$\alpha(\omega, x) = \int n(v_x, x)\sigma(\omega, v_x)\, dv_x$$

für die absorbierte Leistung $\Delta P(\omega) = P_0 - P(\omega)$:

$$\Delta P(\omega) = P_0 \int_{-\infty}^{+\infty} \left[\int_{x_1}^{x_2} n(v_x, x)\sigma(\omega, v_x)\, dx \right] dv_x \; . \tag{4.5}$$

Wegen $v_x = v \cdot x/r$ folgt $dv_x = (x/r)\, dv$. Mit $\cos\theta = z/r$ erhalten wir aus (4.3)

$$n(v_x, x)\, dv_x = Cn\frac{z}{x^3}v_x^2 e^{-(rv_x/xv_w)^2}\, dv_x \; . \tag{4.6}$$

Für den Absorptionsquerschnitt σ eines Moleküls mit der Geschwindigkeitskomponente v_x ergibt sich aus (2.10) das Doppler-verschobene Lorentz-Profil

$$\sigma(\omega, v_{xi}) = \sigma_0 \frac{(\gamma/2)^2}{(\omega - \omega_0 - kv_x)^2 + (\gamma/2)^2} = \sigma_0 L(\omega - \omega_0, v_x) \; . \tag{4.7}$$

Setzt man (4.6), (4.7) in (4.5) ein, erhält man für die absorbierte Leistung mit $\Delta\omega_0 = \omega_0' - \omega_0 = v_x\omega_0/c$ und $\omega_0' = \omega_0 + kv_x$

$$\Delta P(\omega) = a_1 \int_{-\infty}^{+\infty} \left(\int_{x_1}^{x_2} \Delta\omega_0^2 \frac{\exp[-c^2\Delta\omega_0^2(1 + z^2/x^2)/(\omega_0^2 v_w^2)]}{(\omega - \omega_0')^2 + (\gamma/2)^2}\, dx \right) d\Delta\omega_0 \tag{4.8}$$

mit $a_1 = P_0 n\sigma_0\gamma c^3 z/(v_w^3\omega_0^3\pi^{1/2})$. Die Integration über $\Delta\omega_0$ bzw. ω_0' erstreckt sich von $-\infty$ bis $+\infty$, weil die Geschwindigkeiten v von 0 bis ∞ reichen und deshalb $-\infty < v_x + \infty$ gilt. Die Integration über x gibt mit $x_1 = r\sin\epsilon$

$$\Delta P(\omega) = a_2 \int_{-\infty}^{+\infty} \frac{\exp\left\{-[(\omega - \omega_0')c/(\omega_0' v_w\sin\epsilon)]^2\right\}}{(\omega - \omega_0')^2 + (\gamma/2)^2}\, d\omega_0' \tag{4.9}$$

mit $a_2 = a_1[c\gamma/(2z\omega_0)]^2$.

Das Linienprofil (4.9) der absorbierten Leistung stellt ein **Voigt-Profil** dar, d. h. *die Faltung eines Lorentz-Profils der homogenen Linienbreite γ mit einem Doppler-Profil* (Bd. 1, Abschn. 3.2). Ein Vergleich mit Bd. 1, (3.28) zeigt jedoch, dass die Doppler-Breite um den Faktor $\sin\epsilon$ reduziert ist. Die Kollimation des Molekularstrahls verringert die Doppler-Breite von einem Wert $\Delta\omega_D$ in einer Gaszelle auf den wesentlich kleineren Wert

$$\Delta\omega_D^* = \Delta\omega_D\sin\epsilon \; , \tag{4.10}$$

wobei $\sin\epsilon = v_x/v \approx b/(2d)$ das Kollimationsverhältnis des Molekularstrahls ist.

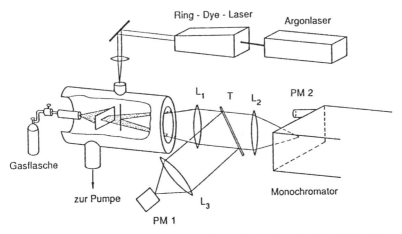

Abb. 4.2. Experimentelle Anordnung zur Sub-Doppler-Spektroskopie im kollimierten Molekül-strahl. Mit PM1 wird die Totalfluoreszenz in Richtung des Molekülstrahls als Funktion der Laser-wellenlänge λ_L gemessen (Anregungsspektrum) und mit PM2 das durch einen Monochromator dispergierte Fluoreszenzspektrum bei fester Laserwellenlänge

---

Beispiel 4.1

Typische Werte von $b = 1\,\text{mm}$ und $d = 5\,\text{cm}$ ergeben ein Kollimationsverhältnis von 1/100. Dadurch wird die Doppler-Breite im Sichtbaren mit einem typischen Wert von $\Delta\omega_D = 1500\,\text{MHz}$ auf einen Wert $\Delta\omega_D^* = 15\,\text{MHz}$ reduziert. Dies liegt in derselben Größenordnung wie die natürliche Linienbreite vieler molekularer Übergänge.

Man beachte: Wenn der Durchmesser a des Loches A nicht mehr vernachlässigt werden kann, bleibt das Dichteprofil $n(x)$ nicht mehr rechteckig, sondern fällt für $\theta \geq \epsilon$ fast trapezförmig ab. Für $\Delta\omega_D^* < \gamma$ wird das spektrale Linienprofil dadurch aber nicht wesentlich beeinflusst [4.1].

Die Idee, die Doppler-Breite durch Kollimation eines Molekularstrahles zu redu-zieren, wurde schon vor der Erfindung des Lasers zur Realisierung von Lichtquellen mit schmaler Linienbreite verwendet [4.2]. Dazu wurden Atome in einem kollimier-ten Strahl durch Elektronenstoß angeregt, und die Fluoreszenz senkrecht zum Atom-strahl beobachtet. Die Intensität dieser Atomstrahl-Lichtquelle war jedoch sehr ge-ring und erst die Verwendung von Lasern führte zu einer breiten Anwendung dieser **Sub-Doppler-Spektroskopie** in der Atom- und Molekülphysik.

Die Abbildung 4.2 zeigt eine experimentelle Anordnung für die Sub-Doppler-Spektroskopie in Molekularstrahlen, bei der das Absorptionsspektrum über die To-talfluoreszenz $I_{FL}(\lambda_L)$ durch den Photomultiplier PM1 gemessen wird (Anregungs-spektroskopie, Abschn. 1.2). Bei fester Anregungswellenlänge λ_L kann das laserin-duzierte Fluoreszenzspektrum spektral aufgelöst hinter einem Monochromator auf-genommen werden. Zur Illustration der erzielbaren spektralen Auflösung und der damit verbundenen detaillierteren Information über das Molekül zeigt Abb. 4.3 einen Ausschnitt aus dem sichtbaren Anregungsspektrum des NO_2-Moleküls bei $\lambda_L =$

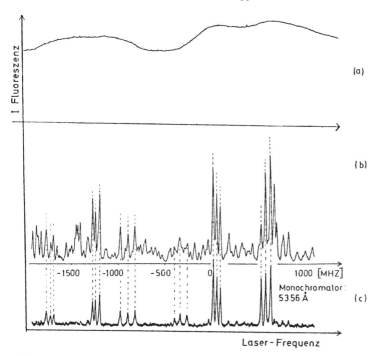

Abb. 4.3a–c. Ausschnitt aus dem Anregungsspektrum des NO_2 um $\lambda_{ex} \simeq 488$ nm. (**a**) NO_2-Zelle, $p = 0,01$ mb, $T = 300$ K. (**b**) Kollimierter NO_2-Strahl mit Kollimationsverhältnis $\sin \epsilon = 1/80$. (**c**) Gefiltertes Anregungsspektrum. Anstelle der Totalfluoreszenz wie in (**b**) wurde nur die Fluoreszenzbande in das untere Schwingungsniveau $(0,1,0)$ bei $\lambda_{Fl} \approx 535,6$ nm hinter dem Monochromator detektiert [4.4]

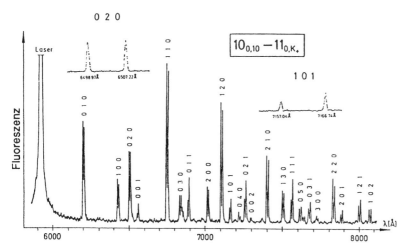

Abb. 4.4. Rotationsaufgelöstes Fluoreszenzspektrum des NO_2-Moleküls bei selektiver Anregung eines oberen Niveaus $^2B_2$ $(11_{0,11})$ im Molekülstrahl bei $\lambda = 592,4$ nm. Die Zahlen geben die Quantenzahlen der Normalschwingungen des unteren Zustandes an, die beiden Einfügungen zeigen zwei Banden mit höherer spektraler Auflösung, wo die Rotationsstruktur sichtbar wird [4.4]

(a)

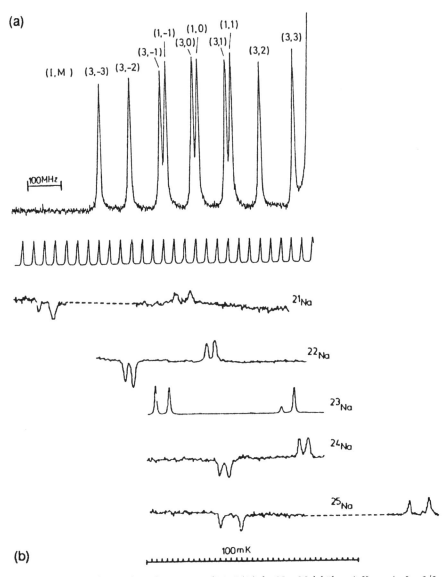

(b)

Abb. 4.5. (a) Hyperfeinstruktur der Rotationslinie R(31) des Na_2-Moleküls, mit Kernspin $I = 3/2$, verursacht durch die Kopplung des $A^1\Sigma_u$ – mit dem $^3\Pi_u$-Zustand [4.6]. (b) Hyperfeinstruktur und Isotopieverschiebung radioaktiver Na-Isotope [4.8]

480 nm, das mit einem durchstimmbaren „single-mode" Argonlaser in einer NO_2-Zelle (Abb. 4.3a) und in einem kollimierten NO_2-Strahl (Abb. 4.3b) aufgenommen wurde. Während in dem Zellen-Spektrum, bei dem die Doppler-Breite die Auflösung begrenzt, noch nicht einmal eine Linienstruktur zu erkennen ist, kann man in dem Strahlspektrum sogar die Hyperfeinstruktur der einzelnen Rotationsübergänge auf-

lösen, während die Feinstrukturkomponenten der Spin-Rotations-Wechselwirkung bei dieser hohen Auflösung weit getrennt sind.

Man kann das Anregungsspektrum noch weiter vereinfachen, wenn nicht die totale Fluoreszenz $I_{Fl}(\lambda_L)$ sondern nur die Fluoreszenz aus einem spektral selektierten Wellenlängenintervall $\Delta\lambda_{Fl}$ (z. B. eine Fluoreszenzbande, die zu einem unteren Schwingungsniveau bestimmter Symmetrie führt) als Funktion der Laserwellenlänge gemessen wird. Man nennt dies ein **gefiltertes Anregungsspektrum**, weil jetzt nur solche Anregungslinien im Spektrum erscheinen, die zu oberen Niveaus führen, welche in die ausgesuchte Fluoreszenzbande emittieren [4.3, 4.4]. Dies wird durch Abb. 4.3c verdeutlicht.

Die selektive Anregung eines einzelnen oberen Niveaus, die bei genügend guter Strahlkollimierung selbst in Spektren mit großer Liniendichte möglich ist, führt auch bei mehratomigen Molekülen oft zu einem erstaunlich einfach aussehenden Fluoreszenzspektrum (Abb. 4.4). Hier wurde die Fluoreszenzintensität $I_{Fl}(\lambda_{Fl})$ des NO_2-Moleküls bei fester Laserwellenlänge λ_L gemessen. Man erkennt die einzelnen Schwingungsbanden, die jeweils aus drei Rotationslinien (starke P- und R-Linien und eine schwache Q-Linie) bestehen.

Für eine große Zahl von Atomen und Molekülen sind inzwischen hoch aufgelöste Spektren in kollimierten Strahlen aufgenommen worden. Dabei wurden Hyperfeinstrukturen, Zeeman-Aufspaltungen oder auch Feinstruktur-Aufspaltungen in hoch angeregten Zuständen gemessen, die bei Doppler-begrenzter Spektroskopie nicht aufgelöst werden können [4.5]. Abbildung 4.5 zeigt als Beispiel die Messung der HFS eines angeregten Zustandes $A^1\Sigma_u^+$ (v' = 12, J' = 32) des Na_2-Moleküls, der durch Spin-Bahn-Wechselwirkung mit einem Niveau J' = 32 des Triplettzustandes $^3\Pi_u$ gekoppelt ist und deshalb Hyperfeinstruktur zeigt [4.6].

Ein eindrucksvolles Beispiel für die Empfindlichkeit der Strahlspektroskopie bietet die Messung von Hyperfein-Strukturen und Isotopie-Verschiebungen künstlich radioaktiver Isotope, die nur in winzigen Mengen erzeugt werden können und über ihre optischen Spektren in Verbindung mit einem Massenspektrographen nachgewiesen wurden [4.7, 4.8]. Aus den Doppler-freien Spektren konnten die Ladungsverteilung in den Kernen, die Kernmomente und ihre Abhängigkeit von der Neutronenzahl genau bestimmt werden [4.7–4.9].

Weitere Beispiele findet man in verschiedenen Übersichtsartikeln über dieses Gebiet [4.10–4.15].

4.2 Abkühlung von Molekülen in Überschallstrahlen

Bei den „effusiven Strahlen", die im vorigen Abschnitt behandelt wurden, war der Druck im Reservoir so niedrig, dass die freie Weglänge der Moleküle groß gegen den Durchmesser a des Loches A war, sodass Stöße während der Expansion vernachlässigt werden konnten. Jetzt wollen wir den Fall betrachten, dass die freie Weglänge klein gegen a ist, sodass die Moleküle während der Expansion durch die Öffnung viele Stöße erleiden. Das expandierende Gas kann dann durch ein Strömungsmodell beschrieben werden [4.16]. Die Expansion geschieht so schnell, dass praktisch kein

Wärmeaustausch mit der Umgebung stattfindet, d. h. sie ist adiabatisch; die Enthalpie pro Mol des expandierenden Gases bleibt erhalten.

Im Reservoir habe das Gas den Druck p_0, die Temperatur T_0 und das Volumen V_0. Die Gesamtenergie eines Mols mit der Molmasse M setzt sich zusammen aus innerer Energie $U = U_{\text{trans}} + U_{\text{rot}} + U_{\text{vib}}$, Kompressionsenergie pV und Strömungsenergie $1/2 M u^2$. Wegen der Energieerhaltung gilt für die Größen vor und nach der Expansion [4.14, 4.16]

$$U_0 + p_0 V_0 + 1/2 M u_0^2 = U + pV + 1/2 M u^2 \;. \tag{4.11}$$

Wenn die durch die Öffnung A abfließende Gasmenge klein gegen die Menge im Reservoir ist, dann herrscht im Reservoir thermisches Gleichgewicht, und es gilt für die Strömungsgeschwindigkeit: $u_0 = 0$. Nach der Expansion ins Vakuum ist p sehr klein, und wir können näherungsweise $p = 0$ setzen. Damit wird aus (4.11)

$$U_0 + p_0 V_0 = U + 1/2 M u^2 \;. \tag{4.12}$$

Man sieht hieraus, dass man genau dann einen „kalten" Molekularstrahl erhält, bei dem U sehr klein ist, wenn die kinetische Energie der expandierenden Strömung $1/2 M u^2$ groß wird auf Kosten der inneren Energie U des expandierten Gases, wenn also fast die gesamte Energie $U_0 + p_0 V_0$ des Gases im Reservoir nach der Expansion in gerichtete Strömungsenergie umgewandelt wird. Im Idealfall sollte man $U = 0$ und damit $T = 0$ erreichen können. Wir werden weiter unten verschiedene Gründe diskutieren, warum dieser Idealfall im Experiment nicht realisiert werden kann.

Im atomaren Modell lässt sich die Verringerung der Relativgeschwindigkeiten durch Stöße während der Expansion verstehen (Abb. 4.6): Die schnelleren Atome stoßen die vor ihnen fliegenden langsameren Atome an und übertragen dabei so lange Translationsenergie, bis die Relativgeschwindigkeiten so klein geworden sind, dass weitere Stöße wegen der schnell abnehmenden Dichte nicht mehr vorkommen. Bei zentralen Stößen wird die Verteilung der Relativgeschwindigkeiten $v_\parallel$ in Strahlrichtung um die Strömungsgeschwindigkeit u stark eingeengt, und man erhält statt der Maxwell-Verteilung

$$n(v_z) = C \exp\left(\frac{-m v_z^2}{2 k T_0} \right) \tag{4.13a}$$

im Reservoir die eingeengte Verteilung

$$n(v_z) = C_1 \exp\left(\frac{-m(v_z - u)^2}{2 k T_\parallel} \right) \tag{4.13b}$$

für die Parallelkomponente der Geschwindigkeiten, die durch eine „Temperatur" $T_\parallel$ charakterisiert werden kann, welche die Einengung der Verteilung $n(v_z)$ um die Strömungsgeschwindigkeit u beschreibt.

Bei nichtzentralen Stößen werden beide Stoßpartner abgelenkt und können deshalb im Allgemeinen nicht mehr die kollimierende Blende passieren. Die Blende

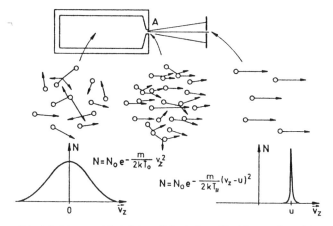

Abb. 4.6. Atomares Modell der adiabatischen Abkühlung während der Expansion ins Vakuum und Geschwindigkeitsverteilung vor und nach der Expansion

bewirkt – genau wie bei effusiven Strahlen – eine Verringerung der transversalen Geschwindigkeitsverteilung. Auf der Strahlachse z nimmt die im Intervall Δx gemessene Breite der Verteilung $n(v_x)$ bzw. $n(v_y)$ proportional zu $\Delta x/z$ bzw. $\Delta y/z$ ab. Man nennt dies oft **geometrische Kühlung**, weil die Verringerung der zur Strahlachse senkrechten Geschwindigkeitskomponenten v nicht durch Stöße, sondern durch einen rein geometrischen Effekt bewirkt wird.

Die Einengung der Geschwindigkeitsverteilung $n(v_z)$ lässt sich spektroskopisch auf verschiedene Weise messen. Die erste Methode basiert auf der Messung des Doppler-Profils von Absorptionslinien (Abb. 4.7): Der Ausgangsstrahl eines durchstimmbaren, schmalbandigen Lasers wird aufgespalten in einen Teilstrahl, der den kollimierten Molekularstrahl senkrecht kreuzt und daher unverschobene Sub-Doppler-Absorptionsprofile erzeugt, und in einen Teilstrahl, der antikollinear zur Molekularstrahlachse läuft und daher die Verteilung der v_z-Komponente der Moleküle misst. Das Maximum der verschobenen Absorptionslinie gibt die wahrscheinlichste Geschwindigkeit v_w an, während das Absorptionsprofil das Geschwindigkeitsprofil widerspiegelt.

Eine zweite Methode benutzt die zeitaufgelöste Messung der Geschwindigkeitsverteilung. Der Laserstrahl wird wieder in zwei Teilstrahlen aufgespalten (Abb. 4.8), die jetzt aber beide den Molekularstrahl senkrecht an verschiedenen Stellen z_1 und z_2 kreuzen. Wird die Laserfrequenz auf einen molekularen Übergang abgestimmt, so wird das untere Niveau durch optisches Pumpen an der Stelle z_1 teilweise entleert. Der zweite Laserstrahl wird dann weniger absorbiert und ergibt daher ein geringeres Fluoreszenzsignal. Bei molekularen Übergängen genügen schon geringe Laserintensitäten, um eine völlige Entleerung zu erreichen (Abschn. 2.1). Wird jetzt der erste Laserstrahl für ein Zeitintervall Δt, das kurz gegen die Flugzeit $T = (z_2 - z_1)/v$ der Moleküle ist, unterbrochen (z. B. durch eine Pockels-Zelle oder einen schnellen mechanischen Chopper), so kann während der Zeit Δt ein Pulk von Molekülen im Zustand $|i\rangle$ den Ort z_1 passieren. Wegen ihrer verschiedenen Geschwindig-

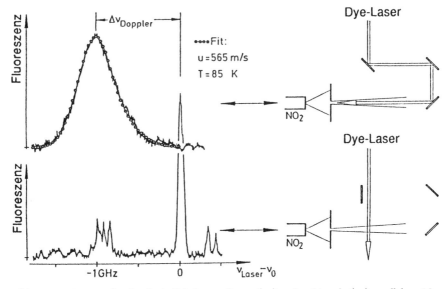

Abb. 4.7. Bestimmung der Geschwindigkeitsverteilung $n(v_\perp)$ senkrecht und $n(v_\parallel)$ parallel zur Molekularstrahlachse durch Messung der entsprechenden Doppler-Profile einer Absorptionslinie des NO_2-Moleküls

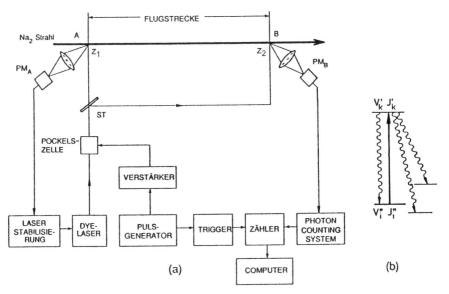

Abb. 4.8a,b. Quantenzustandsspezifische Bestimmung der Geschwindigkeitsverteilung $n(v_\parallel)$ durch Flugzeitmessung [4.17]

keiten v erreichen diese Moleküle jedoch den Ort z_2 zu verschiedenen Zeiten. Die zeitaufgelöste Messung der laserinduzierten Fluoreszenz $I_{Fl}(z_2, t)$ ergibt die Zeitverteilung $n(T) = n(\Delta z/v)$ und nach ihrer Fourier-Transformation die Geschwindigkeitsverteilung $n_i(v)$ der Moleküle im Zustand $|i\rangle$ [4.17].

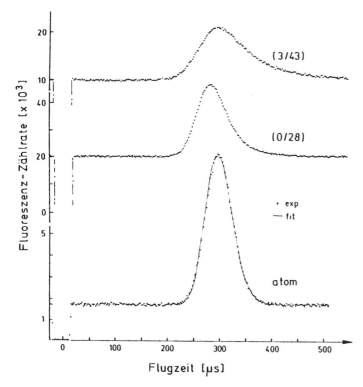

Abb. 4.9.   Flugzeitverteilung von Na-Atomen und Na_2 Molekülen in zwei verschiedenen Schwingungs-Rotations-Niveaus ($v'' = 3, J'' = 43$) bzw. ($v'' = 0, J'' = 28$) [4.17]

Man beachte, dass diese spektroskopischen Methoden wesentlich detailliertere Informationen liefern als die Messung der Geschwindigkeitsverteilung mit einem mechanischen Geschwindigkeitsselektor, bei der die integrale Verteilung $n(v)$ gemessen wird, integriert über alle Molekülzustände $|i\rangle$. Für die Bestimmung inelastischer Stoßquerschnitte (Abschn. 8.5) ist aber die Kenntnis der Verteilung $n_i(v)$ wichtig, die für die verschiedenen Niveaus $|i\rangle$ durchaus verschieden sein kann. Illustriert wird dies in Abb. 4.9 durch die unterschiedliche Geschwindigkeitsverteilung von Na-Atomen und Na_2-Molekülen in zwei verschiedenen Schwingungs-Rotations-Niveaus (v, J), die mit der spektroskopischen Laufzeit-Methode gemessen wurden. Man sieht, dass Moleküle in einem tiefen Schwingungs-Rotations-Zustand ($v = 0$, $J = 28$) schneller sind als solche in einem höheren Zustand ($v = 3, J = 43$), weil sie mehr inelastische Stöße erlitten haben und deshalb mehr innere Energie in gerichtete Strömungsenergie umgewandelt haben. In Abb. 4.10 ist dieser Energietransfer schematisch dargestellt.

Von besonderer Bedeutung für die Spektroskopie ist die Verringerung der Rotationsenergie U_{rot} und der Schwingungsenergie U_{vib} während der adiabatischen Expansion, die ebenfalls durch Stöße geschieht. Da die Wirkungsquerschnitte σ für den Energietransfer von Rotationsenergie in Translationsenergie im Allgemeinen kleiner

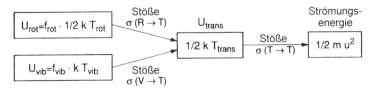

Abb. 4.10. Diagramm des Energietransfers bei der adiabatischen Kühlung in Überschall-Molekularstrahlen

sind als die für elastische Stöße, kann die Rotationsenergie während der kurzen Expansionszeit, bei der noch Stöße stattfinden können, nicht völlig abgegeben werden. Dies bedeutet, dass nach erfolgter Expansion mehr Rotationsenergie pro Freiheitsgrad als Translationsenergie übrig bleibt; Rotation und Translation sind nicht mehr im thermischen Gleichgewicht miteinander. Da jedoch – vor allem bei Molekülen mit kleinen Rotationskonstanten – die Wirkungsquerschnitte $\sigma_{\text{rot-rot}}$ für die Energieverteilung innerhalb der Rotationsfreiheitsgrade größer sind als $\sigma_{\text{rot-trans}}$, kann man die abgekühlte Rotations-Besetzungsverteilung oft näherungsweise durch eine Boltzmann-Verteilung

$$n(J) = C_2(2J + 1) \exp\left(\frac{-E_{\text{rot}}}{kT_{\text{rot}}}\right) \tag{4.14}$$

beschreiben und ihr eine Rotationstemperatur T_{rot} zuordnen. Die Rotationstemperatur lässt sich durch Vergleich der relativen Intensitäten von Absorptions-Übergängen aus verschiedenen Rotationsniveaus im elektronischen Grundzustand messen. Dazu muss man allerdings die relativen Übergangswahrscheinlichkeiten B_{ik} kennen, da die Intensität einer Absorptionslinie

$$I_{\text{abs}} \propto n_i(J)B_{ik}\rho$$

proportional zum Produkt aus Besetzungsdichte n_i im absorbierenden Zustand mal Absorptionswahrscheinlichkeit $B_{ik}\rho$ ist (Bd. 1, Abschn. 2.3). Für ungestörte Spektren wird das Verhältnis der B_{ik}-Werte für verschiedene Rotationsübergänge durch die entsprechenden Hönl-London-Faktoren gegeben [4.18]. Bei gestörten Spektren gilt dies im Allgemeinen nicht mehr. Man kann sich hier jedoch folgendermaßen helfen: Man misst zuerst die relativen Intensitäten $I_{\text{th}}(v, J)$ der Rotationslinien bei genügend kleinem Druck im Reservoir, bei dem der Molekularstrahl noch effusiv ist und die Besetzungsverteilung einer Boltzmann-Verteilung bei der Temperatur des Reservoirs entspricht. Dann untersucht man die Änderung der relativen Intensitäten im Molekülstrahl mit zunehmenden Druck p_0 im Reservoir und erhält dadurch die gesuchte Abhängigkeit $T_{\text{rot}}(p_0, T_0)$.

Bezeichnen wir die über die totale Fluoreszenz gemessenen Intensitäten der Absorptionslinien und die Besetzungszahlen im Überschallstrahl mit $I_{\ddot{u}}$ bzw. $n_{\ddot{u}}(v, J)$, so gilt bei Laserintensitäten, bei denen noch keine Sättigung des Absorptionsüberganges auftritt:

$$\frac{I_{\ddot{u}}(v_i, J_i)/I_{\ddot{u}}(v_k, J_k)}{I_{\text{th}}(v_i, J_i)/I_{\text{th}}(v_k, J_k)} = \frac{n_{\ddot{u}}(v_i, J_i)/n_{\ddot{u}}(v_k, J_k)}{n_{\text{th}}(v_i, J_i)/n_{\text{th}}(v_k, J_k)} . \tag{4.15}$$

Im thermischen Strahl kann eine Boltzmann-Verteilung

$$\frac{n_{\text{th}}(v_i, J_i)}{n_{\text{th}}(v_k, J_k)} = \frac{g_i}{g_k} \exp\left(\frac{-(E_i - E_k)}{kT_0}\right) \tag{4.16}$$

bei der Temperatur des Reservoirs angenommen werden, sodass man T_{rot} und T_{vib} mithilfe von (4.15) und (4.16) aus der Messung entsprechender Linienintensitäten bestimmen kann.

Ist die Laserintensität so groß, dass vollständige Sättigung des Absorptionsüberganges eintritt (Abschn. 4.4), so wird jedes durch den Laserstrahl fliegende Molekül ein Laserphoton absorbieren, und man misst dann statt der Dichte $n(v'', J'')$ die Flussdichte $N = u \cdot n$, wobei u die mittlere Flussgeschwindigkeit der Moleküle ist [4.19].

Die Wirkungsquerschnitte $\sigma_{\text{vib-trans}}$ oder $\sigma_{\text{vib-rot}}$ sind im Allgemeinen wesentlich kleiner als $\sigma_{\text{rot-trans}}$, so dass die Abkühlung der Schwingungsenergie weit weniger effektiv ist als die der Rotationsenergie. Ordnet man der Besetzungsverteilung n_{vib} eine **Schwingungstemperatur** T_{vib} zu (obwohl die Schwingungsbesetzung oft von einer thermischen Besetzung abweicht), dann lässt sich die Temperaturreihenfolge

$$T_{\text{trans}} < T_{\text{rot}} < T_{\text{vib}}$$

aufstellen.

Wegen der kleinen Relativgeschwindigkeiten der Atome A bzw. Moleküle M wird die Wahrscheinlichkeit für die Rekombination zu Systemen A_n bzw. M_n ($n = 2, 3, 4, \ldots$) groß, wenn durch einen dritten Stoßpartner (der auch die Wand der Düse sein kann), die kleine Translationsenergie der Relativbewegung abgeführt und damit das System A_n stabilisiert werden kann. Dies lässt sich ausnutzen zur Erzeugung von Clustern und schwach gebundenen van-der-Waals-Molekülen. Durch geeignete Wahl der experimentellen Parameter Druck p_0, Temperatur T_0 und Düsendurchmesser a lässt sich die Bildung solcher Aggregate optimieren [4.20].

Auf der anderen Seite führt die Bildung von gebundenen Systemen wegen der dabei frei werdenden Bindungsenergie zur Aufheizung des kalten Molekularstrahls und verhindert, dass die Translationstemperatur ihren sonst möglichen tiefsten Wert erreicht. Durch Verdünnung der zu untersuchenden Atome bzw. Moleküle in einem Edelgas lässt sich die Aufheizung weitgehend verhindern. Man mischt das Messgas mit einem Edelgas (z. B. 3 % NO_2 in Argon) und lässt dieses Gemisch durch die Düse expandieren ("**seeded beam**"-Technik). Da jetzt Stöße der Messgas-Teilchen untereinander wesentlich seltener sind als mit Edelgasatomen, sollte die Rekombination bei gleichem Gesamtdruck p_0 seltener sein als in reinen Messgasstrahlen. Jedoch hat man jetzt mehr Stoßpartner, welche die Relativenergie der Messgasteilchen abführen können und deshalb die Stabilisierung der Messgas-Stoßpartner begünstigen. Durch die Wahl von p_0, T_0, Düsendurchmesser und Mischverhältnis von Trägergas zu Seedgas lassen sich die Temperaturen T_{rot}, T_{vib} und das Verhältnis von monomeren Seedgas-Molekülen B zu multimeren B_n in weiten Grenzen variieren. Solche Überschall-Edelgasstrahlen mit beigemengtem Messgas stellen eine hervorragende

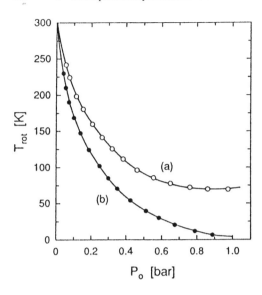

Abb. 4.11. Rotationstemperatur T_{rot} in einem reinen NO_2-Strahl (a) und in einem Gemisch aus Argon und 3% NO_2 (b) als Funktion des Druckes p_0 im Reservoir

Quelle „kalter" Moleküle dar. Sie werden deshalb in vielen Labors für die Spektroskopie verwendet [4.21].

Beispiel 4.2

Bei einem Argondruck p_0 = 1 Bar, einer Molekülkonzentration von 3% NO_2 und einem Düsendurchmesser von 100 µm erreicht man die folgenden Temperaturwerte:

$$T_{trans} \simeq 1\,K; \qquad T_{rot} \approx 5 \div 10\,K; \qquad T_{vib} \simeq 50 \div 100\,K\,.$$

In Abb. 4.11 ist T_{rot} für NO_2 in einem effusiven und in einem Überschallstrahl aus Argon mit 3% NO_2 als Funktion des Druckes p_0 im Reservoir aufgetragen.

Der große Vorteil kalter Düsenstrahlen für die Molekülspektroskopie liegt in der Kompression der Besetzungsverteilung $N(v'', J'')$ auf die energetisch tiefsten Schwingungsniveaus v'' und Rotationsniveaus J''. Dadurch werden die Absorptionsspektren wesentlich einfacher: Übergänge von tiefen Rotationsniveaus J'' im Schwingungsniveau $v'' = 0$ werden stärker, während die mit hohen Quantenzahlen J'' „ausfrieren". Auch komplexe Spektren, bei denen sich bei Zimmertemperatur mehrere Schwingungsbanden überlappen, reduzieren sich im kalten Molekülstrahl auf wenige Linien pro Bande in der Nähe des Bandursprungs und werden dadurch einfacher analysierbar [4.22].

Zur Illustration ist in Abb. 4.12 ein Ausschnitt aus dem komplexen Anregungsspektrum des NO_2 bei verschiedenen Rotationstemperaturen T_{rot} gezeigt, das in Abb. 4.12a–c mit einem breitbandigen ($\Delta\lambda$ = 0,5 nm), in Abb. 4.12d mit einem „single-mode" Farbstofflaser gemessen wurde.

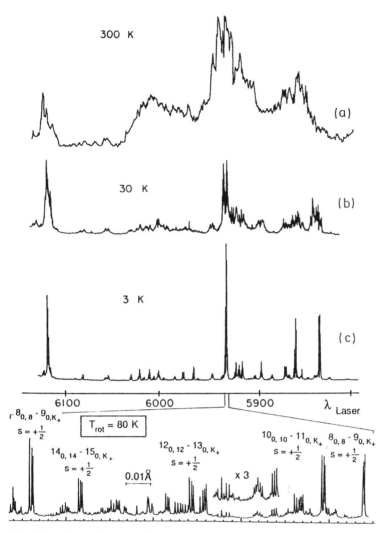

Abb. 4.12a–d. Ausschnitt aus dem Anregungsspektrum des NO_2-Moleküls, der mit einem Farbstofflaser mit $0{,}5\,\text{Å}$ Bandbreite [4.22] aufgenommen wurde: (**a**) Zellenspektrum bei $T = 300\,\text{K}$, $p(NO_2) = 0{,}04\,\text{torr}$; (**b**) reiner NO_2-Strahl, $T_{rot} = 30\,\text{K}$; (**c**) Überschallstrahl von Ar mit 5 % NO_2, $T_{rot} = 3\,\text{K}$; und (**d**) der Spektralbereich von $0{,}1\,\text{Å}$, der mit einem Einmodenlaser aufgenommen wurde (1 MHz Bandbreite) [4.31]

4.3 Bildung und Spektroskopie von Clustern und van der Waals-Molekülen in kalten Molekularstrahlen

Wegen ihrer kleinen Relativgeschwindigkeit (Abb. 4.6) können Atome A oder Moleküle M mit der Masse m zu gebunden Systemen A_n oder M_n (n = 2, 3, 4…) rekombinieren, wenn die kleine Translationsenergie der Relativbewegung $\frac{1}{2}\mu\Delta v^2$ (μ = reduzierte Masse der Stoßpartner) von einem dritten Stoßpartner (ein anderes Atom oder die Wand der Expansionsdüse) abgeführt wird (Abb. 4.13). Dies führt zur Bildung von schwach gebundenen Systemen, wie Molekülkomplexen (z. B. NaHe, NaAr, I_2He_4), Clustern (z. B. Ar_n. C_n, $(H_2O)_n$) oder Molekülen in hohen Schwingungszuständen dicht unterhalb der Dissoziationsenergie, die dann durch weitere Stöße in tiefere Niveaus übergehen und damit stabilisiert werden können. Außer diesem atomaren Modell der Clusterbildung durch atomare Stöße kann man einen Überschallstrahl während der Expansion als kontinuierliches Medium ansehen und durch ein thermodynamisches Modell beschreiben. Dann tritt Kondensation ein, wenn der Dampfdruck unter den lokalen Gesamtdruck fällt (Abb. 4.14). Der Dampfdruck fällt während der Abkühlung bei der Expansion exponentiell mit der Temperatur

$$p_s = A \cdot e^{-B/T} \tag{4.17}$$

während der totale Gasdruck

$$p_t = nkT \tag{4.18}$$

proportional zur sinkenden Teilchenzahldichte n und sinkenden Temperatur abnimmt. In den schraffierten Bereichen der Abb. 4.14 erfolgen noch genügend Stöße um die Bildung von Komplexen zu ermöglichen.

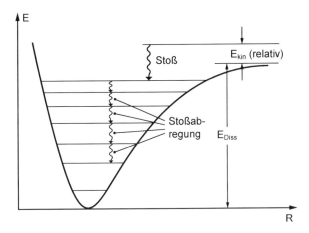

Abb. 4.13. Stoßmodell zur Bildung von Molekülkomplexen in kalten Molekularstrahlen während der Expansion

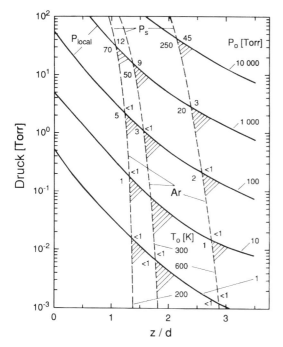

Abb. 4.14. Dampfdruck und lokaler Gesamtdruck von Argon als Funktion des normierten Abstandes $z^* = z/d$ von der Düse mit Durchmesser d für verschiedene Drücke im Reservoir. Kondensation findet in den *schraffierten Bereichen* statt. Die Zahl der Dreikörper-Stöße ist angegeben

Cluster repräsentieren einen Übergang von Molekülen zu kleinen Flüssigkeitstropfen. Sie wurden deshalb in den letzten Jahren sehr intensiv untersucht, um herauszufinden, wie charakteristische molekulare Parameter, wie die Dissoziationsenergie E_D oder die Ionisationsenergie E_I mit wachsender Atomzahl n in die entsprechenden Größen „Bindungsenergie" oder „Elektronenaustrittsarbeit" bei festen oder flüssigen makroskopischen Körpern übergehen. Geschieht dies kontinuierlich oder gibt es Maxima und Minima oder sogar Unstetigkeiten in den Funktionen $E_D(n)$ oder $E_I(n)$?

Die Laserspektroskopie von solchen Clustern kann auf diese Fragen Antworten geben. Eine Methode ist die resonante Zweiphotonenionisation mit Massenselektion, die es erlaubt, massenspezifische Spektren zu erhalten. In Abb. 4.15 ist eine typische Anordnung bei Verwendung von gepulsten Lasern gezeigt, wo man Flugzeit-Massenspektrometer verwenden kann. Die beiden überlagerten Laserstrahlen für Anregung und Ionisation erzeugen die Ionen in der Ionenquelle des Massenspektrometers. Die Zahl der Ionen ist proportional zum Absorptionskoeffizienten des anregenden Lasers (siehe Abschn. 1.3.3): Der zeitauflösende Detektor hinter dem Massenspektrometer misst massenselektiv die Spektren der verschiedenen Ionen, wenn die Wellenlänge des anregenden Lasers durchgestimmt wird.

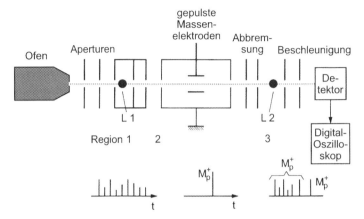

Abb. 4.15. Flugzeit-Molekularstrahl-Apparatur zur Messung der Cluster-Verteilung und ihrer Fragmentierung durch L1

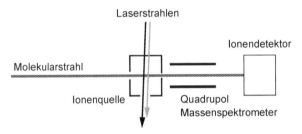

Abb. 4.16. Kombination von resonanter Zwei-Photonen-Ionisation und Massen-Spektrometrie

Mit cw Lasern erreicht man eine höhere spektrale Auflösung. Hier eignet sich ein Quadrupol-Massenspektrometer besser, das auf eine gewünschte Masse eingestellt wird. Der Detektor misst dann das Anregungsspektrum des entsprechenden selektierten Moleküls (Abb. 1.29).

Eine übliche Methode, Metall-Cluster herzustellen, benutzt einen geheizten Ofen, in dem die Temperatur hoch genug sein muss, um einen genügend hohen Dampfdruck des Metalls zu erzeugen. Meistens wird ein Edelgas beigemischt (90–95 % Edelgas, 5–10 % Metalldampf), um bei der Expansion genügend viele Stoßpartner zu haben und damit die Rekombination der Atome zu Clustern zu befördern (Abb. 4.16).

Eine erfolgreiche Methode, Metallcluster von schwer verdampfbaren Materialien zu erzeugen, ist in Abb. 4.17 gezeigt. Ein gepulster Laser wird auf einen zylindrischen Stab aus dem zu verdampfenden Material fokussiert und erzeugt auf seiner Oberfläche eine expandierende Wolke von Atomen und Ionen, die von einem Edelgasstrom zu einer Düse transportiert werden. Durch die adiabatische Expansion des Edelgas-Metalldampf-Gemisches kühlt sich das expandierende Gas ab und die Metalldampfatome rekombinieren zu größeren Gebilden, genau wie bei der vorigen Methode. Mit einer solchen Technik wurden z. B. Fullerene C_{60} und C_{70} erzeugt und spektroskopisch untersucht [4.23].

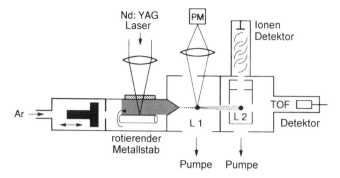

Abb. 4.17. Erzeugung kalter Metall-Cluster durch Laserverdampfen eines rotierenden Metallstabes und anschließender adiabatischer Expansion

Eine elegante Methode zum Studium von van der Waals Komplexen wurde von Toennies und Mitarbeitern entwickelt [4.24]. Ein Strahl von großen kalten He-Clustern He_n ($n = 10^4$–10^5) fliegt durch ein Gebiet mit relativ hohem Dampfdruck von ausgesuchten Atomen oder Molekülen (Abb. 4.18). Die Atome werden an der kalten Oberfläche der He-Cluster bei wenigen Kelvin adsorbiert und können sich durch Migration über die Oberfläche mit anderen dort adsorbierten Atomen vereinigen

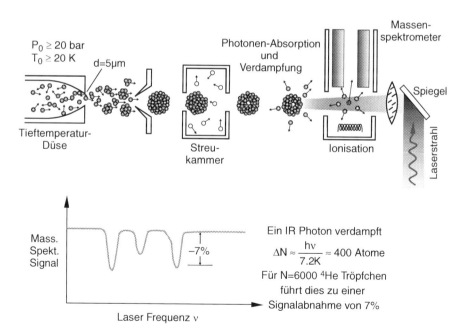

Abb. 4.18. Experimentelle Anordnung zur Erzeugung von He-Tröpfchen und der Anlagerung von Molekülen, die dann massenspektroskopisch untersucht werden [P. Toennies, http://wwwuser.gwdg.de/mpisfto/]

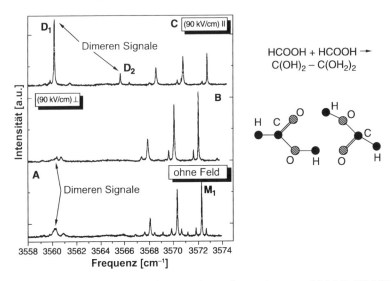

Abb. 4.19. Ausschnitt aus dem Infrarot-Spektrum des Ameisensäure-Moleküls HCOOH und seiner Dimers in kalten Heliumtröpfchen mit und ohne externem elektrischem Feld [4.25]

zu größeren kalten Komplexen, welche die Temperatur der Oberfläche annehmen. Wegen der tiefen Temperatur bleiben auch schwach gebundene Systeme stabil und können dort spektroskopisch untersucht werden, wie z. B. die schwach gebundenen Dimere des Ameisensäure-Moleküls HCOOH (Abb. 4.19) [4.25]. Weitere Beispiele sind Alkali-Dimere in hohen Spinzuständen [4.26], die in der Gasphase bisher nicht gefunden wurden.

Die adsorbierten Spezies können auch in das Innere des He-Tröpfchens diffundieren und dort zu größeren Komplexen rekombinieren. Dort kommen sie ins Temperaturgleichgewicht mit dem He-Tröpfchen, sodass sowohl die Rotationstemperatur als auch die Schwingungstemperatur den gleichen tiefen Wert von wenigen Kelvin annehmen [4.27]. Es gilt also $T_{trans} = T_{rot} = T_{vib}$ im Gegensatz zur Abkühlung im expandierenden Molekularstrahl wo $T_{trans} < T_{rot} < T_{vib}$ gilt. Die Rotation der Moleküle wird im Allgemeinen durch Reibung verhindert, sodass die Moleküle im tiefsten Rotationszustand sind.

Die Gruppe um Martina Havenith hat hier Pionierarbeit geleistet [4.28]. Ein Beispiel ist die hochauflösende Infrarot-Spektroskopie von HDO-Molekülen und den van-der-Waals Komplexen $HDO(N_2)$ in Helium-Tröpfchen. Aus den gemessenen Linienbreiten von Schwingungs-Rotations-Übergängen konnten die Lebensdauern der angeregten Zustände bestimmt werden [4.29]. Ähnliche Untersuchungen wurden an Benzol-Monomeren und Dimeren in kalten Heliumtröpfchen durchgeführt [4.30].

Bei Temperaturen unterhalb $T = 2\,K$ wird Helium superfluid. In diesem Fall wird die Reibung Null und die Moleküle können im Inneren des He-Tröpfchens frei rotieren, was man aus den Rotationsspektren erkennen kann.

4.4 Nichtlineare Spektroskopie in Molekularstrahlen

Die restliche Doppler-Breite, die durch das endliche Kollimationsverhältnis des Molekularstrahles bedingt ist, lässt sich vollständig durch Anwendung Doppler-freier Techniken, wie z. B. der Sättigungsspektroskopie eliminieren. Weil im Molekularstrahl die Relaxation durch Stöße fehlt, kann ein durch Laserstrahl-Absorption entleertes Molekülniveau nur durch Fluoreszenz und durch Diffusion neuer, ungepumpter Moleküle in das Anregungsvolumen wieder aufgefüllt werden. Sättigung ist daher in Molekularstrahlen bereits bei kleineren Intensitäten als in Zellen zu erreichen.

Die Sättigungsintensität (Abschn. 2.1) für einen molekularen Übergang $\langle i| \rightarrow \langle k|$ mit der homogenen Breite $\gamma = \gamma_i + \gamma_k$ wird gemäß (2.12) für eine monochromatische Laserwelle:

$$I_S = \frac{c \cdot \gamma_i \cdot \gamma_k}{B_{ik}} \; . \tag{4.19}$$

Wenn die spontane Lebensdauer τ_i des unteren Molekülniveaus genügend groß ist, wird die ungesättigte Linienbreite $\gamma = A_k + 1/T_{FZ}$ des Überganges durch die spontane Lebensdauer $\tau_k = 1/A_k$ des oberen Niveaus und durch die Flugzeit T_{FZ} des Moleküls durch den Laserstrahl bestimmt. Mit $A_{ik} = fA_k$ (wobei $f \leq 1$ den Bruchteil der gesamten Übergangswahrscheinlichkeit A_k angibt, der auf den Übergang $\langle k| \rightarrow \langle i|$ entfällt) und $B_{ik} = (c^3/8\pi h\nu^3)A_{ik}$ erhalten wir aus (4.19) mit $\gamma_i \approx 1/T_{FZ}$

$$I_S = \frac{8\pi h\nu^3 \gamma_i \cdot \gamma_k}{c^2 (A_{ik} + R_D)} = \frac{8\pi h\nu^3}{c^2 (f \cdot T_{FZ} + \tau_k)} \; . \tag{4.20}$$

Dies zeigt, dass die Sättigungsintensität I_S durch die zwei Auffüllprozesse: Spontane Emission mit der Rate $A_{ik} = fA_k = f/\tau_k$ und Moleküldiffusion mit der Rate $R_D1/T_{FZ} = \bar{v}/d$ bestimmt wird, wobei $\bar{v}$ die mittlere Geschwindigkeit und d der Durchmesser des Laserstrahls sind.

Beispiel 4.3

Mit $f = 0,1$ und $A_k = 6 \cdot 10^7 \, \text{s}^{-1}$ ($\tau_k = 16\,\text{ns}$) ergibt die spontane Emission eine Auffüllrate von $6 \cdot 10^6 \, \text{s}^{-1}$. Bei einem Laserstrahldurchmesser $d = 0,1\,\text{mm}$ und einer mittleren Molekülgeschwindigkeit $\bar{v} = 10^3 \, \text{m/s}$ trägt die Diffusion neuer Moleküle mit einer Rate $10^7 \, \text{s}^{-1}$ bei. Mit diesen Werten ergibt sich eine Linienbreite $\gamma = 1,6 \cdot 10^7 \, \text{s}^{-1}$ und gemäß (4.20) bei einer Frequenz $\nu = 6 \cdot 10^{14} \, \text{s}^{-1}$ eine Sättigungsintensität $I_S = 1,4\,\text{W/cm}^2$. Wird der Laserstrahl auf einen Durchmesser von $0,1\,\text{mm}$ fokussiert, so genügt bereits eine Leistung von weniger als $0,14\,\text{mW}$, um Sättigung zu erreichen!

Die experimentelle Anordnung für die Sättigungs-Spektroskopie im Molekularstrahl ist in Abb. 4.20 gezeigt. Der Laserstrahl wird durch einen Spiegel in sich reflektiert.

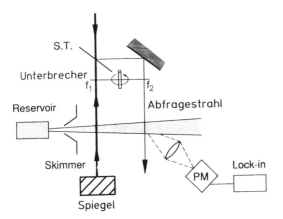

Abb. 4.20. Experimentelle Anordnung für Sättigungsspektroskopie im kollimierten Molekularstrahl

Nur wenn die Laserfrequenz ω innerhalb der homogenen Linienbreite γ mit der Absorptionsfrequenz ω_0 übereinstimmt, können einfallender und reflektierter Strahl von denselben Molekülen innerhalb der Geschwindigkeitsklasse $v_x = 0 \pm \gamma/k$ absorbiert werden. Beim Durchstimmen der Laserfrequenz beobachtet man daher schmale Lamb-Dips im Zentrum der aufgrund der Strahlkollimation bereits reduzierten Doppler-Profile (Abb. 4.21).

Möchte man den Doppler-Untergrund völlig eliminieren, kann man den einfallenden Laserstrahl in zwei parallele Teilstrahlen aufspalten, die beide den Molekularstrahl senkrecht durchsetzen. Werden beide Teilstrahlen mit den verschiedenen Frequenzen f_1 und f_2 unterbrochen, so enthält das Signal auf der Summenfrequenz nur den nichtlinearen Anteil der Absorption (Abschn. 2.3). Man erhält Doppler-freie

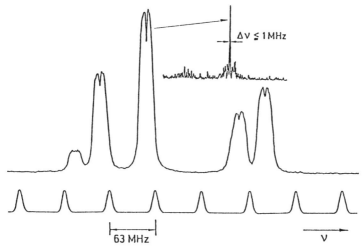

Abb. 4.21. "Lamb-Dips"der Hyperfein-Komponenten des Rotationsüberganges $J' = 1 \leftarrow J'' = 0$ in NO_2, dessen lineare Rest-Doppler-Breite aufgrund der Strahlkollimation 15 MHz beträgt. Der Einsatz zeigt die Unterdrückung des linearen Untergrundes bei Lock-in Nachweis [4.33]

Signale ohne Untergrund, auch wenn die Fluoreszenz von Pump- und Probenstrahl überlagert ist. Die Linienbreite der Lamb-Dips in den Beispielen der Abb. 4.21 liegt unter 1 MHz und ist durch Frequenzschwankungen des verwendeten Farbstofflasers begrenzt [4.33].

Es gibt inzwischen mehrere Experimente zur nichtlinearen Spektroskopie von Molekülen und Radikalen in Molekülstrahlen [4.34–4.36].

4.5 Kollineare Laserspektroskopie in schnellen Ionenstrahlen

In den vorigen Abschnitten haben wir immer Anordnungen betrachtet, bei denen der Laserstrahl den kollimierten Molekularstrahlsenkrecht kreuzte, um eine Reduktion der Doppler-Breite zu erreichen. In schnellen Ionenstrahlen wird die Geschwindigkeit v der Ionen so groß, dass selbst bei guter Kollimation beträchtliche Querkomponenten v_x und v_y bleiben und daher die Rest-Doppler-Breite immer noch recht groß sein kann.

Beispiel 4.4

Werden Neon-Ionen durch eine Spannung von 10 keV beschleunigt, so wird ihre Geschwindigkeit $v = 3 \cdot 10^5$ m/s. Bei einem Kollimationsverhältnis von 10^{-2} bleiben Querkomponenten v_x, $v_y \leq 3 \cdot 10^3$ m/s übrig, die bei $\lambda = 500$ nm zu einer Rest-Doppler-Breite von $\Delta v \approx 3$ GHz führen.

Es zeigt sich jedoch, dass bei genügender Konstanz der Beschleunigungsspannung U eine Einengung der Geschwindigkeitsverteilung $N(v_z)$ *in Strahlrichtung* erreicht werden kann (**Beschleunigungskühlung**), sodass bei kollinearer Überlagerung von Laser- und Ionenstrahl eine Reduktion der Doppler-Breite möglich ist [4.37].

In der Ionenquelle mögen die Ionen vor der Beschleunigung eine thermische Geschwindigkeitsverteilung bei der Temperatur T haben. Zwei Ionen mit den Anfangsgeschwindigkeiten v_{10} bzw. v_{20} haben nach dem Durchlaufen der Beschleuni-

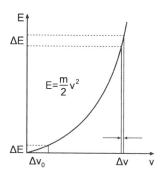

Abb. 4.22. Zur Beschleunigungs-Kühlung: Illustration der Einengung der Geschwindigkeitsverteilung nach Beschleunigung der Ionen

gungsspannung U die kinetischen Energien

$$E_1 = \frac{1}{2}mv_1{}^2 = eU + \frac{1}{2}mv_{10}{}^2 \; ,$$

$$E_2 = \frac{1}{2}mv_2{}^2 = eU + \frac{1}{2}mv_{20}{}^2 \; .$$

Subtraktion der beiden Gleichungen liefert mit $v = 1/2(v_1 + v_2)$:

$$v_1{}^2 - v_2{}^2 = v_{10}{}^2 - v_{20}{}^2 \Rightarrow \Delta v = v_1 - v_2 = \frac{v_0}{v}\Delta v_0 \quad \text{mit} \quad \Delta v_0 = v_{10} - v_{20} \; .$$

Wenn $eU \gg (m/2)v_0{}^2$ ist, ergibt sich wegen $v = (2eU/m)^{1/2}$

$$\Delta v = \Delta v_0 (E_{\text{th}}/eU)^{1/2} \; . \tag{4.21}$$

Die ursprüngliche Geschwindigkeitsverteilung Δv_0 wird also durch die Beschleunigung um den Faktor $(E_{\text{th}}/eU)^{1/2}$ reduziert.

Beispiel 4.5

$E_{\text{th}} = 0{,}1\,\text{eV}$; $eU = 10\,\text{keV} \Rightarrow \Delta v = 3 \cdot 10^{-3}\Delta v_0$.

Wenn die Beschleunigungsspannung genügend stabil ist, wird in unserem Beispiel die Geschwindigkeitsverteilung auf 0,3 % ihres thermischen Wertes in der Ionenquelle reduziert. Bei kollinearer Überlagerung von Laserstrahl und Ionenstrahl (Abb. 4.23) reduziert sich damit auch die Doppler-Breite um diesen Faktor.

Ein weiterer Vorteil der kollinearen Anordnung ist die längere Wechselwirkungszone der Ionen mit dem Laserstrahl. Dadurch wird nicht nur bei entsprechender geometrischer Anpassung der Fluoreszenzoptik die Empfindlichkeit für die Anregungsspektroskopie größer, sondern auch die Flugzeitlinienbreite erheblich kleiner. Bei der senkrechten Kreuzung von Laser und Ionenstrahl erhält man aus Bd. 1, (3.45) bei einem Laserstrahldurchmesser von 1 mm und einer Ionengeschwindigkeit von $3 \cdot 10^5\,\text{m/s}$ eine Flugzeitlinienbreite $\Delta v_{\text{Fl}} \approx 200\,\text{MHz}$, d. h. die homogene Linienbreite aufgrund der kurzen Wechselwirkungszeit wird bereits groß gegen die natürliche Linienbreite der meisten Übergänge. Bei der kollinearen Anordnung hingegen lassen

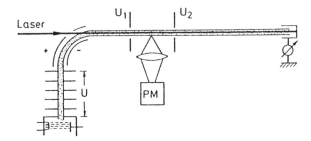

Abb. 4.23. Experimentelle Anordnung zur Laserspektroskopie in schnellen Ionenstrahlen

sich Wechselwirkungszonen von vielen cm Länge realisieren, sodass die Flugzeitlinienbreite vernachlässigbar wird.

Für die Sub-Doppler-Spektroskopie kann man entweder schmalbandige, durchstimmbare Laser verwenden bei fester Beschleunigungsspannung U, oder Festfrequenzlaser bei variabler Spannung, wo die Geschwindigkeit der Ionen und damit ihre Doppler-Verschiebung kontinuierlich durchgestimmt werden kann. Wird die Spannung U beim Durchstimmen hochfrequent moduliert, so entspricht dies einer Modulation der Absorptionsfrequenz v, und man erhält die 1. Ableitung des Absorptionsspektrums (Abschn. 1.1), die man mit einem Lock-in bei einer Modulationsfrequenz nachweisen kann, bei der Rauschen vernachlässigbar wird [4.38].

Wenn die Spannung U um ΔU verändert wird, ergibt dies eine relative Doppler-Verschiebung

$$\frac{\Delta v}{v} = \frac{\Delta v}{c} = \sqrt{\frac{eU}{2mc^2}} \frac{\Delta U}{U} . \tag{4.22}$$

Beispiel 4.6

Bei U = 10 keV und ΔU = 100 V erfahren Neon-Ionen (m = 21 amu) eine relative Frequenzverschiebung $\Delta v/v$ = $5 \cdot 10^{-6}$. Bei einer Absorptionsfrequenz von $v = 5 \cdot 10^{14}$ Hz ergibt dies eine absolute Verschiebung Δv = 2,5 GHz.

Wenn der Ionenstrahl durch eine differenziell gepumpte Gaszelle geschickt wird, in der sich Alkali-Dampf befindet, so können die Ionen durch Ladungsaustauschstöße den Alkaliatomen ihr schwach gebundenes Elektron entreißen. Da diese Ladungsaustauschstöße sehr große Wirkungsquerschnitte haben, geschehen sie überwiegend bei großen Stoßparametern, und auf die neutralisierten Ionen wird dabei nur wenig Energie und Impuls übertragen; d. h. man erhält nach dem Ladungsaustausch einen schnellen Neutralteilchenstrahl, dessen Geschwindigkeitsverteilung nur wenig von der des Ionenstrahls abweicht.

Wir wollen die Möglichkeiten der Laserspektroskopie in schnellen Ionen- bzw. Neutralteilchenstrahlen an drei Gruppen von Experimenten illustrieren:

Die erste Gruppe umfasst die hochauflösende Spektroskopie radioaktiver Isotope, deren Zerfallszeit bis hinunter zu Millisekunden reichen kann. Präzisionsmessungen der Hyperfeinstruktur und der Isotopieverschiebungen ergeben Informationen über die Spinmomente, Quadrupolmomente und Deformationen der Kerne der verschiedenen Isotope [4.39–4.41]. Hierdurch lassen sich Modelle über die räumliche Verteilung der Protonen und Neutronen im Kern testen. In Abb. 4.5b sind die Hyperfein-Spektren der verschiedenen Na-Isotope gezeigt, die durch die Spallation von Aluminiumkernen gemäß der Reaktion ^{27}Al $(p, 3p\,xn)^{25-x}$ erzeugt wurden [4.44]. Für schwer verdampfbare Materialien, wie z. B. Titan, Palladium, Thorium oder Uran wird eine andere Technik verwendet. Hier werden schnelle Protonen auf eine dünnen Folie geschossen und erzeugen dort radioaktive Isotope, die durch den Rückstoß die Folie verlassen und in einer Kammer, die als Ionenquelle des Massenspektrometers dient, gesammelt und dann massenselektiv nachgewiesen werden.

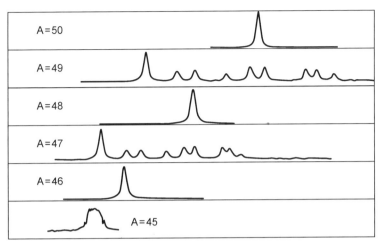

Abb. 4.24. Spektren von 6 Isotopen des Titan-Ions, zur Bestimmung von Spins, magnetischen Momenten und Isotopie-Verschiebungen der Ti-Kerne [4.42]

Hinter dem Massenspektrometer werden die selektierten Massen beschleunigt und zu einem schnellen Ionenstrahl geformt, wo sie dann durch kollineare Laserspektroskopie mit hoher spektraler Auflösung untersucht werden können. Zur Illustration sind in Abb. 4.24 die Spektren von 6 Isotopen des Titan-Ions TiII gezeigt [4.42]. In mehreren Labors sind solche Präzisionsmessungen an verschiedenen Isotopenreihen durchgeführt worden [4.7, 4.9, 4.39, 4.44, 4.45].

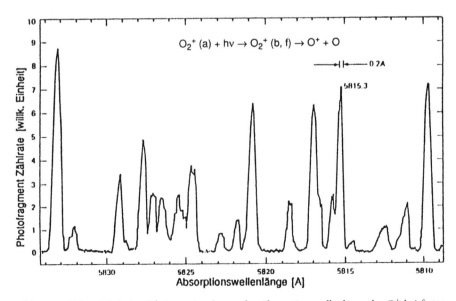

Abb. 4.25. Abhängigkeit des O^+-Ionensignals von der Absorptionswellenlänge des O_2^+ bei fester Laser-Wellenlänge und Variation der O_2^+-Geschwindigkeit (Doppler „tuning") [4.46]

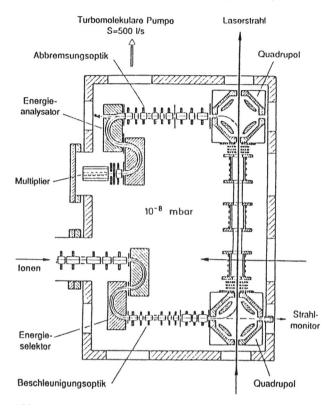

Abb. 4.26. Apparat zur Messung der Fragmentenergien bei der laser-induzierten Photodissoziation von Molekülen in einem schnellen Ionenstrahl [4.49]

Die zweite Gruppe umfasst die Spektroskopie molekularer Ionen mit Sub-Doppler-Auflösung, bei der die Absorptionsfrequenz durch die Beschleunigungsspannung durchgestimmt werden kann [4.46]. Außer der normalen Anregungsspektroskopie (Abschn. 1.2.3) ist hier insbesondere die Photofragmentspektroskopie zu nennen, wo der Laser prädissoziierende Zustände eines Muttermoleküls anregt, die dann in geladene und ungeladene Fragmente zerfallen. Mit einem nachfolgenden Massenspektrometer lassen sich die geladenen Fragmente ohne weitere Ionisation nachweisen, während man für die neutralen Fragmente eine Nachionisierung braucht, bei der dann allerdings erneute Fragmentierung eintreten kann. Zur Illustration zeigt Abb. 4.25 die Zahl der gebildeten O^+-Ionen als Funktion der Anregungswellenlänge bei der Photofragmentierung von O_2^+.

Bei geeigneter Polarisation des Laserlichtes fliegen die Photofragmente senkrecht zum Ionenstrahl auseinander. Dadurch erreichen sie nicht mehr den Ionendetektor, und die Fragmentierung lässt sich einfach durch die entsprechende Abnahme des gesamten Ionensignals als Funktion der Laserwellenlänge nachweisen [4.47, 4.48].

Um bei direkter Photodissoziation den Verlauf der repulsiven Potenzialkurven zu bestimmen, muss man die kinetische Energie der Fragmente als Funktion der ab-

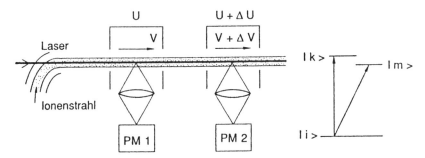

Abb. 4.27. Sättigungsspektroskopie bei kollinearer Anordnung von Laser- und Ionenstrahl

sorbierten Energie messen. Dies lässt sich mit der in Abb. 4.26 gezeigten Anordnung erreichen, bei der mithilfe von Energieanalysatoren die Fragmentenergie bestimmt wird [4.49, 4.50].

Von besonderem Interesse ist die Multiphoton-Dissoziation durch Infrarotlaser, die mit einer solchen Anordnung genau untersucht werden kann. Als Beispiel möge die Fragmentierung von SO_2^+-Ionen dienen, die durch einen CW CO_2-Laser mit niedriger Leistung, dessen Strahl koaxial zum Ionenstrahl läuft, induziert wird. Die relative Ausbeute an SO^+ bzw. S^+ in den beiden Fragmentierungskanälen

$$SO_2^+ \Rightarrow SO^+ + O ,$$
$$\Rightarrow S^+ + O_2$$

hängt von Wellenlänge und Intensität des CO_2-Lasers ab [4.51].

Die 3. Gruppe umfasst die **FIBLAS** (Fast Ion Beam Laser Spectroscopy) Methode, bei der man nichtlineare Techniken, wie z. B. Sättigungsspektroskopie oder Zweiphotonen-Absorption anwendet, um die restliche Doppler-Breite zu eliminieren. Die Sättigungsspektroskopie bei kollinearer Anordnung kann dabei mit nur einem Laserstrahl auskommen, wenn folgender Trick angewendet wird (Abb. 4.27):

Die Ionen werden durch die Spannung U beschleunigt und absorbieren in der ersten Hälfte der Wechselwirkungszone mit dem Laserstrahl bei der Frequenz ω auf dem Übergang $|i\rangle \rightarrow |k\rangle$. Danach wird ihre Geschwindigkeit v durch eine variable Spannung ΔU verändert. Dadurch kann bei fester Laserfrequenz die Absorptionsfrequenz in der zweiten Hälfte der Wechselwirkungszone kontinuierlich verändert werden. Beobachtet man die LIF aus der 2. Zone als Funktion von ΔU, so erhält man einen Lamb-Dip für $\Delta U = 0$. Liegen mehrere Übergänge von in der 1. Zone optisch entleerten Niveaus $|i\rangle$ zu anderen Niveaus $|m\rangle$ innerhalb des Abstimmbereiches

$$\omega'(\Delta U) = \omega_0 + k\sqrt{2e(U + \Delta U)/m} \qquad (4.23)$$

(z. B. Hyperfeinstruktur-Komponenten) [4.52], so erhält man ein Lamb-Dip-Spektrum bei den entsprechenden Werten von ΔU [4.53–4.55].

Besonders geeignet sind die schnellen Ionenstrahlen zur genauen Messung von Lebensdauern neutraler und ionischer Zustände (Abschn. 6.3).

4.6 Spektroskopie in kalten Ionenstrahlen

Obwohl in den schnellen Ionenstrahlen, die im vorigen Abschnitt besprochen wurden, die Geschwindigkeitsverteilung der Ionen durch Beschleunigungskühlung eingeengt wird, bleibt die verhältnismäßig große innere Energie von Molekül-Ionen, die sie bei ihrer Bildung in der Ionenquelle hatten, i.a. erhalten, wenn sie nicht durch Strahlungsemission während der Flugzeit bis zur Wechselwirkung mit den Lasern erniedrigt werden kann.

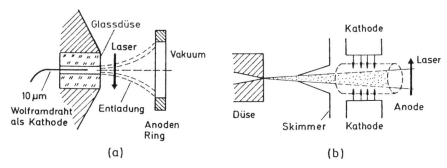

Abb. 4.28a,b. Zwei Anordnungen zur Erzeugung kalter Molekülionen mit thermischen Geschwindigkeiten: (**a**) Gasentladung durch die Düse und (**b**) Elektronenstoß-Ionisation der kalten neutralen Moleküle

Deshalb wurden zur Erzeugung „kalter" Ionen andere Techniken entwickelt, von denen zwei in Abb. 4.28 schematisch dargestellt sind: durch adiabatische Expansion von neutralen Molekülen M durch eine Düse im Vakuum werden die Moleküle abgekühlt (Abschn. 4.2). In einer Gasentladung zwischen einem dünnen Wolframdraht als Kathode und einem Anodenring wird ein Teil der Moleküle M ionisiert und fragmentiert (Abb. 4.28a) [4.56]. Statt einer Gasentladung können auch Elektronen aus einer geheizten Kathode verwendet werden, die den Molekülstrahl samt Anode zylinderförmig umschließt (Abb. 4.28b). Moduliert man den Elektronenstrahl, so lassen sich über einen Lock-in Nachweis die Spektren von Ionen und neutralen Molekülen trennen. Da durch Elektronenstoß die Rotationsenergie der Moleküle nicht sehr verändert wird, behalten die Ionen die tiefe Rotationstemperatur der neutralen Moleküle, ihre Schwingungsenergie hängt von den Franck-Condon-Faktoren für die Ionisation ab [4.57]. Wird der expandierende Strahl dicht hinter der Düse von einem Laserstrahl gekreuzt, so lässt sich wie in neutralen Strahlen Anregungsspektroskopie kalter Molekül-Ionen durchführen. Von *Erman* et al. [4.58] wurde eine einfache Überschall-Hohlkathoden-Anordnung verwendet, mit der Sub-Doppler-Spektroskopie an kalten Molekül-Ionen möglich ist.

Eine ausführlichere Darstellung vieler Aspekte der Laser-Spektroskopie in Molekül- und Ionen-Strahlen findet man in [4.12].

4.7 Laser Photodetachment in Molekülstrahlen

Die koaxiale Anordnung von Laser- und Ionenstrahl kann auch für die Photoionisation von negativen Ionen verwendet werden [4.59]. Negative Ionen spielen eine bedeutende Rolle in der oberen Atmosphäre und bei vielen chemischen Reaktionen. Obwohl bis heute hunderte von stabilen negativen Ionen bekannt sind, konnten bisher nur bei wenigen dieser Ionen Spektren mit Rotationsauflösung gemessen werden. In der kollinearen Anordnung wird die spektrale Auflösung durch die Geschwindigkeitseinengung erhöht (siehe Abschn. 4.6). Da die Bindungsenergie des zusätzlichen Elektrons in einem negativen Ion klein ist, kann man im Allgemeinen Photoionisation bereits mit sichtbaren oder infraroten Lasern erreichen. Die nicht ionisierten negativen Ionen werden von den neutralen Molekülen durch eine elektrisches Feld getrennt und entweder die Elektronenrate $N_{el}(h\nu)$ oder die Rate der neutralen Moleküle $M(h\nu)$ als Funktion der Laserfrequenz ν gemessen, wobie die letzteren mit einem Massenspektrometer nachgewiesen werden, das dann auch mögliche Fragmente messen kann.

Die Energie der Photoelektronen ist

$$E(e^-) = h\nu - (E_{\mathrm{ion}} - E_k),\tag{4.24}$$

wobei $E_{\mathrm{ion}}(M^-)$ die Ionisationsenergie des negativen Ions ist und $E_k(M)$ die Energie des Zustandes $|k\rangle$ in dem das neutrale Molekül nach der Photoionisation zurückbleibt. Die Methode erlaubt die Vermessung „dunkler" Zustände im neutralen Molekül, die durch Absorption vom Grundzustand aus nicht erreichbar sind. Für nähere Details siehe [4.60].

4.8 Massenselektive Laserspektroskopie in Molekularstrahlen

Die Kombination von Massenspektrometrie und Laserspektroskopie in Molekularstrahlen bietet eine Reihe von Vorteilen für die Analyse komplexer Molekülspektren und für die Untersuchung dynamischer Prozesse [4.62]. Hat man z. B. ein Gemisch mehrerer Isotopomere eines Moleküls (ein **Isotopomer** ist ein Molekül, das aus spezifischen atomaren Isotopen zusammengesetzt ist), so können sich die Absorptionsspektren der verschiedenen Isotopomere überlagern, was die Analyse der Spektren sehr erschweren kann. Kann man die Isotopomere mithilfe von Massenspektrometern trennen, so lassen sich isotopenselektive Spektren erhalten, wo man dann aus der Isotopieverschiebung der Linien zusätzliche Informationen zur Analyse der Spektren bekommt.

Eine mögliche experimentelle Anordnung ist in Abb. 4.29 gezeigt. Mithilfe der resonanten Zweiphotonen-Ionisation werden Molekülionen erzeugt, die dann im Massenspektrometer nach Massen getrennt werden, sodass man beim Durchstimmen der Wellenlänge des anregenden Laser L1 das Absorptionsspektrum des gewünschten Isotopomers erhält. Bei Verwendung von gepulsten Lasern sind Flugzeit-Massenspektrometer die beste Wahl. Die Ionen werden zur Zeit $t = 0$ im Kreuzungs-

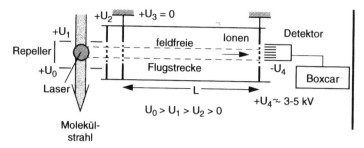

Abb. 4.29. Massenselektive Laserspektroskopie im Molekularstrahl mithilfe eines Flugzeitspektrometers

punkt von Molekularstrahl und Laserstrahlen erzeugt, in einem schwachen elektrischen Feld mit der Spannung $\Delta U_0 = U_0 - U_2$ abgezogen, in einem zweiten, stärkeren Feld mit der Spannung $\Delta U_1 = U_2 - U_3 \gg U_0$ beschleunigt und fliegen dann durch eine feldfreie Zone der Länge L [4.63]. Da ihre Flugzeit

$$T = L/v$$

von ihrer Geschwindigkeit

$$v = \sqrt{\frac{2qU}{m}} \tag{4.25}$$

und damit von ihrer Masse abhängt, ist ihre Ankunftszeit T_a am Detektor (Ionenmultiplier oder Kanalplatten-Verstärker) für die verschiedenen Massen unterschiedlich. Das Ausgangssignal des Detektors durchläuft einen Verstärker mit Torschaltung, wobei die Öffnungszeit des Tores genau auf die Ankunftszeit der gewünschten Masse m eingestellt wird.

Schaltet man mehrere Verstärker mit verschiedenen Torzeiten parallel, so kann man während des Durchstimmens des anregenden Lasers die Spektren mehrerer Isotopomere eines Moleküls parallel, aber getrennt messen.

Zur Illustration sind in Abb. 4.30 die zeitlich getrennten Signale der durch resonante Zweiphotonen-Ionisation mit gepulsten Farbstofflaser erzeugten Ionen der Isotopomere $^{107}Ag^{107}Ag$, $^{107}Ag^{109}Ag$ und $^{109}Ag^{109}Ag$ des Silberdimers Ag_2 dargestellt, wobei der anregende Laser auf eine Wellenlänge eingestellt war, bei der die Bandenköpfe aller drei Isotopomere überlappen.

Bei Verwendung von zeitlich kontinuierlichen (CW) Lasern bieten sich Quadrupol-Massenspektrometer zur Massentrennung an. Um die Vereinfachung der Spektren zu illustrieren, wird in Abb. 4.31 ein Ausschnitt aus dem hochaufgelösten Spektrum des Li_3-Clusters gezeigt, wobei das obere Spektrum die Überlagerung der Isotopomer-Spektren des natürlichen Isotopengemisches ohne Massentrennung zeigt, während die beiden unteren Spektren isotopenselektiv für $^{21}Li_3 = {}^7Li^7Li^7Li$ und $^{20}Li_3 = {}^7Li^7Li^6Li$ aufgenommen wurden [4.68]. Man erkennt sofort, welche Linien des Überlagerungsspektrums zu $^{21}Li_3$ bzw. $^{20}Li_3$ gehören. Die Häufigkeit von

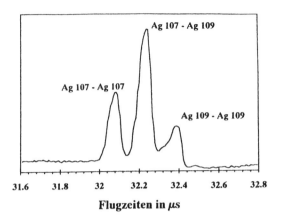

Abb. 4.30. Flugzeiten der zur Zeit t = 0 durch resonante Zweiphotonen-Ionisation gebildeten Isotopomere des Silberdimers Ag_2

$^{18}Li_3$ ist im natürlichen Isotopengemisch (92,6 % ^7Li, 7,4 % ^6Li) sehr klein und spielt hier nur eine geringe Rolle. In Abb. 4.32 ist die Apparatur zum massenselektiven Nachweis der Fragment-Ionen bei der Photodissoziation von H_3^+ gezeigt. Die H_3^+-Ionen werden in einer heißen Ionenquelle erzeugt, Durch Ablenkmagneten werden sie von den sonst noch in der Ionenquelle gebildeten Ionen getrennt und danach senkrecht von dem dissoziierenden Laserstrahl gekreuzt. Die Fragmente können dann massenselektiv nachgewiesen werden [4.66, 4.68].

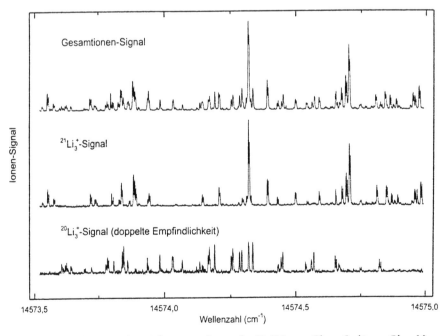

Abb. 4.31. Ausschnitt aus dem Anlegungsspektrum des Li_3-Trimers. *Oberes Spektrum*: Ohne Massenselektion. *Unten*: Isotopenselektive Spektren von $^{21}Li_3$ und $^{20}Li_3$ [4.64]

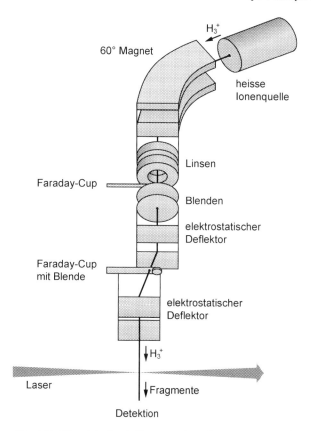

Abb. 4.32. Übersicht des Aufbaus zur Photodissoziation von H_3^+-Molekülen [4.67]

Insbesondere für die Untersuchung von Fragmentationsprozessen in größeren laserangeregten Molekülen hat sich die massenspektrometrische Trennung der verschiedenen Fragmentionen als große Hilfe zum Verständnis der ablaufenden Prozesse erwiesen. Dies soll hier nur durch eines von vielen Beispielen erläutert werden (Abb. 4.33).

Ein Molekül M werde durch Zweiphotonen-Absorption der Strahlung des Lasers L1 ionisiert. Das entstandene Ion M^+ wird dann durch ein Photon $h\nu_2$ eines zweiten Lasers L2 angeregt und kann seine Anregungsenergie umwandeln. Entweder gibt es diese Energie durch Strahlung ab oder geht durch vibronische Kopplung in andere Zustände über oder kann eventuell auch fragmentieren. Die Ionen werden aus dem Erzeugungsgebiet abgezogen und fliegen an einer anderen Stelle im Ionenstrahl durch den Laserstrahl eines dritten Lasers L3, der zur Ionisation des angeregten Mutter-Ions M^{+*} oder seiner Fragmente dient (Abb. 4.34). Da die Ankunftszeit der verschiedenen Massen im Kreuzungspunkt mit L3 berechnet werden kann, lässt sich durch geeignete Wahl der Verzögerungszeit Δt zwischen den Laserpulsen von L2 und L3 genau das gewünsche Fragment ionisieren [4.66]. Wenn dabei wie-

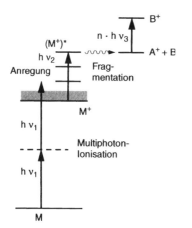

Abb. 4.33. Termschema zur Photoionisation und Fragmentation von Molekülionen durch Multiphoton-Anregung

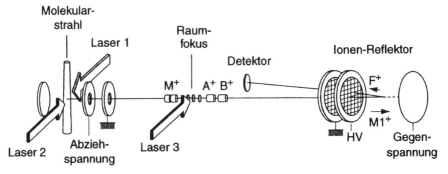

Abb. 4.34. Experimentelle Anordnung zur Untersuchung molekularer Fragmente bei der Photoionisation im Molekülstrahl [4.66]

der Fragmente auftreten, lassen sich diese durch ihre Flugzeiten bis zum Detektor trennen [4.68]. Zur besseren Massenauflösung wird hier ein Reflektron verwendet. Dies ist ein spezielles Flugzeit-Massenspektrometer, bei dem die Ionen am Ende der Flugstrecke durch ein elektrisches Feld reflektiert werden. Schnellere Ionen dringen weiter in das Feldgebiet ein und müssen deshalb einen längeren Weg bis zum Detektor zurücklegen als langsamere Ionen derselben Masse. Dadurch wird die gesamte Flugzeit aller Ionen gleicher Masse in erster Näherung unabhängig von ihrer Anfangsgeschwindigkeit, und das Massenauflösungsvermögen wird höher [4.69].

Die Verbindung von ZEKE-Spektroskopie (Abschn. 1.3.3) mit massenaufgelöstem Ionennachweis (MATI = mass analyzed threshold ionization) vereinigt die Vorzüge der hohen spektralen Auflösung mit der eindeutigen Zuordnung der molekularen Spezies (z. B. molekularen Fragmenten) [4.70–4.72].

5 Optisches Pumpen und Doppelresonanz-Verfahren

Als optisches Pumpen bezeichnet man die selektive Bevölkerung oder Entleerung atomarer oder molekularer Niveaus durch Absorption von Photonen. Die daraus resultierende Änderung ΔN der Besetzungsdichte N_i dieser Niveaus führt zu einer merklichen Abweichung von der thermischen Gleichgewichtsbesetzung N_{i0}.

Schon vor der Erfindung des Lasers wurde optisches Pumpen von Atomen mit intensiven atomaren Resonanzlinien aus Hohlkathodenlampen oder Mikrowellen-entladungen realisiert [5.1, 5.2]. In der Molekülphysik war man auf zufällige Koinzidenzen zwischen diesen atomaren Resonanzlinien und molekularen Übergängen angewiesen. Daher gibt es für optisches Pumpen von Molekülen mit inkohärenten Lichtquellen nur ganz wenige Beispiele [5.3].

Die Verwendung von Lasern als intensive, schmalbandige und durchstimmbare Pumpquellen hat jedoch den Anwendungsbereich des optischen Pumpens wesentlich erweitert und insbesondere in der Molekülspektroskopie zu einer Reihe neuer Techniken geführt, die sich für die Analyse komplexer und gestörter Spektren als überaus nützlich erwiesen haben [5.4].

Viele dieser Techniken basieren auf der gleichzeitigen, resonanten Wechselwirkung zweier verschiedener elektromagnetischer Wellen mit Atomen bzw. Molekülen. Bei diesen „**Doppelresonanztechniken**" dient eine Welle als „**Pumpe**", welche ein Molekülniveau $|k\rangle$ selektiv besetzt oder ein Niveau $|i\rangle$ entleert. Die zweite Welle wird als „**Probe**" oder Abfragewelle benutzt, die Übergänge von diesem optisch gepumpten Niveau aus nachweist (Abb. 5.1).

Auch die Doppelresonanz-Spektroskopie wurde bereits mit inkohärenten Lichtquellen als Pumpe und Radiofrequenz-Wellen als Probe an Atomen durchgeführt

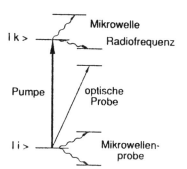

Abb. 5.1. Optisches Pumpen und verschiedene Doppelresonanz-Möglichkeiten

W. Demtröder, *Laserspektroskopie 2*, DOI 10.1007/978-3-642-21447-9_5,
© Springer-Verlag Berlin Heidelberg 2013

[5.5]. Wegen der größeren Intensität erreicht man mit Lasern jedoch ein wesentlich besseres Signal/Rausch-Verhältnis und ist mit durchstimmbaren Lasern nicht auf wenige, besonders günstige Systeme beschränkt [5.6, 5.7].

Bei den optischen Doppelresonanz-Techniken, die wir in diesem Kapitel besprechen wollen, ist die Pumpe immer ein Laser, während die Probe ein Radiofrequenzfeld, eine Mikrowelle oder ein anderer Laser sein kann. Dementsprechend unterscheidet man zwischen optischer/Radiofrequenz-, optischer/Mikrowellen- oder optischer/optischer-Doppelresonanz.

5.1 Optisches Pumpen

Der Effekt, den das optische Pumpen auf das molekulare System hat, hängt von den charakteristischen Eigenschaften der Pumplaser-Strahlung (Intensität, spektrale Bandbreite und Polarisation) ab.

Ist die Bandbreite des Pumplasers mindestens so groß wie die Doppler-Breite des absorbierenden Gases, so können Moleküle aller Geschwindigkeitsklassen gepumpt werden. Bei genügender Laserintensität kann man den Übergang sättigen und erreicht große Besetzungsänderungen gegenüber der thermischen Besetzung (Abschn. 2.1). Im Fall von Molekülen, bei denen nur ein kleiner Teil der Fluoreszenz vom oberen Niveau in das Ausgangsniveau zurückgeht, lässt sich das untere Niveau praktisch vollkommen entleeren.

Bei selektiver Besetzung eines angeregten Molekülniveaus ist das von diesem Niveau emittierte Fluoreszenzspektrum einfach gegenüber der thermischen Emission von Flammen oder Gasentladungen und deshalb im Allgemeinen relativ leicht zu analysieren (Abschn. 1.5). Eine genügend große Besetzung eines angeregten Zustandes ermöglicht auch die Messung von Absorptionsspektren *angeregter* Moleküle, die Übergängen von diesem optisch gepumpten Niveau in noch höhere Molekülzustände entsprechen.

Eine besonders interessante Anwendung des optischen Pumpens liegt in Untersuchungen stoßinduzierter Übergänge von solchen, optisch gepumpten Niveaus in andere Molekülzustände. Diese Spektroskopie von Stoßprozessen, die im Kap. 8 behandelt wird, gibt sehr detaillierte Informationen über zustandsspezifische Wirkungsquerschnitte für inelastische und reaktive Stöße.

Die Selektivität des optischen Pumpens hängt außer von der Bandbreite des Pumplasers auch von der Liniendichte des Absorptionsspektrums ab (Abb. 5.2). Wenn mehrere Absorptionslinien innerhalb ihrer Dopplerbreite mit dem Spektralprofil des Pumplasers überlappen, wird unvermeidlich mehr als ein Übergang gepumpt, d. h. mehr als ein Niveau bevölkert. Man kann jedoch die Überlappwahrscheinlichkeit stark reduzieren, wenn man mit einem schmalbandigen Laser die Moleküle in einem kollimierten Molekularstrahl anregt (Kap. 4).

Wird der Ausgangsstrahl eines *schmalbandigen* Lasers, der auf die Frequenz ω abgestimmt ist, in z-Richtung durch eine Absorptionszelle geschickt, so können nur Moleküle aus einer bestimmten Geschwindigkeitsklasse $v_z = [(\omega - \omega_0)/k \pm \gamma/k]$,

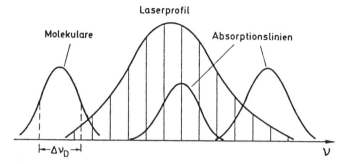

Abb. 5.2. Überlappung mehrerer Doppler-verbreiterter Absorptionslinien mit dem Spektralprofil des Pumplasers

deren Breite $\Delta v_z = \gamma/k$ durch die homogene Linienbreite γ des Pumpüberganges bestimmt ist, Photonen auf dem Übergang $|i\rangle \to |k\rangle$ mit $E_k - E_i = \hbar\omega_0$ absorbieren. Es werden also nur Moleküle aus dieser Geschwindigkeitsklasse angeregt, und die Absorption eines schmalbandigen Probenlasers gibt durch diese angeregten Moleküle ein Doppler-freies Doppelresonanz-Signal.

Ein weiterer wichtiger Aspekt des optischen Pumpens durch *polarisierte* Laser ist die selektive, nicht-thermische Besetzung von Unterniveaus (J, M) mit der Rotationsquantenzahl J und der magnetischen Quantenzahl M. Diese Unterniveaus sind ohne ein äußeres Magnetfeld entartet und spalten im Magnetfeld B in die Zeeman-Komponenten auf. Atome oder Moleküle mit einer solchen nicht thermischen M-Besetzung nennt man **orientiert**. Den höchsten **Orientierungsgrad** erreicht man, wenn nur ein M-Niveau besetzt ist. Im klassischen Modell hat der Drehimpuls $\boldsymbol{J}$ eines orientierten Moleküls eine Vorzugsrichtung im Raum, während er bei einer thermischen Gleichgewichtsbesetzung statistisch gleichmäßig in alle Raumrichtungen zeigt.

Bei Wahl der geeigneten Pumpbedingungen kann man erreichen, dass die beiden Komponenten $\pm M$ gleich besetzt sind, während Zustände mit verschiedenem $|M|$ unterschiedliche Besetzungsdichten haben. Diese Situation nennt man **Alignment**.

Man beachte, dass durch optisches Pumpen Orientierung bzw. Alignment sowohl im angeregten Zustand durch selektive *Zunahme*, als auch im unteren Zustand durch eine entsprechende selektive *Abnahme* der M-Besetzung erreicht wird (Abb. 5.3).

Als Beispiel betrachten wir optisches Pumpen mit σ^+-Licht. Als Quantisierungsachse wird die Ausbreitungsrichtung $\boldsymbol{k}$ der Lichtwelle gewählt. Der Spin der Photonen zeigt in $\boldsymbol{k}$-Richtung, sodass durch die Absorption Übergänge mit $\Delta M = +1$ induziert werden. Schaut man gegen die Lichtrichtung, so beschreibt der $\boldsymbol{E}$-Vektor der Lichtwelle eine Linksschraube. Deshalb wird σ^+-Licht oft auch linkszirkular polarisiert genannt. Auf einem Übergang $J_1 = 0 \to J_2 = 1$ kann bei optischem Pumpen mit σ^+-Licht nur die Komponente $M_2 = +1$ im oberen Zustand besetzt werden. Man erzeugt damit Orientierung im oberen Zustand (Abb. 5.4a).

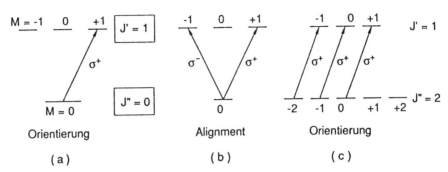

Abb. 5.3a–c. Orientierung (**a**) und Alignment (**b**) im oberen Zustand am Beispiel eines R-Überganges $J'' = 0 \rightarrow J' = 1$ und im unteren Zustand (**c**) am Beispiel eines P-Überganges $J'' = 2 \rightarrow J' = 1$

Pumpt man mit linear polarisiertem Licht (π-Licht), das in z-Richtung läuft, so kann man dies als Überlagerung von σ^+ und σ^- Komponenten auffassen (Abschn. 2.4), sodass Übergänge mit $\Delta M = \pm 1$ mit gleicher Wahrscheinlichkeit induziert werden. Man erzeugt damit also Alignment, weil beide Komponenten $|M| = 1$ gleich besetzt sind (Abb. 5.4b).

Man beachte: Wählt man als Quantisierungsachse statt der Ausbreitungsrichtung die Richtung des E-Vektors der linear polarisierten Welle, so wird aus den beiden Niveaus $M = \pm 1$ das Niveau $M = 0$. und man erhält $\Delta M = 0$ Übergänge (Abb. 5.4c). Auch hier wird wieder **Alignment** erzeugt. Die Niveaus $M = \pm 1$ bezüglich der z-Richtung sind im Atom natürlich dasselbe wie $M = 0$ bezüglich der x-Achse.

Für eine quantitative Behandlung des optischen Pumpens betrachten wir einen Übergang zwischen den beiden Energieniveaus $E_1(J_1, M_1)$ und $E_2(J_2, M_2)$, auf den der Pumplaser abgestimmt sein soll. Ohne äußeres Magnetfeld haben die $(2J + 1)$ entarteten M-Niveaus beider J-Niveaus vor dem optischen Pumpen alle die gleiche

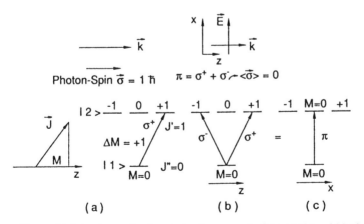

Abb. 5.4. (**a**) Orientierung durch optisches Pumpen mit σ^+-Licht. (**b**) und (**c**) Alignment im oberen Zustand bei Pumpen mit π-Licht mit der z-Achse bzw. mit der x-Achse als Quantisierungsachse

thermische Besetzung

$$N^0(J, M) = \frac{N^0(J)}{2J + 1} \,, \tag{5.1}$$

wobei $N^0(J)$ die gesamte Besetzung des Niveaus $|J\rangle$ ist. Die Ratengleichung für die Besetzungsänderung des unteren Niveaus

$$\frac{\mathrm{d}}{\mathrm{d}t} N_1(J_1, M_1) = \sum_{M_2} P(J_1, M_1, J_2, M_2)(N_2 - N_1) + \sum_k (R_{k1}N_k - R_{1k}N_1) \tag{5.2}$$

ist bestimmt durch die optische Pumprate $P(N_2 - N_1)$, und alle Relaxationsprozesse, die das Niveau $|1\rangle$ entleeren oder aus anderen Niveaus $|k\rangle$ auffüllen. Die Pumpwahrscheinlichkeit

$$P(J_1, M_1, J_2, M_2) \propto |\langle J_1, M_1| \, \boldsymbol{\mu}_{12} \cdot \boldsymbol{E} |J_2, M_2\rangle|^2 \tag{5.3}$$

ist proportional zum Quadrat des Matrixelementes für den Übergang $(J_1, M_1) \to (J_2, M_2)$ und hängt wegen des Skalarproduktes $\boldsymbol{\mu}_{12} \cdot \boldsymbol{E}$ von der Polarisation des Pumplasers ab. Moleküle, deren Übergangsdipolmoment $\boldsymbol{\mu}_{12}$ parallel zur elektrischen Feldstärke $\boldsymbol{E}$ der Pumpwelle ist, haben deshalb die größte Absorptionswahrscheinlichkeit.

Drücken wir die Pumprate

$$P(N_2 - N_1) = \sigma_{12} N_{\mathrm{ph}}(N_2 - N_1) \tag{5.4}$$

durch den Absorptionsquerschnitt σ_{12}, die Pumpphotonenflussdichte N_{ph} [cm^{-2} s^{-1}] und die Differenz der Besetzungsdichten $N_2(J_2, M_2) - N_1(J_1, M_1)$ aus, so erhalten wir aus (5.2) im stationären Betrieb ($\mathrm{d}N/\mathrm{d}t = 0$)

$$N_1 = \frac{\sum_{M_2} R_{k2}N_2 + \sum_k R_{k1}N_k}{\sum_k R_{1k} + \sum_{M_2} \sigma_{12}N_{\mathrm{ph}}} \,. \tag{5.5}$$

Wenn wir annehmen, dass sich die Besetzung der anderen Niveaus $k \neq 1, 2$ durch das optische Pumpen nicht merklich ändert, können wir (5.5) mit $N_1^0 = \Sigma N_k R_{k1}/R_{k1}$ umschreiben als

$$N_1(J_1, M_1) = \frac{N_1^0 + \sum_{M_2} N_2 \sigma_{12}N_{\mathrm{ph}}}{1 + \sum_{M_2} \sigma_{12}N_{\mathrm{ph}}/R_{1k}} \simeq N_1^0(1 - aI_{\mathrm{p}}) \,, \tag{5.6}$$

wenn $N_2 \ll N_1$ gilt. Die relative Abnahme $(N_1^0 - N_1)/N_1^0 = aI_{\mathrm{p}}$ der Besetzungsdichte des Ausgangsniveaus $|1\rangle$ mit $a = \Sigma\sigma_{12}/(\hbar\omega R_{1k})$ hängt ab von der Pumpintensität $I_{\mathrm{p}} = N_{\mathrm{ph}}\hbar\omega$, der Relaxationsrate R_{1k}, die das Niveau $|1\rangle$ entleert, und vom Wirkungsquerschnitt $\sigma_{12}(J_1M_1, J_2M_2)$ für den Pumpübergang (Abb. 5.5).

Nach (2.37) kann σ_{12} aufgespalten werden in ein Produkt

$$\sigma(J_1M_1, J_2M_2) = \sigma_{J_1J_2} C(J_1M_1, J_2M_2)$$

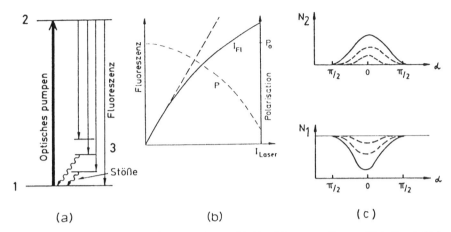

Abb. 5.5a–c. Optisches Pumpen: (**a**) Termschema. (**b**) Abweichung vom linearen Verhalten $I_{Fl}(I_L)$ der LIF und Abnahme der Orientierung durch Sättigung des Pumpüberganges, (**c**) Änderung der Molekülorientierung im unteren bzw. oberen Zustand mit zunehmender Laserintensität

aus einem orientierungsunabhängigen Faktor $\sigma_{J_1J_2}$, der im Wesentlichen gleich dem Produkt aus elektronischem Matrixelement, Franck-Condon-Faktor und Hönl-London-Faktor ist (Abschn. 1.5), und dem Clebsch-Gordan-Koeffizienten $C(J_1M_1, J_2M_2)$, der von den Rotationsquantenzahlen der beiden Niveaus und der Orientierung des Moleküls abhängt.

Mit zunehmender Pumpintensität nimmt die Besetzungsdichte N_1 im absorbierenden Niveau ab, und damit steigt die Absorptionsrate schwächer als linear mit der Pumpintensität (Abb. 5.5b). Da die Pumpwahrscheinlichkeit für die Moleküle mit $\mu_{12} \parallel E$ ($\alpha = 0$ in Abb. 5.5c) am größten ist, siehe (5.3), wird deren Besetzungsdichte durch optisches Pumpen mit einem linear polarisierten Laser am stärksten verändert, d. h. auch die Orientierung der Moleküle nimmt ab.

Durch die Rotation des Moleküls kann die Orientierung kleiner werden, wenn zum zeitlich konstanten Gesamtdrehimpuls des Moleküls außer dem Rotationsdrehimpuls auch noch Elektronen- und Kern-Spins beitragen. Es zeigt sich, dass die zeitlich gemittelte Orientierung von der Lage des Dipolübergangsvektors μ_{12} relativ zur Rotationsachse des Moleküls abhängt [5.8, 5.9].

Ein weiterer Anwendungsaspekt des optischen Pumpens betrifft die kohärente Anregung von mehr als einem molekularen Zustand. Dies bedeutet, dass durch den Anregungsprozess bestimmte Phasenbeziehungen zwischen den Wellenfunktionen dieser Zustände geschaffen werden, welche die räumliche Verteilung und das zeitliche Verhalten der Fluoreszenz bestimmen. Diesen Themenkreis der kohärenten Spektroskopie wollen wir in Kap. 7 behandeln.

5.2 Optische/Radiofrequenz-Doppelresonanz

Durch die Kombination laser-spektroskopischer Techniken mit Molekülstrahlen und Hochfrequenzspektroskopie hat die optische HF-Doppelresonanz ihren Anwendungsbereich stark erweitern können. Sie gehört heute zu den Standardverfahren für Präzisionsmessungen atomarer und molekularer Parameter, wie z. B. magnetische oder elektrische Dipolmomente, Lande-Faktoren oder Fein- und Hyperfein-Aufspaltungen. Sie bildet die Grundlage für die moderne Version der Cs-Uhr als Frequenzstandard.

5.2.1 Grundlagen

Sind zwei verschiedene elektronische Zustände $|i\rangle$ und $|k\rangle$ in eng benachbarte Unterniveaus $|i_n\rangle$ bzw. $|k_m\rangle$ aufgespalten, so kann durch geeignete Wahl der Frequenz $\omega = \omega_{in,km}$ eines schmalbandigen Lasers ein Übergang $|i_n\rangle \rightarrow |k_m\rangle$ bevorzugt gepumpt werden. Beispiele sind Übergänge zwischen den Hyperfeinstrukturkomponenten molekularer Rotationsniveaus in verschiedenen elektronischen Zuständen oder zwischen Zeeman-Komponenten atomarer Zustände (Abb. 5.6). Durch das optische Pumpen wird das Niveau $|i_n\rangle$ teilweise entleert und das Niveau $|k_m\rangle$ entsprechend bevölkert. Wird jetzt ein Hochfrequenzfeld eingestrahlt, dessen Frequenz ω einem Übergang $|i_j\rangle \rightarrow |i_n\rangle$ im unteren Zustand oder $|k_m\rangle \rightarrow |k_j\rangle$ im oberen Zustand entspricht, so werden Hochfrequenzübergänge induziert, die zu einer Zunahme der Besetzungsdichte N_{in} bzw. einer Abnahme von N_{km} führen. Im Falle von HFS- oder Zeeman-Komponenten sind dies magnetische Dipolübergänge.

Die HF-Übergänge im unteren Zustand lassen sich durch die entsprechende Zunahme der Absorption des Lasers auf dem optischen Übergang $|i_n\rangle \rightarrow |k_m\rangle$ nachweisen, welche man z. B. über die laser-induzierte Fluoreszenz messen kann. Jedes absorbierte HF-Photon $\hbar\omega_{HF}$ führt bei Sättigung des optischen Überganges zu einem zusätzlich emittierten optischen Fluoreszenzphoton $\hbar\omega$, sodass die Energieverstärkung $V = \omega/\omega_{HF}$ des molekularen Systems bei $\omega = 3\cdot10^{15}\,s^{-1}$ und $\omega_{HF} = 10^7\,s^{-1}$ Werte von $3\cdot10^8$ erreicht! Diese inhärente Verstärkung macht sich experimentell in der wesentlich höheren Nachweiswahrscheinlichkeit für optische Photonen gegenüber der für HF-Quanten bemerkbar.

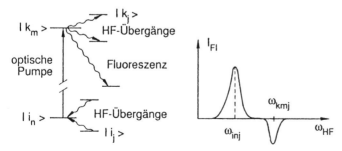

Abb. 5.6. Optische HF-Doppelresonanz im unteren bzw. oberen Zustand

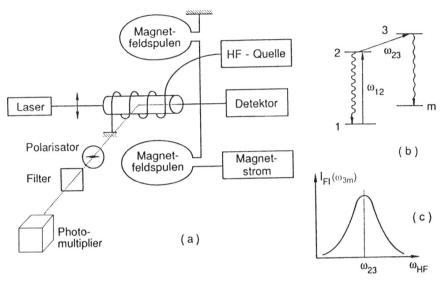

Abb. 5.7a–c. Experimentelle Anordnung für die optische HF-Doppelresonanz [5.10]

HF-Übergänge zwischen den Komponenten des elektronisch angeregten Zustandes kann man entweder durch eine Änderung der Polarisation, der räumlichen Verteilung oder der Frequenz der emittierten Fluoreszenz nachweisen. Bei kleinen Aufspaltungen $\hbar\omega_{HF}$ braucht man allerdings zur Messung der Frequenzänderung der Fluoreszenz ein Interferometer.

Ein typischer Aufbau eines HF-Doppel-Resonanz-Experimentes zur Messung von Zeeman-Aufspaltungen und Landé-Faktoren ist in Abb. 5.7 gezeigt. Die Probe wird in eine Zylinderspule gebracht, durch die ein HF-Strom zur Erzeugung des HF-Feldes fließt. Ein statisches Magnetfeld erzeugt die gewünschte Zeeman-Aufspaltung. Die Moleküle werden durch einen polarisierten Laser angeregt, und die Fluoreszenzintensität wird hinter einem Polarisator als Funktion der HF-Frequenz gemessen. Für *magnetische* HF-Übergänge sollte das HF-*Magnetfeld* am Ort der optischen Anregung maximal sein, während für elektrische Dipolübergänge (z. B. zwischen Stark-Komponenten) die *elektrische* HF-Amplitude dort ihr Maximum haben soll. Man muss die Geometrie der HF-Anregung deshalb an das jeweilige Problem anpassen [5.10].

Anstatt die Hochfrequenz durchzustimmen, kann man oft auch die Niveaus verschieben, in dem bei fester HF das statische magnetische bzw. elektrische Feld variiert wird. Dies hat den Vorteil, dass die Anpassung des HF-Widerstandes der Spule einmal optimiert werden kann und nicht mit der HF nachgestimmt werden muss. Man erhält dann mit wachsendem Feld die verschiedenen Übergänge zwischen den Zeeman- bzw. Stark-Komponenten verschiedener Feinstruktur- oder HFS-Niveaus.

Wenn die HF-Feldstärke genügend klein ist, sodass Sättigungseffekte vernachlässigbar sind, hängt die Halbwertsbreite des Doppelresonanzsignals

$$\Delta\omega_{HF} = \gamma_{in} + \gamma_{ij} \tag{5.7}$$

nur von den homogenen Breiten der beiden Niveaus $|i_n\rangle$ und $|i_j\rangle$ ab, da die Doppler-Breite bei der Frequenz ω_{HF} um den Faktor $\omega_{HF}/\omega (\approx 10^{-8})$ kleiner ist als im optischen Bereich. Ist $|i\rangle$ ein Niveau im elektronischen Grundzustand, so ist seine spontane Lebensdauer sehr lang und die homogenen Breiten sind häufig durch die Flugzeit-Linienbreiten oder durch Sättigung bestimmt (Bd. 1, Abschn. 3.6).

Der Vorteil der optischen HF-Doppelresonanz liegt in der sehr genauen Bestimmung enger Niveau-Aufspaltungen, die man hier direkt durch Messung der Linienmitte des HF-Doppelresonanz-Signals misst und nicht als kleine Differenz zweier optischer Frequenzen. Außerdem lassen sich Niveauabstände noch auflösen, die kleiner sein können als die natürliche Linienbreite des optischen Überganges, solange sie nur größer sind als die homogene Breite der Niveaus $|i_n\rangle$ und $|i_j\rangle$. Dies trifft zu bei optischen Übergängen zwischen einem langlebigen und einem kurzlebigen Niveau, wo die HFS-Aufspaltung des langlebigen Niveaus aufgelöst werden kann, selbst wenn sie kleiner ist als die homogene optische Linienbreite (Abschn. 5.2.2).

Bringt man die Probe in ein elektrisches Feld, so lässt sich mithilfe der optischen HF-Doppelresonanz die Stark-Aufspaltung in optisch angeregten Zuständen und damit das elektrische Dipolmoment bestimmen [5.10, 5.11].

5.2.2 Laser-Hochfrequenz-Doppelresonanz-Spektroskopie in Molekularstrahlen

Die **Rabi-Technik** der magnetischen oder elektrischen Resonanzspektroskopie in Molekularstrahlen [5.12–5.14] erlaubt außergewöhnlich präzise Messungen von Fein- und HFS-Aufspaltungen in atomaren und molekularen Grundzuständen, von Coriolis-Aufspaltungen, und von Rotationsstrukturen schwach gebundener Van der Waals-Moleküle [5.15]. Ihr Messprinzip ist in Abb. 5.8a dargestellt: Ein kollimierter Strahl von Molekülen mit einem permanenten Dipolmoment wird in einem inhomogenen Magnetfeld A abgelenkt und in einem entgegengerichteten zweiten inhomogenen Feld B wieder auf den Dektektor gelenkt. Zwischen A und B wird ein HF-Feld eingespeist, das Übergänge zwischen den molekularen Unterniveaus $|i_n\rangle$ und $|i_j\rangle$ induziert. Da das magnetische Moment des Moleküls im Allgemeinen in den beiden Zuständen verschieden ist, wird sich die Ablenkung in B und damit das Detektorsignal ändern, wenn ein solcher HF-Übergang stattgefunden hat. Man kann im Bereich des HF-Feldes zusätzlich ein homogenes magnetisches oder elektrisches Gleichfeld anlegen, um Übergänge zwischen Zeeman- oder Stark-Komponenten messen zu können.

Das Verfahren ist auf Atome und Moleküle mit permanenten Dipolmomenten beschränkt, weil sonst keine Ablenkung im inhomogenen Feld erfolgt. Außerdem ist der Nachweis der neutralen Teilchen, die in einem Universaldetektor ionisiert werden, nicht sehr empfindlich außer für solche Moleküle, die mit einem Langmuir-Taylor Detektor nachgewiesen werden können.

Die Laser-Version beseitigt beide Einschränkungen. Die beiden Magnete A und B werden durch zwei Teilstrahlen eines Lasers ersetzt, die den Molekularstrahl senkrecht kreuzen (Abb. 5.8b). Wird die Laserfrequenz ω auf einen molekularen Übergang $|i_n\rangle - |k\rangle$ abgestimmt, so wird infolge optischen Pumpens im Kreuzungspunkt A

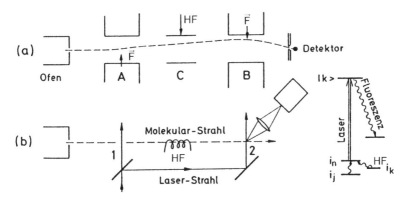

Abb. 5.8a,b. Klassische Rabi-Molekularstrahl-Radiofrequenz-Spektroskopie (**a**) und ihre Laserversion (**b**)

das untere Niveau $|i_n\rangle$ entleert, und damit sinkt die Absorption des zweiten Laserstrahls im Kreuzungspunkt B, was über die laserinduzierte Fluoreszenz nachgewiesen wird. Die HF-Übergänge $|i_j\rangle \rightarrow |i_n\rangle$ im Gebiet C erhöhen die Besetzungsdichte des entleerten Niveaus wieder und damit das Signal in B.

Diese **Laserversion der Rabi-Technik** hat die folgenden Vorteile:

1. Die Methode ist nicht auf Moleküle mit permanentem Dipolmoment beschränkt, sondern anwendbar auf alle Moleküle, die von existierenden Lasern angeregt werden können.

2. Durch das optische Pumpen kann das gewünschte Niveau $|i_n\rangle$ praktisch vollkommen entleert werden. Dadurch steigt die Absorption des HF-Feldes auf dem Übergang $|i_j\rangle \rightarrow |i_n\rangle$, die proportional zur Besetzungsdifferenz $N_{ij} - N_{in}$ ist, stark gegenüber der klassischen Rabi-Methode an, wo bei thermischer Besetzung die Differenz sehr klein ist.

3. Der Nachweis durch die laserinduzierte Fluoreszenz ist wesentlich empfindlicher als durch einen Universaldetektor und kann bei Verwendung der resonanten Zwei-Photonen-Ionisation (Abschn. 1.3) noch weiter gesteigert werden.

4. Das Signal/Rausch-Verhältnis ist außerdem auch deshalb besser, weil nur Moleküle im selektierten Zustand $|i_n\rangle$ zum Signal beitragen, während bei der Rabi-Methode die Differenz der Ablenkung in den beiden Zuständen $|i_n\rangle$ und $|i_j\rangle$ im Allgemeinen sehr klein ist, und deshalb auch Moleküle in anderen Zuständen den Detektor noch erreichen können.

Diese Vorteile des Laserverfahrens sollen nun an einigen Beispielen illustriert werden.

Beispiel 5.1

Messungen der Hyperfeinstruktur im Grundzustand des Na_2-Moleküls. Die HFS in einem $^1\Sigma$-Zustand eines homonuklearen, zweiatomigen Moleküls kommt durch die Wechselwirkung der Kernspins mit dem schwachen Magnetfeld zustande, das durch die Rotation des Moleküls erzeugt wird und ist deshalb sehr klein. Im Fall des Na_2-Moleküls konnte mithilfe der Laserversion der Rabi-Technik [5.16] durch Anregung des Na_2-Überganges $X^1\Sigma_g(v'' = 0, J'' = 28) \rightarrow B^1\Pi_u(v' = 3; J' = 27)$ mit der Argonlaserlinie $\lambda = 476{,}5\,nm$ in einem kollimierten Natriumstrahl die Hyperfein-Wechselwirkungskonstante für das Rotationsniveau $J = 28$ zu $0{,}17 \pm 0{,}03\,KHz$ bestimmt werden, während als Quadrupolkopplungskonstante $eqQ = 463{,}7 + 0{,}9\,kHz$ gemessen wurde. Mit einem CW Farbstofflaser lassen sich beliebige Rotationsübergänge anregen, und damit die Kopplungskonstanten für alle diese Niveaus bestimmen.

Die Aufspaltung der HFS-Niveaus ist sehr klein gegen die natürliche Linienbreite des optischen Überganges $X^1\Sigma_g \rightarrow B^1\Pi_u$, die wegen der kurzen Lebensdauer $\tau = 7\,ns$ des B-Zustandes etwa $20\,MHz$ beträgt. Bei großer Laserintensität wird in den optisch nicht aufgelösten HFS-Komponenten des Grundzustandes durch optisches Pumpen eine kohärente Zustandsüberlagerung erzeugt [5.17], die zu einer drastischen Veränderung der Form und der Mittenfrequenz der HF-Signale führen kann [5.18]. Man muss also bei verschiedenen Laserintensitäten I_L mesen und dann gegen $I_L \rightarrow 0$ extrapolieren.

Beispiel 5.2

Messung der HFS angeregter Atomzustände. Die Messung kleiner Aufspaltungen lässt sich auch auf angeregte Zustände mit genügend langer Lebensdauer ausdehnen. *Ertmer* und *Hofer* [5.19] untersuchten die HFS metastabiler Atomzustände mit dieser Methode. Eine schematische Darstellung ihrer experimentellen Anordnung ist in Abb. 5.9 gezeigt. Die Metallatome werden durch Beschuss einer Metalloberfläche mit einem Elektronenstrahl verdampft, und ihre metastabilen Zustände werden durch Elektronenstoß angeregt. Optisches Pumpen mit einem Farbstofflaser in höhere elektronische Zustände bewirkt eine selektive Entleerung einzelner HFS-Niveaus in den metastabilen Zuständen. Zur Erhöhung der Empfindlichkeit wurde der Pumplaserstrahl über eine Prismenanordnung mehrfach mit dem Atomstrahl senkrecht gekreuzt. Durch ein Differenzverfahren im Nachweis konnten Schwankungen der Atomstrahlintensität und der Laserintensität weitgehend eliminiert werden. Wegen der großen Empfindlichkeit der Methode wird ein gutes Signal/Rausch-Verhältnis erzielt, selbst in Fällen, wo die Besetzung der metastabilen Niveaus nur $1\,\%$ der Grundzustandsbesetzung beträgt [5.20].

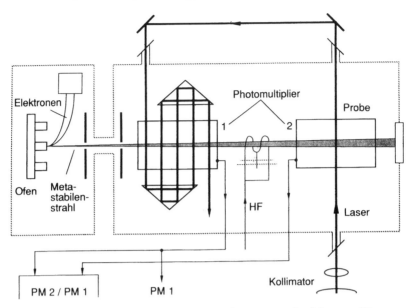

Abb. 5.9. Atomstrahlresonanzapparatur mit optischem Pumpen durch Laser und Fluoreszenznachweis [5.19]

5.3 Optische/Mikrowellen-Doppelresonanz

Die Mikrowellenspektroskopie hat bisher wohl die umfangreichsten und genauesten Daten über Molekülkonstanten in elektronischen Grundzuständen geliefert [5.21]. Sie ist jedoch beschränkt auf Übergänge, die von thermisch besetzten Zuständen ausgehen und umfasst Rotationsübergänge in tiefer liegenden Schwingungsniveaus sowie deren Fein- bzw. Hyperfeinstruktur.

Durch optisches Pumpen mit Lasern im infraroten bis ultravioletten Spektralbereich können nun Rotationsniveaus in *angeregten* Zuständen selektiv bevölkert werden, von denen aus Mikrowellenübergänge zu benachbarten, thermisch nicht besetzten Rotationsniveaus induziert werden. Dadurch wird die Leistungsfähigkeit der Mikrowellenspektroskopie wesentlich erweitert und ihre Genauigkeit auf angeregte Zustände übertragen. Dies bringt Informationen über die Struktur von Molekülen in angeregten Zuständen, die durchaus verschieden sein können von denen im Grundzustand. Diese optische Mikrowellen (MW)-Doppelresonanz hat außerdem folgende Vorteile:

1) Da die Besetzungsdifferenz zwischen den Niveaus des Mikrowellenüberganges durch das optische Pumpen wesentlich größer gemacht werden kann, als dies bei thermischer Besetzung möglich wäre, erhält man eine größere Absorption der Mikrowelle, selbst wenn nur ein kleiner Bruchteil der Moleküle optisch gepumpt wurde.

Bei thermischem Gleichgewicht ist das Verhältnis der Besetzungsdichten N_i, N_k zweier Niveaus mit den Energien E_i, E_k

$$N_k/N_i = (g_k/g_i)\,e^{-ih\nu/kT} \quad \text{mit} \quad h\nu = E_k - E_i \, . \tag{5.8}$$

Für typische Mikrowellenfrequenzen $v \simeq 10^{10}\,\text{Hz}\,(0{,}3\,\text{cm}^{-1})$ ist der Exponent in (5.8) bei Zimmertemperatur ($kT \simeq 250\,\text{cm}^{-1}$) sehr klein, und wir können die Absorption der Mikrowelle über die Strecke Δx schreiben als

$$\Delta I = -I_0 \sigma_{ik} \Delta x (N_i - N_k) \simeq -I_0 \sigma_{ik} \Delta x N_i h v / kT \,, \tag{5.9}$$

wenn $g_i = g_k$ ist. In unserem obigen Zahlenbeispiel ist $h v / kT \simeq 10^{-3}$. Dies bedeutet, dass die Absorption der Mikrowelle um den Faktor 10^3 ansteigt, wenn die Besetzungsdichte N_k durch optisches Pumpen so klein gemacht wird, dass sie gegen N_i vernachlässigt werden kann. Das gleiche Argument gilt für Mikrowellenübergänge von optisch gepumpten Niveaus im angeregten Zustand, wenn deren Besetzung durch optisches Pumpen auf einen Wert gebracht werden kann, welcher der thermischen Besetzung im Ausgangsniveau nahe kommt, während alle anderen Niveaus im angeregten Zustand thermisch kaum besetzt sind.

2) Kennt man das optisch gepumpte Niveau (z. B. durch eine spektral aufgelöste Messung der laser-induzierten Fluoreszenz), so ist die Zuordnung der Mikrowellenübergänge wesentlich leichter als bei einem normalen Mikrowellenspektrum, weil die Übergänge vom oder zum optisch gepumpten Niveau wesentlich größere Intensitäten haben und deshalb sofort identifiziert werden können.

3) Bei Mikrowellenübergängen $|J_1\rangle \to |J_2\rangle$ in elektronisch angeregten Zuständen führt jedes absorbierte MW-Quant zu einem Fluoreszenzphoton, das vom Zustand $|J_2\rangle$ emittiert wird und das durch einen Monochromator von der Fluoreszenz aus $|J_1\rangle$ getrennt werden kann. Die Nachweisempfindlichkeit der Fluoreszenz-Photonen ist wesentlich größer als die der direkten Messung der Mikrowellenabsorption.

Zahlreiche Linien der leistungsstarken Infrarot-Laser (z. B. CO_2, N_2O, CO, HF, DF Laser) haben zufällige Koinzidenzen mit Schwingungs-Rotations-Übergängen einer großen Zahl von Molekülen. Selbst Laserlinien, die nur in die Nähe molekularer Absorptionslinien fallen, können durch Zeeman- oder Stark-Verschiebung der molekularen Niveaus in äußeren magnetischen oder elektrischen Feldern in Resonanz gebracht werden (Abschn. 1.4). Inzwischen gibt es auch genügend intensive, kontinuierlich durchstimmbare Infrarotlaser (Farbzentren- und Dioden-Laser, Bd. 1, Abschn. 5.6.1–5.6.3), sodass die Infrarot-MW-Doppelresonanz sich zu einer erfolgreichen, oft verwendeten Technik entwickelt hat [5.22, 5.23].

In Abb. 5.10 sind als Beispiel Mikrowellenübergänge zwischen den Inversionsdubletts mehrerer Rotationsniveaus im NH_3-Molekül eingezeichnet, die im Schwingungsgrundzustand bei optischem Pumpen mit einem N_2O-Laser auf der Q-Linie ($J = 8$, $K = 7$) des Schwingungsüberganges $v_2 = 0 \to 1$ beobachtet werden. Dabei wird die Differenz der Mikrowellenabsorption mit bzw. ohne Pumplaser gemessen [5.23]. Außer dem direkten Doppelresonanzsignal S erscheinen auch „stoßinduzierte" Signale S' und S'', weil die durch optisches Pumpen bewirkte Entleerung des Niveaus ($J = 8$, $K = 7$) durch Stöße (Wellenlinien in Abb. 5.10) auf die Nachbarniveaus teilweise übertragen wird. Da diese stoßinduzierten DR-Signale mit dem Druck des Probengases anwachsen, lassen sie sich von den direkten Signalen unterscheiden. Auch in *angeregten* Schwingungszuständen, die durch einen Infrarot-Laser bevölkert wurden, sind Mikrowellen-Übergänge beobachtbar (Abb. 5.11). Für weitere Beispiele siehe [5.24–5.28].

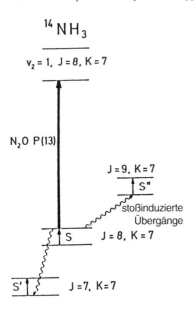

Abb. 5.10. Infrarot-Mikrowellen-Doppelresonanz im Schwingungsgrundzustand des NH_3-Moleküls. Die Mikrowellenübergänge S, S', und S'' erfolgen zwischen den Inversionskomponenten der Rotationsniveaus. Durch Stöße (*Wellenlinien*) wird die durch optisches Pumpen erzeugte Abweichung von der thermischen Besetzung auf Nachbarniveaus teilweise übertragen [5.23]

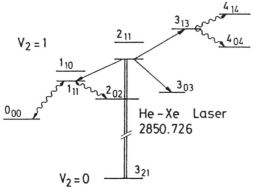

Abb. 5.11. Infrarot-Mikrowellen-Doppelresonanzen zwischen Rotationsniveaus ($J_{Ka,Kc}$) im angeregten $v_2 = 1$ Schwingungszustand des DCCCHO-Moleküls [5.24]

Die **elektronisch angeregten** Zustände der Moleküle sind im Allgemeinen wesentlich schlechter bekannt als ihre Grundzustände, weil die meiste Information über sie aus optischen Absorptionsspektren stammt, deren Analyse bei stark gestörten Zuständen oft sehr schwierig ist und deren Genauigkeit durch die verwendeten Spektrographen begrenzt ist. Die optische Mikrowellen-Doppelresonanz überträgt die Genauigkeit der Mikrowellen-Spektroskopie auf einzelne, selektive Übergänge, die von bekannten, optisch gepumpten angeregten Zuständen ausgehen. In Kombination mit der Molekularstrahltechnik kann die Laserversion der Rabi-Technik angewendet werden. Damit lassen sich Rotationsübergänge im elektronischen Grundzustand und in angeregten Zuständen sowie ihre Hyperfeinstruktur mit großer Empfindlichkeit und Präzision messen.

Ein Beispiel für diese Methode ist die Bestimmung der Molekülkonstanten für das Molekül BaO, das schwer verdampfbar ist und deshalb durch eine chemische

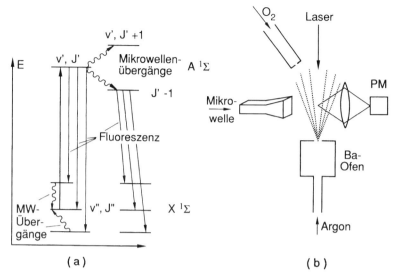

Abb. 5.12a,b. Optische Mikrowellendoppelresonanz: (**a**) Termschema für das BaO-Molekül. (**b**) Experimentelle Anordnung

Reaktion hergestellt wird [5.29]. Im Kreuzungsvolumen eines Barium-Atomstrahls und eines Sauerstoffmolekularstrahls werden BaO-Moleküle durch die Reaktion Ba + $O_2 \rightarrow$ BaO + O in verschiedenen Schwingungsrotationsniveaus (v'', J'') im $X^1\Sigma$ Zustand gebildet (Abb. 5.12b). Bei Abstimmung der Wellenlänge eines CW Farbstofflasers auf einen Übergang $A^1\Sigma(v', J') \leftarrow X^1\Sigma(v'', J'')$ kann das gewünschte Niveau (v', J') selektiv bevölkert werden. Die Quantenzahlen v' und J' lassen sich aus dem LIF-Spektrum bestimmen. Wird die Mikrowellenfrequenz auf einen Rotationsübergang $(v', J') \rightarrow (v', J' \pm 1)$ abgestimmt, so werden Nachbarrotationsniveaus besetzt, und dadurch erscheinen neue Linien im optischen Fluoreszenzspektrum (Abb. 5.12a). Ebenso können MW-Übergänge im Grundzustand gemessen werden, die zu einer Erhöhung der Besetzung des durch den Laser entleerten Ausgangsniveaus (v'', J'') und damit zu einer Zunahme der Fluoreszenz des oberen Niveaus (v', J') führen [5.30].

Die Empfindlichkeit der Methode ist so groß, dass auch geringe Konzentrationen von Molekülen oder nichtstabilen Radikalen spektroskopiert werden können, wie dies z. B. an NH_2-Radikalen in einem Gasentladungsdurchflusssystem demonstriert wurde [5.31].

Ein Beispiel für die Mikrowellen-Doppelresonanzversion der Rabi-Methode ist die Messung der Hyperfeinstrukturaufspaltung im elektronischen Grundzustand des CaCl-Moleküls [5.32, 5.33], bei der Linienbreiten der Mikrowellen-Übergänge von 15 kHz erreicht wurden, die nur durch die Flugzeit der Moleküle durch das Mikrowellenfeld begrenzt waren. Erzeugt man in der Mikrowellenzone ein homogenes elektrisches Feld, so kann die Stark-Aufspaltung beobachtet werden, aus der sich das elektrische Dipolmoment bestimmen lässt [5.34].

5.4 Optische/Optische Doppelresonanz

Die Optische/Optische DoppelResonanz (**OODR**) beruht auf der Wechselwirkung eines Moleküls mit zwei optischen Wellen, deren Frequenzen auf zwei Übergänge des Moleküls mit einem gemeinsamen Niveau abgestimmt sind. Dieses für „Pumpe" und „Abfragelaser" gemeinsame Niveau kann entweder das Ausgangsniveau $|1\rangle$ oder das angeregte Niveau $|2\rangle$ sein (Abb. 5.13). Dementsprechend unterscheidet man neben der stufenweisen Anregung (Abb. 5.13b) zwei unterschiedliche OODR-Schemata, die man nach der Form ihres Term-Diagramms auch **V-Typ** (a) und **Λ-Typ** (c) nennt.

Die **V-Typ OODR** kann als Umkehrung der LIF angesehen werden (Abb. 5.14). Bei der LIF wird ein *angeregtes* Niveau $|2\rangle$ selektiv bevölkert. Das resultierende Fluoreszenzspektrum entspricht Übergängen von $|2\rangle$ zu verschiedenen Niveaus (v'', J'') eines tiefer liegenden elektronischen Zustandes. Das Spektrum ist relativ einfach, daher leichter zu analysieren und gibt Information über den Grundzustand (Abschn. 1.5). Bei der **V-Typ OODR** hingegen wird durch die Pumpe ein *unteres* Niveau $|1\rangle$ selektiv *entvölkert*. Die bei der OODR nachgewiesenen Absorptionsübergänge des Probenlasers gehen von dem ausgesuchten Niveau $|1\rangle$ zu allen *angeregten* Niveaus $|m\rangle$, die mit $|1\rangle$ durch erlaubte Übergänge verbunden sind. Da die Zahl dieser Niveaus $|m\rangle$ durch Auswahlregeln eingeschränkt ist [5.35], wird die Zuordnung der Abfrageübergänge wesentlich einfacher als die Analyse eines üblichen Absorptionsspektrums, bei dem Absorptionslinien von allen thermisch besetzten Zuständen erscheinen. Dies wollen wir uns etwas genauer ansehen.

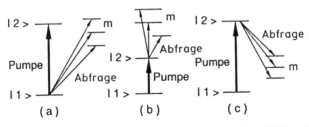

Abb. 5.13a–c. Verschiedene Termschemata für OODR: (**a**) V-Typ-OODR. (**b**) Stufenweise Anregung, (**c**) Λ-Typ OODR

5.4.1 Vereinfachung komplexer Absorptionsspektren

Wenn der auf den Übergang $|1\rangle \rightarrow |2\rangle$ abgestimmte Pumplaser L1 mit der Frequenz f_1 intensitätsmoduliert wird, sind auch die Besetzungsdichten

$$N_1 = N_1^0 [1 - aI_1(1 + \cos 2\pi f_1 t)] \, , \tag{5.10a}$$

$$N_2 = N_2^0 [1 + bI_1(1 + \cos 2\pi f_1 t)] \tag{5.10b}$$

der beiden Niveaus durch optisches Pumpen gegenphasig moduliert. Die Modulationsamplituden a und b hängen von der Intensität des Pumplasers, der Übergangs-

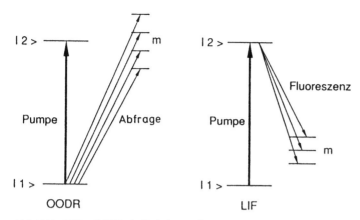

Abb. 5.14. V-Typ OODR als Umkehrung der LIF

wahrscheinlichkeit und von verschiedenen Relaxationsprozessen (spontane Emission, Stoßprozesse, Moleküldiffusion) ab (Abschn. 2.1). Die vom durchstimmbaren Abfragelaser L2 induzierte Fluoreszenzintensität $I(\lambda_2)$, wird immer dann auf der Frequenz f_1 moduliert sein, wenn die Laserwellenlänge λ_2 einem Übergang $|1\rangle \to |m\rangle$ vom optisch gepumpten unteren Niveau $|1\rangle$ aus bzw. $|2\rangle \to |n\rangle$ vom oberen Niveau $|2\rangle$ aus entspricht. Weist man daher die LIF des Abfragelasers mit einem auf f_1 abgestimmten Lock-in Verstärker nach, so erscheinen als negative Signale nur die OODR-Übergänge $|1\rangle \to |m\rangle$ und als positive Signale die Übergänge $|2\rangle \to |q\rangle$ (Abb. 5.15). Aus der Phase des Signals kann man also erkennen, welcher der beiden Fälle vorliegt.

Leider ist die Situation nicht immer so einfach, wie dies in Abb. 5.15 dargestellt ist. Wenn OODR in einem Zellexperiment durchgeführt wird, bei dem die Moleküle eine thermische Geschwindigkeitsverteilung haben und außerdem Stoßprozesse eine Rolle spielen, kann auch bei anderen Niveaus als $|1\rangle$ und $|2\rangle$ eine Modulation der Besetzungsdichte auftreten. Dies hat verschiedene Gründe:

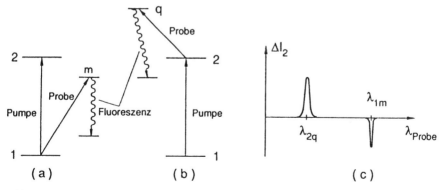

Abb. 5.15a–c. Gegenphasige OODR-Signale für vom Abfragelaser induzierten Übergänge vom unteren bzw. oberen Pumpniveau aus

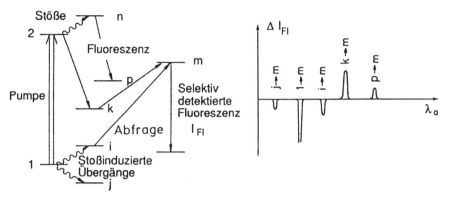

Abb. 5.16. Stoßinduzierte OODR-Signale bei Experimenten in Zellen bei genügend hohem Gasdruck

a) Wegen der Doppler-Breite können in dichten Spektren selbst bei schmalbandigem Laser L1 mehrere Absorptionslinien mit dem Laserlinienprofil überlappen (Abb. 5.2), sodass mehrere Übergänge gleichzeitig gepumpt werden.

b) Durch Stöße kann die Besetzungsmodulation des Niveaus $|1\rangle$ auf Nachbarniveaus übertragen werden (Abb. 5.16), sodass sekundäre OODR-Signale entstehen. Diese machen zwar das OODR-Spektrum linienreicher und damit oft auch schwerer interpretierbar, aber können andererseits auch zusätzliche Informationen über diese Nachbarniveaus und über die Größe der Stoßquerschnitte bringen (Abschn. 8.3).

c) Die Fluoreszenz vom optisch angeregten Niveau $|2\rangle$ kann eine Besetzungsmodulation anderer Niveaus im Grundzustand bewirken, die vom Abfragelaser detektiert wird, z. B. $|k\rangle \rightarrow |m\rangle$ in Abb. 5.16.

Will man solche sekundären OODR-Signale verringern, so muss man für eine Doppler-freie Anregung unter stoßfreien Bedingungen sorgen. Dies lässt sich in kollimierten Molekularstrahlen realisieren, wenn beide Laser senkrecht mit dem Molekularstrahl gekreuzt werden (Abb. 5.17).

Natürlich ist auch die vom Pumplaser induzierte Fluoreszenz mit der Frequenz f_1 moduliert. Wenn die Anregungsorte von Pump- und Abfragelaser räumlich getrennt sind, können die beiden Fluoreszenzanteile geometrisch separiert werden. Ist dies nicht möglich, dann lässt sich der konstante Untergrund der Pumplaserfluoreszenz im OODR-Spektrum durch eine Doppelmodulationstechnik frequenzmäßig vom Abfrageanteil trennen. Dazu wird die Intensität des Abfragelasers mit einer Frequenz f_2 moduliert und das OODR-Signal auf der Summenfrequenz $f_1 + f_2$ oder der Differenzfrequenz $f_1 - f_2$ nachgewiesen. Die vom Abfragelaser induzierte Fluoreszenzintensität ist nämlich proportional zum Produkt $N_1 I_2$ aus Besetzungsdichte des absorbierenden Niveaus und der Abfragelaserintensität und daher gilt nach (5.10):

$$I_{\text{Fl}}(\lambda_2) \approx N_1 I_2 = 1/2 I_2^0 N_1^0 [1 - a I_1^0 (1 + \cos 2\pi f_1 t)](1 - \cos 2\pi f_2 t) \,. \tag{5.11}$$

Der nichtlineare Term

$$I_1^0 I_2^0 \cos 2\pi f_1 t \cdot \cos 2\pi f_2 t = 1/2 I_1^0 I_2^0 [\cos 2\pi (f_1 + f_2) t + \cos 2\pi (f_1 - f_2) t] \,,$$

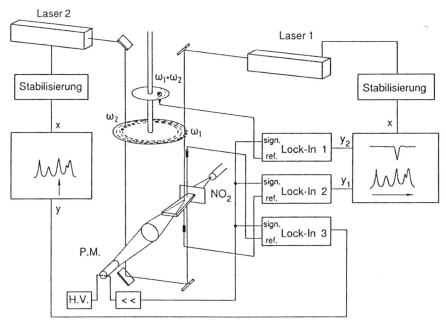

Abb. 5.17. OODR in einem kollimierten Molekularstrahl

im Doppelresonanzsignal (5.11) enthält Anteile auf der Summen- bzw. Differenzfrequenz $f_1 \pm f_2$, während die linearen Terme mit f_1, und f_2 nur von I_1 bzw. I_2 aber nicht vom Produkt $I_1 I_2$ abhängen (Abschn. 2.3).

Als Beispiel für die Bedeutung der OODR in Molekularstrahlen für die Analyse komplexer Molekülspektren soll der in Abb. 5.18 gezeigte Ausschnitt aus dem sehr komplexen NO_2-Spektrum dienen, der mit einem durchstimmbaren Einmoden-Argonlaser in einem kollimierten NO_2-Strahl aufgenommen wurde. Trotz der geringen Sub-Doppler-Linienbreite von 15 MHz sind nicht alle Linien aufgelöst und ihre Zuordnung erweist sich als sehr schwierig, weil über den stark gestörten oberen Zustand nicht genug Information vorliegt. Wird nun in einem OODR-Experiment der Pumplaser auf eine der Linien stabilisiert und der Abfragelaser durch das zu untersuchende Spektrum durchgestimmt, so erhält man das OODR-Spektrum in Abb. 5.18. Man sieht daraus sofort, dass die beiden Linien 1 und 4 zu Übergängen gehören, die jeweils vom gleichen unteren Niveau ausgehen. Sie gehen zu zwei oberen Rotationsniveaus mit gleicher Rotationsquantenzahl J, die zu zwei dicht benachbarten miteinander gekoppelten Schwingungsniveaus zweier sich gegenseitig störender elektronischer Zustände gehören [5.36, 5.37]. Ebenso findet man, dass die Linienpaare 2 und 5 und 3 und 6 ein gemeinsames unteres Niveau haben.

Anmerkung

Die Besetzung N_m der durch Fluoreszenz vom optisch gepumpten oberen Niveau aus erreichbaren unteren Niveaus $|m\rangle$ in Abb. 5.14 sind auch mit der Pumpmodulationsfrequenz f_1 moduliert. Sie geben daher Anlass zu „sekundären OODR-Signalen", deren Phase jedoch entgegengesetzt zu den primären OODR-Signalen ist, die durch die Besetzungsmodulation des Niveaus $|1\rangle$ erzeugt werden.

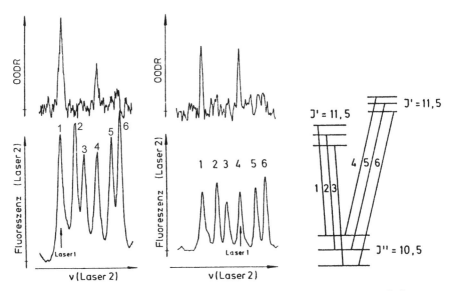

Abb. 5.18. Ausschnitt aus dem linearen Sub-Doppler-Spektrum des NO_2 in einem kollimierten NO_2-Strahl (*unten*) und zwei Doppelresonanzspektren (*oben*), wobei der Pumplaser auf die Linien 1 bzw. 4 stabilisiert war [5.36]

5.4.2 Stufenweise Anregung und Spektroskopie von Rydberg-Zuständen

Wenn ein angeregter Zustand $|2\rangle$ selektiv durch optisches Pumpen besetzt wurde, können durch laserinduzierte Übergänge von $|2\rangle$ aus noch höhere Zustände angeregt werden (Abb. 5.13b). Dieser Prozess kann als spezieller Resonanzfall der allgemeinen Zweiphotonenabsorption mit zwei verschiedenen Photonen $\hbar\omega_1$ und $\hbar\omega_2$ angesehen werden (Abschn. 2.5). Da der obere Zustand dieselbe Parität wie der Ausgangszustand haben muss, kann er nicht durch einen erlaubten Einphotonenübergang erreicht werden. Eine Einstufenanregung mit frequenzverdoppeltem Licht der Photonenenergie $2\hbar\omega = \hbar(\omega_1 + \omega_2)$ erreicht daher trotz gleicher Anregungsenergie andere Zustände als die Zweistufenanregung mit $\hbar\omega_1 + \hbar\omega_2$.

Durch eine solche stufenweise Anregung mit zwei Lasern im Sichtbaren lassen sich bereits Anregungsenergien bis etwa 6 eV erreichen. Durch Frequenzverdopplung beider Laserstrahlen oder durch Dreistufenanregung steigt die verfügbare Anregungsenergie auf $9 \div 12$ eV und damit werden z. B. die Rydberg-Zustände der meisten Moleküle der Laserspektroskopie zugänglich. Die Termwerte der Rydberg-Zustände mit der Hauptquantenzahl n sind

$$T = -\frac{R}{\left(n - \delta(\ell, n)\right)^2} \tag{5.12}$$

wobei der von der Bahndrehimpulsquantenzahl ℓ und von n abhängige Quantendefekt δ die Abweichung der Termwerte vom Coulomb-Potenzial beschreibt. Die

Tabelle 5.1. Charakteristische Größen von Rydberg-Atomen

Physikalische Größe	n-Abhängigkeit für $\ell = n - 1$	Zahlenwerte für $H(n = 2)$	$H(n = 50)$
Bindungsenergie	$-Rn^{-2}$	$4\,\text{eV}$	$0{,}0054\,\text{eV} \mathrel{\widehat{=}} 43{,}5\,\text{cm}^{-1}$
Abst. $E(n+1) - E(n)$ benachbart. Energieniv.	$\Delta E_n = \dfrac{R(2n+1)}{[n(n+1)]^2}$	$\dfrac{5}{36}R \simeq 2\,\text{eV}$	$0{,}2\,\text{meV} \mathrel{\widehat{=}} 2\,\text{cm}^{-1}$
Mittlerer Bahnradius	$a_0 n^2$	$4a_0$	$2500a_0 = 132\,\text{cm}$
Geometrischer W.Q	$\pi a_0{}^2 n^4$	$16\pi a_0{}^2$	$6\pi \cdot 10^6 a_0{}^2 = 5 \cdot 10^{-10}\,\text{cm}^2$
Dipolmoment $\langle p|r|d \rangle$	$\propto n^2$		
Strahlungs-Lebensdauer	$\propto n^3$	$5 \cdot 10^{-9}\,[\text{s}]$	$1{,}5 \cdot 10^{-4}\,\text{s}$
Kritische Feldstärke	$E_c = \pi\varepsilon_0 R^2\,\text{e}^{-3} n^{-4}$	$5 \cdot 10^9\,\text{V/m}$	$5 \cdot 10^3\,\text{V/m}$
Polarisierbarkeit	$\propto n^7$	$10^{-6}\,\text{Hz}/(\text{V/m})^2$	$10^3\,\text{Hz}/(\text{V/m})^2$
Periodendauer für 1 Umlauf	$T_n \propto n^3$	$10^{-15}\,\text{s}$	$2 \cdot 10^{-11}\,\text{s}$
R (Rydberg Konstante) = 13,6 eV		a_0 (Bohr'scher Radius) = $5{,}29 \cdot 10^{-11}\,\text{m}$	

Besetzung dieser Zustände kann entweder über ihre Fluoreszenz nachgewiesen werden, oder durch die Ionen bzw. Elektronen, die durch Photoionisation, Feldionisation oder durch stoßinduzierte Ionisation der Rydberg-Zustände erzeugt werden. Rydberg-Zustände oberhalb der Ionisierungsgrenze können auch durch Autoionisation, d. h. spontan in ein Ion und ein Elektron zerfallen.

Die Laserspektroskopie von Rydberg-Zuständen hat in den letzten Jahren stark an Interesse gewonnen [5.38–5.41], weil diese Zustände ungewöhnliche Eigenschaften haben (Tab. 5.1). Man kann an ihnen einige Grundlagenprobleme der Quantenoptik und der nichtlinearen Dynamik studieren. Dies soll durch einige Beispiele erläutert werden, bei denen die oben erwähnten verschiedenen Nachweistechniken verwendet werden.

Bei der Untersuchung von Rydberg-Zuständen haben die Alkaliatome eine Vorreiterrolle gespielt, einmal weil ihre Spektren relativ einfach sind und zum anderen weil ihre Rydberg-Zustände durch stufenweise Anregung mit zwei Farbstofflasern im sichtbaren Spektralbereich erreichbar sind. In Abb. 5.19 sind Termschema und gemessene Rydberg-Serien für die Anregung von nS und nD-Serien des Na-Atoms über den $3p^2P$-Zwischenzustand gezeigt. In Tab. 5.1 sind die charakteristischen Eigenschaften der Rydberg-Zustände des H-Atoms für $n = 50$ mit denen für $n = 2$ verglichen.

Man sieht daraus, dass z. B. bei einer Hauptquantenzahl $n = 50$ ein elektrisches Feld von $E = 50\,\text{V/cm}$ genügt, um den Rydberg-Zustand zu ionisieren. Durch die Wahl der Feldstärke E kann man daher erreichen, dass alle Rydberg-Zustände oberhalb einer kritischen Hauptquantenzahl n_c feldionisiert werden (Abb. 5.21). Diese Feldionisation ist sehr selektiv, weil Zustände, die nur $10^{-7}\,\text{eV}$ ($\mathrel{\widehat{=}} 10^{-3}\,\text{cm}^{-1}$) oberhalb der kritischen Energie E_c liegen, praktisch vollständig ionisiert werden, während für Energien $E < E_c - 10^{-7}\,\text{eV}$ die Feldionisation fast vernachlässigbar wird [5.42]. Dies lässt sich ausnutzen zum selektiven Nachweis ausgesuchter Rydberg-Zustände. Die

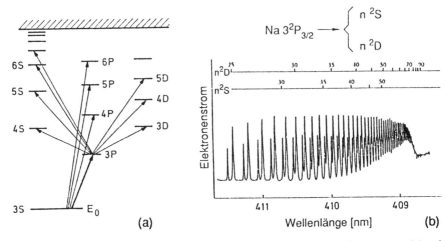

Abb. 5.19a,b. Termschema für die stufenweise Anregung von Rydberg-Serien des Na-Atoms (**a**) und gemessene Spektren (**b**) [5.41]

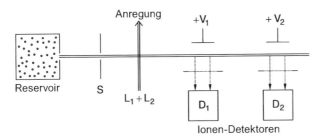

Abb. 5.20. Selektiver Nachweis von Rydberg-Atomen in spezifischen Rydberg-Zuständen

Rydberg-Atome im Atomstrahl fliegen durch zwei elektrische Felder (Abb. 5.20). Im ersten Feld wird die Feldstärke so eingestellt, dass alle Rydberg-Atome in Zuständen mit $n > n_c$ feldionisieren, im zweiten Feld solche mit $n > n_c - 1$. Deshalb detektiert man im 2. Feld nur solche Atome mit $n = n_c$.

Bei der Zweistufenanregung geschieht der 1. Anregungsschritt auf einem Resonanzübergang mit großer Übergangswahrscheinlichkeit. Daher genügen für den Laser L1 Intensitäten von $I < 0,1\,\text{W/cm}^2$ (Leistungen von wenigen mW), um den Übergang zu sättigen und Gleichbesetzung der beiden Zustände zu erreichen, während für den 2. Schritt – abhängig von der Hauptquantenzahl n – Intensitäten von $1 \div 100\,\text{W/cm}^2$ notwendig werden.

Die spontanen Lebensdauern der Rydberg-Zustände wachsen für große Bahndrehimpulsquantenzahlen ℓ, bei denen die Bohr'sche Bahn des Rydberg-Elektrons annähernd ein Kreis mit Radius $r \propto n^2$ ist, mit n^3 an und werden daher für große Hauptquantenzahlen sehr lang (μs bis ms) [5.43]. Um stoßinduzierte Prozesse weitgehend auszuschalten, werden Experimente an Rydberg-Atomen im Allgemeinen in Atomstrahlen unter stoßfreien Bedingungen durchgeführt. Im Falle von Barium

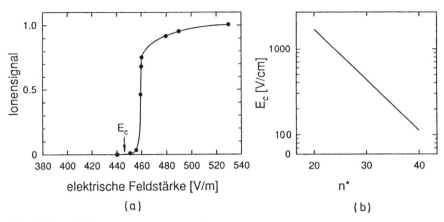

Abb. 5.21a,b. Feldionisation atomarer Rydberg-Zustände: (**a**) Ionisationsrate des $31s$-Zustands von Natrium, (**b**) Schwellwertfeldstärke E_c als Funktion der effektiven Hauptquantenzahl n^* für Na(n^*S)-Zustände [5.42]

konnten Rydberg-Zustände mit Hauptquantenzahlen bis $n = 500$ (!) vermessen werden [5.44]. Bei $n = 500$ beträgt der Durchmesser der Bohr'schen Bahn $d \simeq 25\,\mu$m, die Bindungsenergie ist nur noch $0{,}5\,\text{cm}^{-1}$ ($\cong 5 \cdot 10^{-5}\,\text{eV}$) und die spontane Lebensdauer etwa 1 s! Man muss deshalb Streufelder sorgfältig abschirmen, um nicht die Messung der Termwerte durch Stark-Verschiebungen, die mit n^7 anwachsen (Tab. 5.1), vollkommen zu verfälschen.

Für niedrige Werte von ℓ taucht das Rydberg-Elektron in die Elektronenhülle des Atoms ein und kann dort mit den anderen Rumpf-Elektronen wechselwirken. Dies führt zu Übergängen in andere Zustände (z. B. ℓ-mixing) und bewirkt eine Verkürzung der Lebensdauer, die für Rydberg-Zustände mit großem ℓ wesentlich größer ist. Die Messung der Lebensdauern gibt daher Aufschluss über vorhandene Kopplungen des Rydbergzustandes an andere, energienahe Zustände [5.43].

Stoßdeaktivierung von Rydberg-Zuständen unter feldfreien Bedingungen kann in einer thermionischen „**Heatpipe**" (Abschn. 1.3.3) untersucht werden. Da die Anregung in einem feldfreien Raum erfolgt, sind Stark-Verschiebungen durch äußere Felder vernachlässigbar, und man kann die Effekte von Stoßverbreiterung und Verschiebung bis zu hohen Hauptquantenzahlen getrennt untersuchen [5.45]. Auch der Einfluss der Hyperfeinstruktur des Atomrumpfes auf die Termwerte des Rydberg-Elektrons konnte in einer „Heatpipe" bis $n = 300$ verfolgt werden [5.46].

Bei solchen Rydberg-Zuständen stellt man selbst bei selektiver Anregung unter stoßfreien Bedingungen fest, dass nach einer Zeit, die kurz gegen die spontane Lebensdauer der Rydberg-Zustände ist, Nachbarzustände des optisch gepumpten Niveaus besetzt werden. Dies hat folgende Ursache: Wegen des großen Dipolmomentes (Tab. 5.1) genügt das schwache thermische Strahlungsfeld der Apparaturwände bei Zimmertemperatur, um Übergänge vom optisch gepumpten Niveau (n, ℓ) in Nachbarniveaus $(n \pm \Delta n, \ell \pm 1)$ zu induzieren [5.47].

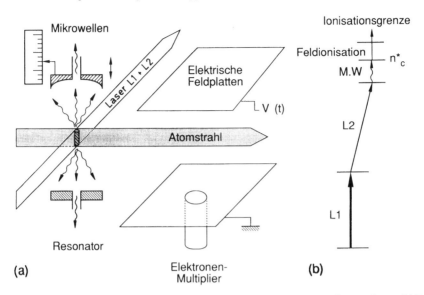

Abb. 5.22a,b. Rydberg-Atome als Mikrowellendetektoren (**a**) Experimentelle Anordnung (**b**) Term-schema. Das Rydberg-Niveau n_c^* wird feldionisiert [5.49]

Die Wechselwirkung dieser thermischen Strahlung mit den Atomen führt auch zu einer kleinen Verschiebung der Rydberg-Termwerte („Lamb shift"!), die trotz ihres kleinen Wertes $\Delta\nu/\nu \approx 2 \cdot 10^{-12}$ mit entsprechend gut stabilisierten Lasern gemessen werden konnte [5.48]. Um den Einfluss dieser thermischen Strahlung klein zu halten, muss man daher die Wechselwirkungszone von Laser und Atomstrahl durch kalte Wände einschließen, die möglichst auf Flüssig-Helium-Temperatur gekühlt werden sollten.

Auf der anderen Seite bietet das große Dipolmoment von Rydberg-Zuständen die Möglichkeit, solche Rydberg-Atome als empfindliche Detektoren für Mikrowellen- und Submillimeterstrahlung zu verwenden [5.49]. Dazu wird ein Rydberg-Zustand $|n\rangle$ im elektrischen Feld durch optisches Pumpen bevölkert und der zu messenden Strahlung der Frequenz ω ausgesetzt. Wählt man die kritische Feldstärke so, dass die Energie E_n unterhalb, $E_n + \hbar\omega$ aber oberhalb der Feldionisationsgrenze liegt, so kann der Mikrowellenübergang durch das dabei entstehende Ion nachgewiesen werden (Abb. 5.22).

In den bisher angegebenen Beispielen wurde immer nur *ein* Rydberg-Elektron angeregt. Durch spezielle Techniken kann man erreichen, dass *zwei* Elektronen gleichzeitig in hoch liegende Zustände angeregt werden [5.50, 5.51]. Die Gesamtenergie des doppeltangeregten Atoms liegt oberhalb seiner Ionisierungsgrenze. Die Korrelation zwischen beiden Elektronen führt dazu, dass nach kurzer Zeit die Anregungsenergie des einen Elektrons auf das andere übertragen wird und Autoionisation eintritt (Abb. 5.23).

Die Besetzung des doppelt angeregten Zustandes geschieht durch zwei Zweiphotonenübergänge: zuerst wird der Einelektronen-Rydberg-Zustand durch zwei sicht-

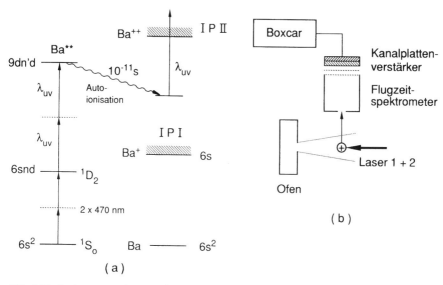

Abb. 5.23a,b. Anregung planetarischer Atome. (a) Termschema für die Zweistufenanregung mit zwei Zweiphotonenübergängen im Ba-Atom mit nachfolgender Autoionisation in Ba$^+$-Zustände, bzw. Photoionisation ins Ba^{++}-Kontinuum. (b) Experimentelle Anordnung [5.51]

bare Photonen besetzt und durch einen weiteren Zweiphotonenübergang mit UV-Photonen wird ein zweites Elektron aus dem Atomrumpf angeregt. Solche doppelt angeregte Atome, die auch **planetarische Atome** heißen [5.52] bieten gute Möglichkeiten, die Korrelation zwischen zwei Elektronen in definierten Quantenzuständen zu untersuchen, indem z. B. die Autoionisationslebensdauern als Funktion dieser Quantenzahlen (n_1, l_1, s_1, n_2, l_2, s_2) gemessen werden [5.53].

Da die Coulomb-Energie des Rydberg-Elektrons im elektrischen Feld des Ionenrumpfes mit $1/n^2$ absinkt, kann für genügend hohe Quantenzahlen n die Zeeman-Energie in einem äußeren Magnetfeld von 1 Tesla bereits größer werden als die Coulomb-Energie. Durch die Lorentz-Kraft $\boldsymbol{F} = q(\boldsymbol{v} \times \boldsymbol{B})$ wird das Rydberg-Elektron in einem Magnetfeld $\boldsymbol{B} = \{0, 0, B_z\}$ in der x-und y-Richtung stabilisiert und kann, selbst wenn seine Energie oberhalb der Ionisierungsgrenze liegt, nur in Magnetfeldrichtung entweichen. Dies führt dazu, dass solche autoionisierenden Zustände relativ lange Lebensdauern haben können. Die entsprechenden klassischen Bahnen eines solchen Rydberg-Elektrons können chaotisch sein. Zur Zeit werden eine Reihe von Experimenten durchgeführt, die zeigen sollen, wie sich ein chaotisches Verhalten im klassischen Modell auf die Termstruktur der Quantenzustände auswirkt [5.54, 5.55]. Bisher wurden ausführliche Experimente am H-Atom durchgeführt [5.56], bei denen die Rydberg-Zustände entweder durch direkte Zweiphotonenabsorption oder durch Zweistufenanregung über den 2^2P-Zustand angeregt wurden. Da die Ionisierungsenergie des H-Atoms 13,6 eV beträgt, braucht man Photonenenergien von mindestens 6,7 eV ($\lambda \leq 190$ nm), die durch Frequenzverdopplung in Gasen oder Metalldampfgemischen erzeugt werden (Bd. 1, Abschn. 5.7.2) [5.57].

5.4.3 Molekulare Rydbergzustände

Molekulare Rydberg-Serien sind wesentlich komplizierter als atomare. Dies liegt daran, dass es mehr elektronische Zustände als in Atomen gibt, von denen jeder außerdem noch eine Schwingungs-Rotations-Struktur hat. Es kommt häufig vor, dass Schwingungs-Rotations-Niveaus verschiedener elektronischer Zustände durch verschiedene Kopplungsmechanismen miteinander wechselwirken. Dadurch wird ihre Energie verschoben, sodass solche gestörten Rydberg-Serien eine sehr komplexe unregelmäßige Struktur zeigen und nur schwer zu analysieren sind [5.58].

Hier erweist sich die stufenweise Anregung als besonders hilfreich, weil nur solche Rydberg-Zustände angeregt werden, die durch erlaubte Übergänge von einem bekannten, durch den Pumplaser besetzten Zwischenzustand aus erreichbar sind. Dies soll am Beispiel des Li_2-Moleküls illustriert werden [5.59]. Wird durch den Pumplaser ein Rotations-Schwingungs-Niveau (v'_k, J'_k) im $B^1\Pi_u$ Zustand selektiv besetzt, so sind alle Niveaus $(v, J = J'_k \pm 1)$ in den elektronischen Zuständen $ns^1\Sigma$ mit $\ell = 0$ und $nd^1\Delta$, $nd^1\Pi$, $nd^1\Sigma$ mit $\ell = 2$ und den Projektionen $\Lambda\hbar$ des elektronischen Drehimpulses auf die Molekülachse mit $\Lambda \equiv 2, 1$ und 0 durch den zweiten Laser erreichbar (Abb. 5.24).

Liegt die Energie des Rydberg-Zustandes (v, J) oberhalb des tiefsten Zustandes (v^+, J^+) im elektronischen Grundzustand des molekularen Ions (Abb. 5.25), so kann durch die Wechselwirkung des Rydberg-Elektrons mit den Rumpfelektronen ein Teil der Schwingungs-Rotations-Energie in elektronische Energie des Rydberg-Elektrons umgewandelt werden und dieses genügend Energie erhalten, um das Molekül zu verlassen. Dieser Prozess der **Autoionisation** erfordert eine Kopplung der kinetischen Energie der Kerne mit der elektronischen Energie. Er bedeutet einen Zusammenbruch der *Born-Oppenheimer-Näherung* und ist deshalb nicht sehr wahrscheinlich. Da jedoch die spontanen Lebensdauern der Rydberg-Zustände proportional zu n^3 anwachsen, kann bei genügend großen Werten der Hauptquantenzahl n der Zerfall

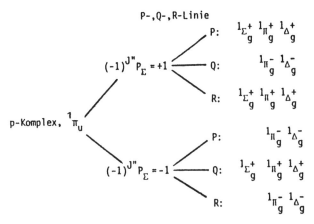

Abb. 5.24. Molekulare Rydberg-Zustände, die von einem selektiv gepumpten Zwischenzustand $B^1\Pi_u$ aus durch erlaubte Übergänge erreichbar sind

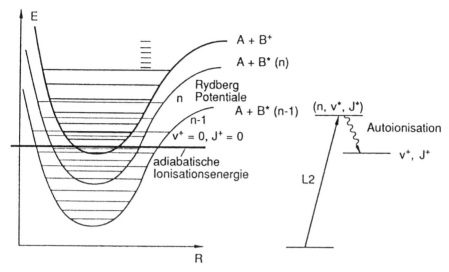

Abb. 5.25. Autoionisation eines molekularen Rydberg-Zustandes. Für $E \geq E(v^+, J^+)$ hat man ein Kontinuum, überlagert von scharfen Autoionisations-Resonanzen

des Rydberg-Zustandes durch Autoionisation trotzdem wesentlich schneller als der durch Fluoreszenz werden.

In Abb. 5.26 ist eine Molekularstrahlanordnung zur experimentellen Untersuchung von Rydberg-Zuständen gezeigt, bei der die Ausgangsstrahlen zweier vom gleichen Excimerlaser gepumpten Farbstofflaser überlagert werden und senkrecht den Molekularstrahl kreuzen. Durch Detektion der Fluoreszenz des Zwischenzustandes kann der Laser L1 auf den gewünschten Pumpübergang eingestellt werden. Die durch Autoionisation erzeugten Ionen werden durch ein elektrisches Feld abgezogen und auf einen Ionenmultiplier hin beschleunigt. Dadurch lassen sich einzelne Ionen nachweisen.

Damit die Energien der Rydberg-Zustände nicht durch das elektrische Feld Stark-verschoben werden, wird das Feld erst nach Beendigung des Anregungs-Laserpulses eingeschaltet, sodass feldfreie Anregung gewährleistet ist. Experimentelle Details und mehr Informationen über die Analyse solcher molekularen Rydberg-Spektren findet man in [5.59–5.62].

Von den optisch angeregten Rydberg-Zuständen können, wie oben bereits diskutiert, durch Mikrowellenabsorption benachbarte Rydberg-Zustände erreicht werden. Dies wird für ein Tripel-Resonanzverfahren (zwei Laser und eine Mikrowelle) aus-genutzt, das sowohl bei atomaren als auch bei molekularen Rydberg-Zuständen die Bestimmung von Quantendefekten, Feinstrukturen und Schwingungs-Rotations-Konstanten in diesen Rydberg-Zuständen mit sehr hoher Genauigkeit erlaubt [5.63]. In der Gruppe von F. Merkt wurde ein Lasersystem entwickelt, mit dem man über einen weiten Spektralbereich bis ins Vakuum-UV schmalbandige durchstimmbare Laserstrahlung erzeugen kann [5.64]. Mit diesem System wurden auch molekulare Rydberg-Zustände des H_2-Moleküls mit hoher Präzision untersucht. Wegen der Mi-

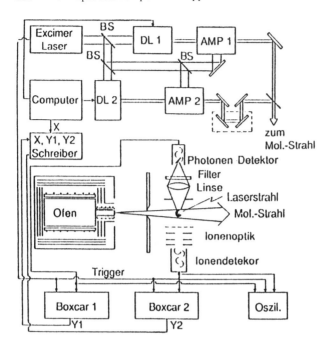

Abb. 5.26. Experimentelle Anordnung zur Messung molekularer Rydberg-Zustände in einem Molekularstrahl [5.60]

schung zwischen Zuständen mit verschiedener Bahndrehimpuls-Quantenzahl 1 und durch die Hyperfeinstruktur sind die Spektren kompliziert und erst eine Analyse mithilfe der Quantendefekt-Theorie konnte eine vollständige Zuordnung der Spektren erreichen [5.65].

Weitere Informationen über Laserspektroskopie von Rydberg-Zuständen findet man in [5.39, 5.40, 5.66–5.68].

5.4.4 Resonante induzierte Raman-Streuung

In dem Λ-Typ DoppelResonanz (DR)-Schema der Abb. 5.13c induziert der Abfrage-laser einen Übergang von einem, durch den Pumplaser besetzten Niveau $|2\rangle$ in tiefere Niveaus $|m\rangle$. Dieser Prozess kann als eine resonante induzierte Raman-Streuung auf-gefasst werden. Ist die Frequenz des Pumplasers ω_1 und die des Abfragelasers ω_2, so erhält man für ein Molekül mit der Geschwindigkeit $\boldsymbol{v}$ die Resonanzbedingung:

$$\omega_1 - \boldsymbol{k}_1\boldsymbol{v} - (\omega_2 - \boldsymbol{k}_2\boldsymbol{v}) = (E_m - E_1)/\hbar \pm \Gamma_{m1}$$
$$\Rightarrow \omega_2 = \omega_1 + (\boldsymbol{k}_2 - \boldsymbol{k}_1)\boldsymbol{v} - \Delta E_{m1}/\hbar \pm \Gamma_{m1} \,, \tag{5.13}$$

wobei $\Gamma_{m1} = \gamma_m + \gamma_1$ die Summe der homogenen Niveaubreiten ist. Für $\boldsymbol{k}_1 = \boldsymbol{k}_2$ hebt sich bei kollinearer Anordnung von Pump- und Probenstrahl die Doppler-Verschiebung auf, und man sieht aus (5.13), dass die Linienbreite des Doppelreso-nanzsignals nur von den homogenen Breiten der beiden unteren Niveaus $|1\rangle$ und $|m\rangle$ nicht jedoch von der des oberen Niveaus $|2\rangle$ abhängt. Sind $|1\rangle$ und $|m\rangle$ zwei

Schwingungs-Rotations-Niveaus des elektronischen Grundzustandes, so sind ihre Strahlungslebensdauern sehr lang (bei homonuklearen zweiatomigen Molekülen sogar unendlich!), und die Linienbreite ist im Wesentlichen begrenzt durch die Flugzeit der Moleküle durch den Laserstrahl. In solchen Fällen kann die Linienbreite des DR-Signals sogar kleiner als die natürliche Linienbreite des optischen Überganges $|1\rangle \rightarrow |2\rangle$ werden!

Eine genauere Betrachtung geht von dem Absorptionskoeffizienten der Abfragewelle auf dem Übergang $|k\rangle \rightarrow |m\rangle$ aus; wir haben

$$\alpha(\omega) = \int_{-\infty}^{+\infty} \sigma(v_z, \omega) \Delta N(v_z) \, dv_z \tag{5.14}$$

mit $\Delta N(v_z) = N_m(v_z) - N_k(v_z)$, siehe (2.13). Die Besetzungsdichte $N_k(v_z)$ im gemeinsamen oberen Niveau $|k\rangle$ wird durch optisches Pumpen mit dem Laser L1 bei einem Sättigungsparameter S gemäß (2.11b) vom thermischen Gleichgewichtswert $N_k^0(v)$ zu

$$N_k(v) = N_k^0(v) + \frac{1/2[N_1^0(v) - N_k^0(v)]\gamma_k S_0}{(\omega - \omega_{ik} - k_1 v_z)^2 + (\Gamma_{1k}/2)^2(1 + S_0)} \tag{5.15}$$

verändert. Setzt man (5.15) in (5.14) ein und integriert über alle Geschwindigkeitskomponenten v_Z, so ergibt sich [5.70, 5.71]

$$\alpha(\omega) = \alpha_0(\omega)$$
$$\times \left[1 - \frac{N_k^0 - N_1^0}{N_k^0 - N_m^0} \frac{1/2 k_2 S}{k_1(1 + S)^{1/2}} \frac{\gamma_i \Delta\Gamma}{(\Omega_2 \mp (k_2/k_1)\Omega_1)^2 + (\Delta\Gamma)^2} \right] \tag{5.16}$$

mit $\Omega_1 = \omega_1 - \omega_{ik}$; $\Omega_2 = \omega_2 - \omega_{km}$ und $\Delta\Gamma = \Gamma_{km} + (k_2/k_1)\Gamma_{ik}(1 + S)^{1/2}$.

Dies ist – ähnlich wie bei der Sättigungsspektroskopie (2.30) – ein Doppler-Profil mit einer Lorentz-förmigen Einbuchtung bei der Frequenz $\omega_2 = (k_2/k_1)(\omega_1 - \omega_{ik}) + \omega_{km}$. Moduliert man die Intensitäten beider Laser mit den Frequenzen f_1, bzw. f_2 und weist bei festgehaltener Pumpfrequenz ω_1 die transmittierte Probenintensität I_2 auf der Summenfrequenz $f_1 + f_2$ mit einem Lock-in nach, so erhält man nur den nichtlinearen Anteil des Doppelresonanzsignals, der mit einer Linienbreite

$$\Delta\Gamma = \gamma_m + [(k_2/k_1)\gamma_1 + (1 \pm k_2/k_1)\gamma_k](1 + S)^{1/2} \tag{5.17}$$

proportional zu $\Delta\alpha I_2 \propto I_1 I_2$ ist, wobei das – Zeichen für kollineare bzw. das + Zeichen für antikollineare Ausbreitung von Pump- und Probenwelle steht. Man sieht aus (5.17), dass für die kollineare Anordnung die homogene Breite γ_n des oberen Niveaus nur mit dem Bruchteil $(1 - k_2/k_1)$ eingeht, der für $k_1 \simeq k_2$ sehr klein wird.

Mit dieser Λ-Typ OODR lassen sich hohe Schwingungsrotationsniveaus des elektronischen Grundzustandes von Molekülen bis zur Dissoziationsgrenze mit großer Präzision messen [5.69]. Als Beispiel ist in Abb. 5.27 eine solche OODR im Termschema des Cs_2-Moleküls gezeigt. Mit einem schmalbandigen CW Farbstofflaser wird ein ausgesuchter Zustand (v', J') im $D^1\Sigma_u$-Zustand angeregt, von dem aus durch einen

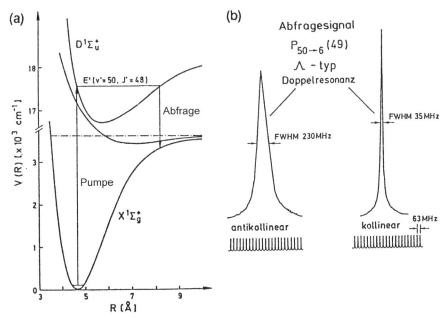

Abb. 5.27a,b. Λ-Typ OODR am Beispiel des Cs_2-Moleküls: (**a**) Termschema. (**b**) Vergleich der Linienprofile bei der Doppler-freien Polarisationsspektroskopie auf dem Übergang $X \to D$, für die Λ-Typ OODR mit kollinearer und antikollinearer Anordnung von Pump- und Probenstrahl. Die homogene Breite des oberen (prädissoziierenden) Niveaus $|k\rangle$ ist in diesem Fall $J_k \simeq 100\,\text{MHz}$ [5.72]

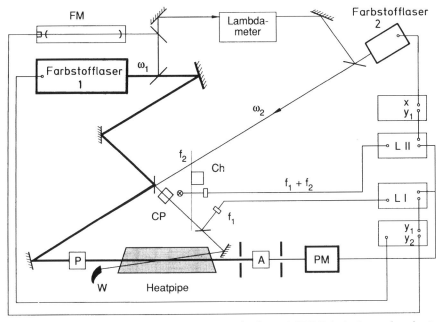

Abb. 5.28a,b. Experimentelle Anordnung zur Doppler-freien OODR-Polarisationsspektroskopie von Metalldämpfen

zweiten CW Farbstofflaser Übergänge in die verschiedenen Zustände (v'', J'') des elektronischen Grundzustandes induziert werden. Die Termwerte $T = E/hc$ $[cm^{-1}]$

$$T(v'', J'') = T(v_i, J_i) + \frac{\omega_1 - \omega_2}{2\pi c}$$

dieser Zustände lassen sich durch Messung der beiden Laserwellenlängen (Bd. 1, Abschn. 4.4) bei Kenntnis von $T(v_i, J_i)$ mit einer Genauigkeit von 10^{-3} cm^{-1} bestimmen.

Die Doppelresonanz kann z. B. mithilfe der Polarisationsspektroskopie (Abschn. 2.4) nachgewiesen werden. Dazu wird die Absorptionszelle zwischen zwei gekreuzte Polarisatoren gestellt, und die Änderung der Transmission des polarisierten Abfragelasers L2 als Funktion seiner Frequenz ω_2 bei festgehaltener Pumplaserfrequenz ω_1 gemessen (Abb. 5.28).

Mithilfe des Doppler-freien Polarisationsspektrums des Pumplasers kann der gewünschte Pumpübergang ausgewählt werden. Man sieht aus Abb. 5.27, dass bei kollinearer Anordnung von Pump- und Probenlaserstrahl die Linienbreite des DR-Signals schmaler wird als die des Doppler-freien Polarisationssignals auf dem Pumpübergang, die durch die kurze Lebensdauer des oberen Niveaus $|k\rangle$ bestimmt ist. Mithilfe dieser DR-Technik konnte aus den gemessenen Termwerten $T(v, J)$ der Verlauf des Grundzustandspotenzials des Cs$_2$-Moleküls bis zur Dissoziationsgrenze bestimmt, und die Dissoziationsenergie mit einer Genauigkeit von besser als 1 cm^{-1} ermittelt werden [5.72, 5.73].

Weitere Informationen über dieses „stimulated emission pumping" und seine experimentelle Modifikation findet man in [5.74–5.76].

5.4.5 Beispiele für Doppelresonanz-Experimente

Außer den oben aufgeführten Beispielen gibt es eine große Zahl weiterer Doppelresonanz-Experimente mit deren Hilfe auch komplexe Molekülspektren analysiert werden konnten. Der Spektralbereich solcher Messungen erstreckt sich dabei vom Infraroten bis in das Ultraviolette Gebiet. Will man Doppler-freie Spektren erreichen, müssen kontinuierliche durchstimmbare „single-mode" Laser verwendet werden. Da im UV solche Laser nicht direkt zur Verfügung stehen, wird die sichtbare Ausgangsstrahlung in einem externen Überhöhungs-Resonator (Bd. 1, Abb. 5.89) frequenzverdoppelt. Als Beispiel soll die Doppler-freie Polarisations-Spektroskopie am Naphtalen illustriert werden [5.77]. In Abb. 5.29 ist der experimentelle Aufbau gezeigt. Hier wird statt der Summenfrequenzmethode eine geometrische Separation der beiden frequenzverdoppelten Farbstofflaserstrahlen verwendet, weil man dadurch ein besseres Signal-zu-Rausch-Verhältnis erzielt. Man muss dann allerdings zwei getrennte Detektoren verwenden.

In Abb. 5.30 werden typische Signale illustriert. Das untere Spektrum zeigt das Doppler-freie Polarisationsspektrum über einen Bereich von 0,1 cm^{-1}. Das Spektrum ist sehr dicht und schwer zu analysieren. Der obere Teil zeigt die Doppelresonanz-Signale, wenn Pump- und Abfrage-Laser entweder das untere oder das obere Mo-

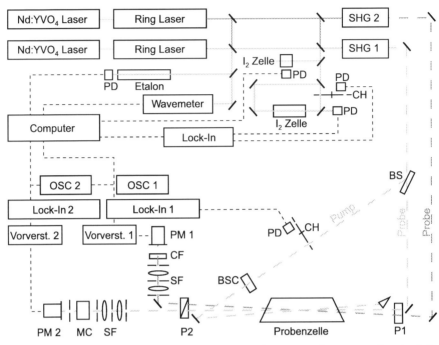

Abb. 5.29. Experimenteller Aufbau zur optischen Doppelresonanz-Polarisationsspektroskopie in UV

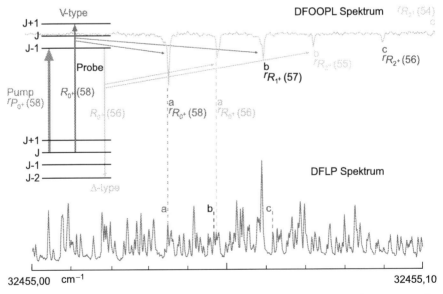

Abb. 5.30. *Unteres Spektrum*: Ausschnitt aus dem Doppler-freien Polarisationsspektrum von Naphtalen. *Oberes Spektrum*: V-Typ und Λ-Typ Doppelresonanz-Signale

lekülniveau gemeinsam haben. Im ersten Fall liegt eine V-Typ im zweiten Fall eine Λ-Typ Doppelresonanz vor.

Aus der Kombination beider Signale lassen sich die Niveau-Aufspaltungen im unteren und im oberen Zustand ermitteln. Die macht die Zuordnung wesentlich leichter. Die Zahlen in Klammern geben die Rotations-Quantenzahl im unteren Niveau an.

5.5 Spezielle Doppelresonanz-Techniken

Wegen ihres großen Vorteils für die Analyse molekularer Spektren sind eine große Zahl von Varianten der verschiedenen Doppelresonanztechniken entwickelt worden. Wir können hier nur einige von ihnen besprechen.

5.5.1 Polarisations-Markierung

Häufig möchte man vor detaillierten Messungen zuerst einmal einen Überblick über einen größeren Bereich eines Spektrums haben, für den aber trotzdem die Zuordnung von Linien möglich ist. Hier bietet sich die von *Schawlow* und Mitarbeitern [5.76, 5.79] zuerst angegebene Technik des „**Polarisations-Labelling**" an, bei der ein ausgewähltes Niveau $|k\rangle$ durch einen polarisierten Laser optisch gepumpt und damit gegenüber allen anderen Niveaus *markiert* wird (Abb. 5.28): Sie ist ähnlich zur OODR-Polarisationsspektroskopie, aber statt des schmalbandigen Probenlasers L2 wird jetzt eine Lichtquelle mit einem breiten spektralen Kontinuum verwendet. Aus diesem Kontinuum werden nur solche Wellenlängen in ihrer Polarisationseigenschaft verändert, die Übergängen entsprechen, welche von dem durch den Pumplaser markierten Niveau $|k\rangle$ ausgehen. Nur Licht dieser Wellenlänge wechselwirkt nämlich mit polarisierten Molekülen. Durch einen Spektrographen lassen sich diese Wellenlängen trennen, und man erhält gleichzeitig das OODR-Polarisationsspektrum über den gesamten Spektralbereich, der vom Detektor hinter dem Spektrographen erfasst werden kann. Man verwendet heute als Detektoren meistens Bildverstärker oder CCD-Kameras (Bd. 1, Abschn. 4.5), sodass die gemessenen Spektren gleich von einem Computer aufgearbeitet werden können. In Abb. 5.31 ist der experimentelle Aufbau gezeigt, der in unserem Labor zur Untersuchung molekularer Rydberg-Spektren verwendet wurde [5.80]. Die Kontinuumslichtquelle ist eine Farbstoffzelle a_3, die von einem Stickstofflaser gepumpt wird. Dieser Laser dient auch als Pumpe für zwei Verstärkerzellen a_1 und a_2, welche den Ausgangsstrahl eines zirkular polarisierten CW Farbstofflasers verstärken, bevor er die Absorptionszelle zwischen den zwei gekreuzten Polarisatoren durchläuft, wo er die Moleküle auf dem gewünschten Übergang pumpt. Der Bildverstärker hinter dem Spektrographen wird durch einen **Gate-Puls** nur für die Zeit des Pumppulses empfindlich gemacht.

In der linken Absorptionszelle in Abb. 5.29, die für Alkali-Moleküle eine Heatpipe ist, kann das Doppler-freie Polarisationsspektrum der Pumpübergänge $|k\rangle \to |1\rangle$ aufgenommen werden.

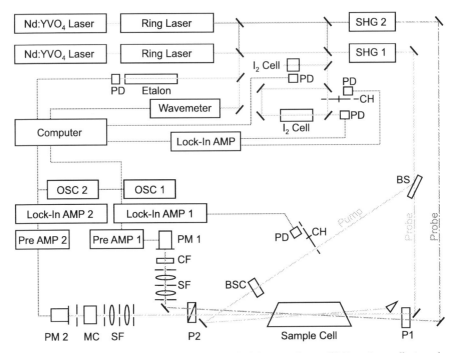

Abb. 5.31a,b. „Polarisations-Markierungs"-Methode. (**a**) Termschema. (**b**) Experimentelle Anordnung

5.5.2 Mikrowellen/Optische Doppelresonanz-Polarisations-Spektroskopie

Von *Ernst* et al. [5.81] wurde eine neue, sehr empfindliche optische Mikrowellen-Doppelresonanztechnik entwickelt, die als Nachweis für Mikrowellenübergänge in einer Probe zwischen gekreuzten Polarisatoren die Änderung der Polarisation einer optischen Laserwelle ausnutzt. Sie wird deshalb Mikrowellen/Optische Polarisations-Spektroskopie (**MOPS**) genannt wird. Die Empfindlichkeit der Methode wurde durch die Messung der Hyperfeinstruktur von Rotationsübergängen im Grundzustand von CaCl-Molekülen demonstriert, die durch die Reaktionen von Cl_2 mit Ca in einer Argonströmung erzeugt wurden. Trotz des kleinen Partialdrucks der CaCl-Moleküle von etwa $10^{-4}-10^{-5}$ mb und der kurzen Absorptionslänge in der Reaktionszone konnte ein gutes Signal/Rausch-Verhältnis bei Linienbreite von 1 bis 2 MHz erreicht werden [5.82].

5.5.3 STIRAP-Technik

Die Abkürzung STIRAP steht für „stimulated Raman adiabatic passage" [5.83]. Ihr Prinzip wird in Abb. 5.32 erklärt:

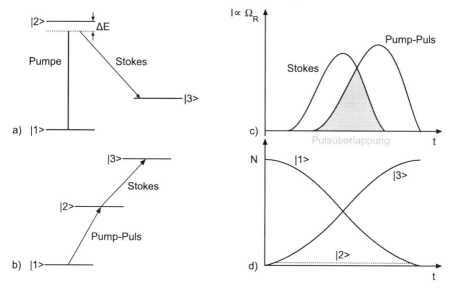

Abb. 5.32a–c. STIRAP Methode. (**a**) Termschema für Raman-Prozess (**b**) für kohärente Zweistufen-Anregung (**c**) Zeitverlauf der Besetzung von N_1, N_2, N_3

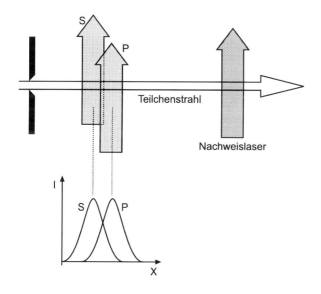

Abb. 5.33. Räumliche Anordnung von Stokes-, Pump- und Nachweis-Laser beim STIRAP-Verfahren

Die zu untersuchenden Moleküle im Zustand $|1\rangle$ werden mit zwei Laserpulses bestrahlt: Einem Pumppuls auf dem Übergang $|1\rangle \rightarrow |2\rangle$ und einem „Stokes-Puls" auf dem Übergang $|2\rangle \rightarrow |3\rangle$. Die zeitliche Reihenfolge der beiden Pulse ist gerade umgekehrt wie bei einer konventionellen Doppelresonanz (Abb. 5.32c, 5.33): Zuerst kommt der Stokes-Puls, der eine kohärente Überlagerung der Zustände $|2\rangle$ und $|3\rangle$ erzeugt, die aber ohne Pumppuls noch nicht besetzt sind. Die Wellenfunktion oszilliert mit der Rabi-Frequenz, die von der Intensität des Stokes-Pulses abhängt, zwischen den Zuständen $|2\rangle$ und $|3\rangle$ hin und her. Dann trifft um die Zeit Δt verzögert, aber noch zeitlich überlappend mit dem Stokes-Puls der Pumppuls auf die Moleküle in diesem kohärenten Überlagerungszustand. Wenn Δt und die Pumpintensität geeignet gewählt werden, kann man erreichen, dass die Moleküle direkt vom Zustand $|1\rangle$ in den Endzustand $|3\rangle$ tranferriert werden. Damit während der Transferzeit keine Fluoreszenz vom Zustand $|2\rangle$ in andere Zustände auftritt, die zu einer verminderten Transfer-Effizienz führen würde, werden beide Laser etwas von der Resonanz verstimmt, sodass das Zwischen-Niveau $|2\rangle$ wie beim Raman-Prozess, ein virtuelles Niveau ist. Der Vorteil der STIRAP Methode ist der 100 %ige Besetzungs-Transfer von $|1\rangle$ nach $|3\rangle$. Im Gegensatz dazu kann man bei der herkömmlichen zeitlichen Reihenfolge der beiden Pulse höchstens 50 % der Besetzung von $|1\rangle$ nach $|2\rangle$ transferieren und mit dem Stokes-Puls dann nur eine Gleichbesetzung von $|2\rangle$ und $|3\rangle$ erreichen. Dies wurde experimentell an mehreren Atom- und Molekül-Systemen bestätigt [5.84].

Diese effiziente Methode des Besetzungstransfers hat inzwischen mit mehreren Modifikationen viele Anwendungen gefunden. Eine Erweiterung, die auch energetisch hoch liegende Zustände erreichen kann, ist STIRAP mit Zwei-Photonen-Anregung [5.85].

Mögliche und zum Teil bereits realisierte Anwendungen sind die zeitaufgelöste Untersuchung chemischer Reaktionen, die Präparation von Atomen in definierten Zuständen für Anwendungen in der Atomoptik, Messungen schwacher Magnetfelder, welche den Drehimpuls orientierter Atome mit magnetischem Moment präzedieren lassen, was mit STIRAP empfindlich nachgewiesen werden kann.

Metastabile He*-Atome in einem kollimierten Atomstrahl können durch STIRAP effizient in ausgesuchte Rydberg-Zustände mit langer Lebensdauer gepumpt werden. Wegen ihres großen Dipolmomentes können diese Rydberg-Atome dann mit elektrostatischen Linsen auf einen sehr kleinen Fleck fokussiert werden um Atom-Lithographie zu realisieren [5.86].

5.5.4 Photo-Assoziations-Spektroskopie

Die kürzlich entwickelte Technik der Photo-Assoziations-Spektroskopie ist eine Variante der resonanten induzierten Raman-Streuung (stimulierte Emissions-Spektroskopie) (Abb. 5.34), die auf ein Stoßpaar kollidierender Atome angewandt wird [5.88]. Wenn zwei Atome A + A oder A + B in einem kalten Gas sich einander nähern, können sie durch einen schmalbandigen Laser L_1 in ein hohes Schwingungsniveau eines stabilen elektronisch angeregten Zustandes des Moleküls AA* bzw. AB* gebracht werden. Die Anregung geschieht am äußeren Umkehrpunkt der Molekülschwingung. Am inneren Umkehrpunkt wird dieser angeregte Zustand durch stimulierte Emission mithilfe eines zweiten Lasers L_2 in ein tiefer liegendes Schwingungsniveau des elektronischen Grundzustands gebracht. Wenn man die Wellenlänge λ_1 von L_1 passend abstimmt, kann ein ausgesuchtes Schwingungsniveau v' bevölkert werden, von dem aus dann durch Wahl von λ_2 ein gewünschtes Niveau v'' im elektronischen

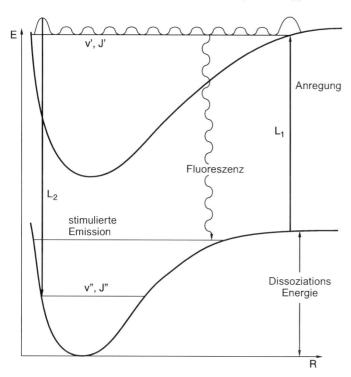

Abb. 5.34. Energieniveau-Schema für die Photoassoziations-Spektroskopie

Grundzustand besetzt werden kann, wenn für diesen Übergang der Franck-Condon-Faktor genügend groß ist.

Auf diese Weise lassen sich auch hohe Schwingungsniveaus im elektronischen Grundzustand bis dicht unter die Dissoziationsgrenze mit hoher spektraler Auflösung vermessen, wobei die Rotations- und Hyperfeinstruktur aufgelöst werden kann. Solche Messungen geben Informationen über die komplizierten Kopplungen zwischen Elektronen-und Kernspins bei großen Kernabständen, bei denen der Abstand zwischen den Rotationsniveaus kleiner werden kann als die Hyperfeinstruktur.

Ein Beispiel für neue Erkenntnisse über ungewöhnliche Moleküle durch die Photoassoziations-Spektroskopie ist die Bildung von gebundenen Vibrationsniveaus des angeregten Helium-Dimers He_2^* im elektronisch angeregten Zustand O_u^+ ($2^3S_1 + 2^3P_0$) aus dem Stoßpaar von 2 metastabilen 2^3S_1 Heliumatomen. Diese angeregten Helium-Dimere sind „Riesenmoleküle" mit einem inneren Umkehrpunkt der Schwingung bei $R_i = 150a_0 \approx 7{,}5$ nm und einem äußeren Umkehrpunkt bei $R_a = 1150a_0$.

Weitere Informationen über Photoassoziations-Spektroskopie findet man in [5.88–5.92].

6 Zeitaufgelöste Laserspektroskopie

Zur Untersuchung dynamischer Vorgänge in der Atom- und Molekülphysik (z. B. strahlende oder stoßinduzierte Zerfälle angeregter Niveaus, die zeitliche Entwicklung von Wellenfunktionen, der Verlauf chemischer Reaktionen, die Umordnung von Elektronenhüllen nach der Absorption von Photonen, usw.) braucht man eine zeitauflösende Spektroskopie, deren noch auflösbares Zeitintervall Δt klein ist gegen die Dauer T des zu untersuchenden Vorganges. Hier hat die Entwicklung ultrakurzer Laserpulse in den letzten Jahren die Möglichkeit geschaffen, sehr schnelle Vorgänge mit einer Zeitauflösung bis in den Attosekundenbereich ($1\,\mathrm{as} = 10^{-18}\,\mathrm{s}$) zu studieren.

Wir wollen uns in diesem Kapitel mit der Erzeugung und Messung kurzer Lichtpulse befassen und dann anhand einiger Beispiele ihre Anwendungen in verschiedenen Gebieten der Physik illustrieren.

6.1 Erzeugung kurzer Lichtpulse

Bei *inkohärenten, gepulsten Lichtquellen* (Blitzlampen) ist die Dauer des Lichtpulses im Wesentlichen durch die Dauer der elektrischen Entladung bestimmt. Deshalb waren Pulse im Mikrosekundenbereich lange Zeit die untere Grenze für die Zeitauflösung. Erst in den letzten Jahren ist es durch besonders induktionsarmen Aufbau und spezielle Entladungsbedingungen gelungen, in den Nanosekundenbereich vorzustoßen [6.1].

Die Dauer von Laserpulsen ist dagegen nicht mehr unbedingt durch die Dauer des Pumpvorganges gegeben, und wir wollen uns im nächsten Abschnitt kurz die besonderen Bedingungen für den zeitlichen Verlauf von Laserpulsen ansehen.

6.1.1 Zeitverhalten gepulster Laser

Wenn ein Laser durch einen Energiepuls der Dauer T gepumpt wird (z. B. durch Blitzlampen, gepulste Gasentladungen oder durch einen anderen gepulsten Laser), wird die Besetzungsinversion zeitabhängig (Abb. 6.1). Die Schwellwertinversion wird nur während eines Zeitintervalls $\Delta t < T$ überschritten, welches von dem Zeitverlauf und der Leistung des Pumppulses abhängt. Das zeitliche Verhalten der Laseremission wird bestimmt durch die Verstärkung $G(t)$ pro Resonatorumlauf (Bd. 1, Abschn. 5.2) und die Relaxationszeiten τ_i, τ_k der am Laserübergang beteiligten Niveaus.

W. Demtröder, *Laserspektroskopie 2*, DOI 10.1007/978-3-642-21447-9_6,
© Springer-Verlag Berlin Heidelberg 2013

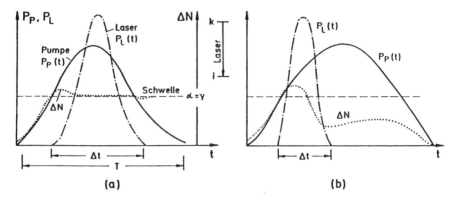

Abb. 6.1a,b. Pumpleistung $P_P(t)$ Besetzungsinversion ΔN, und Laserleistung P_L bei einem gepulsten Laser; (**a**) bei genügend kurzer Lebensdauer τ_i des unteren Laserniveaus und (**b**) bei Selbstbegrenzung der Inversion wegen zu langsamer Entleerung von $|i\rangle$

Sind diese Zeiten kurz gegen die Anstiegszeit des Pumppulses, so hat man einen quasistationären Laserbetrieb, d. h. die Inversion $\Delta N(t)$ stellt sich zu jedem Zeitpunkt t auf einen Wert ein, der durch die Pumpleistung $P_P(t)$ und die Laserleistung $P_L(t)$ bestimmt wird, weil die Inversion durch $P_P(t)$ aufgebaut und durch $P_L(t)$ abgebaut wird. Ein solches Verhalten, wie es in Abb. 6.1a schematisch dargestellt ist, findet man z. B. bei Excimerlasern (Bd. 1, Abschn. 5.6.5).

Es gibt gepulste Laser, wie z. B. der Stickstofflaser, bei denen das untere Niveau des Laserüberganges eine längere effektive Lebensdauer hat als das obere Niveau [6.2]. Durch den Anstieg der Laserleistung $P_L(t)$ wird für solche Laser die anfänglich hohe Inversion ΔN bald abgebaut, weil das untere Niveau nicht schnell genug entleert werden kann. Der Laserpuls begrenzt sich daher selbst und hört auf, bevor der Pumppuls zu Ende ist (Abb. 6.1b).

Bei sehr hoher Verstärkung der induzierten Emission, wie sie z. B. bei Blitzlampen-gepumpten Festkörperlasern erreicht wird, kann die anfänglich hohe Inversion ΔN durch den steilen Anstieg der Laserleistung $P_L(t)$ so schnell abgebaut werden, dass die Pumpe „nicht nachkommt", sodass die Inversion unter die Schwelle gedrückt wird und die Laseremission aufhört. Sind die Relaxationszeit τ_k des oberen Laserniveaus $|k\rangle$ und die Dauer T des Pumppulses $P_P(t)$ lang genug, so kann die Inversion während des Pumppulses erneut aufgebaut werden, und ein neuer Laserpuls beginnt. Bei solchen Lasern (z. B. Blitzlampen-gepumpten Rubinlasern oder Neodym-Glaslasern) besteht die induzierte Emission während des Pumppulses (T = $10\,\mu s \div 10\,ms$) aus einer, je nach Betriebsbedingungen, periodischen oder auch irregulären Folge kurzer Lichtpulse (spikes) (Abb. 6.2), deren Dauer $\Delta T \approx 1\,\mu s$ wesentlich kürzer ist als die des Pumppulses $P_P(t)$, deren Einhüllende aber durch die Form von $P_P(t)$ bestimmt wird [6.3, 6.4].

Für die zeitauflösende Laserspektroskopie sind gepulste Farbstofflaser wegen ihrer kontinuierlich veränderbaren Wellenlänge von besonderer Bedeutung. Außer Blitzlampen werden als Pumpquellen am häufigsten Excimerlaser, Stickstofflaser,

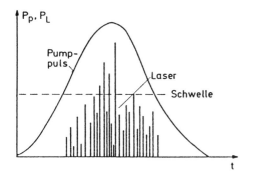

Kupferdampf- oder Golddampflaser, frequenzverdoppelte Nd:YAG-Laser und zunehmend frequenzverdoppelte Halbleiterlaser verwendet (Bd. 1, Abschn. 5.7.2). Die Farbstofflaserpulse haben dann je nach verwendeter Pumpe Pulsdauern von 1 ns bis 500 µs, Spitzenleistungen von 1 kW bis 10 MW und Pulsfolgefrequenzen von 1 Hz bis 15 kHz [6.5].

6.1.2 Güteschaltung von Laserresonatoren

Um bei Festkörperlasern statt der vielen irregulären „spikes" einen einzigen, entsprechend intensiveren Laserpuls zu erhalten, wurde die Technik der **„Güteschaltung"** des Resonators (**Q-switching**) entwickelt. Sie beruht auf folgendem Prinzip:

Durch einen *„optischen Schalter"* im Laserresonator werden die Verluste bis zu einem wählbaren Zeitpunkt t_0 während des Pumppulses so groß gemacht, dass die Oszillationsschwelle nicht erreicht wird. Dadurch kann sich bis zu diesem Zeitpunkt eine große Inversion aufbauen, da sie nicht durch stimulierte Emission abgebaut wird (Abb. 6.3). Öffnet man bei $t = t_0$ den Schalter, so werden plötzlich die Verluste klein

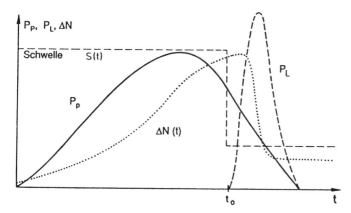

Abb. 6.3. Pumpleistung $P_P(t)$, Schwellwertleistung $S(t)$, Inversion $\Delta N(t)$ und Laserleistung $P_L(t)$ bei einem gütegeschalteten Resonator (Q-switch-Laser)

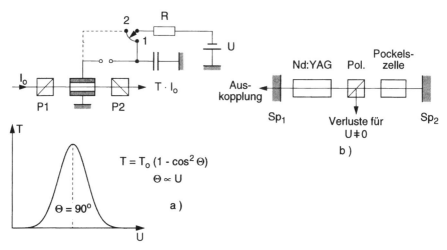

Abb. 6.4a,b. Güteschaltung eines Laserresonators: (**a**) Pockelszelle. (**b**) Experimenteller Aufbau

(d. h. die Güte des Resonators groß), und es baut sich infolge der großen Nettoverstärkung sehr schnell ein intensiver Laserpuls auf, der die im aktiven Medium gespeicherte „Inversionsenergie" vollständig abbauen und in einen „**Riesenpuls**" mit kurzer Dauer umwandeln [6.6, 6.7].

Als optischer Schalter wird oft eine Pockelszelle zwischen zwei gekreuzten Polarisatoren benutzt [6.6, 6.8], die aus einem optisch anisotropen Kristall besteht, der bei Anlegen eines elektrischen Feldes E die Polarisationsebene des transmittierten linear-polarisierten Lichtes um einen Winkel $\theta \approx |E|$ dreht (Abb. 6.4). Legt man zum Zeitpunkt t_0 an die auf zwei Seitenflächen des Kristalls aufgedampften Elektroden eine solche Spannung U, dass der Drehwinkel $\Theta = 90°$ wird, so kann die linear polarisierte Lichtwelle den optischen Schalter ohne Verluste durchlaufen, während für $t < t_0$ bei $U = 0$ der Drehwinkel $\Theta = 0$ ist und die gekreuzten Polarisatoren die Welle nicht transmittieren. Bei der Anordnung in Abb. 6.4b wird für $t < t_0$ eine kleinere Spannung U an die Pockelszelle gelegt, so dass die Polarisationsebene um 45° beim Einfachdurchgang, beim Hin- und Rücklauf also um 90° gedreht wird. Deshalb wird die reflektierte Welle durch den Polarisationsstrahlteiler Pol vollständig aus dem Resonator reflektiert, d. h. die Verluste sind groß. Zur Zeit $t = t_0$ wird $U = 0$ und die Welle kann den verstärkenden Nd:YAG-Stab öfter durchlaufen. Ein Teil wird durch den Spiegel Sp_1 ausgekoppelt.

Die optimale Schaltzeit t_0 hängt ab vom Verlauf des Pumppulses $P_\text{P}(t)$ und von der Lebensdauer τ_i des oberen Laserniveaus. Wenn τ_i lang ist gegen die Dauer T des Pumppulses, so geht von der in dieses Niveau gepumpten Energie während der Zeit T nur wenig durch spontane Emission oder durch Relaxationsprozesse verloren. Beim Rubinlaser ($\tau_i \approx 3\,\text{ms}$) kann man z. B. den Schaltzeitpunkt t_0 praktisch an das Ende des Pumppulses ($T \approx 0{,}1\,\text{ms}$) legen. Dadurch lässt sich die gesamte, im oberen Niveau gespeicherte Anregungsenergie ausnutzen, und man erhält einen Riesenimpuls mit einigen ns Dauer und vielen MW Spitzenleistung [6.9].

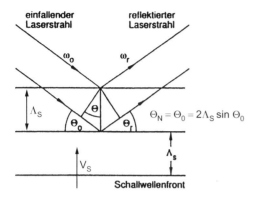

Abb. 6.5. Bragg-Reflexion einer Lichtwelle an einer laufenden Ultraschallwelle

Das Prinzip der Güteschaltung kann auch auf kontinuierliche Laser angewendet werden. Hier verfährt man gerade umgekehrt: Der Laserresonator besteht aus lauter hochreflektierenden Spiegeln, sodass die Verluste so klein wie möglich gehalten werden. Die Dauerstrichleistung innerhalb des Resonators ist deshalb hoch, weil keine Leistung ausgekoppelt wird. Zum Zeitpunkt t_0 wird durch einen optischen Schalter ein großer Teil der im Resonator gespeicherten Lichtleistung ausgekoppelt.

Als optischer Schalter wird hier oft ein akusto-optischer Modulator verwendet, weil man ihn mit geringeren Spannungen als beim elektrooptischen Schalter betreiben kann. Durch eine im Resonator angeordnete Quarzplatte wird ein kurzer Ultraschallpuls geschickt. Die Ultraschallwelle bewirkt eine periodische Modulation des Brechungsindex n mit der Periodenlänge gleich der Schallwellenlänge Λ_s und damit für $2n \cdot \Lambda_s \sin \theta = m\lambda$ eine Bragg-Reflexion der Lichtwelle mit der Wellenlänge λ (Abb. 6.5), die dadurch abgelenkt und über ein total reflektierendes Prisma aus dem Resonator ausgekoppelt wird (Abb. 6.6). Der ausgekoppelte Puls ist allerdings amplituden-moduliert, wie man folgendermaßen sehen kann:

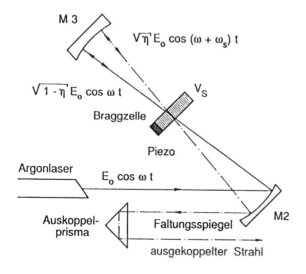

Abb. 6.6. Prinzip der Auskopplung beim güteschalteten kontinuierlichen Laser („cavity dumping")

Fällt eine Lichtwelle $E_0 \cos(\omega t - kx)$ über den Spiegel M2 auf die im Kristall mit dem Brechungsindex n laufende Ultraschallwelle mit der Wellenlänge Λ_s, so wird der Bruchteil η der einfallenden Intensität durch Bragg-Reflexion abgelenkt, wenn die Bragg-Bedingung

$$2\Lambda_s \sin \Theta = \lambda/n \tag{6.1}$$

erfüllt ist. Die Größe η hängt ab von der Modulation der Brechzahl n und damit von der Amplitude der Ultraschallwelle. Durch die Reflexion an den mit der Geschwindigkeit v_s durch die Platte laufenden Wellenfronten der Schallwelle mit der Frequenz Ω wird die Frequenz der Lichtwelle um

$$\Delta\omega = 2\frac{nv_s}{c}\omega \sin \Theta = \frac{2n\Lambda_s\Omega}{\lambda\omega}\omega \sin \Theta = \Omega \tag{6.2}$$

Doppler-verschoben. Der Faktor 2 kommt durch die Reflexion an der laufenden Wellenfront zustande, bei der die Richtungsänderung der Welle 2Θ beträgt. Die Amplitude des reflektierten Anteils ist dann

$$A_r = \sqrt{\eta}E_0 \cos(\omega + \Omega)t \tag{6.3}$$

und die des transmittierten Anteils

$$A_t = \sqrt{1 - \eta}E_0 \cos \omega t \,. \tag{6.4}$$

Nach der Reflexion am Spiegel M3 wird von A_r der Bruchteil $\sqrt{1 - \eta}$ durch die Ultraschallwelle transmittiert und von A_t der in entgegengesetzte Richtung Doppler-verschobene Bruchteil $\sqrt{\eta}E_0 \cos(\omega - \Omega)t$ reflektiert. In der Auskoppelrichtung überlagern sich daher die Amplituden

$$A_r\sqrt{T} + A_t\sqrt{R} = \sqrt{\eta}\sqrt{1 - \eta}E_0\big[\cos(\omega + \Omega)t + \cos(\omega - \Omega)t\big] \tag{6.5}$$

und der ausgekoppelte Puls hat wegen $\overline{\cos^2 \omega t} = 1/2$ die über die Lichtperiode gemittelte Leistung

$$P_a(t) = 2c\epsilon_0\eta(t)[1 - \eta(t)]E_0^2 \cos^2 \Omega t \,, \tag{6.6}$$

wobei die zeitabhängige Funktion $\eta(t)$ vom Zeitverlauf des Ultraschallpulses abhängt (Abb. 6.7).

Während des Ultraschallpulses wird also der Bruchteil $2\eta(1 - \eta)$ der im Resonator gespeicherten Lichtleistung in einem mit der Schallfrequenz Ω modulierten Lichtpuls ausgekoppelt („**Cavity-Dumping**"). Mit $\eta = 0,3$ ergibt dies einen Auskoppelgrad von 42 %. Die Folgefrequenz dieser Lichtpulse kann durch die Folgefrequenz f der Ultraschallpulse in weiten Grenzen variiert werden. Oberhalb einer vom Lasertyp abhängigen Grenzfrequenz f_g sinkt die Spitzenleistung der Lichtpulse ab, weil dann die Zeit zwischen zwei Pulsen nicht mehr ausreicht, um im Resonator die maximale Lichtleistung wieder aufzubauen.

Dieses Verfahren des **Cavity Dumping** [6.10] wird vor allem bei Gaslasern und bei kontinuierlichen Farbstofflasern angewandt. Man erreicht Pulsbreiten $\Delta T \simeq$ 10–100 ns, Pulsfolgefrequenzen von 0–4 MHz und Spitzenleistungen, die bei gleicher Pumpleistung 10–100 mal höher sein können als im normalen Dauerstrichbetrieb mit optimalem Auskoppelspiegel. Die zeitlich gemittelte Leistung beträgt bei

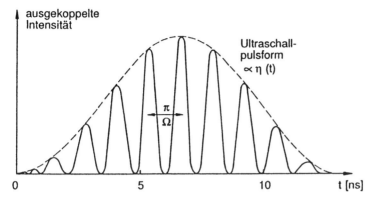

Abb. 6.7. Durch Ultraschallgütemodulation ausgekoppelter, amplituden-modulierter Laserpuls

Folgefrequenzen $f = 10^4 - 4 \cdot 10^6$ Hz etwa $0,1 - 40\,\%$ der Leistung des entsprechenden Dauerstrichlasers.

Beispiel 6.1

Bei einem Argonlaser, der auf der Linie $\lambda = 514,5$ nm im Dauerstrichbetrieb mit einem Auskoppelspiegel mit 5 % Transmission eine Ausgangsleistung von 5 W liefert, ist die resonator-interne Leistung 100 W. Für den Güteschaltungsbetrieb wird ein hochreflektierender Spiegel mit $T = 0$ verwendet. Bei Gesamtverlusten von 1 % wird dann bei gleichen anderen Bedingungen die resonator-interne Leistung 500 W. Mit einem Auskoppelgrad von 42 % während des Cavity-dumpings erhält man dann Pulse mit Spitzenleistungen von 210 W. Bei einer Pulslänge $\Delta t = 10$ ns und einer Folgefrequenz von $f = 1$ MHz wird die mittlere ausgekoppelte Leistung dann $\langle W \rangle = 2,1$ W, also etwa 40 % der im CW-Betrieb erreichten Leistung.

6.1.3 Modenkopplung und Pikosekundenpulse

Durch Phasenkopplung zwischen vielen, gleichzeitig oszillierenden Lasermoden lassen sich Lichtpulse im Pikosekundenbereich erzeugen. Eine solche Kopplung kann durch optische Modulatoren im Laserresonator (aktive Modenkopplung) oder durch Sättigung von absorbierenden Medien innerhalb des Laserresonators (passive Modenkopplung) bewirkt werden [6.11–6.13]. Wir wollen zuerst das Prinzip der **aktiven Modenkopplung** erläutern.

a) Aktive Modenkopplung

Wird die Intensität der monochromatischen Lichtwelle $E = A_0 \cos(\omega_0 t - kz)$ mithilfe eines optischen Modulators [6.8] (Pockels-Zelle, Kerr-Zelle oder stehende Ultraschallwelle) mit der Frequenz f moduliert, so entstehen im Frequenzspektrum der

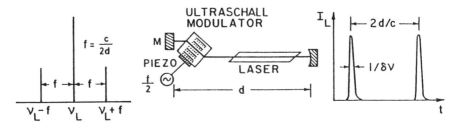

Abb. 6.8. Aktive Modenkopplung durch einen Ultraschallmodulator im Laserresonator

optischen Welle neben der Trägerfrequenz $\nu_0 = \omega_0/2\pi$ Seitenbänder mit den Frequenzen $\nu_0 \pm f$ (Abb. 6.8).

Befindet sich der Modulator innerhalb eines Laserresonators mit dem Spiegelabstand d und den Modenfrequenzen $\nu_m = \nu_0 \pm mc/2d$ ($m = 0, 1, 2, \ldots$), so entsprechen die Seitenbänder genau dann den Resonatormoden, wenn die Modulationsfrequenz f gleich dem Modenabstand wird, d. h. wenn gilt: $f = c/2d$ (Abb. 6.8). Die Seitenbänder können dann an der Laseroszillation teilnehmen und werden auch moduliert, wodurch höhere Seitenbänder $\nu = \nu_0 \pm 2f$ entstehen, u.s.w.. Der Laser oszilliert damit gleichzeitig auf allen Moden, die innerhalb des Verstärkungsprofils liegen (Bd. 1, Abschn. 5.3). Diese Moden schwingen jetzt aber nicht mehr voneinander unabhängig, weil ihre Phasen durch den Modulator miteinander gekoppelt sind. Nach jedem Resonatorumlauf gehen im Modulator die Amplituden aller Moden gleichzeitig durch ihr Maximum. Wir wollen uns diesen Sachverhalt etwas genauer ansehen: Durch die Modulation der Transmission

$$T = T_0[1 - \delta(1 - \cos\Omega t)] \tag{6.7}$$

mit dem Modulationsgrad $2\delta \le 1$ und der Modulationsfrequenz $f = \Omega/2\pi$ wird die Amplitude der k-ten Mode hinter dem Modulator

$$A_k(t) = TA_0\cos\omega_k t = T_0 A_0[1 - \delta(1 - \cos\Omega t)]\cos\omega_k t , \tag{6.8}$$

wenn wir annehmen, dass alle Lasermoden ohne Modulation die gleiche Amplitude $A_{k0} = A_0$ haben. Mithilfe des Additionstheorems lässt sich (6.8) umformen in

$$A_k(t) = A_0 T_0\left\{(1 - \delta)\cos\omega_k t + \frac{\delta}{2}\left[\cos(\omega_k + \Omega)t + \cos(\omega_k - \Omega)t\right]\right\} . \tag{6.9}$$

Wenn $\Omega = 2\pi c/2d$ ist, wird also auf der Nachbarmode mit der Frequenz $\omega_{k+1} = \omega_k + \Omega$ die Seitenbandamplitude

$$A_{k+1} = (A_0 T_0\delta/2)\cos(\omega_{k+1}t) \tag{6.10}$$

erzeugt, die durch induzierte Emission weiter verstärkt werden kann, solange die Frequenz ω_{k+1} innerhalb des Verstärkungsprofils für den Laserübergang liegt. Entsprechendes gilt für alle anderen Moden. Da die Amplituden aller drei Frequenzanteile in (6.9) zu den Zeiten $t = q(2d/c)$ ($q = 0, 1, 2, \ldots$) gleichzeitig ihr Maximum annehmen, sind ihre Phasen durch die Modulation miteinander gekoppelt.

Bei einer Bandbreite δv des Verstärkungsprofils oberhalb der Oszillationsschwelle können

$$N = \delta v / \Delta v = \delta v 2\, d/c$$

Resonatormoden an der modengekoppelten Laseroszillation beteiligt sein. Die Überlagerung dieser N phasengekoppelten Moden führt für konstante Amplituden $A_k = A_0$ zu einer zeitabhängigen Gesamtamplitude

$$A = \sum_{q=-m}^{q=+m} A_k \cos(\omega_0 + q\Omega)t = A_0 \sum_q \cos(\omega_0 + q\Omega)t \qquad (6.11a)$$

mit $N = 2m + 1$. Für die gesamte Laserintensität, die proportional zu A^2 ist, erhält man daher

$$I(t) \propto A_0^2 \frac{\sin^2(N\Omega t/2)}{\sin^2(\Omega t/2)} \cos^2 \omega_0 t \ . \qquad (6.11b)$$

Bei zeitlich konstanter Amplitude A_0 (Dauerstrichlaser) beschreibt (6.11) eine zeitlich äquidistante Folge von Pulsen, deren zeitlicher Abstand

$$T = 2\,d/c = 1/\Delta v \qquad (6.12)$$

gleich ihrer Umlaufzeit durch den Resonator ist (Abb. 6.9). Die Pulsbreite

$$\Delta T = \frac{1}{(2m+1)\Omega} = \frac{1}{N\Omega} = \frac{1}{2\pi\delta v} \qquad (6.13)$$

wird durch die Spektralbreite δv des Verstärkungsprofils oberhalb der Schwelle bestimmt, die Spitzenleistung der Pulse, die für $t = q(2d/c)$ erreicht wird, ist proportional zu N^2! Die Energie eines Pulses steigt daher proportional zur Zahl N der gekoppelten Moden an.

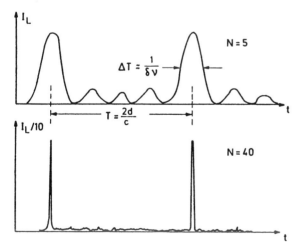

Abb. 6.9. Darstellung modengekoppelter Pulse bei der Kopplung von 5 bzw. 40 Moden

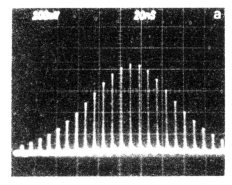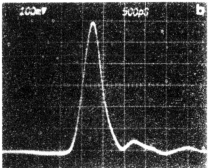

Abb. 6.10a,b. Pulszug eines modengekoppelten gepulsten Neodym-Lasers (**a**) und durch eine Pockels-Zelle ausgekoppelter Einzelpuls (**b**) [6.18]

Anmerkung

Wir haben bei der obigen Herleitung angenommen, dass alle Amplituden A_q gleich groß sind. Die zeitliche Intensitätsverteilung $I(t)$ in (6.11) entspricht dann genau der räumlichen Intensitätsverteilung bei der Beugung einer ebenen Welle an einem Gitter mit N beleuchteten Furchen (Bd. 1, Abschn. 4.2), wenn man Ωt durch die Phasendifferenz Φ zwischen benachbarten Lichtbündeln in Bd. 1, (4.17) ersetzt. Die wirkliche Amplitudenverteilung und damit auch die Form $I(t)$ der modengekoppelten Laserpulse hängt ab von der Form des Verstärkungsprofils und dem Zeitprofil der Modulation.

Bei gepulsten, modengekoppelten Lasern folgt die Einhüllende der Pulshöhen dem Zeitprofil der Inversion $\Delta N(t)$, das wiederum durch die Pumpleistung $P_P(t)$ bestimmt wird (Abb. 6.10).

Durch ein „**Pulsschneideverfahren**" kann außerhalb des Laserresonators mithilfe einer synchron gesteuerten Pockels-Zelle ein einzelner Puls aus diesem Pulszug herausgeschnitten werden. Dazu wird die Pockels-Zelle, die normalerweise das Licht sperrt, durch einen Puls kurz vor dem Maximum des Pulszuges so verzögert getriggert, dass sie gerade für den nächsten Puls während einer Zeitspanne $\Delta t < T = 2d/c$ geöffnet wird, die kleiner als der zeitliche Abstand zweier Pulse ist [6.14].

Beispiel 6.2

a) Beim HeNe-Laser ist die Bandbreite δv des Verstärkungsprofils auf dem Übergang bei $\lambda = 633\,\text{nm}$ $\delta v \approx 1{,}5\,\text{GHz}$. Man kann daher Pulsbreiten bis etwa 500 ps erreichen.

b) Beim Argonlaser mit $\delta v \approx 5-7\,\text{GHz}$ sollte man theoretisch 150 ps erwarten. Experimentell erreicht man etwa 200 ps. In Abb. 6.11 ist die gemessene Pulsbreite durch die Zeitauflösung der Detektoren begrenzt.

c) Der aktiv modengekoppelte Nd-Glaslaser [11.15, 16] liefert Pulsbreiten bis herunter zu 5 ps mit sehr großen Spitzenleistungen ($\geq 10^{10}\,\text{W}$ bei $\lambda = 1{,}06\,\mu\text{m}$, die mit hoher Effizienz in optisch nichtlinearen Kristallen frequenzverdoppelt bzw. verdreifacht werden können. Man erhält dadurch leistungsstarke kurze Pulse im sichtbaren bzw. ultravioletten Spektralbereich.

d) Wegen der großen Bandbreite δv ihres Verstärkungsprofils sind Farbstoff- und Farbzentrenlaser die besten Kandidaten, um möglichst kurze Pulse zu erzielen. Mit

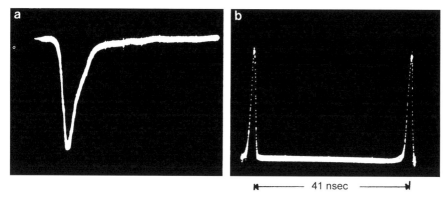

Abb. 6.11a,b. Gemessene Pulse eines modengekoppelten Argonlasers λ = 488 nm. (**a**) Mit einer schnellen Photodiode und einem Speicheroszillographen aufgenommen (500 ps/Skt.). Die schwachen Oszillationen hinter dem Puls kommen von Kabelreflexionen. (**b**) Das abgeschwächte Streulicht der Pulse wurde mit einem Photomultiplier (Einzelphotonzählung) detektiert und in einem Zeitamplitudenwandler mit Vielkanalspeicher registriert. Die Pulsbreiten sind durch die Zeitauflösung von Photodiode bzw. P.M. begrenzt [6.19]

$\delta\nu \approx 3 \cdot 10^{13}$ Hz (dies entspricht bei λ = 600 nm etwa $\delta\lambda \approx 30$ nm) sollten Pulsbreiten bis hinunter zu $\Delta T \simeq 3 \cdot 10^{-14}$ s erreichbar sein. Dies lässt sich in der Tat mit speziellen Techniken realisieren (Abschn. 6.1.4). Mit der bisher beschriebenen aktiven Modenkopplung erhält man jedoch nur typische Pulsbreiten von 10 – 50 ps [6.17], Dies entspricht etwa der Lichtlaufzeit durch den aktiven Teil des Modulators.

b) Passive Modenkopplung

Sowohl bei *gepulsten* als auch bei *CW Lasern* ist die passive Modenkopplung eine experimentell besonders einfache Methode, mit der man Pulsbreiten bis unter 1 ps erzielt hat. Man kann sie folgendermaßen anschaulich verstehen:

Statt des aktiven Modulators wird ein sättigbarer Absorber, dessen Absorptionsniveaus eine möglichst kurze Relaxationszeit haben, in den Laserresonator dicht vor einen Endspiegel gestellt (Abb. 6.12). Um trotz des Absorbers die Laserschwelle zu erreichen, muss die Verstärkung im Lasermedium entsprechend hoch sein. Kurz bevor die Pumpleistung den Schwellwert erreicht hat, besteht die Emission des aktiven Mediums aus spontan emittierten, induziert verstärkten Photonenlawinen, deren Spitzenleistung mehr oder weniger statistisch schwankt. Infolge der nichtlinearen Sättigung des absorbierenden Mediums (Abschn. 2.1) erfährt die intensivste Photonenlawine die geringste Absorption und damit die größte Nettoverstärkung. Sie wächst daher beim nächsten Resonatorumlauf stärker an als ihre schwächeren Konkurrenten, sättigt deshalb den Absorber noch stärker und vergrößert damit ihre Nettoverstärkung weiter. Nach wenigen Resonatorumläufen ist dieser Puls so stark geworden, dass er den überwiegenden Anteil der gesamten Laseremission ausmacht. Nach einem Einschwingstadium besteht diese daher aus einer regelmäßigen Folge

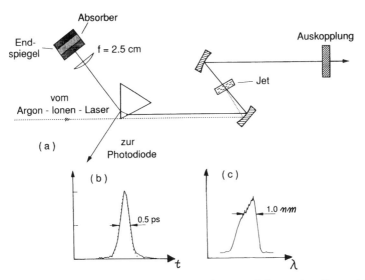

Abb. 6.12a–c. Passive Modenkopplung eines kontinuierlichen Farbstofflasers, (a) Experimentelle Anordnung, (b) gemessener Ausgangspuls, (c) Spektralprofil [6.17]

von intensiven Pulsen, deren Abstand $T = 2d/c$ ist und die solange andauert, wie die Pumpleistung oberhalb der, nun infolge der Sättigung niedrigeren Schwelle bleibt. Die Fourier-Zerlegung dieser Pulsfolge gibt das Modenspektrum des Lasers.

Man sieht aus dieser anschaulichen Darstellung, dass die Pulsform und Dauer sowohl durch das Relaxationsverhalten des Absorbers als auch durch die des aktiven Mediums bestimmt wird. Damit die passive Modenkopplung die schwächeren Pulse zuverlässig unterdrückt, muss die Relaxationszeit des sättigbaren Absorbers kurz sein gegen die Resonatorumlaufzeit, weil sonst schwächere Pulse kurz hinter dem stärkeren Puls noch von der Sättigung profitieren würden und während der Einschwingzeit entsprechend stärker anwachsen könnten [6.20]. Als Absorber werden je nach Wellenlänge verschiedene Farbstoffe, verwendet, wie z. B. Methylenblau, Diäthyloxadicarbocyanin DODCI, oder Polymethin-Pyrylium [6.21], welche Relaxationszeiten im Bereich 10^{-9}–10^{-12} s haben. Auch Halbleiter können als sättigbare Absorber bei Wellenlängen von 0,6–1 μm verwendet werden. Die zeitabhängige sättigbare Absorption wird durch die Thermalisierung der Leitungselektronen und Löcher und später durch ihre Rekombination bestimmt (Abb. 6.13).

Nicht nur bei gepulsten sondern auch bei kontinuierlichen Lasern kann die passive Modenkopplung verwendet werden, obwohl hier wegen der kleineren Verstärkung das Verhältnis von Absorption und Verstärkung nur in einem engen Bereich zu stabilem modengekoppeltem Betrieb führt [6.22, 6.23]. Man erreicht bei passiv modengekoppelten CW Farbstofflasern Pulsbreiten bis herab zu 0,5 ps [6.24].

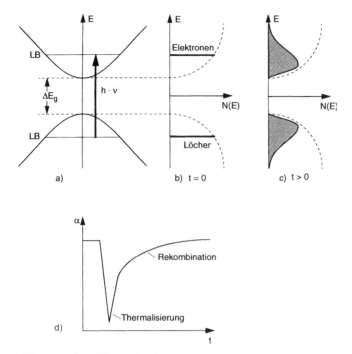

Abb. 6.13a–d. Halbleiter als schnelle sättigbare Absorber: (**a**) Bandschema, (**b**) Elektronen- und Löcher-Energieverteilungen zu Beginn des Laserpulses und (**c**) ihre Thermalisierung. (**d**) Zeitlicher Verlauf des Absorptionskoeffizienten

c) Synchrones Pumpen

Eine sehr erfolgreiche Technik, um besonders kurze Pulse aus kontinuierlichen Farbstofflasern zu erhalten, ist das synchrone Pumpen [6.25, 6.26]. Hier wird ein modengekoppelter Argonlaser als Pumpe für den Farbstofflaser verwendet (Abb. 6.14). Macht man die Umlaufzeit der Farbstofflaserpulse genau gleich dem zeitlichen Abstand $T = 2d/c$ der Pumppulse, so trifft der Farbstofflaserpuls immer im optimalen Zeitpunkt mit dem Pumppuls im aktiven Medium des Farbstoffstrahls zusammen und wird daher maximal verstärkt (Abb. 6.15). Um die Synchronisation zu erreichen, wird ein Endspiegel des Farbstofflasers auf einen Mikrometerschlitten gesetzt, damit die Resonatorlänge genau an die des Argonlasers angepasst werden kann. Man erreicht Pulsbreiten bis unter 1 ps [6.27]. Die Pulsbreite ΔT hängt dabei von der Genauigkeit Δd der Resonatoranpassung ab. Eine Fehlanpassung von $\Delta d = 1\,\mu m$ verdoppelt die Pulsbreite bereits von 0,5 ps auf 1 ps [6.28].

Für manche Anwendungen ist die Pulsfolgefrequenz $f = c/2d$, die für eine Resonatorlänge $d = 1\,m$ bereits 150 MHz beträgt, zu hoch. Hier hilft das im Abschn. 6.1.2 besprochene Verfahren der **Güteschaltung** („cavity-dumping"), bei dem nur jeder k-te Puls ($k \geq 20$) über die Bragg-Reflexion an einer Ultraschallwelle ausgekoppelt wird. Der Ultraschallpuls muss jetzt synchronisiert werden mit den modengekop-

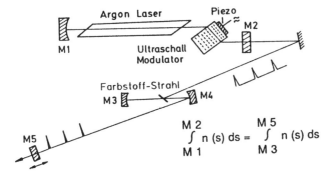

Abb. 6.14. Synchron gepumpter CW-Farbstofflaser mit akusto-optisch modengekoppeltem Argonlaser und durchstimmbarem Farbstofflaser, der fast Fourier-limitierte Pulse liefert

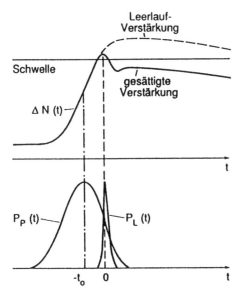

Abb. 6.15. Schematische Darstellung von Argonlaserpuls $P_P(t)$, Inversion $\Delta N(t)$ im Farbstoffstrahl und Farbstofflaserpuls $P_L(t)$ beim synchronen Pumpen

pelten Pulsen (Abb. 6.16). Dies geschieht über eine schnelle Photodiode, welche die modengekoppelten Pulse registriert und das Ansteuersignal für den HF-Generator liefert, der die Ultraschallpulse erzeugt. Die Frequenz $\nu_s = \Omega/2\pi$ der Ultraschallwelle ist ein ganzzahliges Vielfaches der Modenkoppelfrequenz $c/2d$. Die Phase der Ultraschallwelle wird so eingestellt, dass ein modengekoppelter Puls genau mit dem zentralen Maximum der Auskopplung zusammenfällt, während der nächstfolgende Puls genau in ein Minimum fällt. Man kann so erreichen, dass während des Ultraschallpulses genau ein modengekoppelter Lichtpuls ausgekoppelt wird. Die Pulsfolgefrequenz ist durch die Folgefrequenz der Ultraschallpulse von 1 Hz bis 4 MHz einstellbar [6.29]. In Abb. 6.17 ist der Gesamtaufbau eines solchen gütegeschalteten modengekoppelten Farbstofflasersystems schematisch dargestellt. Ausführliche Darstellungen dieses Gebietes findet man in [6.12, 6.17, 6.24, 6.30].

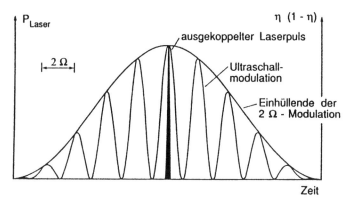

Abb. 6.16. Zur Synchronisation von Auskopplung und Ankunftszeit des Laserpulses in der Bragg-Zelle

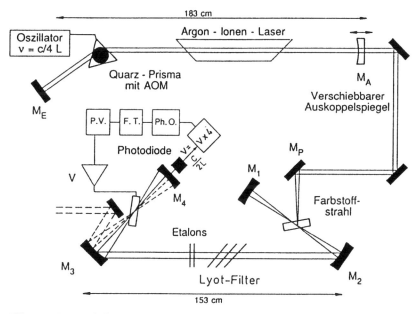

Abb. 6.17. Gütegeschaltetes modengekoppeltes CW Farbstofflaser-System mit entsprechender Synchronisationselektronik (V.: Verstärker, P.V.: Pulsverzögerung, F.T.: Frequenzteiler, Ph.O.: phasengekoppelter Oszillator) [Spectra-Physics]

6.1.4 Erzeugung von Femtosekunden-Pulsen

Im vorigen Abschnitt haben wir gesehen, dass mit passiver Modenkopplung von Farbstofflasern oder durch synchrones Pumpen Lichtpulse mit Breiten bis herunter zu 0,5 ps erreicht werden. In den letzten Jahren sind einige neue Verfahren entwickelt worden, mit denen diese Grenze weit unterschritten werden konnte. Die kürzesten zur Zeit erzeugbaren Lichtpulse im sichtbaren Spektralgebiet sind nur noch 4 fs lang

[6.31, 6.32]. Dies entspricht bei $\lambda = 600$ nm etwa 2 Schwingungsperioden der Lichtwelle! Wir wollen einige dieser Verfahren jetzt besprechen.

a) Der CPM-Farbstofflaser

Ein Farbstofflaser mit Ringresonator, dessen aktives Medium durch einen kontinuierlichen Argonlaser gepumpt wird, lässt sich durch einen zweiten absorbierenden Farbstoffstrahl passiv modenkoppeln. Die modengekoppelten Pulse können in beiden Richtungen im Ringresonator umlaufen (Abb. 6.18). Wird der Absorber nun so angeordnet, dass die kürzeste Lichtlaufzeit vom aktiven zum passiven Farbstoffstrahl genau 1/4 der Resonatorumlaufzeit T beträgt, so haben zwei entgegenlaufende Pulse, die sich gerade im Absorber treffen (**„colliding pulse mode-locking"**, CPM), die größte Nettoverstärkung, weil:

1) die beiden Pulse den Verstärker im größtmöglichen zeitlichen Abstand $T/2$ durchlaufen, sodass sich die Inversion nach ihrem Abbau durch den vorhergehenden Puls wieder optimal erholt hat;

2) die Gesamtintensität im Absorber gleich der doppelten Einzelpulsintensität ist, sodass die Sättigung des Absorbers für diesen Fall maximal und die Absorption minimal wird.

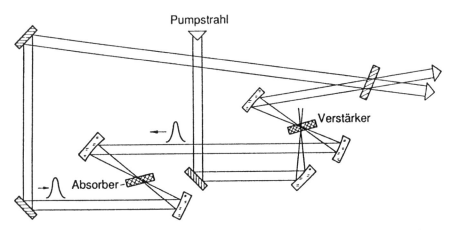

Abb. 6.18. Schematischer Aufbau eines CPM-Ringlasers. Der Abstand zwischen Absorber und Verstärker ist $1/4L$ mit L: Gesamtlänge des Ringresonators

Dieser Zustand wird sich deshalb bei passiver Modenkopplung im Ringresonator, d. h. bei geeigneter Wahl von Verstärkung und Absorption von selber einstellen. Warum werden die Pulse bei dieser Konfiguration besonders kurz?

Die Dicke des Absorberfarbstoffstrahls wird so dünn gewählt ($\leq 100\,\mu m$), dass die Lichtlaufzeit durch den Absorber nur etwa 400 fs beträgt. Während ihrer kurzen Überlagerungszeit bilden die beiden entgegenlaufenden Pulse im Absorber eine stehende Lichtwelle, die aufgrund der Sättigung ein räumliches Dichteprofil $N_i(z)$

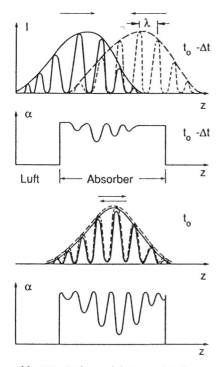

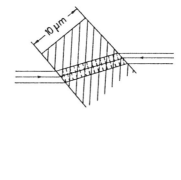

Abb. 6.19. Dichtemodulation und Reflexionsgitter im Farbstoffstrahl während der Überlagerung der beiden entgegenlaufenden Pulse

der Farbstoffmoleküle im absorbierenden Zustand $|i\rangle$ erzeugt und damit ein entsprechendes Absorptionsgitter im Farbstoffstrahl mit der Periode $\lambda/2$ (Abb. 6.19). Dieses Gitter bewirkt eine teilweise Reflexion der einfallenden Lichtwellen, wodurch die beiden entgegenlaufenden Pulse miteinander gekoppelt werden.

Die Absorption beider Pulse im sättigbaren Absorber ist minimal, wenn sich die beiden Pulsmaxima gerade überlappen. Dann ist das Gitter am stärksten ausgeprägt und die Kopplung der beiden Pulse maximal. Für diese periodischen Zeitpunkte wächst die Pulshöhe stärker als für andere Zeiten. Die Pulse werden dadurch bei jedem Umlauf etwas kürzer, bis die Verkürzung pro Resonatorumlauf gerade kompensiert wird durch andere Pulsverlängerungseffekte. Hierzu gehört z. B. die Dispersion in den dielektrischen Schichten der Resonatorspiegel, die dazu führt, dass die Resonatorumlaufzeit für die im Lichtpuls enthaltenen verschiedenen Lichtwellenlängen unterschiedlich wird. Je kürzer die Pulse werden, desto breiter wird ihr Spektralprofil $I(\nu)$ und desto stärker machen sich Dispersionseffekte störend bemerkbar.

Die Spiegeldispersion lässt sich kompensieren durch Einfügen dispersiver Prismen in den Ringresonator (Abb. 6.20), die bewirken, dass die wellenabhängigen Phasenverschiebungen bei der Reflexion an den Spiegeln durch entsprechend veränderte geometrische Wege $d \cdot n(\lambda)$ genau kompensiert werden. Man kann diese Kompensation optimieren durch die Wahl der Länge 1, die die Laserpulse in einem Prisma

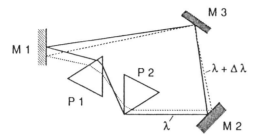

Abb. 6.20. Kompensation der Spiegeldispersion durch eine entgegengesetzte Prismendispersion. Die gestrichelte Kurve zeigt den Umlaufweg für eine Wellenlänge $\lambda + \Delta\lambda$

durchlaufen, indem man die Prismen senkrecht zum Strahl verschiebt. Inzwischen gibt es auch schon dispersionskompensierte Spiegel, sodass man auf die Prismen verzichten kann [6.33].

Wie wir schon im vorigen Abschnitt gesehen haben, kann die Dauer modengekoppelter Pulse umso kürzer werden, je breiter das spektrale Verstärkungsprofil des Lasermediums ist. Mit zunehmender spektraler Breite der Laserpulse werden jedoch die Dispersionseffekte immer größer und können nicht mehr vollständig kompensiert werden, sodass die weitere Verkürzung der Pulse begrenzt wird. In Abb. 6.21 ist die erreichbare minimale Pulsdauer als Funktion der Laserbandbreite für verschiedene Dispersionswerte [fs/cm^{-1}] aufgetragen [6.34].

Mit dieser CPM-Technik (CPM-Laser) lassen sich theoretisch, wie Abb. 6.21 zeigt, Pulsbreiten bis herab zu 50 fs erreichen. Experimentell wurden in der Tat Pulse unter 100 fs gemessen [6.35, 6.36]. Pumpt man den CPM-Ring-Farbstofflaser mit zwei in einem eigenen Ringresonator gegensinnig umlaufenden Pumppulsen eines modengekoppelten Argonlasers, so erreicht man einen über Stunden stabilen Betrieb mit Pulsbreiten von unter 100 fs [6.36].

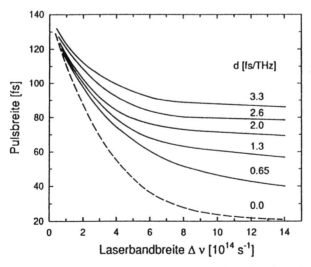

Abb. 6.21. Pulsbreiten im stationären Betrieb eines modengekoppelten Lasers ohne Dispersion (*gestrichelte Kurve*) und bei verschiedenen Werten des Dispersionsparameters d [fs/THz] als Funktion der spektralen Bandbreite $\Delta\nu$ [6.34]

b) Kerr-Linsen-Modenkopplung

Nachdem man nun Pulse im Femtosekundenbereich realisiert hatte, erhob sich die Frage, ob 100 fs die untere Grenze sein sollte.

Der entscheidende Durchbruch kam 1991 mit der Entdeckung eines schnellen Selbstfokussierungs-Effektes, der als „**Kerr-Lens-Mode-locking**" (KLM) bezeichnet wird und folgendermaßen funktioniert: Der Laserstrahl wird aufgrund des nichtlinearen intensitätsabhängigen Brechungsindex

$$n(I) = n_0(\omega) + n_2(\omega) \cdot I \tag{6.14}$$

im Laserkristall fokussiert, weil $n(I)$ wegen der radialen Intensitätsvariation $I(r)$ des Gauß-förmigen Lasterstrahls einen radialen Gradienten hat (Abb. 6.22). Hohe Intensitäten werden stärker fokussiert als kleine Intensitäten. Während des Pulses ändert sich daher die Lage der Fokusebene. Stellt man eine kreisförmige Blende in die Fokalebene beim Pulsmaximum, so werden die hohen Intensitäten durchgelassen, die kleinen aber ausgeblendet [6.38]. Dadurch werden die Pulsflanken abgeschnitten und der Puls verkürzt – analog zur passiven Modenkopplung (Abschn. 6.1.3b).

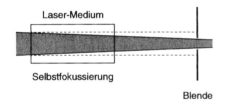

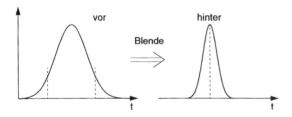

Abb. 6.22. Prinzip der Kerr-Linsen-Modenkopplung (KLM)

Beispiel 6.3

Für Saphir Al_2O_3 ist $n_2 = 3 \cdot 10^{-16}$ cm^2/W. Bei einer Intensität von 10^{14} W/cm^2 ändert sich der Brechungsindex also um $\Delta n = 3 \cdot 10^{-2}$ gegenüber n_0. Dies führt auf einer Länge von 1 cm bei einer Wellenlänge $\lambda = 1\,\mu$m zu einer Phasenverschiebung von $\Delta\phi = (2\pi/\lambda) \cdot \Delta n \cdot L = 300 \cdot 2\pi$ und damit zu einem Krümmungsradius der Phasenfläche von $r \approx 4$ cm, was eine entsprechende Brennweite dieser Kerr-Linse bewirkt.

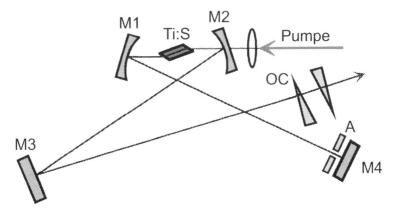

Abb. 6.23. Ti:Saphir-Oszillator mit „weicher" Kerr-Linsen-Apertur (bestimmt durch die Abmessungen des Ti:S.-Kristalls) und „harter" Apertur A [6.39]

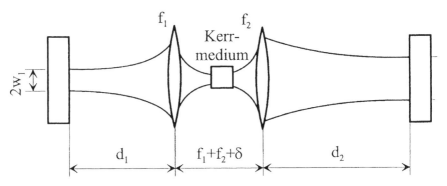

Abb. 6.24. Schematische Illustration des „Kerr lens mode-locking" innerhalb des Laser-Resonators [6.39]

In Abb. 6.23 ist eine mögliche Anordnung für einen Ti:Saphir Laser mit Kerr-Linsen-Modenkopplung KLM gezeigt. Der Ti:Saphir Kristall wirkt hier als begrenzende Blende. Die Dispersion im Laser Resonator, die hauptsächlich durch die Spiegel verursacht wird, kann durch zwei Quarzglaskeile kompensiert werden.

Man kann sich die Wirkung der Kerr-Linse im Laserresonator der Abb. 6.23 anhand des Schemas in Abb. 6.24 klar machen. Die beiden gekrümmten Spiegel sind hier durch Linsen mit den Brennweiten f_1 und f_2 dargestellt. Ohne Kerr-Medium muss der Abstand der beiden Linsen $d_0 = f_1 + f_2$ sein, damit das Laserlicht als ebene Welle auf die beiden ebenen Endspiegel trifft und deshalb in sich reflektiert wird. Der Resonator ist dann stabil. Das Kerr-Medium wirkt nun als zusätzliche Linse, sodass der Linsenabstand d_0 zu $d = f_1 + f_2 + \delta$ geändert werden muss, um den Resonator stabil zu halten. Der Wert von δ kann dabei zwischen den Werten

$$0 < \delta < \delta_1 \quad \text{oder} \quad \delta_2 < \delta < \delta_1 + \delta_2$$

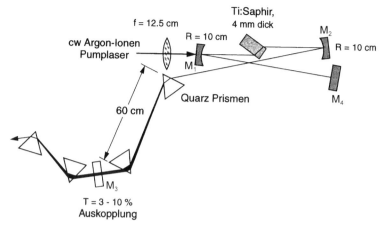

Abb. 6.25. Ti:Saphir-Laser mit KLM [6.62]

mit

$$\delta_1 = \frac{f_1^2}{d_1 - f_1} \quad \text{und} \quad \delta_2 = \frac{f_2^2}{d_2 - f_2}$$

liegen, für die der Resonator stabil ist.

In Abb. 6.25 wird die Dispersion durch zwei Brewster-Prismen im Resonator kompensiert. Auch hier wirkt der Laserkristall als Blende für die KLM. Nur der Teil des Laserpulses $I(t)$ um das Maximum bewirkt die richtige Brennweite der Kerr-Linse, um den Resonator stabil zu halten, sodass der Puls im Resonator $M_1 M_2 M_3 M_4$ öfter umlaufen kann und deshalb optimal verstärkt wird. Die beiden Prismen außerhalb des Resonators sorgen dafür, dass sich die Strahlrichtung beim Durchstimmen der Wellenlänge nicht ändert.

Laser mit Kerr-Linsen-Modenkopplung erreichen bei optimiertem Resonatoraufbau Pulsbreiten bis hinunter zu 5 fs ($5 \cdot 10^{-15}$ s) [6.40].

Da Laser mit KLM oft mit cw Lasern gepumpt werden, die für die effektive Wirkung des Kerr-Effektes eine zu geringe Leistung haben, wird der Start des Kerr-Effektes nicht automatische einsetzen. Er kann durch Fluktuationen in der Pumpleistung bewirkt werden, ähnlich wie bei der passiven Modenkopplung. Durch geeigneten Resonatoraufbau ist aber auch ein selbststartender KLM-Laser möglich [6.41].

Tabelle 6.1. Vergleich verschiedener Techniken zur Erzeugung kurzer Pulse

Modenkopp-lungstechnik	Laser-Typ	Typische Pulsdauern [ps]	Typische Pulsenergie [nJ]	Vorteile	Nachteile
aktiv	Ionenlaser Nd:YAG	100 – 200 100 bei 1,06 μm 70 bei 0,53 μm	10 100 – 200 10 – 20	stabiler Betrieb Reproduzierbar	benötigt stabilen HF-Generator und gute Modulation
passiv	Farbstofflaser Nd:YAG	0,5 – 10	0,5 – 5	einfach & billig kurze Pulse	kleine Pulsenergie Amplituden- und Phasenrauschen
Synchrones Pumpen	Farbstoff- und Farbzentren-lasern	2 – 20	1 – 10	einfache Durch-stimmbarkeit; kann mit Güteschaltung kombiniert werden	bei kurzen Pulsen Nachpulse
Synchrones Pumpen und passive Modenkopp-lung	Farbstofflaser	0,5	1	kürzere Pulse einfacher Aufbau	genaue Ab-stimmung der Resonatorlänge
CPM	Farbstofflaser	< 0,1	0,5	hohe Repetitionsrate	sehr kritische Justierung und Resonatoranord-nung, geringe Durchstimmbar-keit, zwei getrennte Farbstoffstrahlen
Kerr-lens mode-locking	Ti:Saphir Laser	0,005	1	kürzeste ohne Pulskompression erreichte Pulse	

c) Optische Pulskompression

Die Idee der spektralen Verbreiterung von Pulsen durch „**Selbst-Phasen-Modu-lation**" mit anschließender zeitlicher „**Pulskompression**" brachte einen weiteren Durchbruch zu noch kürzeren Pulsen. Das Verfahren basiert auf folgendem Prin-zip:

Wenn ein optischer Puls mit der zeitabhängigen spektralen Amplitudenvertei-lung $E(\omega, t)$, der spektralen Bandbreite $\Delta\omega$ und der zeitabhängigen Intensität

$$I(t) = \epsilon_0 c \int |E(\omega, t)|^2 \, e^{i(\omega t - kz)} \, d\omega \qquad (6.15)$$

durch ein Medium mit dem Brechungsindex $n(\omega)$ läuft, so wird sich seine zeitliche Form im Allgemeinen ändern, weil die Gruppengeschwindigkeit

$$v_g = \frac{d\omega}{dk} = \frac{d}{dk}(v_{Ph} k) = v_{Ph} + k \frac{d(v_{Ph})}{dk} \, , \qquad (6.16)$$

mit welcher sich das Maximum des Pulses bewegt, gemäß

$$\frac{dv_g}{d\omega} = \frac{dv_g}{dk} / \frac{d\omega}{dk} = \frac{1}{v_g} \frac{d^2\omega}{dk^2} \tag{6.17}$$

von der Frequenz ω abhängt („**Group Velocity Dispersion**", GVD). Der Brechungsindex

$$n(\omega, I) = n_0(\omega) + n_2 I(t) \tag{6.18}$$

enthält bei genügend großer Intensität I außer dem Term der linearen Dispersion $n_0(\omega)$ noch einen nicht zu vernachlässigenden nichtlinearen Anteil, der proportional zur Intensität $I(t)$ des Pulses ist. Die beiden Koeffizienten n_0 und n_2 hängen mit der Suszeptibilität χ erster bzw. dritter Ordnung zusammen:

$$n_0 = \left(1 + \chi^{(1)}\right)^{1/2} \tag{6.19a}$$

$$n_2 = \chi^{(3)} / (2n_0 \cdot \varepsilon_0) . \tag{6.19b}$$

Die Phase

$$\phi = \omega t - kz = \omega t - \omega n z / c = \omega(t - n_0 z / c) - A \cdot I(t) \tag{6.20}$$

des elektrischen Feldes $E(\omega, t)$ hängt also von der Intensität $I(t)$ ab, wobei der Faktor $A = n_2 \omega z / c$ proportional zum nichtlinearen Teil n_2 des Brechungsindexes ist (**Selbstphasen-Modulation**). Da die Frequenz

$$\omega = \frac{d\phi}{dt} = \omega_0 - A \frac{dI}{dt} \tag{6.21}$$

gleich der zeitlichen Ableitung der Phase ist, sieht man aus (6.21), dass während des Pulsanstieges ($dI/dt > 0$) die Lichtfrequenz ω kleiner, am Ende des Pulses ($dI/dt < 0$) aber größer wird. Der Anfang des Pulses ist also rotverschoben, das Ende blauverschoben (**Frequenz-Chirp**). *Das spektrale Profil des Pulses wird daher breiter.*

Der lineare Anteil n_0 des Brechungsindexes n bewirkt bei normaler Dispersion ($dn_0/d\lambda < 0$), dass die roten Spektralanteile im Puls eine größere und die blauen eine kleinere Geschwindigkeit haben. Die roten Anteile werden daher voreilen und die blauen verzögert werden. Dies bedeutet, dass der Puls bei der Ausbreitung durch das Medium wegen des nichtlinearen Anteils n_2 spektral breiter wird und wegen des linearen Anteils n_0 zeitlich auseinander läuft (Abb. 6.26e). Die zeitliche Verbreiterung ist proportional zur Länge des Mediums und hängt von der Spektralbreite $\Delta\omega$ und auch von der Intensität des Pulses ab. Aus der nichtlinearen Wellengleichung

$$\frac{\partial E}{\partial z} + \frac{1}{v_g} \frac{\partial E}{\partial t} = \frac{i}{2v_g^2} \frac{\partial^2 E}{\partial t^2} - n_2 |E|^2 E , \tag{6.22}$$

die unter Berücksichtigung von Dispersion und nichtlinearem Brechungsindex in der Näherung gilt, dass sich die Amplitude entlang der Ausbreitungsrichtung nur langsam ändert ($\lambda \partial^2 E / \partial z^2 \ll \partial E / \partial z$) [6.47] erhält man Lösungen für Lichtpulse, die

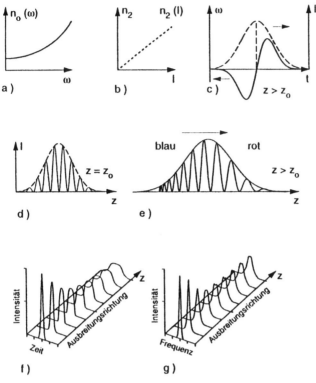

Abb. 6.26a–g. Verbreiterung eines Pulses in einem Medium mit normaler linearer plus nichtlinearer Dispersion, (**a**) linearer, (**b**) nichtlinearer Anteil des Brechungsindex, (**c**) Frequenzchirp, (**d**) Eingangspuls, (**e**) räumliche Pulsverbreiterung aufgrund der linearen Dispersion und Frequenzchirp aufgrund der nichtlinearen Dispersion, (**f**) zeitlich und (**g**) spektrale Verbreiterung

sich im Medium ausbreiten. Ohne Selbstphasenmodulation ($n_2 = 0$) ergibt sich für einen Puls, der mit der Gruppengeschwindigkeit v_g das Medium mit der Länge L durchläuft, die Pulsbreite [6.48].

$$\tau(L) = \tau_0\sqrt{1 + (\tau_c/\tau_0)^4} \, , \tag{6.23a}$$

wobei τ_0 die Breite des Eingangspulses ist, und die kritische Pulsbreite τ_c gegeben ist durch

$$\tau_c = (2)^{5/4}\sqrt{(L/v_g^2)(\partial v_g/\partial\omega)} \, . \tag{6.23b}$$

Der Puls läuft also umso schneller auseinander, je kürzer er ursprünglich war (Abb. 6.27).

Beispiel 6.4

$L = 0,2\,\text{m}$, $v_g = 10^8\,\text{m/s}$, $\partial v_g/\partial\omega = 10^{-8}\,\text{m} \to \tau_c \approx 1\,\text{ps}$, Für $\tau = \tau_c$ wird der Puls nach 20 cm Laufstrecke um den Faktor $2^{1/2}$ breiter. Für $\tau = 0,3\tau_c$ bereits um den Faktor 9!

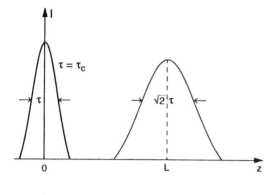

Abb. 6.27. Schematische Darstellung der zeitlichen Verbreiterung eines Lichtpulses aufgrund der GVD

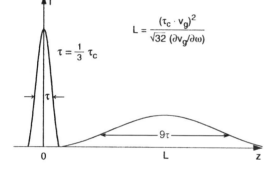

Durch den nichtlinearen Anteil des Brechungsindex wird der Puls dann auch spektral breiter. Lässt man jetzt diesen verbreiterten Puls nach Durchlaufen des Mediums auf zwei parallel angeordnete optische Beugungsgitter fallen, so kann durch die unterschiedlichen Laufwege für die verschiedenen Wellenlängen der Chirp des Lichtpulses kompensiert werden, sodass der Puls zeitlich komprimiert wird (Abb. 6.27). Dies lässt sich wie folgt einsehen:

Der optische Weg zwischen zwei Phasenfronten vor und hinter dem Gitterpaar ist bei einem Gitterabstand D nach Abb. 6.28

$$S(\lambda) = S_1 + S_2 = \frac{D}{\cos \beta}(1 + \sin \gamma) \quad \text{mit} \quad \gamma = 90° - (\alpha + \beta) , \tag{6.24}$$

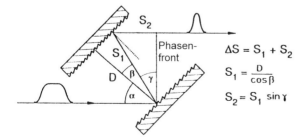

Abb. 6.28. Dispersion zweier paralleler Beugungsgitter

was wegen $\cos(\alpha + \beta) = \cos\alpha\cos\beta - \sin\alpha\sin\beta$ übergeht in

$$S(\lambda) = D\left(\cos\alpha + \frac{1}{\cos\beta} - \sin\alpha\tan\beta\right). \tag{6.25}$$

Wegen der Dispersion $d\beta/d\lambda = (d\cos\beta)^{-1}$ des Gitters mit einem Gitterfurchenabstand d (Bd. 1, Abschn. 4.1.3) erhalten wir

$$\frac{dS}{d\lambda} = \frac{dS}{d\beta}\frac{d\beta}{d\lambda} = \frac{D\lambda}{d^2[1-(\sin\alpha - \lambda/d)^2]^{3/2}}. \tag{6.26}$$

Man sieht also, dass der optische Weg mit steigender Wellenlänge zunimmt!

Wählt man den Gitterabstand D so, dass der Chirp, der durch das Medium mit nichtlinearem Brechungsindex bewirkt wurde, gerade kompensiert wird, erhält man einen zeitlich komprimierten Puls.

Anmerkung
Bei der Reflexion am Gitter tritt außerdem eine Phasenverschiebung auf, die pro Gitterfurche in der 1. Beugungsordnung 2π beträgt. In [6.49] wird jedoch gezeigt, dass bei dem Gitterpaar die Verzögerungszeit des Pulses genau durch $\Delta\tau = S(\omega)/c$ gegeben ist.

Als Medium mit nichtlinearem Brechungsindex wird eine „single-mode" optische Glasfaser verwendet, in die der Ausgangspuls des Lasers fokussiert wird, und deren Länge so gewählt wird, dass die spektrale Pulsverbreiterung optimal wird, ohne dass infolge der Dispersion die verschiedenen Wellenlängenanteile völlig auseinander laufen.

In Abb. 6.29 wird eine typische experimentelle Anordnung gezeigt [6.50]. Man kann die Dispersion des Gitterpaares verdoppeln, wenn der Puls hinter dem 2. Gitter in sich reflektiert wird und das Gitterpaar ein zweites Mal durchläuft.

Mit einer solchen Anordnung wurden Pulse mit einer Dauer von 16 fs erzeugt [6.51]. Durch eine Kombination von Prismen und Gittern (Abb. 6.30) lässt sich nicht nur der quadratische sondern auch der kubische Term der Phasendispersion kompensieren [6.31]. Man erreicht dadurch Pulse bis herunter zu 5 fs [6.52]!

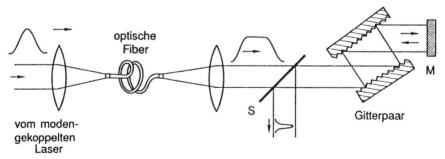

Abb. 6.29. Experimentelle Anordnung zur Erzeugung von Femtosekundenpulsen durch Selbstphasenmodulation in einer optischen Fiber mit anschließender Pulskompression in einem Gitterpaar

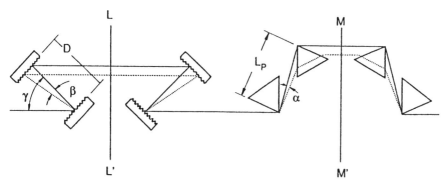

Abb. 6.30. Kombinierte Folge von Prismen und Gittern zur Kompensation der quadratischen und kubischen Phasendispersion. Die durchgezogene Linie ist der Referenzweg. Die gestrichelte Linie ist der Weg, den eine ebene Welle läuft, die um den Winkel β gegen die Gitternormale gebeugt und im 1. Prisma um den Winkel α gegen die Verbindungslinie der beiden Prismenspitzen gebrochen wird. LL$'$ und MM$'$ sind Phasenebenen [6.31]

Bei negativer Gruppengeschwindigkeitsdispersion ($\partial^2 k/\partial\omega^2 < 0$) und $n_2 \neq 0$ wird die lineare Dispersion durch die Selbstphasenmodulation reduziert und im Idealfall genau kompensiert. Für diesen Fall erhält man stabile Pulse, deren Breite sich entweder gar nicht oder periodisch ändert (Solitonen, Abschn. 6.1.6).

d) Ultrakurze Pulse mit Festkörperlasern

Lange Zeit war der Farbstofflaser wegen seiner großen Bandbreite das bevorzugte Lasermedium zur Erzeugung von Lichtpulsen im Femtosekundenbereich. Inzwischen gibt es jedoch eine Reihe von Festkörper-Lasermaterialien mit genügend großen Fluoreszenzbandbreiten, mit denen ultrakurze Pulse bis herunter zu 5 fs realisiert werden können.

Bei Festkörperlasern liegt die Lebensdauer des oberen Laserniveaus typisch im µs–ms Bereich und ist damit viel länger als die Pulsfolgeperiode von modengekoppelten CW Lasern ($\approx 10-20$ ns). Deshalb kann hier die Sättigung des Verstärkers während der Zeit zwischen den Pulsen nicht mehr abgebaut werden und das verstärkende Medium kann daher nicht durch dynamische Sättigung zur Modenkopplung beitragen. Man braucht einen schnelleren sättigbaren Absorber, bei dem die Sättigung praktisch dem Pulsprofil der modengekoppelten Pulse folgt, oder man benutzt die im Abschnitt b) diskutierte Kern-Linsen-Modenkopplung

Auch mit Halbleiterlasern lassen sich inzwischen sehr kurze Pulse erreichen. Sie werden durch passive Modenkopplung aufgrund der zeitlichen Sättigung des Halbleitermaterials erzeugt (Abb. 6.13). Die Sättigung wird hier durch Anregung von Elektronen aus dem Valenz- in das Leitungsband erreicht. Durch schnelle Thermalisierung (im Femtosekundenbereich) wird die anfänglich schmale Energieverteilung verbreitert und dadurch die Sättigung auf der eingestrahlten Laserfrequenz verringert. Die später einsetzende Elektron-Loch-Rekombination verläuft im Pikosekundenbereich.

Tabelle 6.2. Beispiele einiger Festkörperlaser, mit denen Femtosekundenpulse erreicht wurden

Laser	Mittlere Wellenlänge	Fluoreszenz- bandbreite	Erreichte Pulslänge
Nd:Glas	$1,05\,\mu m$	$25\,nm$	$80\,fs$
Nd:Glas	$1,05\,\mu m$	$30\,nm$	$33\,fs$
Ti^{3+}:Saphir	$780\,\mu m$	$230\,nm$	$5\,fs$
Cr^{3+}:LiSAF	$840\,\mu m$	$180\,nm$	$20\,fs$
Cr^{4+}:YAG	$1,52\,\mu m$	$300\,nm$	$60\,fs$

In Tab. 6.2 sind einige Festkörperlaser zusammengestellt, mit denen man Femtosekundenpulse erreicht hat.

e) Pulsverkürzung mit speziellen Resonatorspiegeln

Wir hatten in den vorigen Abschnitten gesehen, dass Dispersionseffekte, die hauptsächlich durch die dielektrischen Resonator-Spiegel verursacht werden, die weitere Verkürzung der Laserpulse begrenzen. In den letzten Jahren sind nun spezielle Spiegel entwickelt worden, die diese Dispersionseffekte minimieren oder sogar völlig kompensieren. Die Realisierung von Femtosekundenpulsen verlangt eine negative Gruppen-Geschwindigkeits-Dispersion (group velocity dispersion GVD) im Resonator. Da das verstärkende Medium eines Festkörperlasers eine positive GVD hat (siehe Bd. 1, Abschn. 5.3.2) müssen optische Elemente im Resonator installiert werden, welche die positive GVD überkompensieren. Quartzprismen im Resonator können diese Rolle übernehmen. Ihre Dispersion hängt jedoch stark von der Wellenlänge ab. Kurze Pulse haben ein breites Frequenzspektrum und die Dispersion der Prismen führt zu einer Wellenlängenabhängigen GVD und zu einer Verformung der Pulsform $I(t)$. Eine bessere Lösung sind dielektrische Spiegel, die einen Chirp des optischen Pulses erzeugen.

Ein üblicher dielektrischer Spiegel besteht aus einer alternierenden Folge von Schichten gleicher optischer Dicke mit großem und kleinem Brechungsindex (Abb. 6.31a). Das Reflexionsvermögen an den Grenzflächen ist

$$r = \left(\frac{n_1 - n_2}{n_1 + n_2}\right)^2 .$$

Beim „Chirp-Spiegel", der aus bis zu 60 Schichten besteht, verändert sich die Dicke der Schichten kontinuierlich (Abb. 6.31b). Verschiedene Wellenlängen, die im Laserpuls enthalten sind, dringen verschieden tief in die Spiegelschichten ein und erfahren deshalb nach der Reflexion eine unterschiedliche Verzögerung.

Wenn die reflektierten Teilamplituden überlagert werden, führt dies zu einer negativen GVD. Bei korrekt entworfenen Spiegeln kann die durch Lasermedium und Resonator verursachte positive GVD genau kompensiert werden und zwar für den gesamten im Laserpuls enthaltenen Wellenlängenbereich.

Bragg Spiegel: TiO_2 /SiO_2

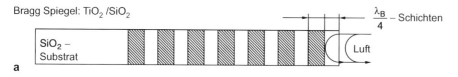

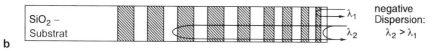

a

Spiegel mit Chirp: Nur der Bereich um die Bragg Wellenlänge λ_B zeigt einen Chirp.

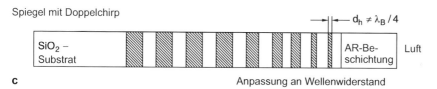

b

Spiegel mit Doppelchirp

c   Anpassung an Wellenwiderstand

Abb. 6.31a–c. Spiegel mit Chirp. (**a**) Bragg-Reflektor ohne Chirp, (**b**) einfacher Chirp-Spiegel optimiert für eine selektive Wellenlänge, (**c**) Chirp-Spiegel für ein Wellenlängenintervall mit Antireflexionsschicht

Um unerwünschte Reflexionen von der Rückseite des Spiegels zu unterdrücken, wird diese mit einer Antireflexschicht versehen [6.42].

Statt die Dicke der Schichten zu variieren, kann man auch die Brechzahlen n_1 und n_2 und damit die Differenz $n_{21} - n_2$ von Schicht zu Schicht ändern.

Die Schichten werden durch computergesteuertes Aufdampfverfahren hergestellt. In Abb. 6.32 ist der Verlauf des Brechungsindex über die verschiedenen Schichten dargestellt.

6.1.5 Fiberlaser

Die Herstellung von optischen Fibern, die mit Atomen aus der Gruppe der Seltenen-Erden dotiert sind, hat die Realisierung von Fiberlasern sehr beflügelt. Die große spektrale Bandbreite der Verstärkung und die große Länge des verstärkenden Mediums erlauben eine niedrige Pumpleistung und begünstigen die Erzeugung sehr kurzer Pulse. Die Vorteile solcher Fiberlaser sind der kompakte Aufbau mit integrierten optischen Komponenten, ihre Zuverlässigkeit und die inhärente Justierung, welche die Benutzung unkompliziert machen.

Das Grundprinzip eines Fiber-Ringlasers ist in Abb. 6.33 gezeigt. Der Pumplaser wird durch eine optische Fiber in den Fiberring durch eine Fiberweiche, bei der sich die Kerne der beiden Fibern berühren, eingekoppelt. Die Ausgangsleistung des Fiberringlasers wird durch eine zweite Weiche ausgekoppelt. Der Fiberring mit Erbi-

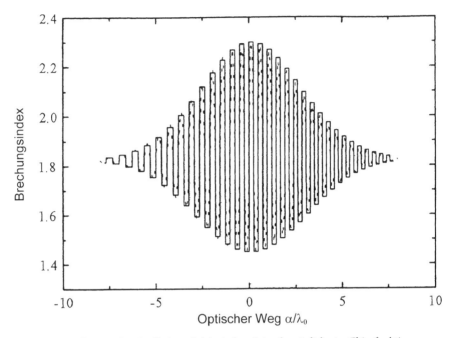

Abb. 6.32. Brechungsindex-Profil eines dielektrischen Spiegels mit diskreter Chirpfunktion

um als dem verstärkenden Medium besteht aus Teilen mit negativer und solchen mit positiver Dispersion, die durch entsprechende Dotierung mit Fremdatomen eingestellt werden kann. Der optische Isolator lässt nur eine Umlaufrichtung der optischen Pulse im Ring zu. Die Fiberschleifen legen die Polarisation der Lichtwelle fest. Durch Verdrehen dieser Schleifen gegen die Ringebene kann man den elektrischen Lichtvektor verdrehen.

Anstelle des Ringlasers kann man auch einen linearen Fiberlaser realisieren, wie er in Abb. 6.33b schematisch dargestellt ist. Die Verstärkung findet in dem Erbiumdotierten Fiberring statt. Der sättigbare Absorber vor dem Spiegel bewirkt passive Modenkopplung und ergibt Pulse mit wenigen Femtosekunden Breite. Die Auskopplung erfolgt wieder durch eine Fiberweiche.

Während bei dem Laser in Abb. 6.33b die optischen Komponenten außerhalb der Fiber liegen, zeigt Abb. 6.34 einen vollständig integrierten Fiberlaser, bei dem der sättigbare Absorber als Fiberende ausgebildet ist und der Resonator-Spiegel durch einen in die Fiber integrierten Bragg-Spiegel mit alternierenden Schichten mit hohem und niedrigen Brechzahlen realisiert wird.

Mit solchen Fiberlasern [6.46] wurden routinemäßig Pulsbreiten unter 100 fs und Pulsenergien von mehr als 1 mJ realisiert [6.43, 6.44], mit speziellen Anordnungen auch unter 10 fs. Im kontinuierlichen Betrieb sind mit diodengepumpten Festkörperlasern als Pumplaser Ausgangsleistungen von mehreren Kilowatt mit Fiberlasern im Grundmode realisiert worden [6.45].

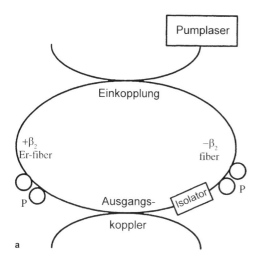

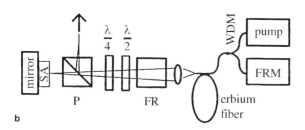

Abb. 6.33a,b. Prinzip des Fiber-Ringlasers mit Dispersionskompensation in der Fiber. (**a**) Fiber-Ringlaser mit Einkopplung des Pumplasers durch optischen Kontakt zwischen beiden Fibern. (**b**) Hybrid-Fiberlaser mit Teilen des Resonators außerhalb der Fiber. (P = Polarisatorschleifen, pump = Pumplaser, FR = Faraday-Rotator, FRM = Faraday Rotator-Spiegel, SA = sättigbarer Absorber)

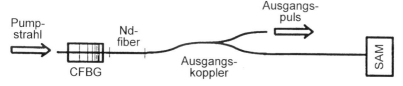

Abb. 6.34. Voll integrierter passiv moden-gekoppelter Nd-Fiberlaser (CFBG = chirped Fiber-Bragg-Gitter)

6.1.6 Solitonenlaser

Im Abschn. 6.1.4c hatten wir gesehen, dass beim Durchgang eines optischen Pulses durch eine Glasfaser aufgrund des nichtlinearen Anteils der Brechzahl $n = n_0 + n_2 I$ eine Selbstphasenmodulation auftritt, sodass die Wellenlängen am Pulsanfang zum Roten und am Pulsende zum Blauen hin verschoben werden. Während in einem Medium mit *normaler* linearer Dispersion ($\mathrm{d}n_0/\mathrm{d}\lambda < 0$) dadurch eine zeitliche Verbreiterung des Pulses auftritt, führt dieser Chirp in einem Medium mit *anomaler* linearer Dispersion ($\mathrm{d}n_0/\mathrm{d}\lambda > 0$) zu einer zeitlichen Kompression des Pulses. Eine solche Situation tritt z. B. auf in Quarzglasfibern oberhalb $\lambda > 1{,}3\,\mu\mathrm{m}$. Bei geeigneter Wahl der Intensität kann man erreichen, dass sich beide Effekte kompensieren, sodass die

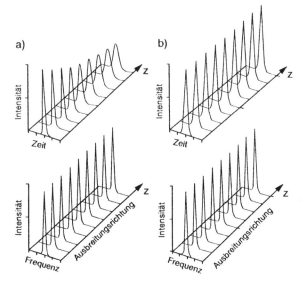

Abb. 6.35a,b. Vergleich von Spektral- und Zeitprofil bei der Ausbreitung von Pulsen: (**a**) lineare Ausbreitung in einem dispersiven Medium ohne Selbstphasenmodulation, (**b**) Fundamentales Soliton bei negativer Dispersion und positiver SPM [6.37]

Pulsform zeitlich konstant bleibt. Ein solcher Puls, dessen Form sich bei gleichzeitiger Einwirkung von linearer Dispersion und nichtlinearer Selbstphasenmodulation zeitlich nicht ändert, heißt fundamentales optisches Soliton [6.63]. Solche optischen Solitonen haben große Bedeutung erlangt für die Erzeugung und Ausbreitung kurzer Pulse. Insbesondere die optische Kommunikation durch Glasfasern über weite Strecken hat mithilfe der Solitonen große Fortschritte gemacht [6.64]. In Abb. 6.35 sind die Veränderungen des Spektral- und Zeitprofils bei linearer Pulsausbreitung verglichen mit denen eines fundamentalen Solitons.

Allgemein erhält man alle möglichen Solitonen der Ordnung N als stabile Lösungen der nichtlinearen Wellengleichung (6.23a).

Während das fundamentale Soliton mit $N = 1$ seine Form dauernd beibehält, zeigen die höheren Solitonen eine oszillatorische Veränderung ihrer Pulsform. Die Pulsbreite verringert sich zuerst und vergrößert sich dann wieder. Nach der Strecke z_0, die von der Brechzahl n der Faser und von der Intensität des Pulses abhängt, hat der Puls wieder seine ursprüngliche Form.

Mithilfe optischer Solitonen in Glasfasern lässt sich ein stabiler Femtosekundenbetrieb von Farbzentrenlasern realisieren. Ein solches System wird Solitonenlaser genannt [6.65–6.67]. Sein Prinzip ist in Abb. 6.36 dargestellt: Die Pulse eines synchron von einem modengekoppelten Nd:YAG-Laser gepumpten Farbzentrenlasers (Bd. 1, Abschn. 5.6.5) mit der Wellenlänge $\lambda = 1{,}5\,\mu$m werden über den Strahlteiler S und die Linse L1 in eine optische Faser fokussiert und hinter der Faser durch den Spiegel M5 in sich reflektiert, sodass sie wieder in den Laserresonator gelangen. Das System M0–M5 bildet einen Hilfsresonator, der über den Auskoppelspiegel M0 mit dem Laserresonator M1–M0 gekoppelt ist und in dem durch die optische Faser, in der sich Solitonen bilden, ein Pulsverkürzungsmedium eingebaut ist. Wählt man die Länge des Hilfsresonators gerade so, dass die Pulsumlaufzeiten in beiden Resonatoren gleich sind, so injiziert der Hilfsresonator jedes Mal zum richtigen Zeitpunkt

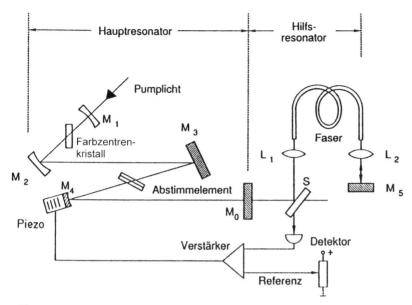

Abb. 6.36. Solitonenlaser [6.67]

einen kürzeren Puls in den Resonator, als aus diesem herauskommt. Die Pulse werden daher bei jedem Umlauf etwas kürzer, bis die Verkürzung pro Umlauf gerade durch andere Verbreiterungsmechanismen, die mit abnehmender Pulslänge, d. h. zunehmender Spektralbreite anwachsen, kompensiert wird. Damit die Phasen des injizierten Pulses und des aus dem Hauptresonator kommenden und an M5 reflektierten Pulses immer übereinstimmen, müssen die beiden Resonatorlängen auf Bruchteile einer Wellenlänge genau stabilisiert werden. Die am Strahlteiler S ausgekoppelte und vom Detektor gemessene Intensität hängt kritisch von der Längenanpassung ab und kann deshalb als Regelsignal zur Längenstabilisierung verwendet werden, das über einen Piezozylinder den Spiegel M4 nachregelt (Bd. 1, Abschn. 5.4.4). Es zeigt sich, dass stabiler Laserbetrieb am besten mit höheren Solitonen $N \geq 2$ möglich ist. Durch die Länge der Faser lässt sich daher die Breite des rückgekoppelten Pulses einstellen [6.63]. Mit einem solchen $KCl : Tl^0(1)$-Farbzentren-Solitonenlaser wurde stabiler Betrieb mit 19 fs Pulsen erreicht [6.67]. Dies entspricht bei $\lambda = 1,5\,\mu m$ nur 4 optischen Perioden!

Optische Solitonen spielen eine große Rolle in der optischen Nachrichtenübertragung durch Ein-Moden-Lichtleitfasern bei hohen Bit-Raten. Durch geeignete Wahl von optischen Zwischenverstärkern lassen sich die Intensitäten der Pulse so einstellen, dass die Pulsverbreiterung durch die Dispersion der Faser gerade kompensiert wird durch die Pulsverkürzung aufgrund der nichtlinearen Effekte. Man erreicht heute schon Bit-Raten von über 1 Terabit/sec über Entfernungen von mehr als 1000 km.

6.1.7 Erzeugung durchstimmbarer kurzer Pulse

Für die zeitaufgelöste Spektroskopie von besonderer Bedeutung sind kurze Pulse, deren Wellenlängen über einen größeren Spektralbereich durchgestimmt werden können. Dazu gibt es mehrere Möglichkeiten: Man kann genau wie bei den kontinuierlichen Lasern aktive Medien mit einem spektral breiten Verstärkungsprofil verwenden, wie z. B. gepulste Farbstoff- oder Ti:Saphir-Laser, mit durchstimmbaren wellenlängenselektiven Elementen im Laser-Resonator. Der Nachteil ist allerdings, dass durch die spektrale Einengung dieser Elemente die Pulsbreite länger wird.

Deshalb wurde ein neues System für die Erzeugung durchstimmbarer ultrakurzer Pulse entwickelt, das auf dem Prinzip der parametrischen Verstärkung beruht. Wir hatten in Bd. 1, Abschn. 5.7.6 bei der Diskussion des optischen parametrischen *Oszillators* gesehen, dass beim parametrischen Prozess in einem nichtlinearen Kristall ein Pump-Photon $\hbar\omega_p$ aufspaltet in ein Signal-Photon $\hbar\omega_s$ und ein Idler-Photon $\hbar\omega_i$ wobei Energiesatz $\hbar\omega_p = \hbar\omega_s + \hbar\omega_i$ und Impulssatz $\hbar k_p = \hbar k_s + \hbar k_i$ erfüllt werden müssen.

Beim parametrischen *Verstärker* wird der nichtlineare Kristall von zwei Laserwellen bestrahlt, einem „Seed-Strahl" mit der Photonenenergie $\hbar\omega_s$ und einem Pumpstrahl mit $\hbar\omega_p$. Im Kristall wird durch den parametrischen Prozess eine neue Welle gebildet mit der Differenzfrequenz $\hbar\omega_i = \hbar\omega_p - \hbar\omega_s$. Der Unterschied zur üblichen Verstärkung in Medien mit invertierter Besetzung ist der Folgende: hier hängt die Dauer der Verstärkung davon ab, wie lange die Besetzungsinversion aufrecht erhalten werden kann, was wiederum durch die Dauer des Pumppulses und seine Leistung bedingt ist. Die Verstärkung folgt aber nicht unbedingt dem Zeitprofil des Pump-Pulses. Bei der parametrischen Verstärkung hingegen bewirkt die nichtlineare Wechselwirkung im parametrischen Kristall die Verstärkung. Es gibt keine Besetzungs-Inversion und das Zeitprofil des verstärkten Pulses ist die Faltung von Pump- und Seed-Puls-Profilen.

Nun muss bei der parametrischen Verstärkung kurzer Pulse nicht nur die Phasengeschwindigkeit der drei am Prozess beteiligten Wellen, sondern auch die Gruppengeschwindigkeit übereinstimmen. Dies lässt sich bei kollinearer Einstrahlung von Pump- und Signal-Wellen (Abb. 6.37a) im Allgemeinen nicht erreichen. Die unterschiedliche Gruppengeschwindigkeit führt zur Verlängerung der Ausgangspulse. Um dies zu verhindern, wählt man eine nichtkollineare Anordnung (Abb. 6.37b), die NOPA (noncollinear optical parametric amplifier) getauft wurde. Ist ψ der Winkel zwischen Pump und Signalwelle, so wird der Winkel Ω zwischen Signal- und Idler-Welle $\Omega = \psi(1 + \lambda_i/\lambda_s)$.

Wählt man nun ψ so, dass für die Gruppengeschwindigkeiten v_g gilt:

$$v_g^{idler} = \cos\Omega \cdot v_g^{signal}$$

so kann man auch die Anpassung der Gruppengeschwindigkeiten erreichen. während die Phasenanpassung (Gleichheit der Phasen-Geschwindigkeiten) durch den geeigneten Einfallswinkel gegen die optische Achse des Kristall sichergestellt wird.

Die spektrale Durchstimmbarkeit erreicht man auf folgende Weise: Verwendet man als fast punktförmige Lichtquelle für den „Seed-Strahl" das spektrales Konti-

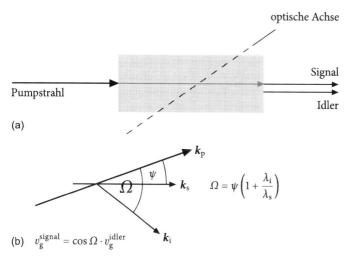

Abb. 6.37. (a) Kollinearer optischer parametrischer Oszillator (b) nichtkollinearer optischer parametrischer Verstärker (NOPA) mit Anpassung der Gruppengeschwindigkeit

nuum, das durch Fokussieren eines Pumplasers in eine Saphir-Scheibe erzeugt wird und als Pumpstrahl den frequenz-verdoppelten Anteil des Pumplasers, so wählt die Phasenanpassungsbedingung aus dem Kontinuum eine Wellenlänge aus, die von der Orientierung des nichtlinearen Kristalls abhängt. Bei einer Pumpwellenlänge von 387 nm und einem Kontinuum zwischen 500 nm und 800 nm ist die Ausgangswellenlänge durch den gesamten sichtbaren Spektralbereich durchstimmbar. (Siehe Bd. 1, Abschn. 5.7.7). Ein solcher NOPA (Abb. 6.38) besteht aus drei Teilsystemen [6.53]:

1. Der Erzeugung eines spektralen Kontinuums
2. Dem parametrischen Verstärker
3. Der Pulskompression

1) Ein kleiner Bruchteil des Femtosekunden-Pumplaserstrahls wird in eine dünne Saphir-Scheibe fokussiert und erzeugt dort einen kurzen intensiven Puls eines spektralen Weißlicht-Kontinuums, der durch eine Linse fokussiert und in den optisch nichtlinearen Kristall, wie z. B. BBO geschickt wird, in dem er durch einen Pumplaser-Puls parametrisch verstärkt wird [6.54].

2) Der größte Teil des Pumplaser-Strahls wird in einem zweiten nichtlinearen Kristall frequenzverdoppelt und kann dann als UV-Strahl den parametrischen Verstärker pumpen.

3) Durch eine Anordnung mit zwei Prismen, die vom Signalpuls hin und zurück durchlaufen werden, kann der spektral breite Puls wegen der Dispersion der Prismen zeitlich komprimiert werden (siehe Abschn. 6.1.4c). Wird als Pumplaser die frequenzverdoppelte Strahlung eines Lasers bei 800 nm und als Signalquelle ein Weißlichtkontinuum benutzt, dass durch Fokussierung der Fundamentalstrahlung des Pumplaser erzeugt wird (Abb. 6.39), so lassen sich mit einem solchen System Pulslängen bis herunter zu 7 fs erreichen mit Wellenlängen, die kontinuierlich von 470 nm

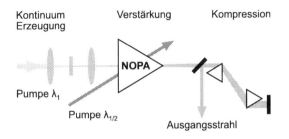

bis 750 nm für die Signalwelle und von 865 nm bis 1600 nm für die Idlerwelle durchstimmbar sind [6.55].

Die Einschränkungen durch Energie- und Impulssatz für den parametrischen Prozess filtern aus der Vielzahl möglicher Wellenlängen bei der Mischung von Pumpwelle und Weißlicht-Kontinuum einen engen Spektralbereich für die Signalwelle heraus, der durch die Orientierung des nichtlinearen Kristalls vorgegeben wird. Für diese Wellenlänge müssen Phasen- und Gruppengeschwindigkeit der drei Wellen angepasst sein. Durch Drehen des Kristalls kann dann die Wellenlänge geändert werden. In Abb. 6.38 ist der schematische Aufbau eines solchen durchstimmbaren NOPA's gezeigt [6.53], mit dem die Ausgangswellenlänge kontinuierlich durchgestimmt werden kann von 865–1600 nm. Mit einem ähnlichen System für den sichtbaren Spektralbereich konnten Pulse unter 20 fs erzeugt werden, deren Wellenlänge von 470–750 nm durchstimmbar waren [6.59]. Eine genauere Darstellung eines NOPA's ist in Abb. 6.39 schematisch gezeigt. Der wirkliche experimentelle Aufbau ist wegen der vielen Linsen, Strahlteiler und Spiegel etwas komplizierter, wie Abb. 6.40 am Beispiel eines in Freiburg gebauten NOPA's zeigt [6.61].

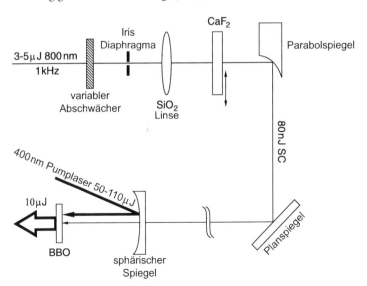

Abb. 6.39. Durchstimmbarer optischer parametrischer Verstärker mit blauem Pumplaser und einer Weißlichtquelle [6.60]

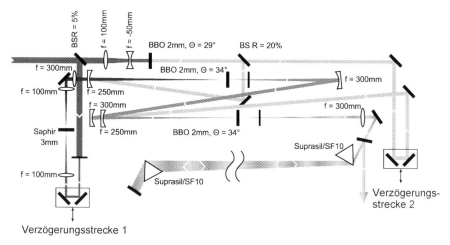

Abb. 6.40. Experimenteller Aufbau eines NOPA [6.61]

6.1.8 Erzeugung leistungsstarker ultrakurzer Pulse

Durch Verstärkung in Farbstoffzellen, die mit gepulsten Lasern (Excimerlaser oder Nd:Glaslaser) gepumpt werden (Bd. 1, Abb. 5.71), lässt sich die Spitzenleistung der mit den oben diskutierten Methoden erzeugten ultrakurzen Lichtpulse wesentlich steigern. Beim Durchlaufen des Verstärkers der Länge L mit dem Verstärkungskoeffizient $-\alpha(\alpha < 0)$ wird die Eingangsintensität I_{ein} um den Faktor G verstärkt, d. h.

$$I_{\mathrm{aus}} = I_{\mathrm{ein}} G = I_{\mathrm{ein}}\, e^{-\alpha L} \quad (\alpha < 0)\,. \tag{6.27}$$

Mit steigender Intensität tritt Sättigung auf, und der Koeffizient α sinkt auf den Wert

$$\alpha(I) = \frac{\alpha_0}{1+S} = \frac{\alpha_0}{1+I/I_{\mathrm{s}}}\,, \tag{6.28}$$

wobei $a_0 = \alpha(0)$ die Kleinsignalverstärkung und I_{s} die Sättigungsintensität für den Sättigungsparameter $S = 1$ angibt (Abschn. 2.1). Aus (6.27) und (6.28) erhält man

$$\frac{1}{I(z)}\frac{\mathrm{d}I}{\mathrm{d}z} = \frac{\alpha_0}{1+I(z)/I_{\mathrm{s}}}\,, \tag{6.29}$$

woraus durch Integration

$$\int_{I_{\mathrm{ein}}}^{I_{\mathrm{aus}}} \left(\frac{1}{I} + \frac{1}{I_{\mathrm{s}}}\right)\mathrm{d}I = \alpha_0 \int_{z=0}^{L}\mathrm{d}z$$

folgt. Die Ausführung der Integration ergibt

$$\ln\left(\frac{I_{\mathrm{aus}}}{I_{\mathrm{ein}}}\right) + \frac{I_{\mathrm{aus}} - I_{\mathrm{ein}}}{I_{\mathrm{s}}} = \alpha_0 L = \ln G_0\,, \tag{6.30}$$

woraus für den Verstärkungskoeffizienten

$$G = G_0 \exp\left(-\frac{I_{\text{aus}} - I_{\text{ein}}}{I_{\text{s}}}\right) \tag{6.31}$$

folgt, was umgeformt werden kann in

$$I_{\text{aus}} = I_{\text{ein}} + I_{\text{s}}\ln(G_0/G) . \tag{6.32}$$

Die verstärkte Intensität hängt also ab von der Eingangsintensität und der Sättigungsintensität. Wird der Verstärker vollständig gesättigt, so wird $G = 1$, und I_{aus} erreicht den maximalen Wert

$$\boxed{I_{\text{aus}}^{\text{max}} = I_{\text{ein}} + I_{\text{s}}\ln G_0} . \tag{6.33}$$

Um höhere Verstärkungen zu erreichen, muss man mehrere Verstärkerstufen hintereinander anordnen. Für ultrakurze Pulse im Femtosekunden-Bereich hat sich eine Technik bewährt, die auf regenerativen Verstärkern beruht. Ihr Prinzip ist in Abb. 6.41 illustriert. Der zu verstärkende Puls läuft mehrmals durch das verstärkende Medium, das sich in einem Vielfachreflexions-Resonator befindet und von einem Laser gepumpt wird, dessen Pulsbreite Δt_{p} länger als $n \cdot T$ ist, wenn T die Lichtlaufzeit zwischen den Spiegeln des Resonators ist und n die Zahl der Umläufe angibt. Da T groß gegen die Breite Δt_{s} der zu verstärkenden Pulse ist, kann die invertierte Besetzung im verstärkenden Medium, die bei jedem Pulsdurchgang abgebaut wird, wieder „regenerieren" solange der Pump-Puls andauert.

Man erreicht mit einem solchen System Verstärkungen bis zu 10^6! Da bei kurzen Pulsen die Spitzenleistung so groß werden kann, dass die optischen Elemente zerstört werden, wendet man für Pulse mit einem Frequenzchirp folgendes Prinzip an (Abb. 6.42):

Vor der Verstärkung wird die Zeitdauer der Pulse aus dem Femtosekundenlaser in einer Anordnung mit zwei gegeneinander geneigten optischen Beugungsgittern zuerst um etwa einen Faktor 10^4 gestreckt. Durch das erste Gitter werden

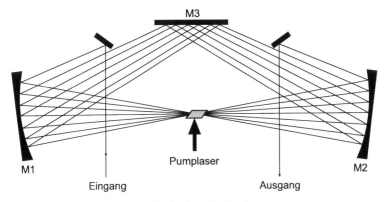

Abb. 6.41. Regenerativer Verstärker für kurze Lichtpulse

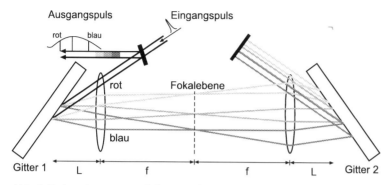

Abb. 6.42. Anordnung zur zeitlichen Streckung von Femtosekundenpulsen mit Frequenzchirp

die verschiedenen Spektralanteile räumlich getrennt. Die roten Anteile durchlaufen einen kürzeren Weg als die blauen (Abb. 6.42). Dadurch wird der Puls breiter. Durch das zweite Gitter werden die verschiedenen Teilstrahlen wieder zusammengeführt und überlagert. Dieser verlängerte Puls wird nun im regenerativen Verstärker verstärkt und dann in einer Kompressionsstufe, die aus zwei parallelen Beugungsgittern (Abb. 6.30), oder aus einer Prismenanordnung besteht (Abb. 6.25), in der die Laufzeit der roten Anteile kürzer ist als die der blauen, um den Faktor 10^4 verkürzt. Dadurch steigt bei gleicher Pulsenergie die Spitzenleistung um diesen Faktor an. Man erreicht für optische Pulse Spitzenleistungen im Terawatt-Bereich. Diese Methode heißt „chirped pulse amplification".

In Abb. 6.43 ist das Prinzip eines solchen Verstärkersystems noch mal schematisch dargestellt. Der vom Oszillator erzeugte Femtosekundenpuls wird um den Fak-

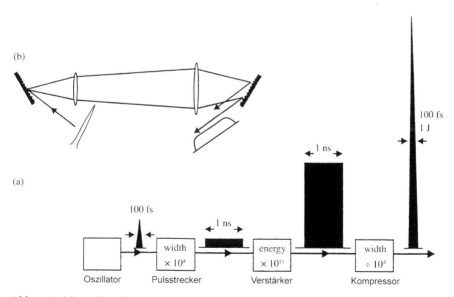

Abb. 6.43. Schema der „Chirped pulse"-Verstärkung [6.72]

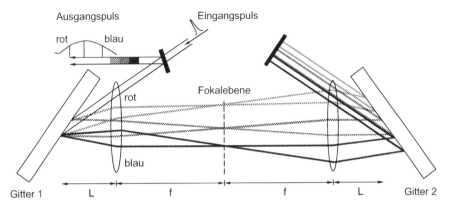

Abb. 6.44. Anordnung zur Pulsverlängerung und Erzeugung eines Frequenzchirps

tor 10^4 zeitlich gestreckt mithilfe der in Abb. 6.44 gezeigten Anordnung. Die Energie dieses zeitlich gestreckten Pulses wird dann um einen großen Faktor verstärkt und der Puls wird anschließend wieder komprimiert. Dadurch steigt die Spitzenleistung bei gleicher Pulsenergie auf hohe Werte an.

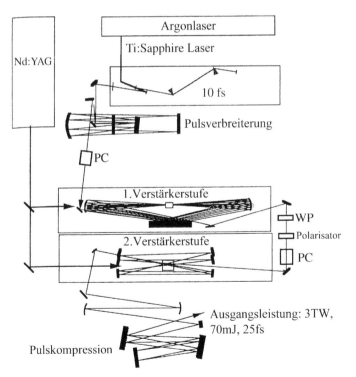

Abb. 6.45. Schema des Oszillator-Verstärker-Systems eines 3 TW Ti:Saphir CPA-Lasers mit einer Pulsfolgefrequenz von 10 Hz [6.75]

In Abb. 6.45 ist eine mögliche experimentelle Anordnung gezeigt, mit der eine solche Puls-Streckung und anschließende Puls-Verstärkung und Kompression realisiert wurde [6.75].

Beispiel 6.5

Wenn der Oszillator Pulse mit der Energie 100 nJ und der Breite von 100 fs liefert, ist seine Spitzenleistung 1 MW. Durch die zeitliche Streckung um den Faktor 10^4 sinkt die Spitzenleistung bei gleicher Pulsenergie auf 100 W und die Pulsdauer steigt auf 1 ns. Eine Energieverstärkung um den Faktor 10^7 erhöht die Pulsenergie auf 1 J und die Spitzenleistung auf 1 GW bei gleicher Pulsdauer. Die nun folgende zeitliche Kompression um den Faktor 10^{-4} komprimiert den Puls wieder auf 100 fs, erhöht aber die Spitzenleistung auf 10 TW (10^{11} W) bei gleicher Pulsenergie.

Als Laser-Oszillator wird im Allgemeinen ein kontinuierlicher modengekoppelter Ti:Saphir-Laser verwendet, der Femotosekunden-Pulse mit einer Repetitionsrate von etwa 100 Mhz und einer Pulsenergie von wenigen nJ emittiert. Da der Pumplaser, der den regenerativen Verstärker pumpt, nur eine Repetitionsrate von 1–20 kHz hat, wird bei 10 kHz nur jeder 10^4te Puls verstärkt.

Eine zweite Methode benutzt die parametrische Verstärkung. Statt eines Verstärkermediums mit invertierter Besetzung wird hier die parametrische Wechselwirkung zwischen einer Pumpwelle und einer Signalwelle in einem nichtlinearen Kristall benutzt (siehe Abschn. 6.1.7). Der Vorteil ist, dass man bereits in einer Verstärkerstufe eine höhere Verstärkung erreicht als bei regenerativen Verstärkung in invertierten Medien, wo die Verstärkung durch Sättigungseffekte begrenzt wird.

Allerdings kann das nichtlineare Medium bei der parametrischen Verstärkung keine Energie speichern, wie bei den üblichen gepumpten invertierten Verstärkermedien. Pump-, Signal- und Idlerwelle müssen nicht nur die Phasenanpassungsbedingungen erfüllen, sondern müssen auch zeitlich genau überlappen. Dies kann man erreichen, wenn Pump- und Signalpulse gleiche zeitliche Dauer haben. Dies wird im nicht-kollinearen parametrischen Verstärker NOPA (Abschn. 6.1.7) realisiert [6.73]. Eine andere Methode verwendet einen Pikosekunden-Laser als Pumpe und streckt den Signalpuls vom Femto- in den Pikosekunden-Bereich, der dann verstärkt und anschließend wieder komprimiert wird [6.74].

Eine dritte Methode benutzt Nanosekunden-Pump-Pulse. Der Signalpuls wird in den Sub-Nanosekunden-Bereich gestreckt und in einer Reihe von nichtlinearen Kristallen parametrisch verstärkt (Abb. 6.45). Der Nanosekunden-Pump-Puls wird für jede dieser Stufen um ein bestimmtes Zeitintervall verzögert, sodass er in jeder Stufe die Signalwelle optimal verstärken kann [6.76]. Statt mehrerer aufeinander folgender Kristalle kann man auch, wie beim regenerativen Verstärker, die Signalwelle mehrmals durch denselben Kristall schicken, wenn der Pump-Puls so lang ist wie die Gesamtzeit der Umläufe des Signal-Pulses [6.77]. Der Unterschied zu dem regenerativen Verstärker in Abb. 6.41 ist, dass statt der gepumpten invertierten Verstärkungsmedien hier nichtlineare Kristalle verwendet werden. Da die Verstärkung pro Stufe größer ist, kommt man mit weniger Verstärkerstufen aus und kann z. B. mit nur einer

Stufe des regenerativen parametrischen Verstärkers bereits in den Terawatt-Bereich kommen [6.77].

6.1.9 Der Vorstoß in den Attosekunden-Bereich

Es gibt eine Vielzahl von Prozessen in der Natur, die im Zeitbereich unter 1 Femtosekunde (10^{-15} s) ablaufen. Beispiele sind die Anregung von Elektronen aus den inneren Schalen des Atoms durch Röntgenstrahlung. Solche hoch angeregten Zustände können innerhalb von 10^{-16} s zerfallen. Die Lebensdauern von angeregten Zuständen in Atomkernen können sogar noch wesentlich kürzer sein. Wenn man den genauen Zeitverlauf solch schneller Prozesse untersuchen will, muss die Zeitauflösung der Messung besser als das Zeitintervall des Prozesses sein. Deshalb wurden in den letzten Jahren Verfahren entwickelt, mit denen eine Zeitauflösung im Attosekunden-Bereich (1 Attosekunde = 10^{-18} s) möglich ist.

Fokussiert man die Ausgangspulse eines Femtosekunden-Lasers mit Spitzenleistungen im Giga- bis Terawatt-Bereich in einen Gasstrahl von Edelgasatomen, so werden infolge der nichtlinearen Wechselwirkung zwischen Atomelektronen und Laserfeld hohe Harmonische der optischen Grundfrequenz erzeugt. Das starke elektrische Feld der Laserpulse, welches das Coulombfeld im Atom bei weitem übertreffen kann, führt zu einer extremen nichtlinearen Beschleunigung der Elektronen, die im optischen Wechselfeld mit der optischen Frequenz ω hin- und her beschleunigt werden. Dabei strahlen sie Energie in Form von elektromagnetischer Strahlung ab. Wegen der periodischen stark nichtlinearen Beschleunigung geschieht diese Abstrahlung auf den Frequenzen $\omega_n = n \cdot \omega$, wobei n Werte bis zu 350 annehmen kann. Die dabei abgestrahlten Wellen liegen bei einer Fundamentalwellenlänge von $\lambda_1 = 700\,\text{nm}$ und $n = 350$ im Röntgengebiet bei $\lambda_n = 2\,\text{nm}$, was einer Photonenenergie von $500\,\text{eV}$ entspricht. In Abb. 6.46 ist zur Illustration die Intensitätsverteilung der Harmonischen gezeigt [6.78]. Man sieht daraus, dass die Intensität der Harmonischen mit wachsendem n bis $n = 100$ abfällt, dann aber relativ konstant bleibt.

Weil die Beschleunigung der Elektronen von der Laserintensität abhängt, wird die größte Leistung auf der n-ten Oberwelle, die proportional zum Quadrat der Beschleunigung und proportional zur n-ten Potenz $I(\omega)^n$ der Laserintensität ist, während des Maximums des Femtosekundenpulses erzeugt. Dies bedeutet, dass die abgestrahlten Pulse auf den höheren Harmonischen wesentlich kürzer sind als der erzeugende Femtosekunden-Laserpuls. Die kürzesten bisher erzeugten Pulse haben eine Pulsdauer von unter 100 as (10^{-16} s).

Die räumliche Ausdehnung eines solchen Pulses ist $\Delta z = c \cdot \Delta t = 3 \cdot 10^8 \cdot 10^{-16}$ m $= 3 \cdot 10^{-8}$ m $= 30\,\text{nm}$. Da die höchsten Spitzenleistungen erreicht werden, wenn das Pulsmaximum genau mit der maximalen Amplitude der VUV oder XUV Oberwelle zusammenfällt, muss man zur Erzeugung stabiler Attosekundenpulse die Phase der VUV Welle so einstellen, dass sie immer mit dem Pulsmaximum zusammenfällt. Dies ist am MBI in Berlin mit einer Genauigkeit von 12 as gelungen [6.79].

Die hohen Harmonischen bilden eine intensive Röntgenquelle mit extrem kurzer Pulsdauer im Attosekundenbereich. Eine interessante Anwendung ist die Untersuchung der Struktur von Molekülen in elektronisch angeregten Zuständen. Da-

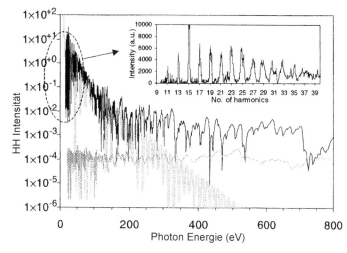

Abb. 6.46. Spektrale Intensitätsverteilung der durch Femtosekundenpulse im Sichtbaren erzeugten höheren Harmonischen [6.78]

zu wird das Molekül mit dem Femtosekundenpuls $I(\omega)$ (der eventuell frequenzverdoppelt werden kann, um Anregung im UV zu erreichen) in einen selektierten Zustand angeregt. Der vom selben Laser erzeugte Attosekunden-Röntgenpuls erzeugt ein Laue-Beugungs-Diagramm in einer Zeit, die kurz ist gegen die Schwingungsperiode der Molekül-Schwingungen. Variiert man die Verzögerungszeit des Röntgenpulses gegenüber dem Anregungspuls, so kann man viele Laue-Diagramme während der Schwingungsdauer des Moleküls erzeugen und damit die Strukturänderungen beim Übergang in den angeregten Zustand ermitteln.

Ein weiteres Beispiel ist die Untersuchung der zeitlichen Abfolge der Emission von Photoelektronen und Auger-Elektronen nach der Innerschalen-Anregung von Elektronen in schweren Atomen. Attosekunden-Systeme stellen bei geeigneter Anwendung das Attosekunden-Analogon zur Streak-Kamera dar, die im Sub-Pikosekundenbereich arbeitet. Die Emission der höheren Harmonischen geschieht, wenn ein Elektron, das durch die intensive Laserstrahlung Energie aufnimmt und das Atom verlassen kann, dann aber bei Umkehr der Feldrichtung wieder mit dem Ion rekombinieren kann. Das Spektrum und der Zeitverlauf der von dem Elektron emittierten Strahlung, seine Phase und Polarisation gibt eine Momentaufnahme der Struktur und Dynamik des Rekombinationssystems. Alle relevanten Größen des harmonischen Oberwellenfeldes können mithilfe interferometrischer Methoden gemessen werden [6.79].

Ein weiteres Beispiel ist die zeitaufgelöste Messung der Ionisation von Neon Atomen durch das Laserfeld mit Attosekunden-Auflösung. Man sieht aus Abb. 6.47, dass die Ionisationsrate dem zeitlichen Profil des Laserpulses folgt. Deshalb muss sie selbst wesentlich schneller als 4 fs verlaufen.

Nähere Informationen über Attosekundenpulse und ihre Anwendungen findet man in [6.81–6.84].

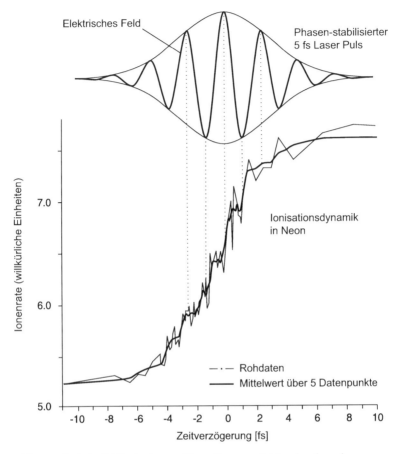

Abb. 6.47. Optische Feldionisation von Neon-Atomen mit Attosekundenpulsen, gemessen in Echtzeit [6.86]

Die Gruppen von Prof. F. Krausz am MPI für Quantenoptik in Garching und Prof. Corkum, NRC Ottawa haben hier Pionierarbeit geleistet [6.82–6.84, 6.86].

Experimentelle Details und Sonderausführungen der verschiedenen Femtosekundenlaser findet man außer in der jeweils angegebenen Literatur auch in den Konferenzberichten [6.30, 6.68, 6.69], in [6.32] und in [6.129].

6.1.10 Formung des Zeitprofils optischer Pulse

Für viele Anwendungen ist ein spezifisches Zeitprofil der optischen Pulse sehr wünschenswert. Ein Beispiel ist die kohärente Kontrolle chemischer Reaktionen (siehe Abschn. 5.2). In den letzten Jahren sind einige Techniken entwickelt worden, die eine solche Pulsformung ermöglichen. Eine von ihnen ist in Abb. 6.48 erläutert:

Der Ausgangspuls eines Femtosekundenlasers erfährt in einem dispersiven Medium einen Frequenzchirp und wird dadurch in seinem Zeitprofil und Spektralprofil

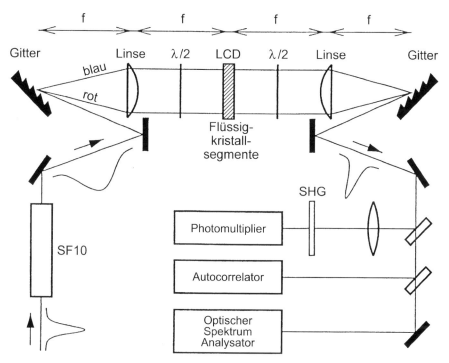

Abb. 6.48. Schema des experimentellen Aufbaus zur Pulsformung von Femtosekunden-Laserpulsen

breiter. Er trifft dann auf ein optisches Beugungsgitter. Die verschiedenen Wellenlängenanteile, die in dem Puls enthalten sind, werden vom Gitter in verschiedene Beugungsrichtungen abgelenkt und durch eine Linse zu einem parallelen Strahl geformt, in dem die einzelnen Wellenlängen räumlich getrennt sind. Dieser parallele Strahl durchsetzt eine zweidimensionale Anordnung von Flüssigkristall-Segmenten, an die eine elektrische Spannung angelegt werden kann, welche den Brechungsindex der Flüssigkristalle ändert. Durch geeignet Wahl dieser Spannungen kann die Phasenfront über den Strahlquerschnitt kontrolliert variiert werden. Nach Fokussierung des Parallelstrahls durch eine zweite Linse auf ein zweites Beugungsgitter werden die Anteile mit verschiedenen Wellenlängen wieder überlagert, wenn eine $4f$ Anordnung gewählt wird, bei der die Brennpunkte der beiden Linsen mit Brennweiten f auf der Gitteroberfläche liegen und der Abstand zwischen den Linsen $2f$ beträgt. Die Pulsform nach Beugung am zweiten Gitter hängt jetzt von der Phasenfront vor dem Gitter ab. Durch ein computergestütztes Optimierungsprogramm lässt sich die gewünscht Pulsform einstellen, wenn die Spannungen an den Flüssigkristall-Segmenten entsprechend eingestellt werden.

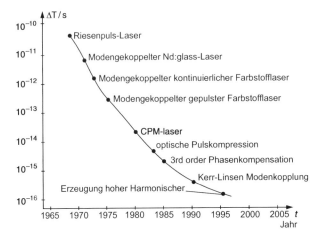

Abb. 6.49. Historische Entwicklung des Fortschrittes bei der Erzeugung kurzer Pulse

6.1.11 Zusammenfassung der Erzeugung kurzer Pulse

Wir haben in den vorhergehenden Abschnitten gesehen, dass es mehrere Verfahren gibt, kurze Pulse zu erzeugen.

1. Güteschaltung des Laser-Resonators („Q-switching") ($\Delta T > 10^{-9}$ s)
2. Modenkopplung von Lasern mit einem breiten Spektralprofil des Verstärkungsmediums, bei dem viele oszillierende Moden miteinander gekoppelt werden ($\Delta T > 10^{-11}$–10^{-12} s).
3. „Colliding-pulse" Technik, bei der zwei entgegenlaufende Pulse sich in einem sättigbaren Absorber treffen und überlagern ($\Delta T > 10^{-13}$ s).
4. Optische Pulskompression in Fibern durch den nichtlinearen Anteil des Brechungsindex ($\Delta T > 10^{-13}$–10^{-14} s)
5. Kerrlinsen-Kopplung ($\Delta T > 10^{-14}$–10^{-15} s)
6. Erzeugung hoher Oberwellen mit leistungsstarken Femtosekunden-Lasern in nichtlinearen Medien ($\Delta T > 10^{-16}$ s).

In Abb. 6.49 ist die historische Entwicklung zu immer kürzeren Pulsen in einem Diagramm aufgetragen.

Für viele Anwendungen spielt die Spitzenleistung eine wichtige Rolle. Auch hier sind in den letzten Jahrzehnten große Fortschritte erzielt worden, wie in Abb. 6.50 schematisch dargestellt wird. Man sieht aus diesem Diagramm, dass man in einem Laboraufbau Spitzenleistungen bis in den Petawattbereich (1 PW = 10^{15} W) erreicht. Da die Pulsdauer aber nur wenige Femtosekunden beträgt, ist die Energie eines Pulses trotzdem moderat.

Beispiel 6.6

Ein Laserpuls der Dauer 5 fs mit einer Spitzenleistung von 1 PW hat eine Pulsenergie von $W = 5 \cdot 10^{-15} \cdot 10^{15}$ J = 5 J.

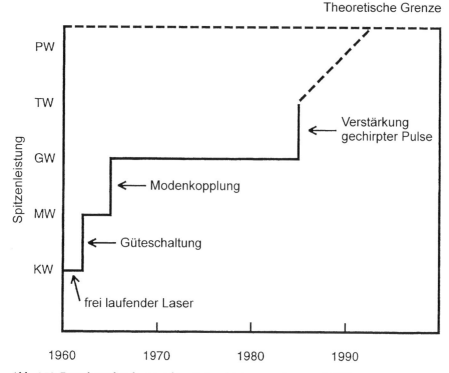

Theoretische Grenze

Abb. 6.50. Fortschritte bei der erreichten Spitzenleistung von Lasern seit 1960

6.2 Messung kurzer Lichtpulse

In den letzten Jahren hat die Entwicklung schneller Photodetektoren große Fortschritte gemacht. Inzwischen gibt es PIN-Photodioden (Bd. 1, Abschn. 4.5), die eine Zeitauflösung bis zu 20 ps haben [6.85]! Der einzige Detektor, dessen Auflösung den Zeitbereich unter 1 ps erreicht, ist die Streakkamera, die wir im Folgenden kurz besprechen wollen.

Mithilfe von Korrelationsverfahren lassen sich jedoch Lichtpulse bis in den Femtosekundenbereich vermessen mit Detektoren, die selbst sehr langsam sein dürfen. Da solche Korrelationstechniken inzwischen zu den Standardmethoden bei der Messung ultrakurzer Lichtpulse gehören, wollen wir sie etwas ausführlicher behandeln.

6.2.1 Streakkamera

Das Prinzip einer **Streakkamera** ist in Abb. 6.51 dargestellt. Der zu untersuchende Lichtpuls mit der Intensität $I_L(t)$ wird auf eine Photokathode abgebildet und erzeugt dort einen Puls mit $N_{PE}(t) \propto I(t)$ Photoelektronen. Die Photoelektronen werden durch ein ebenes Netz mit großer Beschleunigungsspannung abgezogen, in z-Richtung beschleunigt, in einem Ablenkkondensator in y-Richtung abgelenkt und

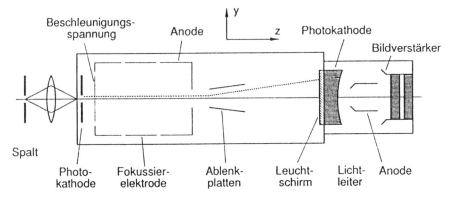

Abb. 6.51. Prinzip der Streakkamera

treffen dann auf einen Leuchtschirm in der Ebene $z = z_s$. Wird an die Kondensator-platten eine Sägezahnspannung $V_y(t) = (t - t_0)V_0$ gelegt, so hängt der Auftreffpunkt $(y_s(t), z_s)$ der Elektronen auf dem Schirm vom Zeitpunkt t ihres Eintretens in den Ablenkkondensator ab. Die räumliche Verteilung $N_{PE}(y_s)$ spiegelt daher die zeitliche Intensitätsverteilung des auffallenden Lichtpulses wider.

Bildet man das einfallende Licht auf einen Spalt in der x-Richtung ab, so wird das optische Bild dieses Spaltes durch die in z-Richtung fliegenden Photoelektro-nen auf den Schirm S in der x, y-Ebene übertragen. Man kann damit den eventuell von x abhängigen Zeitverlauf $I(x, t)$ auf dem Schirm S sichtbar machen. Wird der Lichtpuls z. B. zuerst durch einen Spektrographen geschickt, dessen Wellenlängendi-spersion $d\lambda/dx$ in der Austrittsebene des Spektrographen zu einer räumlichen Ver-teilung $I(x, t)$ der einzelnen Spektralkomponenten des Lichtpulses führt, so kann aus der Verteilung $N_{PE}(x_s, y_s)$ der auf den Schirm S der Streakkamera auftreffenden Photoelektronen auf die wellenlängenabhängige Zeitverteilung $I(\lambda, t)$ des einfallen-den Lichtpulses geschlossen werden (Abb. 6.52).

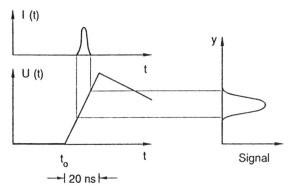

Abb. 6.52. Schematische Darstellung der zeitlichen und räumlichen (bzw. spektralen) Auflösung der Streakkamera

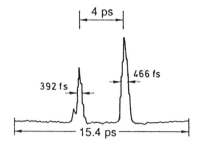

Als Detektorschirm wird entweder ein Leuchtschirm verwendet, der dann mit einer Videokamera oder einem Bildverstärker abgebildet und auf einem Monitor sichtbar gemacht werden kann (Bd. 1, Abschn. 4.5) oder man benutzt Mikrokanalplatten.

Der Startzeitpunkt t_0 für die Sägezahnspannung $V_{0y}(t-t_0)$ wird durch den Lichtpuls selbst getriggert. Da der Sägezahngenerator eine endliche Ansprechzeit hat, wird der Lichtpuls durch eine optische Verzögerungsstrecke (z. B. den Spektrographen) um einige ns verzögert, bevor er die Photokathode der Streakkamera erreicht, sodass dann die Photoelektronen den Ablenkkondensator während der linearen Phase der Ablenkspannung durchlaufen.

Die Ablenkgeschwindigkeiten können durch Wahl von V_0 eingestellt werden von 1 cm/100 ps bis 1 cm/10 ns. Bei einer räumlichen Auflösung von 0,1 mm erreicht man eine Zeitauflösung von 1 ps. Mehr Details findet man in [6.88, 6.90–6.92, 6.94].

Inzwischen gibt es sogar eine Femtosekunden-Streakkamera von Hamamatsu mit einer zwischen 400 fs und 8 ps einstellbaren Zeitauflösung und einem Spektralbereich von 200–850 nm. Abbildung 6.53 zeigt zur Illustration ein Oszillographenbild zweier Femtosekundenlichtpulse, die einen Zeitabstand von 4 ps haben.

6.2.2 Optischer Korrelator zur Messung kurzer Lichtpulse

Die höchste Zeitauflösung erreicht man mit einem Korrelationsverfahren, das auch „pump-and-probe-technique" genannt wird.

Der zu messende Lichtpuls mit der zeitlichen Intensitätsverteilung $I(t) = c\epsilon_0 E^2(t)$ und der Halbwertsbreite ΔT wird durch den Strahlteiler ST in zwei Teilpulse $I_1(t)$ und $I_2(t)$ aufgespalten, die beide unterschiedliche Wege s_1 und s_2 zurücklegen, bis sie wieder durch einen teildurchlässigen Spiegel Sp überlagert werden (Abb. 6.54). Bei einem Wegunterschied $\Delta s = s_1 - s_2$ und einem entsprechenden Zeitunterschied $\tau = \Delta s/c$ wird die Gesamtintensität hinter dem Spiegel Sp:

$$I(t,\tau) = c\epsilon_0 [E_1(t) + E_2(t+\tau)]^2 . \tag{6.34}$$

Mit $E_i(t) = E_0(t) \cos \omega t$ wird für gleiche Amplituden $E_0(t)$ beider Teilwellen

$$I(t,\tau) = c\epsilon_0 [E_0(t) \cos \omega t + E_0(t+\tau) \cos \omega(t+\tau)]^2 . \tag{6.35}$$

Ein linearer Detektor, dessen Signal $S(t)$ proportional zur einfallenden Intensität ist, dessen Zeitkonstante T jedoch groß gegen die Pulslänge ΔT ist, gibt ein Ausgangssignal

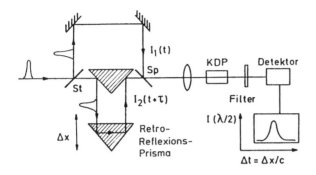

Abb. 6.54. Optischer Korrelator mit Translationsreflexionsprisma

$$S^{(1)} = \langle I(t,\tau) \rangle = \frac{1}{T} \int_{-T/2}^{+T/2} I(t,\tau)\, dt \qquad (6.36a)$$

$$= \frac{c \cdot \varepsilon_0}{T} \left\{ \int_{-T/2}^{+T/2} \left[E_0^2(t)\cos^2 \omega t + E_0^2(t+\tau)\cos^2 \omega(t+\tau) \right]\, dt \right.$$

$$\left. + \int E_0(t) \cdot E_0(t+\tau) \cos \omega t \cdot \cos \omega(t+\tau)\, dt \right\} . \qquad (6.36b)$$

Beispiel 6.7

Für streng monochromatisches Licht ist $E_0(t)$ = const und wir erhalten aus (6.36b) für das 1. Integral

$$c\varepsilon_0 \cdot E_0^2 + \frac{1}{2\omega T} \sin(2\omega T) .$$

Für $T \gg 1/\omega$ wird der 2. Term vernachlässigbar und die 1. Zeile von (6.36) gibt den konstanten Ausdruck

$$c \cdot \varepsilon_0 \cdot E_0^2 .$$

Die 2. Zeile ergibt nach Anwenden trigonometrischer Formeln den Wert $\cos \tau$, sodass wir für unser Signal erhalten:

$$S^{(1)}(\tau) = c \cdot \varepsilon_0 E_0^2 (1 + \cos \tau) ,$$

also eine Kosinusfunktion (Zweistrahl-Interferenz) (siehe Bd. 1, Abschn. 4.2).

Für $T \gg \Delta T$ kann die Integration von $-\infty$ bis $+\infty$ ausgedehnt werden, und das Integral in (6.36) lässt sich durch die **Korrelationsfunktion 1. Ordnung** (Abschn. 7.9)

$$G^{(1)}(\tau) = \int_{-\infty}^{+\infty} \frac{E(t)E(t+\tau)\, dt}{E^2(t)} = \frac{\langle E(t)E(t+\tau) \rangle}{\langle E^2(t) \rangle} \qquad (6.37)$$

ausdrücken $S^{(1)}(\tau) = c \cdot \varepsilon_0 \cdot E^2 \cdot G^{(1)}(\tau)$, für die $G^{(1)}(\tau)$ gilt: $G^{(1)}(0) = 1$ und $G^{(1)}(\infty) = 0$.

Für modengekoppelte Pulse mit der Dauer ΔT und der Frequenzbreite $\Delta \omega \approx 1/\Delta T$ mitteln sich jedoch die Oszillationen der im Puls enthaltenen Frequenzanteile weg und ein Detektor ohne räumliche Auflösung mit der Zeitkonstanten $T \gg \tau$ liefert ein Signal $S^{(1)}$, das *unabhängig von der Verzögerung* τ und der Pulsform $I(t)$ ist. Der Fouriertransformation von (6.34) liefert die spektrale Verteilung im Puls aber man gewinnt dadurch *keine* Information über die Pulsform $I(t)$! Dies ist auch anschaulich klar, da $S^{(1)}$ proportional zur eingestrahlten Energie (nicht Leistung!) ist, die für $\tau \ll T$ unabhängig von τ ist.

Wird aber der Puls (6.34) nach der Überlagerung der beiden Teilkomponenten in einen nichtlinearen optischen Kristall fokussiert, in dem die Lichtfrequenz ω verdoppelt wird, so ist die Intensität der 1. Harmonischen proportional zum *Quadrat* der einfallenden Intensität:

$$I(2\omega, t, \tau) = A\left[I_1(t) + I_2(t + \tau)\right]^2 . \tag{6.38}$$

Wird durch ein Filter F nur die Oberwelle durchgelassen, so wird das Detektorsignal

$$S(2\omega, \tau) = \frac{A}{T} \int_0^T I(2\omega, t, \tau)\,\mathrm{d}t = A\left[\langle I_1^2 \rangle + \langle I_2^2 \rangle + 4\langle I_1(t)I_2(t + \tau)\rangle\right] . \tag{6.39}$$

Die beiden ersten Terme sind unabhängig von τ und ergeben einen konstanten Untergrund, während der 3. Term von τ abhängt und die Information über die Pulsform enthält. Der Faktor 4 (statt 2) kommt daher, dass die beiden Wahrscheinlichkeiten W_1 (erstes Photon aus Puls 1 und zweites aus Puls 2) und W_2 (erstes Photon aus Puls 2 und zweites aus Puls 1) addiert werden müssen (Abschn. 2.5.2).

Mit der **Korrelationsfunktion 2. Ordnung**

$$G^{(2)}(\tau) = \frac{\int I(t)I(t + \tau)\,\mathrm{d}t}{\int T^2(t)\,\mathrm{d}t} = \frac{\langle I(t)I(t + \tau)\rangle}{\langle I^2(t)\rangle} \tag{6.40}$$

ergibt (6.39) mit $I_1 = I_2 = I/2$

$$S(2\omega, \tau) = A\left[G^{(2)}(0) + 2G^{(2)}(\tau)\right] = A\left[1 + 2G^{(2)}(\tau)\right] , \tag{6.41}$$

weil $G^{(2)}(0) = 1$ gilt. Das Signalmaximum $S(2\omega, \tau = 0) = 3A$ ergibt sich für $\tau = 0$. Für $\tau \gg \Delta T$, also für völlig getrennte Pulse, geht $G^{(2)} \to 0$. Das Signal S wird jedoch nicht Null sondern hat den konstanten Untergrund A (Abb. 6.55).

Diese Methode, welche die Interferenz zweier Teilstrahlen eines Laserpulses mit der Zeitverzögerung τ und anschließender optischer Frequenzverdopplung verwendet, heißt interferometrische Autokorrelation. In Abb. 6.56 ist die interferometrische Autokorrelationsfunktion eines Pulses mit 7,5 fs Dauer nach Frequenzverdopplung in einem nichtlinearen Kristall gezeigt. Man sieht, dass innerhalb der Halbwertsbreite 7/2 Zyklen der optischen Welle liegen (man beachte, dass bei der Frequenzverdopplung der Abstand zwischen zwei Maxima der halben Periodendauer der Grundwelle entspricht!).

Die Autokorrelationssignale $G^{(2)}(\tau)$ hängen von der Pulsform ab. In Abb. 6.55 sind einige Beispiele gezeigt.

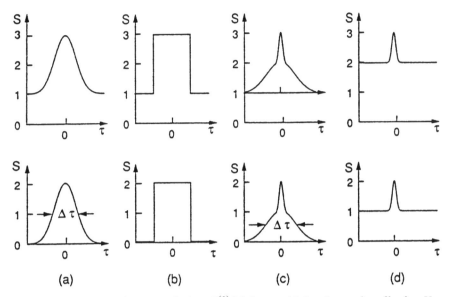

Abb. 6.55a–d. Autokorrelationssignale $S \propto G^{(2)}(\tau)$ für verschiedene Laserpulsprofile ohne Untergrundkompensation (*obere Reihe*) und mit Kompensation (*untere Reihe*), (**a**) Fourier-limitierter Gauß-Puls, (**b**) Rechteckpuls, (**c**) einzelner Rauschpuls und (**d**) kontinuierliches Rauschen

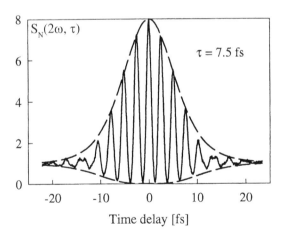

Abb. 6.56. Interferometrische Autokorrelation eines 7,5 fs breiten Pulses mit oberer und unterer Einhüllenden [6.89]

In Abb. 6.57 sind die Autokorrelationssignale $G^{(1)}(\tau)$ und $G^{(2)}(\tau)$ verglichen. Während die Fourier-Transformierte von $G^{(1)}(\tau)$ das spektrale Leistungs-Profil $I(\lambda)$ bzw $I(\omega)$ (optisches Leistungsspektrum) angibt, entspricht $G^{(2)}(\tau)$ dem Zeitprofil des Pulses, bei dem die Oszillationen $|E(t)|^2$ der optischen Trägerwelle aufgelöst sind.

Man kann den Untergrund unterdrücken, wenn man die Phasenanpassung im Verdopplerkristall (Bd. 1, Abschn. 5.7) so wählt, dass für zwei Photonen aus demsel-

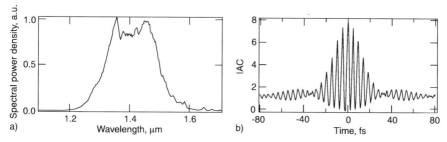

Abb. 6.57a,b. Femtosekunden-Laserpuls. (**a**) Optisches Leistungsspektrum $I(\lambda)$, (**b**) Zeitprofil $I(t)$ als interferometrische Autokorrelation des selben Pulses [6.93]

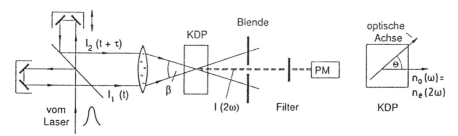

Abb. 6.58. Untergrundfreie Messung der Korrelationsfunktion 2.Ordnung. (KDP: Kaliumdihydrogenphosphat Verdoppler-Kristall, PM: Photomultiplier)

ben Puls kein Signal $S(2\omega)$ entsteht (Abb. 6.58). Dies lässt sich z. B. realisieren, wenn die beiden Pulse unter einem Winkel β gegeneinander in den Kristall geschickt werden und der Kristall so orientiert ist, dass die Oberwelle in Richtung der Winkelhalbierenden erzeugt wird [6.94]. Bei einer anderen Methode untergrundfreier Korrelationsmessung wird die Polarisationsebene eines der beiden Pulse gedreht und der nichtlineare Kristall so orientiert, dass Phasenanpassung für Frequenzverdopplung nur für den Fall erfüllt ist, dass aus jedem Puls je ein Photon zum Signal $S(2\omega)$ beiträgt [6.95].

Abbildung 6.56 zeigt die interferometrische Autokorrelation eines 7,5 fs breiten Pulses, aufgenommen mit der Anordnung der Abb. 6.58. Mit einem „**Rotations-Korrelator**" (Abb. 6.59) lässt sich die Pulsform direkt auf einem Oszillographen sichtbar machen. Die beiden, auf einer rotierenden Scheibe montierten Retroreflexionsprismen reflektieren während eines Teils ΔT der Umlaufzeit T die beiden Teilstrahlen 1 und 2 mit der Wegdifferenz $\Delta s(t)$ auf die Linse L, die sie in den Verdopplerkristall fokussiert.

Statt der Frequenzverdopplung kann man auch andere nichtlineare Prozesse zum Nachweis verwenden, wie z. B. die Zwei-Photonen-Absorption in einer Flüssigkeit oder einem Festkörper, die man über die dabei ausgesandte Fluoreszenz messen kann. Teilt man den zu messenden Lichtpuls wieder in zwei Teilpulse auf, die in entgegengesetzten Richtungen durch die nach der Zwei-Photonen-Anregung fluoreszierende Flüssigkeit schickt (Abb. 6.60), so kann man das räumliche Intensitätsprofil

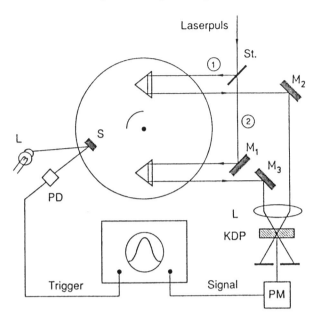

Abb. 6.59. Rotierender Autokorrelator für die direkte Beobachtung der Pulsform auf dem Oszillographen. Als Trigger dient das vom Spiegel S auf die Photodiode PD reflektierte Licht einer Lampe L

$I_{Fl}(z) \propto I^2(\omega, t)$ durch eine vergrößernde Optik abbilden und photoelektrisch, z. B. auf einem Bildverstärker, sofort sichtbar machen. Da einer Pulslänge von 3 ps eine Weglänge von 1 mm entspricht, ist dieses Verfahren mit räumlicher Auflösung nur auf Pulse anwendbar, die länger als 1 ps sind. Für kürzere Pulse muss man auch hier die Verzögerungszeit τ zwischen den beiden Teilpulsen variieren und die Gesamtfluoreszenz $\int I(z, \tau) \, dz$ als Funktion der Verzögerungszeit τ messen [6.95–6.98].

Man beachte:

1. Da $G^{(2)}$ nach (6.40) symmetrisch in τ ist, kann man aus der Messung von $G^{(2)}(\tau)$ keine Informationen über das Pulsprofil sondern nur über die Pulsdauer bei Annahme eines Modellprofils erhalten (Tab. 6.2). Zur Messung der Pulsform ist die Kenntnis höherer Korrelationsfunktionen $G^{(n)}(\tau)$, $n > 2$, notwendig.
2. Ein statistisches Rauschen erzeugt ebenfalls ein Auto-Korrelationsmaximum bei $\tau = 0$ mit einem Kontrastverhältnis $G^{(2)}(0)/G^{(2)}(\infty) = 2$ [6.94]. Man muss daher das Kontrastverhältnis, bzw. die Funktion $1 + 2G^{(2)}(\tau)$ sorgfältig messen, um einen Einzelimpuls von kontinuierlichem Rauschen bzw. einem verstärkten Rauschpuls zu unterscheiden (Abb. 11.38).

Tabelle 6.3. Verhältnis $\Delta\tau/\Delta T$ der Breiten von Autokorrelationsprofil und Laserpuls

Pulsform	Formel	$\Delta\tau/\Delta T$	$\Delta T \cdot \Delta\nu$
Rechteck	$I(t) = \begin{cases} 1 & \text{für } 0 \le t \le \Delta T \\ 0 & \text{sonst} \end{cases}$	1	0,886
Gauß-Profil	$\exp(-t^2/0{,}36\Delta T^2)$	$2^{1/2}$	0,441
Hyperbolisches Sekansprofil	$\mathrm{sech}^2(t/0{,}57\Delta T)$	1,55	0,315

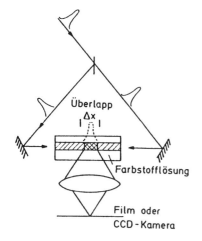

Abb. 6.60. Messung kurzer Pulse mithilfe der Zweiphotonen-Fluoreszenz

Wenn der optische Puls einen Frequenzchirp hat, wird die Autokorrelationsfunktion komplizierter. Mithilfe der interferometrischen Autokorrelation kann man jedoch trotzdem das Zeitverhalten des Pulses und damit auch seinen Chirp bestimmen.

6.2.3 FROG-Technik

Im vorigen Abschnitt haben wir gesehen, dass die Autokorrelation zweiter Ordnung zeitsymmetrisch ist und deshalb keine Auskunft über eventuell asymmetrische Pulsprofile gibt. Hier ist die FROG-Technik (frequency resolved optical gating) nützlich, weil sie die Autokorrelation dritter Ordnung bestimmen kann. Ihr Prinzip ist in Abb. 6.61 illustriert: Der ankommende Laserpuls wird durch einen Polarisations-Strahlteiler in zwei Teilpulse mit orthogonaler Polarisation und den Amplituden E_1 und E_2 aufgespalten. Der erste Teilpuls $E_1(t)$ läuft durch eine Kerr-Zelle zwischen zwei gekreuzten Polarisatoren, sodass der Puls geblockt wird. Der zweite, wesentlich stärkere Puls $E_2(t + \tau)$ wird schräg durch die Kerrzelle geschickt und sein elektrisches Feld bewirkt eine optische Anisotropie und damit eine Drehung der Polarisationsebene des ersten Pulses, der nun von Kerr-Schalter durchgelassen wird. Das Spektralprofil des durchgelassenen Pulses wird durch einen Spektrographen gemessen und von einer CCD Kamera als Funktion der Verzögerungszeit τ detektiert. Man misst daher das zeitabhängige Frequenzspektrum des Pulses und einen eventuellen Frequenzchirp und kann daraus durch eine Fourier-Transformation das Zeitprofil bestimmen. In Abb. 6.62 sind das gemessene FROG-Signal, das daraus berechnete Zeitprofil und der Frequenzchirp gezeigt für einen Puls, der aus 3 Frequenzgruppen besteht [6.99].

6.2.4 SPIDER-Technik

Die FROG-Technik gibt zwar Auskunft über das zeitabhängige Frequenzspektrum eines Pulses, kann aber nicht die Phase bestimmen. Hier hilft die SPIDER-Technik

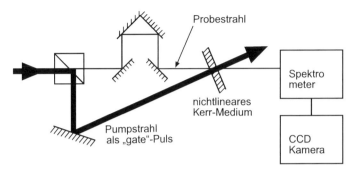

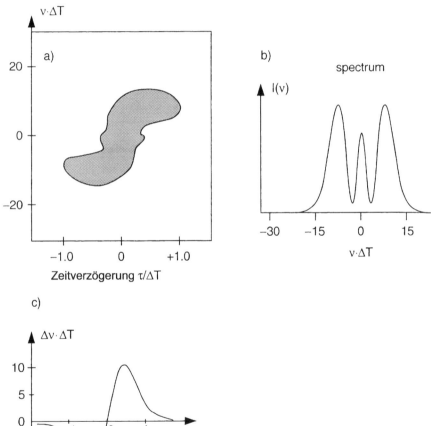

Abb. 6.61. Schematischer Aufbau für FROG

Abb. 6.62a–c. Informationen aus einer FROG-Aufnahme. (**a**) Frequenzverteilung als Funktion der Verzögerungszeit τ in Einheiten der Pulsbreite ΔT (**b**) Frequenzspektrum von (**a**) (**c**) Frequenzchirp

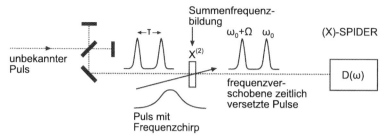

Abb. 6.63. Schematische Darstellung der SPIDER-Technik [6.102]

(**S**pectral **P**hase **I**nterferometry for **D**irect **E**lectric Field **R**econstruction). Sie beruht auf der Messung der Interferenzstruktur, die bei der Überlagerung zweier räumlich gegeneinander versetzter Pulse entsteht [6.100, 6.101]. Diese Pulse werden, wie bei der Autokorrelationstechnik, aus dem Ausgangspuls des Lasers durch Strahlteilung und eine zeitliche Verzögerung zwischen den beiden Pulsen erreicht. Der zweite Puls ist deshalb eine zeitlich verzögerte Kopie des ersten Pulses. Die elektrische Feldamplitude

$$E(x) = \sqrt{I(x)} \cdot e^{i\phi(x)}$$

des ersten Pulses interferiert mit der Amplitude

$$E(x + \Delta x) = \sqrt{I(x + \Delta x)} \cdot e^{i\phi(x+\Delta x)}$$

des zweiten Pulses. Der Detektor misst das Quadrat der Gesamtamplitude und liefert deshalb das Signal

$$S(x) = I(x) + I(x + \Delta x) + 2\sqrt{I(x)} \cdot \sqrt{I(x + \Delta x)} \cdot \cos(\phi(x) - \phi(x + \Delta x)) .$$

Die Intensitätsmessung am Ort x ist deshalb direkt verknüpft mit der Phasendifferenz $\Delta\phi = \phi(x) - \phi(x + \Delta x)$ zwischen der Phase der Wellenfront am Ort x und der am Ort $x + \Delta x$.

Nun werden diese beiden Pulse in einem nichtlinearen Medium mit einem dritten Puls mit starkem Frequenzchirp überlagert und die Summenfrequenz wird gemessen (Abb. 6.63). Dieser dritte Puls wird durch Strahlteilung aus dem Eingangspuls abgezweigt und durch ein dispersives Medium geschickt, wo der Frequenzchirp entsteht und der Puls wesentlich breiter wird als die beiden kurzen Pulse. Wegen des Chirps ergibt die Überlagerung mit dem ersten Puls eine andere Summenfrequenz als die Überlagerung mit dem zweiten Puls. Während der Pulsdauer der kurzen Pulse kann man die Frequenz des Chirp-Pulses annähernd als monochromatisch ansehen. Wenn sich die Frequenz des Chirp-Pulses während der Verzögerungszeit Δt zwischen den beiden kurzen Pulsen um Ω geändert hat, wird das vom Detektor gemessene gesamte Signal auf der Summenfrequenz

$$S(\omega) = I(\omega + \omega_c) + I(\omega + \omega_c + \Omega)$$
$$+ 2\sqrt{I(\omega + \omega_c)} \cdot \sqrt{I(\omega + \omega_c + \Omega)} \cdot \cos(\phi(\omega + \omega_c) - \phi(\omega + \omega_c + \Omega)) .$$

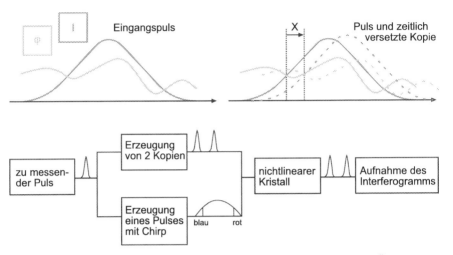

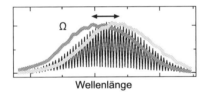

Abb. 6.64. (**a**) Zeitlicher Intensitäts- und Phasenverlauf vom Eingangspuls und die Überlagerung mit seiner zeitlich versetzten Kopie. (**b**) Blockschaltbild der SPIDER-Methode

Abb. 6.65. Prinzipaufbau der ZAP-SPIDER-Methode

Misst man dieses Signal hinter einem Spektrographen als Funktion der Zeitverzögerung Δt zwischen den beiden kurzen Pulsen, so lässt sich aus der Frequenzversschiebung $\Omega = \phi \cdot \Delta t$ die Phase der Signalpulse und ihre Entwicklung während der Pulsdauer bestimmen. In Abb. 6.64 ist das Prinzip der SPIDER Methode schematisch dargestellt.

Der Nachteil von FROG und SPIDER ist, dass die Messung nicht am Ort der zu untersuchenden Probe stattfindet, wo man eigentlich das genaue Zeit- und Spektral-Profil der Pulse wissen möchte. Deshalb wurde von *Riedle* und Mitarbeitern [6.102] die SPIDER Methode weiterentwickelt zur ZAP-SPIDER (**Z**ero **A**dditional **P**hase-SPIDER), deren Prinzip in Abb. 6.65 illustriert wird. Der unbekannte Puls wird direkt in den nichtlinearen Kristall geschickt, wo er mit zwei Chirp-Pulsen, die aus etwas unterschiedlichen Richtungen kommen, überlagert wird. Die dabei gebildeten Summenfrequenzpulse haben unterschiedliche Frequenzen ω und $\omega + \Omega$ und werden wegen der Phasenanpassungsbedingungen im nichtlinearen Kristall in etwas unterschiedliche Richtungen ausgesandt und zeitlich gegeneinander verschoben. Sie werden dann in einem Spektrometer überlagert und das dabei entstehende Interferogramm, das alle Informationen über die spektrale Phase des unbekannten Pulses enthält, wird, wie bei der SPIDER-Methode, ausgewertet (Abb. 6.66).

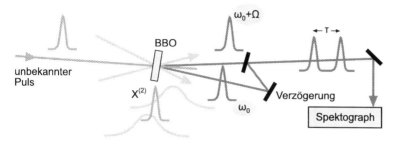

Abb. 6.66. Prinzip der ZAP-SPIDER-Methode [6.102]

6.3 Lebensdauermessungen mit Lasern

Die Kenntnis von Lebensdauern angeregter atomarer und molekularer Zustände ist für viele Bereiche der Atom-, Molekül- und Astrophysik von großem Interesse. Dies soll an drei Beispielen illustriert werden:

a) Aus den gemessenen relativen Intensitäten I_{km} von Fluoreszenzlinien, die Übergängen von einem angeregten Zustand $|k\rangle$ mit der Lebensdauer τ_k zu tieferen Niveaus $|m\rangle$ entsprechen, lassen sich bei Kenntnis der spontanen Lebensdauer $\tau_k = 1/A_k$ mit $A_k = \sum A_{km}$ die absoluten Werte der Übergangswahrscheinlichkeiten A_{km} und damit die Matrixelemente $\langle k|r|m\rangle$ für die Übergänge $k \to m$ bestimmen (Bd. 1, Abschn. 2.7). Die Größe dieser Matrixelemente hängt empfindlich von den Wellenfunktionen im oberen und unteren Zustand ab. Lebensdauermessungen stellen deshalb kritische Tests für die Qualität berechneter Wellenfunktionen und damit für Modelle über die Elektronenverteilung in den beteiligten Zuständen dar.

b) Da die messbare Intensitätsabnahme $I(\omega, z) = I_0 e^{-\alpha(\omega)z}$ von Licht beim Durchgang durch absorbierende Schichten der Dicke z von dem Produkt $\alpha(\omega)z = N_i\sigma_{ik}(\omega)z$ aus Dichte N_i der absorbierenden Spezies und Absorptionsquerschnitt σ_{ik} abhängt, lässt sich bei Kenntnis von σ_{ik}, die man aus der Messung der Übergangswahrscheinlichkeit A_{ik} erhält (Bd. 1, Gl. 2.21, 2.46b), die Dichte N_i bestimmen. Dies spielt in der Astrophysik zur Prüfung von Modellen für die Sternatmosphären eine wichtige Rolle [6.103]. Ein Beispiel sind Messungen der Fraunhofer-Linien im Sonnenspektrum, aus denen Dichte, Temperatur und Häufigkeitsverteilung der Elemente in der Sonnenatmosphäre (Photosphäre und Chromosphäre) erschlossen werden.

c) Das angeregte Niveau kann auch durch inelastische Stöße entvölkert werden (Abb. 6.67). Die Übergangswahrscheinlichkeit

$$R_{kn} = N_B \cdot v \cdot \sigma_{kn}^{\text{stoß}} \tag{6.42}$$

für Übergänge $|k\rangle \to |n\rangle$, die durch Stöße des angeregten Atoms $|k\rangle$ mit anderen Stoßpartnern B induziert werden, hängt ab von deren Dichte N_B, der mittleren Relativgeschwindigkeit v und dem Wirkungsquerschnitt $\sigma_{kn}^{\text{stoß}}$. Für die effektive Lebens-

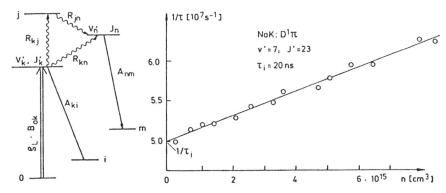

Abb. 6.67. Stoßdeaktivierung eines angeregten Niveaus und Stern-Vollmer-Gerade für das optische angeregte Niveau $D^1\Pi(v' = 7, J' = 23)$ des NaK-Moleküls

dauer τ_{eff} gilt dann

$$\frac{1}{\tau_{eff}} = A_k + R_k \text{ mit } R_k = \sum_n R_{kn} .\qquad(6.43)$$

Die mittlere Relativgeschwindigkeit

$$v = \sqrt{8kT/\pi\mu} \text{ mit } \mu = \frac{m_A m_B}{m_A + m_B}\qquad(6.44)$$

ist durch die Temperatur T und die Massen m_A, m_B der Stoßpartner bestimmt. Mithilfe der Gasgleichung $p = NkT$ kann man die Teilchendichte N_B in (6.42) durch den Druck ersetzten und erhält die **Stern-Volmer-Gleichung**

$$\boxed{\frac{1}{\tau_{eff}} = \frac{1}{\tau_0} + b\sigma_k p} \quad \text{mit } b = (8/\pi\mu kT)^{1/2} .\qquad(6.45)$$

Misst man daher die effektive Lebensdauer als Funktion des Druckes, so ergibt der Achsenabschnitt bei $p = 0$ die spontane Lebensdauer τ_0 und aus der Steigung der Geraden kann der totale Deaktivierungsquerschnitt σ_k für Stöße bestimmt werden (Abb. 6.67).

Bei Lebensdauermessungen mithilfe von Lasern darf die Entvölkerung des oberen Niveaus durch induzierte Emission im Allgemeinen nicht vernachlässigt werden, wenn während der Fluoreszenzmessung der anregende Laser nicht abgeschaltet wird. Die gesamte Übergangsrate und damit die effektive Lebensdauer für das angeregte Niveau $|k\rangle$ erhält man dann bei einer Strahlungsdichte ρ des anregenden Lasers, der auf den Übergang $|i\rangle \rightarrow |k\rangle$ abgestimmt ist, aus der Gleichung

$$\frac{dN_k}{dt} = -N_k(A_k + B_{ik}\rho + R_k) + N_i B_{ik}\rho\qquad(6.46)$$

Wir wollen im Folgenden die wichtigsten Verfahren zur Messung von Lebensdauern mithilfe von Lasern behandeln [6.104–6.106, 6.108].

6.3.1 Die Phasenmethode

Wird die Frequenz ω eines Lasers auf die Absorptionsfrequenz ω_{0k} eines Überganges abgestimmt, so ist die Fluoreszenzleistung P_{ki} auf einem Übergang $|k\rangle \rightarrow |i\rangle$

$$P_{FL}^{ik} \propto N_k P_L A_{ki} \cdot V$$

proportional zur einfallenden Laserleistung P_L und dem Anregungsvolumen V, solange Sättigungseffekte vernachlässigt werden können. Wird die Laserintensität periodisch mit der Frequenz $f = \Omega/2\pi$ moduliert (Abb. 6.68a), so wird die auf die Probe einfallende Pumpleistung

$$P_L(t) = (P_0/2)(1 + a \sin \Omega t) \cos \omega_{ik} t \; . \tag{6.47}$$

Die zeitabhängige Dichte N_k der angeregten Moleküle und damit die Fluoreszenzleistung pro Volumeneinheit $P_{FL}(\omega_{ki}) = N_k(t)A_{km}$ auf dem Übergang $|k\rangle \rightarrow |i\rangle$ erhält man mit (6.46) als Lösung von (6.47) mit $\rho(\omega_{0k}) = I(t)/c$. Bei gleichen statistischen Gewichten $g_i = g_k$ ergibt sich

$$P_{FL}(t) = b \left[1 + \frac{a}{(1 + \Omega^2 \tau_{eff}^2)^{1/2}} \sin(\Omega t + \Phi) \right] \cos \omega_{km}^2 t \; , \tag{6.48}$$

wobei die Konstante $b = N_k I_0 \sigma_{ki} V$ von der Dichte N_k der emittierenden Moleküle im Anregungsvolumen V und der anregenden Intensität I_L abhängt, und

$$\tau_{eff} = \left[\rho(\omega_{ik}) B_{ki} (1 - N_k/N_i) + \sum_m A_{km} + \sum_m R_{km} \right]^{-1} \tag{6.49}$$

die effektive Lebensdauer des Niveaus $|k\rangle$ ist, die bestimmt wird durch induzierte und spontane Emission und durch stoßinduzierte Entvölkerung des Niveaus $|k\rangle$ (Abb. 6.67). Die Phase Φ hängt von Modulationsfrequenz Ω und Lebensdauer τ_{eff} ab. Einsetzen von (6.48) in (6.47) ergibt:

$$\tan \Phi = \Omega \tau_{eff} \; . \tag{6.50}$$

Anmerkung
Dieses Problem der Anregung von Atomen mit moduliertem Licht und der Messung ihrer mittleren Lebensdauer aus der Phasenverschiebung Φ ist mathematisch völlig äquivalent zu dem bekannten Problem der Aufladung eines Kondensators aus einer Wechselspannungsquelle $U_0(t)$ der Frequenz $f = \Omega/2\pi$ über einen Widerstand R_1 bei gleichzeitiger Entladung über R_2 (Abb. 6.68b). Die (6.47) entsprechende Gleichung heißt hier

$$C \frac{dU}{dt} = \frac{U_0 - U}{R_1} - \frac{U}{R_2} \tag{6.51}$$

und hat die Lösung

$$U = U_2 \sin(\Omega t - \Phi) \tag{6.52}$$

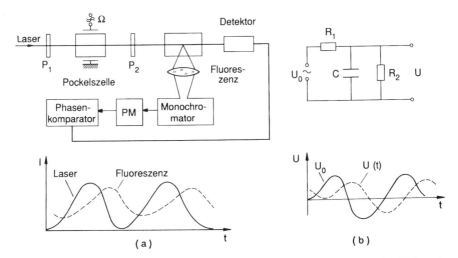

Abb. 6.68a,b. Phasenmethode zur Messung von Lebensdauern angeregter Zustände: (**a**) Experimentelle Anordnung, (**b**) Äquivalenter elektrischer Schaltkreis

mit

$$\tan \Phi = \Omega \frac{R_1 R_2 C}{R_1 + R_2} \quad \text{und } U_2 = U_0 \frac{R_2}{[(R_1 + R_2)^2 + (\Omega C R_1 R_2)^2]^{1/2}} \, .$$

Die Lebensdauer τ entspricht der Zeitkonstanten RC ($R = R_1 R_2/(R_1 + R_2)$), und die anregende Lichtintensität dem Aufladestrom $I(t) = [U_0(t) - U(t)]/R_1$.

Wenn die anregende Intensität nicht sinusförmig moduliert ist, sondern eine komplizierte aber periodische Zeitstruktur hat, ist auch der Zeitverlauf der Fluoreszenz entsprechend komplizierter. Man kann jedoch für beide zeitabhängigen Intensitäten eine Fourier-Zerlegung machen, und (6.51) gilt dann für die Phasenverschiebung zwischen den Grundwellen [6.104].

Ein gravierender Nachteil der Phasenmethode ist der Einfluss der induzierten Emission auf die gemessene Lebensdauer, weil während der Messung der anregende Laser nicht abgeschaltet ist. Man muss daher die Messungen bei verschiedenen Laserintensitäten durchführen und die Ergebnisse auf $I_L = 0$ extrapolieren.

6.3.2 Messung der Abklingkurve nach Einzelpulsanregung

Die Moleküle werden durch einen Lichtpuls angeregt, dessen Abklingflanke kurz gegen die zu messende Lebensdauer ist. Der zeitliche Abfall $N_k(t)$ im angeregten Zustand wird nach Ende des Anregungspulses direkt gemessen, entweder über die Fluoreszenz $I_{Fl}(t)$ oder über die zeitlich abnehmende Absorption von Übergängen, die von $|k\rangle$ aus zu höheren Zuständen starten.

Die zeitabhängige Fluoreszenzintensität kann entweder direkt auf einem Oszillographenschirm beobachtet werden oder mit einem Transientenrekorder aufgezeichnet werden. Ein anderes Verfahren benutzt einen Boxcarintegrator, bei dem durch

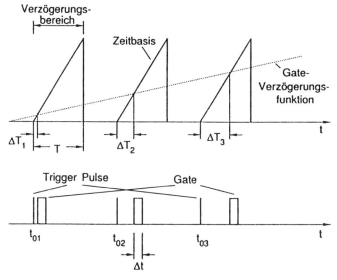

Abb. 6.69. Messung der Lebensdauer mit einem Boxcar-System

eine elektronische Torschaltung das Signal nur während eines kurzen Zeitintervalls Δt aufgenommen wird. Nach jedem Anregungspuls wird die Verzögerungszeit ΔT zwischen Anregungspuls und Öffnung des Tores um eine kleine Zeitspanne T/m vergrößert, sodass nach m Anregungszyklen das ganze Beobachtungsintervall T überdeckt wird (Abb. 6.69).

Die direkte Beobachtung der abklingenden Fluoreszenz auf einem Oszillographen hat den Vorteil, dass Abweichungen von einem nichtexponentiellen Abfall, wie sie z. B. durch überlagerte Kaskadenübergänge verursacht werden können, direkt sichtbar werden. Man braucht bei genügend hoher Fluoreszenzintensität für die Messung einer Lebensdauer im Prinzip nur einen einzigen Anregungspuls, wenn man nicht die Ergebnisse über viele Anregungszyklen mitteln will. Das Verfahren ist deshalb besonders für kleine Folgefrequenzen des anregenden Pulslasers geeignet [6.105].

6.3.3 Die Methode der verzögerten Koinzidenzen

Auch bei der Methode der verzögerten Koinzidenzen werden zur Anregung kurze Laserpulse verwendet. Im Gegensatz zum vorigen Abschnitt wird hier jedoch die Anregungsintensität so klein gehalten, dass die Detektionswahrscheinlichkeit für ein Fluoreszenzphoton pro Anregungszyklus klein gegen eins bleibt.

Gemessen wird die Wahrscheinlichkeitsverteilung für die Verzögerungszeiten zwischen Anregungspuls und der darauf folgenden Detektion eines Fluoreszenzphotons. Dies geschieht folgendermaßen (Abb. 6.70): Ein Photomultiplier mit großer Verstärkung erzeugt für jedes detektierte Photon einen Ausgangspuls, der in einem schnellen Diskriminator zu einem Normpuls geformt wird. In einem Zeit-

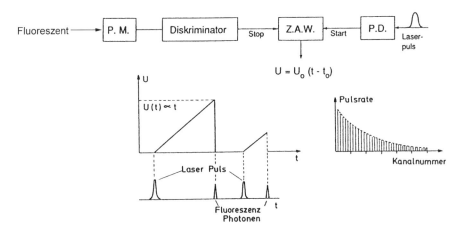

Abb. 6.70. Lebensdauermessung mit der Methode der verzögerten Koinzidenzen. Schematische Darstellung der Methode

Amplitudenwandler wird durch den Anregungspuls eine schnelle Spannungsrampe $U(t) = a \cdot t$ gestartet, welche durch den Fluoreszenznormpuls nach der Zeit t gestoppt wird. Jedem Zeitpunkt t ist eine Spannung $U(t) = a \cdot t$ zugeordnet. Die Pulshöhenverteilung der Ausgangspulse $U(t)$ des Zeit-Amplitudenwandlers wird von einem Computer bzw. einem Vielkanalanalysator gespeichert und ausgedruckt. Sie gibt genau die Abklingkurve der Fluoreszenz an, da die Zahl der bei N Anregungszyklen gemessenen Pulse mit der Verzögerung $t = N \cdot W(t)$ ist, wenn $W(t)$ die Wahrscheinlichkeit für die Messung eines Fluoreszenzphotons mit der Verzögerung t gegen den Anregungszeitpunkt $t = 0$ ist [6.106].

Die Folgefrequenz f der Anregungspulse wird möglichst hoch gewählt, der Zeitabstand $T = 1/f$ zwischen zwei Pulsen muss aber der Bedingung $T > 3\tau$ genügen, damit die Abklingkurve über etwa drei Lebensdauern τ gemessen werden kann. Das Verfahren ist deshalb ideal für die Anregung mit modengekoppelten oder gütegeschalteten CW Lasern geeignet (Abschn. 6.1.2).

Da bei hohen Pulsfolgefrequenzen die Totzeit des Zeit-Amplitudenwandlers zu groß wird, kann man die zeitliche Reihenfolge umdrehen: Die Spannungsrampe wird gestartet von einem Fluoreszenzphoton und gestoppt von dem darauf folgenden Anregungspuls. Dadurch misst man die Zeit $(T - t)$ anstelle von t, wobei der Abstand T zwischen zwei Anregungspulsen aus der Modenkoppelfrequenz $f = 1/T$ sehr genau bestimmt und deshalb zur Zeiteichung des Zeitamplitudenwandlers benutzt werden kann [6.19]. In Abb. 6.71 ist schematisch die experimentelle Realisierung des Verfahrens dargestellt.

Selbst bei Anregung mit einem schmalbandigen Laser, dessen Bandbreite bei einer Pulslänge ΔT mindestens gleich der Fourier-begrenzten Breite $\Delta \nu = 1/(2\pi \Delta T)$ ist, werden im Fall von Molekülen im Allgemeinen mehrere Molekülniveaus gleichzeitig angeregt. Um die Lebensdauer dieser Niveaus getrennt messen zu können, muss man die Fluoreszenz dieser Niveaus trennen und richtig zuordnen können.

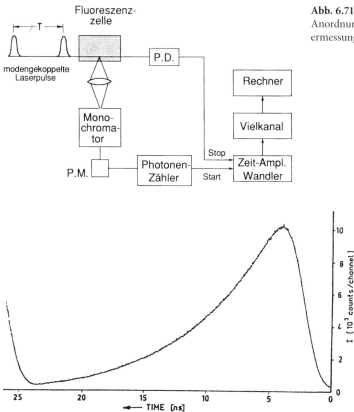

Abb. 6.71. Experimentelle Anordnung zur Lebensdauermessung

Abb. 6.72. Fluoreszenzabklingkurve des Niveaus $(v' = 6, J' = 27)$ im angeregten $B^1\Pi_u$-Zustand des Na_2-Moleküls

Für die spektrale Trennung genügen in einfachen Fällen Interferenzfilter, meistens braucht man jedoch einen Monochromator mit genügend hoher Dispersion [6.108, 6.109]. Die richtige Zuordnung ist nur über eine Analyse des Fluoreszenzspektrums möglich. Abbildung 6.72 zeigt eine experimentelle Abklingkurve eines selektiv angeregten Niveaus des Na_2-Moleküls, die mit der Apparatur der Abbildung 6.71 in etwa 10 Minuten gemessen wurde [6.19].

6.3.4 Lebensdauermessungen in schnellen Atom- und Ionenstrahlen

Die genaueste Methode zur Messung von Lebensdauern im Bereich von $10^{-9} - 10^{-7}$ s beruht auf einer modernen Version eines alten, von *Wien* [6.110] bereits verwendeten Verfahrens, bei dem die Zeitmessung zurückgeführt wird auf eine Weg- und Geschwindigkeitsmessung. Die in einer Ionenquelle erzeugten atomaren bzw. molekularen Ionen werden durch eine Spannung U beschleunigt, in einem Magneten nach Massen separiert und an der Stelle $x = 0$ durch einen Laserstrahl angeregt. Die von

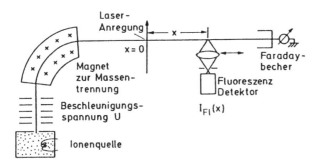

Abb. 6.73. Schematische Darstellung der Lebensdauermessung in schnellen Ionenstrahlen durch Messung der Flugstrecke x zwischen Anregung und Fluoreszenzemission

den angeregten Spezies emittierte Fluoreszenz wird durch einen auf einer Präzisionsspindel beweglichen Detektor als Funktion des Abstandes x vom Anregungsort gemessen (Abb. 6.73). Da die Geschwindigkeit $v = (2eU/m)^{1/2}$ durch Messung der Beschleunigungsspannung U bekannt ist, kann die Zeit $t = x/v$ aus den gemessenen Werten von x bestimmt werden.

Um die Anregungsintensität zu erhöhen, wird der Anregungsort häufig in den Resonator eines Farbstofflasers gelegt, dessen Wellenlänge dann auf den gewünschten Übergang abgestimmt werden kann. Vor ihrer Anregung durch den Laser können die Ionen durch Stöße in einer differenziell gepumpten Gaszelle vorangeregt werden, sodass auch mit sichtbaren Lasern bereits Übergänge von langlebigen Zuständen in höher angeregte Niveaus möglich werden [6.111]. Durch Ladungsaustauschstöße (z. B. in Alkali-Dampfzellen) können die Ionen mit großen Wirkungsquerschnitten neutralisiert werden, sodass dieses Verfahren der Lebensdauermessung auch auf schnelle Atome und Moleküle erweitert werden kann. Da der Ladungsaustausch bei „streifenden Stößen" mit großem Wirkungsquerschnitt geschieht, wird die Geschwindigkeit der Atome nur unwesentlich kleiner als die der Ionen.

Eine Verfälschung der gemessenen Lebensdauern durch Kaskadenübergänge von mehreren durch Stöße bevölkerten Niveaus [6.112] kann durch einen geeigneten Messzyklus vermieden werden (Abb. 6.74). Man misst abwechselnd die Fluoreszenz mit und ohne Laseranregung. Die Differenz beider Messwerte ergibt dann nur die vom Laser bewirkte Fluoreszenz. Um den Einfluss von Schwankungen der Laserintensität oder der Ionenstrahlintensität zu eliminieren, wird ein ortsfester Fluoreszenzdetektor am Ort x_0 installiert, auf dessen Signal $S(x_0)$ die ortsabhängigen Signale $S(x)$ normiert werden [6.113].

Die Zeitauflösung $\Delta t = \Delta x/v$ der Detektoren wird bei diesem Verfahren durch ihre Ortsauflösung Δx und die Geschwindigkeit v der Ionen bestimmt. Um eine hohe und von x unabhängige Zeitauflösung zu erzielen, muss man deshalb dafür sorgen, dass der Detektor nur Fluoreszenz aus einem kleinem Wegintervall Δx sammelt, wobei Δx nicht von x abhängen darf. Eine experimentelle Lösung benutzt ein Bündel optischer Fibern, deren Einkoppelenden in einem konischen Kranz um die Ionenstrahlachse angeordnet sind (Abb. 6.75), während die Auskoppelenden in einer Rechteckfläche angeordnet sind, die auf den Eintrittsspalt eines Monochromators abgebildet wird.

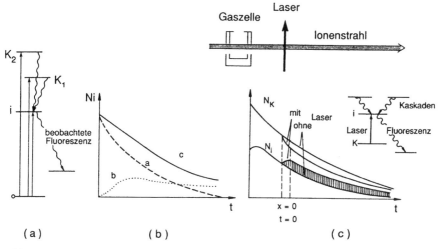

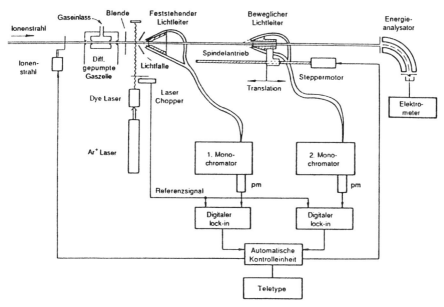

Abb. 6.74a–c. Kaskadenfreie Messung trotz Anregung vieler Zustände durch Messung der Differenz von $I_{Fl}(x)$ mit und ohne Laseranregung

Abb. 6.75. Apparatur zur kaskadenfreien Lebensdauermessung mit Abbildung der Fluoreszenz durch konisch angeordnete Fiberbündel auf den Eintrittsspalt eines Monochromators [6.113]

Mit dieser Methode, die zu den genauesten Verfahren für Lebensdauermessungen gehört, sind Lebensdauern für eine große Zahl von Ionen und Atomen gemessen worden. Für weitere Details wird auf die umfangreiche Literatur verwiesen [6.114–6.116].

6.4 Spektroskopie im Piko- und Femtosekundenbereich

Will man Vorgänge mit einer Zeitauflösung unter 10^{-11} s messen, so sind die meisten Detektoren (außer der Streakkamera) nicht schnell genug. Hier ist die „**Pump- und Probentechnik**" die Methode der Wahl. Sie basiert auf folgendem Prinzip:

Durch einen schnellen Pumppuls werden die zu untersuchenden Moleküle auf dem Übergang $|0\rangle \to |1\rangle$ angeregt (Abb. 6.76). Durch einen Abfragepuls mit variabler Zeitverzögerung τ gegenüber dem Pumppuls wird der zeitliche Verlauf der Besetzungsdichte im Zustand $|1\rangle$ abgefragt. Die zeitliche Auflösung ist nur begrenzt durch die Dauer von Pump- und Probenpuls, nicht durch die Zeitauflösung des Detektors. Bei genügend hohem Druck wird Stoßdeaktivierung der dominante Entvölkerungsmechanismus und die effektiven Lebensdauern können bis in den Pikosekundenbereich verringert werden. Mit der Pump-Proben-Technik kann man stoßinduzierte Relaxationsprozesse in Flüssigkeiten und Gasen bei hohem Druck zeitlich aufgelöst verfolgen.

Bei den ersten Experimenten dieser Art kamen beide Pulse vom gleichen Laser, und die zeitliche Verzögerung wurde genau wie in Abb. 6.54 durch Strahlteilung und variable Verzögerungsstrecke realisiert [6.117]. Man kann jedoch die Wellenlänge beider Laser durch Raman-Verschiebung in weiten Grenzen variieren, sodass man sie auf das entsprechende Problem anpassen kann [6.118].

Breitere Anwendungsmöglichkeiten hat ein System mit zwei unabhängig voneinander durchstimmbaren Farbstofflasern, die aber aus Synchronisationsgründen beide von demselben Pumplaser gepumpt werden müssen [6.119]. Ein Beispiel ist das in Abb. 6.77 gezeigte System, in dem mit einem Ti:Saphir Laser 20 fs kurze Pulse mit durchstimmbaren Wellenlängen im Bereich 755–875 nm erzeugt werden. Ein Teil

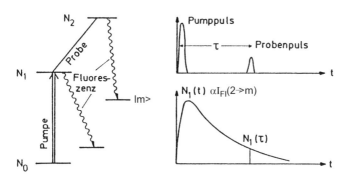

Abb. 6.76. Pump- und Probentechnik zur Messung schneller Relaxationsprozesse

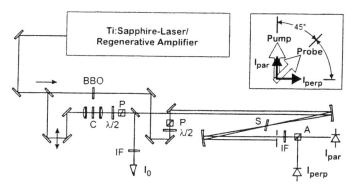

Abb. 6.77. Anordnung zur Erzeugung von 20 fs-Pulsen mit variabler Wellenlänge $\lambda = 755 - 875$ nm bzw. $\lambda/2 = 377 - 437$ nm durch optische Frequenzverdopplung (C: Erzeugung eines spektralen Kontinuums, P: Polarisator, A: Analysator, IF: Interferenzfilter, S: Probenzelle) [6.102]

dieser Strahlung pumpt einen NOPA (Abschn. 6.1.7), der im sichtbaren und nahen Infraroten Spektralbereich durchstimmbar ist und dessen Ausgangspuls mit einer variablen Zeitverzögerung in die zu untersuchende Probe geschickt werden kann. Die Fundamentalwelle erzeugt durch Fokussieren in eine Saphir-Scheibe ein Weißlichtkontinuum. Mit einem Spektrographen oder einem Interferenzfilter kann die gewünschte Wellenlänge selektiert werden [6.102].

Wir wollen die Anwendungsmöglichkeiten solcher Techniken im Piko- und Femtosekundenbereich an einigen Beispielen illustrieren.

6.4.1 Stoßinduzierte Relaxation von Molekülen in Flüssigkeiten

Die Energierelaxation angeregter Moleküle in Flüssigkeiten spielt für viele Gebiete der Physik und Chemie eine große Rolle. Beispiele sind photochemische Prozesse in Lösungen. Wegen der hohen Dichte in Flüssigkeiten ist die mittlere Zeit zwischen zwei Stößen sehr kurz ($10^{-12} - 10^{-11}$ s).

Wenn ein Molekül M in einer Lösung durch Absorption eines Photons in den Zustand $|i\rangle$ angeregt wurde, kann die Anregungsenergie E deshalb schnell umverteilt werde. Dabei geht $M(i)$ in andere Zustände mit der Energie $E - \Delta E$ über, wobei die Energiedifferenz ΔE entweder zur Anregung anderer Spezies in der Lösung genutzt wird oder in Translationsenergie der Flüssigkeitsmoleküle umgesetzt wird, also die Temperatur erhöht.

Ein Beispiel ist die Anregung und Relaxation von Farbstoffmolekülen in Lösungen, die für den effizienten Betrieb von Farbstofflasern wichtig sind (Bd. 1, Abb. 5.67).

Der Pumplaser bringt die Moleküle in viele Schwingungsniveaus im elektronisch angeregten Zustand S_1, von wo sie schnell ($10^{-12} - 10^{-11}$ s) durch Stöße in den tiefsten Zustand von S_1 relaxieren. Von hier aus gehen sie entweder durch Fluoreszenzemission in höhere Schwingungsniveaus des elektronischen Grundzustandes S_0 oder durch strahlungslose Übergänge (interne Kopplung) in den Triplezustand T_0 (Abb. 6.78).

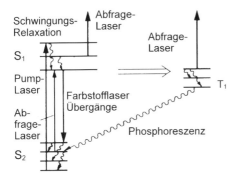

Abb. 6.78. Messung schneller Relaxationsprozesse im Grundzustand und in angeregten Zuständen

Den zeitlichen Verlauf der Besetzungsdichten in den verschiedenen Niveaus kann man mithilfe der Pump-Probe-Technik messen und dann die Art des Lösungsmittels und die Konzentration der gelösten Moleküle so einstellen, dass die Besetzungsdichten für die Realisierung eines Farbstofflasers optimal sind. So ist es z. B. für den Betrieb des Lasers wichtig, dass die Singulett-Triplet-Übergangsrate möglichst klein bleibt und die Besetzung in den unteren Laserniveaus möglichst schnell durch Stöße abgebaut wird.

6.4.2 Elektronische Relaxation in Halbleitern

Eine sehr interessante Fragestellung befasst sich mit den physikalischen Grenzen der höchstmöglichen Bitraten in Rechnern. Da jedes Bit einem Wechsel von einem nicht leitenden in einen leitenden Zustand entspricht, d. h. einer Elektronenanregung vom Valenzband in das Leitungsband eines Halbleiters, spielt die Relaxationszeit der angeregten Elektronen eine wichtige Rolle. Die Frage, wie schnell die Elektronen in ihren Ausgangszustand zurückkehren, kann mit Femtosekunden-Laserpulsen untersucht werden.

Dazu wird der Halbleiter mit kurzen Pulsen von Photonen bestrahlt, deren Energie hv größer als der Bandabstand ΔE_h ist. Die Anregung erzeugt Elektronen der Energie $E_{kin} = hv - \Delta E_h$, die jedoch durch Stöße mit dem Halbleitergitter schnell (innerhalb von $10^{-12} - 10^{-13}$ s) thermalisieren (Abb. 6.13) und dadurch eine breite Energieverteilung annehmen.

Erst viel langsamer rekombinieren sie mit den durch die Anregung entstandenen Löchern im Valenzband. Diese zeitabhängigen Relaxationsprozesse können durch die Absorption oder die Reflexion eines zweiten Pulses mit variabler Verzögerungszeit abgefragt werden, weil die Elektronenenergieverteilung den Absorptionskoeffizienten und den Brechungsindex beeinflusst [6.120–6.122].

6.4.3 Untersuchung molekularer Dynamik auf der Femtosekundenskala

Bei der stationären Spektroskopie misst man Energien von Schwingungs-Rotationszuständen, die einem stationären Zustand des Moleküls entsprechen. Die sich daraus

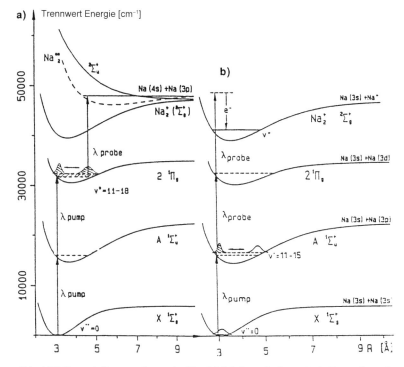

Abb. 6.79. Potenzialkurvenschema des Na_2-Moleküle und schematische Darstellung der Wellenpaketdynamik [6.123]

ergebende Gleichgewichtskonfiguration des Kerngerüstes ist ein Mittelwert über die Schwingungen der Kerne.

Mithilfe der Femtosekunden-Spektroskopie lässt sich nun die Bewegung der Kerne während der Schwingung und Rotation des Moleküls direkt verfolgen, ähnlich wie bei stroboskopischer Beleuchtung schnelle periodische Bewegungen sichtbar gemacht werden können. Dies soll an einigen Beispielen verdeutlicht werden.

In Abb. 6.79 sind die Potenzialkurven einiger elektronischer Zustände des Na_2-Moleküls dargestellt. Regt man vom Schwingungsniveau $v'' = 0$ im $X^1\Sigma_g^+$-Grundzustand Na_2-Moleküle mit einem kurzen Puls der Dauer Δt an, so werden durch Zweiphotonen-Absorption aufgrund der Energieunschärfe $\Delta E \simeq h\Delta v = \hbar/\Delta t$ mehrere Schwingungsniveaus $|v_i\rangle$ im $2^1\Pi_g^-$-Zustand kohärent angeregt (Kap. 7). Das dadurch erzeugte Wellenpaket (als Linearkombination der stationären Schwingungswellenfunktionen mit unterschiedlichen Phasenfaktoren $e^{-i\omega_v \cdot t}$) oszilliert räumlich mit der mittleren Schwingungsfrequenz ω_v zwischen den Umkehrpunkten periodisch hin und her. Diese Wellenpaketoszillation entspricht der Bewegung der schwingenden Kerne.

Wird nun ein zweiter Laserpuls (Abfragepuls) mit geeigneter Wellenlänge λ_{probe} und variabler Zeitverzögerung gegen den 1. Puls vom angeregten Molekül absorbiert, so hängt der Endzustand des Na_2 davon ab, bei welchem Kernabstand sich das Wel-

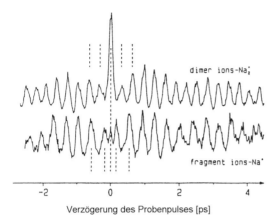

dimer ions-Na_2^+

fragment ions-Na^+

-2   0   2   4

Verzögerung des Probenpulses [ps]

lenpaket im $2^1\Pi_g$-Zustand gerade befindet. Ist es beim inneren Umkehrpunkt, so kann ein Photon aus dem 2. Puls nur in den gebundenen Grundzustand des Na_2^+-Ions anregen, weil die repulsive Ionenkurve $^2\Sigma_u$ nicht erreicht wird. Es entstehen daher Na_2^+-Molekülionen. Wird dagegen vom äußeren Umkehrpunkt aus angeregt, so kann Dissoziation des Na_2^+ eintreten und man beobachtet atomare Na^+-Ionen. Durch die Wahl der geeigneten Verzögerungszeit lässt sich deshalb das gewünschte Endprodukt einstellen. Dies wurde in vielen detaillierten Experimenten von G. Gerber und seiner Gruppe in Würzbug demonstriert [6.123, 6.124].

In Abb. 6.80 sind die gemessenen Ausbeuten am Na_2^+- und Na^+-Ionen als Funktion der Verzögerungszeit zwischen Pump- und Ionisierungspuls dargestellt.

Vor allem bei großen Molekülen kann der angeregte Zustand innerhalb von Femto- bis Pikosekunden in eine andere Struktur übergehen (Isomerisierung). In Abb. 6.81a ist ein Beispiel angegeben, in dem die Potenzialfläche in S_0-Grundzustand zwei Minima hat, die durch einen Sattelpunkt von einander getrennt sind. Wenn nun durch Absorption eines Photons ein hohes Schwingungsniveau im S_1-Zustand angeregt wird, kann das Molekül über diesen Sattelpunkt hinweg schwingen und dann durch Fluoreszenz-Emission entweder in den alten Zustand zurückkehren oder in den isomeren Zustand übergehen. In Abb. 6.81b sind solche zwei isomeren Strukturen des Stilben-Moleküls gezeigt.

Diese Strukturänderung lässt sich zeitlich verfolgen, wenn die Absorption des Abfrage-Pulses als Funktion der Verzögerungszeit gegen den Anregungspuls gemessen wird. Wenn durch den 1. Puls der obere Zustand stärker besetzt wird als der untere, erfährt der Abfrage-Puls eine Verstärkung beim Durchgang durch die Probe.

Ein weiteres Beispiel ist die zeitaufgelöste Spektroskopie der Dissoziation des NaI-Moleküls [6.134] Das Grundzustandspotenzial und das Potenzial des angeregten Zustandes haben bei dem Kernabstand R_c eine vermiedene Kreuzung. Für $R < R_c$ hat das Molekül im Grundzustand überwiegend ionischen Charakter und für $R > R_c$ neutralen Charakter. Wenn das Molekül im Minimum des Grundzustandpotenzials beim Kernabstand R_1 angeregt wird, schwingt es auf der oberen Potenzialkurve $V_1(R)$ und kann dabei beim Passieren der vermiedenen Kreuzung entweder auf

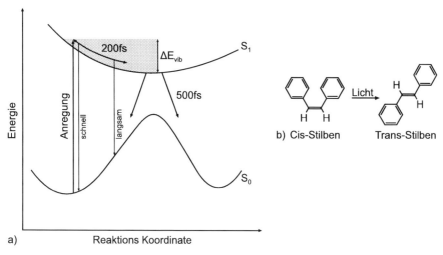

Abb. 6.81. (a) Potenzialdiagramm zur Illustration der S_1-Reaktion von Bacteria-Rhodopsin nach Femtosekunden-Anregung [6.132] (b) Isomerisation von Stilben

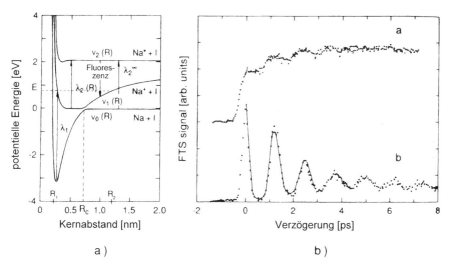

Abb. 6.82a,b. Zeitaufgelöste Spektroskopie der Photodissoziation von NaI. (a) Potenzialschema (b) Zeitlicher Verlauf der atomaren Fluoreszenz von Na* bei Anregung mit $\lambda_2(\infty)$ (*Kurve a*) und der molekularen Fluoreszenz bei Anregung mit $\lambda_2(R < R_c)$ (*Kurve b*) [6.134]

$V_1(R)$ bleiben, oder nach $V_0(R)$ tunneln. Wird jetzt das angeregte Molekül mit einem zweiten Laser (Abfragelaser) auf dem Übergang $V_1 \rightarrow V_2$ weiter angeregt, so hängt die dazu nötige Wellenlänge $\lambda_2(R)$ vom Abstand R ab. Wählt man $\lambda_2(R = \infty)$ so, dass der atomare Na $(3S–3P)$ angeregt wird, so misst man diejenigen Moleküle, die durch die vermiedene Kreuzung getunnelt und in Na + I dissoziiert sind (Kurve (a)) in Abb. 6.82b). Wird $\lambda_2(R < R_c)$ so gewählt, dass Übergänge für $R < R_c$ angeregt werden, so misst man die zwischen R_1 und R_2 hin und her schwingenden Moleküle, die nicht dissoziiert sind (Kurve (b)). Man sieht, dass die Schwingungsperiode etwa 1 ps beträgt.

Eine gute Übersicht über die Forschungsarbeiten der letzten Jahre auf dem Gebiet der Piko-, Femto- und Attosekunden-Spektroskopie findet man in [6.126–6.135].

6.4.4 Attosekunden Spektroskopie von Prozessen in inneren Schalen von Atomen

Regt man ein Elektron aus einer inneren Schale in unbesetzte höhere Elektronenschalen an, so liegen die Anregungsenergien, je nach der Kernladungszahl im Bereich von 50 eV bis zu einigen keV. Das dadurch entstandene Loch in der inneren Schale wird innerhalb von Femto- bis Attosekunden wieder aufgefüllt, d. h. die Umordnung der Elektronen-Verteilung nach der Anregung geschieht in sehr kurzer Zeit. Deshalb sind die mit hohen Harmonischen erreichbaren Attosekundenpulse, die bei der nichtlinearen Wechselwirkung von Femtosekundenpulsen mit Materie entstehen, geeignete Sonden zur Untersuchung solcher schnellen Relaxationsprozesse.

Die stärksten Oberwellen entstehen zu den Zeiten, wo die Amplitude $E_0(\omega)$ der Grundwelle ihr Maximum im Maximum des Femtosekundenpulses hat (Abb. 6.83).

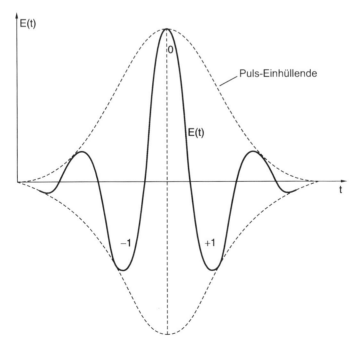

Abb. 6.83. Elektrische Feldamplitude eines Femtosekundenpulses mit drei optischen Perioden

Ist dessen Pulslänge wesentlich größer als die Periodendauer der Grundwelle, so entsteht ein Pulszug von hohen Harmonischen mit einem Pulsabstand, der gleich der halben Periode der Grundwelle ist. Die Länge des Femtosekundenpulses darf also nicht viel länger als eine Periode der Grundwelle sein. Bei $\lambda = 1\,\mu m$ erfüllen Pulse mit $\Delta T = 5\,fs$ diese Bedingung. Man beachte jedoch, dass die Intensität $I(m\omega)$ der m-ten Harmonischen proportional zu $E_0^{2m}(\omega)$ ist. Deshalb tragen die Amplituden der Grundwelle, die auch nur etwas kleiner sind als die Amplitude im Maximum des Pulses, wesentlich weniger zur Harmonischen Erzeugung bei.

Beispiel 6.8

Für $m = 10$ wird ein Maximum der Grundwellenamplitude auf der Flanke des Femtosekundenpulses, das 0,5 mal kleiner ist als das Maximum in der Mitte des Pulses, zu einer $0,5^{20} = 10^{-6}$ mal geringeren Intensität der Harmonischen führen als das Grundwellenmaximum in der Mitte des Pulses.

Bei der Anregung von Elektronen aus inneren Schalen mit solchen Attosekunden-Pulsen kann die zeitliche Entwicklung von Auger-Prozessen mit hoher Zeitauflösung mithilfe der Pump-Proben-Technik untersucht werden (Abschn. 1.4). Zur Illustration ist in Abb. 6.84 der Augerprozess schematisch dargestellt. Ein Elektron aus einer inneren Schale mit der Energie E_k wird durch den XUV-Puls mit der Photonen-Energie $h\nu$ angeregt und verlässt das Atom mit der kinetischen Energie $E_{kin} = h\nu - E_k$ (Photoeffekt). Fällt ein Elektron aus einer höheren Schale mit der Energie E_i in das entstandene Loch, so gewinnt es die Energie $\Delta E = E_i - E_k$. Diese kann entweder als Photonenergie $h\nu = \Delta E$ abgestrahlt werden, oder auf ein anderes Elektron übertragen werden. Dieses Auger-Elektron hat dann die Energie ΔE. Ist ΔE größer als die Bindungsenergie $-E_i$ so kann es das Atom verlassen und führt zu dem Auger-Maximum in der Energieverteilung der gemessenen Elektronen (Auger-Maximum).Die Verzögerungszeit dieses Auger-Elektrons gegen den Anregungspuls gibt die Lebensdauer des Zustandes an, aus dem das Auger-Elektron kommt. Das Verhältnis von Photoionisationsrate zu Auger-Rate hängt ab vom Überlapp der Wellenfunktionen des unteren Zustandes, aus dem die Photoionisation erfolgt, mit der Wellenfunktion im Zustand, aus dem das Auger-Elektron stammt.

Die Photoelektronen und das entstandene Ion können mithilfe von Flugzeit-Spektrometern gemessen werden, die senkrecht zum Molekularstrahl und zum Laserstrahl in entgegengesetzte Richtungen angeordnet sind [6.139].

Solche Untersuchungen liefern Informationen über die Mehrelektronen-Dynamik, d. h. die Änderung von Ort und Impuls der Elektronen in der Atomhülle, wenn ein Elektron angeregt wurde. Da die Elektronen in den inneren Schalen schwerer Atome bereits relativistische Geschwindigkeiten haben, können solche Messungen die Genauigkeit relativistischer Rechnungen der Wellenfunktionen prüfen [6.140].

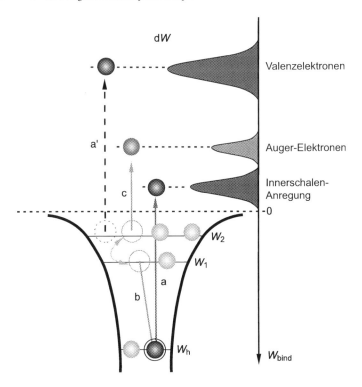

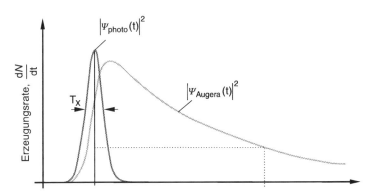

Abb. 6.84a–c. Schematische Illustration der Anregungen eines Elektrons aus einer inneren Schale durch einen VUV-Puls (**a**) und Relaxation in das entstandene „Loch" (**b**), was zur Emission eines Auger-Elektrons führt (**c**) [6.139]

6.4.5 Erzeugung transienter optischer Gitter

Wenn zwei Lichtpulse, die aus demselben Laser in etwas unterschiedlichen Richtungen durch eine absorbierende Probe laufen, in der Probe überlagert werden, gibt es eine Interferenzstruktur. Aufgrund von Sättigungseffekten wird die Besetzungsdichte im absorbierenden Zustand der Moleküle an den Stellen größter Intensität am meisten abnehmen und an den Stellen der Interferenzminima am wenigsten. Es entsteht deshalb in der Probe eine räumlich periodische Struktur der Besetzungsdichte N_i, die nur für die kurze Zeit, in der sich beide Pulse überlappen, existiert und die deshalb als transientes Gitter bezeichnet wird (Abb. 6.85). Der Abbau des Gitters geschieht durch Relaxationsprozesse, welche das entleerte Niveau wieder auffüllen und durch Diffusion von ungepumpten Molekülen an den Stellen der Lichtminima in die Regionen der Lichtmaxima.

Schickt man jetzt einen Abfragepuls mit einer variablen Zeitverzögerung τ durch das Gitter, so wird er in die verschiedenen Beugungsordnungen abgelenkt. Mißt man die Intensitäten und ihr Zeitverhalten in den verschiedenen Beugungsordnungen, so kann man die Zeitkonstanten der Relaxation und den Grad der zeitabhängigen Besetzungssättigung bestimmen. Die meisten Experimente wurden in Flüssigkeiten oder Festkörpern durchgeführt, wo die Relaxationszeiten im Bereich von Piko- bis Femtosekunden liegen [6.141].

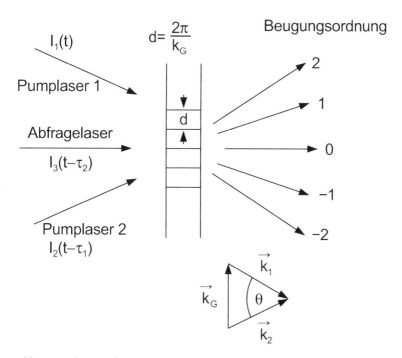

Abb. 6.85. Schematische Darstellung eines transienten optischen Gitters

6.4.6 Untersuchung schneller Photochemischer Reaktionen

Photochemische Reaktionen werden häufig durch optische Anregung der Elektronenhülle eines Moleküls induziert. Als Folge dieser Anregung kann sich die Geometrie des Kerngerüstes ändern und bei geeigneten Potenzialflächen kann eine Dissoziation des Moleküls eintreten. Während der erste Schritt, die Umordnung der Elektronenhülle im Atto- bis Femtosekundenbereich abläuft, dauert die Änderung der Kerngerüstgeometrie wegen der viel größeren Masse der Kerne wesentlich länger und kann bis zu einigen Pikosekunden dauern. Die interessante Frage int nun, wie sich eine Innerschalenanregung auf die chemische Reaktion auswirkt. Primär spielen die inneren Schalen der Atome für die Molekülstabilität nur eine untergeordnete Rolle. Da infolge der Innerschalenanregung sich auch die Valenzschalen der Atome wegen der Wechselwirkung zwischen den Elektronen ändern, wirkt sich die Innerschalenanregung indirekt doch auf die Reaktionswahrscheinlichkeit aus. Deshalb können Untersuchungen mit Femto-bis Attosekunden-Auflösung die einzelnen Schritte von der Attosekunden-Anregung mit XUV Pulsen bis zur chemischen Reaktion selektiv aufklären [6.142].

7 Kohärente Spektroskopie

Es gibt eine Reihe hochauflösender Techniken in der Spektroskopie, die zum Teil auf der simultanen, kohärenten Anregung von zwei oder mehr atomaren oder molekularen Niveaus beruhen. Kohärent bedeutet hier, dass bei der optischen Anregung die Wellenfunktionen dieser Niveaus eine definierte Phase haben, sodass deren Überlagerung zu Interferenzeffekten führt, deren zeitliche Entwicklung während der Lebensdauern dieser Niveaus messtechnisch verfolgt werden kann. Dadurch gewinnt man gegenüber Verfahren, bei denen nur die Intensität gemessen wird, an zusätzlicher Information, weil jetzt auch die Phasen der Wellenfunktionen bestimmt werden können.

Im Formalismus der Dichtematrix erlauben diese kohärenten Methoden die Messung der Nichtdiagonalglieder, die sogenannten „**Kohärenzen**", während die nichtkohärenten Verfahren nur Auskunft über die Diagonalglieder der Dichtematrix geben, welche die zeitabhängigen Besetzungsdichten beschreiben. Die Nichtdiagonalglieder beschreiben die durch die Lichtwelle induzierten und mit der Lichtfrequenz ω schwingenden atomaren Dipolmomente, deren Abstrahlung bei kohärenter Anregung eines Atomensembles zu makroskopisch messbaren Interferenzphänomenen (Photonenecho, freier Induktionszerfall) führt.

Die feste Phasenbeziehung zwischen den einzelnen, schwingenden atomaren Dipolen bleibt nach Abschalten des Lichtfeldes nicht lange bestehen, weil Relaxationsprozesse die atomaren Dipole „stören". Zwei Prozesse sind dabei von besonderer Bedeutung:

1) Der spontane Abbau der Besetzung N_2 des angeregten Zustandes

$$N_2(t) = N_2(0)\, e^{-t/\tau_{\text{eff}}}$$

durch die inkohärente spontane Emission und durch inelastische Stöße (Abschn. 6.3). Man nennt die Zeitkonstante $T_1 = \tau_{\text{eff}}$ für den Besetzungsabbau auch die „**longitudinale Relaxationszeit**".

2) Die Phasenrelaxation mit der Zeitkonstanten T_2, die auch „transversale Relaxationszeit" heißt. Sie wird bewirkt durch phasenstörende Stöße (Bd. 1, Abschn. 3.3) oder auch durch die Doppler-Verstimmung der atomaren Frequenz sich bewegender Atome, die zu einer von der jeweiligen Geschwindigkeit eines Atoms abhängigen Phase führt. Im Allgemeinen ist $T_2 < T_1$. Während die phasenstörenden Stöße zu einer homogenen Linienverbreiterung $\gamma_2^{\text{hom}} = 1/T_2^{\text{hom}}$ führen, gibt die Geschwindigkeitsverteilung einen Beitrag $\gamma_2^{\text{inhom}} = 1/T_2^{\text{inhom}}$ zur inhomogenen Linienbreite.

W. Demtröder, *Laserspektroskopie 2*, DOI 10.1007/978-3-642-21447-9_7,
© Springer-Verlag Berlin Heidelberg 2013

Die spektrale Linienbreite $\Delta\omega \geq 1/T_1 + 1/T_2^{\text{hom}}$, die bei der kohärenten Spektroskopie erreichbar ist, wird *nicht* durch den inhomogenen Anteil γ_2^{inhom} begrenzt. Wir werden nämlich sehen, dass die kohärenten Verfahren eine Doppler-freie Auflösung ermöglichen, obwohl die optische Anregung im Allgemeinen breitbandig erfolgt, z. B. wenn zwei Niveaus gleichzeitig vom gleichen unteren Niveau aus angeregt werden.

Zwei schnell expandierende Gebiete der kohärenten Spektroskopie, die **Heterodyn-Spektroskopie** und die **Korrelations-Spektroskopie** [7.1] basieren auf der Interferenz zwischen kohärenten Lichtwellen: Entweder zwischen zwei Lasern bei dem Hetreodyn-Verfahren oder zwischen dem anregenden Laserlicht und dem von bewegten Teilchen (Atome, Moleküle, Mikroben) gestreuten Licht bei der Korrelations-Spektroskopie. Hier lassen sich spektrale Auflösungen im Hertz-Bereich erzielen (Abschn. 7.8).

Wir wollen in diesem Kapitel die wichtigsten kohärenten Verfahren besprechen, bei denen das oben Gesagte verdeutlicht wird.

7.1 Level-Crossing-Spektroskopie

Die **Level-Crossing-Spektroskopie** basiert auf der Änderung der räumlichen Intensitätsverteilung oder der Polarisationseigenschaften der Fluoreszenz, die von kohärent angeregten Zuständen emittiert wird, wenn sich diese Zustände bei Änderung eines äußeren magnetischen oder elektrischen Feldes kreuzen. Beispiele sind Fein- oder Hyperfeinniveaus, deren Zeeman-Verschiebung unterschiedlich ist, und die sich deshalb bei einem bestimmten Wert des Magnetfeldes kreuzen (Abb. 7.1). Ein Spezialfall ist der von *Hanle* bereits 1923 [7.2] entdeckte **Hanle-Effekt**, bei dem die Fluoreszenzänderung durch die Kreuzung der Zeeman-Komponenten eines Zustandes mit $J > 0$ bei einem Magnetfeld $B = 0$ auftritt, und der deshalb auch **Nullfeld Level-Crossing** genannt wird (Abb. 7.1b).

Ein besonderer Vorteil der „Level-Crossing"-Spektroskopie beruht auf der Tatsache, dass sie trotz breitbandiger Anregung eine Doppler-freie Auflösung und da-

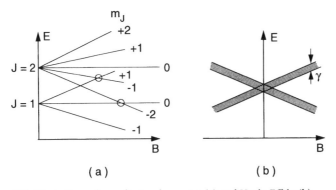

Abb. 7.1a,b. Termschema für Level-crossing (**a**) und Hanle-Effekt (**b**)

mit die Bestimmung der natürlichen Linienbreite des angeregten Niveaus erlaubt. Sie ist deshalb in der Atomphysik schon lange vor der Entdeckung des Lasers eingeführt worden [7.2–7.5]. Allerdings waren die Untersuchungen ohne Laser beschränkt auf solche atomare Resonanzübergänge, die mit intensiven atomaren Resonanzlampen (Hohlkathoden- oder Mikrowellenentladungslampen) angeregt werden konnten. Nur wenige Moleküle wurden mit dieser Technik untersucht, wobei zufällige Koinzidenzen zwischen atomaren Resonanzlinien und molekularen Übergängen ausgenutzt werden mussten [7.6].

Optisches Pumpen mit durchstimmbaren Lasern oder auch mit einer der zahlreichen Festfrequenzlaserlinien hat die Anwendungsmöglichkeiten der „Level-Crossing"-Spektroskopie besonders in der Molekülphysik und bei der Untersuchung hoch liegender atomarer Zustände wesentlich erweitert. Außerdem haben Laser neue Varianten wie z. B. das **„stimulierte Level-Crossing"**-Verfahren ermöglicht.

In diesem Abschnitt wird das Grundprinzip der „Level-Crossing"-Spektroskopie und ihre Bedeutung für die Bestimmung von Lebensdauern und Drehimpulskopplungen angeregter Zustände erläutert. Eine ausführliche Darstellung der Theorie findet man in [7.7], einen Überblick über die Untersuchungen vor Einführung des Lasers in [7.4].

7.1.1 Grundlagen

In Abb. 7.2 ist eine typische experimentelle Anordnung der „Level-Crossing"-Spektroskopie schematisch dargestellt: Atome oder Moleküle werden in einer Gas- bzw. Dampfzelle in ein homogenes Magnetfeld in z-Richtung gebracht und durch eine linear polarisierte Lichtwelle $E = E_y \cos(\omega t - kx)$ auf dem Übergang $|1\rangle \rightarrow |2\rangle$ ange-

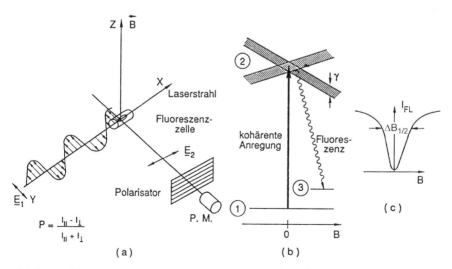

Abb. 7.2a–c. Schematische experimentelle Anordnung und Termschema zur Messung des Hanle-Effekts

regt. Die von den angeregten Atomen im Zustand $|2\rangle$ in y Richtung auf dem Übergang $|2\rangle \rightarrow |3\rangle$ ausgesandte Fluoreszenz wird von einem Photomultiplier PM hinter einem Polarisator als Funktion der Magnetfeldstärke B gemessen.

In einem anschaulichen, klassischen Modell lässt sich der Hanle Effekt wie folgt verstehen: Das durch in y-Richtung linear polarisiertes Licht angeregte Atom wird durch einen klassischen Oszillator beschrieben, der in der y-Richtung schwingt und dessen Emission die in Abb. 7.3a gezeigte Dipolabstrahlungscharakteristik mit ihrem Maximum in x-Richtung hat. Regt man das Atom auf seiner Resonanzfrequenz ω mit einem Laserpuls zur Zeit t_0 an, so wird bei einer Lebensdauer $\tau = 1/\gamma$ des oberen Zustandes die zeitabhängige Emissions-Amplitude für $B = 0$

$$E(t) = E(0)\,e^{-(i\omega+\gamma/2)(t-t_0)} \,. \tag{7.1}$$

Aufgrund seines magnetischen Dipolmomentes $g_J\mu_B$ (g_J: Landé-Faktor, μ_B: Bohr'sches Magneton) präzediert für $B \neq 0$ der Dipol mit Gesamtdrehimpuls J um die magnetische Feldrichtung mit einer Präzessionsfrequenz

$$\Omega_p = g_J\mu_B B/\hbar \,. \tag{7.2}$$

Die Achse maximaler Emission in der Emissionscharakteristik (Abb. 7.3a) dreht sich deshalb mit derselben Frequenz um die z-Achse, wobei die Amplitude mit $\exp[-(\gamma/2)t]$ abklingt (Abb. 7.3b). Beobachtet man die Fluoreszenz in der y-Richtung hinter einem Polarisator, dessen Durchlassrichtung den Winkel α gegen die x-Richtung bildet, so wird die gemessene Intensität

$$I(B, \alpha, t) = I(0)\,e^{-\gamma(t-t_0)}\sin^2[\Omega_p(t - t_0)]\cos^2\alpha \,. \tag{7.3}$$

Diese Intensität kann entweder nach gepulster Anregung bei festem Magnetfeld B zeitaufgelöst nachgewiesen werden (**Quantenbeats**, Abschn. 7.2), oder bei kontinuierlicher Anregung zeitlich gemittelt als Funktion von B gemessen werden ("level crossing"). Im letzteren Fall ist die zur Zeit t beobachtete Intensität $I(t)$ von der Anregung aller Atome im Anregungszeitraum von $t_0 = -\infty$ bis $t_0 = t$ abhängig. Es gilt daher

$$I(B, \alpha) = CI_0\cos^2\alpha \int_{t_0=-\infty}^{t} e^{-\gamma(t-t_0)}\sin^2[\Omega_p(t - t_0)]\,\mathrm{d}t_0 \,. \tag{7.4}$$

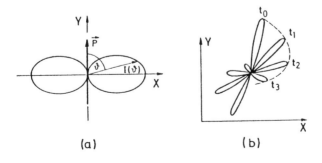

(a)   **(b)**

Abb. 7.3a,b.
Klassisches Modell des
Hanle-Effekts:
(**a**) Dipol-Ausstrahlungs-
charakteristik,
(**b**) Drehung der Ausstrahl-
richtung durch Präzession
des Dipols im Magnetfeld

Durch eine Variablen-Transformation $(t - t_0) \rightarrow t'$ gehen die Grenzen in $t' = 0$ bis $t' = \infty$ über. Das Integral lässt sich elementar lösen, und man erhält

$$I(B, \alpha) = \frac{CI_0}{2\gamma} \cos^2 \alpha \left(1 - \frac{1}{1 + (2\Omega_p/\gamma)^2}\right). \tag{7.5}$$

Die Fluoreszenzintensität – gemessen als Funktion der Magnetfeldstärke $B = \hbar\Omega_p/ (g_J\mu_B)$ – ergibt ein invertiertes Lorentz-Profil (Abb. 7.2c) mit der vollen Halbwertsbreite

$$\Delta B_{1/2} = \frac{\hbar\gamma}{g\mu_B} = \frac{\hbar}{g\mu_B\tau_{\mathrm{eff}}} \quad \text{mit} \quad \tau_{\mathrm{eff}} = 1/\gamma . \tag{7.6}$$

Aus dem gemessenen Wert $\Delta B_{1/2}$ lässt sich daher das Produkt $g\tau_{\mathrm{eff}}$ aus Lande-Faktor g und effektiver Lebensdauer τ_{eff} bestimmen. Bei Atomen ist der Lande-Faktor im Allgemeinen bekannt, und man erhält dann aus dem Hanle-Signal die effektive Lebensdauer τ_{eff}, aus welcher durch Messungen bei verschiedenen Drucken und Extrapolation gegen den Druck $p = 0$ die spontane Lebensdauer ermittelt wird (Abschn. 6.3). Bei Molekülen ist das Drehimpuls-Kopplungsschema oft nicht genau bekannt, insbesondere wenn durch die Hyperfeinstruktur und durch Wechselwirkungen zwischen verschiedenen elektronischen Zuständen die Kopplung zum Gesamtdrehimpuls $F = N + S + L + I$, die sich aus Molekülrotation N, Elektronenspin S, elektronischem Bahndrehimpuls L und Kernspin I zusammensetzt, nicht eindeutig ist. Man kann dann aus dem Hanle-Signal den Lande-Faktor g und damit das Kopplungsschema ermitteln [7.8], wenn man die Lebensdauer mit anderen Methoden gemessen hat (Abschn. 6.3).

Man beachte: Obwohl die räumliche Verteilung und die Polarisationscharakteristik der Fluoreszenz durch das Magnetfeld geändert wird, bleibt die Gesamtintensität konstant! Man kann deshalb zur Normierung und zur Eliminierung von Intensitätsschwankungen des anregenden Lasers die experimentelle Anordnung in Abb. 7.4 verwenden, bei der die Fluoreszenz gleichzeitig in zwei verschiedenen Richtungen beobachtet wird. In (7.3) erhält man für die Fluoreszenzintensität I_2 in x-Richtung durch einen Polarisator in y-Richtung anstatt $\sin^2[\Omega_p(t - t_0)]$ dann $\cos^2[\Omega_p(t - t_0)]$ und statt (7.5) ergibt sich

$$I_2(B) = \frac{CI_0 \cos^2 \beta}{2\gamma} \left(1 + \frac{1}{1 + (2\Omega_p/\gamma)^2}\right), \tag{7.7}$$

wobei β der Winkel des Analysators gegen die y-Achse ist. Für $\alpha = \beta = 0$ wird

$$I_2 - I_1 = C \cdot \frac{I_0}{\gamma} \frac{1}{1 + (2\Omega_p/\gamma)^2} \tag{7.8a}$$

unabhängig von β und kann deshalb zur Normierung verwendet werden. Der Quotient

$$Q = \frac{I_1(B) - I_2(B)}{I_1(B) + I_2(B)} = \frac{1}{1 + (2\Omega_p/\gamma)^2} \tag{7.8b}$$

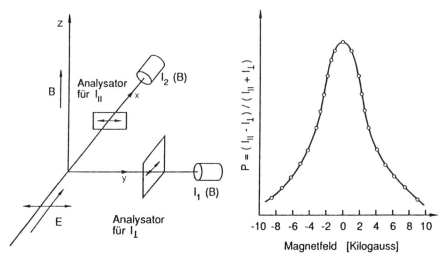

Abb. 7.4. Hanle-Signal $I_2 - I_1$ bei Anregung des Rotationsschwingungsniveaus (v' = 10, J' = 12) im $B^1\Pi_u$-Zustand des Na_2-Moleküls [7.9]

ergibt ein solches normiertes „Level-Crossing"-Signal, das gegenüber der Beobachtung in nur einer Richtung außerdem ein besseres Signal/Rausch-Verhältnis hat. In Abb. 7.4 ist ein Hanle-Signal gezeigt, das bei Anregung des Niveaus (v' = 10, J' = 12) im $B^1\Pi_u$-Zustand des Na_2-Moleküls nach Anregung mit einem Argonlaser erhalten wurde [7.9]. Für diesen Zustand gilt der Hund'sche Kopplungsfall a_α, bei dem der Lande-Faktor

$$g_F = \frac{F(F+1) + J(J+1) - I(I+1)}{J(J+1)2F(F+1)} \tag{7.9}$$

ist [7.6]. Man sieht, dass g mit wachsender Rotationsquantenzahl J kleiner wird, sodass man bei großem J wesentlich stärkere Magnetfelder braucht als für Atome.

Wenn das Magnetfeld moduliert wird ($B(t) = B_0(1 + \delta B \sin(2\pi f t))$) mit einer Amplitude δB, die klein ist gegen die Halbwertsbreite $\Delta B_{1/2}$ des Lorentzprofils und einer Modulationsperiode $1/f$, die klein ist gegen die Zeit zum Überfahren des Linieprofils, so erhält man als Linienprofil ein Dispersionsprofil als Ableitung des Lorentzprofils (siehe Abb. 1.7). Wie im Abschn. 1.2.1 gezeigt wurde, kann man durch eine solche Modulationstechnik das Signal/Rausch-Verhältnis verbessern, weil das Signal mit einem Lock-in Detektor gemessen werden kann, der eine schmale Bandbreite hat und das Rauschen außerhalb des detektierten Frequenzintervalls unterdrückt.

Statt des Magnetfeldes kann man auch ein elektrisches Feld verwenden um die Starkaufspaltung von Atom- oder Molekül-Zuständen mit einem elektrischen Dipolmoment zu untersuchen [7.10].

7.1.2 Quantenmechanisches Modell

Bei der quantenmechanischen Behandlung der „Level-Crossing"-Spektroskopie ist die Intensität der auf dem Übergang $|2\rangle \rightarrow |3\rangle$ mit dem Polarisationsvektor E_2 emittierten Fluoreszenz nach optischer Anregung auf dem Übergang $|1\rangle \rightarrow |2\rangle$ mit Licht der Polarisation E_1

$$I_{Fl}(2 \rightarrow 3) \propto |\langle 1| \boldsymbol{\mu}_{12} \cdot E_1 |2\rangle|^2 \, |\langle 2| \boldsymbol{\mu}_{23} \cdot E_2 |3\rangle|^2 \, . \tag{7.10}$$

Die räumliche Verteilung und die Polarisationscharakteristik der Fluoreszenz hängt ab von der Orientierung der Übergangsdipole $\boldsymbol{\mu}_{12}$ und $\boldsymbol{\mu}_{23}$ relativ zur Polarisationsrichtung E_1 von anregendem Laser bzw. E_2 der detektierten Fluoreszenz [7.6, 7.11]. Ein angeregter Zustand mit dem Gesamtdrehimpuls J hat $2J + 1$ Zeemann-Niveaus mit der magnetischen Quantenzahl M, die ohne äußeres Magnetfeld energetisch entartet sind. Die Wellenfunktion des oberen Zustandes

$$\Psi_2 = \sum_k c_k \phi_k \, e^{-i\omega_k t} \tag{7.11}$$

wird deshalb durch eine Linearkombination der Wellenfunktionen ϕ_k aller Zeeman-Niveaus beschrieben. Das Produkt der Matrixelemente in (7.9) enthält dann die In-

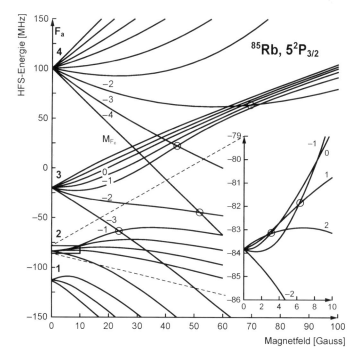

Abb. 7.5. Hanle-Effekt und Niveau-Kreuzungen bei $B \neq 0$ im $5^2P_{3/2}$-Zustand des ^{85}Rb-Isotopes. Der Einschub zeigt die nichtlinearen Zeeman-Verschiebungen [7.12]

terferenzterme

$$c_{M_i} c_{M_k}^* \phi_i \phi_k^* e^{-i(\omega_i - \omega_k)t} \; . \tag{7.12}$$

Ohne äußeres Magnetfeld sind alle Frequenzen ω_k gleich. Die Interferenzterme werden zeitunabhängig und beschreiben die räumliche Verteilung der Fluoreszenz. Wenn die Entartung durch ein äußeres Feld aufgehoben wird, spalten die M-Zustände auf und die Phasenfaktoren werden zeitabhängig. Auch wenn alle M-Zustände zur Zeit $t = 0$ kohärent angeregt wurden, sodass ihre Wellenfunktionen alle die gleiche Phase hatten, entwickeln sich ihre Phasen wegen der unterschiedlichen Frequenzen im Laufe der Zeit verschieden. Die Interferenzterme verändern deshalb ihre Größe und ihre Vorzeichen, und die räumliche Intensitätsverteilung wird für $2g_J \mu_0 B/\hbar \gg \gamma$ bei zeitlich gemittelter Beobachtung isotrop, während sie für $B = 0$ für die Anordnung in Abb. 7.4 in x-Richtung maximal, in y-Richtung aber minimal wird!

– Bei der Messung des Hanle-Effektes und von Niveaukreuzungen bei Magnetfeldern $B \neq 0$ (non-zero field level crossing) in den Rubidium-Isotopen [85]Rb und [87]Rb (Abb. 7.5) wurden bei höheren Laserintensitäten für eine Reihe von Hyperfein-Niveaus nichtlineare Zeeman-Verschiebungen gefunden [7.12].

7.1.3 Induzierte Level Crossing Spektroskopie

Im vorigen Abschnitt haben wir den Nachweis der Niveaukreuzung über die Änderung der Winkelverteilung der spontanen Emission behandelt. Eine andere Nachweismethode benutzt die Änderung der Absorption einer monochromatischen Lichtwelle, deren Wellenlänge auf einen Resonanz-übergang abgestimmt ist, wenn ein äußeres Magnetfeld oder elektrisches-Feld durchgestimmt wird. Die physikalische Ursache für die Signale bei der induzierten Level-Crossing Spektroskopie sind Sättigungseffekte, die in Abb. 7.6 an einem einfachen Beispiel erläutert werden.

Wir betrachten einen Übergang zwischen zwei Molekülniveaus $|a\rangle$ und $|b\rangle$ mit den Drehimpulsquantenzahlen $J = 0$ und $J = 1$. Das obere Niveau spaltet im Magnetfeld $\boldsymbol{B} = \{0, 0, B\}$ auf in die drei Komponenten $M_J = 0$ und ± 1. Wir bezeichnen die Mittenfrequenzen der Übergänge mit $\Delta M = +1; 0; -1$ als ω_+, ω_0 und ω_-. Für $B = 0$ gilt: $\omega_+ = \omega_0 = \omega_-$. Eine monochromatische Welle $\boldsymbol{E} = \boldsymbol{E}_0 \cos(\omega t - kx)$ mit $\boldsymbol{E}_0 = \{0, E_0, 0\}$, die in y-Richtung linear polarisiert ist, induziert Übergänge mit $\Delta M = 0$. Ohne Magnetfeld wird die gesättigte Absorption gemäß (2.26)

$$\alpha_s(\omega) = \frac{\alpha_0(\omega_0)}{\sqrt{1 + S_0}} e^{-(\omega - \omega_0)^2 / \Delta \omega_D^2} \tag{7.13}$$

wobei α_0 der ungesättigte Absorptionskoeffizient ist und S_0 der Sättigungsparmeter bei der Linienmitte ω_0. Für $B \neq 0$ spalten die oberen entarteten Niveaus auf und die in y-Richtung linear polarisierte Welle induziert Übergänge mit $\Delta M \pm 1$, weil die Welle als Überlagerung von σ^+ und σ^- angesehen werden kann. Wenn die Niveauaufspaltung größer als die homogenen Linienbreite γ wird, aber immer noch kleiner als die

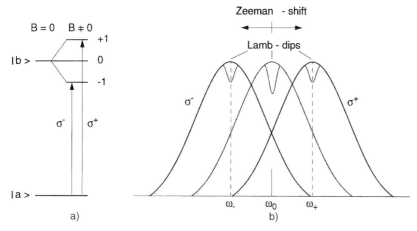

Abb. 7.6a,b. Stimuliertes „Level Crossing" mit gemeinsamem unteren Niveau: (**a**) Niveauschema, (**b**) Sättigungslöcher in den Doppler-verbreiterten Absorptionslinien mit und ohne Magnetfeld

Dopplerbreite ist, wird die Absorption auf den beiden Übergängen mit $\Delta M = \pm 1$ die Summe von zwei unabhängigen Beiträgen

$$\alpha_s(\omega) = \frac{\alpha_0^+}{\sqrt{1 + S_0^+}} e^{-[(\omega - \omega_+)/\Delta\omega_D]^2} + \frac{\alpha_0^-}{\sqrt{1 + S_0^-}} e^{-[(\omega - \omega_-)/\Delta\omega_D]^2} . \tag{7.14}$$

Für einen Übergang $J = 1 \leftarrow J = 0$ gilt für die Übergangsmatrixelemente $|\mu_+|^2 = |\mu_-|^2 = \frac{1}{2}|\mu_0|^2$. Für $\omega_+ - \omega_- \ll \Delta\omega_D$ kann man die Besetzungen $N(\omega_+) = N(\omega_-)$ setzen und damit wird $\alpha_0^+ = \alpha_0^- = \frac{1}{2}\alpha_0^0$. Dann lässt sich (7.14) näherungsweise schreiben als

$$\alpha_s(\omega) = \frac{\alpha_0^0}{\sqrt{1 + \frac{1}{2}S_0}} e^{-[(\omega - \omega_0)/\Delta\omega_D]^2} \tag{7.15}$$

mit $S_0 \approx S_0^+ + S_0^-$ und $\alpha_0 \approx \alpha_0^+ + \alpha_0^-$.

Die Änderung des Absorptionskoeffizienten bei Anlegen des Magnetfeldes wird für $\omega_+ - \omega_- > \gamma$

$$\Delta\alpha(\omega) = \alpha_0^0 \cdot e^{-[(\omega - \omega_0)/\Delta\omega_D]^2} \left(\frac{1}{\sqrt{1 + \frac{S^2}{2}}} - \frac{1}{\sqrt{1 + S^2}} \right) . \tag{7.16}$$

Für $S \ll 1$ wird dies

$$\Delta\alpha(\omega) = \frac{1}{4} S^2(\omega) \alpha_0^0 e^{-[(\omega - \omega_0)/\Delta\omega_D]^2} \tag{7.17}$$

wobei der Sättigungsparamter $S(\omega)$ ein Lorentzprofil mit der Halbwertsbreite γ_s hat (siehe Bd. 1, Abschn. 3.6).

Für $S = 0$ wird die Differenz Null. Dies zeigt, dass die Signale bei der induzierten level-crossing-Spektroskopie von der Sättigung der molekularen Übergänge abhängen. Da $S(\omega)$ in der Linienmitte maximal wird, hat $\Delta\alpha(\omega)$ ein Maximum bei $\omega = \omega_0$ und die transmittierte Laserintensität hat dort ein lokales Minimum. Man erhält daher als Differenzsignal $\Delta\alpha(\omega)$ ein Dopplerverbreitertes Gaußprofil mit einem Sättigungsdip in der Mitte (Abb. 7.6).

Der Vorteil der induzierten gegenüber der spontanen level-crossing-Spektroskopie ist das bessere Signal/Rausch-Verhältnis und die Möglichkeit, auch im Grundzustand (wenn $J > 0$ ist) Niveaukreuzungen zu messen.

Die meisten Experimente über induzierte level-crossing Spektroskopie sind mit Proben innerhalb des Laser-Resonators oder eines externen Resonators durchgeführt worden, weil dort die Intensität wesentlich höher ist und damit Sättigung leichter zu erreichen ist. *Luntz* und *Brewer* [7.13] zeigten, dass sogar die sehr kleine HFS-Aufspaltung im $^1\Sigma$-Zustand (in dem nur durch die Molekülrotation ein kleines magnetisches Moment $\mu = 0{,}36\mu_N$ entsteht, wobei μ_N das Kernmagneton ist) sehr präzise vermessen werden kann. Sie verwendeten einen He-Ne-Laser, der bei $\lambda = 3{,}39\,\mu m$ oszillierte und mit einer Schwingungs-Rotations-Linie des CH_4 überlappt. Level-crossing Resonanzen wurden in der Ausgangsleistung des Lasers gemessen, wenn der CH_4-Übergang durch eine Magnetfeld Zeeman-verschoben wurde. Im angeregten Schwingungs-Rotations-Zustand des CH_4 wurde das elektrische Dipolmoment mithilfe von level-crossing Resonanzen bei der Stark-Verschiebung im elektrischen Feld gemessen [7.14].

Eine Reihe von Experimenten über induzierte Niveaukreuzungen wurden am aktiven Lasermedium durchgeführt, wobei die Ausgangleistung des Lasers Minima zeigte, wenn sich zwei Niveaus im oberen oder unteren Zustand eines Laser-Überganges kreuzten [7.15]. Hierzu wurde die He-Ne-Laser Röhre in ein longitudinales Magnetfeld gebracht und die Laserleistung als Funktion der Magnetfeldstärke gemessen.

Man beachte: Die Breite $\Delta B_{1/2}$ des level-crossing-Signals ist gleich dem Mittelwert $\gamma = \frac{1}{2}(\gamma_1 + \gamma_2)$ der Breiten der beiden sich kreuzenden Zustände. Sind diese Breiten wesentlich schmaler als die Breite des anderen Zustandes des optischen Überganges, so erreicht man mit der level-crossing-Methode eine höhere spektrale Auflösung als mit der Sättigungsspektroskopie, bei der die Linienbreite durch die Summe der Breiten der beiden am optischen Übergang beteiligten Niveaus gegeben ist. Beispiele für solche Fälle sind level-crossing-Experimente an cw-Laser-Übergängen, bei denen die Lebensdauer des oberen Niveaus immer länger sein muss als die des unteren. Sonst könnte keine Inversion aufrecht erhalten werden.

Besonders schmale Signale erreicht man durch level-crossing in elektronischen Grundzuständen mit $J > 0$, deren spontane Lebensdauer unendlich ist und dann andere Verbreiterungseffekte, wie die endliche Durchflugzeit von Molekülen durch den Laserstrahl oder Stoßverbreiterung die Linienbreite limitieren [7.16].

Neue Experimente über Level-Crossing Spektroskopie findet man in [7.17–7.21].

7.2 Quantenbeat-Spektroskopie

Die „Quantum beat"-Spektroskopie stellt nicht nur eine sehr schöne experimentelle Demonstration fundamentaler Prinzipien der Quantenmechanik dar, sondern sie hat auch inzwischen vielfältige Anwendungen in der Atom- und Molekül-Spektroskopie gefunden. Während die konventionelle Spektroskopie mit kontinuierlichen Lasern Information über die Energie stationärer Zustände liefert, die Eigenzustände des Gesamt-Hamilton-Operators

$$H\psi_k = E_k\psi_k \tag{7.18}$$

sind, gibt die zeitauflösende Spektroskopie mit genügend kurzen Laserpulsen Einsicht in nichtstationäre Zustände

$$\psi(t) = \sum_k c_k\psi_k\, e^{-iE_k t/h} \tag{7.19}$$

die beschrieben werden können als eine zeitabhängige kohärente Überlagerung stationärer Zustände. Wegen der unterschiedlichen Energien E_k ist diese Überlagerung nicht mehr zeitunabhängig. Mithilfe der zeitauflösenden Spektroskopie kann diese Zeitabhängigkeit der Funktion $\psi(t)$ gemessen werden, was zu dem Messsignal $S(t)$ führt. Durch eine Fourier-Transformation kann dann aus $S(t)$ das Frequenzspektrum $S(\omega) \sim E_k/h$ d.h. die spektralen Komponenten $c_k\psi_k$ ermittelt werden. Dies wird durch die nachfolgenden Abschnitte näher erläutert.

7.2.1 Grundprinzip der Quantum-Beat Spektroskopie

Werden zwei eng benachbarte Niveaus $|1\rangle$ und $|2\rangle$ zur Zeit $t = 0$ von einem gemeinsamen Niveau $|0\rangle$ aus mit einem kurzen Laserpuls der Dauer $\Delta t < h/(E_1 - E_2)$ angeregt, so kann die Wellenfunktion dieses „kohärenten Zustandes $|1\rangle + |2\rangle$" zur Zeit $t = 0$

$$\Psi(0) = \sum_k c_k\phi_k(0) \tag{7.20}$$

als Linearkombination der Eigenfunktion ϕ_i ($k = 1, 2$) der „ungestörten" Zustände $|k\rangle$ geschrieben werden, wobei $|c_k|^2$ die Wahrscheinlichkeit dafür angibt, dass der Laserpuls das Atom in das Niveau $|k\rangle$ angeregt hat. Zerfällt $|k\rangle$ durch spontane Emission mit der Abklingkonstanten $\gamma_k = 1/\tau_k$ in einen tieferen Zustand $|m\rangle$, so wird die zeitabhängige Wellenfunktion

$$\Psi(t) = \sum_k c_k\phi_k(0)\, e^{-(i\omega_{km} + \gamma_k/2)t} \, , \tag{7.21}$$

wobei $\omega_{km} = (E_k - E_m)/\hbar$. Misst man die Fluoreszenz von beiden Niveaus zusammen, so wird die zeitabhängige Fluoreszenzintensität

$$I(t) = C\,|\langle\phi_m|\, \boldsymbol{\epsilon}\cdot\boldsymbol{\mu}\,|\Psi(t)\rangle|^2 \, . \tag{7.22}$$

C ist ein Proportionalitätsfaktor, der von den experimentellen Parametern abhängt, $\boldsymbol{\mu} = e\mathbf{r}$ ist der Dipoloperator und $\boldsymbol{\epsilon}$ die Polarisationsrichtung des emittierten Lichtes. Setzt man (7.21) in (7.22) ein, so ergibt sich mit $\gamma_1 = \gamma_2 = \gamma$

$$I(t) = C\,e^{-\gamma t}(A + B\cos\omega_{21}t) \tag{7.23}$$

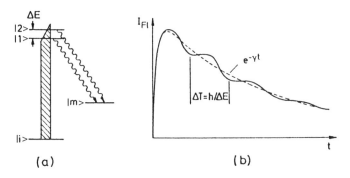

Abb. 7.7a,b. Quantenbeats als Intensitätsschwebungen in der Fluoreszenz zweier kohärent angeregter Niveaus

mit

$$A = c_1^2 \, |\langle \phi_m | \, \boldsymbol{\epsilon} \cdot \boldsymbol{\mu} \, | \phi_1 \rangle|^2 + c_2^2 \, |\langle \phi_m | \, \boldsymbol{\epsilon} \cdot \boldsymbol{\mu} \, | \phi_2 \rangle|^2$$
$$B = 2c_1 c_2 \, |\langle \phi_m | \, \boldsymbol{\epsilon} \cdot \boldsymbol{\mu} \, | \phi_1 \rangle| \, |\langle \phi_m | \, \boldsymbol{\epsilon} \cdot \boldsymbol{\mu} \, | \phi_2 \rangle| \; .$$

Dies zeigt, dass der exponentiellen Abklingkurve eine Modulation mit der Frequenz $\omega_{21} = (E_2 - E_1)/\hbar$ überlagert ist, die vom Energieabstand ΔE_{12} der beiden kohärent angeregten Niveaus abhängt (Abb. 7.7). Man nennt diese Schwebung „**Quantenbeats**", weil sie durch die Interferenz der zeitabhängigen Wellenfunktionen beider kohärent angeregten Niveaus entsteht. Aus einer Fourier-Analyse von $I(t)$ in (7.23) erhält man ein Doppler-freies Spektrum $I(\omega)$ und damit sowohl ΔE_{12} als auch die natürliche Linienbreite γ, selbst wenn ΔE_{12} kleiner als die Doppler-Breite der detektierten Fluoreszenz ist [7.22]! Die physikalische Interpretation der Quantenbeats ist völlig analog zu der des Youngschen Doppelspalt-Experimentes (Bd. 1, Abschn. 2.8); Wenn das angeregte Molekül ein Fluoreszenzphoton emittiert, lässt sich bei Messung der Totalfluoreszenz nicht entscheiden, ob auf dem Übergang $|1\rangle \to |m\rangle$ oder $|2\rangle \to |m\rangle$ emittiert wurde. Dann ist aber nach den Regeln der Quantenmechanik die Gesamtwahrscheinlichkeit für die Emission eines Photons durch das Quadrat der Summe der beiden Einzelamplituden bestimmt. Wird z. B. durch einen Monochromator einer der beiden Übergänge getrennt nachgewiesen, so wird einer der beiden Koeffizienten in (7.23) Null. Aus $c_1 = 0$ oder $c_2 = 0 \to B = 0$ und damit wird der Interferenzterm Null, d. h. die Quantenbeats verschwinden, und man misst den rein exponentiellen Abfall des einen Niveaus!

7.2.2 Experimentelle Techniken

Für die experimentelle Realisierung der Quantenbeat-Spektroskopie werden gepulste Laser (z. B. Excimerlaser-gepumpte Farbstofflaser) oder modengekoppelte Laser (Abschn. 6.1.3) verwendet. Die Zeitauflösung des Detektors muss hoch genug sein, um die Periode $\Delta T = h/(E_2 - E_1)$ der Quantenbeats auflösen zu können. Schnelle

„**Transientendigitizer**" oder auch **Boxcar-Systeme** mit schmalem Zeitfenster (Bd. 1, Abschn. 4.5.5) erfüllen diese Forderung.

Bei der Quantenbeat-Spektroskopie in schnellen Ionenstrahlen lässt sich die geforderte Zeitauflösung auch mit langsamen Detektoren erreichen, wenn der Detektor entlang des Ionenstrahls verschoben wird und die Fluoreszenz bei jeder Stellung z nur aus einem kleinen Wegintervall Δz gesammelt wird, das die Ionen mit der Ge-

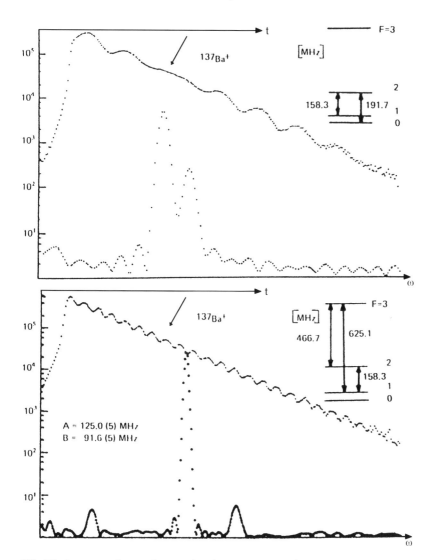

Abb. 7.8. Gemessene Quantenbeats in der Fluoreszenz von Ba^+-Ionen, die mit einem Argonlaser bei $\lambda = 455\,nm$ in einem schnellen Ionenstrahl angeregt wurden, mit dem zugehörigen Fourier-Spektrum. Die Termschemata zeigen die HFS des emittierenden $6p^2\,\Pi_{3/2}$-Zustandes mit den beobachteten Aufspaltungsfrequenzen. A und B sind die HFS-Parameter [7.23]

schwindigkeit v in einer Zeit $\Delta t = \Delta z/v$ durchlaufen (Abschn. 6.3). In diesem Fall können zeitintegrierende Detektoren verwendet werden, welche die zeitlich gemittelte Intensität

$$I(z)\Delta z = \int_{t_0-\Delta t/2}^{t_0+\Delta t/2} I(t,z)\,\mathrm{d}t \tag{7.24}$$

messen, die von allen Ionen im Strahl nach ihrer Anregung zur Zeit $t = 0$ am Ort $z = 0$ im Zeitintervall $t_0 \pm \Delta t/2$ mit $\Delta t = \Delta z/v$ im Ortsintervall Δz um die Stelle z emittiert wird. Die Anregung kann sogar durch einen schmalbandigen, kontinuierlichen Laser erfolgen, solange für die Flugzeit $\Delta t_1 = d/v$ der Ionen durch den Laserstrahl mit dem Durchmesser d die Bedingung $\Delta t_1 < h/\Delta E$ erfüllt ist [7.23].

Als Beispiel ist in Abb. 7.8 das zeitaufgelöste Spektrum $I(t)$ und seine Fourier-Transformation $I(\omega)$ für die Fluoreszenz von $^{137}\mathrm{Ba}^+$-Ionen im $6p^2 P_{3/2}$ Zustand gezeigt, deren drei HFS-Niveaus durch einen CW Laser im Ionenstrahl angeregt wurden. Die Energie der HFS-Niveaus mit dem Kernspin I, dem elektronischen Gesamtdrehimpuls J und $F = J + I$ und den Quantenzahlen F, J, I ist

$$E_{\mathrm{HFS}} = E_0 + \frac{A}{2}\cdot\left[F(F+1) - J(J+1) - I(I+1)\right]\ .$$

Man kann zur Anregung entweder einen durchstimmbaren Farbstofflaser verwenden, dessen Strahl den Ionenstrahl senkrecht kreuzt, oder einen Argonlaser, der unter einem Winkel α gegen die Ionenstrahlachse eingestrahlt wird, sodass die Doppler-Verschiebung $\Delta v = (v/c)v\cos\alpha$ die Laserfrequenz v in Resonanz mit $(E_k - E_0)/h$ bringt.

Werden die Zeeman-Niveaus $M = \pm 1$ eines atomaren Zustandes mit $J = 1$ durch einen gepulsten Laser gleichzeitig angeregt, so sind die Amplituden der beiden Fluo-

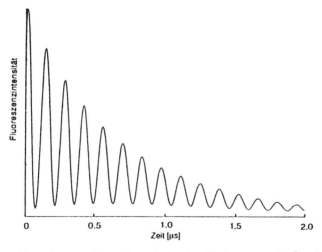

Abb. 7.9. Zeeman-Quantenbeats der bei $\lambda = 555{,}6\,\mathrm{nm}$ angeregten laserinduzierten Fluoreszenz von Yb-Atomen, die durch Oberflächenzerstäubung in einer Argonentladung erzeugt wurden [7.24]

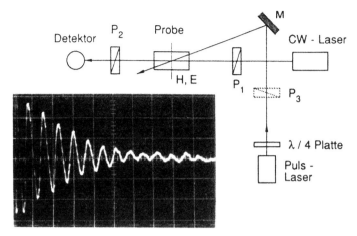

Abb. 7.10. Quantenbeatspektroskopie in atomaren und molekularen Grundzuständen durch zeitaufgelöste Polarisationsspektroskopie. Das hier gezeigte Signal, das der HFS des Natrium $3S_{1/2}$-Zustandes entspricht, wurde mit nur einem Pumppuls und einem CW Probenlaser aufgenommen [7.25]

reszenzanteile auf dem Übergang $J = 1 \to J = 0$ gleich groß, und man erhält ein zu 100 % durchmoduliertes Schwebungssignal, die „**Zeeman-Quantenbeats**" (Abb. 7.9).

Quantenbeats lassen sich nicht nur im Fluoreszenzsignal, sondern auch in der Transmission eines Lasers durch eine absorbierende Probe messen, wie von *Lange* et al. [7.25, 7.26] demonstriert wurde. Die Methode basiert auf der Technik der zeitaufgelösten Polarisationsspektroskopie (Abschn. 2.3): Ein polarisierter Pumppuls orientiert Atome in einer Zelle zwischen zwei gekreuzten Polarisatoren (Abb. 7.10) und erzeugt eine kohärente Überlagerung der am Pumpprozess beteiligten Zustände, die zu einer zeitlichen Oszillation des Übergangsmomentes führt, mit einer Periode, die von der Aufspaltung der Unterniveaus abhängt.

Während bei dem V-Pumpschema (Abb. 7.11a) diese kohärente Überlagerung im angeregten Zustand auftritt und deshalb über die Fluoreszenz beobachtet werden kann, wird sie bei dem Λ-Schema (Abb. 7.11b) für die Unterniveaus des Grundzustandes erreicht und ist über die Absorption messbar [7.25]. Die zeitliche Entwicklung

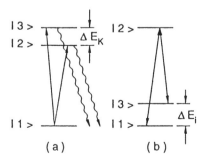

Abb. 7.11a,b. Erzeugung von Kohärenzen im angeregten Zustand (**a**) und im Grundzustand (**b**) eines atomaren Systems

dieser Kohärenz bewirkt eine zeitabhängige Suszeptibilität χ der Probe, die durch die Transmission eines Probenlaserpulses mit variabler Zeitverzögerung ΔT gegen den Pumppuls abgefragt werden kann. Bei Verwendung eines CW Probenlasers und zeitaufgelöstem Nachweis der Transmission (z. B. mit einem Transientenverstärker) lässt sich das Quantenbeat-Signal in günstigen Fällen mit einem einzigen Pumppuls messen (Abb. 7.10).

Genau wie bei der Fluoreszenzschwebung ist die spektrale Auflösung des Fourier-Spektrums nicht durch die Doppler-Breite oder die Bandbreite des anregenden oder abfragenden Lasers begrenzt, sondern nur durch die homogene Breite der das Quantenbeat-Signal erzeugenden Unterniveaus. Die Amplitude des Quantenbeat-Signals wird durch Stöße und durch Diffusion der Atome aus dem Wechselwirkungsgebiet gedämpft. Solange die Diffusionszeit der limitierende Faktor ist, lässt sich die Dämpfung durch Zumischen eines Edelgases verringern, bis die Stoßdämpfung dominant wird. Man erhält aus der Abklingzeit der Quantenbeatamplitude die Phasenrelaxationszeit T_2, siehe Anfang dieses Kapitels und [7.27].

7.2.3 Molekulare Quantum-Beat Spektroskopie

Auch in der Molekülphysik ist die Quantenbeat-Methode als Doppler-freie Spektroskopie erfolgreich eingesetzt worden zur Messung von Hyperfeinstrukturen in angeregten Zuständen [7.28–7.30] oder von Paaren sich gegenseitig störender, eng benachbarter Zustände [7.31]. Durch ein äußeres magnetisches oder elektrisches Feld können Zeeman- oder Stark-Aufspaltungen erzeugt und mit der Quantenbeat-Technik gemessen werden. Daraus erhält man Informationen über magnetische bzw. elektrische Dipolmomente und über die Landé-Faktoren, d. h. die Drehimpulskopplungen in angeregten Molekülzuständen [7.32, 7.33, 7.35]. Von besonderem Interesse sind dynamische Prozesse in angeregten Molekülzuständen, die mithilfe von Quantenbeat-Messungen untersucht wurden [7.36, 7.37].

Die gemessenen zeitaufgelösten Signale geben nicht nur Auskunft über die Dynamik und die Phasenentwicklung der molekularen Eigenfunktionen, sondern erlauben auch die Bestimmung von magnetischen oder elektrischen Dipolmomenten und Landé-Faktoren, die von der Drehimpulskopplung in diesen Zuständen abhängen. Da wegen der größeren Niveaudichte im Allgemeinen mehrere Niveaus gleichzeitig angeregt werden, ist das beobachtete Quantumbeat-Signal komplizierter. In Abb. 7.12 ist dies am Beispiel des Propynal-Moleküls HC = CCHO gezeigt cite12-23x, bei dem mindestens 7 Zustände gleichzeitig angeregt werden. Die Fourier-Transfomation des Signals $S(t)$ liefert das Doppler-freie Spektrum $I(\nu)$ das wegen der Kopplung zwischen dem primär angeregten Singulett Zustand mit Triplett Zuständen komplex ist.

Um die Zahl der überlappenden Absorptionslinien und damit die Zahl der gleichzeitig angeregten Zustände zu verringern, kann man die Moleküle in einem Überschallstrahl auf tiefe Temperaturen abkühlen, sodass nur noch die tiefsten Rotations-Schwingungs-Zustände besetzt sind (siehe Abschn. 4.2).

Viele weitere Moleküle wurden inzwischen untersucht, wie z. B. SO_2 [7.32], NO_2 [7.33] oder CS_2 [7.36].

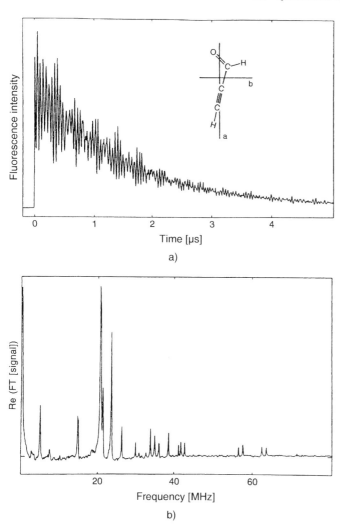

Abb. 7.12a,b. Quantenbeat-Abklingkurve bei kohärenter Anregung von mindestens 7 Niveaus (**a**) des Propynal-Moleküls mit der zugehörigen Fourier-Transformation (**b**) [7.30]

Eine interessante Methode zur Kernspin-Dynamik in Molekülen wurde von Huber und Mitarbeitern entwickelt [7.34]. CS_2 Moleküle in einem Molekularstrahl werden durch Absorption eines kurzen (5 ns) Pulses von zirkular polarisiertem Licht in einem schwachen Magnetfeld in eine kohärente Überlagerung der Hyperfein-Niveaus gepumpt und dadurch orientiert, d. h. ihre Kernspins werden ausgerichtet. Dann wird das Magnetfeld plötzlich umgepolt. Die magnetischen Momente können dieser schnellen Änderung nicht sofort folgen, sondern präzedieren eine Zeit lang weiter wie vor der Umschaltung. In dem neuen Magnetfeld sind die Zeeman-Niveaus aber vertauscht. Die Orientierung der magnetischen Momente relativ zum

Magnetfeld hat sich daher umgekehrt (Majorana-Flips). Mithilfe der Quantum-beat Spektroskopie wird nun die zeitliche Entwicklung der Besetzung und Orientierung der HFS-Niveaus, d. h. der ursprünglichen kohärenten Überlagerung verfolgt. Dies gibt die Möglichkeit, die Änderung der Struktur der HFS-Niveaus nach der nichtadiabatischen Magnetfeld-Umschaltung zu messen.

Die Aufspaltung kohärent angeregter Unterniveaus (Feinstruktur, Zeeman-Niveaus) hoch liegender Rydberg-Zustände kann auch durch das Quantenbeatsignal bei der zeitaufgelösten Photoionisation oder Feldionisation nachgewiesen werden [7.38].

Für eine ausführlichere Darstellung der Quantenbeatmethode und ihrer verschiedenen Anwendungen wird auf die Literatur [7.22, 7.29, 7.39–7.41] verwiesen.

7.3 Photonen-Echo

Angenommen, dass N Atome gleichzeitig durch einen kurzen Laserpuls zur Zeit $t = 0$ aus einem Zustand $|1\rangle$ in einen höheren Zustand $|2\rangle$ angeregt wurden. Die gesamte Fluoreszenzleistung auf dem Übergang $|2\rangle \rightarrow |1\rangle$ mit dem Matrixelement

$$M_{21} = e \cdot \int \psi_2 \boldsymbol{r} \psi_1^* \, d\tau$$

ist dann (siehe Bd. 1, (2.75))

$$I_{21} = \frac{\omega^4}{3\pi\epsilon_0 c^3} \frac{g_1}{g_2} \left| \sum_{i=1}^{N} \langle M_{21_i} \rangle \right|^2 , \tag{7.25}$$

wobei g_i das statistische Gewicht des Zustandes $|i\rangle$ ist. Bei inkohärenter Anregung bestehen keine definierten Phasenbeziehungen zwischen den Wellenfunktionen der N angeregten Atome. Die Dipolmomente haben statistisch verteilte Phasen, und die Mischterme $M_{21}(p)M_{21}(q)$ $(p, q \in N)$ in dem Quadrat der Summe mitteln sich zu Null, sodass gilt

$$I_{Fl}^{kohärent} = \frac{\omega^4 g_1}{3\pi\epsilon_0 c^3 g_2} \sum |M_{21}|^2 = N\hbar\omega A_{21} . \tag{7.26}$$

Bei kohärenter Anregung hingegen sind alle Dipole anfangs in Phase und daher haben wir

$$\left| \sum_{1}^{N} \langle M_{21} \rangle_i \right|^2 = |N \langle M_{21} \rangle|^2 = \left| N^2 \langle M_{21} \rangle \right|^2 \Rightarrow I_{Fl}^{kohärent} = N^2 \hbar\omega A_{21} . \tag{7.27}$$

Wenn alle N Dipole in Phase sind, strahlen sie wie ein makroskopischer, oszillierender Dipol mit dem Dipolmoment $N M_{12}$. Die Fluoreszenzintensität ist daher proportional zu N^2 und damit N mal größer als bei inkohärenter Anregung (**Dicke-Superstrahlung** [7.42]).

Dieses Phänomen der Superstrahlung wird bei der Technik der Photonen-Echos ausgenutzt zur Messung der Besetzungsrelaxation durch Stöße und Spontanemission (longitudinale Relaxationszeit T_1) und der Phasenrelaxation durch phasenändernde Stöße (transversale Relaxationszeit T_2). Die Methode wurde schon lange in der magnetischen Kernresonanz (NMR) Spektroskopie verwendet (**Spin-Echos** [7.43]). Man kann ihr Prinzip am besten verstehen mit einem Modell, das aus der NMR-Spektroskopie übertragen ist [7.44].

Analog zum Magnetisierungsvektor $M_m = \{M_x, M_y, M_z\}$ in der NMR-Spektroskopie wird der Pseudopolarisationsvektor

$$P = \{P_x, P_y, P_3\} \text{ mit } P_3 = M_{12}\Delta N \tag{7.28}$$

eingeführt, der als dritte Komponente eine der Polarisationskomponente P_z entsprechende Pseudopolarisation als Produkt aus Dipolübergangsmoment M_{12} und Besetzungsdifferenz $\Delta N = N_2 - N_1$ enthält. Statt der Bloch-Gleichung

$$dM_m/dt = M_m \times \Omega \,, \tag{7.29a}$$

für die zeitliche Änderung der Magnetisierung unter dem Einfluss eines magnetischen Hochfrequenzfeldes der Frequenz Ω erhält man die „**optischen Bloch-Gleichungen**" für die zeitliche Änderung der Pseudopolarisation unter dem Einfluss eines optischen Feldes mit Amplitude E_0 und Frequenz ω, wenn man noch phänomenologisch die Relaxationsterme für die drei Komponenten einführt:

$$dP/dt = P \times \Omega - \{P_x/T_2, P_y/T_2, P_3/T_1\} \,, \tag{7.29b}$$

wobei die Komponenten des Vektor Ω der optischen Nutation

$$\Omega = \left\{ \frac{M_{12}}{2\hbar} E_0, 0, \Delta\omega \right\} \tag{7.30}$$

durch die halbe Rabi-Frequenz $\Omega_R = M_{12}E_0/\hbar$ bei der Amplitude E_0 der anregenden Laserwelle und die Differenz $\Delta\omega = \omega_{12} - \omega$ von Übergangsfrequenz $\omega_{12} = \Delta E/\hbar$ zwischen den beiden Zuständen und Laserfrequenz ω bestimmt werden. Die Zeitentwicklung von P beschreibt die zeitabhängige Polarisation des Systems:

Zur Zeit $t = 0$ mögen die Atome, die vorher alle im Zustand $|1\rangle$ waren (Abb. 7.13a), durch einen Lichtpuls in den Zustand $|2\rangle$ kohärent angeregt werden. Bei richtig gewählter Intensität und Dauer des Pulses kann man Gleichbesetzung beider Zustände $|1\rangle$ und $|2\rangle$ erreichen, d. h. die Wahrscheinlichkeiten $|a_1|^2$ und $|a_2|^2$, das System im jeweiligen Zustand zu finden, ändern sich von $|a_1|^2 = 1; |a_2|^2 = 0$ vor dem Puls in $|a_1|^2 = |a_2|^2 = 1/2$ nach dem Puls. Weil solch ein angepasster Puls die Phase der induzierten Polarisation um $\pi/2$ ändert, wird er $\pi/2$-**Puls** genannt. Direkt nach dem $\pi/2$-Puls sind alle induzierten atomaren Dipole in Phase, sodass sich ihre Dipolmomente addieren. Da $N_1 = N_2$ ist, wird die dritte Komponente $P_3 = 0$. Dies wird in Abb. 7.13b durch den dick gezeichneten Pseudopolarisationsvektor in y-Richtung dargestellt.

Wegen der Doppler-Breite $\Delta\omega_D$ einer gasförmigen Probe sind die Frequenzen ω_{12} der einzelnen atomaren Dipole statistisch innerhalb $\Delta\omega_D$ verteilt. Deshalb entwickeln sich ihre Phasen nach dem $\pi/2$-Pulses im Laufe der Zeit unterschiedlich (Abb. 7.13c) und sind nach einer Zeit $t = \tau > T_2$ wieder statistisch verteilt (Abb. 7.13d).

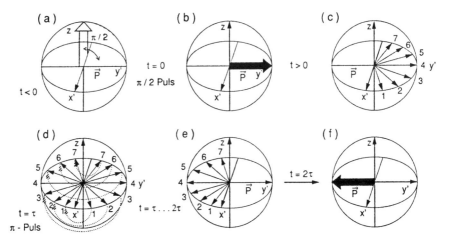

Abb. 7.13a–f. Zeitliche Entwicklung des Pseudopolarisationsvektors (**a**) während des $\pi/2$-Pulses, (**b**) direkt nach dem $\pi/2$-Puls bei $t = 0$, (**c**) für $t \simeq T_2$, (**d**) kurz vor dem π-Puls zur Zeit $t = \tau > T_2$, (**e**) für $\tau \leq t \leq 2\tau$, (**f**) für $t = 2\tau$

Wenn nun zur Zeit τ ($T_2 < \tau < T_1$) ein zweiter Laserpuls auf die Probe gegeben wird, der die Phase der induzierten Polarisation gerade umkehrt (π-Puls), so bewirkt er eine Umkehr der Phasenentwicklung für jeden atomaren Dipol (Abb. 7.13e), sodass nach einer Zeit $t = 2\tau$ alle Atome wieder in Phase sind (Abb. 7.13f).

Wie oben gezeigt wurde, emittieren diese phasengleichen Dipole einen Lichtpuls, dessen Leistung $N_2(2\tau)$ mal größer ist als die inkohärent emittierte Fluoreszenz, wobei $N_2(2\tau) < N_2(0)$ die Zahl der angeregten Atome zur Zeit $t = 2\tau$ ist. Dieses Superstrahlungssignal heißt „**Photonen-Echo**". In Abb. 7.14 ist die zeitliche Reihenfolge der Pulse nochmal dargestellt.

Die Besetzungsdichte $N_2(2\tau)$ zur Zeit des Photonenechos ist wegen der Besetzungsrelaxation des angeregten Niveaus durch spontane Emission und Stoßrelaxation auf den Wert

$$N_2(2\tau) = N_2(0)\,e^{-2\tau/T_1} \tag{7.31}$$

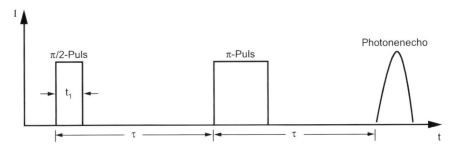

Abb. 7.14. Zeitliche Reihenfolge der Pulse beim Photonenecho

abgeklungen. Ein zweiter, im Allgemeinen wesentlich schnellerer Relaxationsprozess wird durch phasenstörende Stöße bewirkt, welche die Phasenentwicklung der atomaren Dipole ändern und verhindern, dass alle Atome zur Zeit $t = 2\tau$ wieder in Phase sind. Weil solche phasenstörende Stöße zu einer homogenen Linienbreite führen (Bd. 1, Abschn. 3.3), wird die durch diese Stöße verursachte **Phasenrelaxation-Zeit** T_2^{hom} genannt im Gegensatz zu T_2^{inhom} der inhomogenen Phasenrelaxation infolge der verschiedenen Doppler-verschobenen Frequenzen der Atome mit thermischer Geschwindigkeitsverteilung.

Beide Prozesse, die Besetzungsabnahme und die homogene Phasenrelaxation, verringern die Intensität des Photonechos um den Faktor

$$I_e(2\tau) = I(0)\,e^{-2\tau/T} \text{ mit } 1/T = \left(1/T_1 + 1/T_2^{\text{hom}}\right) . \tag{7.32}$$

Die inhomogene Phasenrelaxation hingegen verhindert nicht die völlige Wiederherstellung der ursprünglichen Phase, solange sich die Geschwindigkeit des Atoms zwischen $\pi/2$-Puls und π-Puls nicht geändert hat. Dies bedeutet, dass auch in Gegenwart einer inhomogenen Linienverbreiterung die homogenen Relaxationsprozesse aus der Abnahme der Photonen-Echo-Amplitude gemessen werden können. Die Photonen-Echo-Methode ist in diesem Sinne eine Doppler-freie Technik.

Die Präparation des kohärenten Zustandes durch den ersten Puls muss natürlich in einer Zeit geschehen, die kurz ist gegen die homogene Relaxationszeit. Dies bedeutet, dass die Laserleistung entsprechend hoch sein muss. Aus der Bedingung, dass die halbe Periode einer Rabi-Oszillation kurz sein muss gegen T, folgt mit $\Omega_R = M_{12}A_0/2\hbar$ für das Produkt aus Matrixelement M_{12} mal Amplitude A_0 der Laserwelle

$$M_{12}A_0 \gg \hbar\left(1/T_1 + 1/T_2^{\text{hom}}\right) . \tag{7.33}$$

Bei typischen Relaxationszeiten von $10^{-6} \div 10^{-9}$ s erfordert dies Laserleistungen im kW bis MW-Bereich, die aber mit gepulsten oder modengekoppelten Lasern (Abschn. 6.1) leicht realisiert werden können.

Die ersten Photonen-Echos wurden in Rubin bei tiefen Temperaturen beobachtet, wobei $\pi/2$- und π-Pulse durch zwei Rubinlaser mit variabler Verzögerung erzeugt

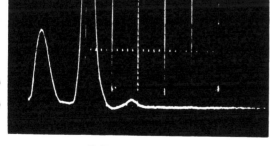

Ausgangsintensität

-t (0.5 µs/Div)

Abb. 7.15. Oszillographenaufnahme des Photonen-Echos aus einer SF_6-Zelle. Der 1. Puls ist ein $\pi/2$ eines CO_2-Lasers der 2. der π-Puls und der kleine dritte das Photonen-Echo [7.46]

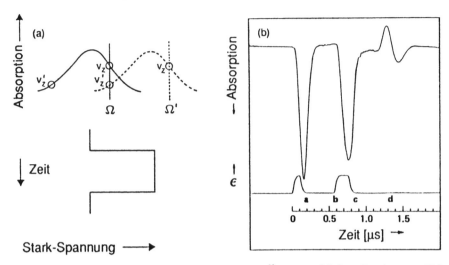

Abb. 7.16a,b. Photonen-Echo und optische Nutation von $^{13}CH_3F$-Molekülen, die mit einem CW CO_2-Laser auf einem Schwingungs-Rotations-Übergang angeregt werden, und die durch ein gepulstes Stark-Feld in Resonanz mit dem Laser gebracht werden. (a) Schematische Darstellung der Stark-Verschiebung einer Geschwindigkeitsklasse. (b) Photonen-Echo (3. Puls *im oberen Teil*) erzeugt durch einen $\pi/2$ und einen π-Stark-Puls (*unterer Teil*) [7.47]

wurden [7.45]. Die Anwendung dieser Technik auf Gase begann mit der Beobachtung von Photonenechos in einer gasförmigen SF_6-Probe, die mit CO_2-Laserpulsen bestrahlt wurde (Abb. 7.15). Aus der Abnahme der Echoamplitude mit zunehmender Verzögerungszeit τ konnte die homogene Relaxationszeit T^{hom} bestimmt werden [7.45].

Bei genügend großen Übergangsmatrixelementen M_{12} können Photonen-Echos auch mit CW Lasern erhalten werden. Dazu wird die Laserfrequenz ω durch einen elektrooptischen Modulator im Laser-Resonator für eine kurze Zeit Δt so verschoben, dass sie in Resonanz mit der Eigenfrequenz ω_0 der Moleküle ist. Statt der Laserfrequenz ω kann man auch die Absorptionsfrequenz ω_0 der Moleküle verschieben, z. B. durch ein für die Zeit Δt eingeschaltetes, äußeres elektrisches Feld. Ist die dadurch bewirkte Stark-Verschiebung $\Delta\omega$ kleiner als die Doppler-Breite der absorbierenden Probe, so sind vor und nach dem Stark-Puls zwei verschiedene Geschwindigkeitsklassen von Molekülen in Resonanz mit dem Laser. Sind die Stark-Pulse genügend kurz, so erhält man bei Anlegen eines $\pi/2$- und eines π-Pulses, die durch verschiedene Längen der Feldpulse eingestellt werden können, ein Photonen-Echo für die Geschwindigkeitsklasse, die während der Pulse in Resonanz mit dem Laser sind (Abb. 7.16).

Der experimentelle Aufbau für diese schnelle Frequenzumschaltung ist in Abb. 7.18 gezeigt. Im Resonator eines cw-Farbstofflasers wird die Laserfrequenz durch einen elektro-optischen Kristall (ADP = Ammoniumdihydrogen-Phosphat), an den ein elektrischer Hochspannungspuls gelegt wird, für eine kurze Zeit verschoben.

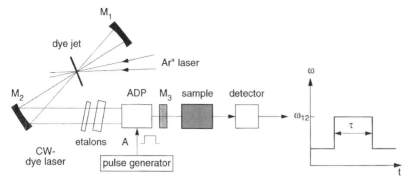

Abb. 7.17. Schema des Aufbaus zur Messung von Photon Echoes und kohärenten transienten Signalen der plötzlichen Änderung der Laserfrequenz

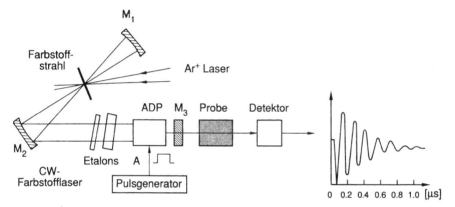

Abb. 7.18. Schematischer experimenteller Aufbau zur Messung des Photon Echos oder des optischen freien Induktionszerfalls durch gepulste Frequenzverstimmung eines CW Farbstofflasers

Die Probe befindet sich außerhalb des Laser-Resonators und der Detektor misst die transmittierte Laser-Leistung.

7.4 Optische Nutation und freier Induktionszerfall

Wenn der Laserpuls, mit dem ein Übergang eines Zweiniveau-Systems gepumpt wird, genügend intensiv und lang ist – d. h. $\Delta T \gg \pi\hbar(M_{ik}A_0)^{-1}$ – werden die Atome bzw. Moleküle während ihrer Wechselwirkung mit dem Lichtfeld mit der Rabi-Frequenz Ω_R zwischen den beiden Zuständen des Überganges hin und her oszillieren. Die Frequenz Ω_R der Rabi-Oszillation hängt von der Laserintensität $I = \epsilon_0 c A_0^2$, der Übergangswahrscheinlichkeit $R_{ik} \propto |M_{ik}|^2$ und der Frequenzverstimmung $\Delta_\omega = \omega - \omega_0$ des Lasers gegen die Resonanzfrequenz ω_0 ab. Es gilt [7.8]

$$\Omega_R = \sqrt{(\omega_0 - \omega)^2 + (M_{ik}A_0/\hbar)^2} \, . \tag{7.34}$$

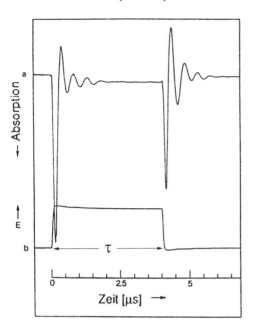

Selbst mit CW Lasern kann man bei genügend großen Übergangsmomenten M_{ik} Rabi-Oszillationen im MHz-Gebiet erreichen.

Nach Ende des Laserpulses führt das induzierte Dipolmoment des kohärent präparierten Systems eine freie, gedämpfte Schwingung mit der Frequenz ω_0 aus, wobei die Dämpfung durch die Summe aller Relaxationsprozesse (spontane Emission, Stoßprozesse), welche die Phase des Dipols beeinflussen, bestimmt wird (Abb. 7.19). Statt des Laserpulses kann man auch einen cw-Laser verwenden und durch einen Stark-Puls die Moleküle einer bestimmten Geschwindigkeitsklasse in Resonanz oder aus der Resonanz mit der Laserfrequenz bringen. Es gibt nun zwei experimentelle Situationen:

a) Die Intensität und Dauer der zwei Stark-Pulse sind so gewählt, dass sie als $\pi/2$-Puls und π-Puls wirken. Dies erzeugt dann ein Photon-Echo.

b) Die Pulse sind länger als die Periode der Rabi-Oszillation. Dann starten die Moleküle der Geschwindigkeitsklasse, die durch den Stark-Puls in Resonanz mit der Laserwellenlänge gebracht werden, eine gedämpfte Oszillation mit der Rabi-Frequenz Ω_R mit Beginn des Stark-Pulses und erzeugen das optische Nutations-Muster der Abb. 7.20 (freier optischer Induktionszerfall). Wenn der Stark-Puls mit der Pulslänge τ endet, kommt eine andere Geschwindigkeitsklasse in Resonanz, die wieder eine gedämpfte Oszillation startet (Abb. 7.19).

Man kann diesen *freien, optischen Induktionszerfall* messen mithilfe eines Schwebungsverfahrens: Dazu werden die Probenmoleküle mit einer thermischen Geschwindigkeitsverteilung in einer Zelle mit einem schmalbandigen CW Farbstofflaser auf der Resonanzfrequenz ω_0 bestrahlt (Abb. 7.18). Zur Zeit $t = 0$ wird die Fre-

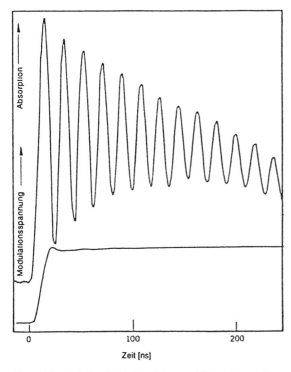

Abb. 7.20. Optischer freier Induktionszerfall in J_2-Dampf erzeugt nach resonanter Anregung mit einem CW Farbstofflaser bei $\lambda = 589,6$ nm ein Schwebungssignal mit der Frequenz $\Delta\omega = \omega - \omega_0 = 54$ MHz, wenn die Laserfrequenz zur Zeit $t = 0$ durch einen Spannungspuls am ADP-Kristall in Abb. 7.18 von ω_0 zu ω frequenzverschoben wird. Die langsam veränderliche Einhüllende wird durch das optische Nutationssignal der Geschwindigkeitsklasse $N(v_z)$ mit $v_z = (\omega - \omega_0)/|k|$ verursacht, die nach dem Frequenzschalten in Resonanz mit dem Laser ist [7.50]

quenz des Lasers durch einen elektrooptischen Kristall (z. B. KDP oder ADP) im Laserresonator vom Wert ω_0 auf den Wert ω geschaltet, sodass jetzt die Moleküle mit der Geschwindigkeitskomponente $v_z = 0$, die vorher in Resonanz mit der Laserwelle waren, die Laserwelle nicht mehr absorbieren können. Diese für $t < 0$ kohärent angeregten Moleküle strahlen aber aufgrund ihres auf der Frequenz ω_0 schwingenden makroskopischen Dipolmomentes eine gedämpfte kohärente Welle ab, die mit der weiter eingestrahlten Laserwelle auf der Frequenz ω interferiert und ein Schwebungssignal auf der Differenzfrequenz $\Delta\omega = \omega_0 - \omega$ erzeugt, das gemessen wird [7.48]. Nach dem Frequenzsprung $\Delta\omega$ des Lasers zur Zeit $t = 0$ kommt eine andere Geschwindigkeitsklasse von Molekülen $N(v_z = (\omega - \omega_0)/k)$ in Resonanz mit der Laserfrequenz und erfährt dadurch eine optische Nutation, deren Signal sich dem freien Induktionszerfall überlagert und für die langsam variierende Einhüllende in Abb. 7.20 verantwortlich ist.

Aus solchen Experimenten gewinnt man nicht nur Information über Polarisierbarkeiten angeregter Molekülzustände, sondern aus der Phasenrelaxationszeit T_2 auch über die Wirkungsquerschnitte kohärenzzerstörender Stöße [7.49].

7.5 Optische Pulszug-Interferenzspektroskopie

Wir betrachten Atome mit einem optischen Übergang zwischen einem einfachen Niveau $|i\rangle$ und einem in zwei Unterniveaus $|k_1\rangle$ und $|k_2\rangle$ aufgespaltenen Niveau $|k\rangle$ (Abb. 7.11a). Werden die Atome mit einem kurzen Laserpuls der Lichtfrequenz $\omega = (E_i - E_k)/\hbar$ und der Dauer $\Delta T < \hbar/\Delta E = \hbar/(E_{k_1} - E_{k_2})$ bestrahlt, so wird ein auf der Frequenz ω oszillierendes Dipolmoment induziert, dessen gedämpfte Schwingungsamplitude nach Ende des kurzen Pulses eine Schwebung mit der Schwebungsfrequenz $\Delta\omega = \Delta E/\hbar$ zeigt (**Quantenbeats**, Abschn. 7.2). Wird die Probe jetzt mit einer regelmäßigen Folge kurzer Pulse der einstellbaren Folgefrequenz f bestrahlt, so treffen die einzelnen Pulse genau dann immer die gleiche Phase der Quantenbeats, wenn $\Delta\omega = q2\pi f (q \in N)$ gilt. Dann addieren sich die von den einzelnen Pulsen erzeugten Kohärenzbeiträge phasenrichtig auf, sodass im atomaren System eine mit der Quantenbeat-Frequenz modulierte Schwingung eines makroskopischen Dipolmomentes entsteht, deren Dämpfung durch die Pulse immer wieder kompensiert wird. Im Termschema des Dreiniveausystems der Abb. 7.11b mit gemeinsamen

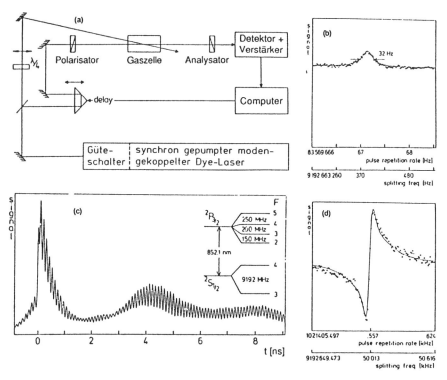

Abb. 7.21a–d. Messung der Hyperfeinaufspaltung im Grundzustand des Cäsiums mit der Pulszug-Interferenzspektroskopie mit $q = 2\pi f/\Delta\omega = 110$, bei Anregung auf der D_2 Linie bei $\lambda = 852{,}1\,\mu m$. (**a**) Experimentelle Anordnung. (**b**) Transmission des Probenpulses als Funktion von f. (**c**) als Funktion der Verzögerungszeit bei festem f. (**d**) Nachweis der Fluoreszenzintensität $I_{Fl}(f)$ bei moduliertem Magnetfeld, sodass die 1. Ableitung des Linienprofils gemessen wird [7.53]

oberen Niveaus kann man diese kohärente Wechselwirkung mit den beiden Laserpulsen als einen **Raman-Prozess** auffassen, bei dem durch kohärentes Pumpen die
Besetzung der beiden Unterniveaus periodisch mit der Frequenz $\Delta\omega = (E_3 - E_1)/\hbar$
oszilliert.

Dieser Prozess lässt sich z. B. durch einen Teilstrahl des modengekoppelten Lasers, der die Pumppulse erzeugt, nachweisen, wenn die Probenpulse mit variabler
Zeitverzögerung gegen die Pumppulse durch das Medium geschickt werden
(Abb. 7.21a) und ihre Transmission bzw. die Beeinflussung ihrer Polarisation gemessen wird als Funktion der Pulsfolgefrequenz f [7.51, 7.52]. Für die Resonanzfrequenz
$f = \Delta\omega/(2\pi q)$ erhält man ein maximales Signal (Abb. 7.21b), dessen Breite durch die
homogene Breite der beiden aufgespaltenen Unterniveaus bestimmt wird. Sind diese z. B. Hyperfein-Niveaus des elektronischen Grundzustandes, so ist ihre spontane
Lebensdauer sehr lang und die Linienbreite wird nur durch Stöße und durch die Aufenthaltsdauer des Atoms im Laserfeld begrenzt. Man ereicht Linienbreiten im Hertz-
Bereich, deren Mitte man mit einer Genauigkeit von besser als einem Hertz bestimmen kann, weil man die Pulsfolgefrequenz elektronisch zählen kann [7.53]. Die Genauigkeit wird im Wesentlichen durch das erreichbare Signal/Rausch-Verhältnis und
durch Asymmetrien des Linienprofils bedingt. Man kann also mit diesem Verfahren Niveauaufspaltungen über die elektronisch zählbare Pulsfrequenz messen! Variiert man bei fester Pulsfolgefrequenz die Verzögerungszeit des Probenpulses, so lässt
sich das oszillierende Dipolmoment des kohärent angeregten Atoms über die zeitabhängige Transmission des Probenpulses sichtbar machen (Abb. 7.21c). Die schnelle
Oszillation entspricht der HFS des Grundzustandes, die gedämpfte langsamere der
kleineren HF-Aufspaltung des angeregten Zustandes, der aufgrund seiner spontanen
Emission abklingt.

7.6 Selbstinduzierte Transparenz

Man kann optische Pulse durch ihre Pulsfläche

$$A = \kappa \iint \left[D_{ik} \cdot \boldsymbol{E}(z, t')/h \right]^2 \ \mathrm{d}t' = \Omega_0 \cdot \tau$$

charakterisieren. Dabei ist D_{ik} das Matrix-Übergangsmoment, $\boldsymbol{E}$ die elektrische
Feldstärke und Ω_0 die Rabi-Frequenz im Resonanzfall $\omega = \omega_0$ und τ die Pulslänge.
Für $A = \pi$ heißt der Puls π-Puls. Wenn optische π-Pulse durch ein Zwei-Niveau-
Medium mit dem Absorptionskoeffizienten α geschickt werden, deren Wellenlänge
in Resonanz mit dem optischen Übergang zwischen den Niveaus sind, erzeugen sie
dort eine Besetzungsumkehr, die für einen nachfolgenden schwachen Lichtpuls die
ohne π-Puls vorhandene Absorption in eine Verstärkung umkehren.

Hat der Eingangspuls die Pulsfläche $A = 2\pi$, so breitet er sich nach einer Strecke
Δz, die einigen Absorptionslängen $\Delta z < m/\alpha$ ($m = 1, 2, 3\ldots$) bei schwachen Pulsen
entspricht, ohne merkliche Schwächung über lange Strecken im Medium aus, wobei
die Pulsform eines Pulses der Dauer τ_0 sich in ein hyperbolisches Sechans-Profil mit

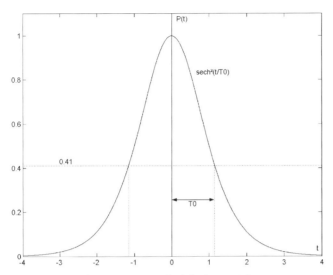

Abb. 7.22. Zeitliches Intensitätsprofil $I(t/T_0)$ eines Solitons

der elektrischen Feldamplitude

$$E(z,t) = \frac{2E_0}{\alpha \cdot z} \operatorname{sech}\left(\frac{t - z/v_g}{\tau_0}\right) \cdot \mathrm{e}^{\mathrm{i}z/4z_0} \tag{7.35}$$

umformt $((\operatorname{sech} x = 2/(\mathrm{e}^x + \mathrm{e}^{-x}))$, wobei v_g die Gruppengeschwindigkeit, $z_0 = \tau_0^2/D_v$ die Dispersionslänge ist und D_v die Gruppengeschwindigkeits-Dispersion. Für $z_0 \to \infty$ d. h. $D_v \to 0$ ändert sich die Pulsform nicht. Solche Pulse nennt man *Solitonen*. Man kann den Grund für diese absorptionsfreie Ausbreitung wie folgt verstehen:

Die erste Hälfte des 2π-Pulses wird absorbiert und erzeugt eine Besetzungsumkehr. Deshalb wird die zweite Hälfte eine stimulierte Emission verursachen, welche die Absorption der ersten Hälfte gerade wieder kompensiert. Durch diese Absorption der ersten Pulshälfte und Verstärkung der zweiten Hälfte wird der Puls um die halbe Pulslänge verzögert, d. h. die Pulsgeschwindigkeit in dem Medium wird kleiner. Weil kurze Pulse ein breites Frequenzspektrum enthalten, könnte man meinen, dass die Pulsbreite infolge der linearen Dispersion mit wachsendem z zunimmt. Bei Solitonen wird diese Dispersion aber genau kompensiert durch die nichtlineare Selbstphasen-Modulation, sodass Pulsbreite und Pulsform erhalten bleiben.

Man kann die folgende Gleichung für die Änderung der Pulsfläche A beim Durchgang durch das Medium mit dem Absorptionskoeffizienten α herleiten [7.54]:

$$\frac{\mathrm{d}A(z)}{\mathrm{d}z} = -\frac{\alpha}{2} \cdot \sin(A(z)) . \tag{7.36}$$

Für $A = m \cdot 2\pi$ wird $\mathrm{d}A/\mathrm{d}z = 0$ und die Pulsfläche ändert sich nicht beim Durchgang durch das Medium. Es zeigt sich jedoch, dass für $m > 1$ der Puls im Medium aufspaltet in m 2π-Pulse, die dann wieder als hyperbolische sechans-Pulse weiterlaufen. Die Gesamtfläche der Pulse bleibt aber erhalten.

Ist die Pulsfläche des Eingangspulses kleiner als π so ist sin $A > 0$, d. h. $\mathrm{d}A/\mathrm{d}z < 0$ und die Pulsfläche nimmt ab, d.h. der Puls wird absorbiert.

Mehr Information über die bisher behandelten kohärenten Techniken findet man in [7.67–7.71].

7.7 Kohärente Dunkelzustände und Dunkelresonanzen

Wir betrachten Atome (z. B. Na-Atome) mit zwei Unterniveaus $|1\rangle$ und $|2\rangle$ im elektronischen Grundzustand und einem angeregten Niveau $|3\rangle$ (Abb. 7.23a). Wenn wir einen schmalbandigen Laser auf den Übergang $|1\rangle \rightarrow |3\rangle$ abstimmen, werden die Atome in den Zustand $|3\rangle$ angeregt und können durch Fluoreszenz in die Zustände $|1\rangle$ oder $|2\rangle$ übergehen. Alle Atome in $|1\rangle$ können wieder angeregt werden. Die führt dazu, dass nach wenigen Anregungszyklen das Nivau $|1\rangle$ entleert wird und alle Atome sich im Zustand $|2\rangle$ befinden. Jetzt kann keine Absorption auf der Frequenz ω_1 mehr stattfinden. Der Zustand $|2\rangle$ heißt gewöhnlicher Dunkelzustand, weil er trotz Besetzung nicht zur Absorption und damit auch nicht zu Fluoreszenz beiträgt. Die Absorptionszelle bleibt dunkel. Stimmt man den Laser auf den Übergang $|2\rangle \rightarrow |3\rangle$ ab (Abb. 7.23b), so wird nach einer analogen Überlegung der Zustand $|1\rangle$ ein Dunkelzustand.

Von diesen gewöhnlichen Dunkelzuständen unterscheiden sich die kohärenten Dunkelzustände. Hier werden zwei Laser verwendet (Abb. 7.23c). Wenn der Laser 1 die Atome in den Zustand $|3\rangle$ anregt, können sie durch den Laser 2 durch stimulierte Emission in den Zustand $|2\rangle$ gebracht werden, von dort wieder durch Laser 2 angeregt und durch Laser 1 in den Zustand $|1\rangle$ zurückgebracht werden. Bei genügend großer Laserintensität sind diese stimulierten Prozesse schneller als die spontane Emission. Es treten Rabi-Oszillationen auf, welche die Besetzung von $|1\rangle$ und $|2\rangle$ periodisch modulieren. Wenn $\Omega_1 = D_{1,3}E_0/h$ die Rabifrequenz für den Übergang $|1\rangle \rightarrow |3\rangle$ im elektromagnetischen Feld $\boldsymbol{E} = \boldsymbol{E}_0 \cos \omega_1 t$ ist und analog Ω_2 für $|2\rangle \rightarrow |3\rangle$, so erhält man eine antisymmetrische kohärente Überlagerung der beiden Zustände $|1\rangle$ und $|2\rangle$

$$|as\rangle_{\text{kohärent}} = \frac{\Omega_2|1\rangle - \Omega_1|2\rangle}{\Omega} \quad \text{mit} \quad \Omega = \left(\Omega_1^2 + \Omega_2^2\right)^{1/2} \tag{7.37}$$

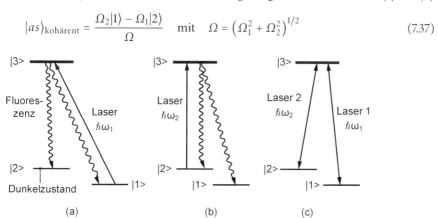

Abb. 7.23a–c. Gewöhnliche Dunkelzustände (**a**) und (**b**) und kohärente Dunkelzustände (**c**)

die man als kohärenten Dunkelzustand bezeichnet. Dieser Zustand ist *kein* Eigenzustand des Atoms, da er nicht zeitlich konstant ist, sondern die Phase seiner Wellenfunktion sich wegen der unterschiedlichen Energien der beiden Atomzustände $|1\rangle$ und $|2\rangle$ zeitlich verändert gemäß

$$|as\rangle_{\text{kohärent}} = \Omega_2 |1\rangle \exp[-\mathrm{i}(E_1/h)t] - \Omega_1 |2\rangle \exp[-\mathrm{i}(E_2/h)t] \,. \tag{7.38}$$

Dass dies wirklich ein Dunkelzustand ist, sieht man wie folgt ein [7.73]:

Die Wahrscheinlichkeitsamplitude für den Dipol-Übergang vom Zustand $|as\rangle_{\text{kohärent}}$ in den oberen Zustand $|3\rangle$ ist

$$\langle 3|\boldsymbol{D}_{as,3} \cdot \boldsymbol{E}|as\rangle_{\text{kohärent}} = \Omega_1 \cdot \Omega_2 \{\exp[\mathrm{i}\omega_1 t + \mathrm{i}(E_1/h)t] - \exp[\mathrm{i}\omega_2 t + \mathrm{i}(E_2/h)t]/\Omega^2 \,. \tag{7.39}$$

Wobei $\boldsymbol{D}_{as,3} = e \int \psi_3 \boldsymbol{r} \psi_{as} \, \mathrm{d}\tau$ das Übergangsdipolmoment für den Übergang $|as_{\text{kohärent}}\rangle \to |3\rangle$ ist. Wenn die Differenz $\omega_1 - \omega_2$ der Laserfrequenzen gleich dem Energieabstand $(E_2 - E_1)\hbar$ ist, wird dieser Ausdruck identisch Null.

Dieser Dunkelzustand wird durch optisches Pumpen erreicht. Nach mehreren Anregungszyklen hat das Zusammenwirken von induzierten und spontanen Prozessen die „richtige" Mischung der beiden Zustände $|1\rangle$ und $|2\rangle$ erreicht. Von da an ändert sich die Überlagerung nicht mehr, weil es jetzt keine weiteren Übergänge nach $|3\rangle$ mehr gibt. Deshalb heißt dieser Prozess im Englischen auch „coherent population trapping" und der kohärente Dunkelzustand „trapping state". Hält man die Frequenz eines Lasers fest und stimmt die des zweiten Lasers durch, so erhält man einen spektral sehr schmalen Einbruch in der Fluoreszenzintensität, wenn die Differenzfrequenz gerade gleich der Energieaufspaltung der beiden unteren Niveaus wird. Diese „Dunkelreonanz" ist deshalb so scharf, weil die spontanen Lebensdauern der unteren Niveaus fast unendlich lang sind und die Breite der Niveaus nur durch andere Prozesse, wie Stöße oder die Diffusion der Atome aus den Laserstrahlen limitiert wird.

Statt der beiden Laser kann man auch nur einen Laser verwenden, dessen Ausgang mit einer Frequenz f moduliert wird, die so gewählt wird, dass $h \cdot f$ gerade gleich der Energieaufspaltung der beiden unteren Niveaus ist, sodass ein Seitenband des modulierten Lasers den zweiten Laser ersetzt.

Es gibt eine Reihe interessanter Anwendungen der Dunkelzustände, welche die extrem scharfen Dunkelresonanzen zur Präzisions-Spektroskopie ausnutzen. Ein Beispiel ist die Realisierung eines sehr empfindlichen Magnetometers [7.74]. Wenn Cäsiumatome in ein äußeres Magnetfeld gebracht werden, kann man auf den Resonanzübergängen $7S \to 7P$ Dunkelresonanzen auf ausgesuchten Zeeman-Komponenten erzeugen, deren Linienmitte mit großer Genauigkeit gemessen werden kann. Das erlaubt die Bestimmung von schwachen Magnetfeldern mit einer Genauigkeit von 10^{-11} T (10^{-11} T) und eröffnet die Möglichkeit, die periodisch modulierten Magnetfelder des schlagenden Herzens im menschlichen Körper zu messen.

Da die Hyperfein-Aufspaltung von 9,192 GHz im Grundzustand des Cs-Atoms in der Cs-Atomuhr als bis heute gültiger Frequenzstandard benutzt wird, kann man statt der in der Atomuhr verwendeten Mikrowelle auch die Differenzfrequenz der beiden Laser, die auf die Dunkelresonanz stabilisiert wird, als alternativen Frequenzstandard verwenden.

7.8 Kohärente Überlagerungsspektroskopie

Der regelmäßigen Pulsfolge eines modengekoppelten Lasers der optischen Frequenz $v = \omega/2\pi$ mit der Pulsfolgefrequenz f aus dem vorigen Abschnitt entspricht im Frequenzbild eine Trägerfrequenz v mit optischen Seitenbändern $v \pm qf\,(q \in N)$. Wenn man also eine molekulare Probe mit einer Niveauaufspaltung $\Delta E = \hbar\Delta\omega$ mit einem solchen Pulszug bestrahlt und $qf = \Delta\omega/2\pi$ wählt, so entspricht das im zeitlichen Mittel einer Absorption zweier optischer Frequenzen $v + qf/2$ und $v - qf/2$.

In der Überlagerungsspektroskopie werden zwei CW Laser mit den Frequenzen v_1, und v_2 ($\Delta v = v_1 - v_2 \ll v_1, v_2$) auf zwei molekulare Übergänge stabilisiert. Ihre Ausgangsstrahlen werden nach Durchlaufen der absorbierenden Probe überlagert und von einem Detektor gemessen (Abb. 7.24) Das Ausgangssignal S ist proportional zur einfallenden Gesamtintensität, gemittelt über die Zeitkonstante τ des Detektors. Wenn gilt

$$\Delta v \ll 1/\tau \ll v = (v_1 + v_2)/2$$

erhalten wir mit $\omega = 2\pi v$

$$\langle S \rangle \approx \langle (E_1 \cos \omega_1 t + E_2 \cos \omega_2 t)^2 \rangle$$
$$= 1/2E_1^2 + 1/2E_2^2 + E_1 E_2 \cos(\omega_1 - \omega_2)t \ . \tag{7.40}$$

Das Signal enthält außer den konstanten Termen $1/2(E_1^2 + E_2^2)$ einen Wechselspannungsanteil, dessen Frequenz $\Delta v = \Delta\omega/2\pi$ für $\Delta v < 10^9$ Hz entweder direkt mit einem schnellen Zähler gemessen werden kann, oder für $\Delta v > 10^9$ Hz durch Überlagerung mit einem Mikrowellensignal geeigneter Frequenz in einem Heterodynverstärker zu tieferen Frequenzen herabgemischt werden kann [7.55].

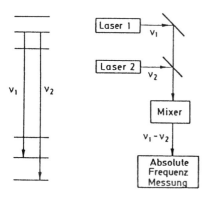

Abb. 7.24. Heterodyne-Spektroskopie mit zwei Lasern, deren optische Frequenzen v_1 und v_2 auf zwei molekulare Übergänge stabilisiert sind

Wenn die beiden Übergänge ein gemeinsames Niveau haben, gibt die Differenzfrequenz direkt den Energieabstand der beiden anderen Niveaus an. Auch hier misst
man also molekulare Aufspaltungen durch direkte Frequenzzählung. Die Genauigkeit, mit der die Laser auf die molekularen Übergänge stabilisiert werden können,
wird umso größer, je schmaler die Linienbreite ist. Deshalb benutzt man entweder
die schmalen Doppler-freien Lamb-Dips von Molekülen in einer Gaszelle [7.56], oder
die stark reduzierten Doppler-Breiten in einem kollimierten Molekularstrahl.

Die erste Methode wurde zuerst von *Bridges* und *Chang* [7.57] angewandt, die
zwei CO_2-Laser auf verschiedene Rotationslinien der Schwingungsübergänge $(00°1)$
$\rightarrow (10°0)$ bei 10,4 µm und $(00°1) \rightarrow (02°0)$ bei 9,4 µm stabilisierten, deren überlagerte Strahlen in einem GaAs-Kristall gemischt wurden, um die Differenzfrequenz
zu erzeugen. Die zweite Methode wurde von *Ezekiel* und Mitarbeiter [7.58] an einem kollimierten Jodstrahl demonstriert, um die Hyperfein-Aufspaltungen im sichtbaren Spektrum des J_2-Moleküls genau zu vermessen. Der Jodstrahl wird dabei
von zwei auf verschiedene HFS-Komponenten stabilisierten Einmoden-Argonlasern
senkrecht gekreuzt und die laserinduzierte Fluoreszenz mit einem Photomultiplier
gemessen, aus dessen Ausgangssignal die Überlagerungsfrequenzen mit einem Spektrumanalysator ausgefiltert wurden.

Statt zweier verschiedener Laser kann ein Laser verwendet werden, dessen Ausgang mit der variablen Frequenz f amplituden- oder phasenmoduliert wird, sodass
neben der Trägerfrequenz ν_0 zwei Seitenbänder $\nu_0 \pm f$ auftreten. Wird der Laser auf
einen molekularen Übergang stabilisiert, so können die Seitenbänder durch Variation der Modulationsfrequenz über andere molekulare Übergänge durchgestimmt
werden (Seitenbandspektroskopie). Der experimentelle Aufwand ist geringer, weil
nur ein Laser stabilisiert zu werden braucht und mit akustooptischen Modulatoren mit geringen HF-Leistungen eine effektive Amplitudenmodulation erreichbar ist
[7.59, 7.60]. Mit dieser Technik wurden auch molekulare Ionen und kurzlebige Radikale erfolgreich untersucht [7.61, 7.62].

Da die Ausgangstrahlung selbst eines stabilisierten Lasers noch keine streng monochromatische Welle darstellt, sondern durch Frequenz- und Phasenschwankungen eine endliche Linienbreite hat (Bd. 1, Abschn. 5.5), können die einzelnen Frequenzanteile ν innerhalb der Laserlinienbreite $\Delta\omega$ miteinander interferieren und
Schwebungssignale $S(\nu_0 - \nu)$ erzeugen, deren Intensitätsverteilung mit einem Spektrumanalysator gemessen wird und Informationen über das Linienprofil enthält
(Homodyn-Spektroskopie) [7.63]. Der Spektrumanalysator misst das Frequenzspektrum des elektrischen Ausgangssignals eines optischen Detektors, das nicht nur von
der Frequenzverteilung der einfallenden Strahlung, sondern auch von der Photoelektronenstatistik abhängt. Man kann mithilfe von Korrelationsfunktionen aus der
Messung der Photoelektronenstatistik das Linienprofil der einfallenden Strahlung
bestimmen. Wir wollen uns diese Zusammenhänge im nächsten Abschnitt näher ansehen [7.64, 7.65].

Mithilfe eines externen Überhöhungsresonators, in den die absorbierende Probe
gestellt wird, kann die Empfindlichkeit der Überlagerungsspektroskopie wesentlich
gesteigert werden [7.66].

7.9 Korrelations-Spektroskopie

In der Korrelations-Spektroskopie wird die Korrelation zwischen zwei Signalen bestimmt: Dem zur Zeit t gemessenen Signal $S(t)$ und dem Signal $S(t + \tau)$, das am selben System um das Zeitintervall τ verzögert gemessen wird (siehe auch Abschn. 6.2.2). Diese Korrelationsmessung ergibt das Frequenzspektrum $S(\omega)$ des Detektorsignals, aus dem dann auf das Frequenzspektrum des einfallenden Lichtes geschlossen werden kann. Dieses Licht kann entweder die Fluoreszenz angeregter Moleküle sein oder das an bewegten Mikroteilchen gestreute Laserlicht, dessen Frequenzspektrum Informationen über die räumlichen Fluktuationen der Teilchen gibt (**Homodyn-Spektroskopie**) oder eine Überlagerung von direkter und gestreuter Laserstrahlung auf dem Detektor (**Heterodyn-Spektroskopie**).

7.9.1 Grundlagen

Hat die einfallende Lichtwelle am Ort der Photokathode die räumlich konstante Amplitude $E(t)$ und ist A die beleuchtete Fläche, so ist die Wahrscheinlichkeit für die Emission eines Photoelektrons pro Zeitintervall $\mathrm{d}t$

$$W^{(1)}(t)\,\mathrm{d}t = \frac{c\epsilon_0 \eta \cdot A}{h\nu} E^*(t)E(t)\,\mathrm{d}t = \frac{\eta \cdot A}{h\nu} I(t)\,\mathrm{d}t\,, \qquad (7.41)$$

wobei η die Quantenausbeute der Photokathode und $I(t) = c\epsilon_0 E^*(t)E(t)$ die Intensität des einfallenden Lichtes ist. Der gemessene Photostrom ist dann $i_{\mathrm{Ph}}(t) = eW^{(1)}(t)$.

Die Wahrscheinlichkeit pro Zeiteinheit, dass zur Zeit t ein Photoelektron und außerdem zur Zeit $t + \tau$ ein weiteres Photoelektron emittiert wird, ist durch das Produkt

$$W^{(2)}(t, t + \tau) = \left(\frac{c\epsilon_0 \eta \cdot A}{h\nu}\right)^2 E^*(t)E(t)E^*(t+\tau)E(t+\tau)$$

$$= \frac{\eta^2 A^2}{(h\nu)^2} I(t)I(t+\tau) \qquad (7.42)$$

gegeben. Im Experiment misst man im Allgemeinen die zeitlichen Mittelwerte des Photostromes. Deshalb werden die normierten Größen

$$G^{(1)}(\tau) = \frac{\langle E^*(t)E(t+\tau)\rangle}{\langle E^*E\rangle} = \lim_{T\to\infty} \frac{1}{T}\frac{1}{\langle I\rangle} \int_0^T E^*(t)E(t+\tau)\,\mathrm{d}t \qquad (7.43)$$

$$G^{(2)}(\tau) = \frac{\langle E^*(t)E(t)E^*(t+\tau)E(t+\tau)\rangle}{(\langle E^*E\rangle)^2} = \frac{\langle I(t)I(t+\tau)\rangle}{\langle I\rangle^2}$$

$$= \lim_{T\to\infty} \frac{1}{T}\frac{1}{\langle I\rangle^2} \int_0^T I(t)I(t+\tau)\,\mathrm{d}t \qquad (7.44)$$

eingeführt, welche die Korrelation zwischen den Feldamplituden bzw. den Intensitäten zu den Zeiten t und $t + \tau$ angibt. Sie werden **Korrelationsfunktionen** 1. bzw. 2. Ordnung genannt. Für völlig unkorreliertes Licht (z. B. Licht einer thermischen Lichtquelle) ist $G^{(1)}(\tau) = \delta(\tau)$, während für vollständig kohärentes Licht (z. B. streng monochromatisches Licht eines ideal stabilisierten Lasers) $G^{(1)}(\tau) = 1/2 \cos(\omega\tau)$ eine mit der Periode $\Delta t = \lambda/c$ zwischen den Werten -1 und $+1$ oszillierende Funktion ist. Die Korrelationsfunktion 2. Ordnung $G^{(2)}(\tau) = 1$ wird dagegen konstant, d. h. unabhängig von τ.

Bilden wir die Fourier-Transformierte der Korrelationsfunktion 1. Ordnung

$$F(\omega) = \lim_{T' \to \infty} \frac{1}{T'} \int_0^{T'} G^{(1)}(\tau) e^{i\omega\tau} d\tau , \qquad (7.45)$$

so ergibt sich durch Einsetzen von (7.43) das normierte Spektrum

$$F(\omega) = \frac{E^*(\omega)E(\omega)}{\langle E^*E \rangle} = \frac{I(\omega)}{\langle I \rangle} , \qquad (7.46)$$

wie zuerst von *Wiener* gezeigt wurde [7.75].

Die Fourier-Transformierte der Korrelationsfunktion $G^{(1)}(\tau)$ ist also gleich dem normierten Frequenzspektrum der einfallenden Lichtwelle (**Wiener-Khintchine-Theorem**).

Analog zu (7.43) können wir eine Korrelationsfunktion

$$C(\tau) = \frac{\langle i(t)i(t+\tau)\rangle}{\langle i^2 \rangle} \qquad (7.47)$$

des zeitaufgelöst gemessenen Photostromes definieren. Genau wie in (7.46) ist die Fourier-Transformierte dieser Korrelationsfunktion proportional zum Frequenzleistungs-Spektrum $P(\omega)$ des Photostromes:

$$P(\omega) \propto \int_0^\infty C(\tau) e^{i\omega t} d\tau . \qquad (7.48)$$

Die Korrelationsfunktion $C(\tau)$ des Photostromes wird durch zwei Anteile beschrieben:

1) Durch den statistischen Prozess der Auslösung von Photoelektronen, der auch vorhanden ist, wenn eine völlig schwankungsfreie, zeitlich konstante Lichtwelle einfällt.
2) Durch die Amplitudenschwankungen der einfallenden Lichtwelle.

Bei zeitlich konstanter Lichtintensität I, die durch die Wahrscheinlichkeitsverteilung

$$W(I) = \delta(I - \langle I \rangle)$$

beschrieben wird, erhalten wir vom 1. Anteil die mittlere quadratische Schwankung des statistischen Photostromes $i_{\text{ph}} = n\,e$ (n: Zahl der Photoelektronen pro Sekunde)

$$\langle (\Delta n)^2 \rangle = \langle n \rangle . \qquad (7.49)$$

Das von regellos fluktuierenden Teilchen gestreute Licht hat im Allgemeinen eine Gauß'sche Intensitätsverteilung, die durch

$$W(I)\,dI = \frac{1}{\langle 1 \rangle}\,e^{-I/\langle I \rangle}\,dI \qquad (7.50)$$

beschrieben wird [7.76]. Fällt eine quasi-monochromatische Lichtwelle $I(\omega)$ mit dieser „**Gauß'schen Intensitätsfluktuation**" auf die Photokathode, so wird die Wahrscheinlichkeit, dass im Zeitintervall dt Photoelektronen erzeugt werden, durch die Bose-Einstein-Verteilung

$$W(n)\,dt = \frac{dt}{(1 + \langle n \rangle)(1 + /\langle n \rangle)^n} \qquad (7.51)$$

gegeben [7.65].

Die mittlere quadratische Schwankung der Photoelektronen wird dann

$$\langle (\Delta n)^2 \rangle = \langle n \rangle + \langle n \rangle^2 , \qquad (7.52)$$

woraus man für die Korrelationsfunktion erhält

$$C(\tau) = \frac{e^2 \langle n \rangle}{i^2}\delta(\tau) + G^{(2)}(\tau) = \frac{e\langle i \rangle}{\langle i^2 \rangle}\delta(\tau) + G^{(2)}(\tau) , \qquad (7.53)$$

weil für den statistischen Prozess der Elektronenemission $G^{(1)}(\tau) = \delta(\tau)$ ist. Man sieht hieraus, dass die Autokorrelationsfunktion $C(\tau)$ des Photostromes direkt verknüpft ist mit der Korrelationsfunktion $G^{(2)}(\tau)$ der einfallenden Lichtwelle.

Für optische Felder mit Gauß'scher Intensitätsverteilung (7.50) gilt die **Sigert-Relation**

$$G^{(2)}(\tau) = [G^{(1)}(0)]^2 + \left| G^{(1)}(\tau) \right|^2 = 1 + \left| G^{(1)}(\tau) \right|^2 , \qquad (7.54)$$

sodass man aus dem durch (7.53) bestimmten $G^{(2)}(\tau)$ die Korrelationsfunktion $G^{(1)}(\tau)$ berechnen kann und damit wegen (7.45), (7.43) auch das Frequenzspektrum der Lichtwelle. Bevor wir im nächsten Abschnitt Methoden zur Messung von $C(\tau)$ besprechen, wollen wir an einem Beispiel die Zusammenhänge zwischen den Korrelationsfunktionen klar machen.

Beispiel 7.1

Zu einem optischen Feld mit einer Lorentz-förmigen Frequenzverteilung der Intensität

$$I(\omega) = \langle I \rangle \frac{\gamma/\pi}{(\omega - \omega_0)^2 + (\gamma/2)^2} \qquad (7.55a)$$

gehört die Autokorrelationsfunktion

$$G^{(1)}(\tau) = e^{-i\omega_0 \tau} e^{-\gamma|\tau|} , \qquad (7.55b)$$

wie man durch die Fourier-Transformation

$$I(\omega) = \frac{\langle I \rangle}{2\pi} \int_{-\infty}^{+\infty} e^{i(\omega - \omega_0)\tau - \gamma |\tau|} \, d\tau = \langle I \rangle \frac{\gamma/\pi}{(\omega - \omega_0)^2 + (\gamma/2)^2} \tag{7.55c}$$

sofort sieht. Setzt man (7.55b) in (7.53) und (7.54) ein, so erhält man für das Frequenzspektrum des Photomultipierausganges

$$P_i(\omega > 0) = \frac{e}{\pi} \langle i \rangle + 2\langle i \rangle^2 \delta(\omega) + 2\langle i \rangle^2 \frac{\gamma/\pi}{\omega^2 + \gamma^2} \, . \tag{7.56}$$

7.9.2 Messung des Homodyn-Spektrums

Wenn man monochromatisches Licht an Teilchen in thermischer Bewegung streut (z. B. bei der Mie-Streuung an kleinen Partikeln in einer Lösung oder bei der Rayleigh-Streuung an Molekülen in der Gasphase), so folgen die Feldamplituden des gestreuten Lichtes einer Gauß-Statistik [7.76], die nach (7.45), (7.49) durch die Autokorrelationsfunktion 1. Ordnung beschrieben wird.

In Abb. 7.25 ist schematisch eine Anordnung zur Messung der Autokorrelationsfunktion von gestreutem Licht gezeigt [7.77]. Das Frequenzspektrum $P(\omega)$ des Photostromes wird mit einem Spektrumanalysator gemessen, der die Fourier-Transformierte der Autokorrelationsfunktion $\langle i(t) i(t + \tau) \rangle$ bestimmt, die wiederum proportional zur Funktion $G^{(2)}(\tau)$ des optischen Feldes ist (7.53).

Man kann die Funktion $\langle i(t) i(t + \tau) \rangle$ direkt mit einem digitalen Korrektor bestimmen, welcher die Photoelektronenstatistik misst [7.65]. Eine einfache, von mehreren möglichen Ausführungen arbeitet nach folgendem Prinzip (1 bit **Malvern-Korrelator**, Abb. 7.26): Durch eine interne Uhr wird die Zeit in diskrete Abschnitte

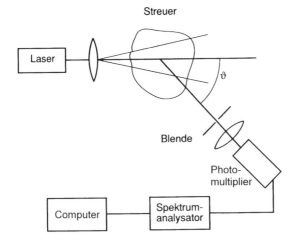

Abb. 7.25. Schematischer experimenteller Aufbau zur Messung der Autokorrelation von Streulicht (Homodyn-Spektroskopie)

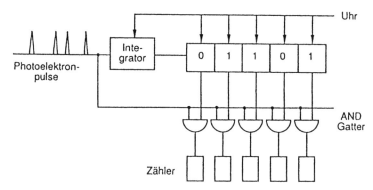

Abb. 7.26. Messung der Photoelektronenstatistik mit einem digitalen „Clipping-Korrelator" [7.65]

Δt eingeteilt. Ist die Zahl $N\Delta t_i$ der gemessenen Photoelektronen in einem Zeitintervall Δt_i größer als eine vorgegebene Zahl N_0, so gibt der Ausgang des Korrektors einen Normpuls, der als 1 gezählt wird; für $N\Delta t_i \leq N_0$ gibt der Ausgang eine 0. Die Ausgangssignale werden in ein Schieberegister gegeben und über AND-Gatter, welche bei 1 öffnen und bei 0 schließen, in entsprechenden Zählern gespeichert [7.77]. Wenn das gestreute Licht einem Gauß-Signal entspricht und N_0 als der Mittelwert $\langle i \rangle / e$ gewählt wird, ist die Autokorrelationsfunktion $g(\tau)$ am Ausgang des Korrelators gegeben durch $g(\tau) = 2/\pi \cdot \arcsin G(\tau)$ [7.78].

Ein Beispiel für die Homodyn-Korrelationsspektroskopie bietet die Messung der Größenverteilung kleiner Teilchen mit Durchmessern im nm-Bereich, die in einem Luftstrom oder in einer Flüssigkeitsströmung durch einen Laserstrahl fliegen. Die Intensität des gestreuten Lichtes ist in nichtlinearer Weise von der Größe der Teilchen abhängig. Für homogene Kügelchen mit einem Durchmesser d, der klein ist gegen die Wellenlänge des Lichtes ($d \ll \lambda$), gilt $I \propto d^6$. Solche Messungen im Abgas von Kraftwerken geben wichtige Informationen über die Staub- und Rußemission und ermöglichen die Optimierung von Staubfiltern. In Abb. 7.27 ist die aus der gemessenen Intensitätsverteilung des Streulichtes ermittelte Größenverteilung von

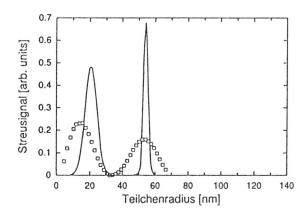

Abb. 7.27. Vergleich der durch Photonen-Korrelations-Spektroskopie und Elektronenmikroskopie (*durchgezogene Kurve*) gemessene Größenverteilungen einer Mischung von Latex-Kügelchen mit 22,8 und 5,7 nm Durchmesser [7.79]

Latex-Teilchen in einer homogenen Lösung gezeigt [7.79]. Ein weiteres Beispiel ist die Streuung von Licht an einer Flüssigkeit in der Umgebung ihrer kritischen Temperatur [7.80].

7.9.3 Fluoreszenz-Korrelations-Spektroskopie

Statt das von Mikropartikeln gestreute Licht zu messen, ist es in vielen Fällen günstiger, die von angeregten Molekülen emittierte Fluoreszenz zu untersuchen. Die Fluoreszenz-Korrelations-Spektroskopie hat sich als eine sehr effiziente Methode zur Analyse von Bio-Molekülen in sehr geringen Konzentrationen mit hoher räumlicher und zeitlicher Auflösung erwiesen. Im Gegensatz zur herkömmlichen Fluoreszenz-Spektroskopie (Abschn. 1.6), bei der die Intensität gemessen wird, sind hier die Intensitätsfluktuationen von Interesse, die verursacht werden durch kleine statistische Schwankungen der Teilchenzahl im Beobachtungsvolumen. Solche Messungen geben Auskunft über Diffusions-Koeffizienten, Beweglichkeiten der Mikroteilchen und über Ratenkonstanten molekularer Reaktionen. In Abb. 7.28 ist ein typischer experimenteller Aufbau gezeigt. Der Laserstrahl wird über einen dichroitischen Strahlteiler und ein Mikroskop-Objektiv in die Probe fokussiert. Das von den angeregten Teilchen emittierte Fluoreszenzlicht wird durch dasselbe Mikroskop-Objektiv gesammelt und vom Strahlteiler transmittiert, weil es eine andere Wellenlänge hat als der anregende Laser. Ein Spektralfilter unterdrückt Laser-Streulicht. Um eine große räumliche Auflösung zu erreichen, wird das Fluoreszenzlicht auf ein kleines Loch in einer Blende fokussiert, sodass nur Licht aus dem kleinen Anregungsvolumen im Fokus des Lasers den Detektor erreichen kann. Das Ausgangssignal des Detektors

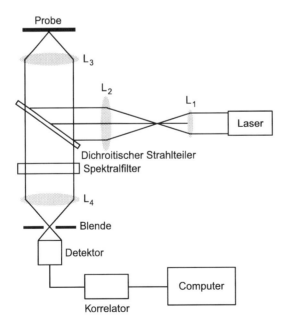

Abb. 7.28. Schematischer Aufbau einer Apparatur zur Fluoreszenz-Korrelations-Spektroskopie

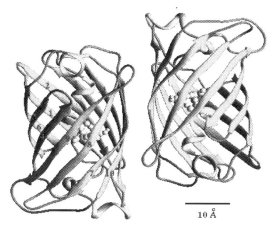

Abb. 7.29. Modellstruktur des grün-fluoreszierenden Proteins

10 Å

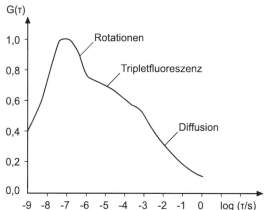

Abb. 7.30. Autokorrelationskurve von Farbstoff-Molekülen in einer Flüssigkeitsprobe [7.1]

wird durch einen Korrelator geschickt und vom Computer verarbeitet. Es ist wesentlich, dass immer nur wenige Moleküle im Beobachtungsvolumen sind, weil dann die relative Fluktuation des gemessenen Fluoreszenz-Signals groß und damit die Korrelations-Spektroskopie besonders empfindlich wird. Deshalb war die Verwendung der konfokalen Mikroskopie ein wesentlicher Fortschritt für die Korrelations-Spektroskopie. Sie ermöglicht ein kleines Beobachtungsvolumen (einige femtoliter). Außerdem sollte die Konzentration der zu untersuchenden Moleküle klein sein (einige Nanomol). Wenn man lebende Zellen untersuchen will, die nicht immer eine hohe Fluoreszenzausbeute haben, ist es nützlich, an die Zellen ein Molekül anzuheften, das eine hohe Fluoreszenz-Quantenausbeute hat. Als besonders effektiv hat sich ein Protein-Molekül erwiesen, dass im blauen Bereich absorbiert und im Grünen fluoresziert mit einer hohen Quantenausbeute. Es wird deshalb das „grün fluoreszierende Protein" genannt. Seine Struktur ist in Abb. 7.29 gezeigt.

In Abb. 7.30 ist eine Autokorrelationskurve $G(\tau)$ für durch polarisiertes Licht angeregte Moleküle in einem mikroskopisch kleinen Anregungsvolumen gezeigt. Der steile Anstieg wird durch den „Anti-Bunching-Effekt" verursacht: Wenn ein Molekül zur Zeit t angeregt wurde, kann es erst wieder zum zweiten Mal angeregt werden, wenn es durch spontane Emission oder andere Relaxations-Prozesse in den Ausgangszustand zurückgekehrt ist. Wenn die Verzögerungszeit τ kleiner wird als die effektive Lebensdauer des angeregten Niveaus, wird deshalb $G(\tau)$ kleiner. Durch die Rotation der Moleküle wird die ursprüngliche Orientierung nach Anregung mit polarisiertem Licht verringert und $G(\tau)$ sinkt mit einer Zeitkonstanten von etwa 100 ns. Viele größere Moleküle werden vom Singulett-Grundzustand S_0 durch Absorption eines Photons in einen angeregten Singulett-Zustand S_1 gebracht. Von hier können sie durch strahlungslose Übergänge, die durch Wechselwirkungen zwischen Singulett- und Triplet-Zuständen (Spin-Bahn-Kopplung) bewirkt werden, in langlebige Triplet-Zustände gelangen. Dies führt zu einer Verzögerung der Lichtemission (langlebige Phosphoreszenz im Bereich von µs statt der kurzlebigen Fluoreszenz aus Singulett-Zuständen (ns)) und macht sich in der Korrelationsfunktion $G(\tau)$ als Schulter bemerkbar.

Für die reine Diffusion von Molekülen durch ein zylindrisches Beobachtungsvolumen mit Radius w und axialer Ausdehnung Δz wird die Intensitäts-Korrelationsfunktion

$$G^{(2)}(\tau) = \frac{1+}{\langle N \rangle} \cdot \frac{1}{1 + \tau/\tau_D} \cdot \left[\frac{1}{1 + w^2 \cdot \tau/(\Delta z^2 \cdot \tau_D)} \right]^{1/2} \tag{7.57}$$

wobei N die Zahl der Moleküle im Beobachtungs-Volumen V ist und τ_D ist die mittlere Aufenthaltszeit im Beobachtungsvolumen, die mit dem Diffusions-Koeffizienten D über die Relation $\tau_D = w^2/4D$ zusammenhängt.

Beispiel 7.2

Rhodamin 6G Moleküle in Wasser: Die Diffusionskonstante ist $D = 2{,}8 \cdot 10^{-10}$ m^2/s. In einem zylindrischen Beobachtungsvolumen $V = 3 \cdot 10^{-13}$ m^3 mit $w_0 = 10$ µm und einer Länge $z = 1$ mm wird die radiale Diffusionszeit $\tau_D = w_0^2/4D = 89$ ms. Da die axiale Diffusionszeit wesentlich länger ist, spielt sie für die Fluktuationen keine Rolle.

Weil der letzte Faktor in (7.57) praktisch 1 ist, wird die Korrelationsfunktion bei einer Konzentration von $C = 10^{13}$ m^{-3}

$$G^{(2)}(\tau) = 1 + 0{,}33 \cdot \frac{1}{1 + 11\tau} : \quad G(0) = 1{,}33 ; \quad G(\tau = 0{,}09 s) = 1{,}16 .$$

Viel langsamer sind Fluktuationen der Teilchenzahl durch Diffusion der Moleküle in oder aus dem Anregungsvolumen, die das Abklingen von $G(\tau)$ mit einer Zeitkonstante von etwa 1 ms bewirken [7.1].

7.9.4 Heterodyne Korrelations-Spektroskopie

Bei der **Heterodyne Korrelations-Spektroskopie** wird dem zu analysierenden Streulicht auf der Photokathode ein Teil des direkten Laserlichtes als lokaler Oszillator überlagert. Wenn E_s die Streulichtamplitude und $E_L = E_0 \exp(i\omega_0 t))$ die zeitlich konstante Amplitude des lokalen Oszillators ist, so werden die gemittelten Photoströme, wenn einer der beiden Anteile abgeblockt wird

$$\langle i_s(t) \rangle = e\eta c\epsilon_0 \langle E_s^*(t)E_s(t) \rangle = e\eta I_s(t) \ , \tag{7.58a}$$

$$\langle i_L(t) \rangle = e\eta c\epsilon_0 \langle E_L^*(t)E_L(t) \rangle = e\eta I_L \ . \tag{7.58b}$$

Fallen beide Anteile auf die Photokathode, so ist die Gesamtamplitude $E(t) = E_0 \cdot \exp(-i\omega_0 t) + E_s(t)$. Ist $E_0 \gg E_s$ so können in der Autokorrelationsfunktion (7.53) des Photostromes

$$\langle i^2 \rangle C(\tau) = e^2\eta\delta(\tau)\langle E^*(t)E(t) \rangle + e^2\eta^2\langle E^*(t)E(t)E^*(t+\tau)E(t+\tau) \rangle \tag{7.59}$$

die Terme mit E_s^2 vernachlässigt werden. Die Mittelwerte über die Produkte $\langle E_L E_S \rangle$ werden Null. Es bleiben dann nur noch die Terme

$$\langle i^2 \rangle C_i(\tau) = ei_L\delta(\tau) + i_L^2 + i_L\langle i_S \rangle \left[e^{i\omega_0\tau}G_S^{(1)}(\tau) + cc \right] . \tag{7.60}$$

Das Frequenzspektrum des Photostromes ist dann

$$P_i(\omega) = \frac{e}{2\pi}i_L + i_L^2\delta(\omega) + \frac{i_L\langle i_s \rangle}{2\pi} \int_{-\infty}^{+\infty} e^{i\omega_0\tau}\left[E^{i\omega_0\tau}G_S^{(1)}(\tau) + cc \right] . \tag{7.61}$$

Der erste Term enthält das Schrotrauschen des Photostromes, der zweite den Gleichstromanteil und der dritte das Heterodynsignal. Das lokale Oszillatorsignal kann entweder direkt von dem Laser geliefert werden, der auch das Streulicht erzeugt, wenn es über einen Strahlteiler dem Streulicht auf der Photokathode überlagert wird, oder man kann mithilfe eines akustischen Modulators die Frequenz des lokalen Oszillators um $\Delta\omega$ verschieben, sodass die Heterodynfrequenz zu $\omega_s - \omega_0 - \Delta\omega$ verschoben wird und das Maximum des Frequenzspektrum des Photostromes nicht bei $f = 0$, sondern bei $f = \Delta\omega/2\pi$ liegt.

7.10 Optische Kohärenztomographie

Ein kohärentes Verfahren zur Untersuchung der Struktur von Materialien, z. B. von biologischem Gewebe ist die Kohärenztomographie (engl. Optical coherence tomographie = OCT). Ihr Prinzip ist in Abb. 7.31 gezeigt:

Der Strahl einer Lichtquelle (z. B. einer Leuchtdiode oder einem breitbandigen Halbleiterlaser) wird durch den Strahlteiler St in zwei Teilstrahlen aufgespalten. Einer der Teilstrahlen wird in die zu untersuchende Probe geschickt und das rückgestreute Licht wird dann mit dem anderen Teilstrahl überlagert, sodass ein Interferenzmuster entsteht, wenn die Kohärenzlänge größer ist als der Wegunterschied zwischen den beiden Teilstrahlen. Man wählt Lichtquellen mit einer großen Bandbreite $\Delta\nu$, sodass die Kohärenzlange $L_c = c/\Delta\nu$ klein wird (Weißlicht-Interferometrie). Dadurch kann nur rückgestreutes Licht aus einer kleinen Schichtdicke $d = F_c/2$ mit

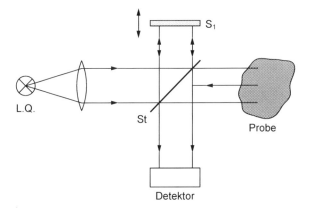

Abb. 7.31. Prinzip der optischen Kohärenztomographie

dem anderen Teilstrahl kohärent überlagern und Interferenzstrukturen erzeugen. Verschiebt am jetzt den Spiegel S_1 so wird der Wegunterschied zwischen den Teilstrahlen für unterschiedliche Schichttiefen der Probe klein. Man kann daher sukzessiv die verschiedenen Schichten in der Probe abtasten. Befindet sich z. B. in biologischem Gewebe ein Karzinom, so ändert sich wegen der anderen Gewebestruktur die Intensität und die Phase des rückgestreuten Lichtes und man kann auf diese Weise den Tumor lokalisieren.

Die axiale Auflösung $\Delta z = L_c/2 = c/2\Delta\nu$ ist durch die Bandbreite $\Delta\nu$ der Lichtquelle gegeben, während die transversale Auflösung Δr durch die begrenzenden Aperturen des einfallenden Lichtbündels bestimmt wird. Man erreicht axiale Auflösungen im Bereich weniger µm.

Der Vorteil der Methode ist die Möglichkeit, Messungen im lebenden Gewebe zu machen, während man bei der optischen Mikroskopie Dünnschnitte herstellen muss, die man dann einzeln untersucht. Die Eindringtiefe hängt vom Absorptions-

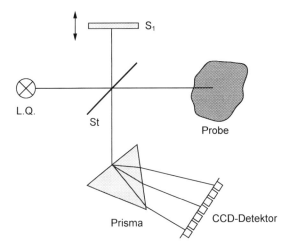

Abb. 7.32. Schematischer Aufbau für die optische Kohärenztomographie mit spektraler Auflösung

koeffizienten des zu untersuchenden Materials ab und kann durch Wahl der Wellenlänge optimiert werden. Für eine simultane wellenlängenspezifische Untersuchung
kann das Licht durch ein Prisma in die einzelnen Wellenlängenbereiche dispergiert
werden und mit einem CCD-Detektor gleichzeitig gemessen werden (Abb. 7.32).

Eine weitere Anwendung der OCT ist die nicht-invasive Knochenuntersuchung
zur rechtzeitigen Diagnose von Osteoporose, weil bei geeigneter Wellenlänge der
Calciumgehalt im Knochen sehr genau bestimmt werden kann.

8 Laserspektroskopie von Stoßprozessen

Der größte Teil unserer Information über die Struktur von Atomen und Molekülen und über die verschiedenen Wechselwirkungen zwischen Atomen und Molekülen stammt aus spektroskopischen Daten und aus Messungen elastischer, inelastischer oder reaktiver Stoßprozesse. Historisch gesehen haben sich die beiden Gebiete: „Streuphysik" und „Spektroskopie" praktisch unabhängig voneinander entwickelt, und lange Zeit gab es keine besonders intensiven Wechselwirkungen zwischen ihnen. Der Hauptbeitrag der klassischen Spektroskopie zur Untersuchung von Stoßprozessen stammt aus Messungen von Stoßverbreiterungen und Verschiebungen von Spektrallinien (Bd. 1, Abschn. 3.3).

Diese Situation hat sich erheblich geändert durch die Anwendung der Laserspektroskopie auf die Untersuchung von Stoßprozessen. Die verschiedenen dabei verwendeten Techniken, die in diesem Kapitel vorgestellt werden, sollen die vielfältigen Möglichkeiten der Laserspektroskopie für das Studium der Physik atomarer und molekularer Stoßprozesse verdeutlichen. Es zeigt sich, dass durch eine solche Kombination häufig viel detailliertere Aussagen über die Wechselwirkung beim Stoß zwischen Atomen und Molekülen in definierten Quantenzuständen gewonnen werden können, als es ohne Verwendung spektroskopischer Methoden möglich wäre:

Die hohe spektrale Auflösung der verschiedenen, in den Kapiteln 2–7 behandelten Doppler-freien Techniken hat den Anwendungsbereich von Messungen stoßinduzierter Linienverbreiterungen und Verschiebungen erweitert auf einen Druckbereich, in dem diese Effekte noch klein gegen die Doppler-Breite sind, und der deshalb der klassischen, durch die Doppler-Breite limitierten, Spektroskopie nicht zugänglich war.

Die hohe Zeitauflösung, die mit gepulsten oder modengekoppelten Lasern erreicht werden kann (Kap. 6), ermöglicht detaillierte Untersuchungen der *Dynamik* molekularer Stoßprozesse. Die Frage, wie schnell die durch Absorption eines Photons in ein Molekül gepumpte Energie durch Stoßprozesse relaxiert, kann durch solche Techniken auch für sehr schnelle Stoßrelaxationen inzwischen beantwortet werden (Abschn. 8.3).

Ein besonders interessantes Ziel der Laserspektroskopie reaktiver Stöße ist ein detailliertes Verständnis chemischer Reaktionen. Die Frage, ob und inwieweit eine chemische Reaktion durch selektive Anregung eines Reaktionspartners in eine bestimmte Richtung gelenkt werden kann (Laserinduzierte chemische Reaktionen) ist bisher nur für wenige einfache Reaktionen beantwortet worden. Im Abschn. 10.1 werden einige experimentelle Techniken zur Untersuchung solcher Fragen vorgestellt.

W. Demtröder, *Laserspektroskopie 2*, DOI 10.1007/978-3-642-21447-9_8,
© Springer-Verlag Berlin Heidelberg 2013

Die Untersuchung von Stoßprozessen bei extrem kleinen kinetischen Energien wird im Abschn. 9.3.11 behandelt. Zum Schluss dieses Kapitels soll das neue Gebiet der „**Photon-unterstützten Stöße**" kurz gestreift werden, bei denen die Absorption eines Photons durch ein Stoßpaar zur Anregung eines der Stoßpartner führt, auch wenn die Photonenergie nicht resonant ist mit der Anregungsenergie dieses Partners. Für ein weiteres Studium der in diesem Kapitel behandelten Fragen wird auf die Bücher und Übersichtsartikel [8.1–8.4] hingewiesen.

8.1 Hochauflösende Laserspektroskopie der Stoßverbreiterung und Verschiebung von Spektrallinien

In einem halbklassischen Modell des Stoßes zwischen zwei Partnern A und B durchläuft das Teilchen B in einem Koordinatensystem, dessen Ursprung in A ruht, eine klassische Bahn $r(t)$, deren Verlauf durch die Anfangsbedingungen $r(0)$, $(dr/dt)_0$ und das Wechselwirkungspotenzial $V(r, E_A, E_B)$, das noch von den inneren Energien E_A, E_B der Stoßpartner abhängen kann, bestimmt wird. In den meisten Modellen wird ein kugelsymmetrisches Potenzial $V(r)$ angenommen, das bei r_0 ein Minimum haben möge. Entsprechend dem Wert des Stoßpartners, b, unterscheidet man zwischen „**weichen Stößen**" mit $b > r_0$ und „**harten Stößen**" mit $b < r_0$ (Abb. 8.1).

Bei weichen Stößen durchläuft B nur den langreichweitigen Teil des Wechselwirkungspotenzials und der Streuwinkel ist klein. Die Verschiebung der Energieniveaus von A oder B während des Stoßes ist entsprechend gering. Absorbiert oder emittiert einer der Stoßpartner während des Stoßes Licht, so wird seine Frequenzverteilung durch den weichen Stoß nur wenig geändert. Weiche Stöße tragen deshalb zum *Kern* der stoßverbreiterten Linie bei, d. h. zum Bereich um die Linienmitte. Bei harten Stößen dagegen laufen die Stoßpartner durch den kurzreichweitigen Teil des Potenzials und die Termverschiebung während des Stoßes ist entsprechend größer. Harte Stöße tragen deshalb zu den **Linienflügeln** bei (Bd. 1, Abb. 3.1).

In der **Doppler-begrenzten Spektroskopie** wird der Einfluss von Stößen auf den Teil des Linienprofils um die Linienmitte im Allgemeinen völlig zugedeckt durch die viel größere Doppler-Verbreiterung. Die Information über den Stoß-Prozess kann

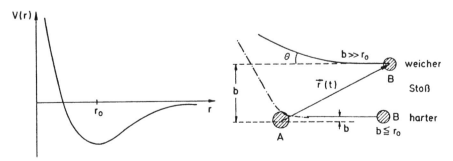

Abb. 8.1. Halbklassisches Modell weicher und harter Stöße mit Stoßparametern $b \gg r_0$ bzw. $b \ll r_0$

dann nur aus den Linienflügeln des Voigt-Profils (Bd. 1, Abschn. 3.3) erhalten werden durch eine Entfaltung in das Gauß-Profil der Doppler-Verbreiterung und das Lorentz-Profil der Stoßverbreiterung [8.5]. Da die letztere proportional zum Druck ist, werden zuverlässige Messungen erst bei größeren Drücken möglich, bei denen die Stoßverbreiterung dieselbe Größenordnung wie die Doppler-Breite erreicht. Bei solch hohen Drücken können jedoch im Allgemeinen Mehrteilchenstöße nicht mehr vernachlässigt werden, weil die Wahrscheinlichkeit dafür, dass N Atome sich gleichzeitig in einem Volumen $V \simeq r_0^3$ aufhalten, mit der N-ten Potenz der Dichte ansteigt. Dies bedeutet, dass dann nicht nur Zweierstöße, sondern auch Mehrfachstöße zur Linienverbreiterung bzw. Verschiebung beitragen. Deshalb kann man das Wechselwirkungspotenzial zwischen zwei Stoßpartnern nicht mehr eindeutig aus dem Linienprofil erschließen [8.6].

Mithilfe der Doppler-freien Spektroskopie lässt sich die störende Doppler-Breite eliminieren, und deshalb können selbst kleine Stoßverbreiterungen bei niedrigen Drücken mit großer Genauigkeit vermessen werden. Ein Beispiel ist die Messung der Druckverbreiterung und Verschiebung des Lamb-Dips atomarer oder molekularer Absorptionslinien (Abschn. 2.2), die mit einer Genauigkeit von wenigen KHz möglich ist, wenn stabile Laser verwendet werden.

Die genauesten Messungen wurden bisher mit stabilisierten He-Ne-Lasern auf den Übergängen bei 633 nm [8.7] und 3,39 µm [8.8] durchgeführt. Befindet sich die absorbierende Probe im Resonator des Lasers, und stimmt man die Laserfrequenz ω über das Absorptionsprofil hinweg, so zeigt die Ausgangsleistung $P(\omega)$ des Lasers einen entsprechenden „**Lamb-Peak**" (Abschn. 2.3), dessen Linienprofil außer durch den Druck in der Absorptionszelle auch noch durch Sättigungsverbreitung und durch Flugzeitverbreiterung (Bd. 1, Abschn. 3.6) bedingt ist. Mittenfrequenz ω_0, Halbwertsbreite $\Delta\omega$ und Linienprofil $P(\omega)$ werden als Funktion des Druckes in der Absorptionszelle gemessen (Abb. 8.2). Aus der Steigung der Geraden $\Delta\omega(p)$ kann die Druckverbreiterung ermittelt werden [8.9].

Eine nähere Betrachtung der Stoßverbreiterung von Lamb-Dips muss auch geschwindigkeitsändernde Stöße berücksichtigen. Wie im Abschn. 2.2 diskutiert wurde, tragen zur gleichzeitigen Absorption beider entgegenlaufender Komponenten der stehenden Lichtwelle im Laserresonator nur Moleküle mit Geschwindigkeitskomponenten im Intervall $v_z = 0 \pm \gamma/k$ bei, wobei γ die homogene Linienbreite des Lamb-Dips und k der Betrag des Wellenvektors der Lichtwelle ist. Die Geschwindigkeitsvektoren dieser Moleküle liegen daher in einem engen Winkelbereich $\beta = \pm\epsilon$, um die zur z-Achse senkrechte Ebene $v_z = 0$ (Abb. 8.3), wobei gilt: $\sin\epsilon = v_z/|\boldsymbol{v}| = \gamma/(kv)$.

Während eines Stoßes wird ein Molekül um den Winkel θ abgelenkt. Ist $v\sin\theta < \gamma/k$, so kann das Molekül auch nach dem Stoß noch in Resonanz mit der stehenden Laserwelle sein. Solche „weichen" elastischen Stöße mit den Ablenkwinkeln $\theta < \epsilon$ ändern daher die Wahrscheinlichkeit für ein Molekül, ein Laserphoton zu absorbieren, nur unwesentlich. Wegen ihrer statistischen Phasenänderung tragen sie jedoch zur Linienbreite bei. Das Linienprofil des Lamb-Dips bleibt ein Lorentz-Profil.

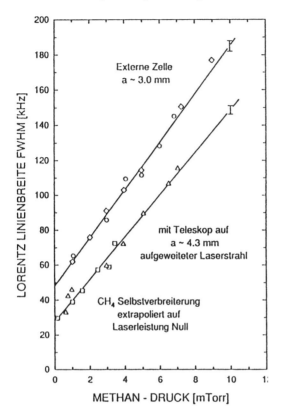

Abb. 8.2. Halbwertsbreite des „Lamb-peak" in der Ausgangsleistung eines HeNe-Lasers bei 3,39 μm mit einer Resonantorinternen CH_4-Absorptionszelle (*untere Kurve*) und des Lamb-dips in einer externen Zelle (*obere Kurve*). Die Verschiebung der beiden Kurven ist hauptsächlich auf die verschieden großen Laserstrahldurchmesser $d = 2a$, die unterschiedliche Flugzeit-Linienbreiten verursachen, zurückzuführen [8.9]

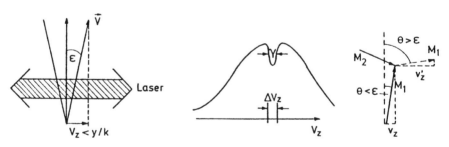

Abb. 8.3. Nur Moleküle mit Geschwindigkeiten im Winkelbereich $\beta \leq \epsilon$ um die Ebene $z = 0$ tragen zum Linienprofil des „Lamb-dip" bei. Stöße bei denen dieser Winkel von $\beta < \epsilon$ zu $\beta > \epsilon$ geändert wird, bringen das Molekül aus der Resonanz hinaus

Stöße mit Streuwinkeln $\theta > \epsilon$ (harte Stöße) verschieben die Absorptionsfrequenz des Moleküls aus der Resonanz mit der Laserwelle. Nach einem harten Stoß kann das Molekül daher nur noch zur Absorption in den Linienflügeln des Lamb-Dips beitragen. Insgesamt erhält man deshalb bei der Stoßverbreiterung von Lamb-Dips ein Linienprofil, dessen Kern ein durch die weichen Stöße schwach druckverbreitetes Lorentz-Profil ist, dessen Flügel aber einen breiten Untergrund bilden, der durch die

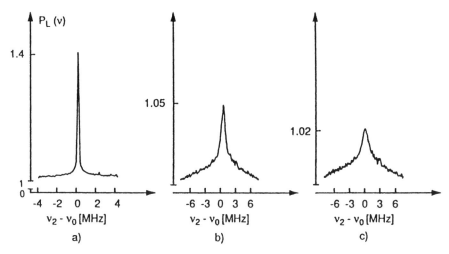

Abb. 8.4a–c. Linienprofile des „Lamb-peaks" eines HeNe-Lasers bei 3,39 μm mit resonatorinterner CH_4-Zelle. (**a**) Reines CH_4 bei 1,5 mbar. (**b**) Zusatz von 30 mb He. (**c**) 70 mb He [8.10]

harten geschwindigkeitsändernden Stöße verursacht wird. In Abb. 8.4 ist ein solches Profil der Laserausgangsleistung $P(\omega)$ mit einer Methanzelle im Laserresonator bei $\lambda = 3,39$ μm für verschiedene Gasdrücke gezeigt [8.10].

Durch eine Kombination der Informationen aus unterschiedlichen Messungen lassen sich häufig die verschiedenen Ursachen für Linienverbreiterung und Verschiebung unterscheiden. Geschwindigkeitsändernde Stöße z. B. beeinflussen nicht das Doppler-Profil, weil sich zwar die Geschwindigkeit eines Moleküls ändert, aber im thermischen Gleichgewicht die Geschwindigkeitsverteilung der Gesamtheit der Moleküle gleich bleibt. Misst man daher gleichzeitig die Veränderung des Doppler-Profils und des Lamb-Dip-Profils, so kann man die phasenändernden elastischen Stöße getrennt bestimmen, wenn man die unelastischen Stöße mit den weiter unten zu besprechenden Methoden untersucht.

Orientierungsändernde Stöße können mithilfe der Polarisationsspektroskopie (Abschn. 2.4) gemessen werden. Die durch den polarisierten Pumplaser erzeugte Orientierung von Molekülen mit Geschwindigkeitskomponenten im Intervall $\Delta v_z = (\omega - \omega_0 \pm \gamma)/k$ bestimmt die Drehung der Polarisationsebene der linear polarisierten Probenwelle und damit das Detektorsignal. Jeder Stoß, der die Orientierung, die Geschwindigkeitskomponente oder die Besetzungszahl im absorbierenden Zustand ändert, beeinflusst das Linienprofil des Polarisationssignals. Die geschwindigkeitsändernden Stöße haben hier den gleichen Effekt wie beim Lamb-Dip der Sättigungsspektroskopie. Die orientierungsändernden Stöße verringern die Größe des Signals und die inelastischen Stöße führen zu Polarisationssignalen auf Nachbarübergängen des Moleküls (Abschn. 8.3). Auch mit der Sättigungsspektroskopie können orientierungsändernde Stöße getrennt nachgewiesen werden, wenn man das Lamb-Dip Profil für verschiedene Winkel α zwischen den Polarisationsebenen von Pump- und Probenlaser als Funktion des Druckes misst.

Eine oft benutzte Methode zur Untersuchung depolarisierender Stöße beruht auf der Orientierung von Atomen oder Molekülen durch selektive Anregung mit einem polarisierten Laser und der Messung des Polarisationsgrades der vom optisch angeregten und von den durch Stöße bevölkerten Niveaus ausgesandten Fluoreszenz (Abschn. 8.2).

Rydberg-Zustände haben wegen des großen mittleren Radius $\langle r_n \rangle$ des Rydberg-Elektrons (Abschn. 5.4.2) besonders große Stoßquerschnitte und deshalb zeigen Rydberg-Übergänge auch große Druckverbreiterungen. Sie können z. B. durch Doppler-freie Zwei-Photonenspektroskopie oder mit Zweistufenanregung (Abschn. 5.4) untersucht werden. Als ein Beispiel sind in Abb. 8.5 Doppler-freie Messungen der Druckverbreiterung und Verschiebung einer Rotationslinie des Überganges $B^1\Pi \rightarrow 6d^1\Delta$ im Li_2-Molekül gezeigt, die mithilfe der OODR-Polarisationsspektroskopie (Abschn. 5.5) in einer mit Lithiumdampf und Argon betriebenen „Heat-Pipe" [8.11] durchgeführt wurden. Ein zirkular polarisierter Pumplaser orientiert Li_2-Moleküle in einem selektiv angeregten Schwingungs-Rotationsniveau des B-Zustandes. Bei fester Pumpwellenlänge werden dann Druckverbreiterung und Verschiebung des Probenüberganges $B \rightarrow R$ in einen Rydberg-Zustand R gemessen. Bei den eingestellten Heat-Pipe Bedingungen hat man bis zu einem Argondruck von 0,7 mb (0,5 torr) in der Beobachtungszone einen reinen Lithiumdampf mit 98 % atomarem und 2 % molekularem Anteil, sodass das angeregte Li_2-Molekül fast nur mit Li-Atomen stößt. In diesem „echten Heat-Pipe Betrieb" ist der Dampfdruck im zentralen Teil genau proportional zum Argondruck im äußeren Teil. Oberhalb 0,7 mb beginnt Argon in den zentralen Teil der Heat-Pipe einzudringen und mit zunehmenden Argondruck bleibt der Li-Dampfdruck konstant. Aus den Steigungen der Kurve $\Delta\omega(p)$ lassen sich für $p < 0,7$ mb die Stoßquerschnitte für $Li_2{}^* - Li$ Stöße und

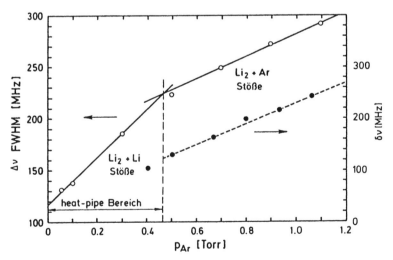

Abb. 8.5. Druckverbreiterung $\Delta\nu$ und Druckverschiebung $\delta\nu$ einer Rotationslinie des Rydberg-Überganges ($B^1\Pi_u \rightarrow 6d\delta^1\Delta_g$) im Li_2-Molekül in einer Heatpipe bei echtem Heatpipe-Betrieb ($p < 0,7$ mb) und in einer Argonumgebung ($p > 0,7$ mb) [8.12]

für $p > 0{,}7$ mb für Li_2^*-Argon Stöße bestimmen, die für das angegebene Beispiel $\sigma(Li_2^* - Li) = 6000\,\text{Å}^2$ bzw. $\sigma(Li_2^* - Ar) = 4100\,\text{Å}^2$ betragen [8.12].

8.2 Messung inelastischer Stoßquerschnitte durch LIF

Wie im Abschn. 6.3 gezeigt wurde, kann durch Messung der effektiven Lebensdauer $\tau_k^{\text{eff}}(N_B)$ eines durch optische Anregung selektiv bevölkerten Niveaus $|k\rangle$ im Molekül M^* als Funktion der Dichte N_B der Stoßpartner B der totale inelastische Stoßquerschnitt $\sigma_{\text{total}} = \Sigma_m \sigma_{km}$ für die Deaktivierung dieses Niveaus $|k\rangle$ bestimmt werden. Er setzt sich zusammen aus den Wirkungsquerschnitten (WQ) für Rotationsübergänge, Schwingungsübergänge, elektronische Übergänge, stoßinduzierte Dissoziationen und eventuell auch reaktive Stöße. Wenn beim Stoß elektronische Energie in Schwingungs- oder Translationsenergie der Stoßparameter umgewandelt wird, spricht man von $E \to V$ bzw. $E \to T$ **Energietransfer**. Entsprechend treten $V \to R$ bzw. $V \to T$ Prozesse bei der Energieumwandelung von Schwingungs- in Rotations- bzw. Translationsenergie auf.

Die einzelnen Deaktivierungskanäle für solche inelastische Stöße angeregter Moleküle lassen sich quantitativ verfolgen durch Messung der stoßinduzierten Änderung des Fluoreszenzspektrums.

8.2.1 Stoß-Satelliten im Fluoreszenzspektrum

Wenn ein Molekül M^* in einem angeregten Schwingungsrotationszustand $|k\rangle = (v_k', J_k')$, der durch optisches Pumpen selektiv besetzt wurde, während seiner Lebensdauer τ_k einen inelastischen Stoß erleidet:

$$M^*(v_k', J_k') + B \Rightarrow M^*(v_k' + \Delta v, J_k' + \Delta J) + B + \Delta E_{\text{kin}} , \tag{8.1}$$

so geht es in einen anderen Schwingungsrotationszustand $|m\rangle = (v_k' + \Delta v, J_k' + \Delta J)$ des gleichen oder auch eines anderen elektronischen Zustandes über (Abb. 8.6). Die

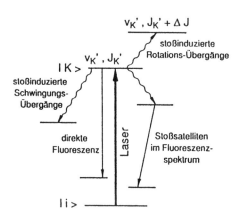

Abb. 8.6. Zustandsdiagramm zur Illustration inelastischer Stoßprozesse eines Moleküls M^* im optisch angeregten Zustand $|k\rangle$

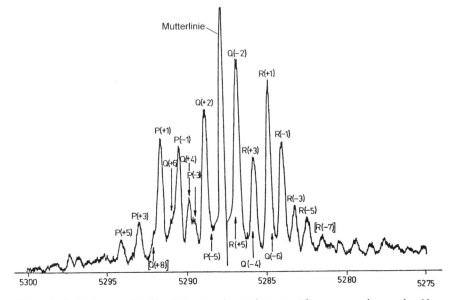

Abb. 8.7. Stoßinduzierte Satellitenlinien im laserinduzierten Fluoreszenzspektrum des Na_2-Moleküls nach Anregung des Niveaus ($v' = 6$, $J' = 43$) im $B^1\Pi_u$-Zustand. Die Mutterlinie wurde um einen Faktor 20 verkleinert gezeichnet

Differenz $\Delta E_i = E_k - E_m$ der inneren Energien vor und nach dem Stoß wird durch eine entsprechende Änderung ΔE_{kin} der Translationsenergie kompensiert.

In diesen, durch Stoß besetzten Zuständen $|m\rangle$ können die Moleküle ihre Anregungsenergie durch Emission eines Fluoreszenzphotons abgeben. Im Fluoreszenzspektrum erscheinen deshalb außer den durch den Laser induzierten „Mutterlinien" neue Linien, die sogenannten Stoßsatelliten (Abb. 8.7). *Diese Satellitenlinien enthalten die vollständige Information über den Stoßprozess!* Ihre Wellenlänge bestimmt das emittierende Niveau, ihre Intensität den Wirkungsquerschnitt W.Q. für den Übergang $|k\rangle \rightarrow |m\rangle$ und ihre Polarisation bzw. Depolarisation den W.Q. für orientierungsändernde Stöße. Dies wollen wir uns etwas genauer ansehen:

Wird das optisch gepumpte Niveau $|k\rangle$ durch einen CW Laser mit der spektralen Strahlungsdichte ρ_L auf dem Übergang $|0\rangle \rightarrow |k\rangle$ angeregt, so gilt für die Besetzungsdichten unter stationären Bedingungen

$$\frac{dN_k}{dt} = N_0\rho_L B_{0k} - N_k\left(A_k + \sum_n R_{kn}\right) = 0 \, , \tag{8.2a}$$

$$\frac{dN_m}{dt} = N_k R_{km} - N_m\left(A_m + \sum_n R_{mn}\right) + \sum_n N_n R_{nm} = 0 \, , \tag{8.2b}$$

wobei die beiden letzten Terme in (8.2b) die Stoßentvölkerung $|m\rangle \rightarrow |n\rangle$ bzw. die Stoßbevölkerung $|n\rangle \rightarrow |m\rangle$ beschreiben. Sind die Niveaus $|n\rangle$ nicht thermisch besetzt, so erfordert die letzte Summe in (8.2b) zwei aufeinander folgende Stöße während der Lebensdauer der angeregten Niveaus und kann deshalb bei kleinen Drücken vernachlässigt werden. Man erhält aus (8.2) die stationären Besetzungsdichten

$$N_k = \frac{N_0 \rho_L B_{0k}}{A_k + \Sigma_n R_{kn}}; \quad N_m = \frac{N_k R_{km} + \Sigma_n N_n R_{nm}}{A_m + \Sigma_n R_{mn}} \approx N_k \frac{R_{km}}{A_m}. \tag{8.3}$$

Das Intensitätsverhältnis von Satellitenlinie $|m\rangle \rightarrow |j\rangle$ zu Mutterlinie $|k\rangle \rightarrow |i\rangle$

$$\frac{I_{mj}}{I_{kl}} = \frac{N_m A_{mj} h \nu_{mj}}{N_k A_{kl} h \nu_{kl}} = R_{km} \frac{A_{mj} \nu_{mj}}{A_m A_{kl} \nu_{kl}} \tag{8.4}$$

ergibt damit unmittelbar die Stoßrate R_{km}, wenn die entsprechenden spontanen Übergangswahrscheinlichkeiten A bekannt sind. Durch Messung der spontanen Lebensdauern τ_m und τ_k der Niveaus $|m\rangle$ und $|k\rangle$ lassen sich $A_m = 1/\tau_m$ und $A_k = 1/\tau_k$ bestimmen, während die Werte von A_{mj} und A_{kl} am einfachsten aus Messungen der relativen Intensitäten der entsprechenden Linien im stoßfreien Fluoreszenzspektrum bei optischer Anregung der Niveaus $|k\rangle$ und $|m\rangle$ erhalten werden können.

Die Stoßrate R_{km} ist mit dem Stoßquerschnitt σ_{km} verknüpft durch

$$R_{km} = N_B v_{rel} \sigma_{km}, \tag{8.5}$$

wobei N_B die Dichte der Stoßpartner B und v_{rel} die Relativgeschwindigkeit zwischen M und B ist. Werden die Experimente in einer Zelle bei der Temperatur T durchgeführt, so muss über die thermische Geschwindigkeitsverteilung gemittelt werden und man erhält:

$$R_{km} = N_B \int \sigma_{km}(v_{rel}) v_{rel} \, dv \approx N_B (8kT/\pi\mu)^{1/2} \overline{\sigma}_{km}, \tag{8.6}$$

wobei $\overline{\sigma}_{km}$ der über alle Geschwindigkeiten gemittelte integrale, d. h. über alle Streuwinkel θ integrierte Stoßquerschnitte für den Übergang $|k\rangle \rightarrow |m\rangle$ ist.

Solche Bestimmungen integraler rotations-inelastischer Streuquerschnitte σ_{km} aus Messungen von Stoßsatelliten im Fluoreszenzspektrum wurden für eine Reihe von Molekülen durchgeführt, wie z. B. I_2 [8.13, 8.14], Li_2 [8.14, 8.15, 8.15–8.17], Na_2 [8.18, 8.19] oder NaK [8.20]. Für Na_2-He-Stöße sind die rotations-inelastischen Streuquerschnitte $\sigma_{rot}(\Delta J = \pm 1, 2, 3, ..)$ mit $\Delta v = 0$ in Abb. 8.8 aufgetragen. Sie fallen von einem Wert für $\sigma(\Delta J = \pm 1) \simeq 100 \text{Å}^2$ mit zunehmenden ΔJ stark ab. Diese Abnahme ist im Wesentlichen energetisch bedingt, da die Differenz $\Delta E_J = E(J + \Delta J) - E(J)$ der Rotationsenergien in kinetische Energie der Stoßpartner umgewandelt werden muss. Die Wahrscheinlichkeit für einen solchen Energietransfer folgt daher dem Botzmann-Faktor $\exp(-\Delta E_J/kT)$ [8.21].

Bei rein kugelsymmetrischen Potenzialen kann bei einem Stoß kein Drehimpuls übertragen werden. Die absolute Größe des Wirkungsquerschnitts für rotations-inelastische Stöße hängt deshalb ab vom nicht-kugelsymmetrischen Anteil des Wechselwirkungspotenzials $V(M, B)$ zwischen dem Molekül M und dem Stoßpartner B. Entwickelt man dieses Potenzial für den Stoß zwischen einem homonuklearen zweiatomigen Molekül $M = A_2$ und einem Atom B nach Legendre-Polynomen,

$$V(R, \Theta) = V_0(R) + a_2 P_2(\cos\Theta) + a_4 P_4(\cos\Theta) + \dots, \tag{8.7}$$

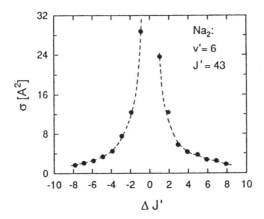

so kann aus der Messung der Wirkungsquerschnitte σ_{rot} der Koeffizient a_2 bestimmt werden [8.23, 8.24]. Die W.Q. hängen außerdem von Symmetriebedingungen ab [8.25] und können für die verschiedenen Λ-Komponenten eines Rotationsniveaus verschieden groß sein [8.16, 8.19].

Die Stoßquerschnitte für Schwingungsübergänge sind im Allgemeinen wesentlich kleiner als für Rotationsübergänge. Dies hat sowohl energetische (wenn $\Delta E_{\mathrm{vib}} \geq kT$ ist), als auch dynamische Gründe (der Stoß muss genügend nicht-adiabatisch sein) [8.24]. Die spektroskopischen Nachweismethoden sind völlig analog zu denen der Rotationsübergänge.

8.2.2 Andere Verfahren zur Messung von Stößen im angeregten Zustand

Anstelle der LIF kann als sehr empfindliche Nachweismethode für stoßinduzierte Übergänge auch die resonante Zweistufen-Ionisation (Abschn. 1.3.3) verwendet werden. Dies ist eine wichtige Alternative für solche Zustände, die nicht fluoreszieren, weil es keine optisch erlaubten Übergänge in tiefere Niveaus gibt. Die Methode wurde am Beispiel des N_2-Moleküls demonstriert [8.22]. Ein Schwingungsrotationsniveau (v', J') im $a^1 \Pi_g$-Zustand wurde durch Zweiphotonenabsorption selektiv angeregt (Abb. 8.9) und die stoßinduzierte Bevölkerung anderer Niveaus $(v' + \Delta v, J' + \Delta J)$ durch resonante Zweiphotonenionisation (**RTPI**) mit einem gepulsten Farbstofflaser nachgewiesen. Zur Illustration des erreichbaren Signal-Rausch-Verhältnisses ist in Abb. 8.9b ein solches „**Stoßsatellitenspektrum**" gezeigt, bei dem die „*Mutterlinie*" auf die P(7)-Linie gepumpt wurde und auf der Skala die Signalhöhe $h = 7,25$ hat.

Stöße können auch elektronische Übergänge induzieren, wenn sich die beiden Potenzialkurven $V(M_i, B)$ und $V(M_k, B)$ bei einer Energie $E(R_c)$ kreuzen (Abb. 8.10), die für die Stoßpartner erreichbar ist [8.26].

Die elektronische Energie eines Atoms A^* kann beim Stoß $A^* + B$ mit einem atomaren Stoßpartner B entweder in Translationsenergie umgewandelt werden, oder mit viel größerer Wahrscheinlichkeit zur elektronischen Anregung des Stoßpartners

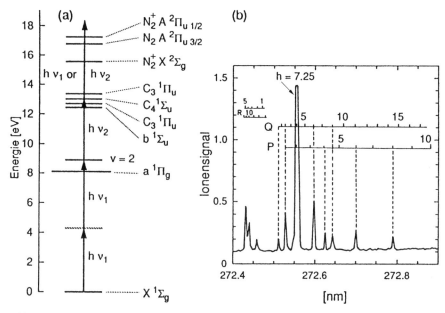

Abb. 8.9a,b. Termschema für selektive Zweiphotonenanregung eines Niveaus im N_2-Moleküls und Nachweis stoßinduzierter Übergänge durch REMPI [8.22]

führen. Die Querschnitte für diesen Prozess $A^* + B \rightarrow A + B^* + \Delta E_{kin}$ sind besonders groß, wenn Energieresonanz besteht, d. h. wenn die von A abgegebene Energie ΔE_{el} innerhalb von $\pm kT$ mit einem Energieniveau von B übereinstimmt, sodass $\Delta E_{kin} \leq kT$ wird. Ein bekanntes Beispiel für den letzteren Fall ist die Stoßanregung von Ne-Atomen durch metastabile He-Atome, die im HeNe-Laser den Hauptmechanismus zur Erzeugung der Inversion darstellt. Experimentell kann ein solcher $E \rightarrow E$ Transfer z. B. nachgewiesen werden, wenn A mit einem Farbstofflaser selektiv angeregt wird und die Fluoreszenz von B^* spektral aufgelöst nachgewiesen wird [8.27].

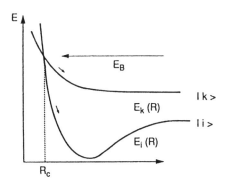

Abb. 8.10. Stoßinduzierter Übergang zwischen zwei elektronischen Zuständen $|i\rangle$ und $|k\rangle$ am Kreuzungspunkt der Potenzialkurven $M_i B(R)$ und $M_k B(R)$

Beim Stoß eines Moleküls M mit einem Atom A kann entweder das Molekül oder das Atom elektronisch angeregt sein. Die beiden Prozesse

$$M^* + A \Rightarrow M(v'', J'') + A^* \text{ und } M(v'', J'') + A^* \Rightarrow M^* + A \tag{8.8}$$

sind zwar Umkehrprozesse, aber ihre W.Q. können doch voneinander verschieden sein. Dies wurde am Beispiel $M = Na_2$, $A = Na$ genauer untersucht. Entweder wird das Na-Atom in den $3P$-Zustand mit einem Farbstofflaser angeregt und die Fluoreszenz von Na und Na_2 spektral und zeitaufgelöst verfolgt [8.28], oder Na_2 wird in ein ausgesuchtes Niveau (v', J') im elektronisch angeregten $A^1\Sigma_n$-Zustand angeregt und die Stoßdeaktivierung, bzw. stoßinduzierte Dissoziation wird durch Messung der Lebensdauerverkürzung des molekularen Niveaus (v', J') und durch die zeitaufgelöste Messung der Na-D-Linienintensität beobachtet [8.29].

Die Umwandlung elektronischer Energie in Schwingungsrotations-Energie hat wesentlich größere W.Q. als der $E \rightarrow T$-Transfer [8.30]. Sie spielt eine große Rolle in photochemischen Reaktionen und die Untersuchung solcher Prozesse mit spektral- oder zeitaufgelöster Laserspektroskopie hat hier viele neue Erkenntnisse gebracht [8.31–8.33].

Ein zustandsselektives, experimentelles Verfahren zum Studium von $E \rightarrow V$-Transferprozessen basiert auf der CARS-Technik (Abschn. 4.5), mit deren Hilfe z. B. die Schwingungsverteilung in H_2 beim Stoß

$$Na^*(3P) + H_2(v = 0) \Rightarrow Na(3S) + H_2(v = 1, 1, 3) \tag{8.9}$$

nach einer Laseranregung von $Na^*(3P)$ gemessen wurde [8.34].

8.2.3 Stöße zwischen angeregten Atomen

Durch optisches Pumpen mit Lasern lässt sich in einer atomaren Dampfzelle ein beträchtlicher Teil aller Atome in einen angeregten Zustand bringen. Dann werden Stöße zwischen *zwei angeregten* Atomen beobachtbar (Abb. 8.11). Dies wurde demonstriert am Beispiel von Natrium, wo Stoßprozesse

$$Na^*(3P) + Na^*(3P) \xrightarrow{k_{n,L}} Na(nL) + Na(3S) + \Delta E_{kin} \tag{8.10}$$

untersucht wurden [8.35], bei denen hoch liegende Niveaus $|n, L\rangle$ bevölkert werden. Die Intensität der von den Niveaus $Na(nL = 4D$ oder $5S)$ ausgesandten Fluoreszenzlinien gibt Informationen über die Stoßrate $k_{n,L}$, wenn die Dichte der optisch gepumpten $Na^*(3P)$ Atome bekannt ist. Diese lässt sich nicht ohne Weiteres aus der Na^*-Fluoreszenz bestimmen, da der Strahlungseinfang die Messung verfälscht [8.36]. Man kann aber z. B. direkt die Absorption des anregenden Farbstofflasers messen, da pro absorbiertem Photon ein Na-Atom angeregt wird.

Da die Summe der Anregungsenergien der beiden stoßenden $Na^*(3P)$ Atome oberhalb der Ionisierungsgrenze des Na_2-Moleküls liegt, kann assoziative Ionisation

$$Na^*(3P) + Na^*(3P) \xrightarrow{k(Na_2^+)} Na_2^+ + e^- \tag{8.11}$$

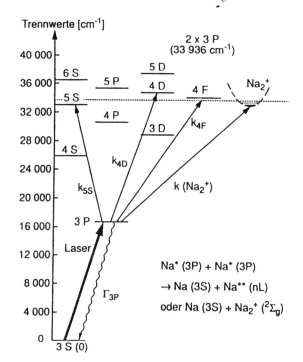

Abb. 8.11. Termschema des Na-Atoms und stoßinduzierte Übergänge beim Stoß zweier angeregter Na(3P) Atome

auftreten. Die Messung der dabei gebildeten Ionen Na_2^+ erlaubt die Bestimmung der Bildungsrate $k(Na_2^+)$ [8.37].

Geht man noch einen experimentellen Schritt weiter und regt in einem Dampfgemisch von Natrium und Kalium mit zwei Farbstofflasern $Na^*(3P)$- und $K^*(4P)$-Atome gleichzeitig an, so kann der Transfer elektronischer Energie zu hochangeregten Na- oder K-Zuständen erfolgen, der über die entsprechende Fluoreszenz nachgewiesen werden kann [8.38]. Werden beide Laser bei verschiedenen Frequenzen periodisch unterbrochen, so kann mit Lock-in Nachweis unterschieden werden, durch welche Stoßprozesse die Anregung erfolgte.

Durch Stöße können auch Spinumklapp-Prozesse induziert werden, die das optisch angeregte Molekül vom Singulett- in den Triplett-Zustand bringen und damit seine chemische Reaktivität stark ändern [8.39]. Solche Prozesse spielen auch in Farbstofflasern eine Rolle und sind deshalb sehr intensiv untersucht worden. Wegen der langen Lebensdauern des tiefsten Tripletzustands T_0 kann seine Besetzung $N(t)$ durch Messung der zeitaufgelösten Absorption eines Farbstofflasers auf dem Übergang $T_0 \rightarrow T_1$ gemessen werden [8.40].

Eine laserspektroskopische Technik, mit der Spinaustausch-W.Q. bei Elektronenstoßanregung untersucht werden können, ist in Abb. 8.12 am Beispiel des $Na(3S \rightarrow 3P)$ Überganges dargestellt [8.41]. Durch optisches Pumpen in einem schwachen Magnetfeld werden die Na-Atome in das $(m_s = 1/2, M_I - 3/2)$-Niveau des $3S$-Zustandes gebracht. Die durch Elektronenstoß aus diesem Niveau angeregten Zeeman-Komponenten m_J werden durch einen CW-Farbstofflaser in den $5S_{1/2}$-Zustand an-

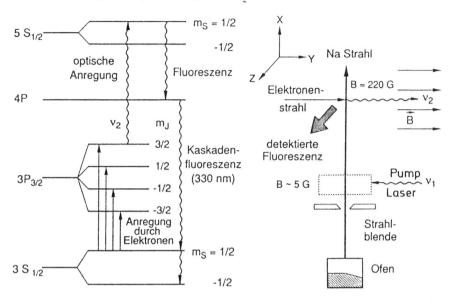

Abb. 8.12. Die relative Besetzung der durch Elektronenstoß angeregten Zeeman-Niveaus m_J des $3P_{3/2}$-Zustandes werden über die Laseranregung des $5S_{1/2}$-Zustandes mit nachfolgender Kaskadenfluoreszenz in den $3S_{1/2}$-Zustand nachgewiesen [8.41]

geregt. Die Laserübergänge werden nachgewiesen durch die Kaskadenfluoreszenz $4P_{1/2,3/2} \rightarrow 3S_{1/2}$.

In Abb. 8.13 sind schematisch alle möglichen stoßinduzierten Energietransferprozesse beim Stoß eines angeregten Moleküls mit einem Atom dargestellt. Weitere Details über Stöße elektronisch angeregter Atome findet man in [8.42–8.44].

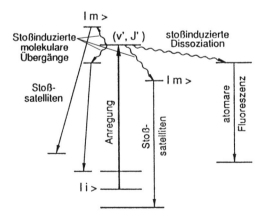

Abb. 8.13. Schematische Darstellung aller möglichen inelastischen Stoßprozesse eines angeregten Moleküls

8.3 Spektroskopische Bestimmung inelastischer Stoßprozesse im elektronischen Grundzustand

Bei den meisten Infrarot-Moleküllasern, wie z. B. dem CO_2-Laser, dem CO-Laser oder den „chemischen" HCl- und HF-Laser spielen Energietransfer-Prozesse zwischen Schwingungs-Rotations-Niveaus des Lasermoleküls bei Stößen mit anderen atomaren oder molekularen Stoßpartnern eine wichtige Rolle für die Erzeugung und Aufrechterhaltung der Inversion. Solche Laser werden auch „**Energietransferlaser**" genannt [8.45]. Auch bei sichtbaren Lasern, bei denen der Laserübergang von einem elektronisch angeregten Zustand in den elektronischen Grundzustand geht, sind Stoßprozesse für die genügend schnelle Entleerung des unteren Laserniveaus wichtig. Beispiele sind Farbstofflaser [8.45, 8.46, 8.46–8.48] oder molekulare Dimerenlaser [8.49]. Die innere Energie $E_{vib} + E_{rot}$ eines Moleküls M^* im elektronischen Grundzustand kann während eines Stoßes mit einem anderen Molekül AB:

$$M^*(E_1) + AB(E_2) \Rightarrow M(E_1 - \Delta E_1) + AB^*(E_2 + \Delta E_2) + \Delta E_{kin} \qquad (8.12)$$

in Schwingungsenergie von AB^* übergehen ($V \rightarrow V$-Tansfer), in Rotationsenergie ($V \rightarrow R$-Transfer), in elektronische Energie ($V \rightarrow E$-Transfer) oder in Translationsenergie ($V \rightarrow T$-Transfer) (Abschn. 8.2). Bei Stößen von M^* mit Atomen sind nur die beiden letzten Prozesse möglich. Es zeigt sich experimentell, dass die Wirkungsquerschnitte für $V \rightarrow V$ oder $V \rightarrow R$-Transfer wesentlich größer sind als für $V \rightarrow T$-Transfer, besonders dann, wenn die Schwingungsniveaus der beiden Stoßpartner energetisch nahe beieinander liegen.

Ein bekanntes Beispiel eines solchen fast-resonanten $V \rightarrow V$-Energietransfers ist die Stoßanregung des CO_2-Moleküls im CO_2-Laser [8.50] durch Stickstoffmoleküle:

$$CO_2(0,0,0) + N_2(v=1) \Rightarrow CO_2(0,0,1) + N_2(v=0) \,. \qquad (8.13)$$

Dies ist der Hauptanregungsmechanismus zur Besetzung des oberen Laserniveaus (Abb. 8.14).

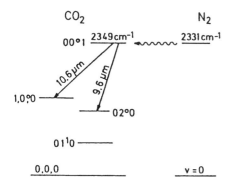

Abb. 8.14. Energietransfer vom schwingungsangeregten N_2-Molekül zum oberen Laserniveau des CO_2-Moleküls

8.3.1 Zeitaufgelöster Fluoreszenznachweis

Der Energietransfer (8.12) kann spektroskopisch verfolgt werden, wenn M^* durch einen infraroten Laserpuls angeregt und danach die Fluoreszenz von AB^* zeitaufgelöst gemessen wird. Solche Messungen wurden in mehreren Labors durchgeführt [8.51]. Zur Illustration soll ein Experiment von *Green* [8.52] dienen, bei dem durch einen gepulsten HF-Laser angeregte HF-Moleküle mit anderen Molekülen AB (AB = NO, CO, etc.) nach dem Schema

$$HF + h\nu \Rightarrow HF^*(v = 1) \; ; \tag{8.14a}$$

$$HF^*(v = 1) + AB(v = 0) \Rightarrow HF(v = 0) + AB^*(v = 1) \tag{8.14b}$$

zusammenstoßen (Abb. 8.15). Die Fluoreszenz von AB^* wurde durch Spektralfilter von der HF^*-Fluoreszenz getrennt.

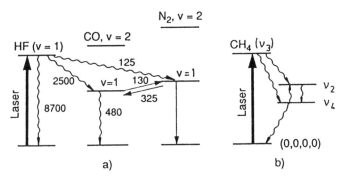

Abb. 8.15a,b. Fluoreszenznachweis des Schwingungsenergietransfers von optisch gepumpten schwingungsangeregten Molekülen: (a) $HF^* \rightarrow CO$, N_2 und (b) $CH_4^*(\nu_3) \rightarrow CH_4^*(\nu_2) + \Delta E_{kin}$

Auch für größere Moleküle lässt sich auf diese Weise zumindest die Schwingungsrelaxation zeitaufgelöst verfolgen, wenn schnelle, gekühlte Infrarotdetektoren verwendet werden, wie am Beispiel des Ethylenoxydmoleküls C_2H_4O gezeigt wurde [8.53], das mit einem gepulsten parametrischen Oszillator auf der CH-Streckschwingung bei $3000\,cm^{-1}$ angeregt und die Fluoreszenz aus anderen Schwingungsniveaus selektiv durch Filter gemessen wurde. Bei Verwendung von Piko- oder Femtosekunden-Pulsen lassen sich auch sehr schnelle Relaxationen messtechnisch verfolgen, wie sie z. B. bei Stößen von Molekülen in einer Flüssigkeit oder in Gasen bei hohen Dichten auftreten. Weitere Beispiele findet man in [8.54–8.56].

8.3.2 Zeitaufgelöste Absorptions- und Doppelresonanz-Methode

Während in elektronisch angeregten Zuständen inelastische Stöße durch Messung der Änderung der Intensitäten im *Fluoreszenzspektrum* untersucht werden können, lassen sich Stoßprozesse im elektronischen Grundzustand auch durch Änderung des *Absorptionsspektrums* verfolgen. Dies hat besonders dann experimentelle Vorteile, wenn die Lebensdauern angeregter Schwingungs-Rotations-Niveaus so

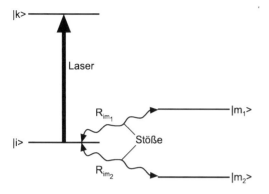

Abb. 8.16. Entleerung von N_i^0 durch einen Laser und Bevölkerung durch Stoßprozesse

lang sind, dass die Beobachtung ihrer Infrarotfluoreszenz aus Intensitätsgründen scheitert. Hier hat sich eine zeitaufgelöste optische Doppelresonanztechnik bewährt [8.57]. Da solche Energietransferprozesse im elektronischen Grundzustand in der Praxis eine große Bedeutung haben, wollen wir die Nachweisverfahren etwas genauer diskutieren (Abb. 8.16):

Im thermischen Gleichgewicht sind die Besetzungszahlen N_i^0 ohne optisches Pumpen zeitlich konstant:

$$\frac{dN_i^0}{dt} = -N_i^0 \sum_m R_{im} + \sum_m N_m^0 R_{mi} = 0 \; , \tag{8.15}$$

wobei die beiden Summen die Relaxationsraten für die Ent- bzw. Bevölkerung des Niveaus $|i\rangle$ angeben. Daraus folgt die Bedingung des **detaillierten Gleichgewichtes**

$$N_i^0 \sum R_{im} = \sum N_m^0 R_{mi} \; . \tag{8.16}$$

Die Relaxationsrate für stoßinduzierte Übergänge $|m\rangle \to |i\rangle$ ist

$$R_{mi} = N_B \bar{v}_{mi} \sigma_{mi} \approx N_B \sigma_{mi} (8kT/\pi\mu)^{1/2} \tag{8.17}$$

wobei $\mu = M_A \cdot M_B/(M_A + M_B)$ die reduzierte Masse ist.

Im thermischen Gleichgewicht gilt:

$$N_i^0/N_m^0 = (g_i/g_m)\, e^{-(E_i - E_m)/kT} \; . \tag{8.18}$$

Wird mit einem gepulsten Pumplaser die Besetzungsdichte N_i^0 durch optisches Pumpen auf den Wert $N_i^s < N_i^0$ verringert, so wird $N_i(t)$ nach dem Ende des Pumppulses durch inelastische Stöße wieder gegen den Gleichgewichtswert N_i^0 relaxieren. Bei einer Dichte N_B der Stoßpartner B gilt

$$dN_i/dt = [N_i^0 - N_i(t)]N_B K_i \; , \tag{8.19}$$

wobei K_i die thermische Relaxationskonstante ist.

Das Produkt $N_B K_i$ gibt die totale Relaxationsrate für ein Molekül im Zustand $|i\rangle$ von den Niveaus $m \neq i$ in das teilweise entleerte Niveau $|i\rangle$ an. Die Lösung von (8.19)

$$N_i(t) = N_i^0 + [N_i^s(0) - N_i^0] e^{(-N_B K_i t)} \qquad (8.20)$$

zeigt, dass die Besetzungsdichte von ihrem anfänglichen Wert $N_i^s(0)$ am Ende des Laserpulses zur Zeit $t = 0$ exponentiell mit einer Zeitkonstanten $\tau_{\text{relax}} = (N_B K_i)^{-1}$ gegen den Gleichgewichtswert N_i^0 strebt. Die thermische Relaxationskonstante K_i wird durch die Temperatur, die Dichte N_B der Stoßpartner und den mittleren totalen Stoßquerschnitt $\sigma_{\text{tot}} = \sum_m \sigma_{mi}$ bestimmt. Misst man zeitaufgelöst die Absorption eines kontinuierlichen Abfragelasers, der auf einen elektronischen Übergang $|i\rangle \rightarrow |j\rangle$ abgestimmt ist, so kann die zeitabhängige Besetzungsdichte $N_i(t)$ und damit der totale inelastische Stoßquerschnitt σ_{total} bestimmt werden. Die Absorption lässt sich z. B. über die Abfragelaser-induzierte Fluoreszenz messen (Abb. 8.17).

Für sehr schnelle Relaxationsprozesse, wie sie z. B. in Flüssigkeiten auftreten, ist die Zeitauflösung des elektronischen Nachweissystems nicht hoch genug. Hier kann man eine Pump-Probentechnik verwenden (Abschn. 6.2), bei der die Moleküle durch einen kurzen Puls eines Infrarotlasers angeregt werden, und die zeitabhängige Besetzung $N_K(t)$ durch einen schwachen Abfragepuls (im engl. probe puls) „abgefragt" wird, der mit variabler Verzögerung ΔT gegen den Pumppuls durch die Probe läuft (Abb. 8.18). Man misst die Absorption des Abfragepulses, der aus Synchronisationsgründen vom gleichen Laser gepumpt wird, als Funktion von ΔT. Entweder wird als Abfragepuls ein zeitverzögerter Teil des Pumppulses verwendet oder ein in einer Raman-Zelle frequenzverschobener *Raman-Laserpuls* (Bd. 1, Abschn. 5.7.6) oder in weiten Spektralbereichen durchstimmbare optische parametrische Verstärker mit Weißlichtquelle (Abschn. 6.1.6).

Oft lassen sich auch elektronische Übergänge ausnutzen, um die zeitabhängige Besetzungsdichte $N(v, J, t)$ im Grundzustand zu verfolgen. Dann kann man zwei verschiedene Farbstofflaser im sichtbaren oder UV als Pumpe und Abfrage verwen-

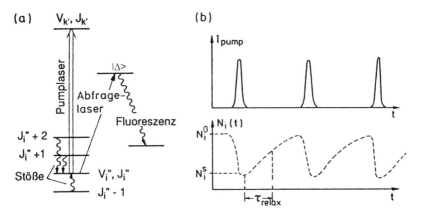

Abb. 8.17a,b. Termdiagramm für die Messung des totalen Stoßquerschnittes für Niveaus im elektronischen Grundzustand und Zeitverlauf der Besetzungsdichte $N_i(t)$ bei optischem Pumpen mit einem gepulsten Laser

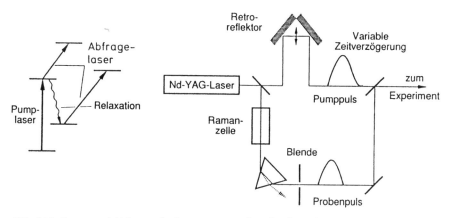

Abb. 8.18. Pump- und Abfragetechnik zur Messung ultraschneller Relaxationsprozesse

den, die vom gleichen Pumplaser gepumpt werden. Da man hier Photomultiplier oder Streakkameras einsetzen kann, gewinnt man an Empfindlichkeit. Mit dieser Technik lassen sich Schwingungsrelaxationen bis in den Femtosekundenbereich untersuchen [8.58–8.60].

Natürlich kann diese Methode auch in der Gasphase bei kleineren Drucken angewandt werden, wobei die Verzögerungszeit ΔT wegen der kleineren Relaxationsraten bis in den μs-Bereich ansteigt. Dies wurde am Beispiel des deuterierten Formaldehyds HDCO und D_2CO gezeigt, das durch einen CO_2-Laser auf der ν_6-Schwingung angeregt wurde (Abb. 8.19). Der Energietransfer in andere Schwingungsmoden wurde mit einem Farbstofflaser mit variabler Zeitverzögerung abgefragt und über dessen LIF detektiert [8.61].

Aussagen über die Ratenkonstanten inelastischer VT Stoßprozesse im elektronischen Grundzustand lassen sich auch mithilfe der optoakustischen Spektroskopie (Abschn. 1.2.2) gewinnen, da hier ja der Transfer von Anregungsenergie in Translationsenergie das optoakustische Signal erzeugt [8.62]. Allerdings erhält man nur *totale* W.Q. für den Transfer vom optisch gepumpten in alle anderen Niveaus, deren Energie dann weiter durch V-T-Transfer in Translationsenergie umgewandelt wird.

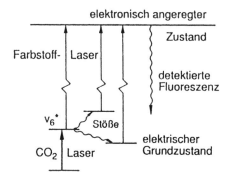

Abb. 8.19. Termschema für Infrarot-UV-Doppelresonanz zur Messung stoßinduzierter Schwingungsrotationsübergänge im D_2CO-Molekül [8.61]

8.3.3 Spektroskopie von Stößen im Grundzustand mit kontinuierlichen Lasern

Zustandsspezifische Messungen, bei denen der Anteil σ_{im} der einzelnen Übergänge zum totalen Stoßquerschnitt σ_{total} getrennt werden kann, können auch mit CW Lasern durchgeführt werden. Als Pumplaser wird ein kontinuierlicher Farbstofflaser verwendet, der auf einen Übergang vom Niveau $|i\rangle$ aus stabilisiert wird und periodisch mit einem mechanischen Chopper unterbrochen wird, wobei die Periodendauer lang ist gegen die Relaxationszeit $\tau_i = 1/(N_B \cdot K_i)$. Man hat daher immer quasistationäre Besetzungsdichten N_i^s, während der Laser an ist, und N_i^0, während er aus ist. Die Abweichung der Besetzungsdichte N_i vom thermischen Gleichgewichtswert N_i^0 beeinflusst durch Stöße die Besetzungsdichten N_m der Nachbarniveaus $|m\rangle$. Unter stationären Bedingungen gilt analog zu (8.17)

$$\frac{dN_m}{dt} = 0 = \sum_{j \neq m} (N_j R_{jm} - N_m R_{mj}) - (N_m - N_m^0) N_B \cdot K_m \,, \tag{8.21}$$

wobei der letzte Term die Relaxation gegen die Gleichgewichtsbesetzung N_m^0 ohne Pumplaser beschreibt. Im thermischen Gleichgewicht gilt wieder ohne Pumplaser

$$N_j^0 R_{jm} = N_m^0 R_{mj} \,. \tag{8.22}$$

Für die Abweichung $\Delta N = N - N^0$ von der Gleichgewichtsbesetzung erhalten wir dann aus (8.21), wenn das Niveau $|i\rangle$ optisch gepumpt wird:

$$\frac{d(\Delta N_m)}{dt} = 0 = \sum_{j \neq m} (\Delta N_j R_{jm} - \Delta N_m R_{mj}) - \Delta N_m N_B \cdot K_m \tag{8.23}$$

Diese Gleichung verknüpft die Besetzungsänderung ΔN_m mit der Änderung ΔN_j aller anderen Zustände, wobei die Summe auch den optisch gepumpten Zustand $|i\rangle$ einschließt. Die Differenzen ΔN_j und die Raten R_{jm} sind für $j \neq i$ proportional zur Dichte N_B der Stoßpartner. Bei genügend kleinem Druck kann man in der Summe in (8.23) alle Produkte $(\Delta N_j \cdot R_{jm})_{j \neq i}$ vernachlässigen, und wir erhalten für den Grenzfall $p \to 0$ aus (8.23) und (8.17) die Beziehung

$$\frac{\Delta N_m}{\Delta N_i} = \frac{R_{im}}{\Sigma_j R_{mj}} \approx N_B \frac{\sigma_{im}}{K_m} \sqrt{\frac{8kT}{\pi\mu}} \,. \tag{8.24}$$

Aus dem Verhältnis der Besetzungsdifferenzen der Niveaus $|m\rangle$ und $|i\rangle$ lässt sich bei Kenntnis der Relaxationsrate K_m, die aus einer zeitaufgelösten Messung erhalten werden kann (siehe oben), die Stoßrate R_{im} bestimmen. Dazu wird ein CW Probenlaser nacheinander auf Übergänge abgestimmt, die von den verschiedenen Niveaus $|i\rangle$ bzw. $|m\rangle$ ausgehen (Abb. 8.20). Wegen der periodischen Modulation der Besetzungsdichten erhält man eine mit der Unterbrecherfrequenz modulierte Absorption, die über einen Lock-in nachgewiesen wird. Das Amplitudenverhältnis S_m/S_i der entsprechenden Messsignale ist proportional zu $\Delta N_m/\Delta N_i$. Werden auch die unmodulierten Anteile des Absorptionssignals gemessen, die bei mäanderförmiger Recht-

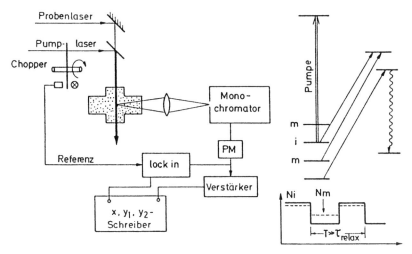

Abb. 8.20. Experimentelle Anordnung und Termdiagramm für die Messung individueller stoßin-duzierter Schwingungsrotationsübergänge im elektronischen Grundzustand

eckmodulation durch

$$S_m^{CW} = C\frac{N_m^s + N_m^0}{2} \tag{8.25}$$

gegeben sind, so lassen sich die relativen Besetzungsänderungen $\Delta N_m/N_m$ bestimmen und wir erhalten

$$\frac{\Delta N_m/N_m^0}{\Delta N_i/N_m^0} = N_B \frac{R_{im}}{K_m}\frac{N_i^0}{N_i^0} \quad \text{mit} \quad \frac{N_i^0}{N_m^0} = \frac{g_i}{g_m}e^{-\Delta E/kT}. \tag{8.26}$$

Die unimolekulare Ratenkonstante K_i, welche die Relaxtion der durch optisches Pumpen verminderten Besetzungsdichte N_i^s zur Gleichgewichtsbesetzung N_i^0 hin bestimmt, gibt zusammen mit der Dichte N_B der Stoßpartner die Zeitskala des Experimentes an. Während der Zeit $\tau_i = 1/(N_B \cdot K_i)$ wird durch Stöße eine relative Änderung

$$\Delta N_m/N_m^0 = N_B R_{im}\tau_i = R_{im}/K_i \tag{8.27}$$

der Besetzungsdichte N_m eines Nachbarniveaus $|m\rangle$ bewirkt. Werden solche relativen Änderungen für die einzelnen Niveaus $|m\rangle = (v, J)$ gemessen, so erhält man die Ratenkonstanten R_{im} für die verschiedenen Schwingungsrotationsübergänge $(\Delta v, \Delta J)$.

Durch stimulierte Emission von einem optisch gepumpten Niveau im elektronisch angeregten Zustand kann man selektiv ein hochangeregtes Schwingungsrotationsniveau $|m\rangle$ im elektronischen Grundzustand bevölkern, das durch Infrarotlaser aus dem Schwingungsgrundzustand nicht angeregt werden kann. Dazu wird der Pumplaser fest auf einen Übergang $|i\rangle \rightarrow |k\rangle$ eingestellt und der stimulierende Laser wird so abgestimmt, dass er von dem oberen Niveau $|k\rangle$ praktisch die gesamte Besetzung transferiert in das gewünschte Niveau $|m\rangle$. Mit den so präparierten Molekülen lässt sich untersuchen, wie die W.Q. für bestimmte Stoßprozesse von dem Anfangszustand des Moleküls abhängen [8.63–8.69]. Fast vollständigen Besetzugstransfer erreicht man mit dem STIRAP-Verfahren (Abschn. 5.5.3).

Da die genaue Kenntnis der Abhängigkeit des inelastischen Stoßquerschnittes von Schwingungsrotationsquantenzahlen und Art des Stoßpartners für ein detailliertes Verständnis von Energietransferprozessen durch Stöße wichtig ist, gibt es eine große Zahl theoretischer und experimenteller Arbeiten auf diesem Gebiet. Für weitere Informationen wird auf einige Übersichtsartikel [8.66–8.69] und die dort angegebene Literatur verwiesen.

8.4 Spektroskopische Messung differenzieller Stoßquerschnitte in gekreuzten Molekularstrahlen

Die in den vorhergehenden Abschnitten besprochenen spektroskopischen Techniken zur Untersuchung von Stoßprozessen ermöglichten die Messung absoluter Ratenkonstanten für ausgesuchte inelastische stoßinduzierte Übergänge, aus denen mittlere *integrale* Wirkungsquerschnitte (W.Q.) durch eine Mittelung über die thermische Geschwindigkeitsverteilung der Stoßpartner bestimmt werden können. Wesentlich detailliertere Informationen über das Wechselwirkungspotenzial zwischen den Stoßpartnern erhält man aus der Messung *differenzieller* W.Q., die heute überwiegend in gekreuzten Molekularstrahlen durchgeführt wird [8.2, 8.70]. Gemessen wird der Bruchteil aller Atome A bzw. Moleküle M in einem kollimierten Molekularstrahl, die nach dem Stoß mit einem Partner B eines zweiten Molekularstrahls um einen Winkel θ abgelenkt wurden (Abb. 8.21). Mit dieser Technik können differenzielle W.Q. sowohl für elastische als auch für inelastische oder reaktive Stöße bestimmt werden.

Mit klassischen Methoden wird der Energieverlust eines Stoßpartners nach einem inelastischen Stoß durch die Messung seiner Geschwindigkeit vor und nach dem Stoß bestimmt mithilfe von Geschwindigkeitsselektoren oder durch Flugzeitmessungen. Da die Geschwindigkeitsauflösung und damit der minimal noch nachweisbare

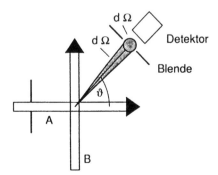

Abb. 8.21. Schematische Darstellung der Messung differenzieller W.Q. in gekreuzten Strahlen

Energieübertrag ΔE_{kin} begrenzt ist, kann dieses Verfahren nur auf eine beschränkte Zahl von Problemen angewandt werden [8.24].

Für polare Moleküle bieten Rabi-Spektrometer mit elektrostatischen Quadrupol-Ablenkfeldern die Möglichkeit, inelastische Stöße, bei denen sich der Rotationszustand oder die Orientierung des Moleküls ändern, nachzuweisen, weil die Ablenkung des Moleküls im Quadrupolfeld vom Quantenzustand (J,M) abhängt. Allerdings ist das Verfahren auf niedrige J-Werte beschränkt [8.71].

Die Anwendung laserspektroskopischer Methoden kann viele dieser Einschränkungen überwinden. Die Energieauflösung ist hier um Größenordnungen höher als bei Flugzeitmessungen und kann im Prinzip Moleküle in beliebigen (v,J)-Zuständen untersuchen, wenn das Molekül Absorptionsübergänge im Abstimmbereich existierender Laser hat. Der wesentliche Fortschritt der Laserspektroskopie liegt jedoch in der Möglichkeit, neben dem Ablenkwinkel ϑ auch noch Anfangs- und Endzustand des gestreuten Moleküls zu bestimmen.

Das Verfahren wird in Abb. 8.22 an einem Beispiel verdeutlicht: Ein kollimierter Überschallstrahl, der Na-Atome und Na_2-Moleküle enthält, wird senkrecht mit einem Edelgasstrahl gekreuzt [8.72]. Als Quantenzustands-spezifischen Detektor für die unter dem Winkel ϑ in den Raumwinkel $d\Omega$ gestreuten Na_2-Moleküle im Zustand (v_m'', J_m'') dient ein CW Farbstofflaser, der auf den elektronischen Übergang $(v_m'', J_m'') \rightarrow (v_j', J_j')$ abgestimmt wird und dessen LIF-Intensität ein Maß für die Streurate $N(v_m'', J_m'')\, d\Omega$ ist. Um die Nachweisempfindlichkeit zu erhöhen, wird die Fluoreszenz über Spiegel und Linsen in eine optische Fiber abgebildet. Der ganze Detektor kann um das Streuzentrum gedreht werden. Die gemessene Streurate hat zwei Beiträge:

a) die elastische gestreuten Moleküle $(v_m'', J_m'') \rightarrow (v_m'', J_m'')$ und
b) die Summe aller inelastisch gestreuten Moleküle $\Sigma_n\left[(v_n'', J_n'') \rightarrow (v_m'', J_m'')\right]$

die aus einem Anfangszustand $|n\rangle \neq |m\rangle$ in den Endzustand $|m\rangle$ gelangt sind.

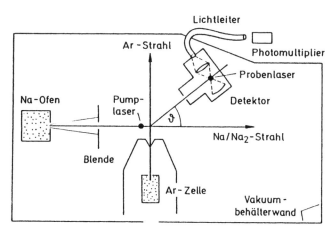

Abb. 8.22. Experimentelle Anordnung zur spektroskopischen Messung differenzieller zustandsselektiver Streuquerschnitte [8.73]

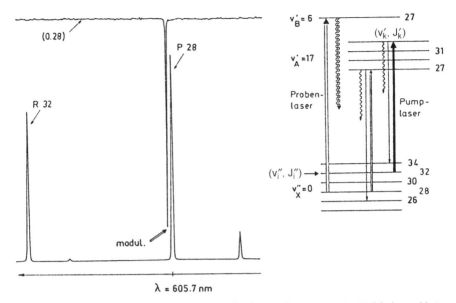

Abb. 8.23. Experimentelle Demonstration, dass durch optisches Pumpen im Molekularstrahl ein Niveau praktisch völlig entleert werden kann. Der Probenlaser wird auf den Übergang $(v'' = 0, J'' = 28) \rightarrow (v' = 6, J' = 27)$ des Natrium Na_2-Moleküls stabilisiert. Der Pumplaser wird durchgestimmt und erzeugt dabei das untere Anregungsspektrum. Wenn er auf den Übergang $(v'' = 0, J'' = 28) \rightarrow (v' = 17, J' = 27)$ abgestimmt wird, sinkt die Probenlaserfluoreszenz praktisch auf Null ab. Das untere Spektrum ist um 2 mm nach rechts versetzt [8.74]

Um Moleküle mit definiertem Anfangs- und Endzustand getrennt nachweisen zu können, dient ein OODR-Verfahren (Abschn. 5.4): Kurz vor dem Streuzentrum fliegen die Moleküle durch den Strahl eines Pumplasers, der auf einen Übergang $(v''_i, J''_i) \rightarrow (v'_k, J'_k)$ abgestimmt ist und den unteren Zustand durch optisches Pumpen praktisch völlig entleert (Abb. 8.23). Misst man jetzt abwechselnd die Streurate mit und ohne Pumplaser, so ergibt die Differenz der beiden Signale gerade den Beitrag der vom Anfangszustand (v''_i, J''_i) in den Endzustand (v''_m, J''_m) gestreuten Moleküle als Funktion des Streuwinkels ϑ. Eine solche Messung des Quantenzustandsspezifischen differenziellen W.Q. gibt also die vollständige Information über Ausgangs- und Endzustand und Ablenkwinkel. Da der Ablenkwinkel ϑ vom Stoßparameter abhängt, erhält man Auskunft darüber, welche Stoßparameter bevorzugt zur Rotationsanregung bzw. Schwingungsanregung beitragen und wie die Größe des beim Stoß übertragenen Drehimpulses ΔJ vom Anfangszustand, Stoßparameter und Stoßpartner abhängt [8.24, 8.73, 8.74].

In Abb. 8.24 sind die differenziellen W.Q. für verschiedene Werte von ΔJ als Funktion des Streuwinkels ϑ aufgetragen. Die Analyse der Messergebnisse erlaubt eine genauere Aussage über das Wechselwirkungspotenzial $V(M,B)$. Ist z. B. M ein homonukleares Molekül in einem Σ-Zustand, so ist seine Elektronverteilung rotationssymmetrisch um die Molekülachse und $V(M, B) = V(R, \Theta)$ hängt nur vom Polarwinkel Θ gegen die Molekülachse und vom Abstand R des Atoms B vom Schwer-

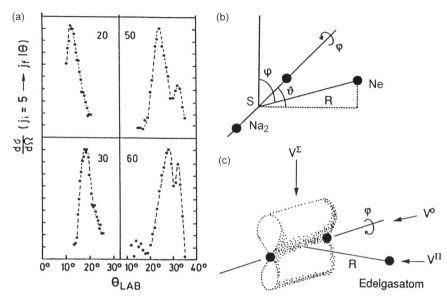

Abb. 8.24. (a) Differenzielle W.Q. für stoßinduzierte Rotationsübergänge $J'' \rightarrow J'' + \Delta J$ für verschiedene Werte von ΔJ in $Na_2 + Ne^-$ Stößen als Funktion des Streuwinkels im Schwerpunktsystem [8.74]. (b,c) Richtungsabhängigkeit für das Wechselwirkungspotenzial beim Stoß eines Atoms mit einem zweiatomigen homonuklearen Molekül, dessen Ladungsverteilung (c) nicht rotationssymmetrisch um die Kernverbindungsachse zu sein braucht

punkt von M ab. In Π-Zuständen jedoch hat die Ladungsverteilung nicht mehr Zylindersymmetrie und $V(R, 0, \Theta, \Phi)$ hängt von drei Koordinaten ab (Abb. 8.24) [8.75].

Mithilfe eines optisch gepumpten Dimerenlasers, dessen aktives Medium die Moleküle im Primärstrahl bilden (Abb. 8.25), kann man für einige zweiatomige Moleküle (wie z. B. Na_2, J_2) selektiv hochangeregte Schwingungs-Rotations-Niveaus im elektronischen Grundzustand durch stimulierte Emission genügend stark bevölkern, sodass mit diesem angeregten Molekül-Stoßprozesse untersucht werden können [8.65]. Dies erlaubt die Messung der Abhängigkeit des differenziellen W.Q. von der inneren Anregung des molekularen Stoßpartners, die besonders für reaktive Stöße sehr beträchtlich sein kann. Einen noch effizienteren Besetzungstransfer erhält man durch ein kohärentes Verfahren (**stimulated rapid adiabatic passage**, STIRAP, siehe Abschn. 5.5.3), bei dem bis zu 100 % aller Moleküle vom Anfangszustand $|i\rangle$ in den Endzustand $|f\rangle$ gebracht werden können [8.66].

In experimentell ähnlicher Weise kann das Potenzial zwischen einem elektronisch angeregten Atom A^* und einem Grundzustandsatom B bestimmt werden: Dies ist bisher vor allem für Edelgas-Alkali-Exzimere demonstriert worden [8.76], da hier der Unterschied zwischen dem Grundzustandspotenzial, das überwiegend abstoßend ist, und dem im angeregten Zustand besonders groß ist. Im Kreuzungspunkt eines Kalium- und eines Argonstrahls werden die K-Atome durch einen Farbstofflaser in den $4P_{3/2}$-Zustand angeregt und die differenzielle Streurate $N(\vartheta)$ der Kaliumatome wird jeweils mit und ohne Laseranregung gemessen. Die Differenz der beiden

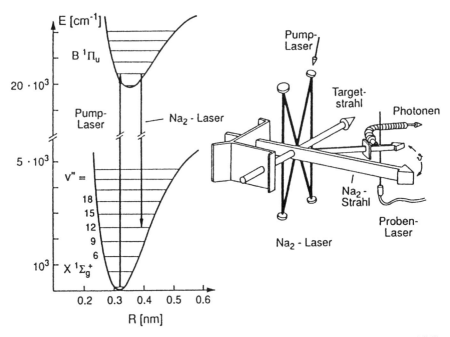

Abb. 8.25. Selektive Bevölkerung eines hoch liegenden thermisch nicht besetzten Niveaus (v",J") im Molekularstrahl durch optisches Pumpen mit einem Dimerenlaser („stimulated emission pumping") [8.64]

Signale gibt den Beitrag der angeregten K-Atome zum elastischen Streuquerschnitt, wenn der Prozentsatz der angeregten Atome bekannt ist. Man muss mit Laserintensitäten oberhalb der Sättigungsintensität arbeiten und den durch die Hyperfeinstruktur des $^2S_{1/2} \rightarrow {}^2P_{3/2}$ bedingten optischen Pumpprozess berücksichtigen. Entweder kann ein schmalbandiger zirkular polarisierter Laser verwendet werden, der auf die $F'' = 2 \rightarrow F' = 3$ HFS-Komponente abgestimmt wird, oder ein genügend breitbandiger Laser, der alle HFS-Niveaus des $^2S_{1/2}$-Zustands leerpumpen kann.

Optisches Pumpen mit Lasern ermöglicht auch die Messung *inelastischer* differenzieller W.Q. für Stöße mit *elektronisch angeregten* Atomen oder Molekülen in gekreuzten Molekularstrahlen. Ein Beispiel ist der Energietransfer von elektronischer Energie in Schwingungsenergie

$$A^* + M(v''_2 = 0) \Rightarrow A + M(v'' > 0) + \Delta E_{kin} , \qquad (8.28)$$

der in vielen chemischen Reaktionen eine wichtige Rolle spielt. Deshalb sind Experimente zum besseren Verständnis der Reaktionswege und der bevorzugt bevölkerten Schwingungsniveaus notwendig. Ein Beispiel für solche Experimente ist die Untersuchung des Energietransfers bei Stößen laserangeregter Na-Atome im $3P$-Zustand mit N_2 und CO-Molekülen, bei denen elektronische Energie in Schwingungs-Rotations-Energie umgewandelt wird [8.77, 8.78]. Misst man den Streuwinkel und die Geschwindigkeit der gestreuten Na-Atome, so lässt sich aus der Kinematik bestimmen, welcher Anteil der elektronischen Energie in Schwingungsenergie und welcher in Translationsenergie umgewandelt wurde. Die experimentellen Ergebnisse erlauben eine Prüfung theoretischer Modelle für die $Na^* - N_2(v = n)$ Potenzialflächen [8.79].

Die Streuung von Elektronen oder schnellen Atomen an laserangeregten Na-Atomen im $3P$-Zustand kann zu elastischen ($3P \rightarrow 3P$), inelastischen ($3P \rightarrow 3D,4S$) und superelastischen ($3P \rightarrow 3S$) Stößen führen. Da die Orientierung der angeregten Na-Atome relativ zur Einfallsrichtung der Stoßpartner durch die Polarisationsrichtung des anregenden Lasers gewählt werden kann, lassen sich im gekreuzten Strahlexperimenten Orientierungseffekte und ihre Einfluss auf die W.Q. untersuchen [8.80].

8.5 Spektroskopie reaktiver Stoßprozesse

Ein genaues Verständnis reaktiver Stoßprozesse ist die Voraussetzung für eine gezielte, nicht auf „trial and error" basierende Optimierung chemischer Reaktionen. Die Laserspektroskopie hat auf diesem Gebiet eine Fülle neuer Möglichkeiten eröffnet. Die Anwendung laserspektroskopischer Methoden auf das Studium reaktiver Stöße hat zwei Aspekte:

1. Durch die spektroskopische Identifizierung der Reaktionsprodukte und die Messung ihrer inneren Energien lassen sich die verschiedenen Reaktionswege und ihre relativen Wahrscheinlichkeiten bei vorgegebenen Anfangsbedingungen der Reaktionspartner bestimmen.

2. Durch selektive Anregung eines Reaktionspartners kann die Abhängigkeit der Reaktionswahrscheinlichkeit von der Anfangsenergie viel detaillierter gemessen werden, als dies bei thermischer Anregung durch Erhöhung der Temperatur möglich ist, weil im letzteren Fall sowohl innere Energie als auch Translationsenergie gleichmäßig verteilt sind.

Die experimentellen Bedingungen für die spektroskopische Untersuchung reaktiver Stöße sind ähnlich denen beim Studium inelastischer Stöße. Sie reichen von der Bestimmung mittlerer Reaktionsraten in Zellenexperimenten bei definierter Anregung eines Reaktionspartners bis zur detaillierten Information aus Messungen differenzieller Reaktionsquerschnitte in gekreuzten Molekularstrahlen. Einige Beispiele sollen dies illustrieren:

Die ersten Experimente zur Messung zustandsspezifischer reaktiver Stöße wurden mit den experimentell leichter zugänglichen Reaktionen

$$Ba + HF(v = 0,1) \Rightarrow BaF(v = 0 \div 12) + H , \qquad (8.29a)$$

$$Ba + HCL \Rightarrow BaCl(v, J) + H \qquad (8.29b)$$

durchgeführt [8.114], bei denen die Zustandsverteilung (v, J) im Reaktionsprodukt mithilfe der mit sichtbaren Lasern induzierten Fluoreszenz in Abhängigkeit von der durch einen Infrarot-Laser bewirkten Schwingungsanregung des Halogenmoleküls gemessen wurde (Abschn. 1.5).

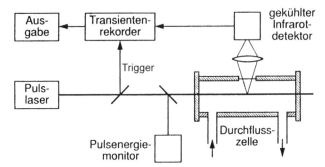

Abb. 8.26. Typische experimentelle Anordnung für den Nachweis zeit- und spektralaufgelöster infraroter LIF bei chemischen Reaktionen

Mit der Entwicklung neuer Infrarotlaser und empfindlicher Infrarotdetektoren wurden neue Reaktionen der Messung zugänglich, bei denen die Produktmoleküle bekannte Infrarotspektren haben, aber im Sichtbaren nicht absorbieren. Eine typische Apparatur ist in Abb. 8.26 gezeigt. In einem Gasdurchflusssystem, in dem die reaktiven Stöße stattfinden, werden (v, J)-Niveaus selektiv mit einem gepulsten Infrarotlaser angeregt und die LIF mit einem schnellen, gekühlten Infrarotdetektor nachgewiesen. Zur spektralen Analyse dienen Filter oder ein Monochromator.

Ein Beispiel für solche Messungen ist die Untersuchung der Reaktion

$$Br + CH_3F(v_3) \Rightarrow HBr + CH_2F \tag{8.30}$$

bei der durch ein Photon des CO_2-Lasers eine CF-Streckschwingung v_3 im CH_3F angeregt wurde [8.82]. Wird ein großer Teil der CH_3F-Moleküle angeregt, so kann durch fast resonanten V-V-Transfer beim Stoß zwischen zwei angeregten Molekülen der Prozess

$$CH_3F(v_3) + CH_3F(v_3) \Rightarrow CH_3F^*(2v_3) + CH_3F \tag{8.31}$$

zu einer Erhöhung der Schwingungsenergie in einem Teil der Moleküle führen, die dann ausreicht, um die Reaktion (8.30) möglich zu machen (Abb. 8.27). Die Be- und Entvölkerung der verschiedenen Schwingungsniveaus nach gepulster Laseranregung kann zeitaufgelöst über die Infrarot-Fluoreszenz verfolgt werden.

Für die theoretisch einfachste bimolekulare Wasserstoff-Austauschreaktion

$$H_a + H_b H_c \Rightarrow H_a H_b + H_c \text{ bzw. } H + D_2 \Rightarrow HD + D \tag{8.32}$$

sind genaue ab-initio Rechnungen der H_3-Potenzialfläche durchgeführt worden. Die experimentelle Prüfung dieser Vorhersagen durch spektroskopische Messung der Zustandsverteilung $HD(v, J)$ des Reaktionsproduktes ist jedoch sehr aufwändig, da alle Übergänge im VUV-Spektralbereich liegen. Sie wurde daher erstmals 1983 durchgeführt [8.83, 8.84]. Die H-Atome werden durch Photodissoziation von HJ in einem effusiven Molekularstrahl aus HJ und D_2 mit der 4. Oberwelle ($\lambda = 266\,nm$) eines Nd:YAG-Lasers erzeugt. Da nach der Photodissoziation das Jodatom in zwei

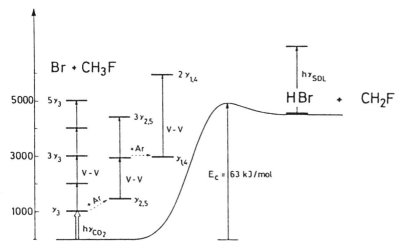

Abb. 8.27. Termdiagramm für die endotherme Reaktion: Br + CH$_3$F*(v$_3$) → HBr + CH$_2$F [8.82]

Feinstrukturzuständen entsteht, erhält man zwei Gruppen von H-Atomen mit Translationsenergien von 0,55 bzw. 1,3 eV im Schwerpunktsystem von H und D$_2$. Die langsameren H-Atome können beim Stoß mit D$_2$ Produktmoleküle HD bilden mit einer Schwingungs-Rotations-Anregung bis zu (v = 1, J = 3), während die schnelleren Atome Zustände bis zu (v = 3, J = 8) erreichen können. Die Zustandsverteilung (v, J) der Produktmoleküle HD kann entweder mit einer CARS-Technik (Abschn. 3.3.2) oder mit einer resonanten Mehrphotonen-Ionisation nachgewiesen werden [8.82, 8.83].

Von großem Interesse sind Ionen-Molekül-Reaktionen, die u. a. bei der Bildung von Molekülen in interstellaren Gaswolken eine große Rolle spielen. Auch hier kann durch laserinduzierte Fluoreszenz die Zustandsverteilung der Reaktionsprodukte und ihre Änderung bei Laseranregung eines der Reaktionspartner bestimmt werden. Als Beispiel soll die Ladungstransfer-Reaktion

$$N^+ + CO \Rightarrow CO^+ + N \qquad (8.33)$$

angeführt werden, bei der die Zustandsverteilung der Rotationsniveaus für verschiedene Schwingungsniveaus des CO^+-Ions durch die Infrarotfluoreszenz (Abb. 8.28) gemessen wurde [8.85].

Differenzielle W.Q. für reaktive Stöße von laserangeregten Na*(3P) Atomen mit HF-Molekülen

$$Na^* + HF \Rightarrow NaF + H \qquad (8.34)$$

wurden von *Düren* und Mitarbeitern in gekreuzten Strahlen gemessen [8.86]. Bei einer statistischen Unterbrechung des Lasers kann aus der zeitlichen Folge der am Detektor ankommenden Reaktionsprodukte die Flugzeit der NaF-Moleküle bestimmt und dadurch zwischen elastischem und reaktivem Kanal unterschieden werden.

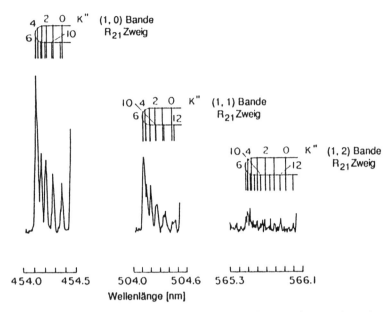

Abb. 8.28. LIF-Spektrum der R_{21} Bandenköpfe im CO^* ($v = 0, 1, 2$), das in der Ladungsaustausch-reaktion $N^+ + CO \rightarrow CO^+ + N$ gebildet wurde [8.85]

Photochemische Reaktionen werden oft durch direkte Photodissoziation oder stoßinduzierte Dissoziation eines angeregten Moleküls eingeleitet, bei der Radikale als intermediäre Fragmente entstehen, die dann weiter reagieren. Die Photodissoziationsdynamik nach Anregung des Muttermoleküls mit einem UV-Laser ist deshalb sehr intensiv untersucht worden [8.87]. Während anfangs das Interesse hauptsächlich auf die Bestimmung der Zustandsverteilung der Produkte gerichtet war, sind inzwischen dank verfeinerter spektroskopischer Techniken, auch die Winkelverteilung und Orientierung der Produkte der Messung zugänglich [8.88, 8.89].

Die Messung der Orientierung soll am Beispiel der Photodissoziation

$$\text{ICN} \xrightarrow[248\,\text{nm}]{h\nu} \text{CN} + \text{I} \tag{8.35}$$

erläutert werden [8.91]. Die ICN-Moleküle werden mit zirkular polarisierter Strahlung eines KrF-Excimerlasers bei $\lambda = 248\,\text{nm}$ photodissoziiert und die Orientierung der CN Fragmentmoleküle wird über die Abhängigkeit der Fluoreszenzintensität von der Polarisation eines Farbstofflasers gemessen, dessen Wellenlänge über das $B^2\Sigma^+ \leftarrow X^2\Sigma^+$-System des CN Moleküls durchgestimmt wird (Abb. 8.29). Die Zirkularpolarisation des Probenlasers kann durch Modulation der mechanischen Spannung an einem photoelastischen Modulator periodisch zwischen σ^+ und σ^- verändert werden [8.90].

In letzter Zeit hat die Untersuchung von reaktiven Stoßprozessen bei tiefen Temperaturen großes Interesse gefunden. Hier können Resonanzen im Wirkungsquer-

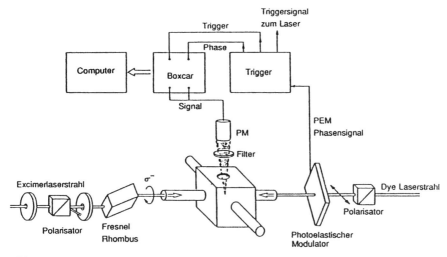

Abb. 8.29. Schematischer experimenteller Aufbau zur Messung der Fragmentorientierung bei der Photodissoziation [8.89]

schnitt auftreten, wenn die kinetische Relativenergie der Stoßpartner einer Energie-differenz zwischen Energieniveaus eines der Stoßpartner entspricht [8.92].

Für weitere Beispiele der Laserspektroskopie chemischer Reaktionen wird auf die Literatur [8.93–8.95] verwiesen.

8.6 Stöße im Strahlungsfeld eines Lasers

Bei inelastischen Stößen zwischen angeregten Atomen oder Molekülen A^* und Ato-men B im Grundzustand

$$A^* + B \Rightarrow B^* + A + \Delta E_{kin} \tag{8.36}$$

müssen Gesamtenergie und Impuls erhalten bleiben. Die Differenz $\Delta E_{kin} = E(A^*) - E(B^*)$ zwischen der inneren Energie $E(A^*)$ vor und $E(B^*)$ nach dem Stoß wird in Translationsenergie der Stoßpartner umgewandelt. Für $\Delta E_{kin} \gg kT$ wird der W.Q. für die Reaktion (8.3) sehr klein, während für fast resonante Stöße ($\Delta E_{kin} \ll kT$) der W.Q. für den Energietransfer von A auf B sogar den gaskinetischen Streuquerschnitt weit übertreffen kann.

Läuft ein solcher Prozess im intensiven Strahlungsfeld eines Lasers ab, so kann durch Absorption oder Emission eines Photons die Energiebilanz oft „fast resonant", d. h. mit kleinen Werten von ΔE_{kin} erfüllt werden. Statt (8.3) lautet der Prozess dann

$$A^* + B \pm \hbar\omega \Rightarrow B^* + A + \Delta E_{kin} . \tag{8.37}$$

Deshalb heißen solche Reaktionen auch „optische Stöße". Wenn man einen schmal-bandigen Laser so abstimmt, dass seine Wellenlänge ein wenig neben der Resonanz-

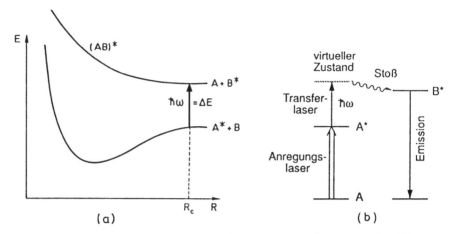

Abb. 8.30a,b. Schematische Darstellung eines „photonunterstützten" Energietransfers (**a**) im molekularen Modell des Stoßpaares A*B und (**b**) im atomaren Termdiagramm des „dressed atom "-Modells mit dem virtuellen Zustand $E(A^*) + \hbar\omega$

linie eines Atoms liegt, so kann man ein solches Atom resonant anregen, wenn seine Energieniveaus bei einem Stoß gerade so verschoben werden, dass die Laserlinie während des Stoßes in Resonanz mit der atomaren Absorptionslinie ist.

Man braucht zur experimentellen Realisierung zwei Laser: Der „Anregungslaser" pumpt die Atome A in den angeregten Zustand A^* und der „Transferlaser" vermittelt den Energietransfer $A^* \rightarrow B^*$. Bei geeigneter Wahl der Photonenenergie $\hbar\omega$ des Transferlasers lässt sich der W.Q. für den, ohne ein Photon völlig nichtresonanten, Prozess um Größenordnungen erhöhen. Solche „**photonenunterstützten**" Stoßprozesse sollen in diesem Abschnitt diskutiert werden. Sie können mit zwei verschiedenen Modellen, die den gleichen Prozess beschreiben, anschaulich gemacht werden.

Im **molekularen Modell** werden die Potenzialkurven $V(R)$ für die Stoßpaare $A^* + B$ und $A + B^*$ betrachtet (Abb. 8.30). Die Photonenenergie $\hbar\omega$ möge beim Abstand R_c des Stoßpaares A*B gerade dem Potenzialabstand ΔE entsprechen. Im molekularen Bild findet dann durch Absorption des Photons ein Übergang in die abstoßende Potenzialkurve $(AB)^*$ statt, die zu den getrennten Partnern $A + B^*$ führt und damit zum Energietransfer von A nach B, der durch das Photon vermittelt wurde.

Im **atomaren Modell** (auch „**dressed-atom model**" genannt [8.97, 8.98]) absorbiert das angeregte Atom A^* ein Photon $\hbar\omega$ des Transferlasers und gelangt dadurch in einen „*virtuellen Zustand*" $A^* + \hbar\omega$, der fast resonant mit einem reellen angeregten Zustand von B ist, sodass der Energietransfer $A^* + B + \hbar\omega \rightarrow A + B^* + \Delta E_{kin}$ mit $\Delta E_{kin} \ll \hbar\omega$ mit großer Wahrscheinlichkeit abläuft.

Die experimentelle Realisierung eines solchen Photonen-unterstützten Energietransfers wurde zuerst von *Harris* und Mitarbeitern [8.99] demonstriert, die den Prozess

$$Sr^*(5^1P) + Ca(4^1S) + \hbar\omega \Rightarrow Sr(5^1S) + Ca(5^1D)$$

$$\Rightarrow Sr(5^1S) + Ca(4p^{2\,1}S) \tag{8.38}$$

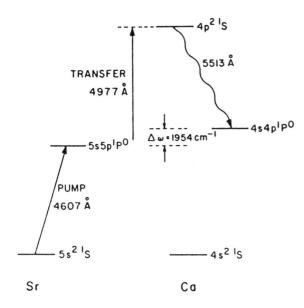

Abb. 8.31. Termschema für den photonunterstützten Energietransfer von Strontium Sr*($^1P^0$) nach Calcium Ca ($6^1S = 4p^2 \, ^1S$) [8.99]

untersuchten. Das entsprechende Termschema ist in Abb. 8.31 gezeigt: Strontiumatome werden durch den Anregungslaser bei $\lambda = 460{,}7$ nm in den $5s5p^1P_10$-Zustand gebracht. Während des Stoßes mit einem Ca-Atom im Grundzustand absorbiert das Stoßpaar Sr($5^1P_1^0$) – Ca(4^1S) ein Photon mit $\lambda = 497{,}9$ nm. Nach dem Stoß bleibt ein angeregtes Ca*($4p^{21}S$) Atom, dessen Fluoreszenz bei $\lambda = 551{,}3$ nm als Detektor für den erfolgten Energietransfer dient.

Es ist bemerkenswert, dass der Übergang $4s^{21}S \rightarrow 4p^{21}S$ bzw. $4p^{21}D$ im Ca-Atom kein erlaubter Dipolübergang ist und im isolierten Atom verboten wäre. Man kann deshalb solche Prozesse vom Standpunkt der Photonenabsorption auch als „**stoßinduzierte Absorption**" eines atomaren elektronischen Überganges ansehen, bei der ein „*dipolverbotener*" Übergang der getrennten Atome zu einem „*dipolerlaubten*" Übergang des molekularen Stoßpaares wird. Der molekulare Übergang hat ein Dipolübergangsmoment $\mu(R)$, das vom Kernabstand R der Stoßpartner abhängt und für $R \rightarrow \infty$ gegen Null geht [8.100]. Es wird unter dem Einfluss der Lichtwelle erzeugt durch die induzierte Dipol-Dipolwechselwirkung aufgrund der atomaren Polarisierbarkeiten der Stoßpartner.

Solche stoßinduzierte Strahlungsabsorption hat nicht nur für die Initiierung chemischer Reaktionen große Bedeutung, sondern sie spielt für die Strahlungsabsorption in Planetenatmosphären und interstellaren Molekülwolken eine große Rolle. Durch die Bildung von Stoßpaaren $H_2 - H_2$ werden z. B. Scwhingungsrotationsübergänge im H_2-Molekül möglich, die im isolierten homonuklearen Molekül verboten sind [8.101].

Detaillierte Experimente über die Abhängigkeit des Transferquerschnittes von der Wellenlänge des Transferlasers wurden von *Toschek* und Mitarbeitern [8.102, 8.103] am Beispiel der Reaktion Sr($5p$) + Li($2S$) + $\hbar\omega \rightarrow$ Sr($5s^2$) + Li($4d$) durchgeführt. Der experimentelle Aufbau ist in Abb. 8.32 gezeigt: In einer „*heat-pipe*" [8.11]

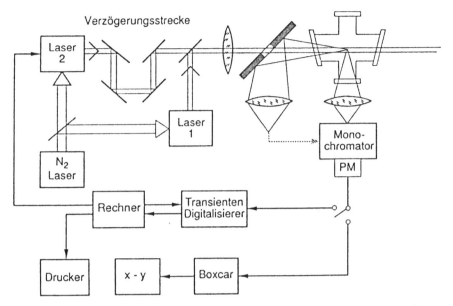

Abb. 8.32. Experimenteller Aufbau zur Untersuchung photonenunterstützter Energietransferprozesse in einer Zelle [8.103]

wird ein Gemisch aus Strontium- und Lithium-Dampf erzeugt, in das zwei vom selben Stickstofflaser gepumpte Farbstofflaser fokussiert werden. Der 1. Laser bei $\lambda = 460{,}7\,\mathrm{nm}$ regt die Strontiumatome an, die Wellenlänge λ des 2. Lasers, der um ein Zeitintervall ΔT gegen den 1. Laserpuls verzögert werden kann, wird über ein Intervall $\Delta\lambda$ um $\lambda = 700\,\mathrm{nm}$ durchgestimmt. Gemessen wird die Intensität der Lithiumfluoreszenz auf dem Übergang $\mathrm{Li}(3d^2 D \to 2p^2 P)$ bei $\lambda = 610\,\mathrm{nm}$ als Funktion der Wellenlänge λ_2 und der Verzögerungszeit ΔT. Wenn λ_2 in Resonanz ist [$\Delta E_{\mathrm{kin}} = 0$ in (8.32)], werden Energietransferraten bis zu $R_{\mathrm{T}} = 2 \cdot 10^{-13}\,\mathrm{cm}^2 \cdot I\,[\mathrm{MW/cm}^2]$ gemessen. Bei genügender Intensität I des Transferlasers übersteigen die W.Q. σ_{Trans} die gaskinetischen W.Q. ($\sigma \approx 10^{-16}\,\mathrm{cm}^2$) um $2 \div 3$ Größenordnungen! Dies macht das Verfahren interessant für die Steuerung spezieller chemischer Reaktionen.

Die Bildung von stabilen Molekülen über die optische Anregung eines Stoßpaars wurde in vielen Labors untersucht. Ein Beispiel ist die Bildung von gebundenen angeregten Excimeren NaKr, die einen repulsiven Grundzustand haben, aber in elektronisch angeregten Zuständen gebundene Potenzialkurven zeigen (Abb. 8.33a). Der erste Laser regt das Stoßpaar Na + Kr bei einer gegen die atomare Na-Resonanz $3S \to 3P$ leicht verstimmten Laserfrequenz in einen repulsiven höheren Zustand an, der dann im Strahlungsfeld des zweiten Lasers sofort (bevor er dissoziiert) in höhere Rydberg-Zustände gebracht wird. Von dort können dann andere tiefer liegende gebundene Zustände durch Fluoreszenz erreicht werden [8.96]. Wenn die Experimente in gekreuzten Atomstrahlen durchgeführt werden, kann man auch den differenziellen Anregungsquerschnitt bestimmen (Abb. 8.33b) Die beiden antikollinearen Laser

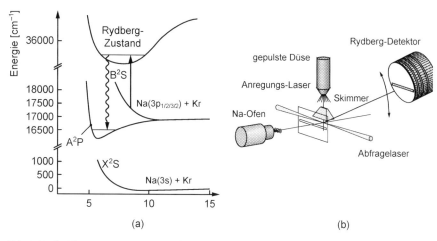

Abb. 8.33a,b. Photoassoziation von Stoßpaaren. (**a**) Termschema für die Anregung eines Stoßpaares in gebundene Rydberg-Zustände des Excimers NaKr, (**b**) experimentelle Anordnung bei Anregung in gekreuzten Molekularstrahlen [8.96]

kreuzen beide Atomstrahlen senkrecht. Der Detektor kann gegen die Atomstrahlachse innerhalb eines vorgegebenen Winkelbereichs gefahren werden.

Bei einer weiteren Variante kann der frequenzverdoppelte Anregungslaser ein Stoßpaar aus dem repulsiven Grundzustand Na(3S)-Kr des Stoßpaares in einen bindenden Rydbergzustand bringen, von wo die Rydberg-Moleküle entweder durch Fluoreszenz oder durch stimulierte Emission mithilfe eines zweiten Lasers, der zum ersten Laserstrahl antikollinear ist, in ausgesuchte Niveaus eines stabilen angeregten Zustandes des NaKr* übergehen.

Über weitere Aspekte dieses Gebietes findet man Informationen in [8.106–8.109].

9 Neuere Entwicklungen in der Laserspektroskopie

In den letzten Jahren sind neue Ideen und spektroskopische Techniken entwickelt worden, die nicht nur die spektrale Auflösung und die Nachweisempfindlichkeit für die Untersuchung einzelner Atome weiter verbessert haben, sondern auch interessante Experimente zur Prüfung physikalischer Grundlagen ermöglichen. In diesem Kapitel sollen einige dieser neuen Entwicklungen vorgestellt werden.

9.1 Optische Ramsey-Resonanzen

Im Bd. 1, Kap. 3 wurden die verschiedenen Ursachen für die endliche Breite von Spektrallinien behandelt. Wenn man Doppler- und Druckverbreiterung durch Anwendung Doppler-freier Methoden bei tiefen Drucken eliminieren kann, wird für Übergänge mit sehr kleiner natürlicher Linienbreite die Flugzeitlinienbreite oft der begrenzende Faktor, wenn die Aufenthaltsdauer des Atoms im Laserfeld kürzer als die spontane Lebensdauer wird (Bd. 1, Abschn. 3.6) [9.3].

Es gibt zwei Möglichkeiten, die Flugzeit $T = d/v$ durch das Laserfeld zu vergrößern und damit diese Begrenzung zu vermindern: Entweder kann die Geschwindigkeit v der Atome durch Kühlung auf tiefe Temperaturen drastisch reduziert oder die Wechselwirkungslänge d vergrößert werden. In diesem Abschnitt wollen wir zuerst experimentelle Realisierungen der zweiten Möglichkeit kennen lernen und das Problem der Geschwindigkeitsreduktion durch optisches Kühlen im nächsten Abschnitt besprechen. Die interessante Frage, ob man auch die natürliche Linienbreite „überlisten" kann, soll dann im Abschn. 9.6 diskutiert werden.

9.1.1 Grundlagen der Ramsey-Interferenzen

Das Problem der Flugzeitverbreiterung tauchte schon vor vielen Jahren in der elektrischen oder magnetischen Resonanzspektroskopie in Molekularstrahlen auf [9.4]. In diesen, von *Rabi* [9.5] zuerst durchgeführten Experimenten (Abschn. 5.2) fliegen die Moleküle in selektierten Zuständen durch ein Radiofrequenz (RF)- oder Mikrowellenfeld, das Übergänge zwischen Rotations- oder HFS-Niveaus im elektronischen Grundzustand induziert (Abb. 5.8). Da die spontane Übergangswahrscheinlichkeit proportional zu v^3 ist (Bd. 1, Abschn. 2.2), wird die spontane Lebensdauer für Anregungsenergien im RF-Bereich extrem lang, und die Linienbreite wird dann haupt-

W. Demtröder, *Laserspektroskopie 2*, DOI 10.1007/978-3-642-21447-9_9,
© Springer-Verlag Berlin Heidelberg 2013

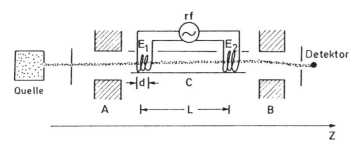

Abb. 9.1. Schematische Darstellung der Ramsey-Methode im Radiofrequenzbereich

sächlich durch die Flugzeit $T = d/v$ der Moleküle mit der mittleren Geschwindigkeit v durch das RF-Feld der Länge d begrenzt.

Mit der genialen Idee von *Ramsey* [9.4], statt des einen RF-Feldes zwei getrennte aber phasengekoppelte RF-Felder mit dem räumlichen Abstand $L \gg$ d zu verwenden (Abb. 9.1), konnte die Flugzeitverbreiterung beträchtlich reduziert werden. Das Grundprinzip kann man wie folgt verstehen:

Die Wechselwirkung eines Moleküls mit dem ersten Feld erzeugt ein oszillierendes Dipolmoment, dessen Phase von seiner Wechselwirkungszeit $\Delta T =$ d/v mit dem Feld, von der Feldamplitude und von der Verstimmung $\Omega = \omega_0 - \omega$ der Feldfrequenz ω gegen die molekulare Resonanzfrequenz ω_0 abhängt [9.7]. Nach Verlassen des ersten Feldes oszilliert der molekulare Dipol in der feldfreien Flugstrecke mit seiner Eigenfrequenz ω_0 (Abschn. 7.3). Beim Eintritt in das zweite Feld hat sich seine Phase gegenüber dem Austritt aus dem ersten Feld um $\phi = \omega_0 T = \omega_0 L/v$ vergrößert, die Phase des Feldes dagegen um ωT. Die relative Phase zwischen Dipol und Feld $\Delta\phi = (\omega - \omega_0)L/v$ ist gleich dem Produkt aus Flugzeit $T = L/v$ und Frequenzverstimmung $(\omega - \omega_0)$.

Nun hängt die Wechselwirkung zwischen Dipol und RF-Feld von dieser relativen Phase ab. Die vom Dipol im zweiten Feld mit der Feldamplitude E_2 absorbierte Leistung, die als Signalgröße verwendet wird, ist proportional zu

$$P_{\text{abs}} \propto -E_2^2 \cos(\Delta\phi) . \tag{9.1}$$

Bei N Molekülen mit der gleichen Geschwindigkeit v erhält man dann ein als Funktion der Feldfrequenz oszillierendes Signal

$$S(\omega) = CNE_2^2 \cos[(\omega - \omega_0)L/v] , \tag{9.2a}$$

die sogenannten **Ramsey-Interferenzen** (Abb. 9.2). Die volle Halbwertsbreite des zentralen Maximums

$$\delta\omega = \frac{2\pi}{3}\frac{v}{L} \Rightarrow \delta\omega = \frac{v}{3L} \tag{9.3}$$

nimmt mit wachsendem Abstand L ab. Sie ist für $L \gg d$ viel schmaler als die Flugzeitbreite für die Flugstrecke d durch ein einzelnes Feld!

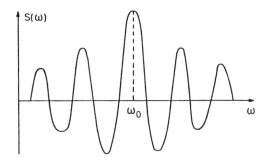

Abb. 9.2. Die im 2. Feld absorbierte Leistung als Funktion der Verstimmung $\Omega = \omega - \omega_0$ (Ramsey-Interferenzen) für eine schmale Geschwindigkeitsverteilung

Die maximale Länge L ist jedoch durch die Geschwindigkeitsverteilung $N(v)$ der Moleküle im Strahl beschränkt. Moleküle mit verschiedenen Geschwindigkeiten haben nach (9.2a) eine verschiedene Phase beim Eintritt in das zweite Feld, und das wirkliche Signal wird statt (9.2a)

$$S(\omega) = C \int_{v=0}^{\infty} N(v) E_2^2 \cos\left(\frac{(\omega - \omega_0)L}{2v}\right) dv . \tag{9.2b}$$

Durch die verschiedenen Phasen $\Delta\phi(v)$ der Moleküle mit unterschiedlicher Geschwindigkeit nimmt die Gesamtamplitude des Ramsey-Signals mit höherer Interferenzordnung (d. h. größeren $\omega - \omega_0$) ab. Die zentrale Interferenzordnung um $\omega = \omega_0$ bleibt aber erhalten, wenn die Bedingung

$$L \leq \pi \frac{v^2}{\Delta v \omega_0} \tag{9.4}$$

erfüllt ist, wobei Δv die Halbwertsbreite der Geschwindigkeitsverteilung $N(v)$ ist. Bei größeren Werten von L überlappen die höheren Interferenzordnungen der langsamen Moleküle mit den niedrigeren Ordnungen der schnellen Molekülen. Meistens wird zur spektroskopischen Auswertung nur die nullte Ordnung verwendet. Überschallstrahlen mit ihrer eingeengten Geschwindigkeitsverteilung (Abschn. 4.2) erlauben größere Feldabstände L und führen daher zu einem großen Fortschritt in der Auflösung [9.8, 9.9].

Dieses Interferenzphänomen bei der phasenabhängigen Wechselwirkung zwischen den molekularen Dipolen und dem RF-Feld ist völlig analog zum Young'schen Doppelspalt-Interferenz-Versuch mit partiell kohärentem Licht (Bd. 1, Abschn. 2.8). In beiden Fällen darf die maximale Breite der Phasenverteilung innerhalb der miteinander interferierenden Teilensembles (Photonen bzw. Moleküle) nicht größer als π werden, damit noch deutliche Interferenzstrukturen auftreten.

Die Idee liegt nahe, diese Ramsey-Methode auf die optische Spektroskopie zu übertragen, wobei die beiden RF-Felder durch zwei Teilstrahlen eines Lasers in x-Richtung ersetzt werden müssten, die beide so in sich reflektiert werden, dass zwei stehende Wellenfelder entstehen, deren Phase miteinander gekoppelt ist. Dies stößt aber auf folgende Schwierigkeit:

Im RF-Bereich ist die Wellenlänge λ groß gegen die Ausdehnung d der RF-Feldregion, sodass die Feldphase praktisch unabhängig von den Koordinaten x und y

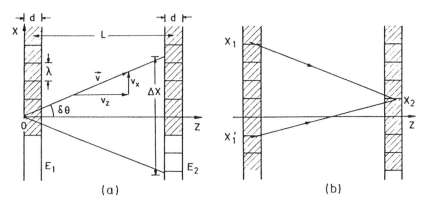

Abb. 9.3. (a) Moleküle, die von einem Punkt ($x = y = z = 0$) starten, „sehen" im 2. Feld eine Feldphase, die vom Winkel θ ihrer Flugbahn abhängt, (b) Moleküle, die von verschiedenen Punkten (x_1, y_2), bei $z = 0$ starten, haben beim Eintritt in das 2. Feld am gleichen Ort verschiedene Oszillationsphasen

senkrecht zur Strahlachse z ist. Im optischen Fall gilt dagegen $\lambda \ll d$. Dies bedeutet, dass sich die Phase einer stehenden Lichtwelle über eine Wegstrecke Δx quer zur z-Achse um $2\pi\Delta x/\lambda$ ändert und Moleküle, deren Flugweg einen Winkel Θ mit der Strahlachse bildet, eine von Θ abhängige Feldphase erfahren. Zur Illustration betrachten wir in Abb. 9.3a Moleküle, die von einem Punkt $z = 0$, $x = 0$ starten und im ersten Feld ein induziertes Dipolmoment erhalten. Nur solche Moleküle, deren Geschwindigkeitsrichtungen in dem engen Winkelbereich

$$\delta\Theta \le \lambda/2d \tag{9.5}$$

liegen, unterscheiden sich am Ende des ersten Feldes in der Phase ihres oszillierenden Dipolmomentes um weniger als π. Diese Moleküle durchlaufen das zweite Feld jedoch bereits in einem Abstandsbereich $\Delta x \le L\delta\Theta \le L\lambda/2d$, in dem die Feldphase sich bis zu $\delta\phi = \pi L/d$ ändert. Will man durch die Methode der getrennten Felder wirklich an Auflösung gewinnen, so muss $L \gg d$ sein, was bedeutet, dass $\delta\phi \gg \pi$ ist. Obwohl diese Moleküle im ersten Feld alle fast die gleiche Phase erhalten haben, können sie im zweiten Feld keine beobachtbaren Ramsey-Interferenzen erzeugen, weil ihre Phasen relativ zu E_2 über einen Bereich $\Delta\phi \gg \pi$ verteilt sind. Das Interferenzsignal, das durch die Summe über alle molekularen Beiträge entsteht, mittelt sich daher zu null weg.

Als zweiter Effekt kommt noch hinzu, dass die Ausdehnung der Molekularstrahlquelle (Loch oder Düse mit einem Durchmesser $\ge 50\,\mu$m) groß gegen die Wellenlänge λ ist. Moleküle, die bei $z = 0$ mit verschiedenen Werten von x und y starten, aber am gleichen Ort in das zweite Feld eintreten (Abb. 9.3b), haben dort aufgrund ihrer verschieden langen Laufwege bereits verschiedene Phasen, die um mehr als π streuen. Sie tragen deshalb zusätzlich zur Ausmittelung des Signals zu null bei.

Zur Verdeutlichung dieser Effekte ist in Abb. 9.4 die Differenz $\Delta\phi(v_x)$ der Phase eines molekularen Dipols gegen die Feldphase am Ende des ersten ($z = z_1 = d$) und beim Eintritt in das zweite Laserfeld $z = z_2 = L$ als Funktion der transversalen Geschwindigkeitskomponente v_x aufgetragen. Obwohl $\Delta\phi(v_x, z_1)$ am Ende des ersten

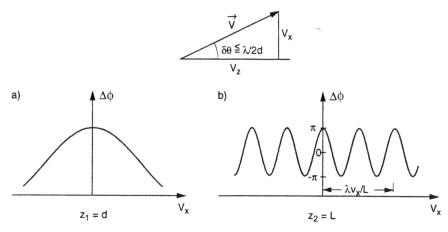

Abb. 9.4a,b. Relative Phase $\Delta\phi(v_x)$ zwischen Feld und Dipol ab Funktion der Quergeschwindigkeit v_x (**a** im 1. Feld und **b** im zweiten Feld)

Feldes eine flache Verteilung mit $\Delta\phi(z_1)_{max} \leq \pi$ hat, zeigt $\Delta\phi(v_x, z_2)$ im zweiten Feld eine Modulation zwischen $-\pi$ und $+\pi$ mit der Periode $\Delta v_x = v_x\lambda/2L$. Die dadurch bedingten Phasenunterschiede der einzelnen molekularen Dipole sind für alle Moleküle mit verschiedenen Werten von v_x und verschiedenen Startpunkten $(x, y, z = 0)$ unterschiedlich, sodass die Phasen für das Gesamtensemble ausgewaschen werden und nicht detektiert werden können.

Es ist interessant zu bemerken, dass die Forderung $\delta\Theta \leq \lambda/2D$ in (9.5) äquivalent ist zu der Bedingung, dass die restliche Doppler-Breite $\delta\omega_D$ für die transversale Geschwindigkeitsverteilung $N(v_x)$ derjenigen Moleküle, deren Geschwindigkeiten im Winkelbereich $\delta\Theta$ um die Strahlachse liegen, nicht die Flugzeitverbreiterung $\Delta\omega_{FZ} = \pi v_z/d$ übersteigt. Dies sieht man wegen $v_x = \dot{v}_z \cdot \tan\delta\Theta \approx v_z\delta\Theta$ sofort aus der Relation

$$\delta\omega_D = \omega\frac{v_x}{c} = \omega\frac{\delta\Theta v_z}{c} = 2\pi\delta\Theta\frac{v_z}{\lambda} \Rightarrow \delta\Theta < \frac{\lambda}{2d} \Leftrightarrow \delta\omega_D < \pi\frac{v_z}{d} . \tag{9.6}$$

Ist nun wegen dieser Hindernisse die Ramsey-Methode auf den optischen Spektralbereich nicht anwendbar?

Glücklicherweise sind neue Methoden entwickelt worden, welche diese Schwierigkeiten überwinden, und inzwischen experimentell verifiziert wurden. Sie basieren auf der Kombination von Doppler-freier Zweiphotonenspektroskopie oder Sättigungsspektroskopie mit dem **Ramsey-Prinzip**.

9.1.2 Zweiphotonen-Ramsey-Resonanzen

Im Abschn. 2.5 wurde gezeigt, dass für einen Zweiphotonenübergang der lineare Doppler-Effekt völlig kompensiert werden kann, wenn die beiden absorbierten Photonen $\hbar\omega_1 = \hbar\omega_2$ entgegengerichtete Wellenvektoren $k_1 = -k_2$ haben. Zu einem solchen Übergang tragen daher alle Geschwindigkeitsklassen v_x der Moleküle bei, und die Phase des molekularen Dipols im ersten Feld hängt nicht mehr von seiner transversalen Geschwindigkeit v_x, bzw. v_y ab, weil beide entgegenlaufenden Feldkomponenten der stehenden Lichtwelle die Phasen ϕ_1^+ und ϕ_1^- beitragen, deren Summe unabhängig von v_x ist. Nach Verlassen der ersten Feldzone präzediert der molekulare Dipol mit einer Frequenz $\omega_{ik} = (E_i - E_k)/\hbar$, *unabhängig von seiner Transversalgeschwindigkeit*. Ist a_1 die Anregungsamplitude im ersten Feld bei einer Frequenzverstimmung $\Delta\omega = (\omega + kv_x + \omega - kv_x) - \omega_{ik} = 2\omega - \omega_{ik}$, so werden die Moleküle im zweiten Feld nach einer Laufzeit $T = L/v$ gemäß ihrer Phasenverschiebung $\Delta\phi = (2\omega - \omega_{ik})T$ mit der Amplitude $a_2 e^{-i\Delta\phi}$ angeregt. Diese Phasenverschiebung $\Delta\phi = \phi_2^+ + \phi_2^- - (\phi_1^+ + \phi_1^-) = \Delta\omega T$ setzt sich aus den vier Anteilen der vier beteiligten Lichtwellen (zwei entgegenlaufende Wellen in jeder der beiden Zonen) zusammen. Obwohl jeder dieser Anteile von v_x abhängt, kompensiert sich diese Abhängigkeit in der Summe, *sodass $\Delta\phi$ insgesamt unabhängig von der Transversalgeschwindigkeit wird* [9.10]. Die Gesamtamplitude des Dipols im zweiten Feld ist proportional zu $(a_1 + a_2 e^{-i\Delta\phi})$, sodass wir die gesamte Übergangswahrscheinlichkeit

$$S \propto |a_1|^2 + |a_2|^2 + 2a_1 a_2 \cos\Delta\omega T \text{ mit } T = L/v_z \tag{9.7}$$

erhalten. Die beiden ersten Terme beschreiben die Doppler-freien Übergänge im ersten und zweiten Feld, während der dritte Term die von der Phasendifferenz $\Delta\phi$ abhängige Ramsey-Interferenz der absorbierenden Moleküle angibt. Auch hier muss man genau wie in (9.5) über alle *longitudinalen* Geschwindigkeiten v_z integrieren, sodass die höheren Ordnungen mit zunehmender Breite Δv_z der Geschwindigkeitsverteilung ausgemittelt werden. Der wichtige Punkt ist jedoch, dass man genau wie

Eine Wechselwirkungszone:

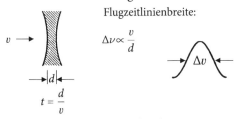

Zwei getrennte Wechselwirkungszonen:

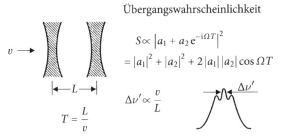

Abb. 9.5. Illustration der Zweiphotonen-Ramsey-Resonanzen [9.11]

im Mikrowellenbereich ein zentrales Maximum mit der schmalen Spektralbreite

$$\Delta\omega = 2\pi v / 3L \tag{9.8}$$

erhält, so lange $L \ll \pi v^2 / \Delta v \omega_0$ gilt (Abb. 9.5).

Natürlich muss die spontane Lebensdauer des angeregten Niveaus groß gegen die Flugzeit $T = L/v$ sein, weil sonst die Phaseninformation, die durch die Wechselwirkung mit dem 1. Feld den Molekülen aufgeprägt wird, bei der Ankunft im 2. Feld bereits wieder verloren wäre. Deshalb wird diese Methode auf langlebige Zustände, wie z. B. metastabile Zustände oder hoch liegende Rydberg-Zustände angewandt.

Die Methode der Zweiphotonen-Ramsey-Resonanzen wurde am Beispiel von Rydberg-Übergängen im Rb-Atom demonstriert (Abb. 9.6). Die beiden Ramsey-Zonen werden durch einen gefalteten Laserresonator realisiert, dessen Ramsey-Frequenz durch einen Regelkreis immer auf der Laserfrequenz gehalten wird. Die angeregten Rydberg-Atome werden in dem elektrischen Feld ionisiert und mit einem Channeltron nachgewiesen (Abb. 9.6). In Abb. 9.7 ist ein solches Signal gezeigt, das

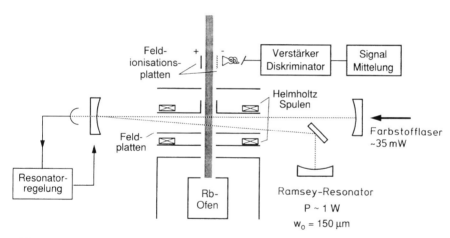

Abb. 9.6. Experimentelle Anordnung zur Beobachtung von Zweiphotonen-Ramsey-Resonanzen für Rydberg-Zustände von Rb [9.12]

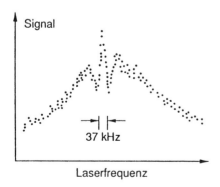

Abb. 9.7. Zweiphotonen-Ramsey-Resonanz des Überganges $32^2S \leftarrow 5^2S$, $F = 3$ in ^{86}Rb bei einem Feldabstand von $L = 2{,}5\,\text{mm}$ [9.12]

mit der Anordnung in Abb. 9.6 gemessen wurde. Die Halbwertsbreite des zentralen Interferenzmaximums betrug bei einem Zonenabstand $L = 2{,}5$ mm etwa 37 kHz [9.12] und konnte bei $L = 5$ mm auf 18 kHz reduziert werden.

9.1.3 Nichtlineare Ramsey-Interferenzen

Eine andere Methode, die das Auswaschen der optischen Ramsey-Interferenzen verhindert, wurde zuerst von *Baklanov* und *Chebotayev* [9.13] vorgeschlagen. Sie basiert auf der Sättigungsspektroskopie und der Verwendung einer dritten Feldzone. Sie funktioniert folgendermaßen:

Bei der Sättigungsspektroskopie (Abschn. 2.2) wird die Besetzungsdichte $N_i(v_x)$ von Molekülen mit Geschwindigkeitskomponenten um $v_x = 0$ durch die Wechselwirkung mit einer stehenden Lichtwelle stärker vermindert als die der Moleküle mit $v_x \neq 0$, weil die Moleküle mit $v_x = 0$ gleichzeitig mit beiden entgegenlaufenden Komponenten der stehenden Welle wechselwirken können. Es entsteht ein „*Lamb-Dip*" bei der Mittenfrequenz ω_0 des molekularen Überganges. Man kann dies auch als einen Zweiphotonenprozess auffassen: Das erste Photon aus einer der beiden Feldkomponenten sättigt den Übergang und das zweite Photon aus der entgegenlaufenden Feldkomponente weist diese Sättigung nach.

Bei der Kombination der Sättigungsspektroskopie mit der Ramsey-Methode wird der Molekularstrahl von drei stehenden Laserwellen an den Orten $z = 0$, $z = L$ und $z = 2L$ gekreuzt. Wir betrachten in Abb. 9.8a die ohne Stöße geradlinig verlaufende Bahn eines Moleküls, das unter dem Winkel θ zur Strahlachse vom Punkt ($x = x_1, z = 0$) in der ersten Zone startet, die zweite Feldzone bei ($x_2 = x_1 + v_x L/v_z, z_2 = L$) passiert und die dritte Zone bei ($x_3 = x_1 + 2v_x L/v_z, z_3 = 2L$) erreicht. Seine Phasendifferenz beim Eintritt in das zweite Feld ist

$$\Delta\phi = \phi_1(x_1) + (\omega_{ik} - \omega)T - \phi_2(x_2) \,, \qquad (9.9)$$

wobei $\phi_1(x_1)$, $\phi_2(x_2)$ die Feldphasen am Ort (x_1, z_1) bzw. (x_2, z_2) sind.

Die makroskopische Polarisation im Punkte (x_2, z_2) ist null, weil Moleküle mit verschiedenen Geschwindigkeitskomponenten v_x von verschiedenen Orten (x_1, z_1) im Punkt (x_2, z_2) ankommen, deren Phasen statistisch verteilt sind. Die durch das zweite Feld bewirkte Besetzungsänderung ΔN_1 hängt von der relativen Phase $\Delta\phi$ ab. Wenn jedoch die beiden Feldphasen $\phi(x_1)$ und $\phi(x_2)$ so eingestellt werden, dass $\phi(x_1) = \phi(x_2)$ für $x_1 = x_2$, dann wird die Phasendifferenz $\Delta\phi_F = \phi(x_1) - \phi(x_2) = \phi(x_1 - x_2) = \phi(v_x T)$ unabhängig von x und hängt nur noch von v_x ab! Nach der nichtlinearen Wechselwirkung mit dem zweiten Feld zeigt die Besetzungsverteilung $N(v_x)$ der Moleküle, die beim Start eine Gauß'sche Verteilung hatten, eine periodische Modulation (Abb. 9.8b). Diese kann aber nicht nachgewiesen werden, weil sie keiner *räumlichen* Modulation $N_i(x)$ entspricht, während die Probenwelle, die zum Nachweis dient, eine vom Ort x abhängige Phase hat. Das Sättigungssignal wird deshalb vollständig ausgewaschen. **Dies ist jedoch nicht der Fall in der dritten Feldzone!** Da die Wechselwirkungsorte x_3 durch $x_3 = 2L(v_x/v_z)$ von v_x abhängen, erzeugt die Besetzungsmodulation $N_i(v_x)$ in der zweiten Feldzone eine entsprechende

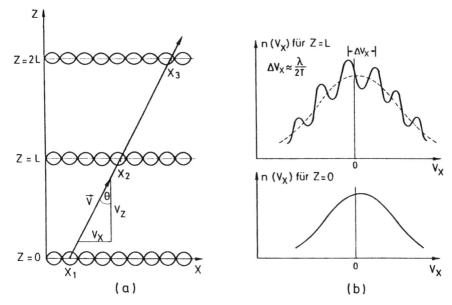

Abb. 9.8. (a) Geradlinige Bahn eines Moleküls durch drei Zonen stehender Lichtwellen, (b) Besetzungsdichte $n_i(v_x)$ in der 1. Zone (*unten*) und der 2. Zone (*oben*)

räumliche Modulation $N_i(x)$ in der dritten Zone, die zu einer nicht verschwindenden makroskopischen Polarisation $P(x, z = z_3, \tau)$ der Moleküle führt [9.14].

Die im dritten Feld mit der Amplitude E_3 von den Molekülen absorbierte Leistung

$$P(\omega) = 2Re\left\{ E_3 \iint [P(x, t)\cos(kx + \phi_3)e^{i\omega t}]\,dx\,dt \right\} \qquad (9.10)$$

ergibt das Messsignal im dritten Feld. Eine genauere quantentheoretische Rechnung mithilfe der Störungstheorie 3. Ordnung [9.15] liefert für einen Übergang $|i\rangle \rightarrow |k\rangle$ mit dem Dipolübergangsmoment d_{ik}

$$P(\omega) = \frac{\hbar\omega}{2}\left| G_1 G_2^2 G_3 \right| T^4 \cos(2\phi_2 - \phi_1 - \phi_3)\cos(\Delta\omega t)\,, \qquad (9.11)$$

wobei $G_n = id_{ik}E_n/\hbar$ ($n = 1, 2, 3$) ist, und $\phi_n(x)$ sind die ortsabhängigen Phasen der drei Felder mit den Amplituden

$$E_n(x, z, t) = 2E_n(z)\cos(kx_n + \phi_n)\cos\omega t\,. \qquad (9.12)$$

Werden die drei Feldphasen ϕ_n so eingestellt, dass $2\phi_2 = \phi_1 + \phi_3$ ist, wird das Signal in der dritten Zone maximal. Eine detaillierte Berechnung dieser nichtlinearen Ramsey-Resonanzen mithilfe des Dichtematrix-Formalismus findet man in [9.16].

Die Möglichkeiten der erhöhten spektralen Auflösung dieser Methode wurden eindrucksvoll demonstriert von *Bergquist* u. a. [9.18] am Beispiel der Neonlinie $3s_5 \rightarrow 3p_2$ bei $\lambda = 588,2\,nm$ (Abb. 9.9). Linienbreiten des zentralen Ramsey-

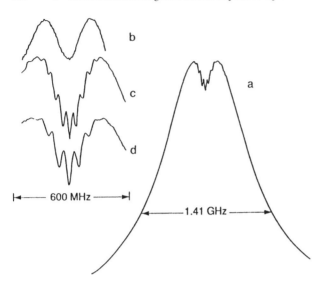

Abb. 9.9. Lamb-Dip bei der nichtlinearen Ramsey-Resonanz des Neon-Überganges $3S \rightarrow 3P_2$ bei $\lambda = 588,2$ nm in einem schnellen Ne-Metastabilenstrahl. (*a*) Doppler-Profil im kollimierten Strahl mit zentralem Lamb-Dip, (*b-d*) gespreizter Bereich des Lamb-Dips bei Verwendung von zwei Feldzonen (*b*), drei Zonen (*c*) und vier Zonen (*d*) [9.17]

Interferenzmaximums von 4,3 MHz wurden bei einem Abstand $L = 0,5$ cm zwischen den Feldzonen erreicht. Dies entspricht der natürlichen Linienbreite des Neonüberganges. Mit 4 Feldzonen kann man den Kontrast der Ramsey-Interferenzen steigern [9.19].

Die obige Diskussion hatte gezeigt, dass eine dritte Feldzone nötig ist, wenn die Ramsey-Interferenzen durch die im 3. Feld absorbierte Leistung $P(\omega)$ nachgewiesen werden sollen. Man kann das Laserfeld in der 3. Zone sparen, wenn statt der Absorption die kollektive kohärente Emission der Moleküle bei $z = 2L$ gemessen wird [9.14]. Das physikalische Prinzip, das diesem Phänomen zugrunde liegt, ist analog zum Photonecho (Abschn. 7.4): Die im ersten Feld kohärent präparierten Moleküle erleiden im zweiten Feld aufgrund ihrer nichtlinearen Wechselwirkung einen Phasensprung, der die zeitliche Entwicklung ihrer Phase umkehrt. Ist die Flugzeit $T = L/v$ zwischen Feld 1 und 2 genau so groß wie zwischen Feld 2 und 3, so sind in der dritten Feldzone alle molekularen Dipole wieder in Phase und emittieren auch ohne Laser in der 3. Zone kohärent einen makroskopischen Strahlungspuls auf dem Übergang $|k\rangle \rightarrow |i\rangle$.

9.1.4 Optische Ramsey-Resonanzen durch äquidistante Folge von Laserpulsen

Das Ramsey-Prinzip der Wechselwirkung eines Atoms mit zeitlich nacheinander durchlaufenen elektro-magnetischen Feldern kann auch auf eine ganz andere Weise realisiert werden: Atome in einem kollimierten Atomstrahl werden kollinear mit

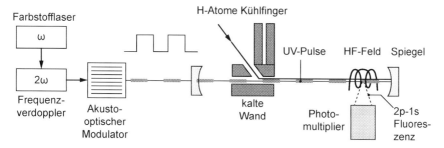

Abb. 9.10. Ramsey-Methode mit UV-Pulsen zur genauen Spektroskopie des $1S \rightarrow 2S$ Überganges im Wasserstoff-Atom [9.20]

einer äquidistanten Folge von Laserpulsen bestrahlt (Abb. 9.10). Der zeitliche Abstand dieser Pulse entspricht der Laufzeit $T = L/v$ bei der üblichen Ramsey-Methode mit durch den Abstand L räumlich getrennten Feldern. Diese Modifikation wurde von Hänsch und Mitarbeitern [9.20] für die Präzisionsmessung am Wasserstoff-Atom verwendet. Die Ausgangsstrahlung eines cw-Farbstofflasers bei $\lambda = 486\,\text{nm}$ wird frequenzverdoppelt und durch einen akusto-optischen Modulator zu einer Folge äquidistanter Pulse geformt, die in einen Resonator eingekoppelt werden und dort eine puls-modulierte stehende Welle bilden mit einem entsprechenden räumlich-periodischen Muster des optischen Feldes. Die Wasserstoff-Atome werden in einer Mikrowellenentladung gebildet, bei der Reflexion an einer kalten Wand gekühlt und dann durch die Ramsey-Felder geschickt. Die durch Zwei-Photonen-Absorption angeregten H-Atome im metastabilen $2S$-Zustand werden dann durch ein HF-Feld in den 2P Zustand überführt, der durch Aussendung der Lyman-α-Strahlung in den $1S$-Zustand übergeht. Diese Fluoreszenz dient als Nachweis der angeregten H-Atome.

9.1.5 Atomarer Springbrunnen

Eine geniale Idee, mit der Ramsey-Resonanzen mit besonders hoher spektraler Auflösung erzielt werden können, verwendet statt des horizontalen Atomstrahls einen nach oben gerichteten kollimierten Strahl von sehr kalten Atomen (atomic fountain) [9.21]. Die kinetische Energie dieser Atome ist so klein, dass sie nach einer Steighöhe h, bei der $(m/2)v^2 = mgh$ ist, im Gravitationsfeld der Erde wieder umkehren und den gleiche Weg wie beim Aufstieg herunterfallen. Beim Aufsteigen und beim Herabfallen durchlaufen die Atome den gleichen Laserstrahl (Abb. 9.11). Genau wie bei der üblichen Ramsey-Methode werden beim Aufsteigen die atomaren Dipolmomente erzeugt, deren Phase sich im feldfreien Raum entwickelt, bis sie beim Herabfallen im Laserfeld abgefragt wird. Wegen der kleinen Geschwindigkeit (im oberen Umkehrpunkt wird sie Null!) ist die Zeitspanne T zwischen den beiden Wechselwirkungszeiten sehr groß, sodass nach Gl. (9.7) die Frequenzbreite $\Delta\omega = \pi/T$ sehr klein wird. Das Reservoir für die kalten Atome kann entweder eine magneto-optische Falle sein oder ein Bose-Einstein-Kondensat (siehe Abschn. 9.3). Schaltet man für eine kurze Zeit einen gepulsten Laser ein, dessen Ausgangsstrahl in die $+z$-Richtung zeigt

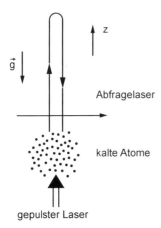

Abb. 9.11. Atomarer Springbrunnen. g = Erdbeschleunigung

und dessen Frequenz auf die Resonanz der gespeicherten Atome abgestimmt ist, so gibt dieser den Atomen einen kleinen Impulsübertrag in die $+z$-Richtung, sodass sie aus der Falle nach oben fliegen.

Beispiel 9.1

Bei einer Temperatur T = 10 mK wird die Steighöhe h von Na-Atomen (m = 23 AMU) im Atomstrahl wegen $(m/2)\langle v_z^2 \rangle = \frac{1}{2}kT = mgh$: $h = kT/(2mg) = 0{,}18$ m. Die Steigzeit bis zum Umkehrpunkt ist: $t/2 = (2h/g)^{1/2} = 0{,}2$ s. Die Zeit zwischen zwei Durchgängen durch den Laserstrahl, der dicht oberhalb der Atomquelle den Atomstrahl kreuzt, beträgt deshalb etwa 0,4 s. Die prinzipiell erreichbare spektrale Breite des zentralen Ramsey-Maximums wird dann $\Delta v = \Delta\omega/2\pi = 1/t = 2$ Hz. Da es andere limitierende Faktoren für die Frequenzbreite gibt, erreicht man in der Praxis etwa 10 Hz. Der Impulsübertrag durch Absorption eines Photons des „pushing lasers" ist $\hbar k$ und die Anfangsgeschwindigkeit der Na-Atome wird dann $v_z = v_{\text{thermisch}} + \hbar k/m$ mit $\hbar k/m = 0{,}03$ m/s, während die thermische mittlere Geschwindigkeit bei T = 10 mK $v_{\text{thermisch}}$ = 2,6 m/s beträgt. Will man beide Beiträge ungefähr gleich machen so muss jedes Atom etwa 100 Photonen des „pushing lasers" absorbieren.

Wenn man einen solchen atomaren Springbrunnen als Atomuhr verwendet, erreicht man eine relative Frequenzstabilität von $5 \cdot 10^{-16}$ [9.22]!!

Wir wollen uns im nächsten Abschnitt der interessanten Frage zuwenden, wie man besonders tiefe Temperaturen für Atome oder Moleküle erreichen kann.

9.2 Photonenrückstoß

Wenn ein Atom mit der Ruhemasse M_0 im Energiezustand E_i, das sich mit der Geschwindigkeit $\boldsymbol{v}_i$ bewegt und daher den Impuls $\boldsymbol{p}_i = M\boldsymbol{v}_i$ hat, ein Photon $\hbar\omega_{ik}$ mit dem Impuls $\hbar\boldsymbol{k}$ absorbiert und dadurch in den angeregten Zustand E_k übergeht, so gilt für den Impuls $\boldsymbol{p}_k$ des Atoms nach der Absorption

$$\boldsymbol{p}_k = \boldsymbol{p}_i + \hbar\boldsymbol{k} \ . \tag{9.13}$$

Der relativistische Energiesatz verlangt

$$\hbar\omega_{ik} = \sqrt{p_k^2 c^2 + (M_0 c^2 + E_k)^2} - \sqrt{p_i^2 c^2 + (M_0 c^2 + E_i)^2} \ . \tag{9.14}$$

Zieht man in (9.14) den Faktor $(M_0 c^2 + E_k)^2$ bzw. $(M_0 c^2 + E_i)^2$ vor die Wurzel und entwickelt die Wurzeln, so erhält man für die Resonanzabsorptionsfrequenz ω_{ik}

$$\omega_{ik} = \omega_0 + \boldsymbol{k}\boldsymbol{v}_i - \omega_0 \frac{v_i^2}{2c^2} + \frac{\hbar\omega_0^2}{2Mc^2} \tag{9.15}$$

Der erste Term entspricht der Eigenfrequenz $\omega_0 = (E_k - E_i)/\hbar$ des ruhenden Atoms, wenn man den Rückstoß vernachlässigt. Der zweite Term stellt den linearen Doppler-Effekt (DE 1. Ordnung) dar, der durch die Bewegung des Atoms vor der Absorption bewirkt wird. Der dritte Term beschreibt den quadratischen Doppler-Effekt (DE 2. Ordnung). Man beachte, dass dieser Term unabhängig von der Richtung der Geschwindigkeit ist und durch die in den Kapiteln 7–10 diskutierten „Doppler-freien" Techniken, die den linearen Doppler-Effekt ausschalten, nicht eliminiert wird! Der letzte Term in (9.15) wird durch den Photonenrückstoß bewirkt.

Bei der *Emission* eines Photons durch ein Atom im Zustand E_k mit dem Impuls $\boldsymbol{p}_k = M\boldsymbol{v}_k$ erhält man analog zum Absorptionsfall für den Impuls $\boldsymbol{p}_i$ des Atoms nach der Emission

$$\boldsymbol{p}_i = \boldsymbol{p}_k - \hbar\boldsymbol{k} \tag{9.16}$$

und für die Emissionsfrequenz

$$\omega_{ki} = \omega_0 + \boldsymbol{k}\boldsymbol{v}_k - \frac{\omega_0 v_k^2}{2c^2} - \frac{\hbar\omega_0^2}{2Mc^2} \ . \tag{9.17}$$

Die Frequenzdifferenz

$$\Delta\omega = \omega_{ik}^{\mathrm{abs}} - \omega_{ki}^{\mathrm{em}} = \frac{\hbar\omega_0^2}{Mc^2} \tag{9.18}$$

zwischen Absorptions- und Emissionsfrequenz eines ruhenden Atoms ($\boldsymbol{v}_i = \boldsymbol{v}_k = 0$) wird durch den Photonenrückstoß verursacht. Die relative Frequenzänderung

$$\boxed{\frac{\Delta\omega}{\omega} = \frac{\hbar\omega_0}{Mc^2}} \tag{9.19}$$

ist gleich dem Verhältnis von Photonenenergie $\hbar\omega_0$ zu Ruheenergie Mc^2 des Atoms.

Für γ-Quanten kann dieses Verhältnis so groß werden, dass die Frequenzverschiebung durch den Rückstoß größer als die Linienbreite wird, sodass ein γ-Quant, welches von einem ruhenden Kern emittiert wird, nicht mehr von einem anderen ruhenden, gleichen Kern absorbiert wird. Der Rückstoß kann vermieden werden, wenn die Kerne in ein starres Kristallgitter unterhalb der Debey-Temperatur eingebaut werden. Diese rückstoßfreie Emission und Absorption von γ-Quanten heißt **Mößbauer-Effekt** [9.23].

Obwohl im optischen Spektralbereich der Photonenrückstoß extrem klein ist wegen des kleinen Verhältnisses von Photonenenergie zu Ruhemasse, kann er bei sehr hoher spektraler Auflösung trotzdem beobachtet werden. Dies wurde von *Hall* u. a. [9.24] und *Bordé* u. a. [9.25] demonstriert, die im Sättigungsspektrum des CH_4-Moleküls bei $\lambda = 3{,}39\,\mu m$ eine Aufspaltung der Lamb-Dips (Bd. 1, Abschn. 2.2) in Dubletts beobachteten, welche durch den Photonenrückstoß verursacht wurde, wie man folgendermaßen einsehen kann:

Wenn sich die absorbierenden Moleküle mit der Resonanzfrequenz ω_0 innerhalb des Laserresonators befinden, erzeugt die stehende Welle des monochromatischen Laserfeldes mit der Frequenz $\omega \neq \omega_0$, wie im Abschn. 2.2 gezeigt wurde, zwei *„Sättigungslöcher"* in der Besetzungsverteilung $N_i(v_2)$, die gemäß (9.17) bei den Geschwindigkeitskomponenten

$$v_{iz} = \pm k^{-1}(\omega' - \hbar\omega^2/2Mc^2) \text{ mit } \omega' = \omega - \omega_0(1 + v^2/2c^2) \tag{9.20a}$$

liegen (Abb. 9.12b). Die entsprechenden Spitzen in der Besetzungsverteilung $N_k(v_z)$ (Abb. 9.12a) des oberen Zustandes $|k\rangle$ sind wegen des Photonenrückstoßes in ihrer Frequenz gegen die Löcher verschoben und erscheinen bei den Geschwindigkeitskomponenten

$$v_{kz} = \pm k^{-1}(\omega' + \hbar\omega^2/2Mc^2) \, . \tag{9.20b}$$

In dem in Abb. 9.12 gezeichneten Beispiel ist $\omega < \omega_0 \rightarrow \omega' < 0$. Die zwei Löcher in der Grundzustandsverteilung fallen zusammen für $v_{iz} = 0$, d. h. für $\omega' = \hbar\omega^2/2Mc^2$. Dies geschieht nach (9.20a) bei der Laserfrequenz

$$\omega = \omega_1 = \omega_0(1 - v^2/c^2) + \hbar\omega_0^2/2Mc^2 \, , \tag{9.21a}$$

während die Besetzungsspitzen im oberen Zustand bei einer anderen Laserfrequenz

$$\omega = \omega_2 = \omega_0(1 - v^2/c^2) - \hbar\omega_0^2/2Mc^2 \tag{9.21b}$$

zusammenfallen. Da die Absorption des Lasers durch die Moleküle innerhalb des Laserresonators von der Besetzungsdifferenz $N_i - N_k$ abhängt, zeigt die Laseremission zwei Maxima („Lamb-Peaks", Abschn. 2.3) bei den Frequenzen ω_1 und ω_2 (Abb. 9.12c), deren Abstand

$$\Delta\omega = \omega_1 - \omega_2 = \hbar\omega^2/Mc^2$$

durch die doppelte Rückstoßenergie gegeben ist.

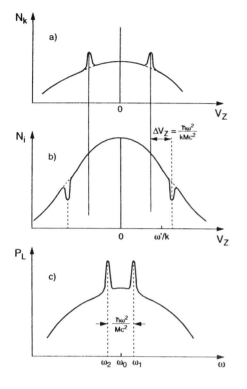

Abb. 9.12a–c. Entstehung des Rückstoß-dubletts bei der Sättigungsspektroskopie, (**a,b**) Die Sättigungslöcher in der Geschwindigkeitsverteilung des unteren Zustandes und die entsprechenden Spitzen in der des oberen Zustandes für $\omega \neq \omega_0$ liegen bei etwas unterschiedlichen Geschwindigkeitskomponenten v_x (**c**) Rückstoßaufspaltung des „Lamb-Peaks" in der Ausgangsleistung $P_L(\omega)$ des Lasers

---

Beispiel 9.2

a) Für den Methanübergang bei $\lambda = 3{,}39\,\mu\text{m}$ beträgt mit $M = 16\,\text{AME}$ die Rückstoßaufspaltung $\Delta\omega/2\pi = 2{,}16\,\text{kHz}$ [9.25].

b) Beim Kalzium-Übergang $^1S_0 \rightarrow {}^3P_1$ bei $\lambda = 657\,\text{nm}$ und $M = 40\,\text{AME}$ ist $\Delta\omega/2\pi = 23{,}1\,\text{kHz}$ [9.26].

Da eine solch kleine Aufspaltung nur beobachtet werden kann, wenn die Breite der „Lamb-Peaks" entsprechend schmal ist, müssen alle möglichen Verbreiterungseffekte, wie z. B. Druck- oder Flugzeitverbreiterung minimiert werden. Dies wird erreicht durch Experimente bei sehr niedrigen Drücken und mit aufgeweitetem Laserstrahl.

Noch höhere Auflösung erreicht man, indem man statt der Absorptionszelle einen Molekularstrahl in Verbindung mit der Ramsey-Methode zur Verringerung der Flugzeitbreite verwendet. In Abb. 9.13 ist zur Illustration ein mit dieser Methode erhaltenes Rückstoßdublett des Ca-Überganges $^1S_0 \rightarrow {}^3P_1$ gezeigt [9.18].

Obwohl die Flugzeitlinienbreite durch die Ramsey-Methode reduziert wird, bleibt der quadratische Doppler-Effekt bestehen, der die vollständige Auflösung beider Rückstoßkomponenten verhindern kann. Dadurch können asymmetrische Linienprofile entstehen, deren Mittenfrequenz ω_0 nicht mit der wünschenswerten Ge-

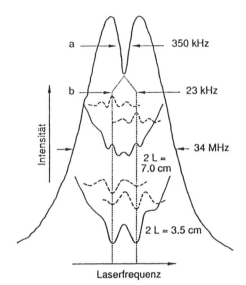

Abb. 9.13. Ramsey-Resonanzen der roten Kalzium Interkombinationslinie $^1S_0 \rightarrow {}^3P_1$ aufgenommen in einem schwach kollimierten Ca-Atomstrahl. (*a*) Doppler-Profil mit reduzierter Doppler-Breite und zentralem Lamb-Dip bei Verwendung einer Feldzone (*b*) gespreizter Bereich des Lamb-Dip-Minimums mit den beiden Rückstoßkomponenten bei Verwendung dreier Feldzonen mit Abständen $L = 3{,}5$ cm und $L = 1{,}75$ cm [9.18]

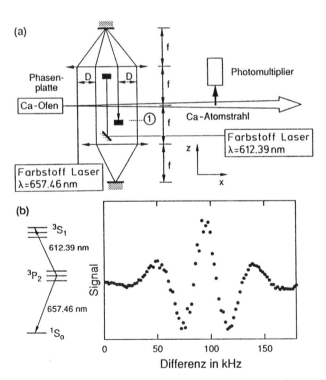

Abb. 9.14a,b. Unterdrückung einer Rückstoßkomponente durch optisches Pumpen, (**a**) Experimentelle Anordnung, (**b**) Ramsey-Resonanz einer Rückstoßkomponente mit entsprechendem Termschema [9.27]

nauigkeit bestimmt werden kann. Wie von *Helmcke* u. a. [9.24] gezeigt wurde, lässt sich eine der beiden Dublettkomponenten eliminieren, wenn das obere Niveau $^3P_1$ des Ca-Atoms durch optisches Pumpen mit einem zweiten Laser entleert wird. In Abb. 9.14 sind experimentelle Anordnung, Termschema und das gemessene zentrale Ramsey-Maximum einer Rückstoß-Komponente gezeigt.

Der Photonenrückstoß hat trotz seines nur kleinen Effektes auf die Spektrallinien große Bedeutung erlangt für die optische Kühlung von Atomen, der wir uns jetzt zuwenden wollen.

9.3 Optisches Kühlen und Speichern von Atomen

Experimentelle Fortschritte in der Messgenauigkeit haben häufig zu neuen Erkenntnissen in fundamentalen physikalischen Fragen geführt [9.28]. Man denke z. B. an die Einführung des Elektronenspins nach der spektroskopischen Entdeckung der Feinstruktur oder an die Prüfung der Quantenelektrodynamik durch Messung des Lamb-Shifts. Um die Messgenauigkeit bei der Laserspektroskopie atomarer Energiezustände weiter zu erhöhen, müssen alle störende Effekte, die zu Verschiebungen oder Verbreiterungen der Termwerte führen, möglichst weitgehend ausgeschaltet werden [9.29].

Einer der größten Störeffekte ist die thermische Bewegung der Atome. Im Kap. 4 wurde gezeigt, wie durch Verwendung kollimierter Molekularstrahlen die thermische Geschwindigkeit wenigstens in den zwei Dimensionen senkrecht zur Strahlachse durch begrenzende Blenden reduziert (geometrisches Kühlen) und in der Strahlrichtung durch adiabatische Kühlung auf ein enges Geschwindigkeitsintervall um die Flussgeschwindigkeit u eingeengt werden kann. Wenn man diese Reduktion der Geschwindigkeitsverteilung durch eine **Translationstemperatur** ausdrückt, so kann man in kollimierten Überschallstrahlen Temperaturen bis herunter zu 0,1 K erreichen.

In diesem Abschnitt wollen wir uns mit einer völlig neuen Methode, der **optischen Kühlung** befassen, mit der man mittlerweile „Temperaturen" bis unter 1 μK erreicht hat und durch Anwendung spezieller Techniken, sogar bis in den nK-Bereich vorstoßen zu konnte.

9.3.1 Optisches Kühlen durch Photonenrückstoß

Wenn sich ein Atom A während einer Zeitdauer T in einem Laserfeld aufhält, dessen Frequenz ω auf einen Resonanzübergang $|i\rangle \rightarrow |k\rangle$ von A abgestimmt ist, so kann A viele Male ein Photon absorbieren und reemittieren, solange die Fluoreszenz von $|k\rangle$ nur in den Zustand $|i\rangle$ emittiert wird, d. h. wenn A ein echtes Zwei-Niveau-System darstellt. In diesem Fall kann bei genügend hoher Laserintensität die Zahl q der Absorptionsemissionszyklen während der Aufenthaltsdauer T von A im Laserfeld den Sättigungsgrenzwert $q = T/2\tau$ erreichen, der durch die spontane Lebensdauer τ des oberen Zustandes $|k\rangle$ bestimmt wird.

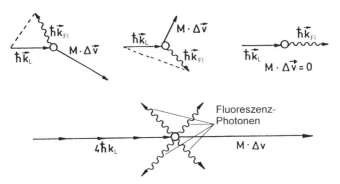

Abb. 9.15. Rückstoß eines Atoms bei fester Pumplaserrichtung aber verschiedenen Richtungen des emittierten Fluoreszenzphotons

Da die spontane Emission der Photonen statistisch über alle Raumrichtungen verteilt ist, geht für große Werte von q der gemittelte Rückstoßimpuls der Emission gegen null. Dagegen addiert sich der Rückstoß durch die absorbierten Laserphotonen, die alle aus derselben Richtung kommen, für q Absorptionszyklen zu einem gesamten Rückstoßimpuls $p = q\hbar\mathbf{k}$ auf (Abb. 9.15) und ergibt die gesamte Rückstoßenergie

$$\Delta E_{\text{rückstoß}} = q\hbar^2\omega^2/2Mc^2 .$$

Ist die Anfangsgeschwindigkeit v_i der Atome entgegengerichtet zum Wellenvektor $\mathbf{k}$ der Laserwelle, so nimmt im Mittel pro Absorptionszyklus der Geschwindigkeitsbetrag $|v|$ ab um

$$\Delta v = \hbar\omega/Mc . \tag{9.22}$$

Atome in einem kollimierten Atomstrahl, die einem Laserstrahl entgegenlaufen, können daher abgebremst werden [9.30].

Beispiel 9.3

a) Für Na-Atome mit M = 23 AME, die auf dem Übergang $3S \rightarrow 3P$ Photonen mit $\hbar\omega$ = 2 eV absorbieren, ergibt (9.22) Δv = 3 cm/s pro Absorption. Um die ursprüngliche, mittlere thermische Geschwindigkeit von v = 600 m/s bei T = 500 K auf einen Wert von 20 m/s abzubremsen (dies entspräche bei thermischer Geschwindigkeitsverteilung einer Temperatur von 0,6 K), müssen also $2 \cdot 10^4$ Absorptionszyklen durchlaufen werden. Bei einer spontanen Lebensdauer τ = 16 ns bedeutet dies eine minimale Kühlungszeit von T = $2 \cdot 10^4 \times 3{,}2 \cdot 10^{-8}$ s $\simeq$ 600 μs. Dies entspricht einer Abbremsbeschleunigung von a = -10^6 m/s², also dem 10^5-fachen der Erdbeschleunigung! Während dieser Zeit hat das Atom einen mittleren Weg $\Delta z = \frac{1}{2}aT^2 = \frac{1}{2} \cdot 10^6 \cdot 36 \cdot 10^{-8}$ m = 0,18 m = 18 cm zurückgelegt, wobei es natürlich das Laserfeld nicht verlassen darf.

b) Für Mg-Atome mit M = 24 AME, die auf der Singulett-Resonanzlinie bei λ = 285,2 nm absorbieren, sind wegen der kürzeren Lebensdauer τ = 2 ns des oberen Zustandes und der höheren Photonenenergie die Verhältnisse etwas günstiger. Man

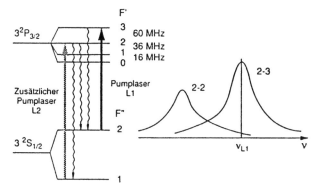

Abb. 9.16. Termschema des Na $^2S_{1/2} \rightarrow 3^2P_{3/2}$ Überganges mit HFS. Wird auf dem Übergang $F'' = 2 \rightarrow F' = 3$ gepumpt, hat man ein echtes Zweiniveau-System. Der zusätzliche Pumplaser L2 ist nötig, um die durch Überlappung der Übergänge $2 \rightarrow 3$ und $2 \rightarrow 2$ durch Fluoreszenz entstehende Besetzung des Niveaus $F'' = 1$ wieder zu entleeren

erhält: $\Delta v = 6\,\mathrm{cm/s}$ pro Absorption; $q = 1{,}3 \cdot 10^4$. Die minimale Kühlungszeit wird $T = 3 \cdot 10^{-5}\,\mathrm{s}$ und die Abbremsstrecke $\Delta z \simeq 1\,\mathrm{cm}$.

c) Man findet in [9.32] eine Auflistung der relevanten Daten für die optische Kühlung anderer Atome, die als aussichtsreiche Kandidaten angesehen werden.

Man beachte:

a) Dieses Kühlverfahren ist ohne zusätzliche Maßnahmen auf echte Zwei-Niveau-Systeme beschränkt. Moleküle können daher mit dieser Methode *nicht* gekühlt werden, weil nach optischer Anregung $(v_i'', J_i'') \rightarrow (v', J')$ im elektronisch angeregten Zustand die spontane Emission nur zu einem kleinen Bruchteil in das Ausgangsniveau (v_i'', J_i'') zurückgeht. Der größte Teil führt in andere Schwingungs-Rotations-Niveaus (v_m'', J_m'') des elektronischen Grundzustandes, von wo sie nicht wieder mit demselben Laser gepumpt werden können.

b) Auch der Na-Übergang $3S \rightarrow 3P$ – das bisher am meisten verwendete Beispiel für optisches Kühlen – stellt wegen der Hyperfeinstruktur eigentlich ein Mehr-Niveau-System dar (Abb. 9.16). Pumpt man jedoch mit zirkular-polarisiertem σ^+-Licht auf der HFS-Komponente $^2S_{1/2}(F'' = 2) \rightarrow {}^2P_{3/2}(F' = 3)$, so kann durch Fluoreszenz nur das Niveau $F'' = 2$ erreicht werden. Man würde effektiv ein echtes Zwei-Niveau-System realisieren, wenn jeder Überlapp des Pumpüberganges mit anderen HFS-Komponenten vermieden werden könnte (siehe unten).

c) Eine Erhöhung der Laserintensität über die Sättigungsintensität I_s hinaus würde zwar die Zyklendauer verringern, durch induzierte Emission aber den gesamten Rückstoßimpuls nicht vergrößern, da das induziert emittierte Photon genau in die Richtung des absorbierten Photons ausgesandt wird (Bd. 1, Abschn. 2.2).

Es gibt allerdings Atome, wie z. B. das Erbium-Atom, bei denen das Zurückpumpen durch einen zweiten Laser nicht nötig ist, obwohl sie kein echtes Zweiniveau-System darstellen [9.31]. Dies liegt an der komplexen Niveaustruktur, wo sich Niveaus

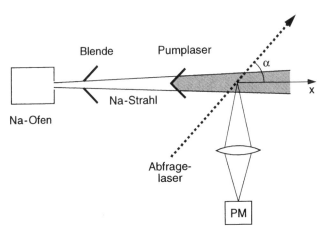

Abb. 9.17. Experimentelle Realisierung der Abbremsung von Atomen in einem kollimierten Atomstrahl durch Photonrückstoß

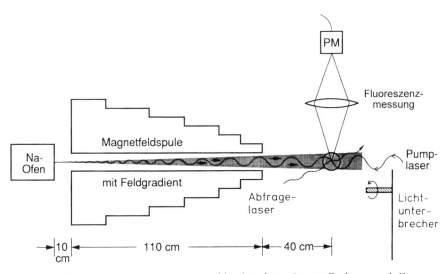

Abb. 9.18. Laserkühlung eines Na-Atomstrahles bei fester Laserwellenlänge und Zeeman-Verschiebung der atomaren Resonanz [9.37]

im magnetischen Feld der MOT (siehe Abschn. 9.3.3) kreuzen und deshalb der Ausgangszustand wieder erreicht werden kann, auch wenn er nicht unmittelbar durch die Fluoreszenz bevölkert wird.

Zur experimentellen Realisierung des optischen Kühlens wird einem kollimierten Atomstrahl ein Laserstrahl entgegengeschickt, der die Atome durch Photonenrückstoß abbremst (Abb. 9.17). Mit einem schwachen Abfragelaser, der den Atomstrahl unter dem Winkel α kreuzt, wird die Geschwindigkeit $\boldsymbol{v} = \{v_x, 0, 0\}$ durch die

Doppler-Verschiebung

$$\Delta \nu = \nu_0 (\nu_x / c) \cos \alpha$$

gemessen.

Bei der Abbremsung treten jedoch folgende Schwierigkeiten auf:

Da während der Abbremsung die Doppler-verschobene Absorptionsfrequenz $\omega = \omega_0 + \boldsymbol{k} \boldsymbol{v}$ sich mit $\boldsymbol{v}$ ändert, muss entweder die Laserfrequenz

$$\omega(t) = \omega_0 + \boldsymbol{k}\boldsymbol{v}(t) \pm \delta \omega_n \qquad (9.23)$$

synchron mit der zeitlichen Änderung $\boldsymbol{v}(t)$ verstimmt werden, um innerhalb der natürlichen Linienbreite $\delta \omega_n$ in Resonanz zu bleiben, oder die Absorptionsfrequenz ω_0 muss während der Abbremsung entsprechend verändert werden. Beide Wege sind experimentell beschritten worden [9.33–9.37], wobei die Änderung von ω_0 durch Zeeman-Verschiebung in einem geeignet geformten Magnetfeld B realisiert wurde (Abb. 9.18).

Beispiel 9.4

a) Damit die Laserfrequenz ν bei der Abbremsung immer in Resonanz ist, muss gelten:

$$\nu(t) = \nu_0 [1 - \nu(t)/c] \Rightarrow \frac{\mathrm{d}\nu}{\mathrm{d}t} = -\nu_0 \frac{\mathrm{d}\nu/\mathrm{d}t}{c}$$

Die Geschwindigkeitsänderung pro Sekunde bei maximal möglicher Abbremsung ($1/2\tau$ Absorptionszyklen pro Sekunde bei einer spontanen Lebensdauer τ des oberen Niveaus) ist gemäß (9.22):

$$\frac{\mathrm{d}\nu}{\mathrm{d}t} \simeq \frac{h\nu}{2Mc\tau} \ .$$

Setzt man dies ein, so erhält man für die zeitliche Änderung der Sollfrequenz:

$$\nu_{\mathrm{L}}(t) = \nu(0)\,\mathrm{e}^{\alpha t} \approx \nu(0)(1 + \alpha t) \text{ mit } \alpha = \frac{h\nu_0}{2Mc^2\tau} \ll \frac{1}{\tau} \ . \qquad (9.24)$$

Das Einsetzen der Zahlenwerte für Natrium mit $\nu(0) = 1000\,\mathrm{m/s}$ ergibt:

$$\frac{\mathrm{d}\nu}{\mathrm{d}t} \approx 1{,}7\,\mathrm{GHz/ms}!$$

Man muss die Laserfrequenz also sehr schnell nachstimmen!

b) Bei fester Laserfrequenz muss sich die atomare Absorptionsfrequenz ändern: Damit die Zeeman-Verschiebung synchron mit der sich ändernden Doppler-Verschiebung bleibt, muss die z-Abhängigkeit des Magnetfeldes $B(z)$ bei einer Eintrittsgeschwindigkeit ν_0 und einer Abbremsung $a[\mathrm{m/s^2}]$ den Verlauf haben [9.37]:

$$B = B_0 \sqrt{1 - 2az/\nu_0^2} \ .$$

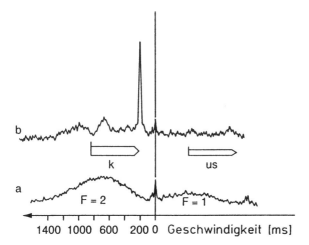

Abb. 9.19a,b. Geschwindigkeitsverteilung von Na-Atomen (**a**) vor und (**b**) nach der optischen Kühlung. Die scharfe Resonanz bei $v = 0$ wird vom Probenlaserstrahl senkrecht zum Atomstrahl erzeugt. Der *Pfeil k* zeigt den Durchstimmbereich des Kühllasers, *us* den des oberen Seitenbandes des frequenz-modulierten Lasers [9.34]

Die Abbremsung der Atome wird mit einem durchstimmbaren Probenlaser nachgewiesen, der so schwach ist, dass er die Geschwindigkeitsverteilung nicht wesentlich ändert. Die vom Probenlaser induzierte Fluoreszenz wird dabei als Funktion der Doppler-Verstimmung gemessen. Experimentell wurde gezeigt, dass die Geschwindigkeit der Atome bis auf null reduziert und sogar umgekehrt werden kann [9.33, 9.34] (Abb. 9.19).

Bei der Methode der Anpassung der Laserfrequenz an die sich ändernde Doppler-Verschiebung wird die Frequenz des Pumplasers dadurch kontrolliert verstimmt, dass durch Amplitudenmodulation Seitenbänder erzeugt werden, von denen eines als Pumpwelle dient. Durch Veränderung der Modulationsfrequenz kann die Seitenbandfrequenz verschoben werden. Um optisches Pumpen in unerwünschte Niveaus zu vermeiden, wird auch der Übergang $F'' = 1 \rightarrow F' = 2$ gepumpt (Abb. 9.16). Dazu kann man den Pumplaser zusätzlich mit einer zweiten Frequenz so modulieren, dass das zweite Seitenband genau auf diesen Übergang passt [9.35, 9.38].

Während man für Na-Atome einen schmalbandigen Farbstofflaser zum Kühlen braucht, lassen sich Rubidium- oder Cäsiumatome mit GaAs-Diodenlaserstrahlung abbremsen [9.39, 9.40]. Dadurch wird der experimentelle Aufwand wesentlich reduziert, weil der Diodenlaser viel billiger ist und auch die Frequenzmodulation einfacher durchzuführen ist. Auch metastabile He (2^3S)-Atome haben optische Pumpübergänge im Abstimmungsbereich käuflicher GaAs-Laser. Ihre Abbremsung ist für die Untersuchung der Penning-Ionisation bei kleinen Geschwindigkeiten von großem Interesse [9.42].

Der Photonrückstoß kann nicht nur zur *Abbremsung*, sondern auch zur *Ablenkung* kollimierter Atomstrahlen verwendet werden [9.43, 9.43, 9.45], wenn der Laserstrahl den Atomstrahl senkrecht kreuzt. Zur Vergrößerung der erzielbaren Ablen-

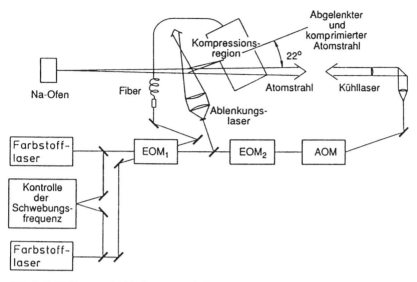

Abb. 9.20. Kühlung und Ablenkung eines kollimierten Atomstrahls durch Photonenrückstoß. Die elektrooptischen Modulatoren EOM und der akustooptische Modulator AOM dienen zur Frequenzverstimmung der Farbstofflaser-Strahlen [9.44]

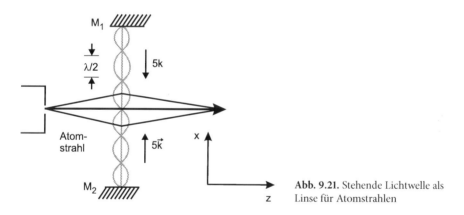

Abb. 9.21. Stehende Lichtwelle als Linse für Atomstrahlen

kung wird meistens eine Anordnung gewählt (Abb. 9.20), bei der der Laserstrahl den Atomstrahl mehrmals in der gleichen Richtung durchsetzt. Da die Photonenabsorption isotopen-spezifisch ist, kann die Ablenkung zur Isotopentrennung ausgenutzt werden, wenn keine anderen Methoden anwendbar sind [9.46–9.48].

Mithilfe eines verlustarmen, externen Resonators, durch den der Atomstrahl in z-Richtung fliegt und in den der Diodenlaserstrahl in x-Richtung eingekoppelt wird, lässt sich eine große Leistungsüberhöhung erzielen, sodass man im Resonator eine intensive stehende Welle in $\pm x$-Richtung erhält (Abb. 9.21).

Wird die Laserfrequenz ω etwas unterhalb der atomaren Resonanzfrequenz ω_0 gehalten ($\gamma > \omega_0 - \omega > 0$), so werden Atome mit der Quergeschwindigkeit v_x durch

Photonenrückstoß immer zur Strahlachse zurückgestoßen, weil die ihnen entgegenlaufende Welle mit größerer Wahrscheinlichkeit absorbiert wird als die mitlaufende Welle. Auf diese Weise kann der Atomstrahl optisch kollimiert werden [9.49]. Bei genügend intensiver Lichtwelle und langsamen Atomen im Strahl kann man die Atombahnen so „kanalisieren", dass sie durch die Knotenebenen der stehenden Welle fliegen, die so wie Schlitze in einem Transmissionsgitter wirken, während in den Maxima die Atome abgelenkt werden. Die stehende Lichtwelle entspricht dann einer Linse für Atomstrahlen.

Auch für die Grundlagenforschung ist die Atomstrahlablenkung von Interesse. Da man bei sehr guter Strahlkollimation die Ablenkung durch einzelne Photonen noch nachweisen kann, lässt sich die Statistik der Absorption von Photonen aus der Transversalverteilung der abgelenkten Atome ermitteln [9.50]. Solche Experimente wurden inzwischen durchgeführt [9.51].

9.3.2 Optische Melasse

Wir hatten im vorigen Abschnitt die „eindimensionale Kühlung" von Atomen in einem kollimierten Atomstrahl behandelt, bei der ein Laserstrahl zur optischen Kühlung genügt. Will man in einem Gas Atome abkühlen mit thermischer, dreidimensionaler Geschwindigkeitsverteilung, bei der die Atome in alle Raumrichtungen fliegen, so braucht man dazu 6 Laserstrahlen jeweils einen in $\pm x \pm y \pm z$-Richtung (Abb. 9.22). Da jedoch alle 6 Strahlen vom gleichen Laser kommen, wird der experimentelle Aufwand eher kleiner, da man die Molekularstrahlapperatur spart.

Zur Kühlung von Alkali-Atomen kann man z. B. relativ billige Halbleiterlaser verwenden, sodass optisches Kühlen bereits im Praktikum vorgeführt werden kann [9.52].

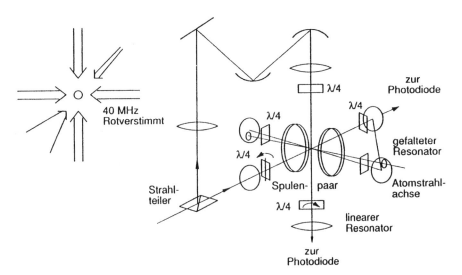

Abb. 9.22. Experimentelle Anordnung zur Realisierung der optischen Melasse [9.33]

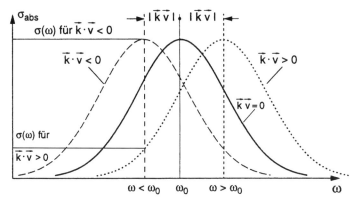

Abb. 9.23. Für $\omega < \omega_0$ ist die Wahrscheinlichkeit für ein Atom, ein Photon zu aborbieren, für $\boldsymbol{k}\cdot\boldsymbol{v} < 0$ größer als für $\boldsymbol{k}\cdot\boldsymbol{v} > 0$

Wird die Laserfrequenz ω_L kleiner als die Resonanzfrequenz ω_0 des atomaren Kühlüberganges gewählt, so wird die Absorptionsrate für Atome mit $\Delta\omega_0 = \boldsymbol{k}\cdot\boldsymbol{v} < 0$, die also *gegen* einen Laserstrahl fliegen, größer als für solche mit $\boldsymbol{k}\cdot\boldsymbol{v} > 0$ (Abb. 9.23) (weil für sie ω_L näher am Zentrum der Absorptionslinie liegt), sodass die bremsende Kraft durch den Nettoimpulsübertrag der entgegenlaufenden Photonen größer als die beschleunigende Kraft durch die in die gleiche Richtung wie das Atom fliegenden Photonen wird.

Um dies qualitativ zu beschreiben, bezeichnen wir mit $R^+(v)$ die Rate, mit der ein Atom mit $\boldsymbol{k}\cdot\boldsymbol{v} > 0$ absorbiert und mit $R^-(v)$ die Absorptionsrate für $\boldsymbol{k}\cdot\boldsymbol{v} < 0$. Dann wird die Netto-Rückstoßkraftkomponente F_i ($i = x, y, z$)

$$F_i = \left[R^+(v_i) - R^-(v_i) \right] \hbar k . \tag{9.25}$$

Für ein Lorentz-förmiges Absorptionsprofil mit der Halbwertsbreite γ gilt (Abschn. 2.2)

$$R^\pm(v) = \frac{R_0(\gamma/2)}{(\omega_L - \omega_0 \mp kv)^2 + (\gamma/2)^2} . \tag{9.26}$$

Setzt man (9.26) in (9.25) ein und vernachlässigt die höheren Glieder, so ergibt sich für $kv \ll \gamma < \delta = \omega_L - \omega_0$

$$F_i = -av_i \quad \text{mit} \quad a = R_0 \frac{256\delta k^2 \hbar}{\gamma^2 + 8\delta^2 \left[1 + 2\left(\frac{\delta}{\gamma}\right)^2 - 4\left(\frac{kv}{\gamma}\right)^2 + \left(\frac{kv}{\delta}\right)^2 \right]} . \tag{9.27a}$$

Aus $dv/dt = F/m \rightarrow dv/v = -(a/m)\,dt$

$$\Rightarrow v = v_0\, e^{-(a/m)t} . \tag{9.27b}$$

Die Geschwindigkeit der Atome nimmt also unter dem Einfluss der verstimmten Laserstrahlen exponentiell ab.

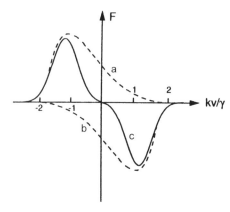

Abb. 9.24. Reibungskraft als Funktion der Geschwindigkeit eines Atoms in Einheiten $k \cdot v/\gamma$ bei fester Verstimmung $\delta = \omega_{\mathrm{L}} - \omega_0 = -\gamma$; $a = F^-$; $b = -F^+$; $c = F^- - F^+$

Für Verstimmungen $\delta \gg k \cdot v$ wird die Rücktreibkraft proportional zur Geschwindigkeit v und wirkt deshalb wie eine Reibungskraft, welche die Geschwindigkeit der Atome verringert. Der genaue Verlauf von (9.25) ist in Abb. 9.24 dargestellt.

Beispiel 9.5

a) Bei einer Pumprate $R_0 = \gamma/2$, einer Verstimmung $\delta = 2\gamma$ und $kv = \gamma/4$ ergibt sich für Natriumatome $\lambda = 589\,\mathrm{nm} \rightarrow k = 1{,}06 \cdot 10^7\,\mathrm{m}^{-1}$ der Koeffizient: $a = 1{,}02 \cdot 10^{-20}\,\mathrm{Ns/m}$. Für $m(\mathrm{Na}) = 3{,}8 \cdot 10^{-26}\,\mathrm{kg}$ sinkt die Geschwindigkeit in $3{,}7 \cdot 10^{-6}\,\mathrm{s}$ auf $(1/e)v_0$.

Die Reibungskraft ist gemäß Beispiel 9.5 sehr groß und führt zu typischen Dämpfungszeiten der atomaren Bewegung von $10^{-5} – 10^{-6}\,\mathrm{s}$. Die Atome bewegen sich in dem überlagerten Lichtfeld der 6 Laserstrahlen wie in zähem Sirup. Deshalb hat sich der Name „**optische Melasse**" für ein solches optisch gekühltes Gas eingebürgert.

Man beachte, dass durch die 6 Laserstrahlen zwar eine Kühlung der Atome, d. h. eine Einengung im Geschwindigkeitsraum erfolgt, jedoch keine räumliche Kompression. Die gekühlten Atome bleiben zwar wegen ihrer kleineren Geschwindigkeit länger im Überlappungsbereich der 6 Strahlen, aber sie können dort nicht festgehalten werden sondern verlassen dieses Gebiet durch Diffusion. Um auch eine räumliche Kompression und eine Speicherung der gekühlten Atome zu erreichen, muss ein zusätzliches Magnetfeld verwendet werden. Diese als **MOT** („Magneto-Optical Trap") bezeichnete Atomfalle wollen wir nun besprechen.

9.3.3 Magneto-optische Falle

In einem Magnetfeld $\boldsymbol{B}$ erfährt ein atomarer Zustand der Energie E_i eine Zeeman-Verschiebung

$$\Delta E_i = -\boldsymbol{\mu} \cdot \boldsymbol{B} = g_{\mathrm{F}}\mu_{\mathrm{B}}m_{\mathrm{F}}B \,, \tag{9.28}$$

wobei g_{F} der Landé-Faktor, μ_{B} das Bohr'sche Magneton und m_{F} die Projektionsquantenzahl des Gesamtdrehimpulses $\boldsymbol{F}$ in Feldrichtung ist.

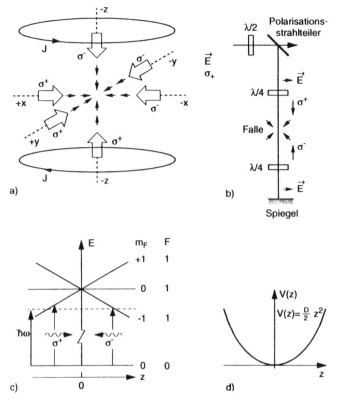

Abb. 9.25. (a) Magneto-optische Falle (MOT). (b) Präparation eines der drei Strahlen, (c) Termschema zur Funktionsweise der MOT. (d) Potenzial E_{pot} der MOT in der Umgebung von $z = 0$

Bei der magneto-optischen Falle (**MOT**) wird das (inhomogene) Magnetfeld durch ein Anti-Helmholtz-Spulenpaar erzeugt, wo der Strom durch die beiden Spulen in entgegengesetzter Richtung fließt (Abb. 9.25a). In der Umgebung der Mitte zwischen den Spulen bei $z = 0$ kann das Magnetfeld durch

$$\boldsymbol{B} = b\boldsymbol{z} \tag{9.29}$$

angenähert werden. Die entsprechende z-abhängige Zeeman-Aufspaltung für einen Übergang von $F = 0$ zu $F = 1$ ist in Abb. 9.25c dargestellt.

Atome in diesem Magnetfeld werden nun von zwei gegenläufigen Laserstrahlen in $\pm z$-Richtung mit der Frequenz $\omega_L < \omega_0(|\omega_L - \omega_0| < \gamma)$ bestrahlt. Der Laserstrahl in $+z$-Richtung sei σ^+-polarisiert, und der reflektierte Strahl in $-z$-Richtung ist dann automatisch σ^--polarisiert (Abschn. 5.1). Für ein Atom bei $z = 0$ sind die Absorptionsraten von σ^+ und σ^- Licht gleich groß, sodass der im zeitlichen Mittel durch Absorption übertragene Impuls null ist.

Für ein Atom bei $z > 0$ wird jedoch der σ^--Strahl bevorzugt absorbiert (weil für ihn $(\omega_L - \omega_0)$ kleiner als für σ^+-Licht ist), sodass das Atom einen mittleren Impulsübertrag in $-z$-Richtung erhält, der es in die Mitte der MOT zurücktreibt. Analog hat ein Atom bei $z < 0$ eine bevorzugte Absorption für σ^+-Licht und erfährt einen mittleren Nettoimpuls in $+z$-Richtung. Man sieht also, dass in der magneto-optischen Falle die Atome durch den Photonenrückstoß auf das Fallenzentrum hin komprimiert werden.

Wir wollen uns die ortsabhängige rücktreibende Kraft etwas genauer ansehen. Analog zur geschwindigkeitsabhängigen Kraft in der optischen Melasse wird die ortsabhängige Kraft

$$F(z) = R_{\sigma^+}(z)\hbar \boldsymbol{k}_{\sigma^+} + R_{\sigma^-}(z)\hbar \boldsymbol{k}_{\sigma^-} \tag{9.30}$$

durch die Differenz der Absorptionsraten R_{σ^+}, R_{σ^-} bewirkt. (Man beachte, dass $\boldsymbol{k}_{\sigma^+}$ antiparallel ist zu $\boldsymbol{k}_{\sigma^-}$. Bei einem Lorentz-Profil der Absorptionslinie mit der Halbwertsbreite γ werden die Absorptionsraten

$$R_{\sigma\pm} = \frac{R_0}{1 + \left(\dfrac{\omega_{\mathrm{L}} - \omega_0 \pm \mu bz/\hbar}{\gamma/2}\right)^2} \; . \tag{9.31}$$

In der Umgebung von $z = 0$ ($\mu bz \ll \hbar\delta$) kann man den Bruch nach Potenzen von $\mu bz/\hbar\delta$ entwickeln und die Entwicklung nach dem linearen Glied abbrechen. Setzt man diese Näherung in (9.30) ein, so ergibt sich:

$$F(z) = -Dz \quad \text{mit} \quad D = R_0 \mu b \frac{16k\delta}{\gamma^2(1 + 8\delta^2/\gamma^2)} \; . \tag{9.32}$$

Wir erhalten also eine linear mit z anwachsende Rückstellkraft und können deshalb der MOT gemäß $F_z = -\partial V/\partial z$ ein harmonisches Fallenpotenzial

$$V(z) = 1/2 Dz^2 \tag{9.33}$$

zuordnen, das die Atome um $z = 0$ herum stabilisiert (Abb. 9.25d).

Anmerkung

Natürlich wirkt auf die Atome im inhomogenen Magnetfeld außer der Lichtrückstellkraft eine magnetische Kraft aufgrund ihres magnetischen Momentes $\boldsymbol{\mu}$

$$F_\mu = -\boldsymbol{\mu} \cdot \mathbf{grad}\, \boldsymbol{B} \; . \tag{9.34}$$

Setzt man die entsprechenden Werte für Alkaliatome in einer realistischen magneto-optischen Falle ein, so erhält man eine Kraft, die klein gegen die Rückstoßkräfte bei Laserleistungen im Milliwatt-Bereich ist.

Die durch die Laserstrahlen bewirkte Gesamtkraft

$$F_Z = -Dz - av \tag{9.35}$$

auf ein Atom in der magneto-optischen Falle führt zu einer gedämpften harmonischen Oszillation eines gekühlten Atoms der Masse m mit der Oszillationsfrequenz

$$\Omega_0 = \sqrt{D/m} \tag{9.36a}$$

und der Dämpfungskonstante

$$\beta = a/(2m) . \tag{9.36b}$$

Beispiel 9.6

Typische Daten für eine MOT sind:
  Gespeicherte Atome: $N = 10^6 - 10^{10}$,
  Atomzahldichte: $n < 10^{11}\,\text{cm}^{-3}$,
  Fallendimensionen: 0,01–1 cm,
  Temperatur der Atome: $T < 100\,\mu\text{K}$,
  Speicherzeit der Atome: $\tau = 1\,\text{s}$ bei $p = 10^{-8}$ mb,
  bis zu einigen Stunden bei $p = 10^{-12}$ mb.

Beispiel 9.7

Für Rubidiumatome mit $m = 1,4 \cdot 10^{-25}$ kg ergibt sich für $\lambda = 785\,$nm eine Wellenzahl $k = 8 \cdot 10^6\,\text{m}^{-1}$. Bei einer Laserverstimmung $\delta = \gamma$, $k \cdot v = \frac{1}{4}\gamma$ und einer Absorptionsrate $R_0 = \gamma/2$ erhält man $a = 3,5 \cdot 10^{-20}$ Ns/m. Aus (9.32) ergibt sich bei einem Magnetfeldgradienten $b = 1\,$T/m und $\mu \approx \mu_B = 9,2 \cdot 10^{-24}$ J/T die Konstante $D = 2,37 \cdot 10^{-18}$, woraus man eine Oszillationsfrequenz $\Omega_0 = 4100\,\text{s}^{-1}$ und eine Dämpfungskostante $\beta = 1,4 \cdot 10^4\,\text{s}^{-1}$ erhält. Die Atome relaxieren also mit einer Zeitkonstante von $1/\beta = 70\,\mu\text{s}$ nach etwa 50 Schwingungen gegen die Fallenmitte bei $z = 0$.

Wir haben bisher nur die Bewegung der Atome in der magneto-optischen Falle in z-Richtung betrachtet. Das durch das Anti-Helmholtz-Spulenpaar erzeugte Magnetfeld entspricht einem Quadrupolfeld, das 3 Raumkomponenten hat. Aus div $\boldsymbol{B} = 0$ folgt wegen $\partial B_x/\partial x = \partial B_y/\partial y$ (Rotationssymmetrie!)

$$\frac{\partial B_x}{\partial x} = \frac{\partial B_y}{\partial y} = -\frac{1}{2}\frac{\partial B_z}{\partial z} . \tag{9.37}$$

Die Rückstellkräfte in x- und y-Richtung sind daher halb so groß wie in z-Richtung. Die MOT kann auch radioaktive Atome speichern, die durch Beschuss einer Folie durch hochenergetische Ionen am Ende eines Beschleunigers erzeugt werden und dann abgebremst werden müssen, damit sie in der MOT gespeichert werden können [9.53]. Durch die lange Speicherzeit von vielen Sekunden können die Atome sehr genau spektroskopiert werden und z. B. die Asymmetrie beim β-Zerfall von ^{38}K gemessen werden. Solche Messungen stellen einen sehr genauen Test des Standardmodells der schwachen Wechselwirkung dar.

Wenn man sehr wenige oder sogar nur einzelne Atome in einer MOT speichert, kann man die zeitlichen Fluktuationen in der Fluoreszenz messen und damit die Statistik der Zeitfolge der emittierten Fluoreszenz-Photonen bestimmen, die von Anregungsrate und Lebensdauer des angeregten Niveaus abhängt [9.54].

Durch geeignete Mikro-Strukturen auf Festkörperoberflächen (aufgedampfte elektrisch leitende Drähte oder geometrische Strukturen aus Permanent-Magneten lassen sich Mikro-Magnetische Fallen konstruieren, in denen einzelne Atome eingefangen und gespeichert werden können, sodass deren Niveaustruktur frei von Wechselwirkungen mit anderen Atomen gemessen werden können [9.55].

Weitere Information über die Speicherung und Kühlung neutraler Atome findet man in [9.33, 9.56–9.61].

9.3.4 Grenzen der optischen Kühlung

Das Prinzip der optischen Kühlung beruht auf der in einer Richtung erfolgten Impulsübertragung bei der Absorption – aber der statistisch in alle Richtungen emittierten spontanen Emission – bei der zwar der Mittelwert des Rückstoßimpulses null ist, aber die Atome wegen der statistisch verteilten Rückstoßimpulse im Geschwindigkeitsraum so etwas wie eine Brown'sche Bewegung ausführen.

Zur optischen Kühlung musste die Laserfrequenz ω_L, wie oben diskutiert, kleiner als die Resonanzfrequenz ω_0 sein. Wenn jedoch die Geschwindigkeit der Atome und damit ihre Doppler-Verschiebung sehr klein geworden ist, darf $\omega_0 - \omega_L$ nicht wesentlich größer als die homogene Linienbreite γ (natürliche Linienbreite plus Sättigungsbreite) werden, damit die Laserphotonen überhaupt noch absorbiert werden können. Dann wird der Unterschied zwischen den Wahrscheinlichkeiten für Kühlung (v antiparallel zum Wellenvektor k) und Heizung (v parallel) klein und damit auch die Kühlrate.

Die tiefstmögliche Temperatur T_D (Doppler-Grenze) wird erreicht, wenn sich Kühlrate und statistische Aufheizrate durch Spontanemission (Diffusion im Geschwindigkeitsraum) gerade kompensieren [9.62].

Theoretisch ergibt sich die Grenztemperatur T_D zu

$$K_B T_D = \tfrac{1}{2}\hbar\gamma \,. \tag{9.39}$$

Beispiel 9.8

Für Natrium erhält man $T_D = 240\,\mu K$ mit $\gamma = 10\,MHz$, für Rubidium $T_D = 140\,\mu K$ mit $\gamma = 6\,MHz$. Für Kalzium auf der schmalen Interkombinationslinie bei $\lambda = 657\,nm$ mit $\gamma = 20\,kHz$ ergibt sich $T_D = 240\,nK$.

Experimentell wurden jedoch *tiefere* Temperaturen als die Doppler-Grenze gemessen. Es muss also noch weitere Kühlmechanismen geben, welche tiefere Temperaturen erreichen lassen. Einer von ihnen ist die **Sisyphus-Kühlung**, die wir jetzt diskutieren wollen [9.63–9.65]. Ihr Prinzip beruht auf dem dynamischen Stark-Effekt,

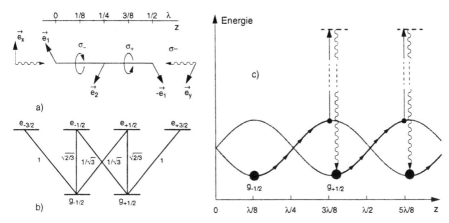

Abb. 9.26a–c. Räumliche Abhängigkeit des Polarisationszustandes bei Überlagerung zweier senkrecht zueinander linear polarisierter gegenläufiger Lichtwellen, (**b**) Zeeman-Übergänge des Grundzustandes mit ihren relativen Übergangswahrscheinlichkeiten, (**c**) Dynamische Stark-Verschiebung des Grundzustandes im stehenden Lichtfeld der Anordnung (**a**)

der bewirkt, dass sich atomare Energieniveaus im elektrischen Feld einer Lichtwelle verschieben. Diese Verschiebung hängt jedoch nicht nur von der Intensität der Lichtwelle ($I \propto E^2$) ab, sondern auch von der Übergangswahrscheinlichkeit des betrachteten atomaren Überganges und von der Frequenzverstimmung $\delta\omega = \omega_0 - \omega_L$ des Lasers.

Wir betrachten in Abb. 9.26 als Beispiel ein Energieniveauschema für Übergänge zwischen zwei Niveaus mit den Gesamtdrehimpulsquantenzahlen $J = 1/2$ und $3/2$. Die magnetischen Unterniveaus mit den Quantenzahlen $m_J = \pm 1/2$ im unteren und $\pm 3/2$, $\pm 1/2$ im oberen Zustand sind ohne äußeres Magnetfeld energetisch entartet. Die Zahlen an den Übergängen geben die relativen Übergangswahrscheinlichkeiten an. Für rotverschobene Laserstrahlung ($\delta < 0$) werden die beiden Niveaus durch den dynamischen Stark-Effekt nach unten verschoben. Schickt man zwei Laserstrahlen vom gleichen Laser, die senkrecht zueinander linear polarisiert sind, in entgegengesetzter Richtung durch das Atomensemble (man nennt diese eine lin $\perp$ lin-Anordnung), so entsteht durch deren Überlagerung eine stehende Welle, deren Polarisationszustand sich entlang der Laserstrahlachse räumlich periodisch ändert (Abb. 9.26a) von linear polarisiert über σ^- zirkular polarisiert zu linear polarisiert (aber um 90° gedreht), zu σ^+, dann wieder linear polarisiert, nach $\Delta z = 3\lambda/8$ wieder σ^- polarisiert, usw.

Die dynamische Stark-Verschiebung ist proportional zum Produkt aus Lichtintensität mal Übergangswahrscheinlichkeit. Ihr Vorzeichen hängt vom Vorzeichen der Frequenzverstimmung $\delta = \omega_L - \omega_0$ ab. Dies ist für rotverschobene Laserstrahlung ($\delta < 0$) schematisch in Abb. 6.27c gezeigt. Für ein Niveau $m_J = +1/2$ ist die Übergangswahrscheinlichkeit für den ($\Delta m = +1$)-Übergänge am größten, d. h. die Stark-Verschiebung ist in den Raumgebieten maximal, in denen σ^+-Polarisation vorkommt, während für das Niveau $m_J = -1/2$ der Übergang mit $\Delta m = -1$ die größte Wahrscheinlichkeit hat und daher für σ^--Licht die größte Stark-Verschiebung auftritt.

Ein Atom im Zustand $m_J = -1/2$ möge sich nun entlang der Ausbreitungsrichtung der beiden Laserstrahlen bewegen und sich zunächst im Potenzialminimum (bei $z = \lambda/8$ in Abb. 9.26a) befinden. Bei seiner Bewegung entlang der z-Achse wird die negative Stark-Verschiebung kleiner, weil hier die Übergangswahrscheinlichkeit für die Absorption eines σ^+-Photons sinkt. Dies bedeutet, dass die potenzielle Energie des Atoms auf Kosten seiner kinetischen Energie steigt.

Absorbiert das Atom bei $z = 3\lambda/8$ ein σ^+-Photon, so gelangt es in das obere $m'_J = +1/2$-Niveau, von wo aus Fluoreszenzübergänge in die Niveaus $m_J = \pm1/2$ möglich sind. Geht der Übergang in das $m = 1/2$-Niveau, so befindet sich das Atom jetzt im Potenzialminimum (Abb. 9.26c). Die Energiedifferenz $\Delta E = -\hbar S\gamma^2/\delta$ (S: Sättigungsparameter) wird vom Fluoreszenzphoton weggetragen und damit dem Atom entzogen.

Bei seinem weiteren Weg in $+z$-Richtung wandert das Atom (das nun im $m_J = +1/2$-Niveaus ist) wieder den Potenzialberg hinauf und erreicht im σ^--Gebiet das Potenzialmaximum, wo sich das Spiel wiederholt.

Der entscheidende Punkt ist, dass gemäß Abb. 9.26a nur auf den Potenzialbergen optisches Pumpen in das andere m_J-Niveau möglich ist; in den Tälern kann die Fluoreszenz immer nur wieder in das Ausgangsniveau zurückführen. Wenn das Atom in den Potenzialminima absorbiert, verliert es jedes Mal mit der Wahrscheinlichkeit 2/3 etwas kinetische Energie, sodass das gesamte Atomensemble dauernd gekühlt wird.

Dieser von C. Cohen-Tannoudji zuerst vorgeschlagene Kühlmechanismus [9.63] heißt **Polarisationsgradienten-Kühlung** oder auch **Sisyphus-Kühlung** nach Sisyphus, dem Erbauer der Stadt Korinth, der zur Strafe für ein Vergehen gegen die Götter im Hades einen schweren Felsbrocken einen Berg hinaufrollen musste, welcher ihm dann kurz vor Erreichen des Gipfels entglitt und wieder herunterrollte, sodass Sisyphus immer wieder von neuem beginnen musste.

Zur Abschätzung der mit diesem Kühlmechanismus erreichbaren unteren Temperaturgrenze lässt sich folgendes Argument verwenden. Damit die Atome den Potenzialberg hinauf laufen können, muss ihre kinetische Energie mindestens gleich der Potenzialhöhe $\Delta E = \hbar S\gamma^2/\delta$ sein. Diese untere Grenze der erreichbaren Temperatur kann also durch eine größere Verstimmung δ herabgedrückt werden, allerdings sinkt damit auch die Pumprate und damit die Kühlrate.

Beispiel 9.9

Für Rubidiumatome beträgt die Sättigungsintensität $I_S = 1{,}6\,\mathrm{mW/cm^2}$. Für ein Verhältnis $\gamma/\delta = 0{,}1$ und einem Sättigungsparameter $S = I/I_S = 1$ erreicht man etwa $T = 10\,\mu\mathrm{K}$.

Die prinzipielle Grenze T_S der Sisyphus-Kühlung wird durch den statistisch verteilten Rückstoßimpuls der Fluoreszenz gegeben. Für diese Rückstoßgrenze ergibt sich

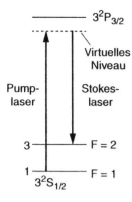

Abb. 9.27. Termschema der Raman-Kühlung am Beispiel des Natrium-Grundzustandes mit den HFS-Komponenten $F = 1$ und $F = 2$

im eindimensionalen Fall aus

$$\frac{k_B T_R}{2} = E_{\text{kin}} = \frac{(\hbar k)^2}{2m}$$

$$\Rightarrow T_R = \frac{1}{k_B} \frac{\hbar^2 k^2}{m} \ . \tag{9.40}$$

Sie ist also um den Faktor $2\hbar k^2/(\gamma m)$ kleiner als die Doppler-Grenze. Im dreidimensionalen Fall erhält man

$$T_R = \frac{(h/\lambda)^2}{2m k_B} = \frac{h^2 k^2}{8\pi^2 m k_B} \ . \tag{9.41}$$

Beispiel 9.10

Für Rubidiumatome ($\lambda = 780\,\text{nm} \rightarrow k = 8 \cdot 10^6\,\text{m}^{-1}$, $\gamma = 3{,}8 \cdot 10^7\,\text{s}^{-1}$, $m = 1{,}4 \cdot 10^{-25}$ kg) erhält man den Faktor $2\hbar k^2/\gamma m = 2{,}4 \cdot 10^{-3}$. Während die Doppler-Grenze bei $T_D = 140\,\mu\text{K}$ liegt, sollte man daher mit der Sisyphus-Kühlung bis auf $T_R = 350\,\text{nK}$ hinunterkommen. Die Experimente erreichen in der Tat mit $T_R = 0{,}36\,\mu\text{K}$ fast diese Grenze. Für Cäsiumatome ergibt sich wegen ihrer größeren Masse $T_R = 0{,}2\,\mu\text{K}$ [14.55, 57].

Die Rückstoßgrenze lässt sich durch ein neues Verfahren überwinden, der **Raman-Kühlung**. Hier wird ein stimulierter Raman-Prozess (im Termschema der Abb. 9.27 vom Niveau 1 über das „virtuelle Niveau 2 zum Niveau 3" (Abschn. 3.3) zur Kühlung ausgenützt, wobei 1 und 3 z. B. Hyperfeinkomponenten des Grundzustandes sein können [9.67]. Wären die Energien von absorbiertem und Raman-Photon gleich, dann würde sich der Rückstoß gerade aufheben. Da aber das in die gleiche Richtung wie das ankommende Photon gestreute Stokes-Photon einen etwas kleineren Impuls hat, bleibt eine kleine Impulsdifferenz, die zur Kühlung führt. Da hier kein Fluoreszenz-Photon emittiert wird, fehlt der bei der Sisyphus-Kühlung auftretende, statisch variierende Rückstoß. Deshalb lässt sich die Kühlgrenztemperatur tiefer herabdrücken. Übersichtsartikel über die Laserkühlung von Atomen findet man in [9.33, 9.61, 9.66–9.71].

9.3.5 Kräfte auf einen induzierten Dipol im Lichtfeld

Es gibt noch einen weiteren Effekt, der zur Speicherung kalter Atome ausgenützt werden kann. Bringt man ein Atom mit der Polarisierbarkeit α in ein inhomogenes elektrisches Feld E, so wirkt aufgrund des induzierten Dipolmomentes $\boldsymbol{p} = \alpha E$ eine Kraft

$$\boldsymbol{F}_D = -(\boldsymbol{p}\,\mathbf{grad})E = -\alpha(E\nabla)E = -\alpha\left[\nabla(E^2) - E \times (\nabla \times E)\right] . \tag{9.42}$$

Im elektromagnetischen Feld einer Lichtwelle wirkt auf ein neutrales Teilchen die gleiche Kraft. Mittelt man jedoch über eine Periode des optischen Feldes, so verschwindet der letzte Term und wir erhalten für die gemittelte Kraft [9.75]

$$\boldsymbol{F}_D = -\alpha\nabla(E^2)/2 \tag{9.43}$$

Die Polarisierbarkeit α ist mit dem Brechungsindex n eines Gases bei der Teilchendichte N verknüpft durch

$$\alpha = \frac{2\epsilon_0}{N}(n-1) . \tag{9.44}$$

Im optischen Bereich um die Absorptionsfrequenz ω_0 hat $[n(\omega) - 1]$ ein Dispersionsprofil (Bd. 1, 2.47b), und wir erhalten für die Polarisierbarkeit

$$\alpha(\omega) = \frac{e^2}{2m\omega_0}\frac{\Delta\omega}{\Delta\omega^2 + (\gamma_s/2)^2} , \tag{9.45}$$

wobei $\Delta\omega = \omega - (\omega_0 - \boldsymbol{k}v)$ die Verstimmung der Feldfrequenz von der Doppler-verschobenen Eigenfrequenz $\omega_0 - \boldsymbol{k}v$ des Atoms und $\gamma_s = \delta\omega_n \times (1 + S)^{1/2}$ die bei der Intensität $I = SI_s$ beobachtete Linienbreite (Bd. 1, Abschn. 3.5) ist. Für genügend große Laserintensität ($S \gg 1 \to \gamma_s \gg \gamma_n$) gilt in der Nähe der Resonanz: $\Delta\omega \ll \gamma_s$. Dann folgt aus (9.45), dass $\alpha(\omega)$ proportional zur Verstimmung $\Delta\omega$ anwächst.

Für $S \gg 1$ erhält man aus (9.44), (9.45) für die Kraft auf den induzierten atomaren Dipol im Feld einer Lichtwelle mit der ortsabhängigen Intensität I:

$$\boldsymbol{F}_D = -a\Delta\omega\nabla I \text{ mit } a = \frac{2e^2}{\epsilon_0 mc\omega_0\gamma^2(1+S)} . \tag{9.46a}$$

Für ein homogenes Lichtfeld – z. B. eine ausgedehnte ebene Welle – wird die mittlere Kraft null. Für einen Gauß-Strahl mit der Strahltaille w, der sich in z-Richtung ausbreitet (Bd. 1, Gl. 5.23), ist die Intensitätsverteilung in der xy-Ebene

$$I(r) = I_0\,\mathrm{e}^{-2r^2/w^2} \tag{9.47}$$

mit $r^2 = x^2 + y^2$, sodass für den radialen Gradienten gilt:

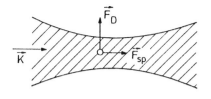

$$\nabla I = \frac{\partial I}{\partial r} = -\frac{4r}{w^2} I(r)$$

wird, und die Kraft

$$F_D = \frac{a\Delta\omega 4r}{w^2} I(r) . \tag{9.45b}$$

Auf ein Atom im Gauß-Strahl wirkt eine Dipolkraft in radialer Richtung, die bei einer Verstimmung $\Delta\omega < 0$ nach innen zur Strahlachse hin und für $\Delta\omega > 0$ nach außen zeigt. Außerdem wirkt in z-Richtung die im vorigen Abschnitt behandelte Rückstoßkraft (Abb. 9.28), sodass Atome im Fokus eines Laserstrahls gefangen werden können. Für mehr Details siehe [9.75, 9.76].

Beispiel 9.11

Fokussiert man einen Laserstrahl mit $P = 200\,\text{mW}$ auf einen Fokus mit $20\,\mu\text{m}$ Durchmesser ($I = 600\,\text{kW/cm}^2$), so erhält man bei einer Verstimmung $\Delta\omega = -\gamma = -6\cdot 10^7\,\text{s}^{-1}$ für Na-Atome aufgrund der Dipolkraft ein Potenzial $E_{\text{pot}}(r)$, dessen Topftiefe etwa $10^{-6}\,\text{eV}$ beträgt. Um Atome in diesem Minimum stabil speichern zu können, muss ihre kinetische Energie $\overline{E}_{\text{kin}} = kT$ kleiner sein als E_{pot}, was einer Obergrenze $T \leq 10^{-2}\,\text{K}$ entspricht. Sie müssen also vorher gekühlt werden.

9.3.6 Optische Mikrofallen

Außer der MOT gibt es eine Reihe von Vorschlägen für andere optische Fallen, von denen die meisten auch bereits realisiert wurden. Man kann zur Speicherung entweder elektrische oder magnetische Felder verwenden oder auch Lichtfelder. Das Ziel ist es, möglichst kleine Fallen-Volumina zu realisieren, damit man bei vorgegebener Gesamtzahl der gespeicherten Atome eine möglichst hohe Atomdichte erreicht und deshalb die Bedingung für die Bose-Einstein-Kondensation (siehe Abschn. 9.3.8) leichter erfüllen kann. Das Grundprinzip aller Fallen basiert auf den Kräften, die in inhomogenen Feldern auf Atome mit einem Dipolmoment wirken. Durch geeignete Formgebung der Felder kann man erreichen, dass ein lokal eng begrenztes Potenzialminimum entsteht, in dem genügend kalte Atome gespeichert werden können. Die Atome müssen im Allg. vorgekühlt werden, damit sie in solchen Fallen gespeichert werden können. Liegen die Abmessungen der gespeicherten Atomwolke im μm-Bereich, so spricht man von Mikrofallen. Die im Abschn. 9.3.10 diskutierten Potenzialminima in einem dreidimensionalen stehenden Lichtwellenfeld sind ein Beispiel für ein regelmäßiges Gitter von Mikrofallen. Wir wollen jetzt einige Beispiele für verschiedene Realisierungen von Mikrofallen vorstellen.

a) Atomfalle im evaneszenten Feld einer Laserwelle

Das erste Beispiel ist eine Atomfalle im evaneszenten Feld einer Laserwelle dicht oberhalb der Oberfläche eines transparenten Festkörpers [9.78]. Das Prinzip ist in Abb. 9.29a gezeigt: Ein Laserstrahl wird durch ein Prisma geschickt und an dessen Basisfläche bei einem Auftreffwinkel $\theta > \theta_{\text{totalrefl}}$ total reflektiert. Bei dieser Totalreflexion sinkt das el.magn. Feld an der Grenzfläche zwischen den Medien mit den Brechzahlen n_1 und $n_2 = 1$ (Luft) jedoch nicht abrupt auf Null, sondern dringt mit exponentiell abfallender Amplitude in das Medium (in diesem Falle Luft) oberhalb der Grenzfläche ein. Nach einer Strecke

$$z_e = \frac{\lambda}{2\pi n_1 \sqrt{\sin^2 \theta - n_2^2}} \tag{9.46}$$

ist die Amplitude auf $1/e$ ihres Wertes an der Grenzfläche abgeklungen. Man erreicht deshalb dicht oberhalb der Grenzfläche einen sehr großen Feldgradienten. Die Welle läuft parallel zur Grenzfläche in x-Richtung. Die elektrische Feldstärke ist dann

$$E(z) = E_0 \, e^{-z/z_e} \cos(\omega t - kx) . \tag{9.47}$$

Wenn die Laserfrequenz ω_L gegenüber der Resonanzfrequenz ω_0 der Atome um $\Delta\omega = \omega_L - \omega_0$ verschoben ist, erfahren die Atome ein Potenzial

$$V(z) = \frac{1}{2} \hbar \cdot \Delta\omega \ln \frac{1 + 2\Omega^2(z)}{4\Delta\omega^2 + \gamma^2} ,$$

das, abhängig von $\Delta\omega$, negativ (bei Rotverschiebung) oder positiv (bei Blauverschiebung) sein kann. Dabei ist $\Omega = M_{ik} \cdot E/\hbar$ die Rabi-Oszillationsfrequenz, die von der Intensität der Laserwelle abhängt, und γ die homogene Linienbreite des Überganges. Das Potenzial hängt also nur ab von der Laserverstimmung $\Delta\omega$ und von der Rabifrequenz Ω und damit vom Amplitudenquadrat $|E(z)|^2$ des Lichtfeldes.

Weil das evaneszente Lichtfeld einen Gradienten in z-Richtung hat, erfährt ein Atom eine Kraft $F_z = -\partial V/\partial z$ in z-Richtung, die je nach dem Wert von $\Delta\omega$ anziehend oder abstoßend sein kann. Bei einer abstoßenden Kraft in $+z$-Richtung werden die Atome von der Grenzfläche weg getrieben. Nun wirkt die Schwerkraft nach unten und Kräftegleichgewicht herrscht, wenn

$$mg = -\mu \cdot \frac{\mathrm{d}V}{\mathrm{d}z}$$

gilt, wobei μ das magnetische Moment des Atoms ist. Dies wird für einen bestimmten Wert des Abstandes z von der Oberfläche erreicht, der von der Verstimmung $\Delta\omega$ und der Feldstärke der evaneszenten Welle abhängt. Die evaneszente Welle wirkt auf Atome, die von oben auf die Grenzfläche fallen, wie ein Trampolin, Wenn ihre Geschwindigkeit nicht zu hoch ist, werden sie reflektiert.

Um auch eine Stabilisierung in x- und y-Richtung zu erreichen, wird ein zusätzlicher Laser mit einem hohlförmigen Intensitätsprofil (TEM$_{11q}$) in z-Richtung ein-

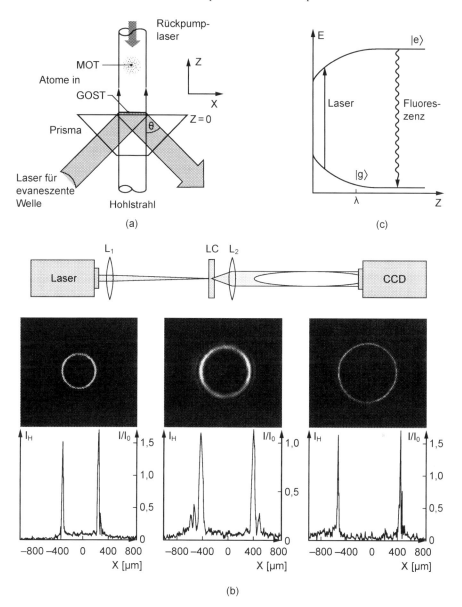

Abb. 9.29. (a) Schema einer gravito-optischen Oberflächenfalle (GOST) mit einer evaneszenten Lichtwelle und einen Hohlstrahl-Laser, (b) Erzeugung des Hohlstrahles, LC = Flüssigkristall, (c) Termschema zur optischen Kühlung in der GOST [9.79]

gestrahlt (Abb. 9.29c), dessen radialer Feldgradient die Stabilisierung bewerkstelligt [9.78, 9.79]. Dieser Hohlstrahl wird erzeugt, indem der Ausgangs-Gaußstrahl eines Lasers durch die Linse L_1 in eine Anordnung von Segmenten eines Flüssigkristalls fokussiert wird (Abb. 9.29b), der eine ortsabhängige Phasenverschiebung bewirkt, sodass die Mitte des Strahl durch destruktive Interferenz ausgelöscht und die Ränder durch konstruktive Interferenz verstärkt werden. Wie gut dies funktioniert, wird durch die Intensitätsprofile in Abb. 9.29b demonstriert.

Da die Falle durch eine Kombination von Gravitation und optischem Feld entsteht, wird sie auch **GOST** (= gravito-optical surface trap) genannt.

Um Atome bei der Temperatur T durch ein Magnetfeld B stabil einzufangen, muss gelten:

$$\mu \cdot B_{\max} > \eta \cdot kT \, .$$

Wobei der Faktor $\eta \approx$ 3–5 berücksichtigt, dass in der Maxwell-Boltzmann-Geschwindigkeitsverteilung viele Atome eine Energie $> kT$ haben und dass der Bruchteil aller Atome, der die Falle verlassen kann, genügend klein sein soll. Die Fallentiefe ist bei praktisch realisierbaren Feldern nicht tief genug, um Atome bei Zimmertemperatur zu stabilisieren. Man muss deshalb die Atome vorher abkühlen auf Temperaturen im Bereich von wenigen μK. Man kann solche kalten Atome aus einer MOT durch den Photonenrückstoß eines blau-verstimmten Rückpumplasers in die Oberflächenfalle laden (Abb. 9.29a)

Um die Atome in der evaneszenten Falle weiter zu kühlen, wird die unterschiedliche Abhängigkeit der Energieniveaus im Grundzustand und im angeregten Zustand ausgenutzt (Abb. 9.29c). Wenn der Anregungslaser auf eine Frequenz ν abgestimmt wird, die der Energiedifferenz $\Delta E = E_e - E_g = h\nu$ bei kleinem Abstand z von der Oberfläche entspricht, hat die Fluoreszenz, die bei größerem Abstand ausgesandt wird eine höhere Frequenz, sie entzieht also dem Atom mehr Energie als ihm durch die Absorption zugeführt wurde.

b) Joffe-Pritchard-Fallen

Während bei der durch eine evaneszente Lichtwelle gebildeten Atomfalle die Falle aus einer Kombination von Laserfeld und statischem Magnetfeld besteht, braucht die Joffe-Pritchard Falle nur statische Magnetfelder: Das Feld eines Helmholtz-Spulenpaares und das Feld von 4 linearen Leitern, die in alternierender Richtung vom Strom durchflossen werden (Abb. 9.30). Während die Helmholtzspulen im Zentrum ein homogenes Magnetfeld in z-Richtung erzeugen, und dafür sorgen, dass das Magnetfeld im Zentrum, wo die Atome gespeichert werden, nicht null ist, generieren die 4 „Joffe-Barren" ein zweidimensionales Quadrupolfeld. Die gekrümmtem Endstücke der Joffe-Barren bewirken eine axiale Stabilisierung der Atome [9.84].

Als Mikrofalle kann die Joffe-Pritchard-Falle durch aufgedampfte stromdurchflossene Drähte auf einem Mikrochip realisiert werden. Wir wollen uns die verschiedenen Realisierungsmöglichkeiten anschauen und beginnen mit dem Magnetfeld eines geraden in z-Richtung vom Strom I durchflossenen Drahtes (Abb. 9.31a). Das magnetische Feld ist

$$\boldsymbol{B}(r) = \frac{\mu_0 I}{2\pi r}\{y, x, 0\} \quad \text{mit} \quad r = \sqrt{x^2 + y^2} \, .$$

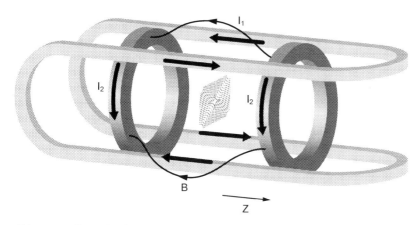

Abb. 9.30. Joffé-Pritchard-Falle [9.84]

Überlagert man diesem Feld nun ein homogenes Magnetfeld B_0, dessen Richtung senkrecht zum Draht ist, erhält man die in Abb. 9.31b gezeigten Feldlinien. Das Gesamtfeld ist nun

$$B_{\text{gesamt}} = \{0, B_0, 0\} + \frac{\mu_0 I}{2\pi(x^2 + y^2)} \{x, -y, 0\} \ .$$

Auf der Linie $x_c = 0$; $y_c = \mu_0 I/(2\pi B_0)$ d. h. in einem Abstand

$$r_c = \frac{\mu_0}{2\pi B_0 \cdot I}$$

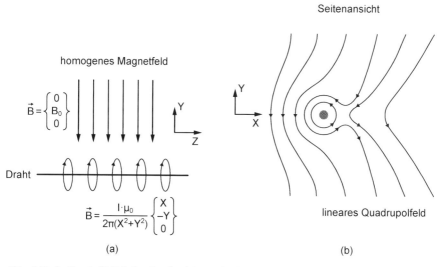

Abb. 9.31a,b. Zur Joffé-Pritchard-Falle: (**a**) Die beiden erzeugenden Magnetfelder, (**b**) Feldlinien [9.81]

vom Draht in der x-y-Ebene wird $B(r_c) = -B_0$, d. h. die beiden Magnetfelder kompensieren sich. In der Umgebung dieser Linie $r = r_c$ parallel zum Draht kann das Magnetfeld näherungsweise als lineares Quadrupolfeld beschrieben werden, d. h. $|B|$ hängt linear von $(y - y_c)$ ab. Das Potenzial dieses Überlagerungsfeldes hat ein Minimum bei $y = y_c$ und stabilisiert die Atome in Radialrichtung aber nicht in Axialrichtung. Mit steigendem Strom durch den Draht wird r_c größer, d. h. die Linie $B = 0$ verschiebt sich zu größeren Abstanden vom Draht. Man kann also durch Verringerung des Stromes das Fallenvolumen verkleinern und damit zu einer Mikrofalle gelangen.

Die Kraft auf ein Atom hängt ab vom Gradienten des Potenzials und damit vom Feldgradienten

$$\frac{\partial B}{\partial r} = -\frac{\mu_0 I}{2\pi r^2} \ .$$

Da r sehr klein ist, können selbst bei kleinen Strömen I große Feldgradienten erreicht werden.

Die Richtung des magnetischen Momentes μ wird durch die Projektionsquantenzahl m_F bestimmt, wobei F die Quantenzahl des Gesamtdrehimpulses ist. Weil man die Atome im Minimum des Potenzials speichern will, muss μ parallel zu B sein, da die potenzielle Energie durch

$$E_{\text{pot}} = -\mu \cdot B = g_F m_F \mu_B |B|$$

gegeben ist (g_F = Lande-Faktor, μ_B = Bohr'sches Magneton) werden Atome mit $g_F m_F > 0$, d. h. μ parallel zu B (*low field seekers*), in die Bereiche mit kleinerem Magnetfeld gezogen und können in einem Volumen um das Feldminimum stabilisiert werden (Abb. 9.32). Die radiale Stabilisierung wird jedoch nur gewährleistet,

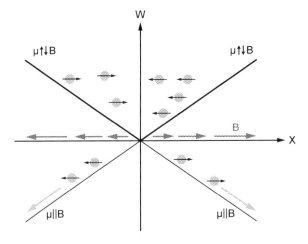

Abb. 9.32. Potenzielle Energie von Atomen mit magnetischem Moment μ in der Nähe des Zentrums einer Joffé-Pritchard-Falle. Die *Pfeile* geben die Kräfte auf die Atome an

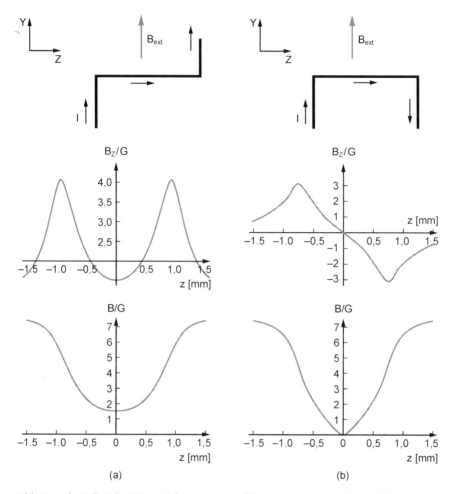

Abb. 9.33a,b. Joffé-Falle (**a**) mit Z-förmigen stromführenden Draht mit Magnetfeld B_z und Gesamtfeld $B = |\boldsymbol{B}|$, (**b**) mit U-förmigen Draht [9.84]

wenn die mittlere Richtung des magnetischen Momentes $\boldsymbol{\mu}$ bei der Bewegung des Atoms in der Falle immer in Richtung des Feldgradienten zeigt. Dies bedeutet, dass die Lamor-Frequenz

$$\omega_L = \frac{g_F\mu|\boldsymbol{B}|}{\hbar}$$

groß sein muss gegen die relative Änderung $d\omega_L/dt/\omega_L$. Auf der Linie $B = 0$ ist dies nicht mehr der Fall, weil dort auch $\omega_L = 0$ ist. Überlagert man ein weiteres axial gerichtetes Magnetfeld B_a, so vermeidet man $B = 0$ und damit mögliche Spinflips (Majorana-Übergänge), die zum Entweichen der Atome aus der Falle führen.

Die resultierende Kraft auf die Atome in der Umgebung des Potenzialminimums wird durch den Feldgradienten

$$\left(\frac{\partial B}{\partial y}\right)_{y=y_c} = \frac{\mu_0 I}{2\pi r^3} y \tag{9.48}$$

bestimmt. Das Potenzial kann als Funktion von y in der Umgebung von y_c durch ein harmonisches Potenzial beschrieben werden, in dem die Atome eine radiale harmonische Schwingung ausführen.

Die Stabilisierung in axialer Richtung kann man erreichen, indem der stromführende Draht an beiden Enden abgeknickt wird, sodass er die Form eines Z (Abb. 9.33a oder eines U erhält (Abb. 9.33b). Die Berechnung des Magnetfeldes ergibt, dass in beiden Fällen ein Minimum des Gesamtfeldes auftritt, das für die U-förmige Falle etwa schmaler ist als für die Z-förmige Falle. Für Atome mit μ parallel zu B (low-field seekers) bedeutet dies auch ein Minimum des Potenzials.

c) Weitere Mikrofallen

Eine weitere Variante von Mikrofallen ist die in Abb. 9.34 gezeigte Falle, die aus gekreuzten stromführenden Drähten und einem überlagerten homogenen Magnetfeld

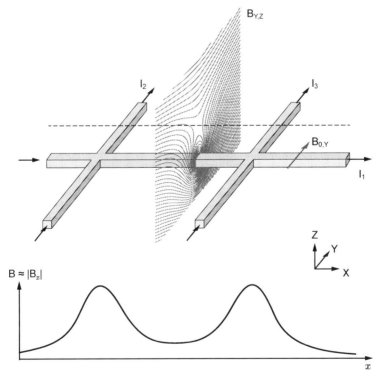

Abb. 9.34. Magnetische Atomfalle mit gekreuzten stromführenden Drähten und einem überlagerten Magnetfeld

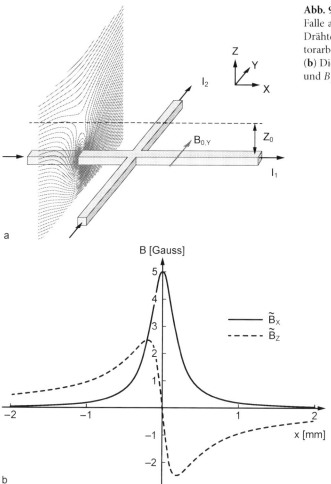

Abb. 9.35. (a) Magnetische
Falle aus zwei gekreuzten
Drähten [W. Hänsch, Dok-
torarbeit, München (2000)].
(b) Die Feldkomponenten B_x
und B_y der Falle in (a)

B_{0y} in y-Richtung besteht. Das Gesamt-Magnetfeld ist ähnlich zu dem der Falle in
Abb. 9.33a und kann auch als Mikrofalle mit Leiterbahnen auf einem Chip realisiert werden. Die Falle hat ein Minimum des Potenzials zwischen den beiden in y-
Richtung laufenden Drähten etwas oberhalb von dem in x-Richtung laufenden Draht
(siehe auch Abb. 9.31). Man kann eine solche Falle weiter vereinfachen, indem nur
eine Kreuzung zweier zueinander senkrechter Drähte mit einem überlagerten homogenen Feld in y-Richtung verwendet wird (Abb. 9.35a). Die Feldkomponenten
B_x und B_z des überlagerten Feldes sind in Abb. 9.35b gezeigt [9.85].

Eine weitere Variante für magnetische Mikrofallen verwendet ein speziell ge-
formtes Magnetfeld eines Permanent-Magneten (Abb. 9.36), das ein Minimum in
der Mitte der Anordnung hat.

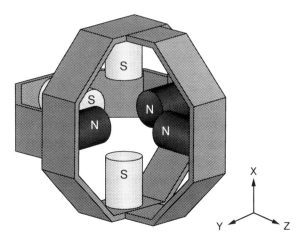

Abb. 9.36. Atomfalle mit Permanent-Magnet [9.86]

X
Y   Z

9.3.7 Bose-Einstein-Kondensation

Mit abnehmender Temperatur sinkt die mittlere Geschwindigkeit der Atome und damit wächst ihre deBroglie-Wellenlänge

$$\lambda_{dB} = \frac{h}{mv} .$$ (9.47)

Wird λ_{dB} größer als der mittlere Abstand $\overline{d} = n^{-1/3}$ der Atome, so werden die Atome ununterscheidbar. Für bosonische Atome (z. B. für Na mit dem Elektronspin $S = 1/2$ und dem Kernspin $I = 3/2$, wobei der Gesamtspin $\boldsymbol{F} = \boldsymbol{S} + \boldsymbol{I}$ ein ganzzahliges Vielfaches von $\hbar$ wird) gilt nicht das Pauli-Ausschließungsprinzip, sodass alle Atome im selben Quantenzustand sein können. Einen solchen makroskopisch besetzten Zustand aus vielen ununterscheidbaren Teilchen nennt man ein **Bose-Einstein-Kondensat** (im Englischen BEC = Bose–Einstein Condensate).

Wie ausführliche Rechnungen zeigen, tritt die Bose-Einstein-Kondensation auf, wenn

$$n\lambda_{dB}^{3} > 2{,}612 \quad \text{mit} \quad n = \frac{N}{V}$$ (9.48)

wird. Mit $\overline{v}^2 = 3k_B T/m$ wird aus (9.47)

$$\lambda_{dB} = \frac{h}{\sqrt{3mk_B T}} ,$$ (9.49)

sodass daraus mit (9.48) die Bedingung

$$n > 13{,}57(mk_B T)^{3/2}/h^3$$ (9.50)

für die minimale Dichte folgt. *Je tiefer die erreichbare Temperatur T ist, bei desto geringeren Dichte tritt Bose-Einstein-Kondensation (BEC) ein.*

Für die kritische Temperatur, bei der BEC einsetzt, folgt daraus:

$$T_c = \frac{0{,}08 \cdot h^2 n^{2/3}}{m \cdot k_B} .$$ (9.51)

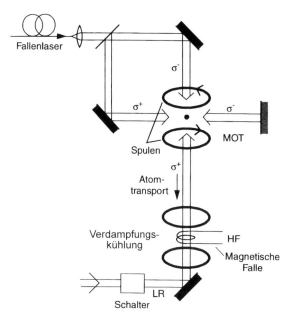

Abb. 9.37. Schematische experimentelle Anordnung zur Bose-Einstein-Kondensation mit optischer Kühlung in der MOT, Transport in die magnetische Falle und Verdampfungskühlung

---

Beispiel 9.12

Für Na-Atome müsste nach (9.50) bei einer Temperatur von 10 μK die Dichte n größer sein als $6 \cdot 10^{14}$ /cm^3, was nur schwer zu erreichen ist. Bei erreichbaren Dichten von 10^{12} /cm^3 müsste man auf eine Temperatur $T < 100$ nK abkühlen.
Für Rubidiumatome wurde BEC beobachtet bei $T = 170$ nK und $n = 3 \cdot 10^{12}$ Atomen/cm^3.

Man sieht aus dem obigen Zahlenbeispiel, dass man selbst mit der Sisyphus-Kühlung diese tiefen Temperaturen nicht erreichen kann, sodass man, wenn man BEC durch optisches Kühlen realisieren wollte, zu den experimentell komplizierten Verfahren der Raman-Kühlung oder der kohärenten Erzeugung von Dunkelzuständen [9.71] greifen müsste.

Glücklicherweise gibt es ein effektiveres, sehr altes Verfahren, nämlich die **Verdampfungskühlung** [9.92], die hier weiter hilft:

Die optisch vorgekühlten Atome werden dazu aus ihrer magneto-optischen Falle in eine zweite, rein magnetische Falle gebracht (Abb. 9.37). Dieser Transport wird bewerkstelligt, indem die 6 Laserstrahlen in der MOT bis auf einen abgeschaltet werden, der in die Richtung des Transportweges zeigt. Er treibt aufgrund des Rückstoßimpulses die Atome in die zweite, rein magnetische Falle, wo sie durch einen kurzzeitig eingeschalteten, entgegenlaufenden Laserstrahl L_R wieder abgebremst werden. Sie werden nun nur durch die Magnetkraft

$$F_M = -\mu \cdot \mathbf{grad}\, B \tag{9.52}$$

räumlich stabilisiert, wenn die Kraft immer zum Zentrum der Falle zeigt (Abb. 9.38a). Dazu muss das Magnetfeld für spinpolarisierte Atome mit $\mu \parallel \mathbf{grad}\, B$ ein Mini-

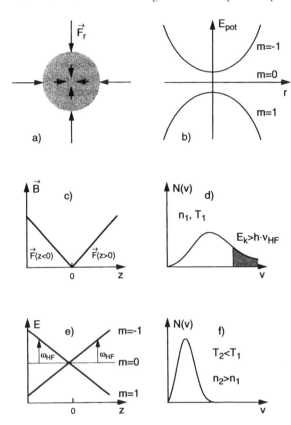

Abb. 9.38a–f. Prinzip der Verdampfungskühlung: (**a**) Wolke von vorgekühlten Atomen in der Falle mit den rücktreibendem radialen Kräften $F_r = -\partial E_{\text{pot}}/\partial r$. (**b**) Potenzial für $m = \pm 1, 0$. (**c**) Magnetfeld als Funktion des Abstandes vom Fallenzentrum, (**d**) Geschwindigkeitsverteilung der Atome vor der Verdampfskühlung. (**e**) HF-Übergänge zwischen Zeeman-Komponeneten. (**f**) $N(v)$ nach der Verdampfungskühlung mit erhöhter Teichendichte n

mum im Fallenzentrum haben (Abb. 9.38c). Dies lässt sich durch ein magnetisches Quadrupolfeld erreichen (siehe vorigen Abschnitt). Nur Atome mit „richtiger" Richtung ihres Elektronenspins und damit ihres magnetischen Momentes μ können in der Magnetfalle gehalten werden. Wenn im Zentrum der Falle $B = 0$ wird, können dort Spinflips (z. B. durch Stöße induziert) vorkommen, sodass die Kraft (9.52) ihr Vorzeichen wechselt und die Atome dann aus dem Magnetfeld herausgetrieben werden. Um das zu vermeiden, wird ein transversales homogenes Magnetfeld dem Quadrupolfeld überlagert [9.93], sodass sich für die Zeeman-Komponenten das Potenzial der Abb. 9.38b ergibt. Als Beispiel für den Einschluss des BEC in einer Joffe-Pritchard-Falle ist in Abb. 9.39 schematisch die Atomwolke in einer stromdurchflossenen Z-förmigen Drahtfalle (siehe auch Abb. 9.33a) gezeigt, bei der ein homogenes Magnetfeld in y-Richtung überlagert ist. Das Volumen der Atomwolke ist ein Rotationsellipsoid mit der z-Achse als Symmetrieachse. Der in z-Richtung zeigende Teil des Drahtes erzeugt ein radiales Magnetfeld, das die radiale Stabilisierung bewirkt, die beiden in $\pm y$-Richtung weisenden Teile bewirken die axiale Stabilisierung. Die Überlagerung des homogenen Magnetfeldes verschiebt das Potenzialminimum weg vom Draht (siehe Abb. 9.31) und vermeidet die Nullstelle des Gesamtmagnetfeldes und damit Majorana flips der magnetischen Momente, die zum Entweichen der Atome aus der Falle führen würden.

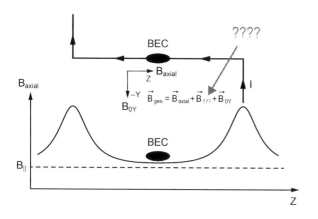

Abb. 9.39. BEC in einer Z-förmigen Joffé-Pritchard-Drahtfalle

Die Geschwindigkeiten der Atome in dieser magnetischen Falle zeigen angenähert eine Maxwell-Boltzmann-Verteilung, wobei die schnellsten Atome sich am weitesten vom Potenzialminimum der Falle entfernen können. Strahlt man nun ein Hochfrequenzsignal $\omega_{rf} = (g/\hbar)\mu_{B}\boldsymbol{B}$ ein, das nur von Atomen im Bereich großer Magnetfeldstärke (das sind gerade die schnellsten Atome) absorbiert werden kann, so führt dies zu Übergängen zwischen den Zeeman-Komponenten $M_F = 0$ und $M_F = -1$ eines Zustandes mit dem Gesamtdrehimpuls (einschließlich Kernspin) $F = 1$. Für diese Atome klappt der Spin um, sodass für sie eine vom Zentrum der Falle wegtreibende Kraft auftritt. Diese Atome verlassen die Magnetfalle, sodass das Atomensemble an schnellen Atomen verarmt, d. h. seine mittlere Temperatur sinkt (völlig analog zum Verdampfen bei einer Flüssigkeit). Jetzt wird die Frequenz ω_{RF} erniedrigt und zwar so langsam, dass sich bei den in der Falle verbliebenen Atomen durch elastische Stöße immer thermisches Gleichgewicht einstellen kann. Dadurch werden die schnellsten Atome „verdampft" und die Temperatur der Atomwolke sinkt. Dabei steigt die Dichte N, weil ja Atome mit kleinerer kinetischen Energie dichter zum Potenzialminimum hin gezogen werden. Dies wird solange fortgesetzt, bis die Bedingung (9.48) für BEC erfüllt ist.

Man kann die BEC nachweisen, indem man die Absorption eines schwachen, aufgeweiteten Strahls räumlich aufgelöst misst (Abb. 9.40a). Das Ergebnis einer solchen Messung der BEC, die zuerst von E. Cornell und C. Wieman am JILA in Boulder, Colorado [9.93], und später von mehreren anderen Gruppen (W. Ketterle, MIT [9.94]; G. Rempe, Universität Konstanz [9.95]; T.W. Hänsch, LMU München [9.96]; W. Ertmann, Hannover [9.97], D. Kleppner, MIT und R.G. Hulet, Rice University [9.98]) realisiert wurde, ist in Abb. 9.40 dargestellt.

Mit solchen „makroskopischen Quantenphänomenen", die bisher nur bei der Supraflüssigkeit und der Supraleitung beobachtet wurden, lassen sich viele neuartige Effekte untersuchen. Schaltet man z. B. die Magnetfalle ab, so wird sich aufgrund der Gravitation das Bose-Einstein-Kondensat nach unten bewegen. Es stellt dann einen Strom kohärenter Atome dar, den man in Analogie zum Strom kohärenter Photonen im Laser auch „**BOSER**" nennt [9.99]. Kürzlich wurde nachgewiesen, dass die Überlagerung zweier solcher kohärenter Atomwellen, die aus zwei räumlich getrennten

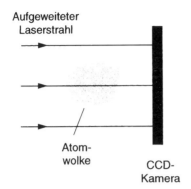

Aufgeweiteter Laserstrahl

Atomwolke

CCD-Kamera

Abb. 9.40a–d. Prinzip der Messung der räumlichen Konzentration des Bose-Einstein (BE)-Kondensates und Ergebnis solcher Messungen aufgetragen als radialer Schnitt durch die Dichteverteilung der Atome bei den Temperaturen: (a) 1,2 µK, (b) 310 nK, (c) 170 nK, (d) nach der BE-Kondensation [9.95]

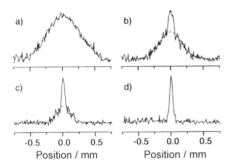

Fallen kamen, zu Interferenzeffekten führt, völlig analog zur Interferenz kohärenter Lichtwellen [9.99]. Weitere Informationen über BEC findet man in [9.100–9.105].

9.3.8 Eigenschaften des Bose-Einstein-Kondensats

Wenn die Temperatur T unter die kritische Temperatur T_c sinkt, beginnt die BE-Kondensation zuerst nur für einen Teil der Atome, die sich unten im Potenzial der Magnetfalle befinden, d. h. nicht alle Atome gehen in den kohärenten Zustand der BEC über. Mit weiter sinkender Temperatur wird der Bruchteil der kondensierten Atome immer größer (Abb. 9.41). Dies ist völlig analog zur Supraleitung, bei der der Bruchteil der Cooperpaare mit sinkender Temperatur immer weiter zunimmt. Der BEC-Zustand ist von dem Normalzustand bei $T > T_c$ durch eine Energielücke getrennt. Man muss dem System also Energie zuführen, damit es in den Normalzustand übergeht. Die Energieverteilung der Atome ändert sich mit sinkender Temperatur. Für $T > T_c$ ergibt sich eine normale Boltzmann-Verteilung. Erst für $T = 0$ haben alle Atome den tiefsten Energiezustand eingenommen (Abb. 9.42).

Da die Dichte der Atome im BEC sehr groß ist, finden Stöße zwischen den Atomen statt. Wegen der extrem tiefen Temperatur (wenige Nanokelvin) ist die Relativgeschwindigkeit der Stoßpartner sehr klein und die Frage erhebt sich, was solche Stöße bewirken können. Wegen der kleinen Relativgeschwindikeit kann beim Stoß kein Drehimpuls L übertragen werden, weil dieser gequantelt ist ($L = qh$, $q = 1, 2, 3$)

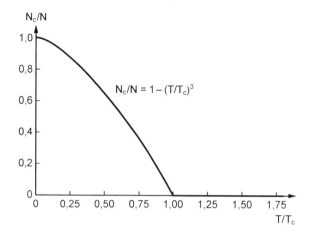

Abb. 9.41. Bruchteil N_c/N der kondensierten Atome als Funktion der normierten Temperatur T/T_c

und der Betrag des Bahndrehimpulses der Stoßpartner mvd (d = mittlerer Abstand zwischen den Stoßpartnern) kleiner als h ist. Es tritt daher nur S-Streuung auf, bei der die Drehimpulsübertragung Null ist.

Es sollten daher eigentlich nur elastische Stöße auftreten, welche nicht die innere Energie, wohl aber die Geschwindigkeit der Stoßpartner ändern können. Auf ihnen beruht ja auch die Verdampfungskühlung, die ohne Stöße nicht funktionieren würde.

Nun werden die Atome einem Laserfeld ausgesetzt, welches einen Teil der Atome in angeregte Zustände bringt. Bei Stößen zwischen solchen angeregten Atomen und Grundzustands-Atomen kann die Anregungsenergie übertragen werden oder in Translationsenergie übergehen, was dann zu einer so großen Geschwindigkeit der Stoßpatner führt, dass sie aus der Falle entweichen. Andererseits kann das Laserfeld auch zur assoziativen Rekombination eines Stoßpaares führen (siehe Abschn. 9.3.10), wodurch ein stabiles Molekül gebildet wird, das auch aus der Falle entweicht [9.106].

Alle bisher untersuchten Atome, für die BEC erreicht wurde, haben ein magnetisches Moment, das durch die Vektorsumme aus Elektronenspin und Kernspin gegeben ist. Bei Stößen zwischen den Atomen kann sich die Richtung des magnetischen

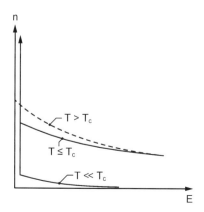

Abb. 9.42. Dichteverteilung $n(E)$ oberhalb und unterhalb der kritischen Temperatur

Momentes ändern, d. h. seine Komponente in Richtung des magnetischen Fallen-Feldes, wodurch die Atome aus der magnetischen Falle herausfallen und die Dichte der Atome in der Falle abnimmt. Dieses Umklappen des magnetischen Momentes kann bewirkt werden durch die direkte magnetische Dipol-Dipol-Wechselwirkung der Stoßpartner oder durch die indirekte Hyperfeinwechselwirkung, bei der die Wechselwirkung zwischen den Kernspins der Stoßpartner durch die Elektronenspins vermittelt wird, weil diese mit den Kernspins über die Hyperfein-Wechselwirkung gekoppelt sind.

Ob die Wechselwirkung zwischen den Atomen abstoßend oder anziehend ist, wird durch das Vorzeichen der Streulänge a bestimmt [9.107]. Für $a < 0$ ist das WW-Potenzial anziehend, für $a > 0$ abstoßend. Ein BEC kann nur für $a > 0$ stabil sein, weil bei anziehendem Potenzial die Atome zu einem Festkörper kondensieren würden [9.108, 9.109]. Am Beispiel eines Li-BE-Kondensates konnte allerdings gezeigt werden, dass unterhalb einer kritischen Dichte das Kondensat stabil blieb trotz $a < 0$ [9.110].

Eine detaillierte Darstellung von Stößen in der BEC findet man in [9.111].

Viele Eigenschaften des BEC gleichen denen bei Supraflüssigkeiten. So kann man z. B. Wirbel erzeugen, indem man mit einem Laserstrahl in der BEC „rührt", umso einen Drehimpuls zu übertragen. Da der Drehimpuls gequantelt ist, kann nur ein ganzzahliges Vielfaches von h übertragen werden. Die Rotationsenergie eines solchen Wirbels ist

$$E_{\mathrm{w}} = l^2 \pi N \frac{h^2}{m} \ln\left(\frac{1,46b}{\xi}\right)$$

wobei N die Atomdichte ist, b der Abstand vom Wirbelzentrum und ξ die Ausdehnung des Kondensates.

Die Kohärenz des BEC kann experimentell gemessen werden, wenn das Magnetfeld abgeschaltet wird und das Kondensat aufgrund der Gravitation aus der Falle fällt. Lässt man den austretenden Atomstrahl durch eine stehende Laserwelle laufen, so wirkt die stehende Welle wie ein Beugungsgitter und spaltet den Atomstrahl auf in die +1. und −1. Beugungsordnung. Die beiden räumlich getrennten Atomstrahlen werden dann wieder durch eine zweite stehende Lichtwelle zusammengebracht, wobei die Überlagerung der Amplituden der beiden Wellen zu Interferenzmustern führen, die in Abb. 9.43 als Funktion der Verzögerungszeit zwischen den beiden Teilwellen gezeigt sind. Das Bild zeigt, dass die Kohärenz für länger als 60 μs erhalten bleibt [9.112].

Da auch Photonen wegen ihres Spins $1h$ Bosonen sind, erhebt sich die Frage, ob man auch ein Bose-Einstein-Kondensat von Photonen erzeugen kann. Da ihre Masse $m_{\mathrm{ph}} = h\nu/c^2$ sehr viel kleiner ist als die der Atome, sollte nach (9.51) BEC bereits bei wesentlich höheren Temperaturen eintreten. Da es jedoch keine ruhenden Photonen gibt, muss man ein Kondensat hier anders definieren als ein Ensemble von nicht unterscheidbaren Photonen, die alle im selben Quantenzustand sind, d. h. z. B. alle in der gleichen Mode eines optischen Resonators hoher Güte. Eine erste Demonstration eines solchen Photonen-Kondensates in einem optischen Mikro-Resonator wurde von Weitz und Mitarbeitern in Bonn publiziert [9.113].

9.3.9 Atomlaser

Der kohärente Teilchenstrahl von Atomen aus einem BEC entspricht dem kohärenten Photonenstrahl eines Lasers und wird deshalb auch Atomlaser genannt. Er entspricht kohärenten Materiewellen, während ein Laser kohärente elektromagnetische
Wellen darstellt. Wegen der Kohärenz treten auch beim Atomlaser Interferenzer-
scheinungen auf, wenn man verschiedene Teilstrahlen überlagert (Abb. 9.43). Die
Flussdichte eines Atomlasers ist um Größenordnungen höher als in einem normalen Atomstrahl, analog zum Laser, bei dem die Photonenflussdichte wesentlich größer ist als bei kollimiertem inkohärenten Licht. Das aktive Medium des Lasers wird
beim Atomlaser durch das BEC repräsentiert, weil dies als Reservoir für die Atome
im Atomlaser dient. Es gibt hier auch eine „Verstärkung" im BEC, weil durch Stöße
überwiegend der Grundzustand besetzt wird, der als Reservoir für den Atomlaser
dient.

Es gibt aber auch eine Reihe von grundsätzlichen Unterschieden zwischen Pho-
tonen-Laser und Atomlaser:

–   Photonen können erzeugt und vernichtet werden, was bei Atomen nicht möglich
    ist.
–   Atome werden wegen ihrer vergleichsweise großen Masse im Schwerfeld der Erde
    abgelenkt, während die Ablenkung von Photonen vernachlässigbar klein ist.
–   Atome können miteinander stoßen, wodurch die Atomzahl im Atomlaser ab-
    nimmt und die Ausbreitungslänge eines Atomlasers begrenzt ist, während der
    Stoßquerschnitt für Photon-Photon-Stöße extrem klein ist. Man könnte diesen
    Verlust durch Stöße mit der spontanen Emission im Laser vergleichen, die ja auch
    einen Verlustmechanismus darstellt.
–   Das BEC ist im thermischen Gleichgewicht bei sehr tiefer Temperatur, wäh-
    rend das aktive Medium eines Lasers extrem vom thermischen Gleichgewicht
    abweicht.

Eine ausführlichere Darstellung findet man in [9.114].

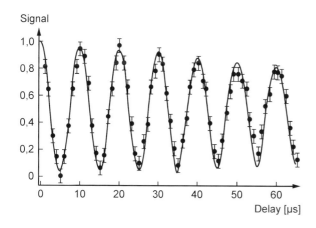

Abb. 9.43. Interferometrische Messung der Kohärenz
eines BEC [9.112]

9.3.10 Erzeugung und Speicherung kalter Fermi-Gase

Fermionen spielen in vielen Bereichen der Physik eine große Rolle, weil alle stabilen Elementarteilchen, wie Elektron, Proton und Neutron Fermionen sind. Bei der Supraleitung korrelieren zwei Elektronen zu einem Boson, dem Cooperpaar. Zwei ^{3}He-Atome (Fermionen) bilden bei Temperaturen unterhalb einer kritischen Temperatur eine Supraflüssigkeit, die durch die Paarung von zwei ^{3}He-Atome entsteht. Die Frage ist nun, ob ähnliche Prozesse bei Atomen in der Gasphase möglich sind, wenn man sie nur genügend tief abkühlt. Die experimentellen Möglichkeiten der genauen spektroskopischen Untersuchung solcher kalten Fermionen könnten manche bisher ungeklärten Fragen der Supraleitung in Festkörpern oder der Superfluidität klären [9.117].

Der Unterschied zwischen bosonischen und fermionischen Gasen wird erst bei sehr tiefen Temperaturen signifikant, bei denen Bosonen ein entartetes Quantengas (BEC) bilden, in dem alle Teilchen im tiefsten Quantenzustand sind, während Fermionen auch bei beliebig tiefen Temperaturen alle Energieniveaus bis zur Fermi-Energie besetzen (Abb. 9.44).

Die meisten Experimente zur Kühlung von fermionischen Atomen wurden mit Alkali-Atomen durchgeführt. Es gibt nur zwei stabile fermionische Alkali-Isotope, nämlich ^{6}Li und ^{40}K.

Die Methoden der Kühlung und Speicherung sind für Bosonen und Fermionen gleich: Laser-Kühlen und Speichern in Fallen. Um genügend tiefe Temperaturen zu erreichen, bei denen BEC eintritt, wird bei Bosonen die Verdampfungskühlung verwendet (siehe Abschn. 9.3.3–9.3.6). Dazu sind elastische Stöße notwendig, welche die Thermalisierung der nicht verdampften Atome und damit die Herstellung des thermischen Gleichgewichtes bei der durch die Verdampfung bewirkten tieferen Temperatur bewirken. Solche Stöße sind bei identischen Fermionen nicht möglich, weil das Pauli-Prinzip verbietet, dass identische Fermionen sich am gleichen Ort befinden oder sich sehr nahe kommen, was für einen Stoß notwendig ist. Dies kann man verifizieren, wenn man die räumliche Ausdehnung einer Gaswolke von Bosonen in einer Falle mit derjenigen von Fermionen unter sonst gleichen Bedingungen vergleicht. Bei höheren Temperaturen sieht man kaum einen Unterschied. Kühlt man jedoch weiter ab, sodass die Energie der Teilchen wesentlich unter die Fermi-Energie sinkt, so hat die Wolke aus Fermionen eine viel größere Ausdehnung als die der Bosonen.

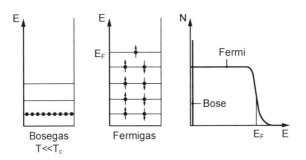

Abb. 9.44. Vergleich der Besetzungsverteilung von Bosegas und Fermigas

Dies kommt durch den „Fermi-Druck" (auch Entartungsdruck genannt), der z. B. verhindert, dass ein Stern als „Weißer Zwerg" weiter kollabiert.

Um auch für Fermionen tiefe Temperaturen zu erreichen muss man deshalb andere Kühlmechanismen erfinden. Eine Möglichkeit ist das *sympathetische Kühlen*, bei denen eine Mischung von bosonischen und fermionischen Atomen (z. B. ^{6}Li und ^{7}Li) verwendet wird. Die Bosonen werden nach den obigen Verfahren gekühlt und durch eleastische Stöße zwischen Bosonen und Fermionen wird eine gleiche Temperatur für beide Spezies erreicht. Um allerdings ein Cooper-Paar von Fermionischen Atomen zu erreichen, muss man tiefere Temperaturen erreichen als bisher möglich waren. Ein vielversprechendes Verfahren ist die Verwendung von Fermionen in unterschiedlichen Spin-Zuständen, deren Wechselwirkung nicht durch das Pauli-Prinzip verboten ist. Außerdem müssen diese Fermionen ein anziehendes Potenzial haben, damit sich stabile Paare bilden können. Mithilfe eines durchstimmbaren Magnetfeldes kann man die potenziellen Energien der Atome im Magnetfeld so abstimmen, dass sie genau einem Energie-Niveau des gebundenen Paares entsprechen. Dies führt dann zu einem gebundenen zweiatomigen Molekül (siehe nächsten Abschnitt).

Das erste BEC eines Fermi-Gases wurde 1999 in der Gruppe von Deborah Jin verwirklicht [9.119], wo ^{40}K-Isotope verwendet und eine Temperatur $T < 400$ nK erreicht werden konnte. Hierbei wurden die Atome in einer Doppel-MOT gekühlt. Dazu werden die Atome in einer ersten MOT durch Laserkühlung auf 150 µK vorgekühlt und dann mithilfe eines „Rückstoßlasers" in eine zweite MOT gebracht, in der ein wesentlich besseres Vakuum aufrechterhalten werden konnte, sodass Stöße mit dem Restgas vermieden werden. Dann werden sie in eine Joffe-Pritchard-Falle gefangen und durch optisches Pumpen in zwei verschiedene Hyperfein-Zustände gebracht. In diesen unterschiedlichen Zuständen sind die Atome nicht mehr identisch und können daher miteinander stoßen, weil das Pauli-Ausschließungsprinzip für unterscheidbare Fermionen nicht mehr gilt. Man kann deshalb durch Verdampfungskühlen die Temperatur weiter absenken. Weitere Details über BEC von Fermionen findet man in [9.120].

9.3.11 Bildung kalter Moleküle

Wir hatten in den vorigen Abschnitten gesehen, dass nur echte Zwei-Niveau-Systeme optisch gekühlt werden können. Damit scheidet die optische Kühlung von Molekülen aus. Trotzdem ist es kürzlich gelungen, Bose-Einstein-Kondensation von zweiatomigen Molekülen zu demonstrieren [9.1, 9.2, 9.126]. Dies kann auf verschiedenen Wegen erreicht werden. Eine Möglichkeit beruht auf der Photoassoziation kalter Atome zu Molekülen. Das Prinzip ist in Abb. 9.45 illustriert. Ein kaltes Atom im BEC wird durch Absorption eines Laser-Photons, das auf die atomare Resonanzfrequenz abgestimmt ist, in einen elektronisch angeregten Zustand gebracht. Nähert sich ein zweites Atom dem angeregten Atom, so wird dessen Resonanzfrequenz verschoben, weil sich die Potenzialkurven der beiden Zustände verschieden verändern. Bei einem Abstand R, bei dem der Grundzustand des Moleküls ein Minimum hat, wird durch einen zweiten Laser eine stimulierte Emission veranlasst, die das Stoßpaar in

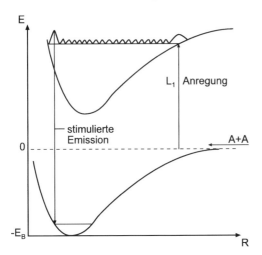

Abb. 9.45. Bildung kalter Moleküle durch Anregung eines atomaren Stoßpaares im Bose-Einstein Kondensat bei großen Kernabständen und Stabilisierung des Moleküls durch stimulierte Emission bei kleinen Kernabständen (Photoassoziation)

einen gebundenen Molekülzustand bringt. Wenn der Franck-Condon-Faktor für die Emission in den Schwingungsgrundzustand $v = 0$ nicht zu klein ist, können auf diese Weise kalte Moleküle im Schwingungsgrundzustand erzeugt werden, die nicht nur eine tiefe Translationstemperatur, sondern auch eine niedrige Schwingungstemperatur haben. Wegen der kleinen Relativgeschwindigkeit ist auch der Drehimpuls des Stoßpaares klein und damit die Rotationsenergie des gebildeten Moleküls.

Eine zweite Methode zur Bildung kalter Moleküle benutzt das magnetische Dipolmoment eines Stoßpaares aus zwei Atomen mit parallelem Elektronenspin. Die Energie eines Atoms mit magnetischem Moment μ_m im äußerem Magnetfeld B ist $W_m = -\mu_m \cdot B$.

In Abb. 9.46 ist sowohl die Energie eines atomaren Cs-Stoßpaares, dessen Bahndrehimpuls $L = 0$ ist, als Funktion der Magnetfeldstärke dargestellt als auch die des Cs_2-Moleküls in einem Zustand mit Gesamtdrehimpuls $F = 4$. Da das magnetische Moment des Stoßpaares bei dem beide Atome im Zustand $F = 3$ und $M_F = 3$ sind mit $\mu = 1{,}5\mu_B$ größer ist als das des Moleküls ($\mu = 0{,}93\mu_B$) kreuzen sich die beiden Kurven bei einem kritischen Magnetfeld B_r wo die Energie des Stoßpaares gleich der eines gebundenen Energieniveaus des Moleküls wird (Feshbach-Resonanz). Für $B < B_r$ liegt die Energie des Stoßpaares oberhalb der des gebundenen Molekülzustandes. Es ist deshalb energetisch günstiger, wenn ein Molekül gebildet wird. In Abb. 9.46 ist auch das Potenzialbild von Stoßpaar und Molekül gezeigt. Da das Molekül einen Gesamtdrehimpuls $F = 4$ hat, zeigt das Potenzial eine Zentrifugalbarriere, sodass der Molekülzustand gebunden ist, obwohl seine Energie etwas oberhalb der Energie der beiden getrennten Atome liegt.

Dies ist ein Beispiel für die Molekülbildung bei sehr kleinen Relativgeschwindigkeiten der Stoßpartner. Da das Molekül ein Boson ist kann es bei genügend tiefer Temperatur als Bose-Einstein-Kondensat vorliegen. Wenn es aus Atomen eines BEC gebildet wird, ist seine Translationstemperatur bereits unterhalb der Kondensationstemperatur.

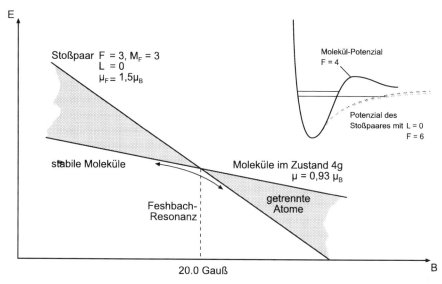

Abb. 9.46. Energie eines Stoßpaares Cs + Cs und eines Moleküls Cs_2 im Magnetfeld in der Umgebung einer Feshbach-Resonanz [9.2]

Die Speicherzeit der gebildeten Li_2-Moleküle kann viele Sekunden betragen, wie Abb. 9.47 zeigt [9.112].

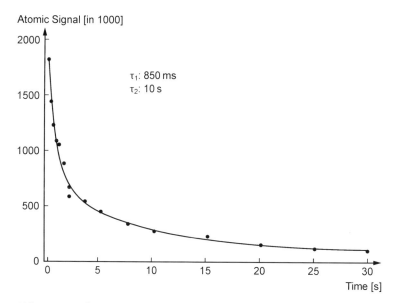

Abb. 9.47. Speicherzeit der Moleküle Li_2 in einem BEC

9.3.12 Kalte Atome in optischen Gittern

Auch in einer stehenden Lichtwelle treten Gradienten der Intensität zwischen Maxima und Minima auf, sodass man im Prinzip auch Atome – je nach Verstimmung $\Delta\omega$ – in den Minima bzw. den Maxima eines dreidimensionalen Stehwellenfeldes einfangen und speichern kann, wie dies bereits 1976 von *Letokhov* vorgeschlagen wurde [9.77, 9.91].

Beispiel 9.13

In einer stehenden Lichtwelle mit λ = 600 nm, einer mittleren Intensität von $10 \, W/cm^2$ wird bei einer Frequenzverstimmung $\Delta\omega = \gamma = 6 \cdot 10^7$ Hz, einem Intensitätsgradienten $\nabla I = 6 \cdot 10^{11} \, W/m^3$ zwischen Maxima und Knoten und einem Sättigungsparameter S = 10 die Dipolkraft auf ein Atom $F_D = 10^{-17}$ N. Die Fallentiefe ist dann etwa 10^{-5} eV, was einer Temperatur von 0,1 K entspricht.

Man kann also in einer dreidimensionalen Überlagerung von ebenen Wellen in $\pm x$-, $\pm y$-, $\pm z$-Richtungen in den Minima des stationären Feldes aus stehenden Wellen Atome einfangen und speichern, wenn man sie vorher auf Temperaturen unter 0,1 K abgekühlt hat. Speichert man in jedem Minimum ein Atom, so hat man ein zeitlich stabiles Atomgitter, dessen Gitterkonstante gleich der halben Wellenlänge des Lichtfeldes ist und damit etwa 500mal größer ist als in einem üblichen Festkörperkristall.

Durch eine geeignet gewählte Atomkonzentration kann man erreichen, dass an jedem Gitterplatz genau ein Atom sitzt. Solche isolierten Atome sind gute Kandidaten für eine sehr präzise Atomuhr, wenn man schmalbandige Übergänge zu metastabilen Niveaus auswählt. Da die Atome (außer ihrer Nullpunktsschwingung) im Potenzialminimum in Ruhe sind, trägt der Doppler-Effekt nicht zur Linienverbreiterung und Verschiebung bei. Es gibt intensive Untersuchungen, auf dieser Basis, eine Uhr auf Übergängen des Strontium-Atoms zu konstruieren, die um mindestens eine Größenordnung genauer ist als die zurzeit favorisierten Atomuhren und durchaus mit den Uhren auf Basis des atomaren Springbrunnens konkurrieren können [9.112].

Wenn die einzelnen Atome nur durch flache Potenzialberge voneinander getrennt sind, kann man die Diffusion von Atomen beobachten und durch die Wahl der Höhe der Potenzialwälle, d. h. durch die Intensität des Lichtfeldes auch beeinflussen. Wenn man mehr als ein Atom in einer Potenzialmulde speichert, kann man die Molekülbildung und ihre Abhängigkeit von der Höhe der Potenzialbarrieren und der Temperatur der Atome untersuchen.

a) Mott-Isolator

In der Festkörperphysik werden Materialien als Mott-Isolatoren bezeichnet, wenn sie nach dem Bändermodell eigentlich elektrisch leitend sein sollten, aber die experimentellen Ergebnisse zeigen, dass sie Isolatoren sind. Sir Nevil Mott hatte bereits 1974 dieses Phänomen erklärt durch die abstoßende Coulomb-Wechselwirkung zwischen benachbarten Elektronen, welche den freien Ladungstransport behindert, weil sie Potenzialbarrieren zwischen benachbarten Elektronen darstellt.

Einen analogen Zustand kann man nun in dreidimensionalen optischen stehenden Wellen realisieren, wenn Atome in den Minima des optischen Gitters sitzen, und diesen Gitterplatz nicht verlassen können, weil der Potenzialwall, den sie durchtunneln müssten, um zum nächsten Gitterplatz zu gelangen, zu hoch ist.

Im Jahre 2002 gelang es der Gruppe um Th. Hänsch erstmals, die kalten Atome in einem Bose-Einstein Kondensat in einem solchen optischen Gitter einzufangen und sie an einzelnen Gitterplätzen zu halten [9.120, 9.121]. Der kohärente Zustand des BEC, bei dem alle Atome im selben tiefsten Zustand sind und damit ununterscheidbar, geht dadurch in einen „Mott-Zustand" über, in dem die einzelnen Atome durch Potenzialbarrieren voneinander getrennt sind und daher unterscheidbar sind.

Verringert man allerdings die Potenzialbarriere, indem die Amplitude des optischen Stehwellenfeldes verkleinert wird, so geht der Mott-Zustand wieder in das BEC über.

Man kann also nur durch Änderung der optischen Feldamplitude zwischen zwei fundamental unterschiedlichen Zuständen umschalten [9.122].

Mithilfe eines hochauflösenden Mikroskops können einzelne Gitterplätze selektiv beobachtet werden und damit einzelne Atome spektroskopiert und detektiert werden [9.123].

Man kann auch Fermionen in einem optischen Gitter speichern. Ein solches System hat viele Gemeinsamkeiten mit einem korrelierten Elektronengas in einem Festkörper. Da hier die Gitterkonstante mehr als fünfhundertmal größer ist als in einem Festkörpergitter, kann man nicht nur das Verhalten des gesamten Ensembles sondern auch einzelne Fermionische Atome beobachten. Kürzlich ist es gelungen, eine Mischung von Bosonischen und Fermionischen Atomen in einem optischen Gitter zu speichern und deren unterschiedliches Verhalten bei Änderung der Potenzialparameter zu studieren [9.124].

b) Bildung von Molekülen in optischen Gittern

Werden in den einzelnen Gitterplätzen zwei Atome eingefangen, so können aus dem Atompaar durch einen Zwei-Photonen Raman-Prozess (Abb. 9.49) stabile Moleküle gebildet werden. Durch geeignete Wahl der Wellenlängen der beiden Laser lassen sich sowohl der Schwingungsrotationszustand der entstandenen Moleküle als auch der Quantenzustand ihres Schwerpunktes in der Potenzialmulde festlegen [9.125]. Man kann dies als eine optisch gesteuerte chemische Reaktion ansehen, die gleichzeitig identisch an vielen verschiedenen Gitterplätzen stattfindet. Die gemessenen Photo-Assoziationsspektren zeigen keine Stoßverbreiterung und erlauben deshalb eine sehr präzise Bestimmung der Energieniveaus von Molekülen.

9.4 Spektroskopie an einzelnen Ionen

Da Ionen eine wesentlich stärkere Wechselwirkung mit elektromagnetischen Feldern haben als neutrale Teilchen, auf die nur aufgrund ihrer Polarisierbarkeit eine schwache Kraft wirkt, lassen sie sich besser in elektrischen Hochfrequenz (HF)-Fallen oder in magnetischen **Penning-Fallen** speichern, wo sie dann optisch gekühlt und spektroskopiert werden können. Deshalb sind Untersuchungen an solchen kalten, gespeicherten Ionen bereits vor der experimentellen Realisierung von Fallen für neutrale Atome durchgeführt worden [9.116, 9.127, 9.128].

Wir wollen uns in diesem Abschnitt mit der Laserspektroskopie an einzelnen, gespeicherten Ionen und den daraus gewonnenen physikalischen Einsichten befassen.

9.4.1 Ionenfallen

Bisher sind zwei verschiedene Anordnungen entwickelt worden, um Ionen in einem kleinen Volumen zu speichern: Die elektrische HF-Quadrupolfalle [9.129, 9.130] und die magnetische Penning-Falle [9.131].

Die elektrische Quadrupolfalle wird aus einer Ringelektrode mit hyperbolischer Oberfläche als der eine Pol und zwei hyperbolischen Kappen als der zweite Pol gebildet, zwischen denen eine Spannung U angelegt wird (Abb. 9.48a). Das ganze System hat Zylindersymmetrie um die z-Achse, und der Abstand $2z_0$ zwischen den beiden Polkappen wird so gewählt, dass der Radius r_0 der Ringelektrode $r_0 = z_0\sqrt{2}$ wird. Das elektrische Potenzial Φ für Punkte innerhalb der Falle ist dann [9.132]

$$\Phi = \frac{U}{2r_0{}^2}(r^2 - 2z^2) \,. \tag{9.53}$$

Wenn die angelegte Spannung $U = U_0 + V_0 \cos \omega_0 t$ eine Überlagerung aus Gleichspannung U_0 und HF-Spannung $V_0 \cos \omega_0 t$ ist, kann die Bewegungsgleichung

$$m\ddot{\boldsymbol{r}} = \boldsymbol{F} = -q \cdot \operatorname{\mathbf{grad}} \Phi \tag{9.54}$$

eines Teilchens mit Masse m und Ladung q im Potenzial Φ für die Bewegung in der x-Richtung geschrieben werden als

$$\frac{\mathrm{d}^2 x}{\mathrm{d}t^2} + \frac{\omega_0{}^2}{4}\left(a - 2b \cos \omega_0 t\right) = 0 \tag{9.55}$$

wobei die Parameter

$$a = \frac{4qU_0}{mr_0{}^2 \omega_0{}^2} \,;\; b = \frac{2qV_0}{mr_0{}^2 \omega_0{}^2} \tag{9.56}$$

durch die Gleichspannung U_0 sowie die Amplitude V_0 und Frequenz ω_0 der HF-Spannung bestimmt sind. Wegen der Zylindersymmetrie gilt eine analoge Gleichung für die y-Komponente der Bewegung, während für die z-Richtung $r_0{}^2$ ersetzt wird durch $-2z_0{}^2$.

Die Penning-Falle hat eine zur Paul-Falle analoge Anordnung der Elektroden, an die hier jedoch nur eine Gleichspannung angelegt wird. Zur Stabilisierung der Ionen in radialer Richtung wird ein Magnetfeld in z-Richtung hinzugefügt (Abb. 9.48b). Die Bewegung der Ionen in der Penningfalle ist kompliziert (Abb. 9.48c). Sie setzt

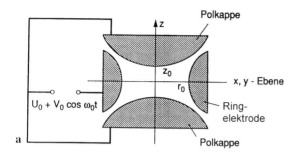

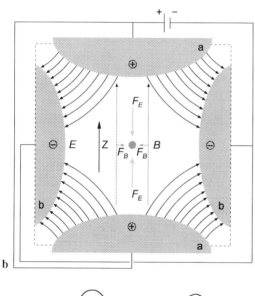

Abb. 9.48. (**a**) Quadrupol-Ionenfalle (Paul-Falle): Schematische Darstellung, (**b**) Penning-Falle, (**c**) Bewegung eines Ions in der Penning-Falle

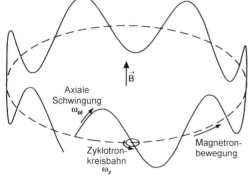

sich zusammen aus einer zirklaren Bewegung um die Magnetfeldlinien (Magnetron-Bewegung), axialen Schwingungen in z-Richtung und Zyklotron-Kreisbahnen um ein Führungszentrum, das sich mit der Magnetronbewegung auf der gestrichelten Kreisbahn bewegt.

Die Ionenbahn in der Paul-Falle lässt sich einfacher mathematisch beschreiben. Die Bewegungsgleichung (9.55) ist eine Matthieu'sche Differenzialgleichung, die nur für bestimmte Wertebereiche der Parameter a und b und für bestimmte Anfangsbedingungen stabile Lösungen hat [9.133]. Geladene Teilchen, die von außen in die Falle kommen, können nicht eingefangen werden. Die Ionen müssen deshalb innerhalb der Falle erzeugt werden. Die stabilen Lösungen von (9.55) können als Überlagerung zweier Bewegungen beschrieben werden: Eine periodische „Mikrobewegung" der Ionen mit der Frequenz ω_0 um ein „Führungszentrum", das selbst langsamere harmonische Schwingungen mit der Frequenz ω_r in der $x - y$-Ebene und mit der Frequenz $\omega_z = 2\omega_r$ in der z-Richtung ausführt [9.116] (Abb. 9.48b). Die Bewegungskomponente der Ionen in der z-Richtung ist

$$z(t) = z_0 [1 + 2^{1/2}(\omega_z/\omega_0)) \cos \omega_0 t] \cos \omega_z t . \tag{9.57}$$

Das Frequenzspektrum dieser Bewegung enthält die Grundfrequenz ω_0 und die höheren Harmonischen $n\omega_0$ mit ihren Seitenbändern $n\omega_0 \pm \omega_z$.

Die gespeicherten Ionen können entweder durch laserinduzierte Fluoreszenz nachgewiesen werden [9.134], oder durch die HF-Spannung, welche die Ionen durch ihre Bewegung in einem äußeren HF-Kreis induzieren [9.116]. Die erste Nachweismethode ist sehr empfindlich, wenn durch einen zweiten „Rückpump-Laser" sichergestellt wird, dass der Anfangszustand $|i\rangle$ der Ionen nicht durch optisches Pumpen entleert wird (Abb. 9.49). Dann kann nämlich, wie bereits im vorigen Abschnitt bei den neutralen Atomen diskutiert wurde, jedes Ion bei einer spontanen Lebensdauer τ des oberen Zustandes pro Sekunde bis zu $1/2\tau$ Fluoreszenzphotonen aussenden.

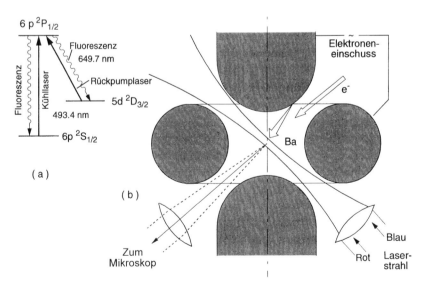

Abb. 9.49. (a) Das Ba^+-Ion als Dreiniveau-System, (b) Anordnung zur Erzeugung und Beobachtung gekühlter Ba^+-Ionen in einer Paulfalle mit Kühl- und Umpumplaser

Für $\tau = 10^{-8}$ s bedeutet dies, dass ein Ion bei genügender Pumplaserintensität bis zu $5 \cdot 10^7$ Photonen pro Sekunde emittiert, sodass man mit der in Abb. 9.49b gezeigten Anordnung ein einziges, gespeichertes Ion bereits nachweisen kann [9.135, 9.136]!

9.4.2 Seitenbandkühlung

Ein Ion, das bei der Geschwindigkeit null die Absorptionsfrequenz ω_0 hat, möge in der Ionenfalle eine harmonische Schwingung in x-Richtung mit der Geschwindigkeit $v_x = v_0 \cos \omega_v t$ ausführen und dabei von einer Lichtwelle in x-Richtung bestrahlt werden. Die Absorption wird dann wegen der Doppler-Verschiebung periodisch mit der Frequenz ω_v moduliert. Wenn die Linienbreite γ des Absorptionsüberganges kleiner ist als die Schwingungsfrequenz ω_v, so besteht das Absorptionsspektrum des schwingenden Ions aus den diskreten Frequenzen $\omega_m = \omega_0 \pm m\omega_v$, wobei die relativen Absorptionswahrscheinlichkeiten auf den verschiedenen Seitenbändern durch die Bessel-Funktionen m-ter Ordnung $J_m(v_0\omega_0/c\omega_v)$ gegeben sind [9.137]. Das Frequenzspektrum dieses, durch den Doppler-Effekt frequenzmodulierten Oszillators hängt von der Geschwindigkeitsamplitude v_0 seiner Grundschwingung ab (Abb. 9.50).

Hat die Lichtwelle die Frequenz $\omega_L = \omega_0 - m\omega_v$, so absorbiert das Atom nur während einer bestimmten Schwingungsphase, bei der es auf die Welle zuläuft. Ist seine spontane Lebensdauer groß gegen die Schwingungsperiode $T_v = 2\pi/\omega v$, so wird die

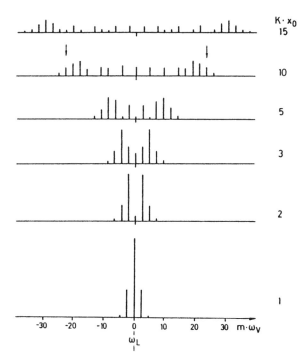

Abb. 9.50. Seitenbandspektrum eines oszillierenden Ions als Funktion der Schwingungsamplitude

Fluoreszenz jedoch im Mittel gleichmäßig über alle Phasen der Schwingung verteilt, und ihre Frequenz liegt daher symmetrisch zur Mittenfrequenz ω_0. Im Mittel verliert das Atom deshalb mehr Energie durch Fluoreszenz, als es durch Absorption gewinnt. Diese Energiedifferenz nimmt es aus seiner kinetischen Energie, sodass seine Schwingungsenergie pro Absorptions-Emissions-Zyklus um $m\hbar\omega_v$ abnimmt und sein Absorptionsspektrum sich – wie in Abb. 9.50 gezeigt – zur Frequenz ω_0 hin zusammenzieht. Diese optische Seitenbandkühlung ist im Prinzip nichts anderes als die bereits im Abschn. 9.2 behandelte Kühlung durch Photonenrückstoß. Der einzige Unterschied liegt darin, dass hier durch die räumliche Eingrenzung der Ionenbewegung in der Ionenfalle nur diskrete Absorptionsfrequenzen auftreten, während bei der Abbremsung der Translation eines freien Atoms ein innerhalb der Doppler-Breite kontinuierliches Absorptionsspektrum vorliegt.

Experimentell hat die Seitenbandkühlung den Vorteil, dass man die Laserfrequenz während der Abkühlung nicht nachfahren muss, sondern konstant auf dem Seitenband $\omega_0 - m\omega_v$ lassen kann. Da dieses Seitenband jedoch mit zunehmender Abkühlung an Intensität verliert, wird die Abkühlung immer weniger effektiv.

Optisches Seitenbandkühlen wurde an Mg$^+$-Ionen in einer Penning-Falle [9.138, 9.139] und an Ba$^+$-Ionen in einer Paul-Falle demonstriert [9.137]. Die Ba$^+$-Ionen wurden mithilfe eines Farbstofflasers bei λ = 493,4 nm auf dem Übergang $6s2^S_{1/2} \rightarrow 6p2^P_{3/2}$ bis unter 0,5 K abgekühlt. Dabei verringert sich die Schwingungsamplitude der Ionen auf wenige μm, sodass sie mit zunehmender Abkühlung auf ein immer kleiner werdendes Volumen konzentriert werden. Die Abkühlung kann mit einem Probenlaser nachgewiesen werden, dessen Frequenz ω_p über das Absorptionsprofil durchgestimmt wird, und dessen Intensität so klein ist, dass für $\omega_p > \omega_0$ keine merkliche Aufheizung der Ionen auftritt. Inzwischen ist es gelungen, einzelne Ba$^+$-Ionen in einer kleinen HF-Ionenfalle durch Elektronenstoß zu erzeugen, sie dort zu speichern, zu kühlen und zu beobachten [9.136]. Da Ba$^+$ ein Drei-Niveau-System darstellt (Abb. 9.49), müssen zwei Laser gleichzeitig auf den Übergängen $6^2S_{1/2} \rightarrow 6^2P_{1/2}$ und $5^2D_{3/2} \rightarrow 6^2P_{1/2}$ eingestrahlt werden, um optisches Pumpen in den metastabilen $5^2D_{3/2}$ Zustand zu verhindern. Eine Änderung der Zahl N der gespeicherten Ionen um 1 (z. B. eine Zunahme durch Elektronenstoßerzeugung oder eine Abnahme durch Restgasstöße) macht sich durch Stufen in der nachgewiesenen Fluoreszenz bemerkbar (Abb. 9.51). Mithilfe einer Mikroskopabbildung in Verbindung mit einem Bildverstärkersystem kann ein einzelnes, gespeichertes Ion über seine Fluoreszenz sichtbar gemacht und dadurch seine mittlere räumliche Aufenthaltswahrscheinlichkeit gemessen werden.

9.4.3 Direkte Beobachtung von Quantensprüngen

Die Quantenmechanik beschreibt mithilfe zeitabhängiger Wellenfunktionen die Wahrscheinlichkeit $P(t)$ dafür, dass ein atomares System sich zur Zeit t in einem Zustand $|i\rangle$ befindet, und wie sich diese Wahrscheinlichkeit im Laufe der Zeit ändert. Sie macht keine Aussagen darüber, ob und wie man prüfen kann, dass sich ein einzelnes Atom mit Sicherheit ($P \equiv 1$) in einem definierten Zustand befindet, weil dies nur

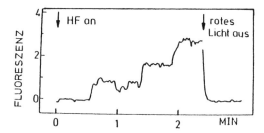

Abb. 9.51. Stufen in der Fluoreszenzintensität weniger gespeicherter Ionen, wenn sich ihre Zahl um jeweils ein Ion erhöht. Beim Abschalten des roten Rückpumplasers werden die Ionen in den metastabilen $5D_{3/2}$-Zustand gepumpt und die Fluoreszenz verlöscht [9.134]

durch eine Messung festgestellt werden kann, die selbst diesen Zustand wieder verändert. Es gab im Laufe der Entwicklung der Quantenmechanik darüber kontroverse Diskussionen; und E. Schrödinger glaubte z. B., dass es prinzipiell nicht möglich sei, mit nur einem Atom so zu experimentieren, dass man den Zustand dieses Atoms und Übergänge zwischen definierten Zuständen eines einzigen Atoms festlegen kann.

Experimente mit einzelnen gespeicherten Ionen haben inzwischen diese Meinung widerlegt. Die grundlegende Idee zu einem solchen Experiment, das zuerst von *Dehmelt* vorgeschlagen [9.140] und inzwischen von mehreren Gruppen realisiert wurde [9.141, 9.142], beruht auf der Kopplung eines intensiven erlaubten Überganges mit einem schwachen verbotenen Übergang durch ein gemeinsames, oberes Niveau. Im Falle des Ba^+-Ions, existiert außer den bereits in Abb. 9.49 gezeigten Zuständen ein weiterer metastabiler Zustand $5^2D_{5/2}$, dessen spontane Lebensdauer $\tau = (32 \pm 5)$s beträgt, und der als „**Speicherzustand**" dienen kann (Abb. 9.52): Wenn keine Übergänge in diesen Zustand stattfinden, wird das Ion durch den Pumplaser bei 493,4 und den Rückpumplaser bei $\lambda = 649{,}7$ nm gekühlt und in den $6^2P_{1/2}$-

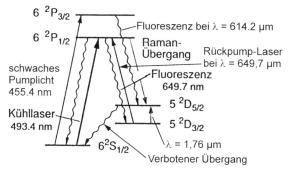

Abb. 9.52. Genaueres Termschema des Ba^+-Ions mit der Bevölkerung des „dunklen" Zustandes $5^2D_{5/2}$ durch Ramanübergänge, die vom Kühllaser induziert werden oder durch Fluoreszenz vom $6^2P_{3/2}$-Niveau, die durch Absorption von Licht der Wellenlänge 455,4 nm angeregt wird. Der gestrichelte Übergang stellt einen Raman-Prozess dar, der über die Kopplung des $6P_{3/2}$-Niveaus an das mit dem $6P_{1/2}$-Niveau zusammenfallende „virtuelle" Niveau möglich ist

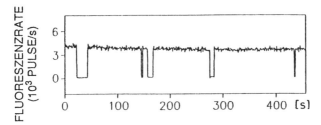

Abb. 9.53. Experimentelle Demonstration von Quantensprüngen eines einzelnen Ions [9.141]

Zustand gepumpt, dessen Fluoreszenzrate bei Sättigung des Pumpüberganges bei einer Lebensdauer $\tau(62^{P}_{1/2})$ von 8 ns etwa 10^8 Photonen pro Sekunde beträgt. Wird der metastabile $5^2 D_{5/2}$-Zustand durch Einstrahlung von Licht mit $\lambda = 1{,}762\,\mu m$ direkt oder durch Anregung durch Licht mit $\lambda = 455{,}4\,nm$ über den $6^2 P_{3/2}$-Zustand durch Fluoreszenz bei $\lambda = 614{,}2\,nm$ besetzt, so ist das Ion im Mittel während einer Zeit $\tau(5^2 D_{5/2}) = 32\,s$ nicht im Grundzustand $62^{S}_{1/2}$ und kann deshalb auch nicht die Pumpstrahlung bei $\lambda = 493{,}4\,nm$ absorbieren. Die Fluoreszenz wird während dieser Zeit null, springt aber wieder auf ihren Wert von 10^8 Photonen pro Sekunde, sobald der $5^2 D_{5/2}$-Zustand durch Emission eines Photons wieder in den $6^2 S_{1/2}$-Zustand übergegangen ist. Der erlaubte Übergang $6^2 S_{1/2} \rightarrow 6^2 P_{1/2}$ dient also als Verstärker für den Nachweis eines einzelnen Quantensprunges auf dem verbotenen Übergang $5^2 D_{1/2} \rightarrow 6^2 S_{1/2}$. In Abb. 9.53 ist der zeitlich statistisch verlaufende Emissionsvorgang durch die entsprechenden „An"- und „Aus"-Phasen der erlaubten Fluoreszenz zu sehen [9.105]. Man kann die Lebensdauer des $5^2 D_{5/2}$-Zustandes verringern durch Einstrahlen einer dritten Welle bei $\lambda = 614{,}2\,nm$, die Übergänge vom $5^2 D_{5/2}$ in den $6^2 P_{3/2}$ Zustand induziert, der dann sofort in den $6^2 S_{1/2}$-Zustand zerfällt (Abb. 9.52). Analoge Beobachtungen wurden auch an gespeicherten Hg^+-Ionen gemacht [9.142].

Von fundamentalem Interesse ist die Messung der Photonenstatistik in einem Dreiniveau-System, die durch solche Experimente möglich wird. Während die Zeit-

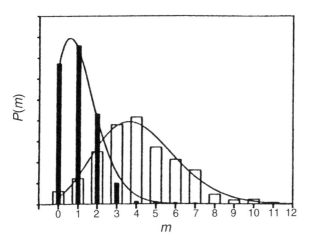

Abb. 9.54. Verteilung $P(m)$ der Zahl der Quantensprünge pro sec, gemessen während der Zeitintervalle 150 s (*schwarze Balken*) bzw. 600 s (*weiße Balken*). Die Kurven geben die mit zwei Parametern angepassten Poisson-Verteilungen an. Die gesamte Messzeit war 6 Stunden [9.141]

dauern der „An"- und „Aus"-Perioden eine exponentielle Verteilung zeigen, erhält man für die Zahl der Quantensprünge pro Zeiteinheit eine Poisson-Verteilung (Abb. 9.54). In einem Zweiniveau-System ist dies anders: Hier kann nach Emission eines Fluoreszenzphotons ein weiteres Photon erst wieder emittiert werden, nachdem der obere Zustand durch ein Laserphoton auf demselben Übergang angeregt wurde. Man erhält hier für die Zeitintervalle Δt zwischen zwei detektierten Fluoreszenzphotonen eine „Sub-Poisson-Verteilung", die bei $\Delta t = 0$ null wird, weil nach der Emission des ersten Photons mindestens eine halbe Rabi-Periode vergeht, bis das zweite Photon emittiert werden kann [9.143].

9.4.4 Wigner-Kristalle in Ionenfallen

Werden mehrere Ionen innerhalb der Ionenfalle durch Elektronenstoß erzeugt und dann durch optische Seitenbandkühlung abgekühlt, so tritt bei bestimmten Fallen-bedingungen unterhalb einer Temperatur T_c ein Phasenübergang auf, bei dem die Ionen sich in einer räumlich symmetrischen, stabilen Konfiguration wie in einem Kristall anordnen [9.144–9.146]. Die Abstände der Ionen in einem solchen **Wigner-Kristall** sind etwa $10^3 \div 10^4$ mal so groß wie in einem üblichen Festkörper.

Der Phasenübergang von der ungeordneten Ionenwolke zum geordneten Ionen-kristall macht sich experimentell in einer plötzlichen Änderung der Fluoreszenzin-tensität bemerkbar, wenn die Laserfrequenz des kühlenden Lasers über einen kriti-

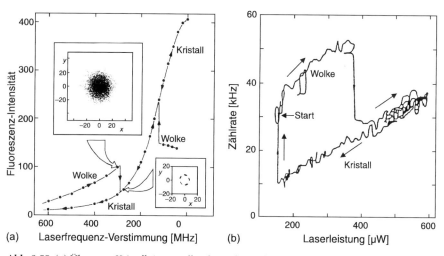

Abb. 9.55. (a) Übergang Kristall-Atomwolke als Funktion der Laserverstimmung, (b) Phasenüber-gang und Hysteresekurve beim Übergang von einer ungeordneten Ionenwolke in einen geordneten Wigner-Kristall. Aufgetragen ist die Fluoreszenzleistung in (a) als Funktion der Laserfrequenzver-stimmung und in (b) als Funktion der Laserleistung bei fester Laserfrequenzverstimmung. Un-ter den hier gewählten Bedingungen ergibt die Ionenwolke eine höhere Fluoreszenzleistung als der Ionenkristall. Der Hysteresezyklus wurde in 10 s durchfahren. Bei etwa 400 µW Leistung des Kühllasers erfolgt der Phasensprung von der ungeordneten in die geordnete Struktur. Der Rück-sprung erfolgt bei wieder abnehmender Kühlleistung erst bei 170 µW [9.147]

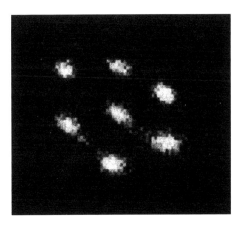

Abb. 9.56. Mit einem Mikroskop und Bildverstärker gewonnene Aufnahme eines Wigner-Kristalls aus 7 in einer Ionenfalle gespeicherten Ionen. Der Abstand zwischen den Ionen ist etwa 20 μm [9.145]

schen Wert $\Delta\omega_c$ der negativen Frequenzverstimmung $\Delta\omega = \omega_0 - \omega_L$ hinweggestimmt wird (Abb. 9.55). Man beobachtet ein typisches Hystereseverhalten: Stimmt man die Laserfrequenz in der entgegengesetzten Richtung durch, so tritt der Sprung bei einer anderen Frequenz auf (Abb. 9.55b). Mithilfe eines empfindlichen Bildverstärkersystems mit Mikroskopabbildung kann man die Lage der Ionen direkt sichtbar machen (Abb. 9.56) und so den Übergang von der Ionenwolke zum geordneten Kristall direkt visuell verfolgen [9.147, 9.152].

Genau wie bei gekoppelten Pendeln können in einem solchen Ionenkristall Normalschwingungen angeregt werden. So hat z. B. der „Zweiionen-Kristall" eine Schwingungsmode, bei der beide Ionen in Phase schwingen, wobei wegen der Rotationssymmetrie des Fallenpotenzials um die z-Achse Schwingungen in x- bzw. y-Richtung mit der Frequenz $\omega_x = \omega_y$ entartet sind, in z-Richtung jedoch eine andere Frequenz ω_z haben. Außerdem können die beiden Ionen gegeneinander schwingen, wobei ihr Schwerpunkt in Ruhe bleibt. Die Schwingungsfrequenz hängt jetzt von der Coulomb-Wechselwirkung der Ionen miteinander und vom Fallenpotenzial ab. Man erhält je nach Richtung der Auslenkung als Schwingungsfrequenzen $\sqrt{3}\omega_x = \sqrt{3}\omega_y$ und $\sqrt{3}\omega_z$ [9.153]. Diese Schwingungsmoden können angeregt werden, indem man eine zusätzliche Wechselspannung an die Fallenelektroden legt. Die Anregung führt zu einer zusätzlichen Aufheizung und einer Verringerung der Fluoreszenz. Durch geeignete Wahl von Intensität und Frequenz des Lasers kann diese Aufheizung durch die Laserkühlung wieder kompensiert werden.

9.4.5 Quantencomputer mit gespeicherten Ionen

In linearen Paulfallen lassen sich gekühlte Ionen in einer regelmäßigen Kette anordnen, die dann einen eindimensionalen Wignerkristall bilden (Abb. 9.57).

Die Ionen müssen so kalt sein, dass sie im Potenzial gefangen werden können und dass ihre thermische Bewegung in der Ionenfalle kleiner wird als die Wellenlänge des anregenden Lasers, d. h. die Ionen bleiben in einem Intervall Δx, das kleiner als 0,5 μm ist, damit sie von einem fokussierten Laser selektiv angeregt werden

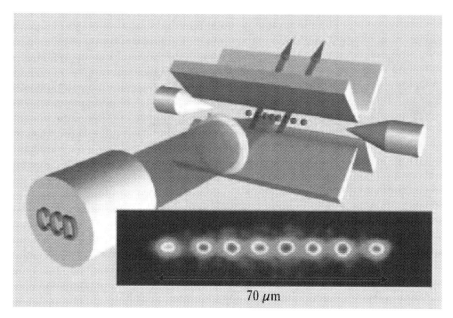

Abb. 9.57. Lineare Ionenfalle mit 8 gespeicherten Ionen [9.148]

können. Da die Ionen in dem harmonischen Fallenpotenzial nur die Energiezustände des harmonischen Oszillators einnehmen können, bedeutet eine genügend große Abkühlung, dass die Ionen im tiefsten Oszillator-Zustand sind.

Eine solche Ionenkette kann bei geeignetem Abstand der Ionen, der eine selektive Anregung einzelner Ionen mit einem Laser erlaubt, als Quantencomputer dienen, wie man folgendermaßen sieht [9.148, 9.149]: Jeder Computer basiert auf „bit-Zuständen" 0 und 1. Diese können bei den Ionen der Grundzustand und ein langlebiger angeregter Zustand sein (z. B. ein metastabiler Zustand, der nur durch Quadrupol-Übergänge in den Grundzustand zurückkehren kann), oder zwei Hyperfein-Niveaus im elektronischen Grundzustand, deren Lebensdauer länger als 1 s sein kann. Diese langlebigen Niveaus können durch optische Anregung über kurzlebige Niveaus besetzt werden. Wenn die Energiezustände der Ionen für die cw-Laseranregung ein Zwei-Niveau-System erlauben, kann jedes Ion bei einer Lebensdauer τ des oberen Zustandes $= 1/(2\tau)$ Fluoreszenzphotonen pro sec aussenden (für $\tau = 10^{-8}$ sind dies $= 5 \cdot 10^7 \, \text{s}^{-1}$ Photonen), sodass man in günstigen Fällen einzelne Ionen bereits ohne Lichtverstärker mit bloßem Auge (durch ein Mikroskop) sehen kann.

Die Grundidee eines Quantencomputers beruht auf der Realisierung von verschränkten Zuständen. Dabei ist ein verschränkter Zustand die kohärente Überlagerung von mindestens zwei realen Zuständen des Systems. Ein verschränkter Zustand eines Atoms mit zwei Hyperfein-Niveaus $|0\rangle$ und $|1\rangle$ im elektronischen Grundzustand ist z. B. der Zustand

$$|v\rangle = c_0|0\rangle + c_1|1\rangle \, .$$

Dieser verschränkte Zustand heißt Quantenbit (Qbit). Er tritt an die Stelle der Bits 0 und 1 im klassischen Computer. Es gibt mehrere Verfahren der Laserspektroskopie, solche kohärenten Überlagerungen zu erzeugen (siehe Abschn. 12.2). In einer linearen Ionenkette kommt neben der inneren Anregung eines Ions ein weiterer Freiheitsgrad hinzu durch die oszillatorische Bewegung jedes Ions im Potenzial, das durch die Falle und die Coulomb-Wechselwirkung mit den Nachbarionen erzeugt wird. Durch die Absorption eines Laserphotons aus einem Laserstrahl, der sich kollinear zur Ionenkette ausbreitet, wird auf das absorbierende Ion ein Rückstoß ausgeübt, der zu einer Änderung seines Abstandes von den nächsten Ionen führt. Weil zwischen den Ionen die Coulombkraft wirkt, wird durch diese Abstandsänderung eine zusätzliche Kraft auf die Nachbarionen ausgeübt, die dadurch aus ihrer Gleichgewichtslage entfernt werden, was zu einer Änderung ihrer potenziellen Energie führt. Da die Coulomb-Wechselwirkung im Grundzustand und im angeregten Zustand etwas unterschiedlich ist, wird die Information der Anregung eines Ions auf die Nachbarionen übertragen, d. h. die interne Anregung eines Ions führt zu einer Änderung der Schwingungsenergie der Nachbarionen, die wegen der Frequenzverschiebung nachgewiesen werden kann.

Nähere Informationen geben die Publikationen [9.148–9.151].

9.5 Der Einatom-Maser

Wir haben im vorigen Abschnitt Methoden kennen gelernt, wie man einzelne Ionen speichern und beobachten kann. Wir wollen jetzt einige, in den letzten Jahren durchgeführte Experimente besprechen, welche die Untersuchung der Wechselwirkung einzelner neutraler Atome mit ihrer Umgebung und mit Strahlungsfelder ermöglichen [9.154]. Mit solchen Experimenten können grundlegende Fragen der Physik, insbesondere der Quantenelektrodynamik und der Quantenoptik geprüft werden.

In einem kollimierten Strahl von Alkaliatomen werden durch stufenweise Anregung mit zwei Lasern Rydberg-Zustände hoher Hauptquantenzahl n angeregt (Abschn. 5.4), deren spontane Lebensdauer τ proportional zu n^3 anwächst. Fliegen die angeregten Atome durch einen Hohlraumresonator (Abb. 9.58), der auf eine Übergangsfrequenz $v = (E_n - E_{n-1})/h$ der Rydberg-Atome abgestimmt ist, so kann ein Photon, das während der Durchflugzeit durch den Resonator von einem Atom spontan emittiert wurde, eine Resonatormode anregen.

Wenn der Hohlraumresonator auf Temperaturen von wenigen K abgekühlt wird, sodass seine Wände supraleitend werden, sind seine Verluste so klein, dass die Abklingzeit der angefachten Mode länger wird als die Durchflugzeit des Rydberg-Atoms. Man erreicht Resonatorgüten $Q \geq 5 \cdot 10^{10}$, was bei einer Resonatorfrequenz $v = 10\,\mathrm{GHz}$ nach Bd. 1, (5.14) einer Abklingzeit $T_R \geq 1\,\mathrm{s}$ entspricht!

Wegen seines großen Übergangsdipolmomentes $\mu_{n,n-1}(\mu \approx n^2!)$ kann das Atom während seiner Durchflugzeit wieder ein Photon aus der von ihm selbst angefachten Resonatormode absorbieren und in den oberen Zustand $|n\rangle$ übergehen. Lässt man die Atome hinter dem Resonator durch zwei elektrische Felder fliegen (Abb. 9.58),

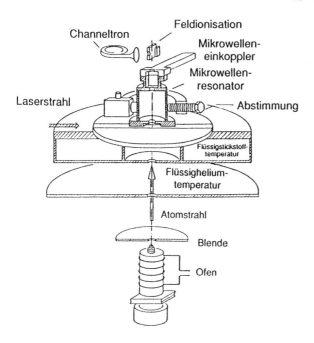

deren Stärke so eingestellt ist, dass im ersten Feld Atome im Zustand $|n\rangle$ feldionisiert werden, im Zustand $|n-1\rangle$ aber noch nicht, während im zweiten Feld mit etwas größerer Feldstärke auch der Zustand $|n-1\rangle$ ionisiert wird (Abb. 5.21), so hat man einen zustandsspezifischen Detektor, der angibt, in welchem der beiden Zustände das Atom den Resonator verlassen hat. Man kann die beiden Felder durch ein Paar gegeneinander geneigte Feldplatten ersetzen, zwischen denen eine konstante Spannung liegt. Da die elektrische Feldstärke $E = U/d$ vom Abstand d zwischen den Platten abhängt, wird sie mit abnehmendem Abstand größer und die beiden Detektoren messen dann jeweils die Feldionisation aus den beiden Rydberg-Zuständen. Macht man die Dichte der Rydberg-Atome im Atomstrahl so klein, dass sich immer nur jeweils ein Atom während der Durchflugzeit $T = d/v \approx 100\,\mu s$ im Resonator befindet, so lässt sich die Wechselwirkung einzelner Atome mit dem elektromagnetischen Feld des Resonators untersuchen. Durch mechanische Deformation der Resonatorwände kann die Resonatoreigenfrequenz in engen Grenzen kontinuierlich durchgestimmt werden. Es zeigt sich, dass die spontane Lebensdauer τ der Rydberg-Atome gegenüber ihrem „ungestörten" Wert τ_0 verkürzt wird, wenn der Resonator auf die Eigenfrequenz des Atoms abgestimmt wird; hingegen verlängert wird, wenn der Resonator gegen v_0 verstimmt wird [9.155]. Eine „anschauliche" Erklärung dieses bereits von der Quantenelektrodynamik vorhergesagten Effektes ist die folgende: Im verstimmten Resonator hoher Güte γ kann das angeregte Atom sein Fluoreszenzphoton nicht „loswerden", weil dessen Frequenz nicht in den Resonator passt, während im resonant abgestimmten Resonator das thermische Strahlungsfeld in der resonanten Mode zur induzierten Emission des Atoms beiträgt und daher seine Lebensdauer verkürzt.

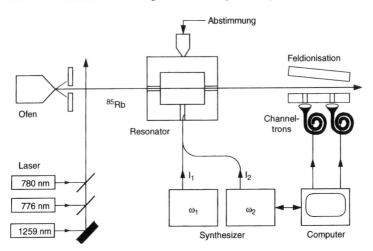

Abb. 9.59. Schematische Darstellung des experimentellen Aufbaus mit Anregungslasern, Nachweissystem und Resonator-Frequenzerzeugung [9.156]

Misst man die Rate der Atome im oberen Zustand $|n\rangle$ nach Durchlaufen des Resonators als Funktion der Resonatorfrequenz, so ergibt sich bei der Resonanzfrequenz ν_0 ein Minimum (Abb. 9.59).

Ohne thermisches Strahlungsfeld im Resonator sollte die Besetzung $N(T)$ in jedem der beiden Zustände als Funktion der Durchflugzeit T periodisch mit der Rabi-Frequenz ungedämpft oszillieren, während diese Oszillation durch die mit statistischer Phase erfolgende Absorption bzw. stimulierte Emission durch das inkohärente thermische Strahlungsfeld gedämpft wird (Abb. 9.60). Dieser Effekt lässt sich experi-

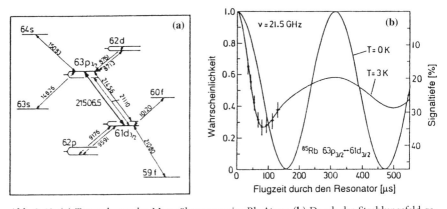

Abb. 9.60. (a) Termschema des Maserüberganges im Rb-Atom. **(b)** Durch das Strahlungsfeld gedämpfte Rabi-Oszillationen eines Atoms im Hohlraumresonator. Die Messwerte auf der Kurve bei einer Temperatur von 3 K wurden mit einem geschwindigkeitsselektierten Atomstrahl gemessen, sodass Wechselwirkungszeiten der Atome mit dem Resonatorfeld von $30 \div 40 \,\mu$s eingestellt werden konnten [9.156]

mentell prüfen, wenn man vor dem Resonator einen Geschwindigkeitsselektor einbaut, der nur Atome einer vorgegebenen Geschwindigkeit v durchlässt und dann die Rate $N(n)$ bzw. $N(n-l)$ als Funktion von v misst [9.156]. Man hat hier ein einzelnes Atom, dessen induzierte Absorption und Emission sich experimentell verfolgen lässt. Deshalb wurde für diese Anordnung der Begriff „**Einatom-Maser**" oder auch „Mikromaser" geprägt [9.156, 9.157]. Inzwischen ist eine große Zahl von Publikationen erschienen, in denen viele grundlegende physikalische Fragen am Mikromaser untersucht wurden. Ein Beispiel ist die Bestimmung der Linienbreite der Mikromaser-Oszillation durch Messung der Phasendiffusion des Resonatorfeldes (siehe auch Bd. 1, Abschn. 5.5). Diese kann gemessen werden, indem zuerst ein kohärenter Zustand angeregt wird, dessen Zerfall aufgrund der Phasendiffusion mithilfe eines Abfragelasers mit variabler Zeitverzögerung verfolgt wird [9.158].

Ein weiteres Beispiel sind Testmessungen am Mikromaser, um neue Konzepte der Quanteninformation zu prüfen [9.159].

9.6 Auflösung innerhalb der natürlichen Linienbreite

Angenommen, alle Linienverbreiterungseffekte seien durch eine der in den vorigen Abschnitten behandelten Methoden soweit reduziert worden, dass sie gegenüber der natürlichen Linienbreite vernachlässigbar sind. Die Frage stellt sich jetzt, ob die natürliche Linienbreite eine unüberwindbare, durch die Heisenberg'sche Unschärfe-Relation festgelegte Grenze für die spektrale Auflösung darstellt (Bd. 1, Abschn. 3.1), oder ob man nicht doch unter gewissen Bedingungen diese Grenze überwinden kann. Natürlich lassen sich auf indirekte Weise Termaufspaltungen unterhalb dieser Grenze ermitteln, wenn man bei sehr genau vermessenen Doppler-freien Linienprofilen Abweichungen vom erwarteten Lorentz-Profil $L(\omega - \omega_0)$ feststellt und dann das gemessene Linienprofil mithilfe einer Entfaltungsrechnung durch eine Überlagerung $\Sigma c_i L(\omega - \omega_i)$ mehrerer Lorentz-Profile anpasst [9.160]. Dieses Verfahren setzt jedoch voraus, dass alle sonstigen Einflüsse, die das Linienprofil verändern könnten, ausgeschaltet wurden oder bekannt sind.

Die in diesem Abschnitt vorgestellten Beispiele sollen zeigen, dass man auch auf direktem, experimentellen Wege mit verschiedenen Methoden durchaus Strukturen innerhalb der natürlichen Linienbreite eines optischen Überganges auflösen kann, ohne die Unschärferelation zu verletzen. Allerdings opfert man für die schmalere Linienbreite an Intensität und daher wird das Signal/Rausch-Verhältnis schlechter.

Im ersten Beispiel wird die Einengung der natürlichen Linienbreite dadurch erreicht, dass nach einer gepulsten Anregung eines atomaren Niveaus mit der mittleren Lebensdauer τ die Fluoreszenz nur von solchen Atomen detektiert wird, die eine Mindestzeit $T \gg \tau$ überlebt haben (Abb. 9.61).

Das Niveau werde durch einen kurzen Laserpuls angeregt, der zur Zeit $t = 0$ endet. Für $\gamma = 1/\tau \ll \omega_0$ folgt für die Zeitabhängigkeit der Fluoreszenzamplitude

$$A(t) = A(0)\,e^{-(\gamma/2)t} \cos \omega_0 t \,. \tag{9.58}$$

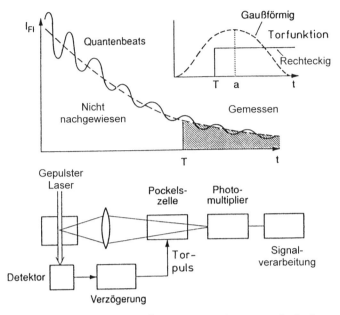

Abb. 9.61. Schematische Darstellung eines Experimentes zur Beobachtung von Linienbreiten unterhalb der natürlichen Linienbreite

Aus der gemessenen Fluoreszenzintensität $I(t) \propto A^2(t)$ erhält man durch eine Fourier-Transformation für das Linienprofil der Fluoreszenzlinie bei ruhenden Atomen das Lorentz-Profil (Bd. 1, Abschn. 3.1):

$$I(\omega) = a L(x) = \frac{a}{1 + x^2} \tag{9.59}$$

mit den Abkürzungen $x = (\omega - \omega_0)/(\gamma/2)$ und $a = I_0 = I(\omega_0)$.

Die Halbwertsbreite $\gamma = 1/\tau$ ist durch die natürliche Linienbreite bestimmt. Wird die Fluoreszenz nicht von $t = 0$ an, sondern nur für $t \geq t_0$ beobachtet, so ergibt sich für den Realteil $F(x)$ und den Imaginärteil $G(x)$ der Fourier-Transformierten von (9.58) mit $T = t_0 \gamma/2$ [9.161, 9.162]:

$$F(x) = L(x)e^{-T}[\cos(xT) - x\sin(xT)] ,$$
$$G(x) = L(x)e^{-T}[\sin(xT) + x\cos(xT)] . \tag{9.60}$$

Beobachtet man nur die Fluoreszenzintensität $I(t)$, so geht jede Phaseninformation über die Wellenfunktionen des oberen Zustandes verloren, und man misst das Intensitätsspektrum

$$I(\omega) \approx |F + iG|^2 = F^2 + G^2 = 2e^{-2T}L(x)$$
$$= \frac{e^{-\gamma t_0}I_0}{(\omega - \omega_0)^2 + (\gamma/2)^2} \tag{9.61}$$

mit der Halbwertsbreite $\gamma = 1/\tau$, die unabhängig davon ist, ob $I(t)$ von $t = 0$ bis $t = \infty$ oder nur von $t = t_0 > 0$ bis $t = \infty$ integriert wird. Man verliert durch die verzögerte Messung wegen des Faktors $\exp(-\gamma t_0)$ nur an Intensität! *Durch eine einfache (inkohärente) Messung der frequenzabhängigen Intensität $I(\omega)$ kann man deshalb keine Einengung der natürlichen Linienbreite erreichen,* auch wenn man nur die Fluoreszenz von ausgesuchten langlebigen Atomen zu Zeiten $t \geq t_0 \gg \tau$ detektiert.

Dies wird anders, wenn man die Amplitudenfunktion (9.58) messen kann, die eine zusätzliche Phaseninformation enthält. Das ist möglich mit einer der in Kap. 7 beschriebenen kohärenten Methoden, wie z. B. der Quanten-Beat-Technik.

Nach (7.23) ist das Fluoreszenzsignal nach Anregung zweier dicht benachbarter Niveaus mit einem Frequenzabstand $\Delta\omega = \omega_k - \omega_i$ und gleichen Abklingkonstanten $\gamma = 1/\tau$ bei Mittelung über die Lichtfrequenz $\omega_0 = (\omega_i + \omega_k)/2$:

$$I(t) - I(0)\,e^{-\gamma t}(1 + a\cos\Delta\omega t)\,, \tag{9.62}$$

wobei der Term $\cos(\Delta\omega t)$ die Information über die Phasendifferenz $\Delta\phi(t) = \Delta\omega t = (E_i - E_k)t/\hbar$ zwischen den Wellenfunktionen der beiden kohärent angeregten Zustände $|i\rangle$ und $|k\rangle$ enthält.

Wird jetzt die Fluoreszenz erst ab einem Zeitpunkt t_0 gemessen, was experimentell durch einen schnellen Verschluss (z. B. eine Pockel-Zelle) vor dem Detektor realisiert werden kann, so ist das Messsignal mit der Schalterfunktion $f(t)$:

$$S(t) = I(t)f(t) \text{ mit } f(t) = \begin{cases} 0 & \text{für } t < -t_0 \\ 1 & \text{für } t \geq +t_0 \end{cases}. \tag{9.63}$$

Die Fourier-Transformierte von $S(t)$ ist

$$I(\omega) = \int_{t_0}^{\infty} I(0)\,e^{-\gamma t}(1 + a\cos\Delta\omega t)\,e^{-i\omega t}\,dt. \tag{9.64}$$

Die Auswertung des Integrals ergibt in der Näherung $\Delta\omega \ll \omega$ für Real- und Imaginärteil (sin- und cos-Fourier-Transformierte)

$$I_c(\omega) = \frac{1}{2}\frac{a\,e^{-\gamma t_0}}{(\Delta\omega - \omega)^2 + \gamma^2}\left[\gamma\cos(\Delta\omega - \omega)t_0 - (\Delta\omega - \omega)\sin(\Delta\omega - \omega)t_0\right]$$

$$I_s(\omega) = \frac{1}{2}\frac{a\,e^{-\gamma t_0}}{(\Delta\omega - \omega)^2 + \gamma^2}\left[\gamma\sin(\Delta\omega - \omega)t_0 + (\Delta\omega - \omega)\cos(\Delta\omega - \omega)t_0\right]. \tag{9.65}$$

Für $t_0 > 0$ zeigt $I_c(\omega)$ eine oszillatorische Struktur mit einem zentralen Maximum, dessen Halbwertsbreite

$$\Delta\omega_{1/2} = (2\gamma)(1 + \gamma^2 t_0^2)^{-1/2} \tag{9.66}$$

mit zunehmenden Werten von t_0 abnimmt (Abb. 9.62). Die Mittenintensität $I(\omega_0)$ nimmt nach (9.65) allerdings auch ab, sodass das Signal/Rausch-Verhältnis schlechter wird.

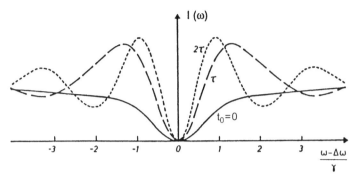

Abb. 9.62. Oszillatorische Struktur der Fouriertransformierten mit eingeengtem Zentralmaximum bei Beobachtung von Quantenbeats für Zeiten $t \geq t_0$. Die drei Kurven wurden auf die gleiche Höhe des zentralen Maximums normiert

Es soll noch einmal betont werden, dass diese Linienverbreiterung nur auftritt, wenn die zeitliche Entwicklung der Phase der Wellenfunktion des oberen Zustandes gemessen wird. Das ist bei allen Detektionsmethoden der Fall, die auf Interferenzeffekten beruhen. Schickt man z. B. die Fluoreszenz, die von Atomen in einem gut kollimierten Atomstrahl emittiert wird, durch ein Interferometer, dessen spektrale Auflösung größer ist als die natürliche Linienbreite, so misst man eine Einengung der Linienbreite, wenn der Zeitschalter hinter dem Interferometer steht, aber keine Einengung, wenn er zwischen Quelle und Interferometer gestellt wird [9.163].

In Abb. 9.63 wird ein Vergleich zwischen berechneten und gemessenen Linienprofilen eines „**level-crossing**"-Signals gezeigt, das nach Anregung des $6s6p^1 P_1$-Niveaus im Ba-Atom mit einem gepulsten Farbstofflaser erhalten wurde, wenn die Fluoreszenzdetektion erst Δt ns nach dem Ende des Laserpulses angeschaltet wurde [9.164]. Man sieht die zunehmende Einengung des zentralen Maximums mit wachsendem Zeitintervall Δt und das Auftreten der Nebenmaxima. Ähnliche Experimente wurden am Na($3P$)-Niveau durchgeführt [9.165].

Statt eines Schalters im Fluoreszenznachweis bei gepulster Anregung kann man auch die Anregung mit einem kontinuierlichen Laser durchführen, dessen Phase periodisch mithilfe eines mit Rechteckpulsen angesteuerten Phasenmodulators um π verschoben wird. Misst man bei Doppler-freier Anregung in einem kollimierten Atomstrahl die Zahl der Fluoreszenzphotonen in einem bestimmten kurzen Zeitintervall Δt, das um eine Zeit T gegen den Phasensprung des anregenden Lasers verschoben ist, als Funktion der Laserfrequenz, so beobachtet man mit zunehmender Verzögerungszeit T eine Einengung der Linienbreite [9.166].

Eine andere Technik, die Linienbreite unterhalb der natürlichen Linienbreite zu erhalten, basiert auf transienten Effekten bei der Wechselwirkung eines Zweiniveau-Systems mit dem monochromatischen elektromagnetischen Feld eines CW-Lasers [9.167]. Zwischen den beiden instabilen Niveaus $|a\rangle$ und $|b\rangle$ mit den Zerfallskonstanten γ_a und γ_b möge eine monochromatische Welle der Frequenz $\omega \approx (E_a - E_b)/\hbar$, die dauernd eingeschaltet ist, Übergänge induzieren, sobald einer der beiden Zustände besetzt wird. (Abb. 9.64). Wird das Niveau $|b\rangle$ zur Zeit $t = 0$ durch einen Laserpuls

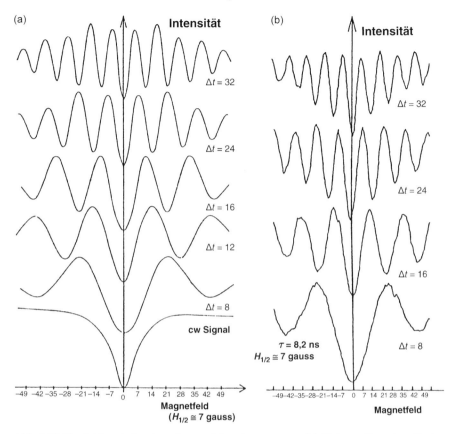

Abb. 9.63. Vergleich zwischen berechneten (**a**) und gemessenen (**b**) Linienprofilen eines Hanle-Signals bei Beobachtung mit verschiedenen Schalterzeiten $t_0 = \Delta t$ in ns [9.164]

besetzt, so erhält man für die Wahrscheinlichkeit $P(\Delta, t)$, das System zur Zeit t im Zustand $|a\rangle$ zu finden:

$$P(\Delta, t) = \left(\frac{\mu E_0}{\hbar}\right)^2 \frac{1}{(\Delta^2 + \delta_{ab}^2)}\left[\mathrm{e}^{-\gamma_a t} + \mathrm{e}^{-\gamma_b t} - 2\cos(t \cdot \Delta)\,\mathrm{e}^{-\gamma_{ab} t}\right], \qquad (9.67)$$

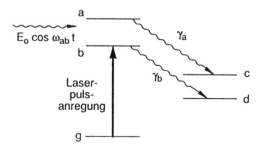

Abb. 9.64. Termschema für die transiente Linien-Einengung [9.167]

wobei $\Delta = \omega - \omega_{ab}$ die Frequenzverstimmung des CW-Lasers ist, $\gamma_{ab} = (\gamma_a + \gamma_b)/2$ die Summe der Niveaubreiten γ_a, γ_b und $\delta_{ab} = (\gamma_a - \gamma_b)/2$ ihre Differenz. Man sieht, dass im Lorentz-Profil $[(\omega - \omega_{ab})^2 + \delta_{ab}^2]^{-1}$ statt der Summe der Niveaubreiten ihre *Differenz* auftritt.

Beobachtet man die Fluoreszenz von $|a\rangle$ ohne Zeitauflösung, so integriert man über alle Zeiten und erhält das übliche Lorentz-Profil mit der Linienbreite γ_a. Beobachtet man jedoch nur für Zeiten $t \geq T$, so erhält man analog zu (9.62)

$$I(\Delta, T) \propto \gamma_a \int_T^\infty P(\Delta, t)\,\mathrm{d}t = \frac{\gamma_a(\mu E_0/\hbar)^2}{\Delta^2 + \delta_{ab}^2}$$

$$\times \left[\frac{\mathrm{e}^{-\gamma_a T}}{\gamma_a} + \frac{\mathrm{e}^{-\gamma_b T}}{\gamma_b} + \frac{2\,\mathrm{e}^{-\gamma_{ab} T}}{\Delta^2 + \gamma_{ab}^2}(\Delta \sin \Delta T - \gamma_{ab} \cos \Delta T)\right], \qquad (9.68)$$

die für $T \to 0$ wieder in das Lorentz-Profil

$$I(\Delta, 0) = \frac{(\mu E_0/\hbar)^2}{\Delta^2 + \gamma_{ab}^2} \frac{2\gamma_{ab}}{\gamma_b} \qquad (9.69)$$

mit der Halbwertsbreite γ_{ab} übergeht.

Bei einem Übergang zwischen zwei Niveaus $|a\rangle$ und $|b\rangle$ mit sehr verschieden langen Lebensdauern lässt sich durch eine Kombination von „level-crossing"-Spektroskopie mit Sättigungseffekten eine spektrale Auflösung erreichen, die der Breite $\gamma_b \ll \gamma_a$ des langlebigen Niveaus $|b\rangle$ entspricht, obwohl die natürliche Linienbreite des optischen Überganges durch $\gamma_{ab} = (\gamma_a + \gamma_b)$ also im Wesentlichen durch die Breite γ_a des kurzlebigen Niveaus bestimmt wird. Das Verfahren wurde von *Bertucelli* et al. [9.168] am Beispiel des Ca-Überganges $^3P_1 \to {}^3S_1$ demonstriert. Kalziumatome im metastabilen ^3P-Zustand durchfliegen in einem kollimierten Molekularstrahl den aufgeweiteten Laserstrahl im Zentrum eines durchstimmbaren Magnetfeldes B. Der E-Vektor des linear polarisierten Lasers steht senkrecht auf B, sodass Übergänge mit $\Delta M = \pm 1$ induziert werden. Für $B = 0$ sind alle M-Niveaus entartet und die Sättigung des atomaren Überganges wird durch das Quadrat über die Summe der einzelnen Übergangswahrscheinlichkeiten $|\Sigma \mu_{M_a, M_b}|^2$ für die verschiedenen Zeeman-Komponenten bestimmt. Wird die Zeeman-Aufspaltung größer als die natürliche Linienbreite des metastabilen Niveaus, so sättigen die verschiedenen Zeeman-Komponenten einzeln, und die Sättigung ist proportional zu $\Sigma |\mu_{M_a, M_b}|^2$. Misst man daher die laserinduzierte Fluoreszenzintensität des oberen Niveaus als Funktion der Magnetfeldstärke B, so erhält man ein, in nichtlinearer Weise von der Laserintensität abhängiges Hanle-Signal $I_{\mathrm{Fl}}(B)$, dessen Lorentz-Profil eine Halbwertsbreite $\gamma_{\mathrm{B}}(I_{\mathrm{L}}) = \gamma_{\mathrm{B}}(1 + S)^{1/2}$ hat, wobei $S = I_{\mathrm{L}}/I_S$ der Sättigungsparameter ist (Abschn. 2.2).

Eine weitere Möglichkeit, eine spektrale Auflösung unterhalb der natürlichen Linienbreite eines optischen Überganges zu erhalten, benutzt ebenfalls eine kohärente Methode, nämlich die induzierte resonante Raman-Streuung als Spezialfall der optisch-optischen Doppelresonanz (Abschn. 5.4.4). Wird der Pumplaser auf einen molekularen Übergang $|1\rangle \to |2\rangle$ abgestimmt und dort festgehalten (Abb. 9.65), während der Probenlaser durchgestimmt wird, so erhält man genau dann ein Doppelresonanzsignal, wenn die Probenlaser-Frequenz ω_s mit der Frequenz ω_{23} des Übergan-

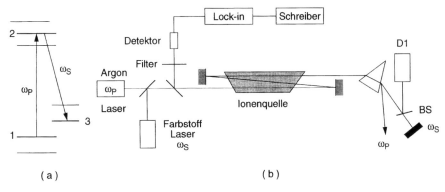

Abb. 9.65a,b. Resonante stimulierte Raman-Streuung

ges $|2\rangle \to |3\rangle$ übereinstimmt [9.169]. Dieses Signal kann durch die Änderung der Absorption oder der Polarisation des Probenlasers nachgewiesen werden. Werden beide Laserwellen kollinear durch die Absorptionszelle geschickt, so verlangt der Energiesatz bei der Wechselwirkung mit einem Molekül, das sich mit der Geschwindigkeit v bewegt,

$$(\omega_p - \boldsymbol{k}_p \cdot \boldsymbol{v}) - (\omega_s - \boldsymbol{k}_s \cdot \boldsymbol{v}) = (\omega_{12} - \omega_{23}) \pm (\gamma_1 + \gamma_3) \,, \tag{9.70}$$

wobei γ_i die homogene Linienbreite des Niveaus $|i\rangle$ ist. Der Doppler-Effekt 2. Ordnung und der Photonenrückstoß sind in (9.70) vernachlässigt. Sie würden aber an der Argumentation nichts ändern.

Für die Linienbreite γ_s des Doppelresonanzsignals erhält man aus (9.70) nach Integration über die Geschwindigkeitsverteilung der Moleküle [9.169]

$$\gamma_s = \gamma_3 + \gamma_1 \omega_s / \omega_p + \gamma_2 (1 - \omega_s / \omega_p) \,. \tag{9.71}$$

Sind $|1\rangle$ und $|3\rangle$ Schwingungsrotationsniveaus im elektronischen Grundzustand, so sind ihre spontanen Lebensdauern sehr groß gegen die des angeregten Niveaus $|2\rangle$ (bei homonuklearen zweiatomigen Molekülen sind sie unendlich). Für $(\omega_p - \omega_s) \ll \omega_p$ wird der Beitrag von γ_2 zur Linienbreite des Doppelresonanz-Signals sehr klein, und wir erhalten trotz Anregung des Niveaus $|2\rangle$ eine Linienbreite, die kleiner ist als die natürliche Linienbreite des Überganges $|1\rangle \to |2\rangle$. Natürlich erfährt man aus diesem Experiment nichts über die Zustandsbreite des oberen Niveaus $|2\rangle$. Bei genügend stabiler Laserfrequenz und vernachlässigbarer Flugzeitlinienbreite ist die Breite des Doppelresonanzsignals vergleichbar mit der eines direkten Überganges $|1\rangle \to |3\rangle$. Wenn jedoch $|1\rangle \to |2\rangle$ und $|2\rangle \to |3\rangle$ erlaubte elektrische Dipolübergänge sind, ist ein direkter Übergang $|1\rangle \to |3\rangle$ dipolverboten. Die schmale Linienbreite des OODR-Signals ist wesentlich, wenn es sich bei dem Niveau $|3\rangle$ um ein hoch liegendes Schwingungsrotationsniveau dicht unter der Dissoziationsgrenze des elektronischen Grundzustandes handelt, wo die Niveaudichte sehr groß wird. Als ein Beispiel ist in Abb. 9.66 das OODR-Signal einer Rotationslinie des elektronischen Überganges $D^1\Sigma_u \leftarrow X^1\Sigma_g$ im Cs_2-Molekül gezeigt, dessen Linienbreite bei kollinearem Verlauf

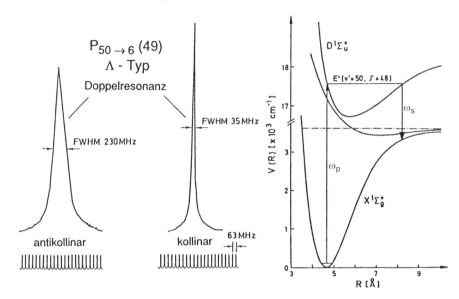

Abb. 9.66. Termschema und Linienprofile der resonanten stimulierten Raman-Streuung am Cs_2-Molekül bei kollinearer und antikollinearer Ausbreitung der beiden Laserstrahlen. Die Lebensdauer des oberen prädissoziierenden Niveaus ist nur 2 ns. Bei antikollinearer Anordnung wird deshalb die Linienbreite 230 MHz [9.170]

von Pump- und Abfragelaserstrahl kleiner als die durch die Lebensdauer von 1 ns des oberen prädissoziierenden Niveaus bedingte natürliche Linienbreite ist. Einen Überblick über die Spektroskopie unterhalb der natürlichen Linienbreite findet man in [9.171].

9.7 Absolute optische Frequenzmessung und Frequenzstandard

Im Allgemeinen lassen sich Frequenzen wesentlich genauer als Längen bestimmen. Der Grund dafür liegt z. B. im optischen Bereich an der Abweichung der Lichtwellen von idealen ebenen Wellen, die durch Beugung, optische Abbildungsfehler und örtliche Inhomogenitäten des Brechungsindex verursacht wird. Dies führt zu Krümmungen der Phasenflächen und damit zu Unsicherheiten bei der Messung der Wellenlänge, die ja als der Abstand zwischen zwei Phasenflächen mit der Phasendifferenz 2π definiert ist. Um die größtmögliche Genauigkeit bei der Bestimmung physikalischer Größen, die mit der Wellenlänge zusammenhängen, zu erreichen, wäre es daher auch im optischen Bereich wünschenswert, optische Frequenzen direkt zu messen. Wenn dies mit der gewünschten Genauigkeit gelingt, kann statt der Wellenlänge λ eines atomaren Überganges seine absolute Frequenz ν gemessen werden, aus der dann wegen der Definition der Lichtgeschwindigkeit c [9.172] die Wellenlänge $\lambda = c/\nu$ mit größerer Absolutgenauigkeit bestimmbar ist als bei einer direkten Messung. In diesem Abschnitt wollen wir Verfahren zum Erreichen dieses Zieles kennen lernen.

Mit modernen, schnellen Zählern können Frequenzen bis etwa 10^9 Hz direkt gemessen und mit einem geeichten Frequenzstandard verglichen werden. Bei höheren Frequenzen kann ein Heterodynverfahren angewendet werden, bei dem die unbekannte Frequenz v_x mit einer bekannten Frequenz v_R oder einem Vielfachen mv_R in einem nichtlinearen Detektor gemischt wird, sodass die Differenzfrequenz $\Delta v = v_x - mv_R$ im Frequenzbereich von 0 bis 1 GHz liegt und damit direkt gezählt werden kann.

9.7.1 Optische Frequenzketten

Wenn die Ausgangsstrahlung von zwei Infrarotlasern mit den bekannten Frequenzen v_1 und v_2 zusammen mit der Strahlung der Frequenz v_x des zu messenden Lasers auf einen nichtlinearen Detektor fokussiert werden, so sind im Ausgangssignal des Detektors die Mischfrequenzen

$$v_b = \pm v_x \pm mv_1 \pm nv_2 \qquad (9.72)$$

enthalten und können mit einem Spektrum-Analysator herausgefiltert und gemessen werden, solange sie in dem von ihm erfassten Frequenzbereich liegen. Auf diesem Messverfahren basiert eine Frequenzkette, die im National Bureau of Standards (NBS, jetzt National Institute of Standards and Technology, NIST) aufgebaut wurde (Abb. 9.67).

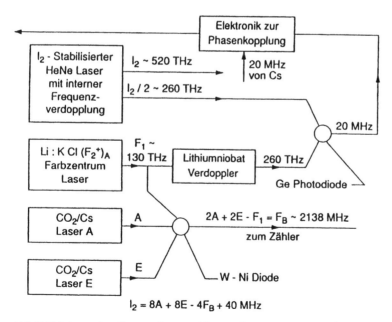

Abb. 9.67. Schema einer Frequenzkette zur Messung der Frequenz von 260/520 THz eines HeNe/I$_2$-Lasers [9.175]

Sie startet mit zwei einmodigen CO_2-Lasern, die mithilfe der Cs-Uhr auf zwei verschiedene Rotationslinien des CO_2 stabiliert werden. Die frequenzverdoppelten Ausgangsstrahlen dieser Laser werden in einer MIM-Diode aus W-Ni mit der Strahlung eines Li : KCl-Farbzentrenlasers (Frequenz ν_{FL}) gemischt. Durch Stabilisierung der Differenzfrequenz $\Delta\nu = 2\nu_A + 2\nu_B - \nu_{Fl}$ bei etwa 2 GHz kann die Farbzentren-Laserfrequenz ν_{Fl} stabil gehalten werden, deren verdoppelte Frequenz dann mit der Ausgangsstrahlung eines auf einen I_2-Übergang stabilisierten HeNe-Laser gemischt wird. Diese Frequenzkette wird benützt, um den HeNe-Laser an das Cs-Standard anzuschließen. Für weitere Einzelheiten siehe [9.175].

9.7.2 Optische Frequenz-Teilung

Eine sehr interessante Alternative zur Realisierung einer Frequenzkette, die nur Halbleiterlaser benutzt, wurde von *Hänsch* vorgeschlagen und verwirklicht [9.176]. Ihr Prinzip beruht auf der Frequenzteilung und ist in Abb. 9.68 schematisch dargestellt. Zwei Halbleiterlaser L1 und L2 werden auf die Frequenzen f_1 und f_2, die den Übergängen 4s → 2s und 8s → 2s im H-Atom entsprechen, stabilisiert. Ihre Ausgangsstrahlen werden überlagert und in einen optisch nichtlinearen Kristall fokussiert, wo die Summenfrequenz $f_1 + f_2$ erzeugt wird. Die Frequenz f_3 eines dritten Lasers L3 wird verdoppelt und $2f_3$ mit $f_1 + f_2$ so verglichen, dass die Differenz null

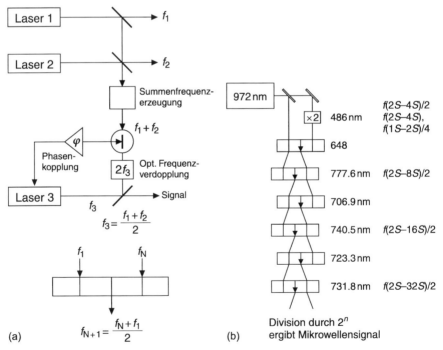

Abb. 9.68a,b. Frequenzkette durch Frequenzteilung. (**a**) Prinzip, (**b**) Ankopplung des Cs Mikrowellen-Standards an den Übergang 2S–4S im H-Atom

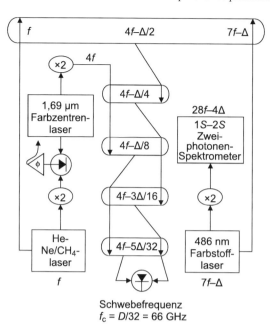

Abb. 9.69. Experimentelle Anordnung zum Vergleich der Frequenz des Überganges 1S–2S im H-Atom mit der Frequenz des methanstabilisierten HeNe-Lasers mithilfe der Frequenzteilerkette [9.176]

wird. Dies bedeutet, dass über eine Regelung f_3 auf die Frequenz $f_3 = (f_1 + f_2)/2$ stabilisiert wird. Die Differenz $f_3 - f_1 = (f_2 - f_1)/2$ ist jetzt nur noch gleich der halben Differenzfrequenz. Dieses Verfahren wird in einer Kette fortgesetzt, sodass anolog zum vorigen Aufbau die Frequenz $f_4 = (f_3 + f_1)/2$ erzeugt wird, deren Differenz $f_4 - f_1 = (f_3 - f_1)/2 = (f_2 - f_1)/4$ nur noch 1/4 der ursprünglichen Differenzfrequenz wird. Nach N Schritten ist die Differenzfrequenz auf $(f_2 - f_1)/2N$ gesunken und kann, wenn sie genügend nahe an die Referenzfrequenz der Cäsium-Uhr reicht, mit ihr verglichen werden. Mithilfe einer solchen Frequenzteilerkette kann die Frequenz des 1S–2S-Zweiphotonen-Überganges im H-Atom verglichen werden mit der Frequenz eines methanstabilisierten HeNe-Lasers bei $\lambda = 3{,}37\,\mu\text{m}$ (Abb. 9.69).

9.7.3 Optischer Frequenzkamm

Vor einigen Jahren wurde von *Hänsch* und Mitarbeitern [9.177] und *Hall* et al. [9.181] eine neue Technik entwickelt, die einen direkten Vergleich zweier Frequenzen erlaubt, auch wenn diese in ganz verschiedenen Spektralbereichen liegen. So können z. B. optische Frequenzen direkt mit dem Cs-Standard im Mikrowellenbereich verglichen werden, sodass man sich die sehr aufwändige optische Frequenzkette, welche viele stabilisierte Laser verlangt, sparen kann. Ihr Prinzip beruht auf der Erzeugung von vielen äquidistanten optischen Frequenzen über mehr als eine Oktave mithilfe von periodischen Femtosekunden-Pulsen mit festem Zeitabstand T. Die Fourier-Transformation dieser periodischen Pulse ergibt einen optischen Frequenzkamm mit einem Abstand $\delta f = 1/T$ zwischen den benachbarten Frequenzen, welche genau den

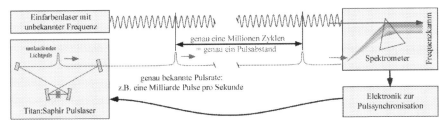

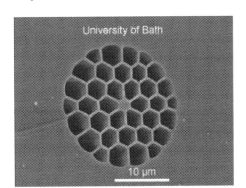

Abb. 9.70. Grundprinzip der Erzeugung eines optischen Frequenzkamms zur Messung optischer Frequenzen [9.179]

Abb. 9.71. Photonische Fiber

Resonatormoden des Laserresonators entsprechen (Abb. 9.73). Bei einem Resonator der Länge $L = 1\,\mathrm{m}$ wird $T = 2L/c = 6{,}6\,\mathrm{ns}$ und $\delta f = 150\,\mathrm{MHz}$. Der Spektralbereich $\Delta\nu = 1/\tau$, über den sich der Frequenzkamm erstreckt, hängt von der Pulsbreite τ der Femtosekunden-Pulse ab. Bei einer Pulsbreite von $30\,\mathrm{fs}$ wird $\Delta\nu = 33\,\mathrm{THz}$. Bei einer Zentralwellenlänge von $750\,\mathrm{nm}$ entspricht dies einem Spektralintervall von $\Delta\lambda = 62\,\mathrm{nm}$. Man kann den Spektralbereich stark erweitern, wenn man die Femtosekundenpulse in eine spezielle optische Faser fokussiert, die aus vielen schmalen Kanälen besteht (Abb. 9.71). Dort wird die Intensität so groß, dass Selbstphasenmodulation auftritt und dadurch das Frequenzspektrum des aus der Faser austretenden Pulses stark verbreitert wird und mehr als eine Oktave umfasst, z. B. von $500\,\mathrm{nm}$ bis $1100\,\mathrm{nm}$, was einem Frequenzintervall von mehr als $300\,\mathrm{THz}$ entspricht (Abb. 9.72). Der optische Frequenzkamm mit $\delta f = 150\,\mathrm{MHz}$ enthält dann $2 \cdot 10^6$ äquidistante Frequenzen [9.178].

Um den optischen Frequenzkamm zu erzeugen, wird ein modengekoppelter Ti:Saphir-Laser in einem Ringresonator verwendet, der eine regelmäßige Folge kurzer Pulse aussendet. Durch eine Regelelektronik wird die Folgefrequenz der Pulse so geregelt, dass der Pulsabstand genau q Perioden der optischen Frequenz des Lasers entspricht (z. B. $q = 10^6$) (Abb. 9.70).

Die Repetitionsrate $\delta f = c/2L$ der Femtosekundenpulse wird nun so eingestellt (durch Änderung der Resonatorlänge L), dass die Frequenz ν_{Cs} des Cäsium-Frequenzstandards ein ganzzahliges Vielfaches $\nu_{Cs} = m\delta f$ der Repetitionsrate wird.

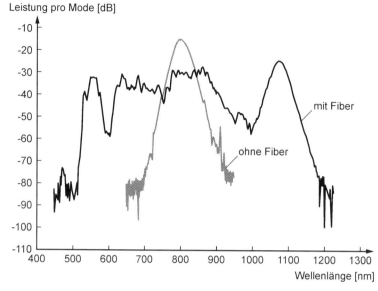

Leistung pro Mode [dB]

Abb. 9.72. Spektrale Verbreiterung des Laserausgangssignals mit und ohne photonische Fiber [9.181]

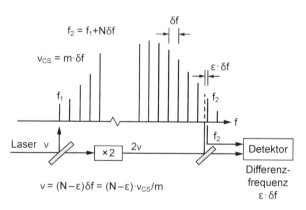

Abb. 9.73. Zur Absolutmessung optischer Frequenzen mit dem optischen Frequenzkamm

Wegen $v_{Cs} = 9{,}1926\,\text{GHz}$ und $m = 61$ wird $\delta f = 150{,}7\,\text{MHz}$. Die Resonatorlänge L muss dann etwa 1 m sein.

Um die Absolutfrequenz eines Lasers mit der optischen Frequenz $v = c/\lambda$ zu bestimmen, wird der Laser auf eine Frequenz $f_1 = v$ des Frequenzkamms stabilisiert. Nun wird die Laserfrequenz in einem nichtlinearen Kristall verdoppelt zu $2v$. Diese Frequenz liegt in der Nähe einer Frequenz $f_2 = f_1 + N\delta f$ des Frequenzkamms mit dem Frequenzabstand δf zwischen zwei benachbarten Zinken des Kamms, d. h. es gilt $2v = f_1 + (N + \varepsilon) \cdot \delta f$, wobei die ganze Zahl $N = (f_2 - f_1)/\delta f$ die Zahl der Zinken des Kamms zwischen f_2 und f_1 angibt und $\varepsilon \cdot \delta f$ mit $\varepsilon < 1$ der Frequenzabstand zwischen $2v$ und f_2 ist (Abb. 9.73).

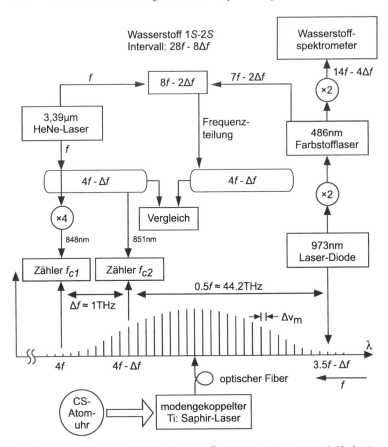

Abb. 9.74. Messung der Frequenz des $1S$–$2S$-Übergangs im H-Atom mithilfe des Frequenzkamms, der an das Cäsiumstandard angekoppelt ist [9.187]

Damit lässt sich also die Absolutfrequenz $\nu = (N - \varepsilon)\delta f$ eines Lasers genau messen, wenn der Wert von ε bekannt ist. Den kann man messen, wenn man einen Laser auf die Frequenz f_2 des Frequenzkamms stabilisiert und ihn überlagert mit der frequenzverdoppelten Strahlung 2ν. Die Differenzfrequenz ist dann gerade $\varepsilon \cdot \delta f = \varepsilon \cdot \nu_{Cs}/m$.

Mit dieser Methode kann die Absolutfrequenz jedes Lasers, dessen Frequenz oder ein Vielfaches dieser Frequenz in der Nähe der Frequenz eines Zinken im Frequenzkamm liegt, direkt mit dem Cäsiumstandard verglichen und absolut gemessen werden.

Der Frequenzabstand δf zwischen den Zinken des Frequenzkamms kann außerdem sehr genau durch Messung der Repetitionsrate δf der Femtosekundenpulse mit einem schnellen Zähler bestimmt werden.

Der Frequenzkamm wurde benutzt, um die Absolutfrequenz des Zweiphotonen-Überganges $1S \rightarrow 2S$ im H-Atom sehr präzise zu messen (Abb. 9.75). Dazu wurde das folgende Verfahren verwendet [9.202]:

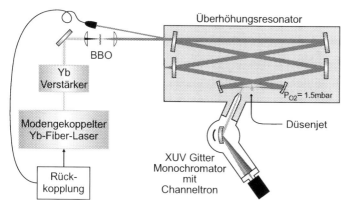

Abb. 9.75. Experimenteller Aufbau des VUV-Frequenzkamms. Der Ausgang des verstärkten frequenzverdoppelten Yb-Fiber-Lasers wird in den modenangepassten Überhöhungsresonator geschickt, wo der Laserstrahl in einen Gasstrahl fokussiert wird. Der VUV-Anteil wird über eine dünne Brewsterplatte ausgekoppelt und hinter einem VUV-Gitterspektrographen gemessen [9.192]

Ausgangspunkt ist die Frequenz f des Methan-stabilisierten He-Ne-Lasers bei $\lambda = 3,39\,\mu$m, dessen vervierfachte Frequenz $4f$ auf einen Zinken des Frequenzkamms stabilisiert wird. Die Frequenz eines Diodenlasers bei $\lambda = 973\,$nm wird auf einen anderen Zinken des Kamms stabilisiert, der um $0,5f + \Delta f$ vom Zinken bei $4f$ entfernt liegt, also bei $3,5f - \Delta f$. Die Frequenz der Laserdiode wird nun verdoppelt zu $7f - 2\Delta f$ und stabilisiert einen Farbstofflaser bei $\lambda = 486\,$nm, dessen Ausgangsstrahlung wieder frequenzverdoppelt wird zu $14f - 4\Delta f$. Diese frequenzverdoppelte Strahlung wird in einen Wasserstoff-Atomstrahl gelenkt und bewirkt im H-Atom einen Zweiphotonen-Übergang. Die Ausgangsfrequenz $7f - 2\Delta f$ des Farbstofflasers wird nun mit der Frequenz f des He-Ne-Lasers gemischt, sodass die Summenfrequenz $8f - 2\Delta f$ entsteht, die dann durch einen 1:2 Frequenzteiler auf $4f - \Delta f$ geteilt wird (siehe Abschn. 9.7.2). Diese Frequenz wird verglichen mit der Frequenz $4f - \Delta f$, die ein Laser hat, der auf einen Zinken des Kamms stabilisiert ist, der um die ganze Zahl $N = \Delta f / \delta f$ von Zinken gegenüber dem Zinken bei $4f$ versetzt ist.

Die Frequenz des $1S \to 2S$-Überganges im H-Atom ist dann

$$\nu_{1S-2S} = 28f - 8\Delta f\,.$$

Die Frequenz f des He-Ne-Lasers kann entweder als Frequenzstandard angesehen werden, oder sie kann über den Frequenzkamm direkt mit der Cs-Frequenz verglichen werden. Die Frequenzdifferenz $\Delta f = N \cdot \delta f$ kann durch Abzählen der N Zinken zwischen $4f$ und $4f - \Delta f$ ermittelt werden.

Eine Weiterentwicklung des Frequenzkamms in den Vakuum-Ultravioletten (VUV) Spektralbereich gelingt auf folgende Weise (Abb. 9.75)

Der Resonator des Femtosekundenlasers wird als doppelt gefalteter Ringresonator gewählt durch dessen Strahltaille ein Xenon Düsenstrahl läuft. Durch die nichtlineare Wechselwirkung der intensiven Femtosekundenpulse mit den Xe-Atomen entstehen hohe Harmonische der Frequenz $n \cdot \omega$, im Vakuum-UV welche die gleiche

Repetitionsrate haben wie die Femtosekundenpulse auf der Frequenz ω. Die Breite der VUV-Pulse ist jedoch schmaler, weil die Intensität proportional zu $I(\omega)^n$ ist und liegt im Attosekundenbereich. Die Auskopplung der VUV-Pulse gelingt entweder durch ein kleines Loch in einem Resonatorspiegel (Abb. 9.75a) oder durch Totalreflexion an einer Brewsterplatte im Resonator (Abb. 9.75b), welche die Grundwelle ohne Verluste durchlässt, die VUV-Strahlung aber totalreflektiert, weil der Brechungsindex $n(n\omega)$ kleiner 1 wird.

Die Fourier-Transformation der VUV Pulse ergibt dann, genau wie bei der Grundwelle einen VUV-Frequenzkamm.

Für die Anwendung des VUV-Frequenzkamms für die Spektroskopie muss der Modenabstand kleiner als die Linienbreite von VUV-Übergängen in Atomen oder Molekülen sein. Man kann diesen verkleinern, indem man die Resonatorlänge vergrößert. Dadurch erreicht man Repetitionsfrequenzen von 10–100 MHz [9.188].

Eine besonders nutzerfreundlche Version des optischen Frequenzkamms kann mit Fiberlasern realisiert werden [9.190]. Mit Er und Yb dotierte moden-gekoppelte Fiberlaser haben nur wenige zu justierende Teile, sodass die Benutzung und Wartung relativ einfach werden.

9.7.4 Anwendungen des optischen Frequenzkammes

Der optische Frequenzkamm (für den Th. Hänsch zusammen mit J. Hall den Nobelpreis 2005 erhielt), hat inzwischen eine Vielzahl von Anwendungen gefunden. Als erstes Beispiel soll die Vereinfachung und größere Genauigkeit der absoluten Bestimmung optischer Frequenzen betont werden. Ein Vergleich der Abschnitte 9.7.1 und 9.7.3 macht diese Vereinfachung deutlich. Die Genauigkeit der Bestimmung optischer Frequenzen übertrifft die bisheriger Verfahren um mindestens zwei Größenordnungen. Dies wird noch relevanter, wenn in naher Zukunft statt der Cäsiumuhr als bisheriger Frequenzstandard im Mikrowellengebiet optische Atomuhren verwendet werden, deren Stabilität wesentlich größer ist. Dabei wird ein Laser auf sehr schmalbandige „verbotene" Atomübergänge stabilisiert, wobei relative Frequenzstabilitäten von 10^{-15} erreicht werden.

Ein zweites Beispiel ist die Verwendung eines optischen Frequenzkamms in den Satelliten für das GPS (global positioning System). Hier hängt die Genauigkeit der Navigation von der Frequenzstabilität der Sender und Empfänger ab. Mit der um mindestens eine Größenordnung besseren Frequenzstabilität des optischen Frequenzkamms (gegenüber den bisher verwendeten Atomuhren) lassen sich Genauigkeiten der Positionsbestimmung im cm-Bereich erreichen.

Eine interessante Anwendung in der Astronomie ist die genaue Bestimmung von Doppler-Verschiebungen von Spektrallinien, mit denen die Geschwindigkeit von astronomischen Objekten relativ zur Erde gemessen werden können. Während die bisher mit konventionellen Methoden erzielte Genauigkeit bei $\Delta v = 10\,\text{m/s}$ lag, kann mithilfe des optischen Frequenzkamms 10 cm/s erreicht werden [9.183].

Um genauere Werte des Verhältnisses von Elektronenmasse zu Protonenmasse zu erhalten, aus denen dann ein genauerer Wert der Feinstrukturkonstante abgeleitet werden kann, wurde eine erweiterte Version des Frequenzkamms entwickelt zur Präzisionsspektroskopie von Schwingungs-Rotations-Übergängen in HD^+-Ionen [9.186]. Der Frequenzkamm wird dabei nicht mit dem Cs-Standard verglichen, sondern mit einer optischen Atomuhr, die auf den sehr schmalen „verbotenen" Übergang $^3P \leftrightarrow^1 S$ des ^{171}Yb-Atoms stabilisiert wird. Der Frequenzabstand zwischen den diskreten Frequenzen des optischen Frequenzkamms, der durch die Folgefrequenz der Femtosekundenpulse bestimmt ist, wird auf einen ultrastabilen kryogenen Sapphirresonator stabilisiert. Zur Messung der Schwingungs-Rotations-Übergänge im HD^+ werden Diodenlaser mit externem Resonator und einem optischen Gitter zur Frequenzeinengung verwendet. Ihre Frequenz wird auf die Mitte einer molekularen Abssorptionslinie festgehalten und mit der benachbarten Frequenz des Frequenzkamms verglichen.

Mithilfe des optischen Frequenzkamms wurde von Udem und Mitarbeitern eine sehr empfindliche Spektroskopiemethode entwickelt, die zwei Frequenzkämme verwendet und kombiniert mit einer Absorption innerhalb eines Überhöhungsresonators mit hoher Finesse (siehe Abschn. 6.2.3). Sie kann folgendermaßen erklärt werden: Bei Verwendung nur eines Frequenzkamms wird der Spiegelabstand des Resonators so eingestellt, dass alle Frequenzen des Frequenzkamms auf Resonatoreigenmoden fallen. Dadurch tragen alle Absorptionslinien der Probenmoleküle im Resonator innerhalb der Bandbreite des Frequenzkamms zur Gesamtabsorption bei. Wenn man jetzt die verschiedenen Wellenlängen durch ein dispergierendes Element (z. B. ein optisches Beugungsgitter) außerhalb des Resonators räumlich trennt, und die transmittierten Intensitäten durch ein CCD-Array detektiert, so werden alle Absorptionsübergänge gleichzeitig gemessen. Dadurch gewinnt man, ähnlich wie bei der Fourier-Spektroskopie (siehe Bd. 1, Abschn. 4.2.1) bei einer Messzeit Δt ein um den Faktor $\sqrt{\Delta t}$ größeres Signal/Rausch-Verhältnis [9.184]. Der experimentelle Nachteil ist, dass man für eine gewünschte spektrale Auflösung Δv und ein vorgegebenes zu messendes Frequenzintervall δv mindestens $N = \Delta v/\Delta v$ CCD-Elemente im Detektorarray braucht.

Man kann die Empfindlichkeit weiter steigern, und den Detektor auf ein einzelnes Element reduzieren, wenn man einen zweiten optischen Frequenzkamm benutzt, der gegenüber dem ersten Kamm etwas unterschiedliche Frequenzabstände hat, wobei die Unterschiede im Bereich von 200–600 Hz liegen. Dieser zweite Kamm wird der aus dem Überhöhungsresonator austretenden Strahlung überlagert, und die Überlagerung wird von einem Detektor gemessen und führt dort zu einem komplexen zeitabhängigen Signal $S(t)$. Die Fourier-Analyse des Detektorsignals $S(t)$ ergibt das Frequenzspektrum $S(v)$ mit Frequenzen im Radiobereich. Genau wie bei der Fourier-Spektroskopie werden die optischen Absorptionsfrequenzen in den Radiobereich transformiert, wo sie direkt elektronisch registriert werden können.

Mit dieser Methode wurde z. B. das Absorptionsspektrum von Azethylen C_2H_2 im Wellenlängenbereich von 1025 nm bis 1050 nm innerhalb von 23 µs gemessen, wobei ein rauschäquivalenter Absorptionskoeffizient von $5 \cdot 10^{-10}$ cm^{-1} Hz$^{-1/2}$ bei einer Zeitkonstanten von 1 s erzielt werden konnte [9.185].

9.8 Kann man das Photonenrauschen überlisten?

Bei kleinen Lichtintensitäten macht sich die Quantenstruktur des Lichtes durch die statistischen Schwankungen der detektierten Photonen bemerkbar, die zu entsprechenden Schwankungen des gemessenen Photoelektronenstromes führen. Dieses „**Photonenrauschen**", dessen mittlere Schwankung bei N Photonen pro Sekunde proportional zu $\sqrt{N}$ ist, begrenzt bei vielen Experimenten, bei denen nur sehr kleine Signale zu erwarten sind, das Signal/Rausch-Verhältnis. Auch bei der Frequenzstabilisierung von Lasern mit Stabilitäten im Millihertzbereich begrenzt das Photonenrauschen des Detektors über den Regelkreis der Frequenzregelung die erreichbare Stabilität. Es wäre deshalb sehr wünschenswert, wenn die durch die Photonenstatistik bedingte untere Grenze für das Rauschen weiter vermindert werden könnte. Auf den ersten Blick scheint dies unmöglich zu sein, weil diese Rauschgrenze prinzieller Natur ist. Es hat sich jedoch gezeigt, dass man unter bestimmten Voraussetzungen ohne Verletzung allgemeiner physikalischer Prinzipien doch das Photonenrauschen „überlisten" kann. Dies wollen wir uns jetzt genauer ansehen und folgen dabei teilweise der Darstellung in [9.193].

9.8.1 Phasen- und Amplitudenschwankungen des Lichtfeldes

Wie in Bd. 1, Abschn. 2.1 gezeigt wurde, lässt sich das elektromagnetische Strahlungsfeld eines Lasers als eine Überlagerung von Moden in Form ebener Wellen

$$E = \sum_i E_i(t) \cos(\omega_i t + \boldsymbol{k} \cdot \boldsymbol{r} + \phi) \tag{9.73}$$

darstellen. Für einen Einmodenlaser mit der Frequenz ω_L reduziert sich (9.73) auf

$$\begin{aligned} E_L(t) &= E_0 \cos[\omega_L t + \boldsymbol{k}_L \cdot \boldsymbol{r} + \phi(t)] \\ &= E_1(t) \cos(\omega_L t + \boldsymbol{k}_L \cdot \boldsymbol{r}) + E_2(t) \sin(\omega_L t + \boldsymbol{k}_L \cdot \boldsymbol{r}) \end{aligned} \tag{9.74}$$

mit $\tan \phi = E_2/E_1$.

Von einem Photodektor wird i. A. der Mittelwert der Intensität

$$\langle I \rangle = \frac{c\varepsilon_0}{2} (\langle E_1^2 \rangle + \langle E_2^2 \rangle) \tag{9.75}$$

gemessen. Mit Interferometern oder Überlagerungsempfängern lassen sich jedoch auch die Mittelwerte $\langle E_1^2 \rangle$ oder $\langle E_2^2 \rangle$ getrennt bestimmen.

Eine streng monochromatische Welle mit konstanter Amplitude und Phase entspricht einem „kohärenten Zustand" des elektromagnetischen Feldes, den wir z. B. durch (9.74) mit $E_1 = E_0$ und $E_2 = 0$, d. h. $\phi = 0$ beschreiben können. Selbst ein gut stabilisierter Einmodenlaser hat jedoch noch kleine Amplitudenschwankungen δE_0 und Phasenschwankungen $\delta \phi$, die wir in einem Diagramm wie in Abb. 9.76a,b auf zwei verschiedene Weisen darstellen können, indem entweder $E(t)$ und seine Schwankungsbreite in Amplitude und Phase in einem Zeitdiagramm aufgetragen wird oder die Schwankungen von E_1, E_2 in einem Phasendiagramm. Aufgrund der

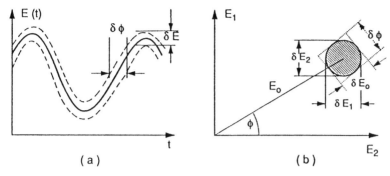

Abb. 9.76a,b. Amplituden- und Phasenunschärfe (**a**) im Amplituden-Zeitdiagramm, (**b**) im Phasendiagramm

Unschärferelation können nicht beide Schwankungsbreiten von Amplitude und Phase bzw. von $1E_1$ und E_2 gleichzeitig null werden. Man kann zeigen [9.193–9.195], dass bei geeigneter Normierung

$$\langle E^2 \rangle = \langle E_1^2 \rangle + \langle E_2^2 \rangle = \frac{\hbar\omega}{\epsilon_0 V} \tag{9.76}$$

der Feldamplitude E einer Mode des elektromagnetischen Feldes mit dem Modenvolumen V für das Produkt der Unscharfen δE_1 und δE_2 die Relation

$$\delta E_1 \cdot \delta E_2 \geq 1 \tag{9.77}$$

gilt. Für kohärente Zustände des Strahlungsfeldes (**Glauber-Zustände** [9.199, 9.200]) und auch für ein thermisches Strahlungsfeld erhält man

$$\delta E_1 = \delta E_2 = 1 \tag{9.78}$$

und damit den minimalen Wert für die Unschärfe des Produktes. Diese Schwankungen von E_1 und E_2 werden oft auch als „**Vakuum-Fluktuationen**" des elektromagnetischen Feldes bezeichnet (Sect. 9.8.2). Im Phasendiagramm (Abb. 9.76b) ergibt sich für die Unschärfefläche ein Kreis.

Kohärentes Licht hat phasenunabhängiges Rauschen, wie man mithilfe eines Mach-Zehnder-Interferometers (Abb. 9.77a) nachweisen kann: Spaltet man den Laserstrahl auf in zwei Teilstrahlen, von denen einer einen optischen Keil durchläuft, mit dem die optische Länge in diesem Inteferometerarm kontinuierlich verändert werden kann, so erhält man bei der Überlagerung der Teilwellen am Ausgang eine kontinuierliche Phasenverschiebung ϕ und damit eine entsprechende Interferenz-Intensität

$$\langle I \rangle = \langle I_1 \rangle + \langle I_2 \rangle + 2E_1 E_2 \cos \phi \ . \tag{9.79}$$

Analysiert man das Detektorsignal (9.79) mit einem elektronischen Spektrum-Analysator bei genügend hohen Frequenzen f, bei denen technisches Rauschen keine Rolle mehr spielt, so erhält man eine von ϕ unabhängige Rauschleistung $\rho(f)$

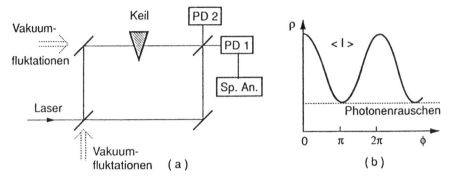

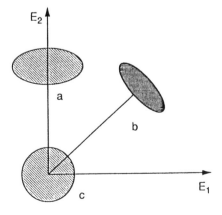

Abb. 9.77a,b. Nachweis des phasenunabhängigen Quantenrauschens mithilfe eines Mach-Zehnder-Interferometers. (**a**) Experimentelle Anordnung, (**b**) Intensität $I(\phi)$ und hochfrequenter Anteil des Rauschens am Ausgang des Interferometers als Funktion der Phasendifferenz ϕ

(Abb. 9.77b). Es ist überraschend, dass selbst für das Interferenzminimum bei $\phi = \pi$, wo die mittlere Intensität $\langle I \rangle$ fast null ist, die Rauschleistung $\rho(f)$ genau so groß ist wie im Maximum der Intensität bei $\phi = 0$ oder $\phi = 2\pi$.

Eine Variation der Phase ϕ im Interferometer entspricht einer Drehung der Achsen im Phasendiagramm in Abb. 9.76b. Die beiden Detektoren PD1 und PD2 im Abb. 9.77 messen die beiden senkrechten Projektionen des Vektor E auf die Koordinatenachsen E_1 und E_2. Mit dieser Anordnung kann man daher durch geeignete Wahl von ϕ jeweils die Mittelwerte $\langle \delta E_1 \rangle$ bzw. $\langle \delta E_2 \rangle$ der Schwankungen einzeln bestimmen (Abb. 9.78).

Blockt man in Abb. 9.77 das einfallende Laserlicht ab, so wird zwar die mittlere Intensität $\langle I \rangle = 0$, aber die gemessene Rauschleistung $\rho(f)$ wird keinesfalls null, Es bleibt auch außer technischem Rauschen und Verstärkerrauschen eine von null verschiedene Restrauschleistung $\rho_0(f)$, die auch bei „leeren" Eingängen des Interferometers im verdunkelten Raum zu beobachten ist. Ein solches Eingangsfeld der Intensität null nennt man einen Vakuumzustand des elektromagnetischen Feldes und die

Abb. 9.78. Quetschzustände im Phasendiagramm. *(a)* $\langle E_1 \rangle = 0$, $\delta E_1 > \delta E_2$, *(b)* $E\delta\phi > \delta E$; $\delta E_1 = \delta E_2$, *(c)* Unschärfebereich der Nullpunktschwankungen um $\langle E \rangle = 0$

beobachtete, von der Frequenz f unabhängige Rauschleistung ρ_0 schreibt man den Nullpunktschwankungen dieses Vakuumfeldes zu. Im Phasendiagramm (Abb. 9.76) entspricht ρ_0 dem Radius des Unschärfekreises um den Nullpunkt $E_1 = E_2 = 0$. Diese Rauschleistung ρ_0 des Nullpunktfeldes begrenzt interferometrische Messungen [9.200, 9.201].

9.8.2 Quetschzustände

Mit verschiedenen Verfahren der nichtlinearen Optik (siehe unten) lassen sich die Fluktuationseigenschaften eines Strahlungsfeldes so verändern, dass die Unschärfe δE_i einer der beiden Amplituden E_1 kleiner wird als im kohärenten Zustand der Abb. 9.76. Allerdings wird dann die Unschärfe der anderen Amplitude größer, sodass aus dem kreisförmigen Unschärfebereich ein elliptischer Bereich wird, dessen Fläche größer oder gleich der des Kreises ist (Bd. 1, Abb. 4.55).

Man nennt solche Zustände „**Quetschzustände**" (**squeezed states**), weil sie im Phasendiagramm der Abb. 9.76 durch „Verquetschen" der symmetrischen, minimalen Unschärfefläche kohärenter Zustände entstehen, wodurch die Unschärfe einer der beiden Komponenten unter die Grenze der Vakuumfluktuation gedrückt werden kann (Abb. 9.78).

Die Verringerung der Unschärfe einer Komponente E_i kann in geeigneten optischen Anordnungen ausgenutzt werden, um den Rauschuntergrund des Quantenrauschens, der bei statistischer Photonenemission von N Photonen proportional zu $N^{1/2}$ ist, zu verringern [9.202].

Das Prinzip eines „squeezing"-Experimentes ist schematisch in Abb. 9.79 gezeigt: Der Ausgangsstrahl eines möglichst gut stabilisierten kontinuierlichen Lasers wird am Strahlteiler St1 in einem Pump- und einen Probenstrahl aufgespalten. Der Probenstrahl durchläuft einen der beiden Arme eines Interferometers und kann in seiner Phase durch den optischen Keil kontinuierlich verändert werden.

Die Pumpwelle mit der Frequenz ω_L erzeugt in einem nichtlinearen Medium aufgrund der nichtlinearen Wechselwirkung (z. B. Vierwellenmischung oder parametrische Erzeugung von Signal- und Idlerwelle im optischen parametrischen Os-

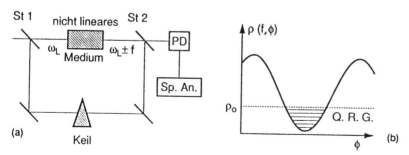

Abb. 9.79a,b. Schematische Darstellung eines „squeezing"-Experimentes. (**a**) Experimenteller Aufbau, (**b**) Rauschleistung $\rho(\phi)$ am Ausgang des Interferometers und von ϕ unabhängige Quantenrauschgrenze ρ_0 [9.193]

zillator, Bd. 1, Abschn. 5.7) neue Wellen auf den Frequenzen $\omega_L \pm f$. Diese werden am Strahlteiler St2 am Ausgang des Interferometers der Probenwelle, die als „lokaler Oszillator" des Heterodynsystems dient, überlagert. Das Rauschspektrum $\rho(f, \phi)$ des Detektorsignals wird dann mit einem elektronischen Spektrumanalysator als Funktion der Phasenverschiebung ϕ bei einer festen Frequenz f gewonnen.

Das Ergebnis in Abb. 9.79b ist schematisch dargestellt. Die Rauschleistung $\rho(t,\phi)$ zeigt eine periodische Abhängigkeit von der Phase ϕ. Wenn für bestimmte Werte von ϕ die Rauschleistung $\rho(f, \phi)$ des Strahlungsfeldes im Überlagerungszustand am Ausgang des Interferometers unter dem von ϕ unabhängigen Wert $\rho_0(f)$ des Quantenrauschens für inkohärente Strahlung gleicher Intensität sinkt, hat man einen Quetschzustand erreicht.

$$V_{sq} = \frac{\rho_0(f) - \rho_{min}(f,\phi)}{\rho_0(f)} \tag{9.80}$$

nennt man den „**Verquetschungsgrad**" (**degree of squeezing**). Man hat also einen Verquetschungsgrad von 50 % erreicht, wenn $(\rho_0 - \rho)/\rho_0 = 0{,}5$ wird.

Die Schwierigkeit bei der Messung des Verquetschungsgrades liegt in der genauen Bestimmung der Quantenrauschgrenze $\rho_0(f)$. Zu ihrer Messung verwendet man eine inkohärente Lichtquelle von gleicher Intensität wie die vom Detektor gemessene Überlagerung der kohärenten Wellen am Ausgang des Interferometers.

Man muss außerdem beachten, dass die optischen Komponenten, wie Strahlteiler oder teildurchlässige Spiegel, den Verquetschungsgrad erniedrigen [9.193, 9.202].

9.8.3 Realisierung von Quetschzuständen

Der erste erfolgreiche Nachweis von Quetschzuständen gelang *Slusher* und Mitarbeitern [9.203] mithilfe der Vierwellen-Mischung in einen Natrium-Atomstrahl. Die Na-Atome werden von einem Farbstofflaser bei einer Frequenz $\omega_L = \omega_0 + \delta$ in der Nähe ihrer Resonanz-Frequenz ω_0 gepumpt. Zur Erhöhung der Pumpleistung wird der Atomstrahl in die Mitte eines optischen Resonators gebracht, der auf die Pumpfrequenz ω_L abgestimmt ist (Abb. 9.80). Durch parametrische Prozesse bei der nichtlinearen Wechselwirkung der beiden, im Resonator gegenläufigen Pumpwellen ($\omega_L, \pm k_L$) entstehen neue Wellen auf den Frequenzen ($\omega_L \pm \delta$), die Signalwelle und Idlerwelle genannt werden (**Vierwellenmischung**, Abb. 9.81).

Frequenzen und Wellenvektoren dieser Wellen sind durch Energie- und Impulserhaltung beim parametrischen Prozess

$$2\omega_L \Rightarrow \omega_L + \delta + \omega_L - \delta \tag{9.81a}$$

$$k_L + k_i = k_L + k_s \tag{9.81b}$$

festgelegt. Durch einen zweiten Resonator, dessen Länge so gewählt wird, dass die Frequenzverstimmung δ ein ganzzahliges Vielfaches des Resonatormodenabstandes ist, können sowohl die Signalwelle als auch die Idlerwelle resonant überhöht werden. Der entscheidende Punkt ist, dass eine definierte Phasenbeziehung zwischen Pumpwelle, Signal- und Idlerwelle durch die nichtlineare Wechselwirkung besteht.

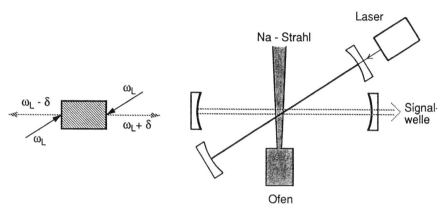

Abb. 9.80. Erzeugung von Quetschzuständen durch Vierwellenmischung in einem Na-Atomstrahl. Pumpwelle als auch Signal- und Idlerwelle werden durch abgestimmte optische Resonatoren leistungsüberhöht [9.203]

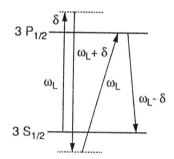

Abb. 9.81. Schema der Vierwellenmischung am $3^2S_{1/2} \rightarrow 3^2P_{1/2}$ Übergang des Na-Atoms

Die dadurch bewirkte Korrelation von Amplitude und Phase der Signalwelle führt, wie eine genauere Analyse zeigt [9.201, 9.204], zu einem phasenabhängigen Rauschen, das bei bestimmten Phasen unter das Quantenrauschen ρ_0 sinkt. Bei diesem Experiment wurde ein Verquetschungsgrad von 10 % erreicht.

Die besten Ergebnisse mit einer Rauschunterdrückung von 60 % (d. h. ca. $-4\,\mathrm{db}$) unter die Quantenrauschgrenze wurde von *Kimbel* und Mitarbeitern [9.205] mithilfe eines optischen parametrischen Oszillators erzielt, wo die parametrische Wechselwirkung in einem MgO : LiNbO$_3$-Kristall erfolgt.

9.8.4 Anwendungen der „Squeezing-Technik" auf Gravitationswellen-Detektoren

Der angestrebte, aber noch nicht realisierte Nachweis von Gravitationswellen mithilfe optischer Methoden basiert auf der Längenänderung von Interferometern durch die Gravitationswellen [9.202, 9.206]. Bei einem Michelson-Interferometer mit zwei zueinander senkrechten Armen führt ein Unterschied ΔL in der Länge beider Arme

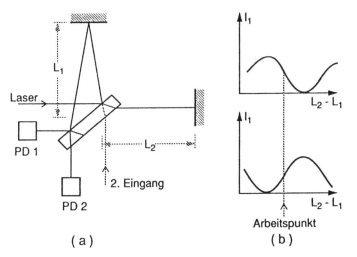

Abb. 9.82a,b. Michelson-Interferometer als Gravitationswellen-Detektor

zu einer Phasenänderung

$$\Delta\phi = \frac{4\pi}{\lambda}\Delta L \tag{9.82}$$

zwischen den sich am Ausgang des Interferometers überlagernden Teilwellen (Abb. 9.82). Die kleinste noch nachweisbare Phasenänderung $\Delta\phi$ muss größer als das Phasenrauschen sein. Bei einer Laserleistung von N Photonen pro Sekunde empfängt jeder der Detektoren im zeitlichen Mittel $N/2$ Photonen pro Sekunde.

Die beiden gemessenen Intensitäten $I_1(\phi) = 1/2Nh\nu[1 + \cos(\phi + \Delta\phi)]$ und $I_2(\phi) = 1/2Nh\nu[1 - \cos(\phi + \Delta\phi)]$ sind so, dass für das Differenzsignal in der Nähe des Arbeitspunktes bei $\phi = \pi/2$ gilt:

$$\Delta I \propto Nh\nu\Delta\phi . \tag{9.83}$$

Die Rauschleistung beider Detektoren addiert sich quadratisch und ergibt im Frequenzintervall Δf ein gesamtes Rauschsignal, das proportional zu $(Nh\nu\Delta f)^{1/2}$ ist. Das Signal/Rausch-Verhältnis

$$S/R = \frac{Nh\nu\Delta\phi}{(Nh\nu\Delta f)^{1/2}} \propto \left(\frac{Nh\nu}{\Delta f}\right)^{1/2}\Delta\phi \tag{9.84}$$

wird größer als 1 für $\Delta\phi > [\Delta f/(Nh\nu)]^{1/2}$. Die durch das Quantenrauschen begrenzte, kleinste messbare Phase $\Delta\phi$ ist daher $\Delta\phi_{\min} \propto N^{-1/2}$.

In [9.195] wurde gezeigt, dass sowohl Amplituden- als auch Phasenschwankungen des eingekoppelten Lasers nicht in das Rauschspektrum des Differenzsignals eingehen. Das Rauschen in $I_1 - I_2$ ist auf Fluktuationen des Nullpunktfeldes im zweiten Eingang des Interferometers zurückzuführen. Koppelt man in diesen Eingang ein

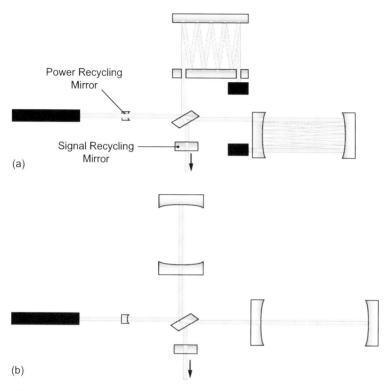

Abb. 9.83a,b. Interferometer zum Nachweis von Gravitationwellen mit Mehrfachreflexionen in jedem Arm des Michelson-Interferometers

Strahlungsfeld in einem Quetschzustand ein, wie man es mit den im vorigen Abschnitt diskutierten Methoden erzeugen kann, so sinkt die Rauschgrenze und die Empfindlichkeit des Interferometers bezüglich der Messung kleinster Längenänderung steigt.

Die verwendeten Laser und die optische Anordnung zum Nachweis von Gravitationswellen haben inzwischen eine Reihe von Verbesserungen erfahren, welche die Nachweisempfindlichkeit wesentlich steigern konnten. Inzwischen wurde eine Nachweisempfindlichkeit von $2 \cdot 10^{-22}/\sqrt{\text{Hz}}$ erzielt. Die „squeezing"-Technik wurde soweit verbessert, dass ein Quetschgrad von 90 % erreicht werden konnte [9.196]. Als Laser wird ein Nd:YAG-Laser verwendet, der von Diodenlasern gepumpt wird. Er erreicht eine Frequenzstabilität von 100 Hz und eine Stabilität der Ausgangsleistung von $2 \cdot 10^{-9}/\sqrt{\text{Hz}}$.

Vor allem am Interferometer wurden wesentliche Verbesserungen entwickelt [9.197]. Einmal wurde der Aufbau gegenüber Abb. 9.82 erweitert (Abb. 9.83). Ferner wurde die Güte des Interferometers durch Verwendung ultrahoch reflektierender Spiegel (monolytische und optischer Gitter (Beugungseffizienz von 99,6 %!!) zur Aufspaltung und Rekombination der interferierenden Teilstrahlen erhöht [9.198].

Für detaillierte Darstellungen der „Squeezing-Technik", bisher durchgeführte Versuche und mögliche weitere Anwendungen wird auf die Literatur [9.154, 9.207–9.215] verwiesen.

10 Anwendungen der Laserspektroskopie

Obwohl die Grundlagenforschung ihre eigentliche Motivation in der Gewinnung neuer Erkenntnisse sieht, wird sie doch immer mehr nach ihrem praktischen Nutzen für die Gesellschaft gefragt. Hier kann die Laserspektroskopie durchaus eine sehr positive Bilanz vorweisen, denn sie hat in den letzten Jahren eine schnell wachsende Bedeutung für zahlreiche Anwendungen in Physik, Chemie, Atmosphären- und Umweltforschung, Technologie, Biologie und Medizin erlangt. Dies wird durch eine große Zahl von Büchern und Übersichtsartikeln über Anwendungen der Laserspektroskopie deutlich. Wir können hier nur einige Beispiele zur Illustration bringen, die dem Leser zeigen sollen, welche faszinierenden Anwendungsmöglichkeiten bereits existieren und wie viel Entwicklungsarbeit hier noch nötig ist. Für umfangreichere Beschreibungen wird auf die in den einzelnen Abschnitten angegebene Literatur und auf einige spezielle Monographien [10.1–10.6] verwiesen.

10.1 Anwendungen in der Chemie

Laser können in der Chemie in vielfältiger Weise eingesetzt werden. Neben der Bedeutung der Laserspektroskopie in der analytischen Chemie zum empfindlichen Nachweis geringer Konzentrationen von Verunreinigungen, Spurenelementen oder kurzlebigen Zwischenprodukten bei chemischen Reaktionen (Abschn. 1.2, 1.5) wird in der Zukunft wohl auch die Möglichkeit der Beeinflussung chemischer Reaktionen durch selektive, optische Anregung der Reaktanden eine Rolle spielen. Ein weiteres, wichtiges Gebiet ist die Analyse der Zustandsverteilung von Reaktionsprodukten mithilfe der laserinduzierten Fluoreszenz (Abschn. 1.5) und die spektroskopische Untersuchung von stoßinduzierten Energietransferprozessen (Abschn. 8.3, 8.4), welche einen wesentlich genaueren Einblick in den Ablauf inelastischer und reaktiver Stöße und deren Abhängigkeit von den Wechselwirkungspotenzialen erlauben und damit helfen, chemische Reaktionen auf molekularer Ebene zu verstehen [10.7, 10.11–10.16].

10.1.1 Laserspektroskopie in der analytischen Chemie

Als erstes Beispiel für die Anwendung in der analytischen Chemie soll der empfindliche Nachweis von Spurenelementen dienen, der mit einer der in Kap. 1 behandelten spektroskopischen Methoden mit Lasern wesentlich empfindlicher durchgeführt

W. Demtröder, *Laserspektroskopie 2*, DOI 10.1007/978-3-642-21447-9_10,
© Springer-Verlag Berlin Heidelberg 2013

werden kann als mit konventionellen Methoden. Man erreicht bei molekularen Komponenten Empfindlichkeiten im ppb-Bereich (1 ppb: 1 part per billion. Das entspricht einer relativen Konzentration von 10^{-9}), während man atomare Komponenten sogar noch bis in den ppt (= 10^{-12}) Bereich nachweisen kann [10.17].

Für den Nachweis von Molekülen kann man Infrarotlaser bei $3 \div 10\,\mu m$ verwenden, die auf charakteristische Schwingungs-Rotationsübergänge abgestimmt sind (z. B. Halbleiterlaser [10.18], CO-Laser [10.19], CO_2-Laser [10.20]) oder sichtbare bis Nahinfrarotlaser ($0.5 \div 1\,\mu m$), deren Wellenlängen mit Oberton-Schwingungsübergängen ($\Delta v \geq 2$) zusammenfallen [10.21]. Eine dritte Möglichkeit benutzt elektronische Übergänge, die meistens im UV liegen und mit frequenzverdoppelten Farbstofflasern überdeckt werden können.

Als Beispiel soll die Bestimmung der Deuteriumhäufigkeit in Wasser dienen, die mithilfe der optoakustischen Spektroskopie (Abschn. 1.2.2) nach Anregung mit einem Deuterium-Fluorid-Laser, der auf mehreren Schwingungs-Rotations-Übergängen des DF-Moleküls oszilliert, durchgeführt wurde [10.22]. Da das Häufigkeitsverhältnis D/H etwa $1.5 \cdot 10^{-4}$ beträgt, ist das Verhältnis HDO/H_2O in natürlichem Wasser $3 \cdot 10^{-4}$. Man kann DF-Linien aussuchen, die von H_2O nicht absorbiert werden, aber mit HDO-Schwingungsrotationsübergängen überlappen. Die Experimente zeigten, dass bei optimaler Auslegung der Messapparatur der HDO-Gehalt mit einer Genauigkeit von 1 % bestimmt werden kann, d. h. die Dichte der HDO-Moleküle muss mit einer Genauigkeit von $3 \cdot 10^{-6}$ der Gesamtdichte gemessen werden.

Wenn man zum Nachweis von Atomen Übergänge verwenden kann, die ein echtes Zweiniveausystem darstellen, kann das Atom während seiner Flugzeit T durch den anregenden Laserstrahl bis zu $T/2\tau$ Absorptions-Emissions-Zyklen durchlaufen, wenn τ die Lebensdauer des angeregten Zustandes ist. Mit typischen Werten von $T = 10\,\mu s$ und $\tau = 10\,ns$ würde ein einzelnes Atom dann bis zu 500 Fluoreszenzphotonen aussenden, sodass man auf diese Weise einzelne Atome durch ihre „Photon-Bursts" nachweisen kann. Sind die Atome z. B. in Luft bei Atmosphärendruck, so wird ein Teil der Fluoreszenz durch Stöße „gequencht", dafür wird aber auch die Diffusionszeit des Atoms durch den Laserstrahl länger. Ein Beispiel ist der Nachweis von Blei, das in einem Graphitofen verdampft wurde [10.23], wobei Stoffmengen von wenigen Femtogramm (10^{-15} g) noch nachgewiesen werden konnten. Damit kann z. B. der Bleigehalt im Trinkwasser bei Verwendung von bleihaltigen Wasserleitungen gemessen werden [10.24].

Ein anderes, sehr empfindliches Nachweisverfahren ist die resonante Zweiphotonenionisation [10.25–10.28]. Bringt man z. B. die zu untersuchende Probe auf einen Heizdraht im Vakuum, wo sie verdampft wird, so können die Atome während der gepulsten Heizdauer des Drahtes in der Dampfphase durch die überlagerten Strahlen zweier gepulster Farbstofflaser fliegen, von denen einer auf einen Resonanzübergang $|i\rangle \rightarrow |k\rangle$ des gesuchten Atoms abgestimmt ist, während der zweite, auf einen atomaren Übergang $|k\rangle \rightarrow |f\rangle$ in ein hoch liegendes Niveau $|f\rangle$ abgestimmt wird. Ein 3. Photon aus einem der beiden Laserstrahlen bewirkt dann die Ionisation der angeregten Atome (Abb. 10.1). Bei genügend hoher Leistung des zweiten Lasers können einzelne Atome ionisiert und als Ionen mit 100 %iger Wahrscheinlichkeit nachgewiesen werden [10.25, 10.29].

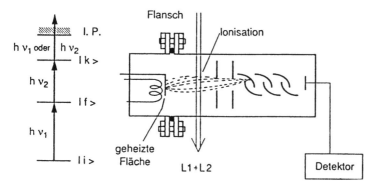

Abb. 10.1. Resonante Mehrphotonen-Ionisation als empfindliches Nachweisverfahren für geringe Substanzmengen

Oft werden die Absorptionslinien eines in geringer Konzentration vorliegenden Atoms, von denen eines wesentlich häufigeren Atoms teilweise überlagert. Hier kann man die Trennempfindlichkeit erheblich steigern durch eine Kombination von Massenspektrometer und resonanter Zweistufenionisation (Abb. 10.2). Wird das zu messende Gas in die Ionenquelle des Massenspektrometers eingelassen, wo die Atome durch einen schmalbandigen Laser angeregt und durch den zweiten Laser ionisiert werden, so kann selbst bei einem Überlapp zwischen Absorptionslinien verschiedener Isotope oder verschiedener Atome die gewünschte Spezies durch die nach-

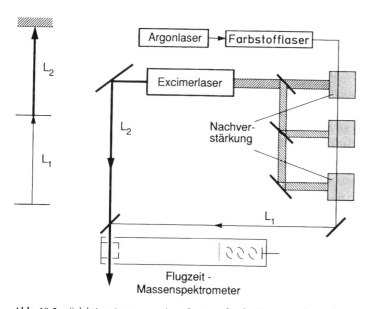

Abb. 10.2. Selektive Anregung eines Isotops durch einen gepulst nachverstärkten Einmoden-Farbstofflaser und Ionisation des angeregten Atoms bzw. Moleküls durch den Excimer Laser in der Ionenquelle eines Massenspektrometers

folgenden Massenselektion isoliert werden [10.30]. Ein Beispiel für die Anwendung dieser Technik ist der sehr empfindliche Nachweis von Plutonium-Isotopen, die aus Bodenproben gewonnen werden und aus dem Niederschlag früherer Atombombenversuche in der Atmosphäre stammen. Die Proben werden verdampft und durch 3 Laserphotonen selektiv angeregt, weiter ionisiert und dann im Massenspektrometer getrennt [10.31]. Weitere Lasertechniken zur empfindlichen Analyse findet man in [10.32–10.34].

10.1.2 Laserinduzierte chemische Reaktionen

Als zweiten Anwendungsbereich wollen wir „laserinduzierte chemische Reaktionen" behandeln. Bei *unimolekularen* Reaktionen werden Moleküle selektiv durch Absorption eines oder mehrerer Laserphotonen in einen dissoziativen Zustand angeregt, sodass sie in die gewünschten Fragmente zerfallen.

Bei bimolekularen Reaktionen führt eine Kombination von Laseranregungen und Stoßprozessen zur Initiierung der Reaktion oder zur Erhöhung der Reaktionsrate. Das Grundprinzip ist in Abb. 10.3 schematisch dargestellt: Bei Anregung eines oder mehrerer miteinander stoßender Reaktionspartner durch Ein- oder Mehrphotonenabsorption wird die Reaktion initiiert. Die Anregung kann entweder vor dem Stoß (Abb. 10.3a) erfolgen oder während des Stoßes (Abb. 10.3b, Abschn. 8.6), d. h. entweder wird einer der Reaktanden angeregt, oder der bei der Reaktion entstehende Zwischenzustand.

Für die selektive Beeinflussung eines Reaktionskanals durch die Laseranregung der Reaktanden ist die Zeitspanne Δt zwischen Photonenabsorption und Beendigung der gewünschten Reaktion von zentraler Bedeutung: Die Anregungsenergie, die durch Photonenabsorption in ein bestimmtes Molekülniveau selektiv gepumpt wurde, kann durch verschiedene unerwünschte Relaxationsprozesse umverteilt werden, bevor die eigentlich gewünschte Reaktion eintritt: Sie kann z. B. durch spontane Emission verloren gehen, durch interne Kopplungen auf viele Freiheitsgrade des Moleküls verteilt werden (intramolekulare strahlungslose Übergänge) oder durch Stöße

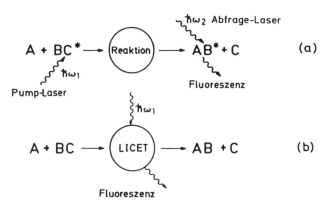

Abb. 10.3a,b. Schematische Darstellung der Initiierung und des Nachweises chemischer Reaktionen mit Lasern durch Anregung der Reaktanden A + BC* (**a**) oder des Stoßpaares (ABC) (**b**)

mit anderen Molekülen (intermolekularer Energietransfer) in Wärme (Translations-energie) oder Schwingungsrotationsenergie übergehen, ohne dass die erwünschte Reaktion eingetreten ist. Die Zeitskalen solcher Prozesse hängen von den jeweili-gen Molekülen ab, von der Anregungsenergie und vom Druck in der Reaktionszelle. Wir unterscheiden dabei drei verschiedene Fälle:

1) Die Anregung durch den Laser und die nachfolgende Reaktion geschieht in einer sehr kurzen Zeit T, die klein ist gegen die Zeiten für die Umverteilung der Anregungsenergie durch Fluoreszenz oder nichtreaktive Stöße. Dann spielen diese Verlustmechanismen noch keine entscheidende Rolle und die gewünschte Selektivi-tät der optischen Steuerung der Reaktion kann erreicht werden. Dazu muss man im Allgemeinen mit Pikosekunden- oder sogar Femtosekunden-Laserpulsen anregen.

2) In einem mittleren Zeitbereich (typisch im ns-µs-Bereich, abhängig vom Druck in der Reaktionszelle) kann die Reaktion eintreten, bevor die Anregungsener-gie durch nichtreaktive Stöße umverteilt wurde. Ist der angeregte Reaktand ein grö-ßeres Molekül, so hat sich jedoch die Anregungsenergie durch Kopplung zwischen den verschiedenen internen Freiheitsgraden auf viele Zustände des Moleküls verteilt. Das angeregte Molekül kann immer noch mit einer größeren Wahrscheinlichkeit als im Grundzustand reagieren, aber die Selektivität der Reaktionssteuerung ist teilweise verloren gegangen.

3) Bei noch längeren Anregungszeiten (µs-Pulse bis zur CW Anregung) wird die Anregungsenergie durch Stöße praktisch gleichmäßig auf alle Moleküle der Probe umverteilt, und geht letztlich in Translationsenergie über. Dadurch steigt die Tem-peratur, und der Effekt der Laseranregung hinsichtlich der gewünschten Reaktion unterscheidet sich nur wenig von dem einer thermischen Aufheizung der Probe.

Für den ersten Zeitbereich müssen Femtosekundenlaser (Kap. 6) oder zumindest modengekoppelte Pikosekunden-Laser verwendet werden, während für den zweiten auch gepulste Laser mit ns-Pulsdauern bzw. gütegeschaltete Laser in Betracht kom-men. Die meisten Experimente wurden bisher mit CO_2-Lasern, mit chemischen La-sern oder mit Excimerlasern durchgeführt, mit denen eine Schwingungsanregung der Reaktanden erfolgt. Durch die Entwicklung leistungsstarker optischer parame-trischer Verstärker, die Femtosekunden-Pulse im sichtbaren und UV-Bereich erzeu-gen (siehe Abschn. 6.1.7), können chemische Reaktionen auch durch elektronische Anregung initiiert werden.

Der einfachste Fall für eine laserinduzierte unimolekulare Reaktion ist die Iso-merisierung eines Moleküls durch Mehrphotonenanregung. Ein Beispiel für eine sol-che Isomerisierung ist die Umwandlung von 7-Dehydrocholesterin in Provitamin D_3 (Abb. 10.4). Durch eine Zweistufen-Anregung mit Photonen eines KrF-Excimerlasers bei $\lambda = 248$ nm kann man eine Ausbeute von bis zu 90 % erreichen [10.35], sodass dies eine attraktive Alternative zu anderen Methoden der Herstellung von Vitamin D_3 darstellt.

Bei der durch einen XeCl-Exzimerlaser induzierten Photolyse von Vinylchlorid

$$C_2H_3Cl + h\nu \Rightarrow C_2H_3 + Cl \tag{10.1a}$$

$$C_2H_3Cl + h\nu \Rightarrow C_2H_2 + HCl \tag{10.1b}$$

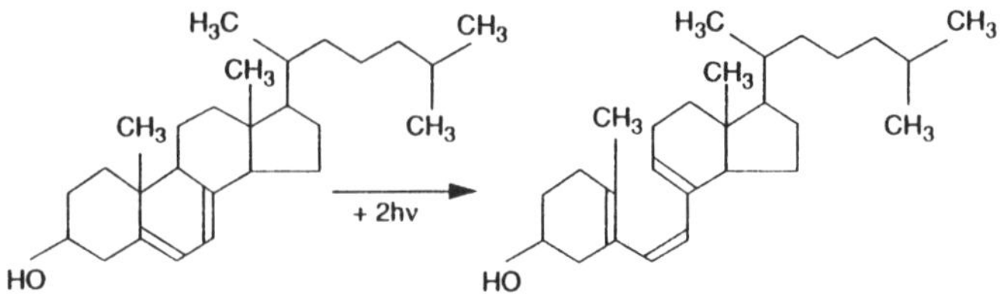

Abb. 10.4. Durch Zweiphotonen-Absorption mit KrF-Laserphotonen bei $\lambda = 248\,\mathrm{nm}$ induzierte Isomerisierung von 7-Dehydro-Cholesterin zu Provitamin D_3 [10.35]

konnte trotz des kleinen Absorptionsquerschnitts von $10^{-24}\,\mathrm{cm}^2$ für die Absorption bei $\lambda = 308\,\mathrm{nm}$ das Verhältnis der beiden Reaktionswege (10.2) und seine Abhängigkeit von der Temperatur genau gemessen werden [10.36].

Ein spezifisches Beispiel für eine laserinduzierte, bimolekulare Reaktion ist die Reaktion von HCl mit atomarem Sauerstoff

$$HCl(\nu = 1,2) + O(^3P) \Rightarrow OH + Cl \,, \tag{10.2}$$

die nach einer Schwingungsanregung des HCl mit einem HCl-Laser erfolgt [10.37]. Die OH-Radikale werden durch laserinduzierte Fluoreszenz quantenzustandsspezifisch nachgewiesen, indem ein frequenzverdoppelter Farbstofflaser auf ausgesuchte Rotationslinien der Absorptionsbande ($\nu' = 0 \leftarrow \nu'' = 0$) des $^2\Pi \leftarrow {}^2\Sigma$-Systems von OH bei $\lambda = 308\,\mathrm{nm}$ oder der Bande ($\nu' = 1 \leftarrow \nu'' = 1$) bei $\lambda = 318\,\mathrm{nm}$ abgestimmt wird.

Durch den Einsatz der Spektroskopie zum Studium chemischer Reaktionen können wesentlich mehr Details der Reaktion erhalten werden. Ein Beispiel ist die Reaktion von Cl-Atomen mit Kohlenwasserstoff-Molekülen. Durch die Photodissoziation von Cl_2-Molekülen mit einem VUV-Laser werden reaktionsfreudige Cl-Atome erzeugt, die dann mit verschiedenen Kohlenwasserstoffen reagieren (Abb. 10.5). Die Reaktionsprodukte werden nach Mehrphotonen-Ionisation (REMPI) in einem Massenspektrometer molekülspezifisch nachgewiesen [10.38]. In Kombination mit der Messung der Geschwindigkeitsverteilung der Reaktionsprodukte und der Richtung, in die die Produkte nach der Reaktion wegfliegen, können Energieverteilung, Rotationsbesetzungsverteilung und der Reaktionsweg über den Zwischenzustand der Reaktion bestimmt werden.

Ein weiteres Beispiel ist die räumlich und zeitlich aufgelöste Beobachtung der durch einen TEA-CO_2-Laser induzierten Explosion eines Gemisches von O_2/O_3 in einer zylindrischen Zelle [10.40]. Der Reaktionsverlauf wird über die zeitliche Abnahme der Ozon-Konzentration durch zeitaufgelöste Messung der UV-Absorption im Hartley-Kontinuum des O_3 untersucht. Spaltet man den UV-Probenstrahl in mehrere, räumlich getrennte Teilstrahlen mit eigenen Detektoren auf (Abb. 10.6), so lässt sich die räumlich-zeitliche Ausbreitung des Verbrennungsprozesses verfolgen.

Mit den hohen Leistungen gepulster CO_2-Laser kann man Vielphotonen-Absorption ausnutzen, sodass man trotz der geringen Energie eines einzelnen Photons ($\approx 0{,}1\,\mathrm{eV}$) doch hohe Schwingungsniveaus bevölkern und sogar die Dissoziation der Moleküle erreichen kann. Die so angeregten Moleküle können in günstigen Fällen

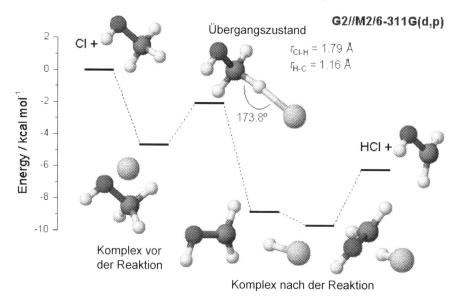

Abb. 10.5. Energieniveauschema für die Reaktion von Cl-Atomem mit Methanol-Molekülen mit schematischer Darstellung der Orientierung der Reaktionspartner [10.39]

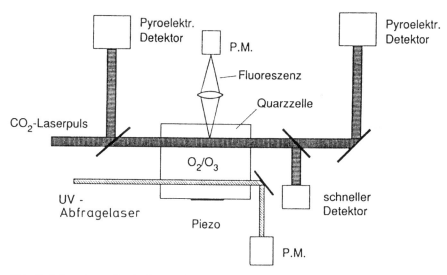

Abb. 10.6. Experimenteller Aufbau zur laserinitiierten Explosion von O_3 durch einen CO_2-Laser und zur Messung der Ausbreitung der Explosionsfront durch ortsaufgelösten Nachweis der zeitabhängigen Ozonkonzentration durch Messung der O_3-Absorption eines UV-Lasers. Der Piezo dient zur zeitaufgelösten Druckmessung [10.21]

selektiv reagieren. Solche durch Mehrphotonenabsorption induzierten, selektiv gesteuerten chemischen Reaktionen [10.41] sind besonders wünschenswert, weil CO_2-

Laserphotonen wegen des hohen Wirkungsgrades des CO_2-Lasers besonders billig sind.

Als Beispiel soll die durch CO_2-Laserpulse von 10^{-7} s Dauer induzierte Synthese von SF_5NF_2 erwähnt werden [10.42], die durch Mehrphotonenabsorption in einem S_2F_{10}/N_2F_4-Gemisch nach dem Schema

$$S_2F_{10} + nh\nu \Rightarrow 2SF_5 \, , \tag{10.3a}$$

$$N_2F_4 + nh\nu \Rightarrow 2NF_2 \, , \tag{10.3b}$$

$$SF_5 + NF_2 \Rightarrow SF_5NF_2 \tag{10.3c}$$

initiiert wird, aber auch durch Einphotonenabsorption eines ArF-Lasers bei $\lambda = 193$ erreicht werden kann. Während die konventionelle Synthese ohne Laser etwa $10 \div 20$ Stunden dauert und hohe Drucke des Anfangsproduktes S_2F_{10} und Temperaturen von 425 K erfordert, kann die laserinduzierte Reaktion bereits bei Temperaturen von 350 K wesentlich schneller ablaufen.

In den letzten Jahren ist es gelungen, durch Optimierung des Frequenzchirps und der Phasen von Femtosekunden-Laserpulsen bei ausgesuchten chemischen Reaktionen kontrolliert bestimmte Reaktionskanäle zu öffnen und unerwünschte zu unterdrücken. Diese Verfahren beruhen auf Interferenzeffekten bei Zweiphotonen-Anregungen, wo das angeregte Niveau aus zwei verschiedenen Wegen erreicht werden kann, die miteinander interferieren können. Durch geeignete Phasenlagen des Laserpulses kann für bestimmte Anregungswege konstruktive, für andere destruktive Interferenz auftreten. Solche als „coherent control" bezeichnete Verfahren zur Steuerung chemischer Reaktionen sind sehr vielversprechend und werden zur Zeit in mehreren Labors untersucht [10.43–10.45].

Für viele chemischen Reaktionen sind katalytische Effekte an Oberflächen von besonderer Bedeutung. Die Aussicht, katalytische Eigenschaften durch Laserbestrahlung der Oberfläche weiter zu verbessern, hat intensive Forschungsaktivitäten auf diesem Gebiet in Gang gesetzt [10.46, 10.47]. Der Laser kann entweder adsorbierte Moleküle oder Moleküle in der Gasphase dicht über die Oberfläche anregen. In beiden Fällen wird der Desorptions- bzw. Adsorptionsprozess durch die Laseranregung beeinflusst, weil angeregte Moleküle ein anderes Wechselwirkungspotenzial mit der Oberfläche haben als solche im Grundzustand. Außerdem kann durch die einfallende Laserstrahlung Oberflächenmaterial verdampfen, was dann mit den Molekülen reagieren kann.

Mehr Informationen über Laserchemie findet man in [10.7, 10.14, 10.48–10.50, 10.53].

10.1.3 Kohärente Kontrolle chemischer Reaktionen

Ein Wunschtraum vieler Chemiker ist die Möglichkeit, chemische Reaktionen mithilfe von Licht zu steuern. Dies gelingt in manchen Fällen durch die Anwendung der kohärenten Kontrolle, deren Prinzip in Abb. 10.7 am Beispiel der Photodissoziation eines dreiatomigen Moleküls ABC erläutert wird. Die Frage ist, ob man durch

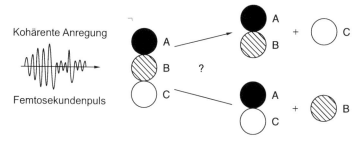

Abb. 10.7. Selektion eines gewünschten Reaktionskanals durch kohärente Kontrolle des Reaktions-komplexes ABC*

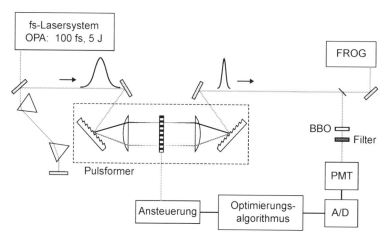

Abb. 10.8. Experimenteller Aufbau zur Impulsformung durch Optimierung [10.55]

geeignete Wahl von Wellenlänge und Pulsform eines Laserpulses die Reaktion ABC $+h\nu \rightarrow$ Dissoziationsprodukte gezielt in den Ausgangskanal AB + C oder in den Kanal AC + B lenken kann. Der springende Punkt ist die Realisierung der für die gewünschte Reaktion günstigen Wellenfunktion im optisch angeregten Zustand ABC* des Reaktionskomplexes. Diese hängt ab von Wellenlängen-verteilung und zeitlicher Pulsform des anregenden Laserpulses.

Die Pulsformung ist in Abb. 10.8 illustriert. Der Eingangspuls wird auf ein optisches Beugungsgitter fokussiert, von dem die verschiedenen Wellenlängenanteile in unterschiedliche Richtungen abgebeugt werden und durch eine Linse zu einem parallelen aufgeweiteten Strahl geformt werden, der durch eine zweidimensionale Anordnung von Flüssigkristall-Elementen läuft, wobei die verschiedenen Wellenlängen jeweils andere Elemente durchlaufen. Der Brechungsindex der Flüssigkristalle kann durch Anlegen einer Spannung variiert werden, weil sich die Orientierung der nematischen Flüssigkristalle im elektrischen Feld ändert (Abb. 10.9). Dadurch wird die Phasenfront der ebenen Lichtwelle verformt und zwar für die verschiedenen Wellenlängen unabhängig wählbar.

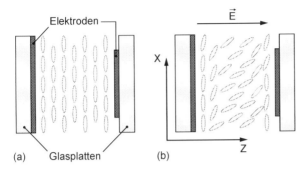

Abb. 10.9a,b. Verhalten der Flüssigkristallelemente der Flüssigkristallmaske, (**a**) ohne Anlegen eines elektrischen Feldes, (**b**) nach Anlegen eines elektrischen Feldes [10.55]

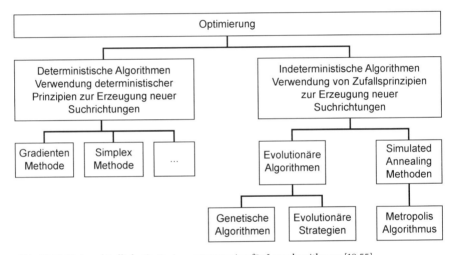

Abb. 10.10. Unterschiedliche Optimierungsstrategien für Lernalgorithmen [10.55]

Durch ein zweites Beugungsgitter werden die verschiedenen Wellenlängenanteile wieder räumlich überlagert. Wegen der unterschiedlichen Phasenverzögerung für die verschiedenen Wellenlängen führt diese Überlagerung zu einer Änderung des zeitlichen Pulsprofils und des Pulschirps. Die Pulsform kann mithilfe eines Autokorrelators gemessen werden, das Frequenzspektrum $I(\nu)$ des Pulses, d. h. die Wellenlängenverteilung im Puls mit einem optsichen Spektrum-Analysator.

Um den Ausgangspuls, der zum Experiment geschickt wird, für die gewünschte Reaktion zu zu optimieren, wird ein Lernalgorithmus verwendet (Abb. 10.10), der die Pulsform mithilfe einer Regelschleife solange ändert, bis eine maximale Ausbeute der gewünschten Reaktion erreicht ist [10.54]. In Abb. 10.11 wird der experimentelle Aufbau für die Anwendung der kohärenten Kontrolle auf die Optimierung chemischer Reaktionen schematisch dargestellt.

Diese kohärente Kontrolle wurde erfolgreich demonstriert durch die Dissoziation von laser-angeregtem Eisenpentacarbonyl $Fe(CO)_5$, das in $Fe + (CO)_5$ dissoziie-

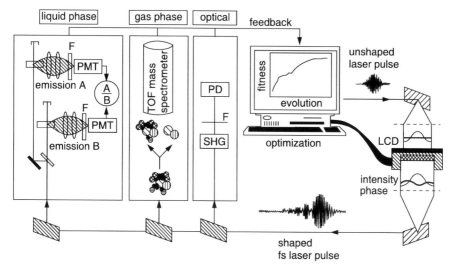

Abb. 10.11. Experimentelle Anordnung für die kohärente Kontrolle chemischer Reaktionen [10.56]

ren kann. Die relative Ausbeute Fe/Fe(CO)$_5$ konnte durch Variation der Laserpulsform von 0,2 bis zu 15 verändert werden [10.56].

10.1.4 Laser-Femtochemie

Chemische Reaktionen werden bewirkt durch atomare und molekulare Stöße, bei denen einer der Stoßpartner während des Stoßes dissoziiert oder seine Elektronenverteilung ändert. Dies führt zum Aufbrechen chemischer Bindungen und zur Bildung neuer Bindungen. Diese Prozesse laufen auf einer Zeitskala ab, die sich vom Pikosekunden- bis in den Femtosekunden-Bereich erstreckt. Um sie in Echtzeit zu beobachten, ist deshalb eine zeitliche Auflösung von wenigen Femtosekunden notwendig [10.57].

Beispiel 10.1

Ein dissoziierendes Molekül möge eine Geschwindigkeit der Fragmente von $v = 10^3$ m/s haben. Innerhalb von 100 fs ändert sich der Abstand zwischen den Fragmenten um 0,1 nm. Mit einer Zeitauflösung von 10 fs kann man also die Änderung von Bindungslängen mit einer räumlichen Auflösung von 10 pm messen.

In Abb. 10.12 ist die Photodissoziation eines dreiatomigen Moleküls ABC durch einen Femtosekunden-Laser mit der Photonenenergie $h\nu_1$ in die Fragmente A + BC illustriert. Das System läuft auf der repulsiven Potenzialkurve $V_1(R)$ zu den getrennten Fragmenten A + BC im Grundzustand, wobei R der Abstand zwischen A und dem Schwerpunkt von BC ist. Mit einem zweiten Femtosekundenpuls (Abfragepuls) kann das fragmentierende Molekül weiter angeregt werden auf die Potenzialkurve

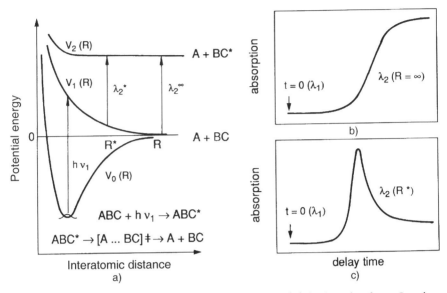

Abb. 10.12. (a) Potenzialkurven eines dreiatomigen Moleküls $V(R)$ für den gebundenen Grundzustand und repulsive angeregte Zustände. (b) Das transiente Signal $S(\lambda_2, t)$ als Funktion der Verzögerungszeit t für $\lambda_2(R = \infty)$ und (c) für $\lambda_2(R^*)$

$V_2(R)$, welche zu angeregten Fragmenten A + (BC)* führt. Für eine resonante Anregung muss die Wellenlänge λ_2 die Resonanzbedingung $hc/\lambda_2 = V_2(R) - V_1(R)$ erfüllen, d. h. die Zeitverzögerung zwischen Anregungs- und Abfragepuls bedingt die Wellenlänge λ_2. Wählt man $\lambda_2(R = \infty)$ so, dass der Abfragepuls resonant ist mit einem Übergang eines vollständig getrennten Fragments, so erhält man das Zeitprofil $N_{BC}(t)$ der Fragmentbildung der Kurve b), während man mit dem Abfragepuls der Wellenlänge $\lambda_2(R = R^*)$ und der Dauer Δt die Geschwindigkeit misst, mit der die dissoziierenden Fragmente das Abstandsintervall $\Delta R = v \cdot \Delta t$ um $R = R^*$ durchlaufen (Kurve c). Durch solche zeitaufgelöste Spektroskopie kann man Informationen über die Potentialflächen mehratomiger Moleküle gewinnen, wie in Abb. 10.13 am Beispiel der Photodissoziation von OCS illustriert wird.

Man kann solche Experimente in einem kalten Molekularstrahl durchführen, wo die Zustandsbesetzung auf die tiefsten Schwingungs-Rotations-Niveaus komprimiert ist und deshalb die Spektren und ihre Zuordnung einfacher werden (Abb. 10.14).

Es gibt eine Reihe von Phänomenen in Chemie und Biologie, die auf der Femtosekundenskala ablaufen. Dazu gehören sowohl intramolekulare Prozesse, wie z. B. die Verteilung der durch Absorption eines Photons in das Molekül gepumpten Anregungsenergie auf viele gekoppelte Schwingungen (IVR = intramolecular vibrational redistribution), als auch bimolekulare Reaktionen wie z. B. der Transfer von Elektronen während eines Stoßes von einem auf den anderen Stoßpartner. Weitere Beispiele sind Elektron- und Protontransfer bei der Photosynthese, Tautomerisations-Reaktionen oder Isomerisierung durch Umordnung der Elektronenhülle.

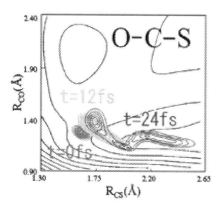

Abb. 10.13. Potenzialflächen-Diagramm zur Photodissoziation von OCS, das in 24 fs in CO + S dissoziiert [10.57]

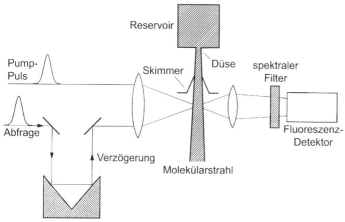

Abb. 10.14. Experimenteller Aufbau für die Femtosekunden-Spektroskopie in einem Molekularstrahl

Eine sehr interessante Anwendung der Femtosekunden-Spektroskopie ist die elektronische Anregung von Molekülen durch einen Femtosekundenpuls und die gleichzeitigeAufnahme eines Laue-Diagramms mit den hohen Oberwellen dieses Femtosekunden-Lasers, die im Röntgengebiet liegen. Dadurch erhält man Informationen über die Molekülstruktur in elektronisch angeregten Molekülen und kann aus einer Strukturänderung gegenüber derjenigen im Grundzustand die Änderung der Reaktionswahrscheinlichkeit solcher angeregten Moleküle besser verstehen.

10.2 Isotopentrennung mit Lasern

Obwohl die stärksten Impulse zur Entwicklung leistungsfähiger Methoden für die Isotopentrennung vom Bedarf an angereichertem Uran ^{235}U ausgingen, gibt es doch für medizinische und biologische Anwendungen einen steigenden Bedarf an ver-

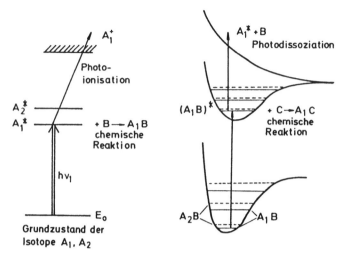

Abb. 10.15. Verschiedene mögliche Wege der Isotopentrennung

schiedenen Isotopen, sodass es sich, unabhängig von der Zukunft der Kernkraftwerke lohnt, über effiziente Isotopentrennverfahren nachzudenken.

Die klassischen Verfahren der Isotopentrennung größerer Mengen in der industriellen Technik – wie z. B. Thermodiffusion oder Gaszentrifugentrennung – sind im Allgemeinen teuer, weil sie pro Trennschritt nur eine geringe Anreicherung ergeben, und deshalb eine große Zahl hintereinander geschalteter Trennschritte erfordern, für die jeweils teure Geräte notwendig sind. Neu entwickelte Techniken, die auf einer Kombination laserspektroskopischer Methoden mit Verfahren der Photochemie beruhen, könnten in vielen Fällen eine kostengünstigere Alternative darstellen. Es gibt deshalb auch eine große Zahl verschiedener Vorschläge, von denen ein Teil bereits unter Laborbedingungen erfolgreich ausprobiert wurde. Für ihren großtechnischen Einsatz müssen allerdings noch eine Reihe technischer Probleme gelöst werden [10.58, 10.59].

Die meisten dieser Methoden basieren auf der selektiven Anregung des gewünschten, atomaren oder molekularen Isotops durch Absorption eines Laserphotons. In Abb. 10.15 sind mögliche Reaktionswege eines solchen, angeregten Isotops, die zur eigentlichen Trennung führen, zusammengestellt, wobei A und B Atome oder auch Atomgruppen (z. B. Radikale) darstellen sollen:

Wenn ein durch Absorption eines Photons $h\nu_1$ selektiv angeregtes Isotop A_1^* während der Lebensdauer des angeregten Zustandes ein zweites Photon $h\nu_2$ des gleichen oder eines anderen Lasers absorbiert, kann es ionisiert werden, wenn die Bedingung

$$E_0 + h\nu_1 + h\nu_2 > E(A^+) \tag{10.4}$$

erfüllt ist. Die so entstandenen Photoionen können durch ein elektrisches Feld abgezogen und von den nicht angeregten neutralen anderen Isotopen getrennt werden. Dieses Verfahren wird z. B. zur Anreicherung des Uran-Isotops ^{235}U in der Gasphase durch Zweiphotonenionisation mit leistungsstarken kupferdampfgepumpten

Farbstofflasern hoher Repetitionsfrequenz verwendet [10.60]. Da die Liniendichte im Absorptionsspektrum des Urans sehr groß ist, wird das Uran in einem Atomstrahl verdampft, der senkrecht mit den beiden Lasern bestrahlt wird, um genügend spektrale Selektivität zu erreichen.

Wenn das Isotop in einer molekularen Verbindung vorliegt, kann die Absorption des zweiten Photons auch zur Dissoziation des Moleküls AB führen (Abb. 10.15b). Die dabei entstehenden Fragmente B, die das Isotopenatom enthalten mögen, können im Allgemeinen durch Beigabe bestimmter Reaktanden, die mit B aber nicht mit AB reagieren, chemisch getrennt werden.

In günstigen Fällen braucht man gar kein zweites Photon zur Ionisation oder Dissoziation, wenn man Reaktanden finden kann, die mit den angeregten Isotopen $(AB)^*$ wesentlich wahrscheinlicher reagieren als mit den Grundzustands-Molekülen AB. Ein Beispiel für diese chemische Trennung laserangeregter Isotope ist die Reaktion

$$I^{37}Cl + h\nu \Rightarrow \left(I^{37}Cl\right)^* \, ,$$
$$\left(I^{37}Cl\right)^* + C_6H_5Br \Rightarrow {}^{37}ClC_6H_5Br + I \, , \tag{10.5}$$
$$^{37}ClC_6H_5Br \Rightarrow C_6H_5{}^{37}Cl + Br \, .$$

Das Isotop $I^{37}Cl$ kann mit einem CW Farbstofflaser selektiv bei $\lambda = 605\,nm$ angeregt werden. Die angeregten Moleküle reagieren durch Stöße mit Brombenzol und bilden das instabile Radikal $^{37}ClC_6H_5Br$, das schnell in $C_6H_5{}^{37}Cl + Br$ dissoziiert. In einem Laborexperiment konnten nach zweistündiger Bestrahlung mehrere Milligramm C_6H_5Cl erzeugt werden, wobei ein Anreicherungsfaktor $K = 6$ für das Isotop ^{37}Cl erreicht wurde [10.61].

Es hat sich gezeigt, dass auch die Mehrphotonendissoziation größerer Moleküle wie z. B. SF_6, mit CO_2-Lasern isotopenselektiv sein kann. Bei dem schwereren Molekül UF_6 erreicht man allerdings nur in einem gekühlten Gasstrahl die nötige Selektivität der Schwingungsanregung durch Infrarotabsorption bei $\lambda = 16\,\mu m$, um dann mit einem UV-Laser bei $\lambda = 308\,nm$ isotopen-spezifische Dissoziation zu realisieren [10.60].

Für die medizinische Diagnostik spielen radioaktive Isotope eine wichtige Rolle. So ist z. B. für die Kernspintomographie neben dem H-Atom das Kohlenstoffisotop ^{13}C mit Kernspin $I = \frac{1}{2}\hbar$ (während das häufigste Isotop ^{12}C den Kernspin $I = 0$ hat und deshalb nicht verwendet werden kann) wichtig zur Markierung von Stoffwechselvorgängen und Anomalien.

Durch Isotopen-selektive Anregung von Formaldehyd $^{14}CH_2O$ in prädissoziierende Zustände mit einem UV-Laser [10.62] oder durch Mehrphotonendissoziation von Freon CF_2HCl in $CF_2 + HCl$ durch einen CO_2-Laser kann eine Anreicherung von Molekülen mit ^{13}C erreicht werden [10.63]. Der letzte Prozess ist inzwischen technisch effektiv verbessert worden, indem man die Fragmente miteinander reagieren lässt nach dem Schema: $^{13}CF_2 + {}^{13}CF_2 \rightarrow {}^{13}C_2F_4$ und das entstandene Produkt mit HCl wieder das Ausgangsprodukt bildet, jetzt aber isotopenangereichert (Abb. 10.16). Dadurch lässt sich der Anreicherungszyklus öfter wiederholen.

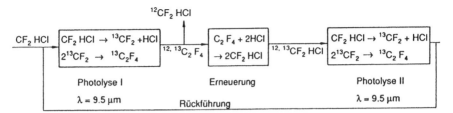

Abb. 10.16. Gewinnung von ^{13}C-angereicherten Verbindungen durch Mehrphotonen-Anregung von Freon 22 [10.48]

Wie man aus dem letzten Beispiel sieht, ist der bisher effektivste Weg zur Isotopentrennung eine Kombination von Lasermethoden mit selektiven chemischen Reaktionen, sodass der Laser hier, wie im vorigen Abschnitt erläutert, die Rolle eines isotopen-selektiven Initiators für chemische Reaktionen spielt. Besonders effektiv zur selektiven Anregung sind optimal geformte Femtosekunden-Pulse, die durch die Methode der kohärenten Kontrolle auf maximale Ausbeute des gewünschten Produktes optimiert werden [10.65].

Weitere Informationen über Verfahren der Isotopentrennung mit Lasern findet man in [10.66–10.68].

10.3 Laserspektroskopie in der Umwelt- und Atmosphärenforschung

Das zunehmende Bewusstsein der Gefahr von Umweltbelastungen hat die Entwicklung neuer Methoden zur Untersuchung und Kontrolle von Umweltverunreinigungen stark gefördert. Laserspektroskopische Verfahren spielen dabei eine wichtige Rolle. Wir wollen einige der bisher erfolgreich verwendeten Techniken vorstellen.

10.3.1 Absorptionsmessungen

Um die Konzentration N_i atomarer oder molekularer Verunreinigungen in der Luft zu messen, bietet sich die direkte Absorptionsmessung an, bei der die Abschwächung eines Laserstrahls nach Durchlaufen einer Strecke L gemessen wird. Bei einer Anfangsleistung P_0 empfängt der Detektor in der Entfernung L vom Sender die Leistung

$$P(L) = P_0 \, e^{-a(\omega)L} \ . \tag{10.6}$$

Der Abschwächungskoeffizient

$$a(\omega) = \alpha(\omega) + \sum N_k \sigma_s \tag{10.7}$$

setzt sich zusammen aus dem Absorptionskoeffizienten

$$\alpha(\omega) = N_i \sigma_i(\omega)$$

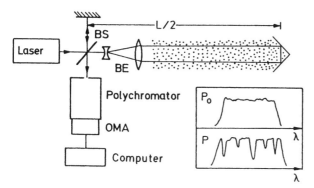

Abb. 10.17. Prinzipaufbau zur Messung der über die Absorptionslänge L integrierten Dichte von Schadstoff-Molekülen durch die Abschwächung eines Laserstrahls. Gleichzeitige Messung mehrerer Schadstoffkomponenten ist möglich durch Vergleich der Spektralverteilung eines breitbandigen Lasers vor und nach der Absorption mit einem optischen Vielkanal-System

der zu messenden Spezies, der von der Dichte N_i im absorbierenden Zustand und vom Absorptionsquerschnitt $\sigma_i(\omega)$ des absorbierenden Überganges abhängt, und einem Streuanteil, der von allen in der Atmosphäre vorhandenen Anteilen herrührt, wobei der überwiegende Beitrag durch die Mie-Streuung an kleinen Partikeln (Staub, Wassertröpfchen) und nur ein kleinerer Teil durch die Rayleigh-Streuung an Atomen und Molekülen verursacht wird.

Während $\alpha(\omega)$ nur im Bereich einer Absorptionslinie (wenige GHz Breite um ω_0) merkliche Werte annimmt, ändert sich der Streukoeffizient σ_s über diesen Bereich nur sehr wenig. Misst man daher die Abschwächung des Laserstrahls abwechselnd bei zwei Frequenzen ω_1 innerhalb und ω_2 außerhalb des Absorptionsbereichs der zu messenden Moleküle, so kann im Prinzip aus dem Quotienten

$$\frac{P(L, \omega_1)}{P(L, \omega_2)} \simeq e^{-[\alpha(\omega_1) - \alpha(\omega_2)]L} = e^{-N_i[\sigma_i(\omega_1) - \sigma_i(\omega_2)]L} \tag{10.8}$$

die gesuchte Konzentration N_i erhalten werden, wenn nur eine absorbierende Spezies vorliegt und die Absorptionskoeffizienten $\sigma_i(\omega_1)$ und $\sigma_i(\omega_2) \ll \sigma_i(\omega_1)$ aus Labormessungen bekannt sind.

Eine mögliche experimentelle Realisierung ist in Abb. 10.17 gezeigt. Der aufgeweitete Laserstrahl wird an einem **Retroreflektor** (rechtwinkliges Prisma oder Spiegeltripel, das den Strahl genau antiparallel zurückwirft, unabhängig von seiner Einfallsrichtung) in der Entfernung $L/2$ vom Sender reflektiert und über einen Strahlteiler auf den Detektor geschickt. Bei größeren Entfernungen L bilden Strahlablenkungen durch räumlich inhomogene Schwankungen des Brechungsindex der Luft ein ernstes Problem. Man muss dann den Wechsel der Laserfrequenz von ω_1 auf ω_2 entweder statistisch oder so schnell vornehmen, dass sich diese Schwankungen nicht mehr auswirken. Für die Absorptionsmessungen können entweder Infrarot-Laser verwendet werden, die mit Schwingungs-Rotations-Übergängen der zu messenden Moleküle koinzidieren (CO_2-Laser, HF-Laser oder abstimmbare Halbleiter-Laser), oder man nutzt Laser im Sichtbaren oder UV auf elektronischen Übergängen für die Absorption durchstimmbarer Farbstofflaser aus.

Ein ernstes Problem ist die Querempfindlichkeit bei Vorhandensein mehrerer absorbierender Spezies. Bei nur einer Wellenlänge kann man dann nicht die Konzentrationen der einzelnen Komponenten bestimmen, sondern man muss bei mehreren Wellenlängen messen und eine Modellzusammensetzung mit variablen relativen Konzentrationen an die jeweiligen gemessenen Absorptionskoeffizienten anpassen.

Oft ist es vorteilhaft, einen breitbandigen Laser (z. B. einen gepulsten Farbstofflaser oder einen CO_2-Laser, der auf vielen Linien gleichzeitig oszilliert) zu verwenden. Dadurch kann man häufig Absorptionslinien mehrerer Moleküle gleichzeitig erfassen. Man bildet dann über einen Polychromator einen Teil der ausgesandten Leistung P_0 auf die eine Hälfte eines optischen Vielkanalanalysators und das reflektierte Licht auf die andere Hälfte ab (Abb. 10.17). Durch elektronische Differenz- oder Quotientenbildung lassen sich dann die Konzentrationen mehrerer absorbierenden Spezies simultan bestimmen.

Die Benutzung eines Retroreflektors ist möglich bei Messungen in Fabrikhallen oder in geringen Höhen über Schadstoff emittierenden Anlagen. Beispiele sind die Messung der Fluorkonzentration über einer Aluminiumfabrik [10.69] oder die Bestimmung der verschiedenen Abgaskonzentrationen im Kamin eines Kraftwerks, wie z. B. der unerwünschten NO_x- und SO_x-Komponenten oder auch der Restkonzentration von Ammoniak, das zur Reduktion von Stickoxyden dem Rauchgas zugesetzt wird [10.70].

Für Messungen weiter entfernter Bereiche wie z. B. von Konzentrationsprofilen in der oberen Atmosphäre muss ein anderes Verfahren verwendet werden, dem wir uns jetzt zuwenden wollen.

10.3.2 Atmosphärenmessungen mithilfe des LIDAR-Verfahrens

Ein detailliertes Verständnis unserer Atmosphäre, insbesondere der verschiedenen, in ihr ablaufenden photochemischen und stoßinduzierten Prozesse, durch welche die molekulare Zusammensetzung und ihre Abhängigkeit von der Höhe und Jahreszeit durch natürliche und industrielle Faktoren beeinflusst wird, ist für das Überleben der Menschheit von fundamentaler Bedeutung. Die Frage, ob die durch menschliche Eingriffe verursachten Veränderungen der Umwelt zu einer dauernden Störung des atmosphärischen Gleichgewichts führen, wird zur Zeit intensiv diskutiert. An solchen Untersuchungen ist die Laserspektroskopie maßgeblich beteiligt. Dabei spielt neben der LIF und Raman-Streuung das LIDAR-Verfahren (LIght Detection And Ranging), eine besondere Rolle.

Das Prinzip ist in Abb. 10.18 dargestellt: Ein kurzer Laserpuls mit der Leistung P_0 und der Wellenlänge λ wird über ein Strahlaufweitungsteleskop zur Zeit $t = 0$ in die Atmosphäre geschickt. Durch Mie-Streuung an Staubteilchen oder Wassertropfen und durch Rayleigh-Streuung an den Luftmolekülen gelangt ein kleiner Teil des Laserlichtes wieder zurück ins Teleskop und wird von einem Photomultiplier als Rückstreusignal $S(\lambda, t)$ zeitaufgelöst nachgewiesen, wobei die Zeit $t = 2R/c$ von der

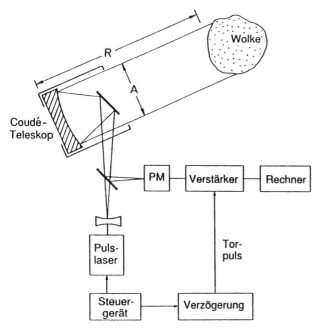

Abb. 10.18. Schematische Darstellung eines LIDAR-Systems

Entfernung R der streuenden Teilchen abhängt. Wird der Detektor durch eine Tor-schaltung nur während des Zeitintervalls von t_1 bis $t_1 + \Delta t$ empfindlich gemacht, so ist das gemessene Signal

$$S(\lambda, t_1) = \int_{t_1 - \Delta t/2}^{t_1 + \Delta t/2} S(\lambda, t)\, \mathrm{d}t \tag{10.9}$$

ein Maß für die aus der Entfernung $R \pm \Delta R/2 = (t_1 \pm \Delta t/2)c/2$ rückgestreute Licht-leistung. Die empfangene Leistung hängt ab von der Abschwächung auf dem Hin-und Rückweg, vom Raumwinkel $\mathrm{d}\Omega = D^2/R^2$, den das Teleskop mit Durchmes-ser D erfasst, und von der Konzentration N und dem Rückstreukoeffizient σ^{str} der streuenden Teilchen

$$S(\lambda, t)\, \mathrm{d}t = P_0(\lambda) \frac{D^2}{R^2}\, \mathrm{e}^{-2a(\lambda)R} N \sigma^{\mathrm{str}}(\lambda)\, \mathrm{d}R\,, \tag{10.10}$$

wobei der Schwächungskoeffizient $a = \alpha(\lambda) + \sum N_k \sigma_s(k)$ ist (10.7). Der Faktor $\mathrm{e}^{-2a(\lambda)R}$ wird nun zur Messung der Konzentration $N_i(R)$ von Atomen oder Molekü-len ausgenutzt. Dazu wird die Laserwellenlänge λ auf einen Absorptionsübergang bei λ_1 abgestimmt, aber bei jedem zweiten Puls auf einen Wert λ_2 verschoben, bei dem diese Moleküle nicht absorbieren. Für genügend kleine Werte von $\lambda_1 - \lambda_2$ ändert sich der Mie-Rückstreukoeffizient nicht merklich. Der Quotient

$$Q(t) = \frac{S(\lambda_1, t)}{S(\lambda_2, t)} = \exp\left\{2 \int_0^R [a(\lambda_2) - a(\lambda_1)]\, \mathrm{d}R\right\} \approx \exp\left\{-2 \int \alpha(\lambda_1)\, \mathrm{d}R\right\}$$

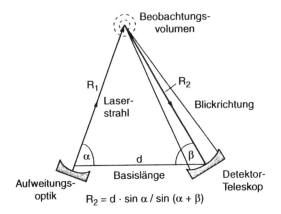

Abb. 10.19. LIDAR-System mit getrenntem Nachweisteleskop

$$\tag{10.11a}$$

gibt dann wegen $\alpha = N\sigma^{\mathrm{abs}}$ das Integral über die Konzentration der absorbierenden Moleküle im Bereich von 0 bis R an. Die gesuchte Entfernungsabhängigkeit $\alpha(R)$ der Absorption und damit die Ortsabhängigkeit der Moleküle erhält man durch ein doppelt-differenzielles Messverfahren: Man misst abwechselnd $S(\lambda_1, t)$, $S(\lambda_2, t)$, $S(\lambda_1, t + \Delta t)$ und $S(\lambda_2, t + \Delta t)$. Der doppelte Quotient

$$\frac{Q(t + \Delta t)}{Q(t)} = e^{-[\alpha(\lambda_1) - \alpha(\lambda_2)]\Delta R} \simeq 1 - [\alpha(\lambda_1, R) - \alpha(\lambda_2, R)]\Delta R \tag{10.11b}$$

$$\approx [1 - \alpha(\lambda_1, R)]\Delta R$$

gibt die Absorption im Bereich ΔR von R bis $R + \Delta R = (c/2)(t + \Delta t - t)$ an. Wenn der Absorptionskoeffizient $\alpha(\lambda_1)$ unter den im Messvolumen herrschenden Bedingungen (Druck, Temperatur) bekannt ist, lässt sich daraus die gesuchte Dichte ortsaufgelöst bestimmen. Oft wird für die Detektion ein eigenes Teleskop verwendet, dessen Sehstrahl einen Winkel mit dem Laserstrahl bildet. Dadurch lässt sich die Entfernung, aus der die Signale empfangen werden, rein geometrisch durch geeignete Wahl dieses Winkels festlegen (Abb. 10.19).

Ein Beispiel für dieses Verfahren ist die Messung der Ozon-Konzentration und ihrer täglichen und jahreszeitlichen Schwankungen als Funktion der Höhe und der geographischen Breite [10.71, 10.72]. Um auch unter widrigen Messbedingungen (z. B. von einem Flugzeug oder von der vibrierenden Basis eines Forschungsschiffes aus) stabilen Laserbetrieb zu erhalten, wurde für den Umschaltbetrieb von λ_1 auf λ_2 kein Farbstofflaser sondern für λ_1 ein XeCl-Excimerlaser bei $\lambda = 308\,\mathrm{nm}$ verwendet, wo Ozon noch absorbiert, und für λ_2 die in einer Wasserstoff-Hochdruckzelle durch Raman-Verschiebung erzeugte Stokes-Welle bei $\lambda_2 = 353\,\mathrm{nm}$, wo Ozon nicht mehr absorbiert [10.73, 10.74].

Ein zweites Beispiel für die Anwendung des differenziellen LIDAR-Verfahrens ist die spektroskopische Messung der jahres- und tageszeitlichen Schwankungen der Temperaturverteilung $T(h)$ als Funktion der Höhe h über dem Erdboden. Da Natrium als Spurenelement in der Atmosphäre vorkommt, kann die Doppler-Breite der

Na-D-Linien als Maß für die Temperatur verwendet werden, die mit einem schmal-bandigen gepulsten Farbstofflaser als Funktion der Höhe vermessen wurde [10.75].

Man kann übrigens die entlang des Laserstrahls emittierte Natriumfluoreszenz als „künstlichen Stern" in der Astronomie zur Regelung der adaptiven Optik großer Teleskope verwenden [10.76].

Wenn man die Spektralverteilung des von Aerosolen rückgestreuten Lichtes bei Anregung mit sichtbarem und UV-Licht vergleicht, lassen sich biologische Aerosole in der Atmosphäre detektieren und ihre Zusammensetzung identifizieren [10.77].

In der hohen Atmosphäre nimmt die Aerosol-Konzentration schnell mit zunehmender Höhe ab, sodass die Mie-Streuung nicht mehr als Mechanismus wirksam wird. Deshalb werden hier entweder die durch UV-Laser induzierte Fluoreszenz oder die Raman-Streuung als Nachweis für die Konzentration $N_i(h)$ verwendet [10.78]. Bei der Raman-Rückstreuung ist die Wellenlänge λ_2 des rückgestreuten Lichtes verschoben gegen die Wellenlänge λ_1 des anregenden Lichtes. Aus dieser Raman-Verschiebung kann man auf die spezifischen Moleküle schließen, welche die Rückstreuung verursacht haben. Hier lässt sich die Entfernung $R = c \cdot \Delta t/2$ der Moleküle direkt aus der Zeitverzögerung Δt zwischen ausgesandtem Laserpuls und empfangenem Signal bestimmen, ohne das doppelt differenzielle LIDAR zu benutzen. Allerdings ist die Raman-Streuintensität sehr klein, sodass man im Allgemeinen über viele Signalzyklen mitteln muss. Der Fluoreszenznachweis ist nur dann genügend empfindlich, wenn das durch den Laser angeregte Niveau nicht durch Stöße strahlungslos entvölkert wird, wenn also entweder seine spontane Lebensdauer τ oder der atmosphärische Druck $p(h)$ bei genügender Höhe h so klein sind, dass die strahlungslose Deaktivierung keine große Rolle mehr spielt. Sonst müssen für eine quantitative Bestimmung der Konzentration aus der gemessenen Fluoreszenzintensität sowohl Lebensdauer als auch Quenchquerschnitte bekannt sein. Diese Schwierigkeit wird umgangen bei Verwendung der Raman-Streuung, obwohl hier die geringere Streulichtintensität eine Empfindlichkeitsgrenze setzt und man leistungsstarke Laser verwenden muss [10.79].

Bei Messungen während des Tages stört die helle, kontinuierliche Hintergrundstrahlung des in der Atmosphäre gestreuten Sonnenlichtes. Man muss deshalb ein möglichst schmales spektrales Filter verwenden, um nur die rückgestreute Laserstrahlung zu detektieren. Eine elegante Methode verwendet ein **Kreuzkorrelations-verfahren** (Abb. 10.20), bei dem die rückgestreute Laserstrahlung aufgeteilt wird: Ein Teil wird durch einen Strahlteiler ST auf den Detektor D1 reflektiert, während der transmittierte Teil durch eine Absorptionszelle geschickt wird, welche die in der Atmosphäre nachzuweisende, atomare oder molekulare Komponente unter vergleichbaren Bedingungen (Gesamtdruck, Temperatur) aber größerer Dichte enthält, sodass auf der Mitte der Absorptionslinie die Zelle optisch dicht ist. Die Laserbandbreite wird etwas größer als die Linienbreite des zu untersuchenden Überganges gewählt und die Verstärkung in den beiden Zweigen wird so ausgeglichen, dass bei einer vorgegebenen Konzentration der zu messenden Komponente beide Detektoren das gleiche Signal anzeigen, ihre Differenz also Null ist. Jede Abweichung der Konzentration $N_i(R)$ von diesem vorgegebenen Wert wird als Signal im Differenz-

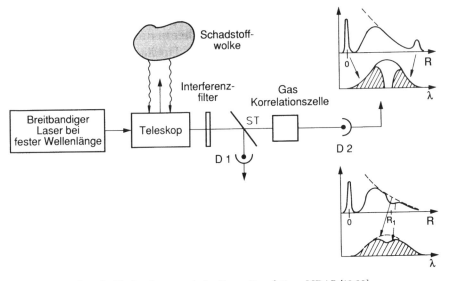

Abb. 10.20. Aufbau des Nachweissystems beim Kreuz-Korrelations LIDAR [10.80]

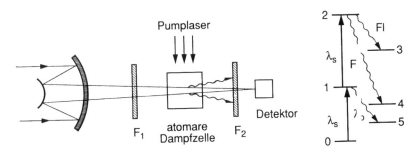

Abb. 10.21. Optisch aktive atomare Filter

verstärker registriert, dessen Größe weitgehend unabhängig ist von Laserleistungs-schwankungen, die ja in beiden Armen auftreten [10.80].

Das Kreuzkorrelationsverfahren ist ein Spezialfall einer allgemein zu verwenden-den Methode, bei der die Absorptionslinien atomarer Gase oder Dämpfe als äußerst schmalbandige atomare Filter ausgenutzt werden [10.81]. Dies ist besonders nützlich, wenn das schwache Rückstreusignal auf der Frequenz des zur LIDAR-Messung ver-wendeten Lasers überlagert ist von einem intensiven breitbandigen Untergrund, der bei Messungen am Tage vom Sonnenlicht oder von der Infrarotstrahlung von Wol-ken herrührt.

Das Verfahren ist in Abb. 10.21 schematisch erläutert. Das vom Teleskop gesam-melte rückgestreute Laserlicht der Wellenlänge λ_L wird durch ein schmalbandiges Filter F_1 geschickt, das bei λ_L maximale Transmission hat, und dann in eine Zelle von atomarem Gas oder Dampf, der so ausgewählt wird, dass die Wellenlänge λ_L von den Atomen absorbiert wird. Die durch die Absorption angeregten Atome emit-

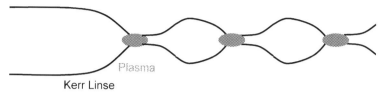

Abb. 10.22. Periodische Fokussierung (Kerrlinseneffekt) und Defokussierung (durch das im Fokus gebildete Plasma) in einem Terawatt-Laserstrahl in der Atmosphäre

tieren Fluoreszenz, die häufig langwelliger ist, als die Absorptionswellenlänge. Diese Fluoreszenz mit der Wellenlänge λ_{Fl} wird durch ein zweites Filter mit maximaler Transmission bei λ_{Fl} auf einen Photomultiplier geschickt. Für $\lambda_{Fl} \neq \lambda_L$ wird das Hintergrundlicht vollständig unterdrückt.

Man spricht von passiven atomaren Filtern, wenn die Wellenlänge λ_L einem Resonanzübergang der Filteratome vom Grundzustand aus entspricht. Dies beschränkt die Methode auf Koinzidenzen zwischen der gewählten Wellenlänge λ_L (die durch die zu messenden Stoffe in der Atmosphäre weitgehend festgelegt ist) und möglichen Resonanzlinien der Filteratome.

Man kann diese möglichen Koinzidenzen jedoch sehr erhöhen, wenn mithilfe eines Pumplasers die Atome in angeregte Niveaus gepumpt werden. Dann lassen sich für die Absorption der Signalwelle bei λ_L die zahlreichen atomaren Übergänge zwischen angeregten Niveaus ausnutzen. Außerdem kann die Fluoreszenz dann kurzwelliger sein als λ_L, sodass man auch Infrarotsignale im Sichtbaren nachweisen kann (**aktive atomare Filter**).

Seit kurzem ist ein neues Verfahren entwickelt worden, bei dem der Strahl eines Femtosekunden-Hochleistungslasers (Terawatt!) in die Atmosphäre geschickt wird. Aufgrund der hohen Intensität wird der Brechungsindex der Luft verändert (Abschn. 6.1.4), und es tritt Selbstfokussierung auf [10.82, 10.83] (siehe Abschn. 6.1.4b). Im Fokus ist die Intensität so groß, dass ein Plasma entsteht, das wiederum den Strahl defokussiert. Es entsteht deshalb entlang des Laserstrahls eine periodische Fokussierung und Defokussierung, die insgesamt dafür sorgen, dass der Strahl über weite Entfernungen nicht auseinanderläuft (Abb. 10.22).

Wegen der Selbstphasenmodulation wird die spektrale Bandbreite des Laserlichtes stark verbreitert und das rückgestreute Licht ist praktisch ein weißes Kontinuum. In Kombination mit der ortsaufgelösten LIDAR-Technik kann man dadurch die entlang des Laserstrahls entstehende Kontinuumsstrahlung als Strahlquelle benutzen, deren Weg vom Entstehungsort bis zum Detektor-Teleskop aufgrund der Absorption durch Moleküle oder Aerosole bei charakteristischen Wellenlängen geschwächt ist [10.85]. Man kann mithilfe eines Spektrometers und Array-Detektors das gesamte Absorptionsspektrum im Spektralbereich des Detektors simultan aufnehmen und dadurch eine Analyse der verschiedenen zur Absorption beitragenden Komponenten in der Atmosphäre vornehmen [10.84].

Eine eingehende Darstellung der verschiedenen spektroskopischen Techniken zur Untersuchung der Atmosphäre findet man in [10.86, 10.87], viele Beispiele sind

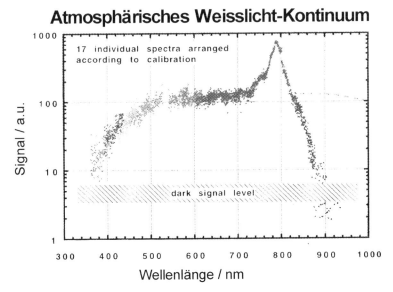

Abb. 10.23. Das vom Terawatt-Laserstrahl in der Atmosphäre erzeugte kontinuierliche Emissionsspektrum [10.84]

in [10.88, 10.89] aufgeführt. Grundlagen über die Ausbreitung von Laserstrahlen in der Atmosphäre werden in [10.90–10.92] behandelt.

10.3.3 Analytik von Verunreinigungen in Flüssigkeiten

Häufig möchte man atomare oder molekulare Spurenelemente in Gewässern oder auch im Trinkwasser messen. Hier sind eine Reihe von Verfahren der Laserspektroskopie entwickelt worden, die bereits in der Praxis eingesetzt werden.

Bei einer dieser Methoden wird eine kleine Probe der Flüssigkeit in einen Graphitofen eingebracht und dort verdampft. Die atomaren Komponenten werden mit einem Laser (z. B. einem frequenzverdoppelten Farbstoff- oder Halbleiterlaser) auf ihren Resonanzlinien angeregt und die LIF beobachtet. Ein Beispiel ist der Nachweis von Blei im Leitungswasser, dessen Konzentration in Altbauten relativ hoch ist [10.24, 10.94].

Auch der Gehalt an verschiedenen Elementen (z. B. Kalium, Na, Selen, Eisen, usw.) im menschlichen Blut kann auf diese Weise nachgewiesen werden. So wurde z. B. für Selen Nachweisgrenzen von $1,5\,\text{ng/l}$ ($1,5\,\text{femtogramm}$ in einer Flüssigkeitsprobe von $1\,\text{cm}^3$) erreicht [10.95].

Die Kombination von spektraler und zeitlicher Auflösung erlaubt den Nachweis verschiedener gleichzeitig vorhandener Verunreinigungen im Wasser, auch wenn sich deren Absorptions- oder Fluoreszenzspektren teilweise überlappen. Ein Beispiel ist die Messung der Verschmutzung von Wasser durch verschiedene Ölsorten. In Abb. 10.24a sind die relativen Transmissionskurven für verschiedene Ölsorten

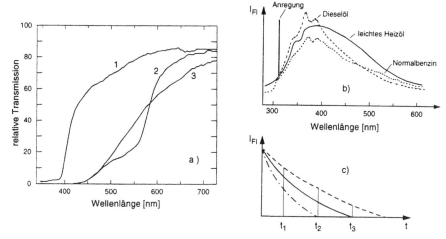

Abb. 10.24. (**a**) Transmissionskurven, (**b**) LIF bei Anregung bei 337 nm, (**c**) zeitliche Fluoreszenz-abklingkurven (*schematisch*) für verschiedene Ölsorten [10.96]

aufgetragen, und in Abb. 10.24b die entsprechenden Fluoreszenzspektren, während in Abb. 10.24c die zeitlichen Abklingkurven der von einem Stickstofflaser bei λ = 337,1 nm angeregten Fluoreszenz gezeigt sind. Misst man die Fluoreszenzintensität in verschiedenen Zeitintervallen, so lassen sich aus den Quotienten $Q = I_{Fl}(t_i)/I_{Fl}(t_k)$ die relativen Anteile der verschiedenen Komponenten bestimmen [10.96].

In Abb. 10.25 ist eine solche Zerlegung in Einzelkomponenten für eine Mischung von polyzyklischen aromatischen Kohlenwasserstoffen illustriert [10.101]. Man kann

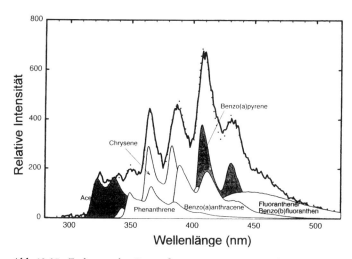

Abb. 10.25. Zerlegung der Gesamtfluoreszenz eines Gemisches von aromatischem Kohlenwasser-stoffen in die Anteile der einzelnen Komponenten [10.101]

die UV-Anregungsstrahlung auch durch eine optische UV-transparente Fiber direkt an den Messort (z. B. ins Wasser eines Flusses) bringen und die LIF über ein Lichtleitfaserbündel auf den Eintrittsspalt des Monochromators leiten, hinter dem ein CCD-Array die Fluoreszenz spektral zerlegt detektiert.

Eine interessante Anwendung der LIDAR-Technik ist die Vorhersage von Vulkanausbrüchen. Vor einem solchen Ausbruch steigt im Allgemeinen die Emission von vulkantypischen Gasen, wie SO_2, H_2S, CO_2 und Wasserdampf, aber auch Helium oder Radon an. Außerdem ändert sich ihre Temperatur und Zusammensetzung. Die Konzentration dieser Gase kann mithilfe der Laser-Spektroskopie, entweder über Absorptions-Spektroskopie mit Geräten vor Ort oder als Fernerkundung mit der LIDAR-Technik gemessen werden.

Zur Messung der SO_2-Konzentration wurde ein faseroptischer Laser-Sensor zur hochauflösenden Absorptions-Spektroskopie eingesetzt [10.97].

Mit einem Differenz-Verfahren der optischen Absorptions-Spektroskopie (Abschn. 1.1) konnte die Emission von Brom-Monooxyd BrO bestimmt werden, das bei Vulkanausbrüchen in die hohe Stratosphäre gelangt und dort zum Abbau der Ozonschicht beiträgt.

10.4 Anwendungen auf technische Probleme

Obwohl der überwiegende Anwendungsbereich der Laserspektroskopie Fragen der Grundlagenforschung in den verschiedenen Disziplinen betrifft, gibt es doch eine Reihe interessanter technischer Probleme, bei deren Lösung die Laserspektroskopie von großem Nutzen sein kann. Hierzu zählen vor allem Untersuchungen von Verbrennungsprozessen, die bei der Optimierung von fossilen Kraftwerken und bei der Suche nach schadstoffarmer und kraftstoffsparender Verbrennung in Automotoren zur Zeit sehr gefragt sind, spektroskopische Analysen bei der Bearbeitung von Oberflächen oder von flüssigen Schmelzen, aus denen Materialien definierter Zusammensetzung entstehen sollen, sowie Messungen von Strömungsgeschwindigkeiten und Profilen in der Aerodynamik und Hydrodynamik.

10.4.1 Untersuchung von Verbrennungsvorgängen

Ein detailliertes Verständnis der bei einer Verbrennung ablaufenden chemischen und gasdynamischen Prozesse ist für die Optimierung der Verbrennung hinsichtlich des thermodynamischen Wirkungsgrades und des Schadstoffausstoßes absolut notwendig. Mithilfe räumlich und zeitlich aufgelöster spektroskopischer Messungen der Konzentration der einzelnen Reaktionsprodukte bei der Verbrennung kann ein solch detailliertes Verständnis erreicht werden [10.102]. Die technische Realisierung verwendet ein zwei- oder auch dreidimensionales Raster von Laserstrahlen, welche das Verbrennungsgebiet überdecken (Abb. 10.26). Wird die Laserfrequenz auf eine Absorptionslinie des zu messenden Moleküls abgestimmt, so kann mit einer Videokamera Konzentrationen der räumliche Verteilung der LIF und damit der emittierenden Moleküle gemessen und über entsprechende Torschaltungen im elektronischen

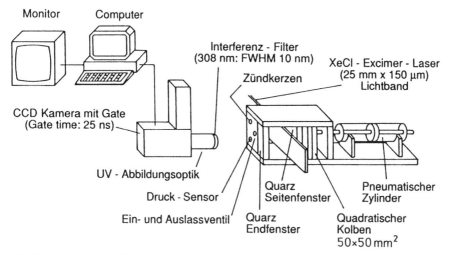

Abb. 10.26. Experimenteller Aufbau zur zweidimensionalen Analyse von Flammenfronten in Verbrennungsprozessen über die Messung der laserinduzierten OH-Fluoreszenz [10.102]

Teil des Nachweises auch zeitaufgelöst detektiert werden [10.102]. Auf einem Bildschirm lässt sich dann jeweils für ausgesuchte Zeitintervalle die räumliche Verteilung der untersuchten Reaktionsprodukte und damit das Fortschreiten der Flammenfront im Zeitlupentempo beobachten. Ordnet man jedem Reaktionsprodukt eine Farbe zu, so kann der gemessene räumliche Reaktionsablauf mithilfe des Computers sehr plastisch und einprägsam dargestellt werden.

Bei vielen Verbrennungsprozessen (z. B. im Otto-Motor) entsteht das OH-Radikal als eines der Zwischenprodukte, das mit dem XeCl-Laser bei 308 nm angeregt werden kann. Die dabei entstehende UV-Fluoreszenz lässt sich durch Interferenzfilter gegen den hellen Hintergrund der Flamme diskriminieren.

Um quantitative Messungen von Radikalkonzentrationen bei hohem, äußeren Druck durchführen zu können, ist jedoch die direkte Messung der laserinduzierten Fluoreszenz von langlebigen, angeregten Niveaus nicht geeignet, weil diese Niveaus unterschiedlich stark durch Stöße „gequencht" werden, sodass die gemessene Fluoreszenzintensität nicht unbedingt ein Maß für die Konzentration der emittierenden Spezies ist. Regt man mit dem Laser jedoch prädissoziierende Niveaus mit extrem kurzer Lebensdauer an (Abb. 10.27), so wird die Fluoreszenz zwar schwächer, weil der größte Teil der Moleküle dissoziiert, bevor ein Fluoreszenzphoton ausgesandt wird, aber dafür ändern Stöße auch bei hohem Druck praktisch nicht mehr die Fluoreszenzausbeute [10.103]. Mit abstimmbaren Excimerlasern oder mit frequenzverdoppelten Farbstofflasern lassen sich solche prädissoziierenden Zustände für fast alle bei Verbrennungen in Motoren relevante Radikale wie NO, OH, CO, NH usw. erreichen. Die Verwendung von Excimerlasern hat den zusätzlichen Vorteil der höheren Intensität, sodass man die Anregungsübergänge sättigen kann und daher die Messung der Konzentration unabhängig wird von der Kenntnis der Absorptionswahrscheinlichkeit [10.104].

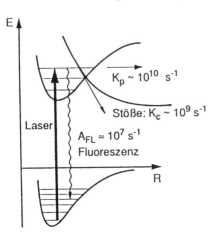

Abb. 10.27. Quantitative Messung von Radikal-konzentrationen in Verbrennungsvorgängen bei einem hohen Druck durch Messung der Fluoreszenz an prädissoziierenden Niveaus [10.104]. A_{FL}: spontane Fluoreszenzrate pro Radikal; K_Q ist Deaktivierungsrate durch „quenchende" Stöße; K_p: Prädissoziationsrate

In Abb. 10.28 ist der experimentelle Aufbau gezeigt mit dem in einem laufenden Ottomotor die Konzentrationsprofile der Radikale OH, NO, CO, CH u. ä. zeitauf-gelöst gemessen und damit die räumliche Ausbreitung der Verbrennungsprozesse sichtbar gemacht werden können [10.104].

Von besonderem Vorteil ist die Verwendung von kurzen Laserpulsen (Femto-bis Pikosekunden), weil dann während der Anregungszeit Stoßprozesse noch keine entscheidende Rolle spielen [10.105].

Man kann auch, z. B. mithilfe der CARS-Technik (Abschn. 3.5) die räumliche Temperaturverteilung des Verbrennungsvorganges durch Messung der Besetzungs-verteilung verschiedener Rotationsschwingungs-Niveaus von Molekülen im Ver-

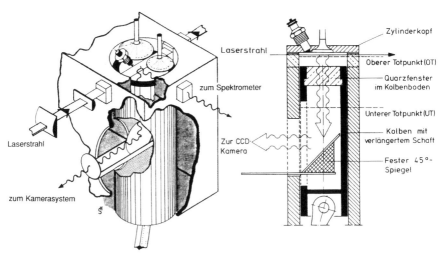

Abb. 10.28. Experimentelle Anordnung zur zeitaufgelösten Messung des räumlichen Konzentrati-onsprofils von Radikalen während der Verbrennung in einem mit Fenstern versehenen Automotor [10.104]

brennungsgebiet bestimmen [10.106] und entsprechend im Falschfarbenbild deutlich machen.

Von besondere Bedeutung für die Effizienz der Verbrennung in Ottomotoren ist die Optimierung des Einspritzvorganges. Dieser kann diagnostisch verfolgt werden, indem man die Messung der Mie-Streuung an den Flüssigkeitstöpfchen vergleicht mit den Signalen der LIF und der Raman-Streuung an den gasförmigen verdampften Substanzen im Brennraum. Es zeigt sich z. B., dass das Signalverhältnis von LIF zu Mie-Streuung ein Maß für den Tropfchendurchmesser des eingespritzten Brennstoffes ist [15.87, 88].

10.4.2 Einsatz der Laserspektroskopie in der Materialforschung

Bei der Herstellung von Materialien für elektronische Bauelemente, wie z. B. Bausteine für hochintegrierte Schaltungen, werden die Anforderungen an die Reinheit des Materials und an die Qualität notwendiger Bearbeitungsprozesse [z. B. Chemical Vapor Deposition (CVD), Ionenimplantation oder Plasmaätzen] immer höher. Mit abnehmender Größe der Bausteine und zunehmender Komplexität der Schaltungen wird die Messung der absoluten Menge von Fremdatomen bei der gezielten Dotierung des Grundmaterials immer wichtiger. Hier kann die Laserspektroskopie erfolgreich eingesetzt werden, wie an zwei Beispielen illustriert werden soll.

Durch Bestrahlung der Oberfläche mit einem Laser kann Material gezielt abgetragen werden (**Laserablation**), wobei je nach Wellenlänge des verwendeten Lasers thermische Verdampfung (CO_2-Laser) oder photochemische Prozesse durch Dissoziation (Excimer-Laser) überwiegen. Mithilfe der Laserspektroskopie kann man zwischen beiden Prozessen unterscheiden. Dazu wird aus dem Anregungsspektrum der von der Oberfläche emittierten Teilchen die Identität der Atome, Moleküle oder Fragmente bestimmt. Außerdem kann die Geschwindigkeitsverteilung der von der Oberfläche emittierten Atome und Moleküle über das Doppler-Profil ihrer Absorptionslinien und die innere Energieverteilung aus dem Intensitätsverhältnis verschiedener Rotationsschwingungs-Übergänge gemessen werden [10.109]. Bei gepulster Bestrahlung der Oberfläche ist eine Flugzeitmessung möglich, wobei die Geschwindigkeit der Teilchen aus dem Zeitintervall zwischen Anregungs- und Nachweislaserpuls bestimmt wird (Abb. 10.29).

Während bei Graphit die emittierten Moleküle völlig thermalisiert sind, d. h. die Geschwindigkeitsverteilung und die Rotationsschwingungs-Besetzung folgt einer Maxwell-Boltzman-Verteilung bei gleicher Temperatur T, stellt man bei der Ablation von Isolatoren, wie z. B. Al_2O_3, fest, dass die verdampften AlO-Radikale eine kinetische Energie von 1 eV haben aber eine „Rotationstemperatur" von nur 500 K [10.110].

Zur Erzeugung dünner, amorpher Siliziumschichten wird oft die Abscheidung von Silan (SiH_4) oder von Si_2H_6 in der Dampfphase verwendet, das in Gasentladungen gebildet wird. Dabei spielt das Radikal SiH_2 eine große Rolle, das Absorptionsbanden im Rhodamin 6G-Bereich hat und deshalb mithilfe eines Farbstofflasers gut spektroskopiert werden kann. Mit spektral- und zeitaufgelöster Laserspektroskopie

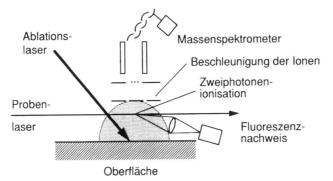

Abb. 10.29. Messung der bei Laserablation von einer Oberfläche emittierten Moleküle und Atome, sowie ihrer Energieverteilung

kann untersucht werden, wie SiH_2 bei der Photodissoziation durch UV-Laser oder durch Multiphotondissoziation mit Infrarotlasern aus stabilen Siliziumverbindungen gebildet wird, wie schnell es mit stabilen Molekülen wie H_2, SiH_4 oder Si_2H_6 reagiert, und welche Rolle es bei der Bildung nicht abgesättigter H-Bindungen in amorphen Silizium spielt [10.111].

Bei der Herstellung von Qualitätsstählen muss die Zusammensetzung des Stahls genau bestimmt werden, solange dieser noch in der flüssigen Phase ist, damit eventuell falsche Konzentrationen von Beimischungen (Cr, Ni, C, etc.) korrigiert werden können. Dazu wird eine kleine flüssige Probe entnommen, abgeschreckt und die dann feste Probe wird mit einem Ablations-Laser bestrahlt. Das verdampfte Material wird mit einem durchstimmbaren Laser angeregt und aus dem spektral aufgelösten Fluoreszenzspektrum lässt sich die atomare Zusammensetzung innerhalb weniger Sekunden bestimmen [10.112]. Viele weitere Beispiele und eine detaillierte Darstellung der Anwendung von Lasers in der Materialforschung findet man in der Monographie von *Bäuerle* [10.113] und in dem von *Miller* herausgegebenen Band zur Laser-Ablation [10.114].

10.4.3 Messung von Strömungsgeschwindigkeiten von Gasen

Die Doppler-Anenometrie (Abschn. 7.5) ist ein Laserverfahren, mit dem Geschwindigkeitsprofile $v(r)$ der Strömung von Gasen und Flüssigkeiten mithilfe des Doppler-Effektes gemessen werden können. Dazu wird der Strahl eines HeNe- oder Ar-Lasers mit der Frequenz ω_0 und dem Wellenvektor k_0 auf das zu messende Volumen gerichtet, und das gestreute Licht mit k_s, dessen Frequenz zu $\omega' = \omega_0 - \Delta k \cdot v$ bei einer Geschwindigkeit v des streuenden Teilchens Dopplerverschoben ist ($\Delta k = k_0 - k_s$), auf der Photokathode eines Photomultipliers mit einem Teil des direkten Laserlichtes überlagert. Im Ausgang wird das Differenzfrequenzspektrum $\Delta\omega = \Delta k \cdot v$ mithilfe eines Heterodynverfahrens elektronisch gemessen [10.115–10.117].

Bei dieser einfachen Anordnung (Abb. 10.30a) hängt die Doppler-Verschiebung von der Beobachtungsrichtung ab. Dies lässt sich mit der in Abb. 10.30b gezeigten

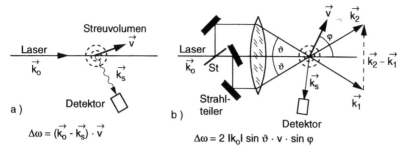

Abb. 10.30a,b. Laser-Doppler-Anemometrie. (**a**) Anordnung mit einem einfallenden Laserstrahl. (**b**) Aufteilung in zwei sich kreuzenden Strahlen

Messmethode vermeiden, bei der das Messvolumen von zwei Teilstrahlen des Lasers durchstrahlt wird, die den Winkel 2ϑ miteinander bilden.

Beschreiben $\mathbf{k}_1$ und $\mathbf{k}_2$ die beiden Einfallsrichtungen und $\mathbf{k}_s$ die Beobachtungsrichtung des gestreuten Lichtes, so sind die beiden Doppler-Verschiebungen

$$\Delta\omega_1 = \omega_L - \omega_{s1} = (\mathbf{k}_1 - \mathbf{k}_s) \cdot \mathbf{v}$$

und

$$\Delta\omega_2 = \omega_L - \omega_{s2} = (\mathbf{k}_2 - \mathbf{k}_s) \cdot \mathbf{v} . \tag{10.12}$$

Auf dem Detektor interferieren die elektrischen Feldstärken der beiden gestreuten Wellen, und die gemessene Gesamtintensität ist

$$I = I_1(\omega_{s1}) + I_2(\omega_{s2}) + 2(I_1 I_2)^{1/2} \cos[(\omega_{s1} - \omega_{s2})t + \Delta\phi] . \tag{10.13}$$

Der Detektor mittelt über die Lichtfrequenzen ω_{s1} und ω_{s2}, sodass als zeitabhängiges Signal nur der Kosinusterm in (10.13) bleibt.

Bei Verwendung von (10.12) ergibt sich wegen $|\mathbf{k}_1| = |\mathbf{k}_2| = |\mathbf{k}|$ und $\mathbf{k}_1 - \mathbf{k}_2 = 2|\mathbf{k}| \sin\vartheta$ die Schwebungsfrequenz

$$\Delta\omega_s = |\omega_{s1} - \omega_{s2}| = (\mathbf{k}_2 - \mathbf{k}_1) \cdot \mathbf{v}$$
$$= 2|\mathbf{k}||\mathbf{v}| \sin\vartheta \sin\varphi . \tag{10.14a}$$

Man sieht daraus, dass die gemessene Schwebungsfrequenz $\Delta\omega_s$ unabhängig von der Beobachtungsrichtung wird.

Man kann sich dies physikalisch wie folgt klar machen: Die beiden sich überlagernden Teilwellen bilden ein Moiré-Interferenzmuster aus hellen und dunklen Streifen mit dem Abstand $d = \lambda/(2\sin\vartheta)$ (Abb. 10.31). Ein Teilchen, das mit der Geschwindigkeit $\mathbf{v}$ unter dem Winkel φ gegen die Symmetrieachse der Anordnung in Abb. 10.30b durch dieses Muster fliegt (Abb. 10.31b), erzeugt periodische Streulichtintensitäten mit der Frequenz

$$\Delta\omega_s = \frac{4\pi \sin\vartheta \sin\varphi}{\lambda} |\mathbf{v}| = 2kv \sin\vartheta \sin\varphi . \tag{10.14b}$$

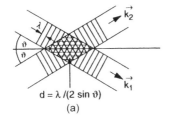

Abb. 10.31. (a) Moiré-Interferenzmuster im Überlagerungsgebiet der beiden Laserteilwellen, (b) Zeitlich periodische Streuintensität eines Teilchens, das durch das Moiré-Muster fliegt

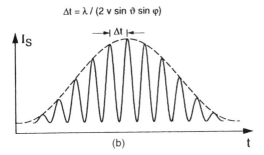

10.5 Anwendungen in der Biologie

Bei der Anwendung der Laserspektroskopie in der Biologie lassen sich drei Aspekte hervorheben: Zuerst einmal hilft die hohe spektrale Auflösung und die große Nachweisempfindlichkeit laserspektroskopischer Verfahren bei der Aufklärung der Struktur biologischer Moleküle. Zeitaufgelöste Spektroskopie wird zur Untersuchung schneller biologischer Prozesse, wie z. B. der Isomerisierung bei der Photosynthese oder der Lichtaktivierung von Bakterien eingesetzt. Bei dem dritten Problemkreis wird ein biologisches System durch die Absorption von Photonen aus seinem Gleichgewichtszustand gebracht und man verfolgt mithilfe der Laserspektroskopie die zeitliche „Erholung" des Systems [10.119].

Wir wollen die vielfältigen Anwendungen, welche die Laserspektroskopie inzwischen zur Untersuchung molekularbiologischer Probleme gefunden hat, durch einige Beispiele verdeutlichen. Im ersten Beispiel ist die spektrale Selektivität bei der Absorption schmalbandigen Laserlichtes und die Empfindlichkeit der laserinduzierten Fluoreszenz zum Nachweis von Energietransfer in DNA-Molekülen wichtig. Im zweiten Beispiel werden Raman-Spektroskopie und zeitaufgelöste Spektroskopie mit Femtosekundenlaser verwendet, um die schnellen Primärprozesse beim Sehvorgang aufzulösen. Im dritten Beispiel wird die Korrelationsspektroskopie auf die Untersuchung der Bewegung von Mikroben in Nährlösungen sowie der Einfluss von Giften auf das Bewegungsverhalten angewandt und im letzten Beispiel wird die Strukturänderung biologischer Moleküle, die durch Femtosekunden-Pulse angeregt werden, durch ein Laue-Diagramm bestimmt.

Auch bei der räumlichen Auflösung haben Laser durch die Möglichkeit, spezifische Teile von Zellen gezielt zu bestrahlen und durch Wahl der geeigneten Wellenlänge das unterschiedliche spektrale Absorptionsverhalten der einzelnen Zellkomponenten auszunutzen, neue Möglichkeiten bei der Genforschung und Technologie eröffnet. Die Entwicklung eines Lasermikroskops, in dem die laserinduzierte Fluoreszenz als Detektor verwendet wird, hat für die Untersuchung biologischer Systeme große Fortschritte gebracht. Diese wird kurz im letzten Abschnitt behandelt.

10.5.1 Energietransfer in DNA-Komplexen

DNA-Moleküle mit ihrer Doppel-Helix-Struktur bilden die Basis der Erbinformationen. Die verschiedenen Basen, aus denen DNA-Moleküle aufgebaut sind, absorbieren Licht bei etwas verschiedenen Wellenlängen im nahen UV, wobei sich die Absorptionsbereiche überlappen. Durch Einbau von Farbstoffmolekülen kann die Absorption in den sichtbaren Spektralbereich verschoben werden. Das Absorptionsspektrum und die Fluoreszenzquanten-Ausbeute eines Farbstoffmoleküls bei Laseranregung hängt davon ab, an welcher Stelle der DNA es eingebaut wurde. Die durch die Absorption eines Photons primär in das Farbstoffmolekül gebrachte Energie kann durch die Kopplung an die DNA auf ihre verschiedenen Basen übertragen werden. Bei Anregung der DNA mit UV-Licht kann auch der umgekehrte Energietransfer von der DNA auf das Farbstoffmolekül über die Farbstoff-Fluoreszenz gemessen werden. Da die Kopplung von der Basensequenz in der DNA abhängt, bieten

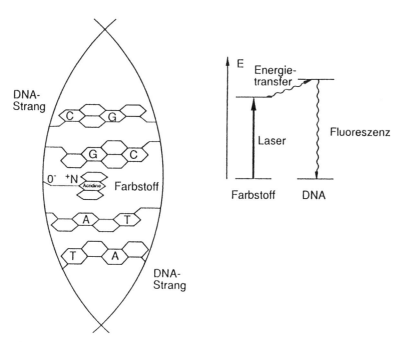

Abb. 10.32. Beispiele für einen DNA-Farbstoff-Komplex, bei dem ein Acridine-Molekül zwischen den Basen Adenin und Guanin eingebaut ist [10.120]

Untersuchungen solcher Energietransferprozesse durch Messung der laserinduzierten Fluoreszenz die Möglichkeit, Unterschiede des Energieübertrages bei verschiedenen Basensequenzen zu bestimmen [10.120]. So kann z. B. die Base Guanin in einem DNA-Farbstoff-Komplex bei $\lambda = 300\,nm$ selektiv mit einem frequenzverdoppelten Farbstofflaser angeregt werden, ohne dass die anderen Basen beeinflusst werden (Abb. 10.32). Die Energietransfer-Rate wird bestimmt aus dem Verhältnis der Quantenausbeuten der Farbstoffmoleküle bei Anregung mit sichtbarem Licht (Anregung des Farbstoffmoleküls) bzw. mit UV-Licht (direkte Anregung der DNA [10.121]). Da der Einbau von Farbstoffen in Zellen zur Diagnose und Therapie eine wichtige Rolle spielt (Abschn. 10.6), ist die genaue Kenntnis des Energietransfers und der Photoaktivität solcher Farbstoffe von großer Bedeutung.

10.5.2 Zeitaufgelöste Messungen biologischer Prozesse

Hämoglobin (Hb) ist ein wichtiges Protein, das im Körper von Säugetieren zum Transport von O_2 und CO_2 im Blut verwendet wird. Obwohl seine Struktur durch Röntgenstrukturanalyse aufgeklärt wurde, weiß man noch wenig über die Strukturänderung, die es erfährt, wenn es O_2 aufnimmt und dadurch zu Oxy-Hämoglobin HbO_2 wird, und wie es nach der Sauerstoffabgabe seine Gestalt wieder ändert. Mithilfe der Laser-Raman-Spektroskopie kann seine Schwingungstruktur untersucht werden, die auch Auskunft über Kraftkonstanten und die Dynamik des Moleküls gibt. Aufgrund intensiver Untersuchungen mithilfe der CW Laser-Raman-Spektroskopie kann man inzwischen empirische Regeln aufstellen über den Zusammenhang zwischen Schwingungsspektren und Struktur des Moleküls, sodass die Änderung der Raman-Spektren von Hb bei der Anlagerung oder Dissoziation von O_2 auch Auskunft gibt über die entsprechende Strukturänderung. Wird jetzt durch Photodissoziation mit einem kurzen Laserpuls O_2 abgespalten, so bleibt Hb in einem Nichtgleichgewichtszustand zurück, dessen Relaxation in den Grundzustand durch zeitaufgelöste Absorptionsspektroskopie, Raman-Spektroskopie oder LIF verfolgt werden kann [10.122].

Durch Anregung mit polarisiertem Licht lässt sich eine teilweise Orientierung selektiv angeregter Moleküle erreichen. Diese Anisotropie und ihre zeitliche Relaxation kann durch zeitaufgelöste Messung der Absorption des angeregten Zustandes oder der Polarisation der Fluoreszenz verfolgt werden [10.123].

Von besonderem Interesse ist die Untersuchung der Primärprozesse beim Sehvorgang. Die lichtempfindliche Schicht in der Netzhaut des Auges enthält das Membranprotein Rhodopsin mit dem photoaktiven Molekül Retinal. Das Polyenmolekül Retinal kann in mehreren isomeren Strukturen existieren, die sich in der Anordnung der Polyenkette unterscheiden. Da sich die Schwingungsspektren der verschiedenen Isomere deutlich unterscheiden, gibt die Laser-Raman-Spektroskopie die bisher genaueste Information über ihre Struktur und Dynamik und hat die Zuordnung der verschiedenen Retinalkonfigurationen in den vor der Photoabsorption existenten Isomeren Rhodopsin und Isorhodopsin ermöglicht. Mithilfe der zeitaufgelösten Resonanz-Raman-Spektroskopie wurde auch gezeigt, dass nach der Photoanregung innerhalb von 1 ps das Isomer Batho-Rhodopsin gebildet wird, das dann in Zeiten von etwa 50 ns seine Anregungsenergie weitergibt und damit die Enzymkaskade auslöst, die schließlich über mehrere, immer langsamer verlaufende Schritte zur Sehempfindung im Gehirn führt [10.124].

Wohl der wichtigste photochemische Prozess ist die Photosynthese in Chlorophyll. Es zeigt sich, dass die Primärprozesse in den Reaktionszentren des Chlorophylls auf einer Zeitskala von $100 \div 300\,\mathrm{fs}$ ablaufen und dass die Anregungsenergie zu einem Protontransfer führt, der dann schließlich die Energie liefert für die Photosynthese [10.125]. Diese Beispiele zeigen, dass ohne zeitaufgelöste Laserspektroskopie diese extrem schnellen Primärprozesse nicht untersucht werden könnten. Mehr Informationen über die Spektroskopie ultraschneller biologischer Prozesse findet man in [10.126–10.131].

10.5.3 Korrelationsspektroskopie von Mikrobenbewegungen

Man kann die Bewegung von Mikroben in einer Nährflüssigkeit unter dem Mikroskop beobachten. Sie machen mehrere Sekunden lang eine gradlinige Bewegung und ändern dann statistisch ihre Bewegungsrichtung. Wenn sie durch eine Chemikalie abgetötet werden, ändert sich ihr Bewegungsverhalten, das nun in guter Näherung durch eine Brown'sche Molekularbewegung beschrieben werden kann, wenn nicht durch äußere Effekte eine Vorzugsrichtung der Bewegung aufgeprägt wird. Mithilfe der Korrelationsspektroskopie (Abschn. 7.5) lassen sich der Mittelwert $\langle v^2 \rangle$ und die Verteilung $f(v)$ der Geschwindigkeiten bestimmen. Dazu wird die Probe mit einem HeNe-Laser (Wellenvektor $\boldsymbol{k}_0$) bestrahlt und das gestreute Licht $(\boldsymbol{k}_s)$ mit einem Teil des einfallenden Lichtes überlagert. Da das an einem bewegten Objekt gestreute Licht eine Doppler-Verschiebung $\Delta\omega = \Delta\boldsymbol{k}\cdot\boldsymbol{v} = (\boldsymbol{k}_0 - \boldsymbol{k}_s)\cdot\boldsymbol{v}$ erfährt, ergibt die Überlagerung ein „Homodynspektrum" (Abschn. 7.9), dessen Frequenzverteilung ein Maß für die Geschwindigkeitsverteilung ist (Abb. 10.33a). Mit diesem Verfahren wurde z. B. die

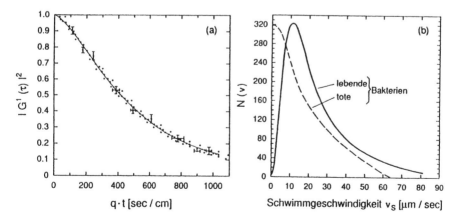

Abb. 10.33. (a) Korrelationsfunktion $G^1(\tau)$ und daraus berechnete Geschwindigkeitsverteilung (b) lebender E-Colibakterien in einer Nährlösung. Zum Vergleich ist die einer Brown'schen Molekularbewegung entsprechende Verteilung toter Bakterien gezeigt

Geschwindigkeitsverteilung von E-Colibakterien in einer Nährlösung gemessen. Ihre mittlere Geschwindigkeit ist etwa 15 μm/s, wobei die maximale Geschwindigkeit bis zu 80 μm/s reicht (Abb. 10.33b). Da ihre Länge nur etwa 1 μm beträgt, sind dies 80 Körperlängen pro Sekunde, während der Schwimmer Michael Groß mit 2 m/s nur eine Körperlänge pro Sekunde schafft. Gibt man der Nährlösung $CuCl_2$ bei, das die Bakterien abtötet, so ändert sich die Geschwindigkeitsverteilung deutlich, sie geht in die Geschwindigkeitsverteilung einer Brown'schen Bewegung über, die ein anderes Korrelationsspektrum $I(k, t) \propto \exp(-2Dk^2t)$ zeigt [10.132], aus dem ein effektiver Diffusionskoeffizient $D = 5 \cdot 10^{-9}\, cm^2/s$ und daraus ein Stokes-Durchmesser der toten Bakterien von 1,0 μm ermittelt werden konnte.

10.5.4 Lasermikroskop

Der Ausgangsstrahl eines Lasers im TEM_{00}-Mode mit Gauß-förmigem Intensitätsprofil wird durch ein entsprechend angepasstes Linsensystem mit der Brennweite f und der Apertur D auf einen beugungsbegrenzten Fleck mit Durchmesser $d \simeq 1,2 \lambda f/D$ fokussiert. So erreicht man z. B. mit einem korrigierten Mikroskopobjektiv mit $f/D = 1$ bei $\lambda = 500\,nm$ einen Fokusdurchmesser von $d = 0,6\,μm$. Dies erlaubt die räumliche Auflösung und gezielte Anregung einzelner Zellen.

Die von diesen Zellen emittierte laserinduzierte Fluoreszenz kann mit demselben Mikroskop gesammelt und entweder auf eine Videokamera abgebildet und so direkt visuell beobachtet werden, oder für zeitaufgelöste Messungen auf einen Photomultiplier gegeben werden. Eine bereits realisierte Version eines solchen Lasermikroskops ist in Abb. 10.34 gezeigt [10.133]. Für zeitaufgelöste Messungen kann ein von einem Stickstofflaser gepumpter Farbstofflaser verwendet werden, der Pulse von 0,5 ns Dauer liefert bei einer Wellenlänge λ, die jeweils auf das Absorptionsmaximum des untersuchten Biomoleküls abgestimmt wird. Selbst wenn nur pro Puls wenige Fluoreszenzphotonen gesammelt werden, kann durch Signalmittelung über viele Pulse ein ausreichend gutes Signal/Rausch-Verhältnis erzielt werden.

Mit einem solchen Mikroskop sind inzwischen viele, biologisch wichtige Moleküle untersucht worden. Ein Beispiel ist die zeitaufgelöste Messung des Energietransfers in DNA-Molekülen, in die der Farbstoff Akridin eingebaut wurde [10.133]. Hier konnte wegen der guten räumlichen Auflösung bestimmt werden, an welcher Stelle eines Chromosoms der Farbstoff eingebaut war und wie die Quantenausbeute, und damit der Energietransfer von den Basen abhängt, die den Farbstoff umgeben.

Viele der bereits oben diskutierten spektroskopischen Techniken können auch im Lasermikroskop angewandt werden, wobei noch der zusätzliche Vorteil der räumlich genau lokalisierten Anregung und damit der Differenzierung einzelner Zellteile gegeben ist. So konnten z. B. mit ultravioletten Laserstrahlen durch ein solches Mikroskop Zellen aufgebohrt werden und gewünschte Teile anderer Zellen durch das Loch in der Zellwand eingeschleust werden [15.113, 114].

Ein weiteres Beispiel ist die zeitaufgelöste laserinduzierte Fluoreszenzbeobachtung durch ein Mikroskop, mit dem die Migration von Rezeptormolekülen an der Membrane lebender Zellen beobachtet werden konnte. Diese Technik ist hervorra-

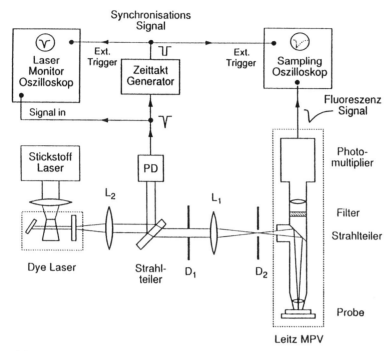

Abb. 10.34. Laser-Mikroskop

gend geeignet, um Transportvorgänge durch die Zellmembrane orts- und zeitaufgelöst zu verfolgen [10.136].

10.5.5 Konfokale Mikroskopie biologischer Objekte

Um die innere Struktur von Zellen zu untersuchen, braucht man oft eine räumliche Auflösung unterhalb der beugungsbedingten Auflösung eines Lichtmikroskops. Dies wird möglich durch Modifikationen der konfokalen Mikroskopie, die von *Hell* und Mitarbeitern [10.137] entwickelt wurde. Ihr Prinzip ist in Abb. 10.35 dargestellt. Der einfallende sichtbare Laserstrahl wird in die biologische Probe in der Strahltaille der Grundmode eines fast konfokalen Resonators fokussiert und bildet dort einen beugungsbedingten Fokusdurchmesser. Die Probenmoleküle absorbieren nicht die sichtbare Wellenlänge, erlauben aber einen absorbierenden Zwei-Photonen-Übergang in ein angeregtes Niveau. Die von diesem emittierte Fluoreszenz wird auf eine schmale Blende fokussiert und vom Detektor gemessen. Da die Fluoreszenz proportional zum Quadrat der einfallenden Intensität ist, wird das Volumen, aus dem sie emittiert wird, schmaler als der beugungsbedingte Fokusdurchmesser des sichtbaren Laserstrahls. Der Resonator überhöht die Intensität und macht damit die oft nicht-resonante Zweiphotonen-Absorption quadratisch wahrscheinlicher.

Man kann die räumliche Auflösung weiter steigern durch einen Trick: Man überlagert einen zweiten Laserstrahl L_2 mit einem ringförmigen Intensitätsprofil (TEM$_{11}$-

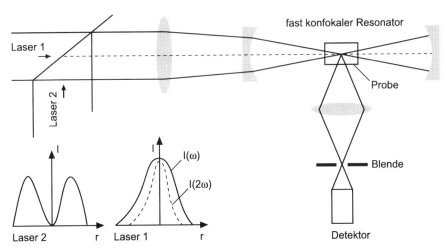

Abb. 10.35. Konfokale Mikroskopie biologischer Zellen mit räumlicher Auflösung $\Delta r < 0{,}3\lambda$, $\Delta x < 0{,}1\lambda$

Mode), der eine stimulierte Emission der angeregten Moleküle innerhalb eines Kreisringes um das Zentrum des ersten Strahls bewirkt. In diesem Bereich fehlen deshalb die angeregten Moleküle und der Detektor misst nur den Bereich im Zentrum des Gaußprofils der Zweiphotonen-Absorption [10.138].

10.5.6 Räumliche Auflösung biologischer Strukturen jenseits der Beugungsgrenze

Lange Zeit galt in der optischen Mikroskopie, dass Strukturen, die kleiner sind als die durch die Beugung begrenzte Auflösung $\Delta x > \lambda/(2n \cdot \sin\alpha)$ eines Mikroskops mit der numerischen Apertur $n \cdot \sin\alpha$ und dem Brechungsindex n prinzipiell nicht auflösbar seien (Abb. 10.36). Man muss dabei unterscheiden zwischen der axialen Auflösung $\Delta z = 2L_R$, welche durch die Rayleigh-Länge der abbildenden Optik gegeben ist (Bd. 1, Abschn. 5.9), und der lateralen Auflösung $\Delta x = \lambda/(2n \cdot \sin\alpha)$, welche durch die numerische Apertur NA der abbildenden Linse begrenzt wird. Die konfokale Mikroskopie verbessert die laterale Auflösung nur wenig von $0{,}5\lambda/\text{NA}$ auf $0{,}37\lambda/\text{NA}$, die axiale Auflösung um etwa einen Faktor 2–3. Von Hell und seiner Gruppe am MPI für biophysikalische Chemie wurde nun Verfahren entwickelt, welche beide Auflösungen erheblich verbessern [10.98]. Die axiale Auflösung kann durch die 4π-Mikroskopie auf etwa $\lambda/8$ verbessert werden mit der in Abb. 10.37 gezeigten Anordnung. Der einfallende parallele aufgeweitete Laserstrahl wird durch die Linse L_1 auf die zu untersuchende Probe fokussiert. Die Fokalebene steht in der Brennebene der Linse L_2, die aus dem divergent auslaufenden Strahl wieder einen Parallelstrahl macht. Dieser wird an einem ebenen Spiegel reflektiert und überlagert sich dem einfallenden Strahl, was zu einer periodischen Interferenzstruktur führt mit einer Periodenlänge, die gleich der halben Wellenlänge ist. Die gesamte elektrische

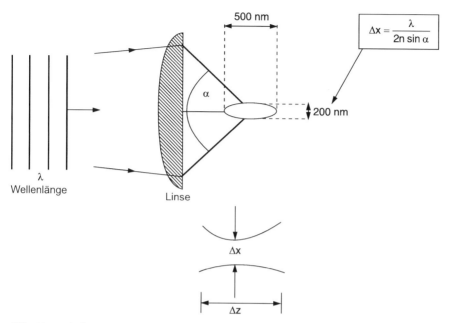

Abb. 10.36. Auflösungsgrenzen des Mikroskops: Beugungsbedingte Grenze Δr und Rayleigh-länge Δz

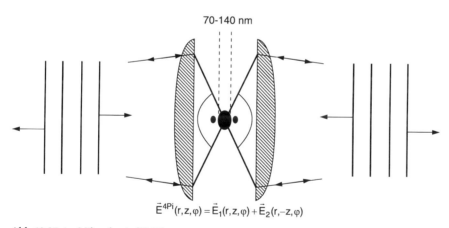

Abb. 10.37. 4π-Mikroskopie [10.97]

Feldstärke ist dann

$$E(r, z, \phi) = E_1(r, z, \phi) + E_2(r, z, \phi) .$$

Das zentrale Interferenzmaximum in der Fokalebene hat eine wesentlich höhere Intensität $I(r, z = 0, \phi = 0) \sim E^2(r, z = 0, \phi = 0)$, als die benachbarten Maxima, weil der Lichtbündelquerschnitt im Fokus ein Minimum hat. Bringt man eine Probe in die Fokalebene, so trägt zur Anregung und damit auch zur laser-induzierten Fluoreszenz

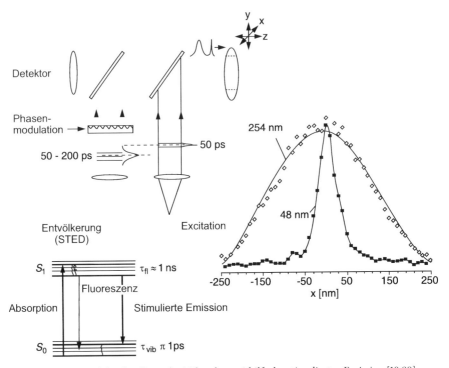

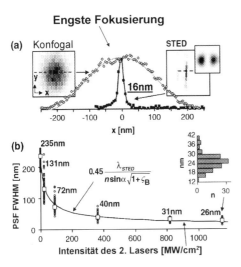

Abb. 10.38. Räumlich hochauflösendes Mikroskop mithilfe der stimulierten Emission [10.98]

Abb. 10.39. Verbesserung der radialen Auflösung durch stimulierte Emission mit ringförmigem Intensitätsprofil [10.98]

im Wesentlichen nur das zentrale Maximum in einem Bereich $z = 0 \pm \lambda/10$ bei. Der Kontrast und damit die axiale Auflösung wird noch größer bei einer Zweiphotonen-Anregung, weil dann die Anregungswahrscheinlichkeit $\sim E^4$ ist. Die laterale Auflösung wird durch diese Technik nicht verbessert.

Hier hilft die stimulierte Emission weiter (Abb. 10.38). Dem Anregungslaser, dessen Strahl ein Gaußprofil hat, wird ein zweiter Laser L_2 überlagert mit einem ringförmigen Strahlprofil, das zu der TEM_{11q}-Mode gehört (siehe Bd. 1, Abb. 5.8). Dieser Laser entvölkert innerhalb seines Intensitätsprofils durch stimulierte Emission alle vom Anregungslaser angeregten Moleküle, sodass die Fluoreszenz nur noch von den Molekülen in einem engen Zentralbereich um $r = 0$ beobachtet wird. Der Radius r dieses Zentralbereichs schrumpft mit wachsender Intensität des ringförmigen Laserstrahls von L_2. Die laterale (d. h. radiale) Auflösung kann auf unter 20 nm verbessert werden (Abb. 10.39).

10.5.7 Einzel-Molekül-Nachweis

Für viele biologische Prozesse ist es sehr interessant, den Einfluss einzelner Moleküle auf das Verhalten von Zellen zu studieren. Dazu wurde eine sehr empfindliche Technik entwickelt, die es erlaubt, die Fluoreszenz von einzelnen, von einem Laser angeregten Molekülen in einer Flüssigkeit mithilfe eines Mikroskops zu detektieren [10.140]. Zuerst einmal muss die Konzentration der Moleküle klein genug sein, um sicherzustellen, dass sich innerhalb der zeitlichen Auflösungszeit immer nur ein einziges Molekül im vom Mikroskop einsehbaren Volumen innerhalb des Laserstrahls aufhält. Da nach der Anregung durch den Laser das Molekül innerhalb von 10^{-9}–10^{-6} s durch Fluoreszenz in einen der vielen Schwingungs-Rotationszustände im elektronischen Grundzustand zurückkehrt und von dort durch schnelle Stoßprozesse auch wieder in das Ausgangsniveau gebracht wird, kann das Molekül während seiner Aufenthaltszeit im Laserstrahl viele Fluoreszenz-Photonen emittieren (Photon-Burst) [10.139]. In Abb. 10.40 ist dies illustriert: Wenn ein Molekül durch Absorption eines Laserphotons angeregt wird, kann die Fluoreszenz auf vielen Schwingungs-Rotationsniveaus der elektronischen Grundzustandes enden. Für ein Molekül in einer Flüssigkeit werden diese Niveaus jedoch durch Stöße innerhalb von Pikosekunden thermalisiert und dadurch wird das durch die Absorption entleerte Ausgangsniveau wieder aufgefüllt und das Molekül kann erneut angeregt werden. Bei einer Lebensdauer τ des oberen Niveaus können so etwa $\tau/2$ Anregungszyklen pro sec durchlaufen werden und damit $\tau/2$ Fluoreszenzphotonen pro sec emittiert wer-

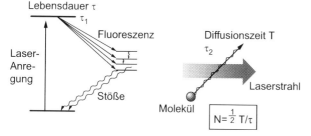

Abb. 10.40. Pro Molekül können N Fluoreszenzphotonen emittiert werden bei einer Lebensdauer τ des angeregten Niveaus und einer Diffusionszeit T des Moleküls durch den Laserstrahl

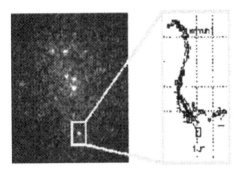

Abb. 10.41. Einzelmolekülnachweis zur Lokalisierung von Ort und Weg eines einzelnen Moleküls [10.141]

den. Hält sich das Molekül eine Zeit T lang im Laserstrahl auf, so können insgesamt $N = T/2\tau$ Fluoreszenzphotonen emittiert werden.

Beispiel 10.2

$\tau = 10^{-8}$ s. $T = 10^{-2}$ s $\Rightarrow N = 5 \cdot 10^5$ Photonen pro Molekül.

Man kann dann durch ein Mikroskop die Fluoreszenz einzelner Moleküle sehen und den Weg eines solchen Moleküls verfolgen, solange es durch den Laserstrahl diffundiert.

In Abb. 10.41 ist zur Illustration der Weg eines solchen, viele Fluoreszenzphotonen emittierenden Moleküls gezeigt.

Besonders geeignet für solche Untersuchungen in der Biologie ist das „green fluorescing protein" (Abb. 7.31), welches eine hohe Quantenausbeute hat und das sich an Bakterien oder Viren anheften lässt, sodass deren Weg beim Eindringen in Zellen verfolgt werden kann [10.141].

Wird diese Fluoreszenz mit dem Mikroskop räumlich aufgelöst verfolgt, so lässt sich der Diffusionsweg des Moleküls in der Flüssigkeit genau verfolgen.

Mit dieser Methode lässt sich der Vorgang des Eindringens von Bakterien oder Viren in biologische Zellen im Detail studieren [10.142].

10.6 Medizinische Anwendungen

Es gibt inzwischen eine große Zahl von Monographien über Anwendungen von Lasern in der Medizin. Meistens wird bei diesen Anwendungen die hohe Laserleistung benutzt, die auf ein kleines Gewebevolumen fokussiert werden kann und dort durch thermische oder photochemische Effekte zur gewollten Zerstörung spezifischer Gewebeteile führt. Die starke Wellenlängenabhängigkeit des Absorptionskoeffizienten von lebendem Gewebe (Abb. 10.42), der im Wesentlichen durch die Wasserabsorption bestimmt wird, erlaubt es, durch geeignete Wahl der Laserwellenlänge die Eindringtiefe des Lichtes zu optimieren und damit z. B. bei kleiner Eindringtiefe Feuermale und Hautkarzinome zu behandeln, ohne dass die darunter liegenden Gewebeschichten stark beschädigt werden, oder bei schwacher Absorption der Epidermis

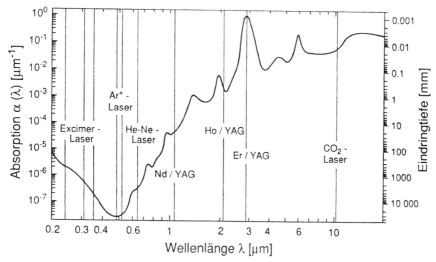

Abb. 10.42. Absorptionskoeffizient $\alpha(\lambda)$ [μm^{-1}] von Wasser und Eindringtiefe $x = 10^{-3}/\alpha$ [mm]

die größere Eindringtiefe auszunützen, um darunter liegende Schichten zu bestrahlen [10.144].

Neben diesen Anwendungen, bei denen der Laser als ein spezifisches Skalpell für den Arzt von immer größerer Bedeutung wird, gibt es aber auch eine Reihe von Problemen in der Medizin, bei denen die Spektroskopie die Grundlage zu ihrer Lösung bildet. Dies soll an einigen Beispielen illustriert werden.

10.6.1 Analyse von Atemgasen

Während der unter Narkose verlaufenden Operation eines Patienten ist für die optimale Dosierung der Narkotika die molekulare Zusammensetzung der ausgeatmeten Luft, d. h. das Konzentrationsverhältnis $N_2 : O_2 : CO_2$ ein guter Indikator. Dieses Verhältnis kann mithilfe der Raman-Spektroskopie überwacht werden. Um die Nachweisempfindlichkeit zu erhöhen, wird eine Anordnung gewählt, bei der ein Argonlaserstrahl zwischen zwei hochreflektierenden Spiegeln oft hin- und herreflektiert wird (Abb. 10.43). In einer Ebene senkrecht zur Laserstrahlachse sind eine Reihe von Detektoren angebracht, die durch vorgeschaltete Filter nur jeweils eine charakteristische Raman-Linie eines Moleküls nachweisen. Auf diese Weise kann die Zusammensetzung eines Gasgemisches, das zwischen den Spiegeln eingelassen wird, aus dem Verhältnis der Raman-Intensitäten bestimmt werden.

Die Empfindlichkeit der Methode wird in Abb. 10.44 demonstriert, welche die zeitliche Variation der Konzentration von CO_2, N_2, und O_2 in der ausgeatmeten Luft eines Patienten bei verschiedenen Atemfrequenzen zeigt [10.145]. Eine solche Messapparatur kann routinemäßig in der klinischen Praxis eingesetzt und natürlich auch zum Alkoholtest von Autofahrern verwendet werden.

Ein anderes Verfahren benutzt die Absorption von Infrarotstrahlung. Viele biologische Moleküle haben charakteristische Absorptionsbanden im infraroten Spektral-

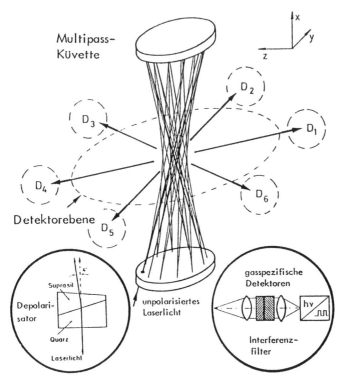

Abb. 10.43. Vielfach-Reflexionszelle mit mehreren Detektoren zur empfindlichen Raman-Diagnostik molekularer Gase [10.145]

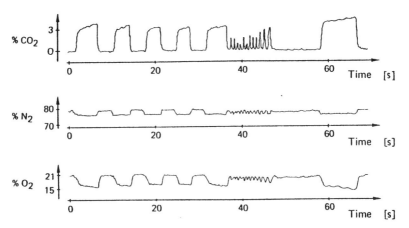

Abb. 10.44. CO_2, N_2 und, O_2 Konzentrationen der ausgeatmeten Luft eines Patienten bei verschiedenen Atemfrequenzen, gemessen mit der Anordnung der Abb. 10.29 [10.145]

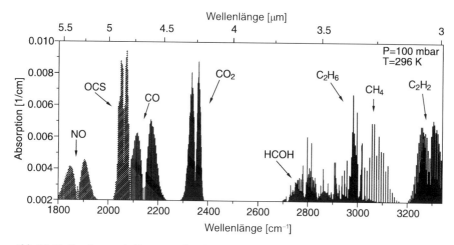

Abb. 10.45. Fundamental-Absorptionsbanden einiger Moleküle, die für die Biomedizin relevant sind [10.146]

bereich, die für existierende Infrarot-Festfrequenz-Laser zugänglich sind. In Abb. 10.45 sind die infraroten Absorptionsbanden einiger Moleküle gezeigt, die für die medizinische Diagnostik relevant sind.

Von besonderer Bedeutung für lebende Zellen ist der Wassergehalt der Zelle. Messungen bei Oberton-Wellenlängen der Wasserabsorption bei $\lambda = 1530 - 1570\,nm$ mit einem konfokalen Laser-Mikroskop konnten den Wassergehalt von Leberzellen quantitativ bestimmen bei Messzeiten von wenigen Sekunden [10.143].

Mithilfe empfindlicher Nachweistechniken, wie die „cavity-ringdown"-Spektroskopie oder die Spektroskopie innerhalb eines Überhöhungsresonators können Nachweisempfindlichkeiten bis in den ppb (10^{-9}) oder sogar ppt (10^{-12}) Bereich realisiert werden. Dies ist wichtig für eine Diagnostik der Atemgase, deren molekulare Zusammensetzung Informationen über bestimmte Krankheiten des Patienten ermöglicht.

Ein Beispiel ist der nichtinvasive Nachweis des Bakteriums *Heliobacter pylor*, das im Magen für Gastritis und Magengeschwüre verantwortlich ist, die oft zu Magenkrebs führen können. In Abb. 10.46 ist der apparative Aufbau für solche Untersuchungen illustriert. Der Patient bläst beim Ausatmen die Atemluft in die Messapparatur, die dann nach Trocknung und Durchlaufen eines Durchflussreglers durch die Absorptionszelle strömt. Der Patient erhält vor der Messung eine Flüssigkeit zum Trinken, die verdünnten Harnstoff $(NH_2)_2^{13}CO$ mit angereichertem Kohlenstoff-Isotop ^{13}C enthält. Die Heliobacter pylori Bakterien zersetzen den Harnstoff und setzen dabei Kohlenmonoxyd $^{13}C^{16}O$ und Methan $^{13}CH_4$ frei. Beide Moleküle können empfindlich nachgewiesen werden und wegen der Isotopen-substitution auch eindeutig der Aktivität der Bakterien zugeordnet werden [10.146].

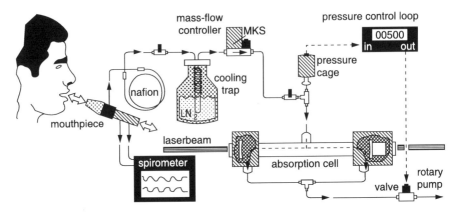

Abb. 10.46. Experimenteller Aufbau für die direkte Analyse von Atomgasen [10.146]

10.6.2 Laser in der Augendiagnostik

Laser werden nicht nur in zunehmendem Maße in der Augenchirugie, sondern auch zur Diagnostik von Augenschäden eingesetzt. Ein Beispiel ist die gleichzeitige Messung aller Abbildungsfehler des Auges, wie Aberration, Astigmatismus oder Koma. Dazu wird eine ebene Laserwelle auf die Netzhaut abgebildet und das reflektierte Bild auf Abweichungen der Phasenfronten von Ebenen untersucht. Dazu wird die reflektierte Welle mithilfe eines Linsensystems auf eine CCD-Kamera abgebildet und dort mit einer ebenen Welle überlagert. Die Form des Interferenzstreifensystems wird von einem Computer ausgewertet. Ein solches optisches System (Aberrometer) gibt dann alle Abbildungsfehler des Auges, auch Aberrationen höherer Ordnung an und berechnet die notwendigen optischen Korrekturen.

Mithilfe der Laser-Biometrie ist eine genauere Vermessung der Augenlänge, der Hornhautkrümmung und Augenkammertiefe möglich als mit dem älteren Ultraschall-Verfahren. Dies ist die Voraussetzung für die exakte Anpassung der Kunstlinsenstärke bei der Operation eines grauen Stars.

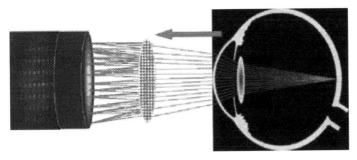

Abb. 10.47. Aberrometer zur Diagnostik von Abbildungsfehlern des Auges [EuroEyes alz augenklinik münchen – Das Augenlaserzentrum am Stachus]

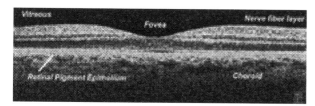

Abb. 10.48. Optische Kohärenztomographie der Netzhautschichten

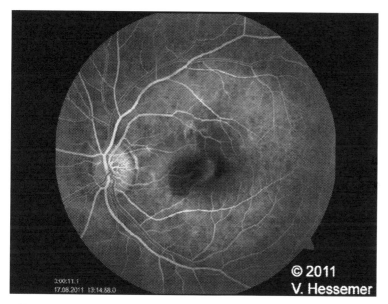

Abb. 10.49. Sichtbarmachung der Durchblutung der Retina mithilfe der Fluoreszenz-Angiographie [Augenarzt Priv.-Doz. Dr. med. Volker Hessemer Darmstadt]

Die hochauflösende optische Kohärenztomographie (Abschn. 7.10) wird eingesetzt zur Messung der Dicke der Netzhaut und bei Faltungen der Netzhaut, die zu Netzhautablösungen führen können (Abb. 10.48). Insbesondere können damit zeitliche Veränderungen einer altersbedingten Makula-Degeneration verfolgt werden.

Die Fluoreszenz-Angiographie erlaubt eine sehr genaue Messung der Blutgefäße in der Netzhaut. Dazu wird eine Farbstofflösung (Fluoreszein) in eine Vene gespritzt, die nach wenigen Sekunden in die Blutgefäße des Auges gelangt. Hier wird der Farbstoff mit einem blauen Laser angeregt und die laser-induzierte Fluoresenz detektiert, deren Verteilung in den Blutgefäßen Informationen über die Durchblutung der Retina gibt (Abb. 10.49).

10.6.3 Laser in der Inneren Medizin

Für die Diagnose von Durchblutungsstörungen wurde eine neue Methode entwickelt, bei der drei Diodenlaser mit Wellenlängen im roten, grünen und blauen Spektralbereich über eine Fiberweiche in eine Fiber eingekoppelt wurden, deren Ausgang eine vorgegebene Stelle auf der menschlichen Haut (z. B. eine Fingerkuppe) bestrahlte. Das rückgestreute Licht wurde durch ein Fiberbündel gesammelt und auf einen Spektrographenspalt abgebildet. Das spektral- und zeitaufgelöste Signal erlaubt die Bestimmung der Blutkonzentration in verschiedenen Tiefen der Haut, weil die Eindringtiefe des einfallenden Lichtes von der Wellenlänge abhängt [10.148].

Mithilfe des zeitaufgelösten Einphotonenzähl-Verfahrens kann die Flavin Fluoreszenz und deren Abklingzeit in lebenden Herzmuskelzellen nach Laseranregung gemessen werden [10.149]. Dabei wurden drei deutlich verschiedene Lebensdauern im Piko-bis Nano-Sekundenbereich gefunden und eine Rotverschiebung der Autofluoreszenz. Das Ziel ist es herauszufinden, welche Moleküle in der Zelle die Autofluoreszenz aussenden und welche Prozesse, z. B. Elektronentransfer aus Aminosäure-Molekülen, die Lebensdauer verkürzen. Solche Untersuchungen in Myozyten-Zellen, welche die Pulsfrequenz steuern, können Ursachen für Herzrythmus-Störungen ermitteln.

10.6.4 Laserspektroskopie in der Ohrenheilkunde

Wenn ein Patient wegen Schäden am Trommelfell schlechter hört, kann man den Erfolg einer Trommelfell-Operation erst testen, nachdem der Patient aus der Narkose erwacht ist und wieder hören kann. Hier hilft ein objektives Laser-Verfahren, das auch während der Operation die akustische Empfindlichkeit des Trommelfells überwachen kann. Dazu wird mithilfe der Doppler-Vibrometrie die spektrale Verteilung der Schwingungsamplitude des Trommelfells gemessen, wenn das Ohr mit weißem Rauschen aus einem Lautsprecher beschallt wird (Abb. 10.50). Das schwingende Trommelfell wird mit einem Laser, der durch eine optische Fiber geleitet wird, bestrahlt und das entsprechend Doppler-verschobene Spektrum des rückgestreuten Lichtes wird gesammelt und mithilfe eines Fourier-Analysators gemessen. Damit der akustische Untergrund aus der Umgebung weitgehend unterdrückt werden kann, wird das einfallende Laserlicht mit einem opto-akustischem Modulator bei etwa 40 MHz frequenzmoduliert, das rückgestreute Licht wird einem Teil des einfallenden Lichtes überlagert und ein Differenzverstärker wirkt als Heterodynsystem, das die akustischen Frequenzen des rückgestreuten Lichtes ausfiltert (Abb. 10.51). Auf diese Weise kann man mit einer räumlichen Auflösung von etwa 1 mm die Schwingungsamplitude der einzelnen Bereiche des Trommelfells und damit seine Elastizität als Funktion der akustischen Frequenz messen, auch wenn der Patient noch unter Narkose steht.

10.6.5 Tumordiagnose und Therapie

In den letzten Jahren wurde ein neues Verfahren der Diagnose und Behandlung von Tumoren entwickelt, das auf der Photoaktivierung der fluoreszierenden Substanz „**Hämatoporphyrin-Derivat**" (HPD) beruht [10.150]. Diese Substanz wird in flüssiger Verdünnung intravenös gespritzt und verteilt sich innerhalb kurzer Zeit im ganzen Körper. Während HPD in normalen Zellen nach 2–4 Tagen wieder abgebaut

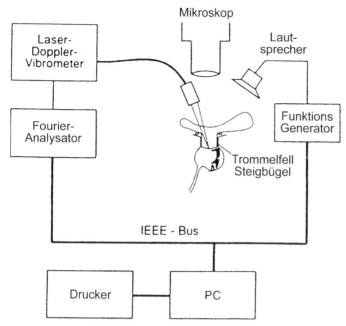

Abb. 10.50. Messung der Vibrationsamplitude des Trommelfells mithilfe eines Laser-Doppler-Vibrometers [H.J. Foth; TU Kaiserslautern]

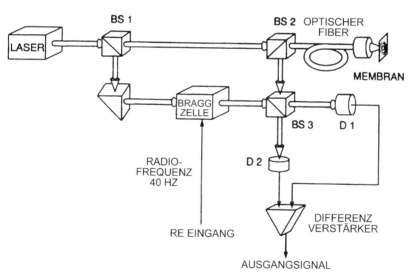

Abb. 10.51. Messprinzip der Laser-Vibrometrie

wird, kann es im Tumorzellen länger gespeichert werden [10.151]. Bestrahlt man solches HPD enthaltende Gewebe mit einem UV-Laser, so sendet es eine charakteristische Fluoreszenz aus, die zur Diagnose der Tumorzellen verwendet werden kann.

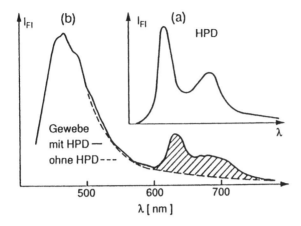

Abb. 10.52. (a) Durch einen Stickstofflaser angeregtes Emissions-Spektrum von Hämatoporphyrin-Derivat HPD in Lösung, (**b**) Fluoreszenzspektrum von Gewebe ohne HPD (*gestrichelte Kurve*) und zwei Tage nach Injektion von HPD. Die gestrichelte Fläche ist die zusätzliche HPD-Fluoreszenz [10.152]

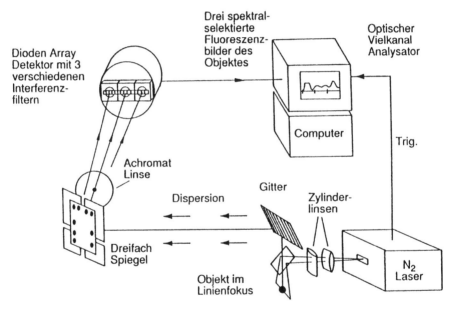

Abb. 10.53. Anordnung zur Diagnose von Tumoren in Geweben [10.152]

In Abb. 10.52 ist das Emissionsspektrum von Gewebe mit und ohne HPD in Lösung und in Zellen gezeigt, und Abb. 10.53 illustriert die Anwendung der Methode auf die Diagnose von Krebsgewebe in Ratten, bei der das Gewebe mit einem N_2-Laser bestrahlt und die Fluoreszenz hinter speziellen Filtern, welche die HPD-Fluoreszenz gegen die Fluoreszenz normaler Zellen diskriminieren, nachgewiesen wird [10.152].

Bestrahlt man die so gefärbten Areale mit größerer Lichtleistung (entweder von Xenolampen oder mit einem aufgeweiteten Laserstrahl), so werden die Krebszellen geschädigt und sterben ab. Die Ursache für diese Schädigung wird folgendermaßen erklärt:

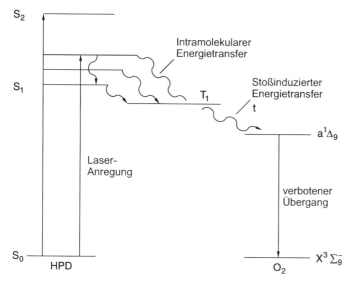

Abb. 10.54. Niveauschema der Laseranregung von HPD und des Energietransfers of O_2-Moleküle

Durch Absorption von Licht zwischen 620–640 nm wird HPD in einen ange-regten Zustand gebracht, in dem es mit dem normalen Sauerstoff $O_2(^3\Sigma_g^-)$ im Tri-plettgrundzustand reagiert und ihn in den für das Gewebe giftigen Singulett-Zustand $O_2(^1\Delta_g)$ anregt (Abb. 10.54). Dieser Singulett-Sauerstoff greift das umgebende Ge-webe an, sodass mit dieser Methode eine recht selektive Zerstörung der Tumorzellen erreicht werden kann.

Das Verfahren wurde in den USA entwickelt [10.150], intensiv in Japan weiter-verfolgt [10.153] und wird inzwischen auch in Europa an Patienten mit Speiseröh-renkrebs, Hautkrebs und anderen Tumoren, die einer Bestrahlung ohne Operation zugänglich sind, erfolgreich angewandt. Neuerdings wird als Farbstoff ALA (ami-no levulinic acid $C_5H_9NO_3$–HCl) verwendet, der als Lösung auf die Krebsareale auf die Haut aufgetragen wird und nicht in die Zellen im Körperinneren eindringt [10.154–10.156, 10.160, 10.161].

10.6.6 Optische Tomographie in der Medizin

Es gibt drei verschiedene Verfahren der optischen Tomographie: Beugungsbegrenzte Tomographie, diffuse Streulicht-Tomographie und die kohärente optische Tomogra-phie [10.162]. Die optische Tomographie (siehe Abschn. 7.10) kann zur Untersuchung von Gewebeschichten bis zu einigen cm Tiefe eingesetzt werden. Sie erlaubt die Auf-nahme von dreidimensionalen Bildern mit einer räumlichen Auflösung von wenigen Mikrometern. Dabei hängt die axiale Auflösung von der spektralen Bandbreite der Lichtquelle ab, die transversale Auflösung dagegen von der Apertur der optischen Abbildung.

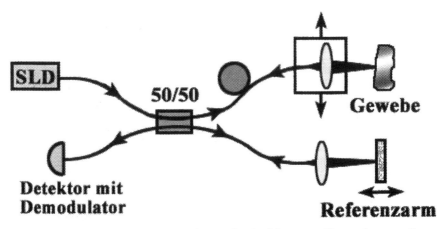

Abb. 10.55. Optische Kohärenz-Tomographie in Fiber-Ausführung zur Untersuchung von Gewebe [10.163]

Die axiale Auflösung ist

$$\Delta z \approx \frac{\lambda_0^2}{\pi \cdot \Delta \lambda} \ .$$

Wenn $\Delta \lambda$ die spektrale Bandbreite der Lichtquelle ist und λ_0 ihre Zentralwellenlänge.

Beispiel 10.3

$\lambda = 500$ nm, $\Delta \lambda = 100$ nm $\Rightarrow \Delta z = 0{,}8\,\mu$m.

Beispiele für medizinische Anwendungen sind die Lokalisierung von Gehirntumoren oder von Brustkrebs, die Sichtbarmachung der Schichtstruktur der Retina in der Augendiagnostik oder Untersuchungen der Magenwandstruktur bei Verdacht auf tiefer reichende Tumore, die man mit der normalen Magenspiegelung nur schwer erkennen kann. Das Verfahren ist in Abb. 10.55 erläutert.

10.6.7 Laserlithotripsie

Durch die Entwicklung von flexiblen, dünnen Lichtleitfasern mit hoher Zerstörungsschwelle [10.164, 10.165] können inzwischen auch innere Organe des Menschen, wie Magen, Darm, Gallenblase und Harnblase mit Lasern selektiv bestrahlt werden. Ein neues Verfahren zur Zertrümmerung von Nieren- und Gallensteinen durch Laserbestrahlung hat dabei besondere Beachtung gefunden, weil es gegenüber der erst vor wenigen Jahren entwickelten Ultraschall-Stoßwellen-Lithotripsie eine Reihe von Vorteilen hat [10.166–10.168].

Die optische Quarzfaser wird durch den Harnweg bis kurz vor den zu zertrümmernden Stein eingeführt. Dies kann entweder durch Röntgen-Bestrahlung kontrol-

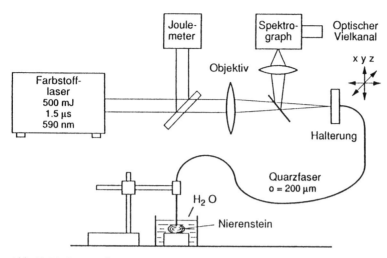

Abb. 10.56. Laser-Lithotripsie mit Spektralanalyse von Nierensteinen zur Bestimmung der Stein-zusammensetzung [10.166]

liert werden, oder, für den Patienten schonender, durch Endoskopie, wenn ein Faser-bündel eingeführt wird, das außer der Lichtleitfaser für den Laser auch eine Faser zur Beleuchtung und eine zur Beobachtung enthält.

Wird der durch die Faser transportierte Laserpuls eines blitzlampengepumpten Farbstofflasers auf die Oberfläche des Nierensteins fokussiert, so entsteht durch die schnelle Verdampfung des Oberflächenmaterials eine Stoßwelle in der umgeben-den Flüssigkeit, die nach mehreren Schüssen zur Zertrümmerung des Steins führt [10.167]. Die zur Zertrümmerung notwendige Laserleistung und die optimale Wahl der Wellenlänge, bei der die Absorption des Steinmaterials maximal ist, hängen von der chemischen Zusammensetzung des Steins ab, die von Fall zu Fall durchaus vari-ieren kann. Deshalb ist es vorteilhaft, vor der Zertrümmerung die chemische Zusam-mensetzung zu kennen. Dies lässt sich auf spektroskopischem Wege erreichen, wenn bei kleiner Laserenergie das vom bestrahlten Stein emittierte Fluoreszenzlicht über eine eigene Faser gesammelt und auf einen optischen Vielkanalanalysator abgebil-det wird. Ein nachgeschalteter Computer kann dann aus der Spektralverteilung der Fluoreszenz sofort die chemische Zusammensetzung bestimmen. Dies wurde zuerst an Nierensteinen in einem Wasserglas (in vitro) demonstriert (Abb. 10.56) und dann an Patienten (in vivo) erfolgreich erprobt.

10.6.8 Weitere Anwendungen der Laserspektroskopie in der Medizin

Die medizinischen Anwendungen der Laserspektroskopie sind in den letzten Jahren stark angewachsen und die Zusammenarbeit von Physikern und Medizinern wird sicher zu vielen neuen und interessanten Methoden auf dem Gebiet der Diagnose und Therapie führen. Beispiele sind:

– Laser-erzeugte Röntgen-Quellen im Fokus von Hochleistungslasern, die als praktisch punktförmige Quellen zur räumlich hochauflösenden Röntgen-Diagnostik in der Medizin verwendet werden können [10.169].

– Mithilfe von Pikosekundenpulsen und zeitaufgelöster Messung der vom Gewebe gestreuten Photonen lässt sich die Streulänge der Photonen im Gewebe bestimmen. Sie hängt von der Wellenlänge und der Art des Gewebes ab und lässt z. B. Tumore in der weiblichen Brust und Gehirntumore erkennen [10.171].

– Die Anwendung der Doppler-Anemometrie (Abschn. 10.4.3) auf die Untersuchung der Blutgeschwindigkeit erlaubt die berührungslose Messung der räumlichen Abhängigkeit der Geschwindigkeit des Blutflusses durch Arterien und gibt damit Hiweise auf Verengungen oder Erweiterungen der Arterien [10.172].

Weitere Beispiele findet man in [10.173–10.180].

Einen allgemeinen Überblick über Anwendungen der Laserspektroskopie geben die Bücher [10.181–10.187].

Literatur

Kapitel 1

1.1   H. Wenz, W. Demtröder, J.M. Flaud: Highly Sensitive Absorption Spectroscopy of the Ozone Molecule around 1.5 μm. J. Mol. Spectrosc. **209**, 167 (2001)

1.2   A. Giacchetti, R.W. Stanley, R. Zalubas: Proposed secondary standard wave-lengths in the spectrum of thorium. J. Opt. Soc. Am. **60**, 474 (1970)

1.3   S. Gerstenkorn, P. Luc: *Atlas du spectre d'absorption de la molecule d'iode* (Edition du CNRS, 15 quai Anatole, Paris, France)

1.4   M. Gehrtz, G.C. Bjorklung, E. Whittaker: Quantum limited laser frequency modulation spectroscopy. J. Opt. Soc. Am. B **2**, 1510 (1985)

1.5   D.G. Cameron, D.J. Moffat: A general approach to derivative spectroscopy. Appl. Spectr. **41**, 539 (1987)

1.6   R. Großkloß, P. Kersten, W. Demtröder: Sensitive amplitude- and phase-modulated absorption spectroscopy. Appl. Phys. B **58**, 137 (1994)

1.7   J.A. Silver: Frequency-modulation spectroscopy for trace species detection. Appl. Opt. **31**, 707 (1992)

        S. Kasapi, S. Lathi, Y. Yamamoto: Amplitude squeezed, frequency modulated, tunable, diode-laser based source for sub-shot-noise F.M spectroscopy. Opt. Lett. **22**, 478 (1997)

1.8   P. Wehrle: A review of recent advances in semiconductor laser based gas monitors. Spectrochim. Acta A **54**, 197 (1998)

1.9   Ph.C.D. Hobbs: Ultrasensitive laser measurements without tears. Appl. Opt. **36**, 903 (1997)

1.10   P. Zalicki, R.N. Zare: Cavity ring-down spectroscopy for quantitive absorption measurements. J. Chem. Phys. **102**, 2708 (1995)

1.11   D. Romanini, K.K. Lehmann: Ring-down cavity absorption spectroscopy of the very weak HCN overtone bands with six, seven and eight stretching quanta. J. Chem. Phys. **99**, 6287 (1993)

1.12   M.D. Levenson, B.A. Baldus, T.G. Spence, C.C. Harb, J.S. Harris, R.N. Zare: Optical heterodyne detection in cavity ringdown spectroscopy. Chem. Phys. Lett. **290**, 335 (1998)

1.13   J.J. Scherer, J.B. Paul, C.P. Collier, A. O'Keefe, B.J. Saykally: Cavity ringdown laser absorption spectroscopy and time of flight msass spectrometry of jet-cooled gold silicides. J. Chem. Phys. **103**, 9187 (1995)

1.14   A. Popp et al.: Ultrasensitive mid-infrared cavity leak-out spectroscopy using a cw optical parametric oscillator. Appl. Phys. B **75**, 751 (2003)

1.15   D. Halmer, G. von Basum, P. Hering, M. Mürtz: Mid-infrared cavity-leak-out spectroscopy for ultrasensitive detection of carbonyl sulfid. Opt. Lett. **30**, 2314 (2005)

1.16   M. Mürtz, B. Frech, W. Urban: High resolution cavity-leak-out absorption spectroscopy in the 10 μm region. Appl. Phys. B **68**, 243 (1999)

1.17   R. Engeln, G. Meijer: A Fourier-Transform Cavity Ring Down Spectrometer. Rev. Sci. Instrum. **67**, 2708, (1996)

        E. Hamers, D. Schramm, R. Engels: Fourier-transform phase-shift cavity ring down spectroscopy. Chem. Phys. Lett. **365**, 237 (2002)

W. Demtröder, *Laserspektroskopie 2*, DOI 10.1007/978-3-642-21447-9,
© Springer-Verlag Berlin Heidelberg 2013

522   Literatur

1.18   G. Berden, R. Peeters, G. Meijer: Cavity Ringdown Spectroscopy: Experimental schemes and applications. Int. Reviews in Physical Chemistry **19**, 565 (2000)

1.19   K.W. Busch, M.A. Busch: *Cavity Ringdown Spectroscopy* (Oxford Univ. Press, 1999)
        G. Berden, R. Engeln: *Cavity Ringdown Spectroscopy: Techniques and Applications* (Wiley-Blackwell, New York 2008)

1.20   W. Brunner, H. Paul: On the theory of intracavity absorption. Opt. Commun. **12**, 252 (1974)

1.21   K. Tohma: Intracavity absorption of dye lasers. A rate equation model. J. Appl. Phys. **47**, 1422 (1976)

1.22   F. Gueye, V. Girard, G. Guelachvili, N. Picqué: Time-resolved FT Intercavity Spectroscopy with Semiconductor Lasers. Opt. Lett. **30**, 3410 (2005)

1.23   J. Cheng et al.: Infrared intracavity laser absorption spectroscopy with a continuous-scan Fourier-transform interferometer. Appl. Opt. **39** (13), 2221 (2000)

1.24   A. Campargue, F. Stoeckel, M. Chenevier: High sensitivity intracavity laser spectroscopy: Application to the study of overtone transitions in the visible range. Spectrochim. Acta Rev. **13**, 69 (1990)

1.25   T.W. Hänsch, A.L. Schawlow. P. Toschek: Ultrasensitive response of a cw dye laser to selective extinction. IEEE J. QE-**8**, 802 (1972)

1.26   G.H. Atkinson, A. Laufer, M. Kurylo: Detection of free radicals by an intracavity dye laser technique. J. Chem. Phys. **59**, 350 (1973)

1.27   R.G. Bray, W. Henke, S.K. Liu, R.V. Reddy, M.J. Berry: Measurement of highly forbidden optical transitions by intracavity dye laser spectroscopy. Chem. Phys. Leu. **47**, 213 (1977)
        K.W. Busch, M.A. Busch (eds.): Cavity Ringdown Spectroscopy. ACS Symposium Series **720** (Washington Am. Chem. Soc. 2000)

1.28   P.E. Toschek, V. Baev: One is not enough: Intra-cavity spectroscopy with multi-mode lasers, in *Lasers, Spectroscopy and New Ideas, A Tribute to Arthur L. Schawlow*, ed. by W.M. Yen, M.D. Levenson, Springer Ser. Opt. Sci., Vol. 54 (Springer, Berlin, Heidelberg 1987) p. 89

1.29   V.M. Baev, J. Eschner, A. Weiler: Intracavity Spectroscopy with modulated multimode lasers. Appl. Phys. B **4**, 315 (1989)

1.30   V.M. Baev: Intracavity spectroscopy with diode lasers. Appl. Phys. B **55**, 463 (1992) and B **69**, 171 (1999)

1.31   A.A. Kachanov, A. Charvat, F. Stoeckel: Intracavity laser spectroscopy with vibronic solid state lasers. J. Opt. Soc. Am. B **11**, 2412 (1994)

1.32   E. Hamers, D. Schramm, R. Engels: Fourier-transform phase-shift cavity ring down spectroscopy. Chem. Phys. Lett. **365**, 237 (2002)

1.33   G. Stewart, K. Atherton, H. Yu, B. Culshaw: Cavity-Enhanced Spectroscopy in Fibre Cavities. Opt. Lett. 442 (2004)

1.34   B. Löhden, S. Kuznetsova, K. Sengstock, V.M. Baev, A. Goldman, S. Cheskis, B. Pálsdóttir: Fiber laser intracavity absorption spectroscopy for in situ multicomponent gas analysis in the atmosphere and combustion environments. Applied Physics B: Lasers and Optics **102**, 331–344 (2011)

1.35   E. Lacot, F. Stoeckel, D. Romanini, A. Kachanov: Spectrotemporal dynamics of a two-coupled mode laser. Phys. Rev. A **57**, 4019 (1998)
        H. Atmanspacher, H. Scheingraber, C.R. Vidal: Dynamics of laser intracavity absorption. Phys. Rev. A **32**, 254 (1985)
        T.D. Harris: Laser intracavity enhanced spectroscopy, in *Ultrasensitive Laser Spectroscopy*, ed. by D.S. Kliger (Academic, New York 1983) pp. 398–434

1.36   K. Bergmann: Spectroscopic detection methods, in *Atomic and Molecular Beam Methods*, ed. by G. Scoles (Oxford Univ. Press, London 1989)

1.37   H.G. Krämer, V. Beutel, K. Weyers, W. Demtröder: Sub-Doppler laser spectroscopy of silver dimers Ag_2 in a supersonic beam. Chem. Phys. Lett. **193**, 331 (1992)

1.38   R.A. Keller, J.C. Travis: Recent advances in analytical laser spectroscopy, in *Analytical Laser Spectroscopy*, ed. by N. Omenetto (Wiley, New York 1979)

1.39 W.F. Fairbanks, T.W. Hänsch, A.L. Schawlow: Absolute measurement of very low sodium vapor densities using laser resonance fluorescence. J. Opt. Soc. Am. **65**, 199 (1975)

1.40 T. Plakbotnik, E.A. Donley, U.P. Wild: Single Molecule Spectroscopy. Ann. Rev. Phys. Chem. **48**, 181 (1997)

1.41 Die historische Entwicklung mit entsprechenden Referenzen findet man in: H.J. Bauer: Son et lumière or the opto-acoustic effect in multilevel Systems. J. Chem. Phys. **57**, 3130 (1972)

1.42 Yoh-Han Pao (ed.): *Opto-acoustic Spectroscopy and Detection* (Academic, New York 1977)

1.43 Ch. Hornberger, M. König, S.B. Rai, W. Demtröder: Sensitive photacoustic overtone spectroscopy of acethylene. Chem. Phys. **190**, 171 (1995)

1.44 A.V. Burenin, A.F. Krupnov: Possibility of observing the rotational spectra of nonpolar molecules. Sov. Phys. – JETP **40**, 252 (1975)

1.45 G. Stella, J. Gelfand, W.H. Smith: Photoacoustic detection spectroscopy with dye laser excitation. Chem. Phys. Lett. **39**, 146 (1976)

1.46 A.M. Angus, E.E. Marinero, M.J. Colles: Opto-acoustic spectroscopy with a visible cw dye laser. Opt. Commun. **14**, 223 (1975)

1.47 A.C. Tam: Photoacoustics: Spectroscopy and other applications, in *Ultrasensitive Laser Spectroscopy*, ed. by D.S. Kliger (Academic, New York 1983) pp. 1–108

1.48 V.P. Zharov, V.S. Letokhov: *Laser Optoacoustic Spectroscopy*, Springer Ser. Opt. Sci., Vol. 37 (Springer, Berlin, Heidelberg 1986)
J.F. McClelland et al.: Photoacoustic Spectroscopy in: *Modern Techniques in Applied Molecular Spectroscopy*, ed. by F.M. Mirabella (John Wiley & Sons, New York 1998)

1.49 J.C. Murphy, J.W. Maclachlan Spicer, L.C. Aamodt, B.S.H. Royce (eds.): *Photoacoustic and Photothermal Phenomena II*, Springer Ser. Opt. Sci., Vol. 62 (Springer, Berlin, Heidelberg 1990)

1.50 P. Hess (ed.): *Photoacoustic, Photothermal, and Photochemical Processes in Gases*, Topics Curr. Phys., Vol. 46 (Springer, Berlin, Heidelberg 1989)
P. Hess, J. Pelzl (eds.): *Photoacoustic and Photothermal Phenomena*, Springer Ser. Opt. Sci., Vol. 58 (Springer, Berlin, Heidelberg 1988)
F.J.M. Harren, G. Cotti, J. Oomens, S. te Lintel Hekkert: Photoacoustic Spectroscopy in Trace Gas Monitoring, in: *Encyclopedia of Analytical Chemistry*, ed. by R.A. Meyers (John Wiley & Sons, Chichester 2000)

1.51 K.H. Michaelian: *Photoacoustic-Infrared Spectroscopy* (Wiley Interscience, New York 2003)

1.52 Lihong Wang (ed.): *Photoacoustic Imaging and Spectroscopy*. Optical Science and Engineering (CRC Press, Baton 2009)

1.53 G.S. Hurst, M.G. Payne, S.P. Kramer, J.P. Young: Resonance ionization spectroscopy and Single atom detection. Rev. Mod. Phys. **51**, 767 (1979)

1.54 V.S. Letokhov: *Laser Photoionization Spectroscopy* (Academic, Orlando, FL 1987)

1.55 D.H. Parker: Laser ionization spectroscopy and mass spectroscopy, in *Ultrasensitive Laser Spectroscopy*, ed. by D.S. Kliger (Academic, New York 1983) pp. 233–310
J.C. Travis, G.C. Turk: *Laser-Enhanced Ionization Spectroscopy* (Wiley Interscience, 1996)

1.56 P. Peuser, G. Herrmann, H. Rimke, P. Sattelberger, N. Trautmann, W. Ruster, F. Arnes, J. Bonn, H.J. Kluge, V. Krönert, E.W. Otten: Trace detection of plutonium by three-step photoionization with a laser System pumped by a copper vapor laser. Appl. Phys. B **38**, 249 (1985)

1.57 H. Rinneberg, J. Neukammer, G. Jönson, H. Hieronymus, A. König, K. Vietzke: Rydbergzustände mit hohen Hauptquantenzahlen in äußeren Feldern. Phys. Blätter **42**, 347 (1986)

1.58 R.F. Stebbings, F.B. Dunnings (eds.): *Rydberg States of Atoms and Molecules* (Cambridge Univ. Press, Cambridge 1983)

1.59 D. Popescu, M.L. Pascu, C.B. Collins, B.W. Johnson, I. Popescu: Use of space charge amplification techniques in the absorption spectroscopy of Cs and Cs_2. Phys. Rev. A **8**, 1666 (1973)

1.60 K. Niemax: Spectroscopy using thermionic diode detectors. Appl. Phys. B **38**, 1 (1985)

1.61   R. Beigang, W. Makat, A. Timmermann: A thermionic ring diode for high resultion spectroscopy. Opt. Commun. **49**, 253 (1984)

1.62   R. Beigang, A. Timmermann: The thermionic annular diode: a sensitive detector for highly excited atoms and molecules. Laser and Optoelectr. **4**, 252 (1984)

1.63   G.S. Hurst, M.G. Payne: *Principles and Applications of Resonance Ionization Spectroscopy* (Hilger, Bristol 1988)

1.64   U. Boesl: Multiphoton Excitation and Mass-Selective Ion Detection for Neutral and Ion Spectroscopy. J. Chem. Phys. **95**, 2949 (1991)

1.65   M. Keil, H.G. Krämer, A. Kudell, M.A. Baig, J. Zhu, W. Demtröder, W. Meyer: Rovibrational structures of the pseudorotating lithium trimer. J. Chem. Phys. **113**, 7414 (2000)

1.66   E.W. Schlag: *ZEKE-Spectroscopy* (Cambridge Univ. Press, 1998)

1.67   A. Held, E.W. Schlag: ZEKE Spectroscopy Accts. Chem. Res. **31**, 467–473 (1998)

1.68   K. Müller-Dethlefs, E.W. Schlag: High-Resolution Zero Kinetic Energy (ZEKE) Photoelectron Spectroscopy of Molecular Systems Annu. Rev. Phys. Chem. **42**, 109–136 (1991)

1.69   F. Merkt, St. Willitsch, U. Hollenstein: High-resolution Photoelectron Spectroscopy in: *Handbook of High-Resolution Spectroscopy*, ed. by M. Quack, F. Merkt (John Wiley & Sons, Chichester 2011)

1.70   U. Hollenstein, R. Seiler, H. Schmutz, M. Andrist, F. Merkt: Selective field ionization of high Rydberg states: Application to zero-kinetic-energy photoelectron spectroscopy. J. Chem. Phys. **115**(12), 5461–5469 (2001)

1.71   J.E.M. Goldsmith, J.E. Lawler: Optogalvanic spectroscopy. Contemp. Physics **22**, 235 (1981)

1.72   C. Dreze, Y. Demas, J.M. Gagué: Mechanistic study of the optogalvanic effect in hollow cathode discharge. J. Opt. Soc. Am. **72**, 912 (1982)

1.73   D. King, P. Schenck, K. Smith, J. Travis: Direct calibration of laser wavelength and bandwidth using the optogalvanic effect in hollow cathode lamps. Appl. Opt. **16**, 2617 (1977)

1.74   H.O. Behrens, G.H. Guthörlein, B. Hähner: Optogalvanische Spektroskopie. Laser & Optoektronik **14**, Heft 1, 27ff (1982)

1.75   D. Feldmann: Optogalvanic spectroscopy of some molecules in discharges: NH_2, NO_2, H_2 and N_2. Opt. Commun. **29**, 67 (1979)

1.76   K. Kawakita, F. Fukada, K. Adachi, S. Maeda, C. Hirose: Doppler-free optogalvanic spectrum of He_2 ($b^3 \prod_g - f^3\Delta_u$) transitions. J. Chem. Phys. **82**, 653 (1985)

1.77   J.C. Travis: Analytical optogalvanic spectroscopy in flames, in *Analytical Laser Spectroscopy*, ed. by S. Martellucci, A.N. Chester (Plenum, New York 1985) p. 213

1.78   R.S. Stewart, J.E. Laler (eds.): *Optogalvanic Spectroscopy* (Hilger, London 1991)

1.79   D. Esch: Messung der elektrischen Feldstärke in einer Gasentladung mittels Doppler-freier optogalvanischer Spektroskopie. (Dissertation, Kiel 2005)

1.80   B. Barbieri, N. Beverini, A. Sasso: Optogalvanic spectroscopy. Rev. Mod. Phys. **62**, 603 (1990)

1.81   G. Ullas, S.B. Bai: Laser optogalvanic and emission spectrum of N_2 in the 5400–6150 Å region. J. Phys. **36**, 647 (1991)

1.82   T.E. Gough, G. Scoles: Optothermal infrared spectroscopy, in *Laser Spectroscopy V*, ed. by A.R.W. McKellar, T. Oka, B.P. Stoichef, Springer Ser. Opt. Sci., Vol. 30 (Springer, Berlin, Heidelberg 1981) p. 337

1.83   R.E. Miller: Infrared laser spectroscopy, in *Atomic and Molecular Beam Methods*, ed. by G. Scolos (Oxford Univ. Press, Oxford 1992) p. 192

1.84   D. Bassi: Detection principles, in *Atomic and Molecular Beam Methods*, ed. by G. Scolos (Oxford Univ. Press, Oxford 1992) p. 153

1.85   Th. Platz, W. Demtröder: Sub-Doppler optothermal overtone spectroscopy of the ethylene and dichlor ethylene. Chem. Phys. Lett. **294**, 397 (1998)

1.86   K.J. Button (ed.): *Infrared and Submillimeter Waves* (Academic, New York 1979)

1.87   K.M. Evenson, R.J. Saykally, D.A. Jennings, R.E. Curl, J.M. Brown: Far Infrared Laser Magnetic Resonance, in *Chemical and Biochemical Applications of Lasers*, ed. by C.B. Moore (Academic, New York 1980) Chap. V

K.M. Evenson, C.J. Howard: Laser magnetic resonance spectroscopy, in *Laser Spectroscopy*, ed. by R.G. Brewer, A. Mooradian (Plenum, New York 1974) p. 535

1.88   J. Pfeiffer, D. Kirsten, P. Kalkert, W. Urban: Sensitive magnetic rotation spectroscopy of the OH free radical fundamental band with a colour center laser. App. Phys. B **26**, 173 (1981)

1.89   P.B. Davis, K.M. Evenson: Laser magnetic resonance spectroscopy of gaseous free radicals, in *Laser Spectroscopy II*, ed. by S. Haroche, J.C. Pebay-Peyroula, T.W. Hänsch, S.E. Harris, Lecture Notes in Physics, Vol. 43 (Springer, Berlin, Heidelberg 1975) p. 132

1.90   C. Pfelzer, M. Havenith, M. Peric, P. Mürtz, W. Urban: Faraday laser magnetic resonance spectroscopy of vibrationally excited C_2H. J. Mol. Phys. **176**, 28 (1996)

1.91   A. Hinz, J. Pfeiffer, W. Bohle, W. Urban: Mid-infrared laser magnetic resonance using the Faraday and Voigt effects for sensitive detection. Mol. Phys. **45**, 1131 (1982)

1.92   H. Ganser, W. Urban, J.M. Brown: The sensitive detection of NO by Faraday modulation spectroscopy with a quantum cascade laser. Mol. Phys. **101**, 545–550 (2003)

1.93   M. Havenith, M. Schneider, W. Bohle, W. Urban: Sub-Doppler Faraday LMR spectroscopy: first applications to NO and DBr+. Mol. Phys. **72**, 1149 (1991)

1.94   Y. Ueda, K. Shimoda: Infrared laser Stark spectroscopy, in *Laser Spectroscopy II*, ed. by S. Haroche, J.C. Pebay-Peyroula, T.W. Hänsch, S.E. Harris, Lecture Notes in Physics, Vol. 43 (Springer, Berlin, Heidelberg 1975) p. 186

1.95   L.R. Zink, D.A. Jenning; K.M. Evenson, A. Sasso, M. Inguscio: New techniques in laser Stark spectroscopy. J. Opt. Soc. Am. B **4**, 1173 (1987)

1.96   Liu Yu-Yan et al.: Application of Laser Magnetic Resonance Spectroscopy to the Measurement of Electric Dipole moments of Free Radicals. Chem. Phys. Lett. **18**, 774 (2001)

1.97   Ch.P. Slichter: *Principles of Magnetic Resonance* (Springer, Berlin, Heidelberg 2010)

1.98   M. Inguscio: Coherent atomic and molecular spectroscopy in the far infrared. Physica Scripta **37**, 699 (1989)

1.99   W.H. Weber, K. Tanaka, T. Kanaka (guest eds.): Stark and Zeeman techniques in laser spectroscopy. J. Opt. Soc. B **4**, 1141 (1987)

1.100   R.J. Saykally, R.C. Woods: High resolution spectroscopy of molecular ions. Ann. Rev. Phys. Chem. **32**, 403 (1981)

1.101   C.S. Gudeman, R.J. Saykally: Velocity modulation infrared laser spctroscopy of molecular ions. Ann. Rev. Phys. Chem. **35**, 387 (1984)

1.102   C.E. Blom. K. Müller, R.R. Filgueira: Gas discharge modulation using fast electronic switches. Chem. Phys. Lett. **140**, 489 (1987)

1.103   M. Gruebele, M. Polak, R. Saykally: Velocity modulation laser spectroscopy of negative ions. The infrared spectrum of SH^-. J. Chem. Phys. **86**, 1698 (1987)

1.104   M.B. Radunsky, R.J. Saykally: Electronic absorption spectroscopy of molecular ions in plasmas by dye laser velocity modulation spectroscopy. J. Chem. Phys. **87**, 898 (1987)

1.105   B.M. Siller, A.A. Mills, B.J. McCall: Cavity enhanced velocity modulation spectroscopy. Opt. Lett. **35**, 1266 (2010)

1.106   R.J. Saykally, R.C. Woods: High resolution spectroscopy of molecular ions. Ann. Rev. Phys. Chem. 32, 403 (1981)

1.107   Siehe z. B. G. Herzberg: *Molecular Spectra and Molecular Structure*, Vol. I (van Nostrand Reinhold, New York 1950)

1.108   W. Demtröder, M. Stock: Molecular constants and potential curve of Na_2 from laser-induced fluorescence. J. Mol. Spectrosc. **55**, 476 (1975)

1.109   K.L. Kompa: *Chemical Lasers*, Topics Curr. Chem., Vol. 37 (Springer, Berlin, Heidelberg 1975)

1.110   P.J. Dagdigian, H.W. Cruse, A. Schultz, R.N. Zare: Product state analysis of BaO from the reactions $Ba + CO_2$ and $Ba + O_2$. J. Chem. Phys. **61**, 4450 (1974)

1.111   J.G. Pruett, R.N. Zare: State-to-state reaction rates: $Ba + HF$ $(v = 0, 1)$ $\rightarrow$ BaF $(v = 0–12) + H$. J. Chem. Phys. **64**, 1774 (1976)

1.112   W. Demtröder, H.-J. Foth: Molekülspektroskopie in kalten Düsenstrahlen. Phys. Blätter **43**, 7 (Jan. 1987)

1.113   H.J. Vedder, M. Schwarz, H.J. Foth, W. Demtröder: Analysis of the perturbed NO_2-$^2B_2 \leftarrow {}^2A_1$ system in the 591,4–592,9 nm region based on sub-Doppler laser spectroscopy. J. Mol. Spectrosc. **97**, 92 (1983)

1.114   A.C. Hurley: *Introduction to the Electron Theory of Small Molecules* (Academic, New York 1979)

1.115   M. Raab, H. Weickenmeier, W. Demtröder: The dissociation energy of the cesium dimer. Chem. Phys. Lett. **88**, 377 (1982)

1.116   J.L. Kinsey: Laser-induced fluorescence. Ann. Rev. Phys. Chem. **28**, 349–372 (1977)

1.117   L.J.R. Radziemski, R.W. Solunz, J.A. Paisner (eds.): *Laser Spectroscopy and its Application* (Dekker, New York 1986)

1.118   J.N. Miller: *Fluorescence Spectroscopy* (Ellis Harwood, Singapore 1991)

1.119   O.S. Wolflich (ed.): *Fluorescence Spectroscopy* (Springer, Berlin, Heidelberg 1992)
         J.R. Lakowicz: *Principles of Fluorescence Spectroscopy* (Springer, Berlin, Heidelberg 2006)
         J.R. Albani: *Principles and Applications of Fluorescence Spectroscopy* (Wiley-Blackwell, New York 2007)

1.120   S. Martellucci, A.N. Chester (eds.): *Analytical Laser Spectroscopy* (Plenum, New York 1985)

1.121   W.B. Lee, J.Y. Wu, Y.I. Lee, J. Sneddon: Recent applications of laser-induced breakdown spectrometry: A review of material approaches. Appl. Spectrosc. Rev. **39**(1), 27–97 (2004)

1.122   D.A. Cremers, L.J. Radziemski: *Handbook of Laser-Induced Breakdown Spectroscopy* (John Wiley & Sons, London 2006)

1.123   A.W. Miziolek, V.V. Palleschi, I. Schechter: *Laser Induced Breakdown Spectroscopy* (Cambridge Univ. Press, New York 2006)

1.124   J. Wolfrum (guest ed.): Laser diagnostics in combustion. Appl. Phys. B **50**, 439ff (June 1990)

1.125   J.E.M. Goldsmith: Recent advances in flame diagnostics using fluorescence and ionisation techniques, in *Laser Spectroscopy VIII*, ed. by S. Svanberg, W. Persson, Springer Ser. Opt. Sci., Vol. 55 (Springer, Berlin, Heidelberg 1987) p. 337

1.126   K.L. Kompa, J. Wanner (eds.): *Laser Applications in Chemistry* (Plenum, New York 1984)

1.127   E.W. Rothe, P. Andresen: Applications of tunable excimer lasers to combustion diagnosis. Appl. Opt. **36**, 3971 (1997)

1.128   T.P. Hughes: *Plasma and Laser Light* (Hilger, Bristol 1975)

Kapitel 2

2.1   K. Shimoda: Line broadening and narrowing effects, in *High-Resolution Laser Spectroscopy*, ed. by K. Shimoda, Topics Appl. Phys., Vol. 13 (Springer, Berlin, Heidelberg 1976) p. 26

2.2   W.R. Bennet Jr.: Hole-burning effects in a He-Ne optical maser. Phys. Rev. **126**, 580 (1962)

2.3   V.S. Letokhov, V.P. Chebotayev: *Nonlinear Laser Spectroscopy*, Springer Ser. Opt. Sci., Vol. 4 (Springer Berlin, Heidelberg 1977)
       T.W. Hänsch: Nonlinear high-resolution spectroscopy of atoms and molecules. In Enrico Fermi School **LXIV**, 17 (1977)

2.4   W.E. Lamb: Theory of an optical maser. Phys. Rev. A **134**, 1428 (1964)

2.5   V.S. Letokhov: Saturation spectroscopy, in *High-Resolution Laser Spectroscopy*, ed. by K. Shimoda, Topics Appl. Phys., Vol. 13 (Springer, Berlin, Heidelberg 1976) p. 95

2.6   M.D. Levenson: *Introduction to Nonlinear Laser Spectroscopy*, 2nd edn. (Academic, New York 1986)

2.7   H. Gerhardt, E. Matthias, F. Schneider. A. Timmerman: Isotope shifts and hyperfine structure of the $6s$-$7p$-transition in the cesium isotopes 133, 135 and 137. Z. Physik A **288**, 327 (1978)

2.8   H.J. Foth: Sättingungsspektroskopie an Molekülen. Diplomarbeit, Universität Kaiserslautern (1976)

2.9   M.S. Sorem, A.L. Schawlow: Saturation spectroscopy in molecular iodine by intermodulated fluorescence. Opt. Commun. **5**, 148 (1972)

2.10   J.L. Hall: The laser absolute wavelength Standard problem. IEEE J. QE-4, 638 (1968)

2.11   R.L. Barger, J.B. West, T.C. English: Frequency stabilization of a cw dye laser. Appl. Phys. Lett. 27, 31 (1975);
J.C. Bergquist, R.L. Barger, D.J. Glaze: High-resolution spectroscopy of calcium atoms, in Laser Spectroscopy IV, ed. by H. Walther, K.W. Rothe, Springer Ser. Opt. Sci., Vol. 21 (Springer Berlin, Heidelberg 1979) p. 120

2.12   Ch. Salomon, D. Hils, J.L. Hall: Laser stabilization at the millihertz level. J. Opt. Soc. Am. B 5, 1576 (1988)

2.13   H.J. Foth, F. Spieweck: Hyperfine structure of the R(98), (58-1)-line of I_2 at λ = 514.5 µm. Chem. Phys. Lett. 65, 347 (1979)

2.14   Ch. Hertzler, H.J. Foth: Sub-Doppler polarization spectra of He, N_2 and Ar^+ recorded in discharges. Chem. Phys. Leu. 166, 551 (1990)

2.15   R.E. Teets. F.V. Kowalski, W.T. Hill, N. Carlson, T.W. Hänsch. Laser polarization spectroscopy. Proc. SPIE 113, 80 (1977)

2.16   M.E. Rose: Elementary Theory of Angular Momentum (Wiley, New York 1988); reprint: paperback (Dover Publications, 1995)
A.R. Edmonds: Angular Momentum in Quantum Mechanics (Princeton Univ. Press, 1996)

2.17   R.N. Zare: Angular Momentum. Understanding Spatial Aspects in Chemistry and Physics (Wiley, New York 1988)

2.18   G. Höning: Laser-induzierte Fluoreszenz und hochauflösende Doppler-freie Polarisationsspektroskopie am Cs_2-Molekül. Dissertation, Universität Kaiserslautern (1980)

2.19   B. Hemmerling, R. Bombach, W. Demtröder: Polarization labelling spectroscopy of Li_2-Rydberg-states. Z. Physik D 5, 165 (1987)

2.20   W. Ernst: Doppler-free polarization spectroscopy of diatomic molecules in flame reactions. Opt. Commun. 44, 159 (1983)

2.21   M. Raab, G. Höning, W. Demtröder, C.R. Vidal: High resolution laser spectroscopy of Cs_2. J. Chem. Phys. 76, 4370 (1982)

2.22   G.P.T. Lancaster, R.S. Conroy, M.A. Clifford, J. Arlt, K. Dholakia: A polarisation spectrometer locked diode laser for trapping cold atoms. Opt. Commun. 170, 79 (1999)

2.23   M. Göppert-Mayer: Über Elementarakte mit zwei Quantensprüngen. Ann. Phys. 9, 273 (1931)

2.24   W. Kaiser, C.G. Garret: Two-photon excitation in LLCA $F_2 : E_u^{2+}$. Phys. Rev. Leu. 7, 229 (1961)

2.25   P. Bräunlich: Multiphoton spectroscopy, in Progress in Atomic Spectroscopy, ed. by W. Hanle, H. Kleinpoppen (Plenum, New York 1978)

2.26   J.M. Worlock: Two photon spectroscopy, in Laser Handbook, ed. by F.T. Arrecchi, E.O. Schulz-Dubois (North-Holland, Amsterdam 1972)

2.27   I. Powis, T. Baer, C.Y. Ng (eds.): High Resolution Laser Photoionization und Photoelectron Studies (Wiley, Chichester 1995)

2.28   G.S. Hurst, M.G. Payne, S.P. Kramer, J.P. Young: Resonance ionization spectroscopy and single atom detection. Rev. Mod. Phys. 51, 767 (1979)

2.29   G. Hurst, M.G. Payne: Principles and applications of resonance ionisation spectroscopy, in Ultrasensitive Laser Spectroscopy, ed. by D.S. Kligler (Academic, New York 1983)

2.30   V.S. Letokhov: Laser Photoionization Spectroscopy (Academic, Orlando, FL 1987)

2.31   G. Grynberg, B. Cagnac: Doppler-free multiphoton spectroscopy. Rep. Progr. Phys. 40, 791–841 (1977)

2.32   B. Dick, G. Hohlneicher: Two-photon spectroscopy of dipole-forbidden transitions. Theor. Chim. Acta 53, 221 (1979); J. Chem. Phys. 70, 5427 (1979)

2.33   J.B. Halpern, H. Zacharias, R. Wallenstein: Rotational line strengths in two- and three-photon transitions in diatomic molecules. J. Mol. Spectrosc. 79, 1 (1980)

2.34   K.D. Bonin, Th.J. McIlrath: Two-photon electric dipole selection rules. J. Opt. Soc. Am. B 1, 52 (1984)

2.35   T.W. Hänsch, K. Harvey, G. Meisel, A.L. Schawlow: Two-photon spectroscopy of Na $3s$-$4d$ without Doppler-broadening using a cw dye laser. Opt. Commun. **11**, 50 (1974)

2.36   T.W. Hänsch, S.A. Lee, R. Wallenstein, C. Wiemann: Phys. Rev. Lett. **34**, 307 (1975); ibid. **35**, 1262 (1975)

2.37   S.A. Lee, J. Helmcke, J.L. Hall, P. Stoicheff: Doppler-free two-photon transitions to Rydberg levels. Opt. Lett. **3**, 141 (1978)

2.38   A. Timmermann: High resolution two-photon spectroscopy of the $6p^2\,{}^3P_0 - 7p^3P_0$ transition in stable lead isotopes. Z. Physik A **286**, 93 (1980)

2.39   E. Riedle, H.J. Neusser, E.W. Schlag: Electronic spectra of polyatomic molecules with resolved individual rotational transitions: Benzene. J. Chem. Phys. **75**, 4231 (1981)

2.40   H.J. Neusser: Zwei-Photonen-Spektroskopie innerhalb der Doppler-Breite: Ein neuer Weg zur Untersuchung von innermolekularen Energieumverteilungsprozessen. Chimica **38**, 379 (1984)

2.41   U. Schubert, E. Riedle, H.J. Neusser: Time evolution of individual rotational states after pulsed doppler-free two-photon excitation. J. Chem. Phys. **84**, 5326 und ibid. **84**, 6182 (1986)

2.42   E. Riedle: Doppler-freie Zweiphotonen-Spektroskopie am Benzol. Habilitationsschrift. Institut für physikalische Chemie, TU München (1990)
       H. Sieber, E. Riedle, J.H. Neusser: Intensity distribution in rotational line spectra I: Experimental results for Doppler-free $S_1 \leftarrow S_0$ transitions in benzene. J. Chem. Phys. **89**, 4620 (1988)

2.43   E. Riedle, H.J. Neusser: Homogeneous linewidths of single rotational lines in the "channel three" region of C_6H_6. J. Chem. Phys. **80**, 4686 (1984)

2.44   M.V. Fedorov, A.E. Kazakov: Resonances and Saturation in multiphoton bound-free transitions. Progr. Quant. Electr. **13**, 1 (1989)

2.45   P. Lambropoulos, S.J. Smith (eds.): *Multiphoton Processes*, Springer Ser. Atoms Plasmas, Vol. 2 (Springer, Berlin, Heidelberg 1984)

2.46   B. Cagnac: Multiphoton high resolution spectroscopy, in *Atomic Physics 5*, ed. by R. Marrus, M. Prior, H. Shugart (Plenum, New York 1977) p. 147

2.47   F.H.M. Faisal, R. Wallenstein, H. Zacharias: Three-photon excitation of xenon and carbon monoxide. Phys. Rev. Lett. **39**, 1138 (1977)

2.48   G.F. Bassani, M. Inguscio, T.W. Hänsch (eds.): *The Hydrogen Atom* (Springer, Berlin, Heidelberg 1989)

2.49   E.A. Hildum, U. Boesl, D.H. McIntyre, R.G. Beausoleil, T.W. Hänsch: Measurement of the $1S$-$2S$ frequency in atomic hydrogen. Phys. Rev. Lett. **56**, 576 (1986)

2.50   S.A. Lee, R. Wallenstein, T.W. Hänsch: Hydrogen $1S$-$2S$-isotope shift and $1S$ Lamb shift measured by laser spectroscopy. Phys. Rev. Lett. **35**, 1262 (1975)

2.51   M. Weitz, F. Schmidt-Kaler, T.W. Hänsch: Precise optical Lamb-shift measurements in atomic hydrogen. Phys. Rev. Lett. **68**, 1120 (1992)
       T.W. Hänsch: Passion for Precision. Nobel Lecture, Rev. Mod. Phys. **78** (2006)

2.52   G.F. Bassani, M. Inguscio, T.W. Hänsch (eds.): The Hydrogen Atom. (Springer, Berlin Heidelberg 1989)
       S.G. Karschenboim et al. (eds.): The Hydrogen Atom. Lecture Notes in Physics, Vol. 570 (Springer, Berlin, Heidelberg 2001)
       F. Schmidt-Kalen, D. Leibfried, M. Weitz, T.W. Hänsch: Precision measurement of the isotope shift of the $1S$-$2S$ transition of atomic hydrogen and deuterium. Phys. Rev. Lett. **70**, 2261 (1993)

2.53   U.D. Jentschura et al.: Hydrogen-Deuterium Isotope shift. From the $1S \rightarrow 2S$ transition frequency to the proton-deuteron charge radius difference. Phys. Rev. A **83**, 042505 (2011)

2.54   R. Pohl et al.: The size of the proton. Nature **466**, 213 (2010);
       The size of the proton and the deuterium. J. Phys. Conf. Series, Vol. 264, 012008 (2011)

2.55   J.R.M. Barr, J.M. Girkin, J.M. Tolchard, A.L. Ferguson: Interferometric measurement of the $1S_{1/2} - 2S_{1/2}$ transition frequency in atomic hydrogen. Phys. Rev. Lett. **56**, 580 (1986)

2.56   F. Biraben, J.C. Garreau, L. Julien: Determination of the Rydberg constant by Doppler-free two-photon spectroscopy of hydrogen Rydberg states. Europhys. Lett. **2**, 925 (1986)

2.57   T. Andreae, W. König, R. Wynands, D. Leibfried, F. Schmidt-Kahn, C. Zimmermann, D. Meschede, T.W. Hänsch: Absolute frequency messurements of the hydrogen 1s-2s transition and a new value of the Rydberg constant. Phys. Rev. Lett, **69**, 1923 (1992)

2.58   F. Biraben, B. de Beauvoir, F. Nez, L. Hilio, J. Julien, B. Cagnac: Accurate spectroscopy and simple atomic Systems: Metrology of fundamental constants and test of quantum electrodynamics, in [Lit. Bd. 1, 10.1h, S. 93]

2.59   M. Fischer, T.W. Hänsch et al.: Precision Spectroscopy of Atomic Hydrogen and Variations of Fundamental Constants. Lecture Notes in Physics: Physics, Astrophysics, Clocks and Fundamental Constants (Springer, Berlin, Heidelberg 2004) S. 648

2.60   Th. Udem, A. Huber, B. Gross, J. Reichert, M. Prevedelli, M. Weitz, T.W. Hänsch: Phase coherent frequency measurements of the hydrogen 1s-2s transition and its isotope shift, in Laser Spectroscopy ICOLS VII, Lit. Bd. 1, [1.1], S. 87

2.61   K. Danzmann, K. Grutzmacher, B. Wende: Doppler-free two-photon polarization spectroscopy measurement of the Stark-broadenend profile of the hydrogen H_α line in a dense plasma. Phys. Rev. Leu. **57**, 2151 (1986)

2.62   M.D. Levenson, G.L. Eesley: Polarization selective optical heterodyne detection for dramatically improved sensitivity in laser spectroscopy. Appl. Phys. **19**, 1 (1979)

2.63   M. Raab, A. Weber: Amplitude-modulated heterodyne polarization spectroscopy. J. Opt. Soc. Am. B **2**, 1476 (1985)

2.64   F.V. Kowalski, W.T. Hill, A.L. Schawlow: Saturated interference spectroscopy. Opt. Lett. **2**, 112 (1978)

2.65   R. Schieder: Interferometric nonlinear spectroscopy. Opt. Commun. **26**, 113 (1978)

Kapitel 3

3.1   E. Smith, G. Dent: *Modern Raman Spectroscopy* (John Wiley & Sons, New York 2005)
G. Placek: Rayleigh-Streuung und Raman-Effekt, in *Handbuch der Radiologie*, Vol. VI., ed. by E. Marx (Akademische Verlagsgesellschaft, Leipzig 1934) S. 205ff
J.R. Ferraro: *Introductory Raman Spectroscopy*, 2nd edn. (Academic Press, New York 2002)
B. Schrader: *Infrared and Raman Spectroscopy* (Wiley VCH, Weinheim 1993)

3.2   M.C. Tobin: *Laser Raman Spectroscopy* (Wiley, New York 1971)

3.3   A. Weber (ed.): *Raman Spectroscopy of Gases and Liquids*, Topics Curr. Phys., Vol. 11 (Springer, Berlin, Heidelberg 1979)

3.4   W. Kiefer, D.A. Long (eds.): *Non-Linear Raman Spectroscopy and Its Chemical Applications* (Reidel, Dordrecht 1982)

3.5   D.J. Gardiner, P.R. Grawes: *Practical Raman Spectroscopy* (Springer, Berlin, Heidelberg 1989)

3.6   J. Loader: *Basic Laser Raman Spectroscopy* (Heyden/Sadtler, London 1970)

3.7   G. Herzberg: *Molecular Spectra and Molecular Strucutre II. Infrared and Raman Spectra* (Van Nostrand Reinhold, New York 1945)

3.8   Franziska Resch, Darmstadt.
`www.tu-darmstadt.de/fb/ms/fg/sf/uebung/Raman-Spektroskopie`

3.9   A. Wehr: High-resolution rotational Raman spectra of gases, in [Lit. 3.4, Kap. 3]

3.10   J.R. Downey, G.J. Janz: Digital methods in Raman spectroscopy. *Advances in Infrared and Raman Spectroscopy 1* (Heyden, London 1975) 1–34

3.11   W. Knippers, K. Van Helvoort, S. Stolte: Vibrational overtones of the homonuclear diatomics N_2, O_2, D_2 observed by the spontaneous Raman effect. Chem. Phys. Lett. **121**, 279 (1985)

3.12   K. van Helvoort, R. Fantoni, W.L. Meerts, J. Reuss: Internal rotation in CH_3CD_3: Raman spectroscopy of torsional overtones. Chem. Phys. Lett. **128**, 494 (1986)

3.13   D.B. Chase, J.F. Rabolt: *Fourier-Transform Raman Spectroscopy* (Academic Press, New York 1994)

3.14   G.J. Rosasco, E.S. Etz, W.A. Cassat: The analysis of discrete fine particles by Raman spectroscopy. Appl. Spectrosc. **29**, 396 (1975)

3.15   W. Kiefer: Recent techniques in Raman-spectroscopy. *Advances in Infrared and Raman Spectroscopy*, Vol. 3, 1 (Heyden, London 1977)

3.16   A.B. Myers, R.A. Matthies: *Biological Applications of Raman Spectroscopy*, Vol. 2 (John Wiley & Sons, New York 1987)

3.17   E.G. Rodgers, D.P. Strammer: A multifunctional spinning cell for obtaining Raman spectra of microsamples. Appl. Spectrosc. **35**, 215 (1981)

3.18   J.J. Barret, D.R. Siebert, G.A. West: Applications of photoacoustic Raman spectroscopy, in *Nonlinear Raman Spectroscopy*, ed. by W. Kiefer, D.A. Long (Reidel, Dordrecht 1982)

3.19   B.F. Henson, G.V. Hartland, V.A. Ventura, R.A. Hertz, P.M. Felker: Stimulated Raman spectroscopy in the v_1 region of isotopically substituted benzene dimers. Chem. Phys. Lett. **176**, 91 (1991)

3.20   W. Kiefer: Special techniques and applications, in *Infrared and Raman Spectroscopy* (VCH, Weinheim 1993) S. 465ff

3.21   B. Schrader (ed.): *Infrared and Raman Spectroscopy* (VCH, Weinheim 1993)

3.22   S. Farquharson: *Applications of Surface-enhanced Raman Spectroscopy* (Chemical Rubber Company 2006)

3.23   D.A. Long: The polarisability and hyperpolarizability tensors, in *Nonlinear Raman Spectroscopy and Its Chemical Applications*, ed. by W. Kiefer, D.A. Long (Reidel, Dordrecht 1982)

3.24   W. Kiefer: Raman-Spektroskopie, in *Spectroskopie amorpher und kristalliner Festkörper*, hsg.v. D. Haarer, H.W. Spiess (Steinkopf, Darmstadt 1995)

3.25   L. Beardmore, H.G.M. Edwards, D.A. Long, T.K. Tan: Raman spectroscopic measurements of temperature in a natural gas/air flame, in *Lasers in Chemistry*, ed. by M.A. West (Elsevier, Amsterdam 1977)

3.26   A. Leipertz: Laser Raman-Spektroskopie in der Wärme- und Strömungstechnik. Physik in unserer Zeit **12**, 107 (1981)

3.27   D.B. Chase, J.F. Rabolt (eds.): *Fourier Transform Raman Spectroscopy. From Concept To Experiment* (Academic Press, San Diego CA 1994)

3.28   Siehe z.B. R.J.H. Clark, R.E. Hester(eds.): *Advances in Infrared and Raman Spectroscopy*, Vols. 1–10 (Heyden, London 1972–1985)

3.29   J.J. Laserna: *Modern Techniques in Raman Spectroscopy* (Wiley, Chichester 1996)

3.30   E. Smith, G. Dent: *Modern Raman Spectroscopy* (Wiley, New York 2005)
        P. Larkin: *Infrared and Raman Spectroscopy Principles and Spectral Interpretation* (Elsevier, Amsterdam 2011)

3.31   E.J. Woodbury, W.K. Ng: Proc. IRE **50**, 2367 (1962)

3.32   G. Eckhardt, R.W. Hellwarth, F.J. McClung, S.E. Schwartz, D. Weiner, E.J. Woodbury: Phys. Rev. Lett. **9**, 455 (1962)
        See E.J. Woodbury, G.M. Eckhardt: US Patent Nr. 3, 371, 265 (27. Februar 1968)

3.33   W. Kaiser, M. Maier: Stimulated Rayleigh Brillouin and Raman-spectroscopy, in *Laser Handbook*, ed. by F.T. Arrecchi, E.O. Schulz-Dubois (North-Holland, Amsterdam 1972) p. 1077

3.34   N. Bloembergen: *Nonlinear Optics*, 4th edn. (World Scientific, Singapore 1996)

3.35   C.S. Wang: The stimulated Raman process, in *Quantum Electronics: A Treatise*, Vol. 1, ed. by H. Rabin, C.L. Tang (Academic, New York 1975) Chap. 7

3.36   W. Kiefer: Nonlinear Raman spectroscopy, in *Infrared and Raman Spectroscopy*, ed. by B. Schrader (VCH, Weinheim 1993)

3.37   F. Moya, S.A.J. Druet, J.P.E. Taran: Rotation-vibration spectroscopy of gases by CARS, in *Laser Spectroscopy II*, ed. by S. Haroche, J.C. Pebay-Peyroula, T.W. Hänsch, S.E. Harris, Lecture Notes Phys., Vol. 43 (Springer, Berlin, Heidelberg 1975) p. 66

3.38   J.W. Nibler, G.V. Knighten: Coherent anti-Stokes Raman spectroscopy, in *Raman Spectroscopy of Gases and Liquids*, ed. by A. Weber, Topics Curr. Phys., Vol. 11 (Springer, Berlin, Heidelberg 1979) Chap. 7

3.39   J.P. Taran: Coherent Anti-Stokes Raman spectroscopy, in *Laser Spectroscopy III*, ed. by J.L. Hall, J.L. Carlsten, Springer Ser. Opt. Sci., Vol. 7 (Springer, Berlin, Heidelberg 1977) p. 315

3.40   E.K. Gustafson, R.L. Byer: High-resolution CARS-spectroscopy in supersonic expansion, in *Laser Spectroscopy VI*, ed. by H.P. Weber, W. Lüthy, Springer Ser. Opt. Sci., Vol. 40 (Springer, Berlin, Heidelberg 1983) p. 326

K. Chen, Cheng-Zai Lu, E. Mazur, N. Bloembergen: Multiplex pure rotational CARS in a molecular beam. J. Raman Spectrosc. **21**, 819 (1990)

3.41   S.A. Akhmanov, A.F. Bunkin, S.G. Ivanov, N.I. Koroteev, A.I. Kourigin, I.L. Shumay: Development of CARS for measurement of molecular parameters, in *Tunable Lasers and Applications* ed. by A. Mooradian, Springer Ser. Opt. Sci., Vol. 3 (Springer, Berlin, Heidelberg 1976) p. 389

3.42   L.A. Carteira, M.L. Horowitz: CARS in Condensed media, in *Non-Linear Raman Spectroscopy and Its Chemical Applications*, ed. by W. Kiefer, D.A. Long (Reidel, Dordrecht 1982) p. 367

3.43   H.W. Schrötter, H. Frunder, H. Berger, J.P. Boquillon, B. Lavorel, G. Millet: High resolution CARS and inverse Raman spectroscopy, in *Adv. Nonlinear Spectroscopy* **3**, 97 (Wiley, New York 1987)

B. Lavorel, G. Millot, M. Rotger, G. Rouillé, H. Berger, H.W. Schrötter: Non-linear Raman Spectroscopy in Gases. J. Mol. Struct. **273**, 49 (1992)

3.44   S.A. Druet, J.P.E. Taran: *CARS Spectroscopy*, Prog. Quant. Electr., Vol. 7, 1–72 (Persuman Press, London 1981)

3.45   C.L. Evans, X.S. Xie: Coherent Anti-Stokes Raman Scattering Microscopy: Chemical Imaging for Biology and Medicine. Annu. Rev. Anal. Chem. **1**, 883–909 (2008)

3.46   T.J. Vikers: Quantitative resonance Raman spectroscopy. Appl. Spectrosc. Rev. **26**, 341 (1991)

3.47   N. Bloembergen, K.A. Chen, Ch.-Zai Lu, E. Mazur: Multiplex Pure Rotational CARS in a Molecular Beam. J. Raman Spectrosc. **21**, 819 (1990)

3.48   H.W. Schrötter: Group theory for various Raman scatter-processes, in *Non-Linear Raman Spectroscopy and Its Chemical Applications*, ed. by W. Kiefer, D.A. Long (Reidel, Dorndrecht 1982) p. 143

3.49   P.D. Maker: Nonlinear light scattering in methane, in *Physics of Quantum Electronics* ed. by P.L. Kelley, B. Lax, P.E. Tannenwaldt (McGraw-Hill, New York 1960) p. 60

3.50   K. Altmann, G. Strey: Enhancement of the scattering intensity for the hyper-Raman effect. Z. Naturforsch. **32a**, 307 (1977)

3.51   S.J. Cyvin, J.E. Rauch, J.C. Decius: Theory of hyper-Raman effects. J. Chem. Phys. **43**, 4083 (1965)

3.52   S. Brieger: http://www.wirtschaftsphysik.de/e107_files/public/fp/raman2.pdf

3.53   T. Dieing, O. Hollricher, J. Toporsky (eds.): *Confocal Raman-Microscopy*. Springer Series in Optical Sciences, Vol. 158 (Springer, Berlin, Heidelberg 2011)

3.54   J. Steidtner, B. Pettinger: Tip-Enhanced Spectroscopy and Microscopy on Single Dye Molecules with 15 nm Resolution. Phys. Rev. Lett. **100**, 236101 (2008) doi:10.1103/PhysRevLett.100.236101

3.55   R. Bini, L. Ulivi, J. Kreutz, H.J. Jodl: High-Pressure phases of solid nitrogen by Raman and infrared Spectroscopy, J. Chem. Phys. **112**, 8522 (2000)

3.56   E.J. Blackie, E.C. Le Ru, M. Meyer, P.G. Etchegoin: Surface Enhanced Raman Scattering Enhancement Factors: A Comprehensive Study. J. Phys. Chem. C **111** (37), 13794–13803 (2007) doi:10.1021/jp0687908

3.57   K. Kneipp, M. Moskowits, H. Kneipp (eds.): *Surface enhanced Raman Scattering: Physics and Applications*. Topics Appl. Phys., Vol. 103 (Springer, Berlin, Heidelberg 2007)

3.58   M. Lapp, C.M. Penney: Raman measurements on flames. *Advances in Infrared and Raman Spectroscopy*, Vol. 3, 204 (Heyden, London 1977)
T. Schittkowski, B. Mewes, D. Brüggemann: LIF and Raman measurements in sooting methane and ethylene flames. Phys. Chem. Chem. Phys. **4**, 2063 (2002)

3.59   M. Lapp, C.M. Penney (eds.): *Laser Raman Gas Diagnostics* (Plenum, New York 1974)

3.60   T. Dreier, B. Lange, J. Wolfrum, M. Zahn: Determination of temperature and concentration of molecular nitrogen, oxygen and methane with CARS. Appl. Phys. B **45**, 183 (1988)
A.C. Eckbreth: *Laser Diagnostics for Combustion Temperature and Species*, 2nd edn. (Gordon & Breach Publ., New York 1996)
C.W. Fabelinski et al.: Dual-broadband CARS temperature measurements in hydrogenoxygen atmospheric pressure flames. Appl. Phys.
M.C. Weikl, T. Seeger, R. Hierold, A. Leipertz: Dual pump CARS-measurements of N_2, H_2 and CO in a partially premixed flame. J. Raman Spectrosc. **38**, 983 (2007)

3.61   H.W. Schrötter, H. Frunder, H. Berger, J.P. Boquillon, B. Lavorel, G. Millot: High resolution CARS and inverse Raman spectroscopy, in *Adv. Nonlinear Spectrosc.* **15**, (Wiley, New York 1987)

3.62   J.W. Nibler, J.J. Young: Nonlinear Raman spectroscopy of gases. Ann. Rev. Phys. Chem. **38**, 349 (1987)

3.63   G. Marowsky, V.V. Smirnov (eds.): *Coherent Raman Spectroscopy*, Springer Proc. Phys., Vol. 63 (Springer, Berlin, Heidelberg 1992)

3.64   M. Schmitt, G. Knopp, A. Materny, W. Kiefer: The application of femtosecond time-resolved CARS for the investigation of ground and excited state molecular dynamics of molecules in the gas phase. J. Phys. Chem. A **102**, 4059 (1998)

Kapitel 4

4.1   R. Abjean, M. Leriche: On the shapes of absorption lines in a divergent atomic beam. Opt. Commun. **15**, 121 (1975)

4.2   R.W. Stanley: Gaseous atomic beam light source. J. Opt. Soc. Am. **56**, 350 (1966)

4.3   W. Demtröder, F. Paech, R. Schmiedl: Hyperfine-structure in the visible spectrum of NO_2. Chem. Phys. Lett. **26**, 381 (1974)

4.4   R. Schmiedl, L.R. Bonilla, F. Paech, W. Demtröder: Laser spectroscopy of NO_2 under very high resolution. J. Mol. Spectrosc. **8**, 236 (1977)

4.5   L.A. Hackel, K.H. Casleton, S.G. Kukolich, S. Ezekiel: Observation of magnetic octopole and scalar spin-spin interaction in I_2 using laser spectroscopy. Phys. Rev. Lett. **35**, 568 (1975); J. Opt. Soc. Am. **64**, 1387 (1974)

4.6   J.B. Atkinson, J. Becker, W. Demtröder: Hyperfine structure of the 625 nm band in the $a^3\Pi_u \leftarrow X^1\Sigma_g$ transitions of Na_2. Chem. Phys. Leu. **87**, 128 (1982); ibid. **87**, 92 (1982)

4.7   C. Duke, H. Fischer, H.J. Kluge, H. Kremling, Th. Kühl, E.W. Otten: Determination of the isotope shift of ^{190}Hg by on-line laser spectroscopy. Phys. Lett. A **60**, 303 (1977)

4.8   P. Jacquinot: Atomic beam spectroscopy, in *High-Resolution Laser Spectroscopy*, ed. by K. Shimoda, Topics Appl. Phys., Vol. 13 (Springer, Berlin, Heidelberg 1976) p. 51

4.9   G. Nowicki, K. Bekk, J. Göring, A. Hansen, H. Rebel, G. Schatz: Nuclear charge radii and nuclear moments of neutron deficient Ba-isotopes from high resolution laser spectroscopy. Phys. Rev. C **18**, 2369 (1978)

4.10   W. Lange, J. Luther, A. Steudel: Dye lasers in atomic spectroscopy, in *Advances in Atomic and Molecular Physics*, Vol. 10 (Academic, New York 1974)

4.11   Ch. Whitehead: Molecular beam spectroscopy. Europ. Spectrosc. News **57**, 10 (1984)

4.12   G. Scoles (ed.): *Atomic and Molecular Beam Methods* (Oxford Univ. Press, Oxford 1988, 1992) Vols. I and II

4.13   J.P. Bekooij: High resolution molecular beam spectroscopy at microwave and optical frequencies. PhD Thesis, University of Nijmwegen (1983)

4.14   W. Demtröder, H.L. Foth: Molekülspektroskopie in kalten Düsenstrahlen. Phys. Blätter **43**, 7 (1987)

4.15   W. Nörtershäuser, T. Neff, R. Sánchez, I. Sick: Charge radii and ground state structure of lithium isotopes: Experiment and theory re-examined. Phys. Rev. C **84**, 024307 (2011)

4.16   P.W. Wegener (ed.): *Molecular Beams and Low Density Gas Dynamics* (Dekker, New York 1974)

4.17   K. Bergmann, U. Hefter, P. Hering: Molecular beam diagnostics with internal State selection. Chem. Phys. **32**, 329 (1978); J. Chem. Phys. **65**, 488 (1976)

4.18   G. Herzberg: *Molecular Spectra and Molecular Structure* (van Nostrand, New York 1950)

4.19   U. Hefter, K. Bergmann: Spectroscopic detection methods, in *Atomic and Molecular Beam Methods*, ed. by G. Scoles (Oxford Univ. Press, New York 1988) Vol. 1, p. 193

4.20   M. Kappes, S. Leutwyler: Molecular beams of Clusters, in *Atomic and Molecular Beam Methods*, ed. by G. Scoles (Oxford Univ. Press, New York 1988) Vol. 1, p. 380

4.21   D.H. Levy: Spektroskopie ultrakalter Gase. Spektrum Wiss. (April 1984) S. 74

4.22   D.H. Levy, L. Wharton, R.E. Smalley: Laser spectroscopy in supersonic jets, in *Chemical and Biochemical Applications of Lasers*, Vol. II, ed. by C.B. Moore (Academic, New York 1977)

4.23   H.W. Kroto, J.R. Heath, S.C. O'Brian, R.F. Curl, R.E. Smalley: C_{60} Buckminster-Fullerene. Nature **318**, 162 (1985)

4.24   J.P. Toennies et al.: Superfluid He-droplets. Phys. Today **57**, 31 (2001) Ann. Rev. Phys. Chem. **49**, 1 (1998)

4.25   F. Madeja, M. Havenith et al.: Polar isomer of formic acid dimer formed in helium droplets. J. Chem. Phys. **120**, 10554 (2004)

4.26   J. Higgins et al.: Photo-induced chemical dynamics of high spin alkali trimers. Science **273**, 629 (1996)

4.27   S. Grebenev et al.: The structure of OCS-H_2 van der Waals complexes embedded in ^{4}He ^{3}He-droplets. J. Chem. Phys. **114**, 617 (2001)

4.28   Ö. Birer, M. Havenith: High-Resolution Infrared Spectroscopy of the Formic Acid Dimer. Annu. Rev. Phys. Chem. **60**, 263–275 (2009)

4.29   A. Gutberlet, G. Schwaab, M. Havenith: High resolution IR spectroscopy of HDO and $HDO(N_2)_n$ in helium nanodroplets. J. Chem. Phys. **133**, 154313 (2010)

4.30   T. Poerschke, D. Habig, M. Havenith: High resolution IR spectroscopy of the C-H stretch band of benzene monomer and dimer in helium nanodroplets. Z. Phys. Chem. **225**, 1–10 (2011)

4.31   G. Persch: Analyse des sichtbaren NO_2-Spektrums. Kombination verschiedener laserspektroskopischer Techniken im kalten Molekularstrahl. Dissertation, Universität Kaiserslautern (1988)

4.32   Dennis Bing: Untersuchungen zur Mehrstufen Laser-Spektroskopie an gespeicherten H_3^+-Ionen. Dissertation, Heidelberg (2010)

4.33   F. Bylicki, G. Persch, E. Mehdizadeh, W. Demtröder: Saturation spectroscopy and OODR of NO_2 in a collimated molecular beam. Chem. Phys. **135**, 255 (1989)

4.34   T. Kröckertskothen, H. Knöckel, E. Tiemann: Molecular beam spectroscopy on FeO. Chem. Phys. **103**, 335 (1986)

4.35   G. Meijer, B. Janswen, J.J. ter Meulen, A. Dynamus: High-resolution Lamb-dip spectroscopy on OD and SiCl in a molecular beam. Chem. Phys. Lett. **136**, 519 (1987)

4.36   G. Meijer, G. Beiden, W.L. Meerts: Spectroscopy on triphenylamine and its van der Waals complexes. Chem. Phys. **163**, 209 (1992)
       M. Becucci, G. Pietraperzia, M. Pasquini, G. Piani, A. Zoppi, R. Chelli, E. Castellucci, W. Demtröder: A study on the anisol-water complex by molecular beam-electronic spectroscopy. J. Chem. Phys. **120**, 5601 (2004)

4.37   S.L. Kaufman: High resolution laser spectroscopy in fast beams. Opt. Commun. **17**, 309 (1976)

4.38   R.A. Holt, M. Carre, S. Abed, M. Larzilliere, J. Lerme, M.G. Gailard: Doppler-modulated fast-ion-beam laser spectroscopy. Opt. Commun. **48**, 403 (1984)

4.39   E.W. Otten: Nuclei far from stability, in *Treatise on Heavy Ion Science*, Vol. 8 (Plenum, New York 1989) p. 515
GSI: Survey – Laser Spectroscopy of radio active Isotopes. `www.gsi.de/de/start/forschung/methoden/laserspektroskopie`

4.40   L.B. Wang et al.: Laser Spectroscopic Determination of the ^{6}He Nuclear Charge Radius. Phys. Rev. Lett. **93**, 142501–4 (2004)

4.41   D. Boremans et al.: New measurement and reevaluation of the nuclear magnetic and quadrupole moments of ^{8}Li and ^{9}Li. Phys. Rev. C **72**, 044309 (2005)

4.42   P. Vingerhoets et al: Nuclear spins, magentic moments and quadrupole moments of Cu isotopes from $N = 28$ to $N = 46$: probes for core polarization effects. Phys. Rev. C **82**, 1–12 (2010)

4.43   Yu.P. Gangrisky et al.: Nuclear Charge Radius of Neutron deficient Titanium Isotopes. J. Phys. G, Nucl. Part. Phys. **30**, 1089 (2004)

4.44   H.T. Duong, P. Jacquinot, P. Juncar, I. Liberman, J. Pinard, J.L. Vialle: High resolution laser spectroscopy of the D-lines of the on-line produced radioactive sodium isotopes, in *Laser Spectroscopy II*, ed. by S. Haroche, J.C. Pebay-Peyroula, T.W. Hansch, S.E. Harris, Lecture Notes Phys., Vol. 43 (Springer, Berlin, Heidelberg 1975) p. 144

4.45   J. Eberz, U. Dinger, T. Honiguchi, G. Huber, H. Lochmann, R. Menges, R. Kirchner, D. Klepper, T. Kühl, D. Marx, E. Roeckl, D. Schnudt, G. Ulm: Collinear laser spectroscopy on $^{108g\,108m}$In using an ion source with bunched beam release. Z. Physik A **323**, 119 (1986)

4.46   B.A. Huber, T.M. Miller. P.C. Cosby, H.D. Zeman, R.L. Leon, J.T. Moseley, J.R. Peterson: Laser-ion coaxial beam spectroscopy. Rev. Sci. Instrum. **48**, 1306 (1977)

4.47   M. Dufay, M.L. Gaillard: High-resolution studies in fast ion beams, in *Laser Spectroscopy III*, ed. by J.L. Hall, L L. Carlsten, Springer Ser. Opt. Sci., Vol. 7 (Springer, Berlin, Heidelberg 1977) p. 231

4.48   S. Abed, M. Broyer, M. Carré, M.L. Gaillard, M. Larzilliere: High resolution spectroscopy of N_2O^+ in the near ultraviolet, using FIBLAS (Fast-Ion-Beam Laser Spectroscopy). Chem. Phys. **74**, 97 (1983)

4.49   L. Andric, H. Bissantz, E. Solarte, F. Linder: Photofragment spectroscopy of molecular ions: Design and performance of a new aparatus using coaxial beams. Z. Physik D **8**, 371 (1988)

4.50   L. Lermé, S. Abed, R.A. Hold, M. Larzilliere, M. Carré: Measurement of the fragment kinetic energy distribution in laser photopredissociation of N_2O^+. Chem. Phys. Lett. **96**, 403 (1983)

4.51   H. Stein, M. Erben, K.L. Kompa: Infrared photodissociation of sulfurdioxide ions in a fast ion beam. J. Chem. Phys. **78**, 3774 (1983)

4.52   Guang-Wu Li et al.: Hyperfine Structure Measurement of LaII by Collinear Fast IonBeam-Laser Spectroscopy. Jpn. J. Appl. Phys. **40**, 2508–2510 (2001)

4.53   O. Poulsen: Resonant fast-beam interactions: Saturated absorption and two-photon absorption, in *Atomic Physics 8*, ed. by I. Lindgren, S. Svanberg, A. Rosen (Plenum, New York 1983) p. 485

4.54   S.D. Rosner, D. Masterman, T.J. Scholl, R.A. Holt: Measurement of hyperfine structure and isotope shifts in Nd II. Canad. J. Phys. **83**, 841 (2005) (NRC Research Press, 19 July 2005)

4.55   P. Schef, M. Bjorkhage, P. Lundin, S. Mannervik: Precise hyperfine structure measurements of La II, utilizing the laser and rf-double resonance technique. Phys. Scripta **73**, 217 (2006)

4.56   M.A. Johnson, R.N. Zare, J. Rostas, S. Leach: Resolution of the $\widetilde{A}/\widetilde{B}$ photoionisation branching ratio paradox for the $^{12}CO_2$ $\widetilde{B}$ (000) state. J. Chem. Phys. **80**, 2407 (1984)

4.57   D. Klapstein, S. Leutwyler, J.P. Maier, C. Cossart-Magos, D. Cossart, S. Leach: The $B^2A_2'' \rightarrow \widetilde{X}^2F''$ transition of $1,3,5-C_6F_3H_3^+$ and $1,3,5-C_6F_3D_3^+$ in discharge and supersonic free jet emission sources. Mol. Phys. **51**, 413 (1984)

4.58   P. Erman, O. Gustafsson, P. Lindblom: A simple supersonic jet discharge source for subDoppler spectroscopy. Phys. Scripta **38**, 789 (1988)

4.59   Cheuk-Yiu Ng (ed.): *Photoionization and Ohotodetachment. Advances in Physical Chemistry*, Vol. 10 (2000)

4.60   V. Esanlov (ed.): *Negative Ions* (Cambridge Univ. Press, Cambridge 1996)

4.61   A. Joiner, R.H. Mohr, J.N. Yukich: High resolution photodetachment spectroscopy from the lowest threshold of O^-. Phys. Rev. A **83**, 035401 (2011)

4.62   D.M. Lubman (ed.): *Lasers and Mass Spectrometry* (Oxford Univ. Press, Oxford 1990)

4.63   W.C. Wiley, L.H. McLaren: Time-of-flight mass spectrometer with improved resolution. Rev. Sci. Instrum. **26**, 1150 (1955)

4.64   V. Beutel, H.G. Krämer, G.L. Bahle, M. Kuhn, K. Weyers, W. Demtröder: High resolution isotope selective laser spectroscopy of Ag_2 molecules. J. Chem. Phys. **98**, 2699 (1973)

4.65   H.G. Krämer: Laser-Spektroskopie an kleinen Alkali-Clustern. Dissertation, Universität Kaiserslautern (1998)

4.66   K. Walter, R. Weinkauf, U. Boesl. E.W. Schlag: Molecular ion spectroscopy: Mass selected resonant two-photon dissociation spectra of CH_3I^+ and CD_3I^+. J. Chem. Phys. **89**, 1914 (1988)

4.67   D. Bing: Untersuchungen zur Mehrstufen-Laserspektroskopie an gespeicherten H_3^+-Molekülionen. Dissertation, Heidelberg (2010)

4.68   H.J. Neusser: Multiphoton mass spectrometry and unimolecularn ion decay. Int. J. Mass Spectrom. **79**, 141 (1987)

4.69   E.W. Schlag (ed.): *Time of Flight Mass Spectrometry and Its Applications* (Elsevier, Amsterdam 1994)

4.70   H. Dickinson, T. Chelmik, T.P. Softley: $(2+1')$ mass analyzed threshold ionization (MATI) spectroscopy of the CD_3-radical. Chem. Phys. Lett. **338**, 37 (2001)

4.71   S. Yu Ketkov, A.L. Selzle, E.W. Schlag: High-Resolution Mass-Analyzed Threshold Ionization Study of Deuterated Derivatives of Bis(η^6-Benzene) Chromium. Organometallics **25**, 1712 (2006)

4.72   E.W. Schlag: *ZEKE-Spectroscopy* (Cambridge Univ. Press, Cambridge 1998)

Kapitel 5

5.1   R.A. Bernheim: *Optical Pumping, an Introduction* (Benjamin, New York 1965)

5.2   B. Budick: Optical pumping methods in atomic spectroscopy. *Adv. in At. Mol. Phys.* **3**, 73 (Academic, New York 1967)

5.3   R.N. Zare: Optical pumping of molecules, in *Int'l Colloquium on Doppler-Free Spectroscopic Methods for Simple Molecular Systems* (CNRS, Paris 1974) p. 29

5.4   M. Broyer, G. Gouedard, J.C. Lehmann, J. Vigue: Optical pumping of molecules. *Advances in Atomic and Molecular Physics* Vol. 12, (Academic, New York 1976) p. 164

5.5   G. zu Putlitz: Determination of nuclear moments with optical double resonance. *Springer Tracts Mod. Phys.* **37**, 105 (Springer, Berlin, Heidelberg 1965)

5.6   C. Cohen-Tannoudji: Optical pumping with lasers, in *Atomic Physics IV*, ed. by G. zu Putlitz, E.W. Weber, A. Winnacker (Plenum, New York 1975) p. 589

5.7   B. Decomps, M. Dumont, M. Ducloy: Linear and nonlinear phenomena in laser optical pumping, in *Laser Spectroscopy of Atoms and Molecules*, ed. by H. Walther, Topics Appl. Phys., Vol. 2 (Springer, Berlin, Heidelberg 1976) p. 284

5.8   R.N. Zare: *Angular Momentum* (Wiley, New York 1988)

5.9   K. Bergmann: State selection via optical methods, in *Atomic and Molecular Beam Methods*, ed. by G. Scoles (Oxford Univ. Press, Oxford 1988) p. 293

5.10   H.G. Weber, Ph. Brucat, W. Demtröder, R.N. Zare: Measurement of NO_2 $^2B_2$-State g-values by optical radio frequency double-resonance. J. Mol. Spectrosc. **75**, 58 (1979)

5.11   M. Auzinsh et al.: Studies of rotational Λ-doubling by rf-optical double resonance spectroscopy. Application to NaK $D^1\Pi_n$. J. Mol. Struct. **410**, 55 (1997)

5.12   I.I. Rabi: Zur Methode der Ablenkung von Molekularstrahlen. Z. Physik **54**, 190 (1929)

5.13   H. Kopfermann: *Kernmomente* (Akad. Verlagsanstalt, Frankfurt 1956)
        N.F. Ramsay: *Molecular Beams*, 2nd edn. (Clarendom, Oxford 1989)

5.14   J.C. Zorn, T.C. English: Molecular beam electric resonance spectroscopy. *Advances in Ato-mar and Molecular Physics*, Vol. 9, (Academic, New York 1973), p. 243

5.15   D.D. Nelson, G.T. Fräser, K.I. Peterson, K. Zhao, W. Klemperer: The microwave spectrum of K=O states of Ar-NH$_3$. J. Chem. Phys. **85**, 5512 (1986)

5.16   S.D. Rosner, R.A. Holt, T.D. Gaily: Measurement of the zero-field hyperfine structure of a single vibration-rotation level of Na$_2$ by a laser-fluorescence molecular-beam-resonance. Phys. Rev. Lett. **35**, 785 (1975)

5.17   A.G. Adam. S.D. Rosner, T.D. Gaily, R.A. Holt: Coherence effects in laser-fluorescence molecular beam magnetic resonance. Phys. Rev. A **26**, 315 (1982)

5.18   A.G. Adam: Laser-fluorescence molecular-beam-resonance studies of Na$_2$ line-shape due to HFS, PhD. Thesis, Univ. of Western Ontario, London, Ontario (1981)

5.19   W. Ertmer, B. Hofer: Zerofield hyperfine structure measurements of the metastable states 3d^{2}4s^4, F$_{3/2}$9/2 of *Sc using laser-fluorescence-atomic beam magnetic resonance technique. Z. Physik A **276**, 9 (1976)

5.20   J. Pembczynski, W. Ertmer, V. Johann, S. Penselin, P. Stinner: Measurement of the hyperfine structure of metastable atomic states of [55]Mm, using the ABMRLIRF-method. Z. Physik A **291**, 207(1979); ibid. A **294**, 313 (1980)

5.21   D.J.E. Ingram: *Hochfrequenz- und Mikrowellenspektroskopie* (Franzis, München 1976)

5.22   G.W. Chantry (ed.): *Modern Aspects of Microwave Spectroscopy* (Academic, London 1979)

5.23   K. Shimoda: Double resonance spectroscopy by means of a laser, in *Laser Spectroscopy of Atoms and Molecules*, ed. by H. Walther, Topics Appl. Phys., Vol. 2 (Springer, Berlin, Heidelberg 1976) p. 197

5.24   K. Shimoda: Infrared-microwave double resonance, in *Laser Spectroscopy III*, ed. by J.L. Hall, J.L. Carlsten, Springer Ser. Opt. Sci., Vol. 7 (Springer, Berlin, Heidelberg 1975) p. 279

5.25   H. Jones: Laser microwave-double-resonance and two-photon spectroscopy. Comments At. Mol. Phys. **8**, 51 (1978)

5.26   F. Tang, A. Olafson, J.O. Henningsen: A study of the methanol laser with a 500 MHz tunable CO$_2$ laser. Appl.Phys. B **47**, 47 (1988)

5.27   R. Neumann, F. Träger, G. zu Putlitz: Laser-microwave spectroscopy, in *Progr. Atomic Spectroscopy*, ed. by H.L. Byer, H. Kleinpoppen (Plenum, New York 1987)

5.28   G. Meijer, G. Berden, W.L. Meerts, E. Hunzinger, M.S. de Vries, H.R. Wendt: Spectroscopy on triphenylamone and its van der Waals complexes. Chem. Phys. **163**, 209 (1992)

5.29   R.W. Field, A.D. English, T. Tanaka, D.O. Harris, P.A. Jennings: Microwave-optical double resonance with a cw dye laser: BaOX$^1\Sigma$ and A$^1\Sigma$. J. Chem. Phys. **59**, 2191 (1973)

5.30   R.A. Gottscho, J. Brooke, Koffend, R.W. Field, J.R. Lombardi: J. Chem. Phys. **68**, 4110 (1978)

5.31   J.M. Cook, G.W. Hills, R.F. Curl: Microwave-optical double resonance spectrum of NH$_2$. J. Chem. Phys. **67**. 1450 (1977)

5.32   W.E. Ernst, S. Kindt: A molecular beam laser-microwave double resonance spectrometer for precise measurements of high temperature molecules. Appl. Phys. B **31**, 79 (1983)

5.33   W.J. Childs: Comments At. Mol. Phys. **13**, 37 (1983)

5.34   W.E. Ernst, S. Kindt, T. Törring: Precise stark-effect measurements in the $^2\Sigma$-ground state of CaCl. Phys. Rev. Lett. **51**, 979 (1983)

5.35   G. Herzberg: *Molecular Spectra and Molecular Structure I* (van Nostrand Reinhold, New York 1956)

5.36   W. Demtröder, D. Eisel, H.J. Foth, G. Höning, M. Raab, H.J. Vedder, D. Zevgolis: Sub-doppler laser spectroscopy of small molecules. J. Mol. Struct. **59**, 291 (1980)

5.37   F. Bylicki, G. Persch, E. Mehdizadeh, W. Demtröder: Saturation spectroscopy and OODR of NO$_2$ in a collimated molecular beam. Chem. Phys. **135**, 255 (1989)
        St.A. Henk et al.: Microwave detected microwave-optical double resonance of NH$_3$, NH$_2$D, NP$_3$. J. Chem. Phys. (Dec. 1994)

5.38   S.A. Edelstein, T.F. Gallagher: Rydberg atoms. *Advances in Atomic and Molecular Physics*, Vol. 14, (Academic, New York 1978), p. 365

5.39   R.F. Stebbings, F.B. Dunnings: *Rydberg States of Atoms and Molecules* (Cambridge Univ. Press, Cambridge 1983)

5.40   Th. Gallagher: *Rydberg Atoms (Cambridge Univ. Press, Cambridge 1994)*

5.41   H. Figger: Experimente an Rydberg-Atomen und Molekülen. Physik in unserer Zeit **15**, 2 (1984)

5.42   J.A.C. Gallas, H. Walther, E. Werner: Simple formula for the ionization rate of Rydberg states in static electric fields. Phys. Rev. Lett. **49**, 867 (1982)

5.43   C.E. Theodosiou: Lifetimes of alkali-metal-atom Rydberg states. Phys. Rev. A **30**, 2881 (1984)

        W.G. Scherzer, H.L. Selzle, E.W. Schlag, R.D. Levine: Long Time Stability of Very High Rydberg States of Vibrationally Excited Molecules. Phys. Rev. Lett. **72**, 1435 (1994)

5.44   J. Neukamer, H. Rinneberg, K. Vietzke, A. König, H. Hieronymus, M. Kohl, H.J. Grabka: Spectroscopy of Rydberg atoms at n = 500. Phys. Rev. Lett. **59**, 2947 (1987)

5.45   K.H. Weber, K. Niemax: Impact broadening of very high Rb Rydberg levels by Xe. Z. Physik A **312**, 339 (1983)

5.46   R. Beigang, W. Makat, A. Timmermann, P.J. West: Hyperfine-induced n-mixing in high Rydberg states of ^{87}Sr. Phys. Rev. Lett. **51**, 771 (1983)

5.47   T.F. Gallagher, W.E. Cooke: Interactions of blackbody radiation with atoms. Phys. Rev. Lett. **42**, 835 (1979)

5.48   L. Holberg, J.L. Hall: Measurement of the shift of Rydberg energy levels induced by black-body radiation. Phys. Rev. Lett. **53**, 230 (1984)

5.49   H. Figger, G. Leuchs, R. Strauchinger, H. Walther: A photon detector for submillimeter wavelengths using Rydberg atoms. Opt. Commun. **33**, 37 (1980)

5.50   C. Fahre, S. Haroche: Spectroscopy of one- and two-electron Rydberg atoms, in [Lit. 5.39, p. 117]

5.51   J. Boulmer, P. Camus, P. Pillet: Double Rydberg spectroscopy of the Barium atom. J. Opt. Soc. Am. **B4**, 805 (1987)

5.52   I.C. Percival: Planetary atoms. Proc. Roy. Soc. (London) A **353**, 289 (1977)

5.53   J. Boulmer, P. Camus, P. Pillet: *Autoionizing Double Rydberg States in Barium*, ed. by H.B. Gilbody, W.R. Newell, F.H. Read, A.C. Smith, Electronic and Atomic Collisions (Elsevier, Amsterdam 1988)

5.54   D. Wintgen, H. Friedrich: Classical and quantum mechanical transition between regularity and irregularity. Phys. Rev. A **35**, 1464 (1987)

5.55   G. Wunner: Gibt es Chaos in der Quantenmechanik?. Phys. Blätter **45**, 139 (Mai 1989)

5.56   A. Holle, G. Wiebusch, J. Main, K.H. Welge, G. Zeller, G. Wunner, T. Ertl, H. Ruder: Hydrogenic Rydberg atoms in strong magnetic fields. Z. Physik D **5**, 271 (1987)

5.57   H. Rottke, K.H. Welge: Photoionization of the hydrogen atom near the ionization limit in streng electric fields. Phys. Rev. A **33**, 301 (1986)

5.58   R.S. Freund: High Rydberg molecules, in [Lit. 5.39, p. 355]

        F. Merkt: Molecules in high Rydberg states. Ann. Rev. Phys. Chem. **48**, 675 (1997)

5.59   D. Eisel, W. Demtröder, W. Müller, P. Botschwina: Autoionization spectra of Li$_2$ and the $X^2\Sigma_g^+$ ground state of Li$_2^+$. Chem. Phys. **80**, 329 (1983)

5.60   M. Schwarz, R. Duchowicz, W. Demtröder, Ch. Jungen: Autoionizing Rydberg states of Li$_2$: analysis of electronic-rotational interactions. J. Chem. Phys. **89**, 5460 (1988)

5.61   Ch.H. Greene, Ch. Jungen: Molecular applications of quantum defect theory. *Advances in Atomic and Molecular Physics*, Vol. 21, (Academic, New York 1985), p. 51

5.62   S. Fredin, D. Gavyacq, M. Horani, Ch. Jungen, G. Lefevre, F. Masnou-Seeuws: S and d Rydberg series of NO probed by double resonance multiphoton ionization. Mol. Phys. **60**, 825 (1987)

5.63   P. Goy, M. Bordas, M. Broyer, P. Labastie, B. Tribellet: Microwave transitions between molecular Rydberg states. Chem. Phys. Lett. **120**, 1 (1985)

5.64   R. Seiler, Th. Paul, M. Andrist, F. Merkt: Generation of programmable near-Fourier-transform-limited pulses of narrow-band laser radiation from the near infrared to the vacuum ultraviolet. Rev. Sci. Instr. **76**(10), 103103:1–10 (2005)

5.65   F. Merkt: Molecules in High Rydberg States. Ann. Rev Phys. Chem. **48**, 675 (1997)

5.66   P. Filipovicz, P. Meystere, G. Rempe, H. Walther: Rydberg atoms, a testing ground for quantum electrodynamics. Opt. Acta **32**, 1105 (1985)

5.67   C.J. Latimer: Recent experiments involving highly excited atoms. Contemp. Phys. **20**, 631 (1979)

5.68   J.C. Gallas. G. Leuchs, H. Walther, H. Figger: Rydberg atoms: high resolution spectroscopy and advances. At. Mol. Phys. **20**, 414 (1985)

5.69   Hai-Lung Da (ed.): Molecular spectroscopy and dynamics by stimulated emission pumping. J. Opt. Soc. Am. B **7**, 1802 (1990)

5.70   V.S. Letokhov, V.P. Chebotajev: *Nonlinear Laser Spectroscopy*, Springer Ser. Opt. Sci., Vol. 4 (Springer, Berlin, Heidelberg 1977) Chap. 5

5.71   Th. Hänsch, P. Toschek: Z. Physik **236**, 213 (1970)

5.72   H. Weickenmeier, V. Diemer, M. Wahl. M. Raab, W. Demtröder, W. Müller: Accurate ground state potential of Cs_2 up to the dissociation limit. J. Chem. Phys. **82**, 5354 (1985)

5.73   H. Weickemeier, V. Diemer, W. Demtröder, M. Broyer: Hyperfine interaction between the singlet and triplet ground states of Cs_2. Chem. Phys. Lett. **124**, 470 (1986)

5.74   Hai.Lung Dai (ed.): Molecular spectroscopy and dynamics by stimulated emission pumping. J. Opt. Soc. Am. B **7**, 1802 (1990)

5.75   K. Bergmann, W. Shore: Coherent population transfer. Adv. Phys. Chem. (1993)

5.76   R. Teets, R. Feinberg, T.W. Hänsch, A.L. Schawlow: Simplification of spectra by polarization labelling. Phys. Rev. Lett. **37**, 683 (1976)

5.77   R. Zhao, I.M. Konen, R.N. Zare: Optical–optical double resonance photoionization spectroscopy of nf Rydberg states of nitric oxide. J. Chem. Phys. **121**, 9938 (2004)
        M.H. Kabir, S. Kasahara, W. Demtröder et al.: Doppler-free laser polarization spectroscopy and optical-optical double resonance polarization spectroscopy of the naphtalen molecule. J. Chem. Phys. **119**, 3691 (2003)

5.78   W.L. Glab: Optical–optical double resonance spectroscopy of autoionizing states of water. J. Chem. Phys. **107**, 5279 (1997)

5.79   N.W. Carlson, A.J. Taylor, K.M. Jones, A.L. Schawlow: Two Step polarization-labelling spectroscopy of excited states of Na_2. Phys. Rev. A **24**, 822 (1981)

5.80   B. Hemmerling, R. Rombach, W. Demtröder, N. Spies: Polarization labelling spectroscopy of molecular Li_2 Rydberg states. Z. Physik D **5**, 165 (1987)

5.81   W.E. Ernst: Microwave-optical polarization spectroscopy of the $X^2\Sigma$ state of SrF. Appl. Phys. B **30**, 2378 (1983)

5.82   W.E. Ernst, T. Törring: Hyperfine Structure in the $X^2\Sigma$ state of CaCl measured with microwave optical polarization spectroscopy. Phys. Rev. A **27**, 875 (1983)

5.83   U. Gaubatz, P. Rudecki, S. Schiemann, K. Bergmann: Population Transfer between Molecular Vibrational Levels by Stimulated Raman Scattering with partially overlapping Laser: A new concept and experimental results. J. Chem. Phys. **92**, 5363 (1990)

5.84   N.V. Vitanov, T. Halfmann, B.W. Schore, K. Bergmann: Laser-induced population transfer by adiabatic passage techniques. Ann. Rev. Phys. Chem. **52**, 763 (2001)

5.85   T. Rickes, L.P. Yatsenko, S. Steuerwald, T. Halfmann, B.W. Shore, N.V. Vitanov, K. Bergmann: Efficient adiabatic population transfer by two-photon excitation assisted by a laser-induced Stark shift. J. Chem. Phys. **113**, 534 (2000)

5.86   C. Allred, J. Reeves, C. Corder, H. Metcalf: Atom Lithography with Metastable Helium. J. App. Phys. **107**, 033116 (2010)

5.87   F. Münchow: 2-Photonassoziationsspektroskopie in einem Gemisch von Ytterbium und Rubidium. Dissertation, W.E. Physik, Univ. Düsseldorf (2012)

5.88   K.M. Jones, E. Tiesinger: Ultracold Photoassociation Spectroscopy. Long Range Molecules and Atomic Scattering. Rev. Mod. Phys. **78**, 1042 (2006)

5.89   W.C. Swalley, He Wang: Photoassociation of ultracold atoms: A new spectroscopic technique. J. Mol. Spectrosc. **194**, 228 (1999)
5.90   N. Herschbach et al.: Photoassociation spectroscopy of cold He(2^3S) atoms. Phys. Rev. Lett. **84**, 1874 (2000)
5.91   N. Vanhaecke et al.: Photoassociation spectroscopy of ultracold long range molecules. Compt. Rend. Phys. **5**, 161 (2004)
5.92   S. Tojo et al.: High resolution photassociation spectroscopy of Ytterbium atoms by using the intercombination transition. Phys. Rev. Lett. **96**, 153201 (2006)

Kapitel 6

6.1   I.S. Marshak: *Pulsed Light Sources* (Consultants Bureau, New York 1984)
6.2   P. Richter, J.D. Kimel, G.C. Moulton: Pulsed nitrogen laser: Dynamical UV behavior. Appl. Opt. **15**, 756 (1976)
6.3   D. Röss: *Laser-Lichtverstärker und Oszillatoren* (Akad. Verlagsgesellschaft, Frankfurt 1966)
6.4   D. Röss: Zum Problem der regelmäßigen Relaxationsimpulse von Kristallasern. Z. Naturforschung **22a**, 822 (1967)
6.5   F.P. Schäfer (ed.): *Dye Lasers*, 3rd edn., Topics Appl. Phys., Vol. 1 (Springer, Berlin, Heidelberg 1990)
6.6   W. Kleen, R. Müller: *Laser* (Springer, Berlin, Heidelberg 1969)
6.7   J. Herrmann, B. Wilhelmi: *Laser für ultrakurze Lichtimpulse* (Physik-Verlag, Weinheim 1984)
6.8   E. Hartfield, B.J. Thompson: Optical modulators, in *Handbock of Optics*, ed. by W. Driscal, W. Vaugham (McGraw-Hill, New York 1974)
6.9   F.J. McClung, R.W. Hellwarth: Characteristics of giant optical pulsations from ruby. Proc. IEEE **51**, 46 (1963)
6.10   Spectra-Physics: Instruction Manual on Model 344S Cavity Dumper
6.11   A. Yariv: *Quantum Electronics* (Wiley, New York 1975)
6.12   P.W. Smith, M.A. Duguay, E.P. Ippen: Mode-locking of lasers. *Progress in Quantum Electronics*, Vol. 3 (Pergamon, Oxford 1974)
6.13   O. Svelto: *Principles of Lasers*, 4th edn. (Plenum, New York 1998)
6.14   P. Heinz, M. Fickenscher, A. Lauberau: Elektro-optic gain control and cavity dumping of a Nd: glass laser with active-passive mode locking. Opt. Commun. **62**, 343 (1987)
6.15   M.S. Demokan: *Mode-Locking in Solid State and Semiconductor-Lasers* (Wiley, New York 1982)
6.16   W. Koechner: *Solid-State Laser Engineering*, 5th edn., Springer Ser. Opt. Sci., Vol. 1 (Springer, Berlin, Heidelberg 1999)
6.17   C.V. Shank, E.P. Ippen: Mode-locking of dye lasers, in *Dye Lasers*, 3rd edn., ed. by F.P. Schäfer (Springer, Berlin, Heidelberg 1990) Chapt. 4
6.18   W. Rudolf: Die zeitliche Entwicklung von Mode-Locking-Pulsen aus dem Rauschen. Dissertation, Fachbereich Physik, Universität Kaiserslautern (1980)
6.19   W. Demtröder, W. Stetzenbach, M. Stock, J. Witt: Lifetimes and Franck-Condon-factors for the B → X System of Na$_2$. J. Mol. Spectrosc. **61**, 382 (1976)
6.20   H.A. Haus: *Waves and Fields in Optoelectronics* (Prentice Hall, New York 1982)
6.21   B. Kopnarsky, W. Kaiser, K.H. Drexhage: New Ultrafast Saturable Absorbers for Nd:lasers. Opt. Commun. **32**, 451 (1980)
6.22   E.P. Ippen, C.V. Shank, A. Dienes: Passive mode-locking of the cw dye laser. Appl. Phys. Lett. **21**, 348 (1972)
6.23   G.R. Flemming, G.S. Beddard: CW mode-locked dye lasers for ultrashort spectroscopic studies. Opt. Laser Technol. **10**, 257 (1978)
6.24   D.I. Bradley: Methods of generations, in *Ultrashort Light Pulses*, ed. by S.L. Shapiro, Topics Appl. Phys., Vol. 18 (Springer, Berlin, Heidelberg 1977)

6.25   J. Kuhl, H. Klingenberg, D. von der Linde: Picosecond and subpicosecond pulse generation in synchroneously pumped mode-locked cw dye lasers. Appl. Phys. **18**, 279 (1979)

6.26   S.R. Rotman, C. Roxlo, D. Bebelaar, T.K. Yee, M.M. Salour: Generation, stabilization and amplification of subpicosecond pulses. Appl. Phys. B **28**, 319 (1982)

6.27   G.W. Fehrenbach, K.I. Gruntz, R.G. Ulbrich: Subpicosecond light pulses from synchronously pumped mode-locked dye lasers with composite gain and absorber medium. Appl. Phys. Lett. **33**, 159 (1978)

6.28   D. Kühlke, V. Herpers, D. von der Linde: Characteristics of a hybridly mode-locked cw dye laser. Appl. Phys. B **38**, 233 (1985)

6.29   R.H. Johnson: Characteristics of acousto-optic cavity dumping in a mode-locked laser. IEEE J. QE-**9**, 255 (1973)

6.30   B. Couillaud, V. Fossati-Bellani: Modelocked Lasers and Ultrashort Pulses I, II. Laser and Applications, Vol. IV, No. 1, 79; and No. 2, 91 (Jan. and Feb. 1985)

6.31   R.L. Fork, C.H. BritoCruz, P.C. Becker, C.V. Shank: Compression of optical pulses to six femtoseconds by using cubic phase compensation. Opt. Lett. **12**, 483 (1987)

6.32   Siehe z. B. Special Issue on „Ultrashort Pulse Generation" Appl. Phys. B **65** (August 1997)

6.33   R. Szipöcs, K. Ferencz, C. Spielmann, F. Krausz: Chirped multilayer coatings for broadband dispersion control in femtosecond lasers. Opt. Lett. **19**, 201 (1994)

6.34   S. DeSilvestri, P. Laporta, V. Magni: Generation and applications of femtosecond laserpulses. Europhys. News **17**, 105 (Sept. 1986)

6.35   R.L. Fork, B.T. Greene, V.C. Shank: Generation of optical pulses shorter than 0.1 ps by colliding pulse mode locking. Appl. Phys. Lett. **38**, 671 (1981)

6.36   M.C. Nuss, R. Leonhardt, W. Zinth: Stable Operation of asynchroneously pumped colliding pulse mode-locked ring dye laser. Opt. Lett. **10**, 16 (1985)

6.37   A. Haus: Optical fiber solitons. Proc. IEEE **81**, 970 (1993)

6.38   W. Koechner, M. Bass: Solid State Lasers (Springer, Berlin Heidelberg 2011)

6.39   A. Poppe, A. Führbach, C. Spielmann, F. Krausz: Electronics at the time scale of the light oscillation period, in *OSA Trends in Optics and Photonics*, Vol. 28, (Opt. Soc. Am., Washington 1999)

6.40   U. Morgner et al.: Sub-two cycle pulses from a Kerr-lens mode-locked Ti:sapphire laser. Opt. Lett. **24** (6), 411 (1999)

6.41   G. Cerullo, S. De Silvestri, V. Magni: Self-starting Kerr-lens mode locking of a Ti:sapphire laser. Opt. Lett. **19** (14), (1994)

6.42   F.X. Kärtner et al.: Ultrabroadband double-chirped mirror pairs for generation of octave spectrum. J. Opt. Soc. Am. B **19**, 302 (2001) und Topics Appl. Phys. Vol. 95 (Springer, Berlin, Heidelberg 2004) p. 73

6.43   E.P. Ippen, D.J. Jones, L.E. Nelson, H.A. Haus: Ultrafast fiber lasers, in: T. Elsässer et al. (eds.) *Ultrafast phenomena XI* (Springer, Berlin, Heidelberg 1998)

6.44   M.J.F. Digonnet: Rare-Earth-Doped Fiber Lasers and Amplifiers, 2nd edn. (CRC Press, Boca Raton 2001)

6.45   http://www.nufern.com/whitepaper_detail.php/30

6.46   H. Bartelt et al.: Licht clever führen mit strukturierten optischen Fasern. Photonik **3**, 82ff (2007)

6.47   G.P. Agrawa: *Nonlinear Fiber Optics* (Academic, San Diego 1989)
       A. Hasegawa: *Optical Solitons in Fibers*, 2nd edn. (Springer, Berlin, Heidelberg 1990)

6.48   D. Marcuse: Pulsedistortion in single-modefibers. Appl. Opt. **19**, 1653 (1980)

6.49   E.B. Treacy: Optical pulse compression with diffraction gratings. IEEE J. QE-**5**, 454 (1969)

6.50   C.V. Shank, R.L. Fork, R. Yen, R.H. Stolen, W.J. Tomlinson: Compression of femtosecond optical pulses. Appl. Phys. Lett. **40**, 761 (1982)

6.51   J.G. Fujiimoto, A.M. Weiners, E.P. Ippen: Generation and measurement of optical pulses as short as 16 fs. Appl. Phys. Lett. **44**, 832 (1984)

6.52   A. Baltuška et al.: Optical pulse compression to 5 fs at a 1-MHz repetition rate. Opt. Lett. **22**(2), 102 (1997)

6.53   J. Piel, M. Beutler, E. Riedle: 20–50 fs pulses tunable across the near infrared from a blue pumped noncollinear parametric amplifier. Opt. Lett **25**, 180 (2000)

6.54   M. Bradler, P. Baum, E. Riedle: Femtosecond continuum generation in bulk laser host materials with sub-μJ pump pulses. Appl. Phys. B **97**, 561–574 (2009)

6.55   P. Baum, S. Lochbrunner, E. Riedle: Generation of tunable 7 fs ultraviolet pulses. Appl. Phys. B **79**, 1027 (2004)

6.56   Yu. Stepanenko, Cz. Radzewicz: Multipass non-collinear optical parametric amplifier for femtosecond pulses. Opt. Express **14**, 779–785 (2006)
       C. Homann, D. Herrmann, R. Tautz, L. Veisz, F. Krausz, E. Riedle: Approaching the Full Octave: Noncollinear Optical Parametric Chirped Pulse Amplification with Two-Color Pumping, in *Ultrafast Phenomena XVII*, ed. by M. Chergui, D. Jonas, E. Riedle, R.W. Schoenlein, A. Taylor (Oxford Univ. Press, New York 2011) 691–693

6.57   C. Homann, C. Schriever, P. Baum, E. Riedle: Octave-wide tunable NOPA pulses at up to 2 MHz repetition rate, in *Ultrafast Phenomena XVI*, Springer Series in Chemical Physics, Vol. 92, ed. by P. Corkum, S. De Silvestri, K.A. Nelson, E. Riedle, R.W. Schoenlein (Springer, Berlin, Heidelberg 2009) 801–803

6.58   N. Krebs, R.A. Probst, E. Riedle: Sub-20 fs pulses shaped directly in the UV by an acousto-optic programmable dispersive filter. Opt. Express **18**, 6164–6171 (2010)

6.59   T. Wilhelm, J. Piel, E. Riedle: Sub-20 fs pulses tunable across the visible from a blue pumped single-pass noncollinear parametric converter. Opt. Lett. **22**, 1414 (1997)

6.60   R. Huber, H. Satzger, W. Zinth, J. Wachtveitl: Noncollinear optical parametric amplifiers with output parameters improved by the application of a white light continuum generated in CaF$_2$. Opt. Commun. **194**, 443 (2001)

6.61   http://frhewww.physik.uni-freiburg.de/terahertz/graphics/nopa-setup.gif

6.62   J. Zhou, G. Taft, C.P. Huang, M.M. Murnane, H.C. Kapteyn, L.P. Christor: Pulse evolution in a broad-bandwidth Ti:Sapphire laser. Opt. Lett. **19**, 1149 (1994)

6.63   F.M. Mitschke: Solitonen in Glasfasern. Laser und Optoelektronik **4**, 393 (1987)

6.64   L.F. Mollenauer, P.V. Mamyshev, M.J. Neuheit: Measurements of timing jitter in filter-guided soliton transmission at 106 Gbits/s. Opt. Lett. **19**, 704 (1994)

6.65   L.F. Mollenauer, R.H. Stolen: The soliton laser. Opt. Lett. **9**, 13 (1984)

6.66   F.M. Mitschke, L.F. Mollenauer: Stabilizing the soliton laser. IEEE J. QE-**22**, 2242 (1986)

6.67   F.M. Mitschke, L.F. Mollenauer: Ultrahort pulses from the soliton laser. Opt. Lett. **12**, 407 (1987)

6.68   W. Kaiser (ed.): *Ultrashort Laser Pulses*, 2nd edn., Topics Appl. Phys., Vol. 60 (Springer, Berlin, Heidelberg 1993)

6.69   S.L. Shapiro (ed.): *Ultrashort Light Pulses*, Topics Appl. Phys., Vol. 18 (Springer, Berlin, Heidelberg 1977)

6.70   E.P. Ippen, C.V. Shank: Subpicosecond kilowatt pulses from a mode locked CW dye laser, in *Ultrashort Light Pulses*, ed. by S.L. Shapiro, Topics Appl. Phys., Vol. 18 (Springer, Berlin, Heidelberg 1977) Chap. 3

6.71   R.L. Fork, C.V. Shank, R.T. Yen: Amplification of 70-fs optical pulses to Gigawatt powers. Appl. Phys. Lett. **41**, 223 (1982)

6.72   G.A. Mourou, C.P.J. Barty, M.D. Pery: Ultrahigh intensity lasers: hysics of the extreme on a table top. Phys. Today **51**, 22 (1998)

6.73   G. Cerullo, S. DeSilvestri: Ultra-fast optical parametric amplifiers. Rev. Sci. Instrum. **74**, 1–18 (2003)

6.74   N. Ishii, L. Tuni, F. Krausz et al.: Multi millijoule chirped parametric amplification of few-cycle pulses. Opt. Lett. **30**, 562 (2005)

6.75   A. Rundquist et al.: Ultrafast laser and amplifier sources. Appl. Phys. B **65**, 161 (1997)

6.76   U. Keller: Ultrafast solid-state laser technology. Appl. Phys. B **58**, 347 (1994)
       R. Butkus, R. Danielus, A. Dubetis, A. Piskarskas, A. Stabinis: Progress in chirped pulse optical parametric amplifiers. Appl. Phys. B **78**, 693 (2004)

6.77   Y. Stepanenko, C. Radzewicz: Multipass non-collinear optical parametric amplifier for femtosecond pulses. Opt. Express **14**, 779 (2006)

6.78   E. Seres, I. Seres, F. Krausz, Ch. Spielmann: Generation of Coherent Soft X-ray Radiation. Phys. Rev. Lett. **92**, 163002-1 (2004)

6.79   O. Smirnova, Y. Mairesse, S. Patchkovskii, N. Dudovich, D. Villeneuve, P. Corkum, M.Yu. Ivanov: High harmonic interferometry of multi-electron dynamics in molecules. Nature **460**, 972–977 (2009)

6.80   S. Koke, Ch. Grebing, H. Frei, A. Anderson, A. Assion, G. Steinmeyer: Direct frequency comb synthesis with arbitrary offset and shot-noise-limited phase noise. Nat. Photonics **4**, 462–465 (2010)
        Int. Conf. on Ultrafast Optics I–VII, Springer Series on Optical Sciences (Springer, Berlin, Heidelberg 1998–2010)

6.81   R. Kienberger, F. Krausz: *Sub-femtosecond XUV pulses: Attosecond Metrology and Spectroscopy*, Topics Appl. Phys., Vol. 95 (Springer, Berlin, Heidelberg 2004) p. 343ff;
        F. Krausz: Progress Report MPQ Garching 2005/2006, S. 195 (2007)

6.82   R. Kuenberger et al: Steering Attosecond Electron Wave Packets With Light. Science **297**, 1144 (2002); Atomic Transient Recorder. Nature **427**, 818 (2004)

6.83   E. Goulielmakis, F. Krausz et al.: Direct Measurement of Light Waves. Science **305**, 1267 (2004)

6.84   F. Krausz, M Ivanov: Attodsecond Physics. Rev. Mod. Phys. **81**, 179 (2009)

6.85   Photodioden (InGaAs-PIN-Dioden) mit Anstiegszeiten < 25 ps sind kommerziell erhältlich (z. B. Hamamatsu)
        K. Chang (ed.): *Handbook of Microwave and Optical Components*, Vol. 3 (Wiley Interscience, New York 2001)

6.86   P.B. Corkum: Attosecond pulses at last. Nature **403**, 845 (2000)
        P. Dietrich, F. Krausz, P.B. Corkum: Absolute carrier phase of a few-cycle laser pulse. Opt. Lett. **25**, 16 (2000)

6.87   M. Giguère et al.: Pulse compression of submillijoule few-optical-cycle infrared laser pulses using chirped mirrors. Opt. Lett. **34**, 1894 (2009)

6.88   Hamamatsu: FESCA (Femtosecond Streak Camera. Datenblatt 2908 (2006) (D-82211 Herrsching)
        Hamamatsu: Streak Camera System. Datenblatt 1994 (D-82211 Herrsching)

6.89   L. Xu et al.: High-Power sub-10 fs Ti:sapphire oscillators. Appl. Phys. B **65**, 151 (1997)

6.90   F.J. Leonberger, C.H. Lee, F. Capasso, H. Morkoc (eds.): *Picosecond Electronics and Optoelectronics II*, Springer Ser. Electron. Photon., Vol. 24 (Springer, Berlin, Heidelberg 1987)
        M.L. Riaziat: *Introduction to High-Speed Electronics and Optoelectronics* (Wiley Interscience, New York 1995)

6.91   C.H. Lee: *Picosecond Optoelectronics Devices* (Academic, New York 1984)

6.92   J.P. Dakin, R.G.W. Brown (eds.): *Handbook of Optoelectronics* (Taylor and Francis, Abingdon 2006)

6.93   F.X. Kärtner (ed.): *Few Cycle Laser Pulse Generation and its Application*. Topics Appl. Phys., Vol. 95 (Springer Berlin, Heidelberg 2005)

6.94   D.J. Bowley: Measuring ultrafast pulses. Lasers Optoelectronics **6**, 81 (1987)

6.95   H.P. Weber: Method for pulsewidth measurement of ultrashort light pulses, using nonlinear optics. J. Appl. Phys. **38**, 2231 (1967)

6.96   H.E. Rowe, T. Li: Theory of two-photon measurement of laser output. IEEE J. QE-**6**, 49 (1970)

6.97   J.A. Giordmaine, P.M. Rentze, S.L. Shapiro, K.W. Wecht: Two-photon excitation of fluorescence by picosecond light pulses. Appl. Phys. Lett. **11**, 216 (1967); siehe auch [10.17]

6.98   W.H. Glenn: Theory of the two-photon absorption-fluorescence method of pulsewidth measurement. IEEE. J. QE-**6**, 510 (1970)

6.99   D.J. Kane, R. Trebino: Single Shot measurement of the intensity and phase of an arbitrary ultrashort pulse using frequency-resolved optical gating. Opt. Lett. **18**, 823 (1993)
R. Trebino: *Frequency resolved optical gating* (Springer, Berlin, Heidelberg 2002)

6.100   C. Iaconis, I.A. Walmsley: Spectral phase interferometry for direct electric field reconstruction of ultrashort optical pulses. Opt. Lett. **23**, 782 (1998); Siehe auch: Techniques for the characterization of sub-10 fs optical pulses. A comparison. Appl. Phys. B **70**, Suppl. 1 (Juni 2000)

6.101   I.A. Walmsley: Characterization of ultrashort optical pulses in the few cycle regime using spectral phase interferometry for direct electric field reconstruction. Appl. Phys. B **95**, 265 (2004)
N. Krebs, R.A. Probst, E. Riedle: Shaped sub-20 fs UV Pulses: Handling Spatio-Temporal Coupling, in *Ultrafast Phenomena XVII*, ed. by M. Chergui, D. Jonas, E. Riedle, R.W. Schoenlein, A. Taylor (Oxford Univ. Press, New York 2011), 814–816
N. Krebs, R.A. Probst, E. Riedle: Sub-20 fs pulses shaped directly in the UV by an acousto-optic programmable dispersive filter. Opt. Express **18**, 6164–6171 (2010)

6.102   P. Baum, E. Riedle: Design and calibration of zero additional phase SPIDER. J. Opt. Soc. Am. B **22**, 1875 (2005)
P. Baum, E. Riedle, M. Greve, H.R. Telle: Phase-locked ultrashort pulse trains at separate and indepently tunable wavelengths. Opt. Lett. **30**, 2028 (2005)

6.103   A. Unsöld, B. Baschek: *Der Neue Kosmos*, 6. Aufl. (Springer, Berlin, Heidelberg 1999)

6.104   J.R. Lakowicz, B.P. Maliwal: Construction and Performance of a variable-frequency phase-modulation fluorometer. Biophys. Chem. **19**, 13 (1984) und Biophys. J. **46**, 463 (1984)

6.105   R.E. Imhof, F.H. Read: Measurements of lifetimes of atoms, molecules and ions. Rep. Progr. Phys. **40**, 1 (1977)

6.106   D.V. O'Connor, D. Phillips: *Time-Correlated Single-Photon Counting* (Academic, New York 1989)
W. Becker: *Time-Correlated Single-Photon Counting*, Springer Series Chem. Phys., Vol. 81 (Springer, Berlin, Heidelberg 2005)

6.107   W. Becker: *Advanced time correlated single photon counting Techniques*, Springer Series Chem. Phys., Vol. 81 (Springer 2005); *TCSPC Handbook*, 4th edn. (Becker & Hickl GmbH) http://www.becker-hickl.com

6.108   M.C.E. Huber, R.J. Sandeman: The measurement of oscillator strengths. Rep. Progr. Phys. **49**, 397 (1986)

6.109   J. Carlson: Accurate time resolved laser spectroscopy on sodium and bismuth atoms. Z. Physik D **9**, 147 (1988)

6.110   W. Wien: Über Messungen der Leuchtdauer der Atome und der Dämpfung der Spektrallinien. Ann. Phys. **60**, 597 (1919)

6.111   P. Hartmetz, H. Schmoranzer: Lifetime and absolute transition probabilities of the $^2P_{10}(^3S_1)$ level of NeI by beam-gas-dye laser spectroscopy. Z. Physik A **317**, 1 (1984)

6.112   K.H. Schartner, B. Zimmermann, S. Kammer, S. Mickat, H. Schmoranzer, A. Ehresmann, H. Liebel, R. Follath, G. Reichardt: Radiative cascades from doubly excited He states. Phys. Rev. A **64**, 040501(R) (2001)

6.113   D. Schulze-Hagenest, H. Harde, W. Brandt, W. Demtröder: Fast beam-spectroscopy by combined gas-cell laser excitation for cascade free measurements of highly excited states. Z. Physik A **282**, 149 (1977)

6.114   A. Schmitt, H. Schmoranzer: Radiative Lifetimes of the $5p^6 6p$-Fine-Structure Levels of Xenon measured by BGLS. Phys. Lett. A **263**, 193–8 (1999)

6.115   L. Ward, O. Vogel, A. Arnesen, R. Hallin, A. Wännström: Accurate experimental lifetimes of excited levels in Na II, Sd II. Phys. Scripta **31**, 149 (1985)

6.116   H. Schmoranzer, P. Hartmetz, D. Marger, J. Dudda: Lifetime measurement of the $B^2\Sigma_u^+ (v = 0)$ State of $^{14}N_2^+$ by the beam-dye-laser method. J. Phys. B **22**, 1761 (1989)

6.117   A. Lauberau, W. Kaiser: Picosecond investigations of dynamic processes in polyatomic molecules and liquids, in *Chemical and Biochemical Applications of Lasers II*, ed. by C.B. Moore
(Academic, New York 1977)

6.118   W. Zinth, M.C. Nuss, W. Kaiser: A picosecond Raman-technique with resolution four times
better than obtained by spontaneous Raman spectroscopy. [Lit. [10.131] III, S. 102]

6.119   A. Seilmeier, W. Kaiser: Ultrashort intramolecular and intermolecular vibrational energy
transfer of polyatomic molecules in liquids. [Lit. [10.131] III, S. 279]

6.120   K.J. Weingarten, M.J.W. Rodwell, D.M. Bloom: Picosecond optical sampling of GaAs inte-
grated circuits. IEEE J. QE-**24**, 198 (1988)

6.121   K.L. Hall, A.M. Darwish, E.P. Ippen, U. Koren, G. Raybon: Femtosecond index nonlineari-
ties in InGaAsP optical amplifiers. Appl. Phys. Lett. **62**, 1320 (1993)

6.122   C.F. Klingshirn: *Semiconductor Optics* (Springer, Berlin, Heidelberg 1995)

6.123   T. Baumert, M. Grosser, R. Thalweiser, G. Gerber: Femtosecond time-resolved molecular
multiphoton-ionisation: The Na_2 System. Phys. Rev. Lett. **67**, 3753 (1991)

6.124   T. Baumert, G. Gerber: Femtosecond spectrosopy od molecules and Clusters. Adv. Atom.,
Mol. and Opt. Phys. **35**, 163–208 (1995)

6.125   M. Dantus, M. Rosker, A.H. Zewail: Real-time-femtosecond probing of „transition states"
in chemical reactions. J. Chem. Phys. **87**, 2395 (1987)

6.126   M. Chergui (ed.): *Femtochemistry* (World Scientific, Singapore 1996)

6.127   A.H. Zewail: *Femtochemistry*, Vols. I and II (World Scientific, Singapore 1994)

6.128   M.A. El-Sayed, I. Tanaka, Y. Molin: *Ultrafast Processes in Chemistry and Biology* (Blackwell,
Oxford 1995)

6.129   C. Rulliere (ed.): *Femtosecond Laser Pulses* (Springer, Berlin, Heidelberg 1998)

6.130   J. Shah: *Ultrafast Spectroscopy of Semiconductors and Semiconductor Nanostructures*, 2nd
edn., Springer Ser. Solid-State Sci., Vol. 115 (Springer, Berlin, Heidelberg 1999)

6.131   *Picosecond Phenomena* (Springer Ser. Chem. Phys.)
I, ed. by K.V. Shank, E.P. Ippen, S.L. Shapiro. Vol. 4 (1978)
II, ed. by R.M. Hochstrasser, W. Kaiser, C.V. Shank. Vol. 14 (1980)
III, ed. by K.B. Eisenthal, R.M. Hochstrasser, W. Kaiser, A. Lauberau. Vol. 38 (1982)
Ultrashort Phenomena (Springer Ser. Chem. Phys.)
IV, ed. by D.H. Auston, K.B. Eisenthal. Vol. 38 (1984)
V, ed. by G.R. Fleming, A.E. Siegman. Vol. 46 (1986)
VI, ed. by T. Yajima, K. Yoshihara, C.B. Harris, S. Shionoya. Vol. 48 (1988)
VII, ed. by E. Ippen, C.B. Harris, A.H. Zewail. Vol. 53 (1990)
VIII, ed. by A. Migus, J.-L. Martin, G.A. Mourou, A.H. Zewail. Vol. 55
IX, ed. by P.F. Barbara, W.H. Knox, G.A. Mourou, A.H. Zewail. Vol. 60 (1994)
X, ed. by P.F. Barbara, J.G. Fujimoto, W.H. Knox, W. Zinth. Vol. 62 (1996)
XI, ed. by T. Elsaeser, J.G. Fujimoto, D.A. Wiersma, W. Zinth. Vol. 63 (1998)
Ultrafast Phenomena I–XV. Conference Proceedings, Springer Series in Chemical Physics
(Springer, Berlin, Heidelberg 1976–2007); insbesondere:
XIV, ed. by T. Kobayashi, T. Okata, K.A. Nelson, S. De Silvestri . Vol.79 (2005)
XV, ed. by R.J.D. Miller, A.M. Weiner, P. Corkum, D. Jonas. Vol. 88 (2007)

6.132   W. Zinth, I. Wachtveitl: The first picoseconds in bacterial phososynthesis: Ultrafast electron
transfer for the efficient conversion of light energy. Chem. Phys. Chem. **6**, 880 (2005)

6.133   J. Walmsley, Clarendon Laboratories Oxford University
(http://ultrafastphysics.ox.ac.uk/spider)

6.134   A.H. Zewail (ed.) *Femtochemistry: Ultrafast Dynamics of the Chemical Bond I und II* (World
Scientific, Singapore 1994)

6.135   P. Hannaford (ed.): *Femtosecond Laser Spectrosopy* (Springer, Berlin, Heidelberg 2004)

6.136   M.F. Krausz, M.Y. Ivanov: Attosecond physics. Rev. Mod. Phys. **81**, 163 (2009)

6.137   Ph. Buchsbaum: The Future of Attosecond Spectroscopy. Science **317**, 766 (2007)

6.138   H.J. Wörner, P.B. Corkum: Attosecond Spectroscopy, in *Handbook of High-Resolution Spectroscopy*, ed. by M. Quack, F. Merkt (2011)

6.139   M. Drescher et al.: Time-resolved inner shell spectroscopy. Nature **419**, 803 (2001)

6.140   H.J. Wörner, P.B. Corkum: Imaging and Controlling Multielectron Dynamics by Laser-Induced Tunneling Ionization. J. Phys. B: At. Mol. Opt. Phys. **44**, 041001 (2011)

6.141   H.J. Eichler, P. Günther, D.W. Pohl: *Laser-induced Dynamic Gratings*. Springer Series Opt. Sci., Vol. 50 (Springer, Berlin 1986)

6.142   H.J. Wörner, J.B. Bertrand, D.V. Kartashov, P.B. Corkum, D.M. Villeneuve: Following a chemical reaction using high-harmonic interferometry. Nature **466** (7306), 604–607 (2010)

Kapitel 7

7.1   P. Schwille: Fluorescence Correlation Spectroscopy in: R. Rigler, E.S. Elson (eds.) *Fluorescence Correlation Spectroscopy* (Springer, Berlin, Heidelberg 2001) pp. 360–378

7.2   W. Hanle: Über magnetische Beeinflussung der Polarisation der Resonanzfluoreszenz. Z. Physik **30**, 93 (1924)

7.3   P. Franken: Interference effects in the resonance fluorescence of „crossed" excited states. Phys. Rev. **121**, 508 (1961)

7.4   G.W. Series: Coherent effects in the interaction of radiation with atoms. In *Physics of the One- and Two-Electron Atoms*, ed. by F. Bopp, H. Kleinpoppen (North-Holland, Amsterdam 1969) p. 268

7.5   H.J. Beyer, H. Kleinpoppen: Anticrossing spectroscopy. In *Progress in Atomic Spectroscopy*, ed. by W. Hanle, H. Kleinpoppen (Plenum, New York 1978) p. 607

7.6   R.N. Zare: Molecular level crossing spectroscopy. J. Chem. Phys. **45**, 4510 (1966)

7.7   W. Happer: Optical pumping. Rev. Mod. Phys. **44**, 168 (1972)

7.8   F. Bylicki, H.G. Weber, H. Zscheeg, M. Arnold: On NO_2 excited State lifetime and g-factors in the 593 nm band. J. Chem. Phys. **80**, 1791 (1984)

7.9   M. McClintock, W. Demtröder, R.N. Zare: Level crossing studies of Na_2, using laser-induced fluroescence. J. Chem. Phys. **51**, 5509 (1969)

7.10   B. Budick, S. Marcus, R. Novick: Level Crossing Spectroscopy with an Electric Field: Stark Shift of the 32P term in Li. Phys. Rev. A **140** (4), 1041–1043 (1965)

7.11   R.N. Zare: Interference effects in molecular fluorescence. Accounts of Chem. Res. **361** (1971)

7.12   J. Alnis et al.: The Hanle effect and level crossing spectroscopy in Rb vapour under strong laser excitation. J. Phys. B. At. Mol. and Opt. Phys. **36**, 1161 (2003)

7.13   A.C. Luntz, R.G. Brewer: Zeeman-tuned level crossing in CH_4 observed by nonlinear absorption. J. Chem. Phys. **53**, 3380 (1970)

7.14   J.S. Levine, P. Boncyk, A. Javan: Observation of hyperfine level crossing in stimulated emission. Phys. Rev. Lett. **22**, 267 (1969)

7.15   G. Hermann, A. Scharmann: Untersuchungen zur Zeeman-Spektroskopie mit Hilfe nichtlinearer Resonanzen eines Multimoden Lasers. Z. Physik **254**, 46 (1972)
G. Hermann, K.H. Abt, G. Lasnitschka, A. Scharmann: Hyperfine level crossing in $^{113}CdII$ measured in stimulated enission. Phys. Lett. A **69** (2), 103 (1978)

7.16   C. Cohen-Tannoudji: Level-crossing resonances in atomic ground states. Comments At. Mol. Phys. **1**, 150 (1970)

7.17   J. Bengtsson, J. Larsson, S. Svanberg, C.G. Wahlström: Hyperfine-structure study of the $3d^{10}p^2P_{3/2}$ level of neutral copper using pulsed level crossing spectroscopy at short laser wavelengths. Phys. Rev. A **41**, 233 (1990)

7.18   G. von Oppen: Measurements of state multipoles using level crossing techniques. Commen. At. Mol. Phys. **15**, 87 (1984)

7.19   G. Del Gobbo, F. Giammance, F. Maccarone, P. Marsili, F. Strumia: Nonlinear Hanle effect in the active discharge of an Argon laser. Appl. Phys. B **64**, 349 (1997)

7.20   G.M. Hermann: Coherent foreward scattering spectroscopy. CRC Crit. Rev. in Analyt. Chem. **19**, 323 (1988)
G. Hermann, G. Lasnitschka, J. Richter, A. Scharmann: Level-crossing experiments by two-photon excitation. Z. Physik **D18**, 11 (1991)

7.21   G. Moruzzi, F. Strumia (eds.): *Hanle Effect and Level Crossing Spectroscopy* (Plenum, New York 1992)
M. Auzinsky et al.: Level-crossing spectroscopy of the 7, 9 and $10D_{5/2}$ states of ^{133}Cs. Phys. Rev. A **75**, 022502 (2007)

7.22   S. Haroche: Quantum beats and time resolved spectroscopy. In *High Resolution Laser Spectroscopy*, ed. by K. Shimoda, Topics Appl. Phys., Vol. 13 (Springer, Berlin, Heidelberg 1976) p. 253

7.23   H.J. Andrä: Quantum beats and laser excitation in fast beam spectroscopy. In *Atomic Physics 4*, ed. by G. zu Putlitz, E.W. Weber, A. Winnacker (Plenum, New York 1975)

7.24   R.M. Lowe, P. Hannaford: Observation of quantum beats in sputtered metal vapours. 19th EGAS Conference, Dublin (1987)

7.25   W. Lange, J. Mlynek: Quantum beats in transmission by time resolved polarization spectroscopy. Phys. Rev. Lett. **40**, 1373 (1978)

7.26   J. Mlynek, W. Lange: A simple method of observing coherent ground-state transients. Opt. Commun. **30**, 337 (1979)

7.27   H. Sixl: Zeitaufgelöste kohärente Spektroskopie. Physik in unserer Zeit **9**, 114 (1978)

7.28   M. Dubs, J. Mühlbach, H. Bitto, P. Schmidt, J.R. Huber: Hyperfine quantum beats and Zeeman spectroscopy in the polyatomic molecule propynol CH ≡ CCHO. J. Chem. Phys. **83**, 3755 (1985)

7.29   H. Bitto, J.R. Huber: Molecular quantum beat spectroscopy. Opt. Commun. **80**, 184 (1990)
R.T. Carter, J.R. Huber: Quantum beat spectroscopy in Chemistry. Chem. Soc. Rev. **29**, 305 (2000)

7.30   M. Dubs, J. Mühlbach, H. Bitto, P. Schmidt, J.R. Huber: Hyperfine quantum beats and Zeeman spectroscopy in the polyatomic molecule propynal CHOC-CHO. J. Chem. Phys. **83**, 3755 (1985)

7.31   W. Sharfin, M. Ivanco, St. Wallace: Quantum beat phenomena in the fluorescence decay of the C($^1B_2$) State of SO_2. J. Chem. Phys. **76**, 2095 (1982)

7.32   P.J. Brucat, R.N. Zare: $NO_2 A^2 B_2$ State properties from Zeeman quantum beats. J. Chem. Phys. **78**, 100 (1983); ibid. **81**, 2562 (1984)

7.33   P. Schmidt, H. Bitto, J.R. Huber: Excited state dipole moments in a polyatomic molecule determined by Stark quantum beat spectroscopy. J. Chem. Phys. **88**, 696 (1988)

7.34   H. Ring, R.T. Carter, J.R. Huber: Measurement of the Majorana effect in a molecule using a switched magnetic field and quantum beat detection. Eur. Phys. Journal D **6**, 487 (1999)

7.35   N. Ochi, H. Watanabe, S. Tsuchiya, S. Koda: Rotationally resolved laser-induced fluorescence and Zeeman quantum beat spectroscopy of the V^1B_2 State of jet cooled CS_2. Chem. Phys. **113**, 271 (1987)

7.36   H. Bitto, A. Levinger, J.R. Huber: Optical-radio-frequency double resonance spectroscopy with quantum beat detection. Z. Physik D **28**, 303 (1993)

7.37   H. Bitto: Dynamics of S_1 acetone studied with single rotor vibronic level resolution. Chem. Phys. **186**, 105 (1994)
S. Sieradzan, F.A. Franz: Simplification of quantum beat spectroscopy through optical pumping and multiphoton excitation. J. Phys. B: At. Mol. Phys. **17**, 701 (1984)

7.38   G. Leuchs, J. Smith, H. Walter: High resolution spectroscopy of Rydberg states. In *Laser Spectroscopy IV*, ed. by H. Walther, K.W. Rothe, Springer Ser. Opt. Sci., Vol. 7 (Springer, Heidelberg 1977)

7.39   J.N. Dodd, G.W. Series: Time-resolved fluorescence spectroscopy. In *Progress in Atomic Spectroscopy*, ed. by W. Hanle, H. Kleinpoppen (Plenum, New York 1978)

7.40   J. Mlynek: Neue optische Methoden der hochauflösenden Kohärenzspektroskopie an Atomen. Phys. Blätter **43**, 196 (1987)

7.41   J.C. Lehmann: *Frontiers in Laser Spectroscopy*, ed. by R. Balin, S. Haroche, S. Liberman (North Holland, Amsterdam 1977)

7.42   R.H. Dicke: Coherence in spontaneous radiation processes. Phys. Rev. **93**, 99 (1954)

7.43   E.L. Hahn: Spin echoes. Phys. Rev. **80**, 580 (1950)

7.44   I.D. Abella: Echoes at optical frequencies. *Progress in Optics* **7**, 140 (North Holland, Amsterdam 1969)

7.45   S.R. Hartmann: Photon echoes. In *Lasers and Light*, Readings from Scientific American (Freeman, San Francisco 1969) S. 303

7.46   C.K.N. Patel, R.E. Slusher: Photon echoes in gases. Phys. Rev. Lett. **20**, 1087 (1968)

7.47   R.G. Brewer: Coherent optical transients. Phys. Today **30**, 50 (May 1977)

7.48   R.G. Brewer, A.Z. Genack: Optical coherent transients by laser frequence switching. Phys. Rev. Lett. **36**, 959 (1976)

7.49   A. Schenzle, R.G. Brewer: Optical coherent transients: Generalized two-level solutions. Phys. Rev. A **14**, 1756 (1976)

7.50   R.G. Brewer: Coherent optical spectroscopy. In *Frontiers in Laser Spectroscopy*, ed. by R. Balian, S. Haroche, S. Liberman (North Holland, Amsterdam 1977)

7.51   H. Lehmitz, H. Harde: Polarization selective detection of hyperfine quantum beats. In [Lit. 1.24, S. 101]

7.52   J. Mlyneck, W. Lange, H. Harde, H. Burggraf: High resolution coherence spectroscopy using pulse trains. Phys. Rev. A **24**, 1099 (1989)

7.53   H. Lehmitz, W. Kattav, H. Harde: Modulated Pumping in Cs with Picosecond Pulse Trains. In *Methods of Laser Spectroscopy*, ed. by Y. Prior, A. Ben-Reuven, M. Rosenbluth (Plenum, New York 1986) p. 97

7.54   http://photonik.physik.hu-berlin.de/ede/photonik2/2005undeher/2005/sit.pdf

7.55   C. Freed, D.C. Spears, R.G. O'Donnell: Precision heterodyne calibration. In *Laser Spectroscopy*, ed. by R.G. Brewer, A. Mooradian (Plenum, New York 1974) p. 17

7.56   F.R. Petersen, D.G. McDonald, F.D. Cupp, B.L. Danielson: Rotational constants from $^{12}C^{16}O_2$ from beats between Lamb-dip stabilized laser lines. Phys. Rev. Lett. **31**, 573 (1973); also in *Laser Spectroscopy*, ed. by R.G. Brewer, A. Mooradian (Plenum, New York 1974) p. 555

7.57   T.J. Bridge, T.K. Chang: Accurate rotational constants of CO_2 from measurements of cw beats in bulk GaAs between CO_2 vibrational-rotational laser lines. Phys. Rev. Lett. **22**, 811 (1969)

7.58   L.A. Hackel, K.H. Casleton, S.G. Kukolich, S. Ezekiel: Observation of magnetic octupole and scalar spin-spin interaction in I_2 using laser spectroscopy. Phys. Rev. Lett. **35**, 568 (1975)

7.59   W.A. Kreiner, G. Magerl, E. Bonek, W. Schupita, L. Weber: Spectroscopy with a tunable sideband laser. Physica Scripta **25**, 360 (1982)

7.60   J.L. Hall, L. Hollberg, T. Baer, H.G. Robinson: Optical heterodyne saturation spectroscopy. Appl. Phys. Leu. **39**, 680 (1981)

7.61   P. Verhoeve, J.J. terMeulen, W.L. Meerts, A. Dynamus: Sub-millimeter laser-sideband spectroscopy of H_3O^+. Chem. Phys. Lett. **143**, 501 (1988)

7.62   E.A. Whittaker, H.R. Wendt, H. Hunziker, G.C. Bjorklund: Laser FM spectroscopy with photochemical modulation: A sensitive, high resolution technique for chemical intermediates. Appl. Phys. B **35**, 105 (1984)

7.63   F.T. Arecchi, A. Berné, P. Bulamacchi: High-order fluctuations in a single mode laser field. Phys. Rev. Lett. **88**, 32 (1966)

7.64   H.Z. Cummins, H.L. Swinney: Light beating spectroscopy. *Progress in Optics* **8**, 134 (North Holland, Amsterdam 1970)

7.65   E.O. DuBois (ed.): *Photon Correlation Techniques*, Springer Ser. Opt. Sci., Vol. 38 (Springer, Berlin, Heidelberg 1983)

7.66   Ma Long-Sheng, J.L. Hall: Optical heterodyne spectroscopy enhanced by an external optical cavity. IEEE J. QE-**26**, 2006 (1990)

7.67   Yuan Yao Lin, I-Hong Chen, Ray-Kuang Lee: Few-cycle self-induced-transparency solitons. Phys. Rev. A **83**, 043828 (2011)

7.68   G. He, S.H. Liu: *Physics of nonlinear Optics* (World Scientific, Singapore 2003)

7.69   J.C. Eilbeck et al.: Solitons in nonlinear optics. I. A more accurate description of the 2π pulse in self-induced transparency. J. Phys. A: Math. Nucl. Gen. **6**, 1337 (1973)

7.70   V.P. Kalosha, M. Müller, J. Herrmann: Solid-State Laser Mode Locking by Self-Induced Transparency in a Thin Intracavity Absorber. Laser Phys. **8** (2), 390–394 (1998)

7.71   R. Menzel: *Photonics*, 2. edn. (Springer, Berlin, Heidelberg 2007)

7.72   E. Arimondo: Coherent population trapping in laser spectroscopy. Prog. Opt. **35**, 257 (1996)

7.73   http://www.iap.uni-bonn.de/dunkel/Dintro_theo.htm

7.74   A. Nagel, L. Graf, A. Naumov, E. Mariotti, V. Biancalana, D. Meschede, R. Wynands: Experimental realization of coherent dark state. Magnetometers Europhys. Lett. **44**, 31–36 (1998)
        C. Affolderbach, M. Stähler, S. Knappe, R. Wynands: An all-optical, high-sensitivity magnetic gradiometer. Appl. Phys. B **75**, 605–612 (2002)

7.75   N. Wiener: Acta Math. **55**, 117 (1930)

7.76   L. Mandel: Fluctuations of light beams. *Progress in Optics* **2**, 181 (North Holland, Amsterdam 1963)

7.77   E.O. Schulz-DuBois: High resolution intensity interferometry by photon correlation. In [Lit. 12.56, S. 6]

7.78   H.Z. Cummins, E.R. Pike (eds.): *Photon Correlation and Light Spectroscopy* (Plenum, New York 1974)

7.79   E. Stelzer, H. Ruf, E. Grell: Analysis and resolution of polydispersive systems. In [Lit. 12.45, S. 329]

7.80   N.C. Ford, G.B. Bennedek: Observation of the spectrum of light scattered from a pure fluid near its critical point. Phys. Rev. Lett. **15**, 649 (1965)

7.81   R. Rigler, E.S. Elson (eds.): *Fluorescence Correlation Spectroscopy, Theory and Applications* (Springer, Berlin 2001)

7.82   P. Schwille, E. Haustein: Fluorescence Correlation Spectroscopy an Introduction to its Concepts and Applications, www.biophysics.org/education/schwille.pdf
        Mütze, J., Ohrt, T. & Schwille, P.: Fluorescence correlation spectroscopy in vivo. Laser & Photonics Reviews **5**(1), 52–67 (2011)

7.83   R. Rieger, C.RÄocker, G.U. Nienhaus: Fluctuation correlation spectroscopy for the advanced physics laboratory, Am. J. Phys. 73, 1129–1134 (2005)

7.84   M. Hacker, M. Kempe: Tief in die Augen geschaut. Phys. J. **8**, 31 (2009)

Kapitel 8

8.1   P.R. Berman: Studies of collisions by laser spectroscopy. Adv. At. Mol. Phys. **13**, 57 (1977)

8.2   R.B. Bernstein: *Chemical Dynamics via Molecular Beam and Laser Techniques* (Clarendon, Oxford 1982)

8.3   J.T. Yardley: *Molecular Energy Transfer* (Academic, New York 1980)

8.4   W.H. Miller (ed.): *Dynamics of Molecular Collisions* (Plenum, New York 1976)

8.5   J. Ward, J. Cooper: Correlation effects in the theory of combined Doppler and pressure broadening. J. Quantum Spectrosc. Rad. Transf. **14**, 555 (1974)

8.6   J.O. Hirschfelder, Ch.F. Curtiss, R.B. Bird: *Molecular Theory of Gases and Liquids* (Wiley, New York 1954)

8.7   T.W. Hänsch, P. Toschek: On pressure broadening in a He-Ne-laser. IEEE J. QE-**5**, 61 (1969)

8.8   J.L. Hall: Saturated absorption spectroscopy, in *Atomic Physics*, Vol. 3, ed. by S.J. Smith, G.K. Walthers (Plenum, New York 1973) pp. 615ff

8.9   J.L. Hall: *The Line Shape Problem in Laser-Saturated Molecular Absorption* (Gordon & Breach, New York 1969)

8.10   S.N. Bagyev: Spectroscopic studies into elastic scattering of excited particles, in [Lit. 1.1IV, S. 222]

8.11   C.R. Vidal, F.B. Haller: Heat pipe oven applications: production of metal vapor-gas mixtures. Rev. Sci. Instrum. **42**, 1779 (1971)

8.12   R. Bombach, B. Hemmerling, W. Demtröder: Measurement of broadening rates, shifts and effective lifetimes of Li_2 Rydberg levels by optical double-resonance spectroscopy. Chem. Phys. **121**, 439 (1988)

8.13   R.B. Kürzel, J.I. Steinfeld, D.A. Hazenbuhler, G.E. LeRoi: Energy transfer processes in monochromatically excited iodine molecules. J. Chem. Phys. **55**, 4822 (1971)

8.14   J.I. Steinfeld: Energy transfer processes, in *Chemical Kinetics Phys. Chemistry Series One*, Vol. 9 (Butterworth, London 1972)

8.15   G. Ennen, Ch. Ottinger: Rotation-vibration-translation energy transfer in laser excited $Li_2(B^1 \Pi_u)$. Chem. Phys. **3**, 404 (1974)

8.16   Ch. Ottinger, M. Schröder: Collision-induced rotational transitions of dye laser excited Li_2 molecules. J. Phys. B **13**, 4163 (1980)

8.17   G. Ennen, Ch. Ottinger: Collision-induced dissociation of laser excited $Li_2(B^1 \Pi_u)$. J. Chem. Phys. **40**, 127 **41**, 415 (1979)

8.18   K. Bergmann, W. Demtröder: Inelastic cross sections of excited molecules. J. Phys. B. Atom. Mol. Phys. **5**, **1386**, 2098 (1972)

8.19   K. Bergmann, H. Klar, W. Schlecht: Asymmetries in collision-induced rotational transitions. Chem. Phys. Lett. **12**, 522 (1974)

8.20   D. Zevgolis: Untersuchung inelastischer Stoßprozesse in Alkali-Dämpfen mit Hilfe spektral- und zeitaufgelöster Laserspektroskopie. Dissertation, Kaiserslautern (1980)

8.21   T.A. Brunner, R.D. Driver, N. Smith, D.E. Pritchard: Rotational energy transfer in Na_2-Xe collisions. J. Chem. Phys. **70**, 4155 (1979); Phys. Rev. Lett. **41**, 856 (1978)

8.22   G. Sha, P. Proch, K.L. Kompa: Rotational transitions of $N_2(a^1 \Pi_g)$ induced by collisions with Ar/He studied by laser REMPI spectroscopy. J. Chem. Phys. **87**, 5251 (1987)

8.23   R. Schinke: *Theory of Rotational Transitions in Molecules*, Int'l Conf. Phys. Elect. At. Collisions XIII (North-Holland, Amsterdam 1984) p. 429

8.24   M. Faubel: Vibrational and rotational excitation in molecular collisions. Adv. At. Mol. Phys. **19**, 345 (1983)

8.25   A.J. McCaffery, M.J. Praetor, B.J. Whitaker: Rotational energy transfer: polarization and scaling. An. Rev. Phys. Chem. **37**, 223(1986)

8.26   E. Nikitin, L. Zulicke: *Theorie chemischer Elementarprozesse* (Vieweg, Braunschweig 1985)

8.27   E.K. Kraulinya, E.K. Kopeikana, M.L. Janson: Excitation energy transfer in atom-molecule interactions of sodium and potassium vapors. Chem. Phys. Lett. **39**, 565 (1976); Opt. Spectrosc. **41**, 217 (1976)

8.28   L.K. Lam, T. Fujiimoto, A.C. Gallagher, M. Hessel: Collisional excitation transfer between Na und Na_2. J. Chem. Phys. **68**, 3553 (1978)

8.29   H. Hulsman, P. Willems: Transfer of electronic excitation in sodium vapour. Chem. Phys. **119**, 377 (1988)

8.30   St. Lemont, G.W. Flynn: Vibrational state analysis of electronic-to-vibrational energy transfer processes. An. Rev. Phys. Chem. **28**, 261 (1977)

8.31   A. Tramer, A. Nitzan: Collisional effects in electronic relaxation. Adv. Chem. Phys. **47** (2), 337 (1981)

8.32   St.A. Rice: Collision-induced intramolecular energy transfer in electronically excited polyatomic molecules. Adv. Chem. Phys. **47** (2), 237 (1981)

8.33   K.B. Eisenthal: Ultrafast chemical reactions in the liquid state, in *Ultrashort Laser Pulses*, 2nd edn., ed. by W. Kaiser, Topics Appl. Phys., Vol. 60 (Springer, Berlin, Heidelberg 1993)

8.34   P. Hering, S.L. Cunba, K.L. Kompa: Coherent anti-Stokes Raman spectroscopy study of the energy partitioning in the Na(3P) − H_2 collision pair with red wing excitation. J. Phys. Chem. **91**, 5459 (1987)

8.35   M. Allegrini, P. Bicchi, L. Moi: Cross-section measurements for the energy transfer collisions Na(3P)+Na(3P) → Na(5S,4D)+Na(3S). Phys. Rev. A **28**, 1338 (1983)

8.36   J. Huenneckens, A. Gallagher: Radiation diffusion and Saturation in optically thick Na vapor. Phys. Rev. A **28**, 238 (1983)

8.37   J. Huenneckens, A. Gallagher: Associative ionization in collisions between two Na(3P) Atoms. Phys. Rev. A **28**, 1276 (1983)

8.38   S.A. Abdullah, M. Allegrini, S. Gozzini, L. Moi: Three-body collisions between laser-excited Na and K-atoms in the presence of buffer gas. Il Nuov. Cimento D **9**, 1467 (1987)

8.39   K.F. Freed: Collision-induced intersystem crossing. Adv. Chem. Phys. **47** (2), 211 (1981)

8.40   J.P. Webb, W.C. McColgin, O.G. Peterson, D. Stockman, J.H. Eberly: Intersystem crossing rate and triplet state lifetime for a lasing dye. J. Chem. Phys. **53**, 4227 (1970)

8.41   X.L. Han, G.W. Schinn, A. Gallagher: Spin-exchange cross sections for electron excitation of Na 3S-3P determined by a novel spectroscopic technique. Phys. Rev. A **38**, 535 (1988)

8.42   A. Dalgarno (ed.): The Physics of Atomic Collisions (Springer, Berlin, Heidelberg 1997)

8.43   H.G.C. Werij, M. Harris, J. Cooper, A. Gallagher: Collisional energy transfer between excited Sr. atoms. Phys. Rev. A **43**, 2237 (1991)

8.44   S.G. Leslie, J.T. Verdeyen, W.S. Miliar: Excitation of highly excited States by collisions between two excited cesium atoms. J. Appl. Phys. **48**, 4444 (1977)

8.45   T.A. Cool: Transfer chemical laser, in *Handbook of Chemical Lasers*, ed. by R.W.F. Gross, J.F. Bott (Wiley, New York 1976)

8.46   F.J. Duarte, L.W. Hillman: *Dye Laser Principles* (Academic, Boston 1990)

8.47   F.J. Duarte (ed.): *High-Power Dye Lasers*, Springer Ser. Opt. Sci., Vol. 65 (Springer, Berlin, Heidelberg 1991)

8.48   F.P. Schäfer (ed.): *Dye Lasers*, 3rd edn., Topics Appl. Phys., Vol.l (Springer, Berlin, Heidelberg 1990)

8.49   B. Wellegehausen: Optically pumped cw dimer lasers. IEEE J. QE-**15**, 1108 (1979)

8.50   W.J. Witteman: *The CO_2-Laser*, Springer Ser. Opt. Sci., Vol. 53 (Springer, Berlin, Heidelberg 1987)

8.51   V.E. Bondebey: Relaxation and vibrational energy redistribution processes in polyatomic molecules. An. Rev. Phys. Chem. **35**, 591 (1984)

8.52   W.H. Green, J.K. Hancock: Laser excited vibrational energy exchange studies of HF, CO and NO. IEEE J. QE-**9**, 50 (1973)

8.53   W.B. Gao, Y.Q. Shen, J. Häger, W. Krieger: Vibrational relaxation of ethylene oxide and ethylene oxid-rare gas mixture. Chem. Phys. **84**, 369 (1984)

8.54   G.W. Flynn: Energy flow in polyatomic molecules, in *Chemical and Biochemical Applications of Lasers*, Vol. 1, ed. by C.B. Moore (Academic, New York 1974)

8.55   S.R. Leone: State-resolved molecular reaction dynamics. An. Rev. Phys. Chem. **35**, 109 (1984)

8.56   J. Benzler, S. Linkersdörfer, K. Luther: Density dependence of the collisional deactivation of highly vibrationally excited cycloheptatriene. J. Chem. Phys. **106**, 4992 (1997)

8.57   R. Feinberg, R.E. Teets, J. Rubbmark, A.L. Schawlow: Ground State relaxation measurements by laser-induced depopulation. J. Chem. Phys. **66**, 4330 (1977)

8.58   A. Seilmeier, W. Kaiser: Ultrashort vibrational energy transfer in liquids, in *Ultrashort Laser Pulses*, 2nd edn., ed. by W. Kaiser, Topics Appl. Phys., Vol. 60 (Springer, Berlin, Heidelberg 1993)

8.59   A. Lauberau, W. Kaiser: Vibrational dynamics of liquids and solids investigated by picosecond light pulses. Rev. Mod. Phys. **50**, 607 (1978)

8.60   Th. Kühne, P. Vöhringer: Vibrational relaxation and recombination in the femtose-cond-photodissociation of triiodide in solution. J. Chem. Phys. **105**, 10788 (1996)

8.61   J.G. Haub, B.J. Orr: Coriolis-assisted vibrational energy transfer in D_2CO/D_2CO and HDCO/HDCO-collisions. J. Chem. Phys. **86**, 3380 (1987)

8.62   T.F. Hunter, P.C. Turtle: Optoacoustic and thermo-optic detection in spectroscopy and in the study of relaxation processes. In *Adv. Infrared and Raman Spectroscopy*, Vol. 7, ed. by R.H.J. Clark, R.E. Hester(Heyden, London 1980) p. 283

8.63   Ch.E. Hamilton, J.L. Kinsey, R.W. Field: Stimulated emission pumping: New methods in spectroscopy and molecular dynamics. An. Rev. Phys. Chem. **37**, 593 (1986)

8.64   M. Becker, U. Gaubatz, K. Bergmann, P.L. Jones: Efficient and selective population of high vibrational levels by stimulated near resonance Raman scattering. J. Chem. Phys. **87**, 5064 (1987)

8.65   H.L. Dai (guest ed.): Molecular Spectroscopy and Dynamics by Stimulated-Emission Pumping. J. Opt. Soc. Am. B **7**, 1802 (1990)

8.66   K. Bergmann, S. Schiemann, A. Kuhn: Zustandsbesetzung nach Mass. Phys. Blätter **48**, 907 (1992)

8.67   R.T. Bayley, F.R. Cruicksbank: Spectroscopic investigations of vibrational energy transfer. Adv. Infrared Raman Spectrosc. **8**, 52 (1981)

8.68   E. Hiroto, K. Kawaguchi: High resolution studies of molecular dynamics. An. Rev. Phys. Chem. **36**, 53 (1985)

8.69   A. Gonzales Ureña: Influence of translational energy upon reactive scattering cross sectionsof neutral-neutral collisions. Adv. Chem. Phys. **66**, 213 (1987)

8.70   M.A.D. Fluendy, K.P. Lawley: *Chemical Applications of Molecular Beam Scattering* (Chapman and Hall, London 1973)

8.71   V. Borkenhagen, M. Halthau, J.P. Toennies: Molecular beam measurements of inelastic cross sections for transition between defined rotational states of CsF. J. Chem. Phys. **71**, 1722 (1979)

8.72   K. Bergmann, R. Engelhardt, U. Hefter, J. Witt: State-resolved differential cross sections for rotational transitions in Na_2 + Ne collisions. Phys. Rev. Lett. **40**, 1446 (1978)

8.73   K. Bergmann: State selection via optical methods. In *Atomic and Molecular Beam Methods*, Vol. 12, ed. by G. Coles (Oxford Univ. Pres, Oxford 1989)

8.74   K. Bergmann, U. Hefter, J. Witt: State-to-state differential cross sections for relational transitions in Na_2 + He-collisions. J. Chem. Phys. **71**, 2726 (1979), ibid. **72**, 4777 (1980)

8.75   H. Klar: Theory of collision-induced rotational energy transfer in the II-state of diatomic molecules. J. Phys. B **6**, 2139 (1973)

8.76   R. Düren, H. Tischer: Experimental determination of the $K(4^2P_{3/3})$-Ar-potential. Chem. Phys. Lett. **79**, 481 (1981)

8.77   I.V. Hertel, H. Hofmann, K.A. Rost: Electronic to vibrational-rotational energy transfer in collisions of $Na(3^2P)$ with simple molecules. Chem. Phys. Lett. **47**, 163 (1977)

8.78   I.V. Hertel, W. Reiland: Electronic to vibrational-rotational energy transfer in collisions of Na(3P) with NO- and small organic molecules. J. Chem. Phys. **74**, 6757 (1981)

8.79   P. Botschwina, W. Meyer, I.V. Hertel, W. Reiland: Collisions of excited Na atoms with H_2-molecules: Ab initio potential energy surfaces. J. Chem. Phys. **75**, 5438 (1981)

8.80   E.E.B. Campbell, H. Schmidt, I.V. Hertel: Symmetry and angular momentum in collisions with laser excited polarized atoms. Adv. Chem. Phys. **72**, 37 (1988)

8.81   J.B. Pruett, R.N. Zare: State-to-state reaction rates: Ba+HF $(v = 0,1) \rightarrow$ BaF $(v = 0-12)$+H. J. Chem. Phys. **64**, 17774 (1976)

8.82   K. Kleinermanns, J. Wolfrum: Laser stimulation and observation of elementary chemical reactions in the gas phase. Laser Chem. **2**, 339 (1983)

8.83   K.D. Rinnen, D.A.V. Kliner, R.N. Zare: The H + D_2 reaction: prompt HD distribution at high collision energies. J. Chem. Phys. **91**, 7514 (1989)

8.84   D.P. Gerrity, J.J. Valentini: Experimental determination of product quantum state distributions in the H + $D_2 \rightarrow$ HD + D reaction. J. Chem. Phys. **79**, 5202 (1983)

8.85   V.M. Bierbaum, St.R. Leone: Optical studies of product state distribution in thermal energy ion-molecule reactions, in *Structure, Reactivity and Thermochemistry of Ions*, ed. by P. Ausloos, S.G. Lias (Reidel, New York 1987) p. 23

8.86   R. Duren, V. Lackschewitz, S. Milosevic, H. Panknin, N. Schirawski: Differential cross sections for reactive and nonreactive scattering of electronically excited Na from HF molecules. Chem. Phys. Lett. **143**, 45 (1988)

8.87   M.N.R. Ashfold, J.E. Baggott (eds.): *Molecular Photodissociation Dynamics*, Adv. in Gas-Phase Photochem. (Roy. Soc. Chemistry, London 1987)

8.88   Siehe z.B. das Sonderheft über *Dynamics of Molecular Photofragmentation*. Faraday Discuss. Chem. Soc. **82** (1986)

8.89   E. Hasselbrink, J.R. Waldeck, R.N. Zare: Orientation of the $CNX^2\Sigma^+$ fragment, following photolysis by circularly polarized light. Chem. Phys. **126**, 191 (1988)

8.90   T. Schmidt, C. Figl, A. Grimpe, J. Grosser, O. Hoffmann, F. Rebentrost: Control of Atomic Collisions by Laser Polarization. Phys. Rev. Lett. **92**, 033201 (2004)

8.91   J.F. Black, J.R. Waldeck, R.N. Zare: Evidence for three interacting potential energy surfaces in the photodissociation of ICN at 249 nm. J. Chem. Phys. **92**, 3519 (1990)

8.92   Kraemer et al.: Evidence for Efimov quantum states in an ultracold gas of caesium atoms. Nature **440**, 315 (2006)

8.93   St.R. Leone: Infrared fluorescence: a versatile probe of State selected chemical dynamics. Acc. Chem. Res. **16**, 88 (1983)

8.94   Siehe z. B. Beiträge in der Zeitschrift: Laser Chemistry, an Int'l Journal (Harwood, Chur)

8.95   F.J. Comes: Molecular reaction dynamics sub-Doppler and polarization spectroscopy. Ber. Bunsenges. Phys. Chem. **94**, 1268 (1990)

8.96   F. Rebentrost, C. Figl, R. Goldmann, O. Hoffmann, D. Spelsberg, J. Grosser: Nonadiabatic electron dynamics in the exit channel of Na-Molecule optical collisions. J. Chem. Phys. **128**, 224307 (2008)

8.97   C. Cohen-Tannoudji, S. Reynaud: Dressed-atom description of absorption spectra of a multilevel atom in an intense laser beam. J. Phys. B **10**, 345 (1977)

8.98   S. Keynaud, C. Cohen-Tannoudji: Collisional effects in resonance fluorescence. In *Laser Spectroscopy V*, ed. by A.R.W. McKellar, T. Oka, B.P. Stoideff, Springer Ser. Opt. Sci., Vol. 30 (Springer, Berlin, Heidelberg 1981) p. 166

8.99   S.E. Harris, R.W. Falcone, W.R. Green, P.B. Lidow, J.C. White, J.F. Young: Laser-induced collisions, in *Tunable Lasers and Applications*, ed. by A. Mooradian, T. Jaeger, P. Stockseth, Springer Ser. Opt. Sci., Vol. 3 (Springer, Berlin, Heidelberg 1976) p. 193; und in *Laser Spectroscopy IV*, ed. by H. Walther, K.W. Rothe, Springer Ser. Opt. Sci., Vol. 21 (Springer, Berlin, Heidelberg 1979) p. 349

8.100   A. Gallagher, T. Holstein: Collision-induced absorption in atomic electronic transitions. Phys. Rev. A **16**, 2413 (1977)

8.101   A. Birnbaum, L. Frommhold, G.C. Tabisz: Collision-induced spectroscopy: Absorption and light scattering, in *Spectral Line Shapes 5*, ed. by J. Szudy (Ossolineum, Wroclaw 1989) p. 623

8.102   Ph. Cahuzac, P.E. Toschek: Observation of light-induceded collisional energy transfer. Phys. Rev. Lett. **40**, 1087 (1978)

8.103   F. Dorsch, S. Geltman, P.E. Toschek: Laser-induced collisional and energy transfer in thermal collisions of lithium and strontium. Phys. Rev. A **37**, 2441 (1988)

8.104   J. Grosser, O. Hoffmann, F. Schulze Wischeler, F. Rebentrost: Direct observation of nonadiabatic transitions in Na + rare-gas differential optical collisions. J. Chem. Phys. **111**, 2853 (1999) doi:10.1063/1.479566

8.105   J. Grosser, O. Hoffmann, F. Rebentrost: Direct observation of collisions by laser excitation of the collision pair, in *Atomic and Molecular Beams: The State of the Art 2000*, ed. by Campargue (Springer 2001) p. 485

8.106   K. Burnett: Spectroscopy of collision complexes, in *Electronic and Atomic Collisions*, ed. by J. Eichler, I.V. Hertel, N. Stoltenfoth (Elsevier, Amsterdam 1984) p. 649

8.107   N.K. Rahman, C. Guidotti (eds.): *Photon-Associated Collisions and Related Topics* (Harwood, Chur 1982)

8.108   T. Schmidt et al.: Control of Atomic Collisions by Laser Polarization. Phys. Rev. Lett. **92**, 033261 (2004)

8.109   S.A. Rice, M. Zhao. *Optical Control of Molecular Dynamics* (Wiley, New York 1999)

Kapitel 9

9.1   M. Mark, T. Kraemer, I. Herbig, C. Chin, H.C. Nägerl, R. Grimm: Efficient creation of molecules from a cesium Bose–Einstein condensate. Europhys. Lett. **68**, 706 (2005)

9.2   I. Hecker Denschlag, H.C. Nägerl, R. Grimm: Moleküle am absoluten Nullpunkt. Physik Journal **3**, 33 (2004)

9.3   P.E. Durand, G. Nogues, V. Bernard, A. Assy-Klein, Ch. Chardonnet: Slow-molecule detection in Doppler-free two-photon spectoscopy. Europhys. Lett. **37**, 103 (1997)
Th.C. English, J.C. Zorn: Molecular beam spectroscopy, in *Methods of Experimental Physics*, ed. by D. Williams (Academic, New York 1974) Vol. 3

9.4   N.F. Ramsey: *Molecular Beams*, 2nd edn. (Clarendon, Oxford 1989)

9.5   I.I. Rabi: Zur Methode der Ablenkung von Molekularstrahlen. Z. Physik **54**, 190 (1929)

9.6   M.O. Scully, W.E. Lamb Jr., M. Sargent III: *Laser Physics* (Addison Wesley, Reading, MA 1974)

9.7   P. Meystre, M. Sargent III: *Elements of Quantum Optics*, 3rd edn. (Springer, Berlin, Heidelberg 1999)

9.8   L. Zandee, J. Reuss: Chem. Phys. **26**, 327 (1977)

9.9   J.F.C. Verberne: The hyperfine spectrum of hydrogen dimers. Dissertation, Universität Nijmegen (1979)

9.10   Ch. Bordé: Sur les franges de Ramsey en spectroscopie sans élargissement Doppler. CR. Acad. Sc. Paris, **284**, Série B 101 (1977)
Ch. Bordé, Ch. Salomon, S. Avrilliev, A. van Lerberghe, Ch. Bréant: Optical Ramsey fringes with travelling waves. Phys. Rev. A **30**, 1836 (1984)

9.11   S.A. Lee, J. Helmcke, J.L. Hall, P. Stoicheff: Doppler-free two-photon transitions to Rydberg levels. Opt. Lett. **3**, 141 (1978)

9.12   S.A. Lee, J. Helmcke, J.L. Hall: High-resolution two-photon spectroscopy of Rb Rydberg levels, in *Laser Spectroscopy IV*, ed. by H. Walther, K.W. Rothe, Springer Ser. Opt. Sci., Vol. 21 (Springer, Berlin, Heidelberg 1979) p. 130

9.13   Y.V. Baklanov, B.Y. Dubetsky, V.P. Chebotayev: Nonlinear Ramsey resonance in the optical region. Appl. Phys. **9**, 171 (1976);

9.14   V.P. Chebotayev: The method of separated optical fields for two level atoms. Appl. Phys. **15**, 219 (1978)

9.15   S.N. Bagayev, V.P. Chebotayev, A.S. Dychkov: Continuous coherent radiation in methane at $\alpha = 3.39$ μm in spatially separated fields. Appl. Phys. **15**, 209 (1978)

9.16   Ch.J. Bordé: Density matrix equations and diagrams for high resolution nonlinear laser spectroscopy: Application to Ramsey fringes in the optical domain, in *Advances in Laser Spectroscopy*, ed. by F.T. Arecchi, F. Strumia, H. Walther (Plenum, New York 1983) p. 1
A. Celikov, F. Riehle, V.L. Velichansky, J. Helmcke: Diode laser spectroscopy in a Ca atomic beam. Opt. Commun. **107**, 54 (1994)

9.17   J.C. Bergquist, S.A. Lee, J.L. Hall: Saturated absorption with spatially separated laser fields. Phys. Rev. Lett. **38**, 159 (1977)

9.18   J.C. Berquist, R.L. Barger, D.J. Glaze: High resolution spectroscopy of calcium atoms, in *Laser Spectroscopy IV*, ed. by H. Walther, K.W. Rothe, Springer Ser. Opt. Sci., Vol. 21 (Springer Berlin, Heidelberg 1979) p. 120

9.19   J. Helmcke, D. Zevgolis, B.Ü. Yen: Observation of high contrast ultra narrow optical Ramsey fringes in saturated absorption utilizing four interaction zones of travelling waves. Appl. Phys. B **28**, 83 (1982)

9.20   A. Huber, B. Gross, M. Weitz, T.W. Hänsch: Two-photon optical Ramsey spectroscopy of the 1S-2S transition in atomic hydrogen. Phys. Rev. A **58**, R2631–R2634 (1998)
B. Gross, A. Huber, M. Niering. M. Weitz, T.W. Hänsch: Optical Ramsey Fringes. Europhys. Lett. **44**, 186, (1998)

9.21   A. Clairon, C. Salomon, S. Guelati, W.D. Phillips: Ramsey fringes in a Zacharias fountain. Europhys. Lett. **16**, 165 (1991)

9.22   T.P. Heavner, S.R. Jefferts, E.A. Donley, J.H. Shirley, T.E. Parker: NIST-F1: Recent improvements and accuracy evaluations. Metrologia **42**, 411–422 (2005)
Th.E. Parker: *Long-term comparison of caesium fountain primary frequency standards*. Metrologia **47**, 1 (2010)

9.23   Siehe z. B.H. Wegener: *Der Mößbauer-Effekt*, BI Taschenbücher 2/2a (B.I., Mannheim 1965)

9.24   J.L. Hall: Sub-Doppler spectroscopy; methane hyperfine spectroscopy and the ultimate resolution limit, in *Laser Spectroscopy II*, ed. by S. Haroche, J.C. Pebay-Peyroula, T.W. Hänsch, S.E. Harris, Lecture Notes Phys., Vol. 43 (Springer, Berlin, Heidelberg 1975) p. 105

9.25   C.H. Bordé: Progress in understanding sub-Doppler-line shapes, in *Laser Spectroscopy III*, ed. by J.L. Hall, J.L. Carlsten, Springer Ser. Opt. Sci., Vol. 7 (Springer, Berlin, Heidelberg 1977) p. 121

9.26   J. Helmcke, J. Ishikawa, F. Riehle: High contrast high resolution single recoil component Ramsey fringes in Ca, in *Frequency Standards and Metrology*, ed. by A. DeMarchi (Springer, Berlin, Heidelberg 1989) p. 270

9.27   F. Riehle, J. Ishikawa, J. Helmcke: Suppression of a recoil component in nonlinear Doppler-free spectroscopy. Phys. Rev. Lett. **61**, 2092 (1988)

9.28   J.L. Hall: Some remarks on the interaction between precision physical measurements and fundamental physical theories, in *Quantum Optics, Experimental Gravity and Measurement Theory*, ed. by P. Meystre, M.V. Scully (Plenum, New York 1983)

9.29   A. DeMarchi (ed.): *Frequency Standards and Metrology* (Springer, Berlin, Heidelberg 1989)

9.30   T.W. Hänsch, A.L. Schawlow: Cooling of gases by laser radiation. Opt. Commun. **13**, 68 (1975)

9.31   J.J. McClelland, J.L. Hanssen: Laser Cooling Without Repumping: A Magneto-Optical Trap for Erbium Atoms. Phys. Rev. Lett. **96**, 143005-1 (2006)

9.32   W. Ertmer, R. Blatt, J.L. Hall: Some candidate atoms and ions for frequency standards research using laser radiative cooling techniques. Progr. Quant. Electr. **8**, 249 (1984)

9.33   H. Wallis, W. Ertmer: Fortschritte in der Laser Kühlung. Phys. Blätter **48**, 447 (1992)

9.34   W. Ertmer, R. Blatt, J.L. Hall, M. Zhu: Laser manipulation of atomic beam velocities: demonstration of stopped atoms and velocity reversal. Phys. Rev. Lett. **54**, 996 (1985)

9.35   R. Blatt, W. Ertmer, J.L. Hall: Cooling of an atomic beam with frequency-sweep techniques. Progr. Quant. Electr. **8**, 237 (1984)

9.36   W.O. Phillips, J.V. Prodan, H.J. Metcalf: „Neutral Atomic Beam Cooling", Experiments at NBS (NBS Special Publication 653, US Dept. of Commerce, June 1983) and Phys. Rev. Lett. **49**, 1149 (1982)

9.37   H. Metcalf: Laser cooling and magnetic trapping of neutral atoms, in *Methods of Laser Spectroscopy*, ed. by Y. Prior, A. Ben-Reuven, M. Rosenbluth (Plenum, New York 1986) p. 33

9.38   J.V. Prodan, W.O. Phillips: Chirping the light-fantastic?, in *Laser Cooled and Trapped Atoms*, NBS Special Publication 653 (US Dept. of Commerce, June 1983)

9.39 · D. Sesko, C.G. Fam, C.E. Wieman: Production of a cold atomic vapor using diode-laser cooling. J. Opt. Soc. Am. B **5**, 1225 (1988)

9.40   R.N. Watts, C.E. Wieman: Manipulating atomic velocities using diode lasers. Opt. Lett. **11**, 291 (1986);

9.41   B. Sheeby, S.Q. Shang, R. Watts, S. Hatamian, H. Metcalf: Diode laser deceleration and collimation of a rubidium beam. J. Opt. Soc. Am. B **6**, 2165 (1989)

9.42   H. Metcalf: Magneto-optical trapping and its application to helium metastables. J. Opt. Soc. Am. B **6**, 2206 (1989)

9.43   I. Nebenzahl, A. Szöke: Deflection of atomic beams by resonance radiation using stimulated emission. Appl. Phys. Lett. **25**, 327 (1974)

9.44   J. Nellesen, J.M. Müller, K. Sengstock, W. Ertmer: Large-angle beam deflection of a laser cooled sodium beam. J. Opt. Soc. Am. B **6**, 2149 (1989)

9.45   V.l. Balykin, V.S. Lethokhov: Laser optics of neutral atomic beams. Phys. Today **42**, 23 (April 1989)

9.46   J. Fricke: Isotopentrennung. Physik in unserer Zeit **6**, 118 (1975)

9.47   R. Schieder, H. Walther, L. Wöste: Atomic beam deflection by the light of a tunable dye laser. Opt. Commun. **5**, 337 (1972)

9.48   S. Villani (ed.): *Uranium Enrichment*, Topics Appl. Phys., Vol. 35 (Springer, Berlin, Heidelberg 1979)

9.49   C.E. Tanner, B.P. Masterson, C.E. Wieman: Atomic beam collimation using a laser diode with a self-locking power buildup-cavity. Opt. Lett. **13**, 357 (1988)

9.50   K. Rubin, M.S. Lubell: A proposed study of photon statistics in fluorescence through high resolution measurements of the transverse deflection of an atomic beam, in *Laser Cooled and Trapped Atoms* (NBS Special Publication 653, June 1983) p. 119

9.51   Y.Z. Wang, W.G. Huang, Y.D. Cheng, L. Liu: Test of photon statistics by atomic beam deflection, in *Laser Spectroscopy VII*, ed. by T.W. Hänsch, Y.R. Shen, Springer Ser. Opt. Sci., Vol. 49 (Springer, Berlin, Heidelberg 1985) p. 238

9.52   C. Wieman, G. Flowres, S. Gilbert: Inexpensive laser cooling and trapping experiment for undergraduate laboratories. Am. J. Phys. **63**, 317 (1995)

9.53   R.S. Williamson III: Magneto-optical trapping of potassium isotopes. PhD thesis, University of Wisconsin Madison (1997)

9.54   V. Gomer, D. Meschede: A singe trapped atom: Light-matter interaction at the microscopic level. Ann. Phys. **10**, 9 (2001)

9.55   M. Pichler, S. Hill, J.J. McClelland: A chromium surface magneto-optical trap for magnetic microtrap studies. Conference on Laser Electro-Optics/International Quantum Electronics Conference, San Francisco, May 16–21 2004

9.56   C.J. Foot: Laser cooling and trapping of atoms. Contemp. Phys. **32**, 6 (1991)

9.57   St. Chu: Einschuß neutraler Teilchen mit Laserstrahlen. Spektr. Wiss. **68** (April 1992)

9.58   S. Chu, J.E. Bjorkholm, A. Ashkin, L. Holberg, A. Cable: Cooling and trapping of atoms with laser light, in *Methods of Laser Spectroscopy*, ed. by Y. Prior, A. Ben-Reuven, M. Rosenbluth (Plenum, New York 1986) p. 41

9.59   H. Metcalf: Magneto-optical trapping and its application to helium metastables. J. Opt. Soc. Am. B **6**, 2206 (1989)

9.60   J. Nellessen, J. Werner, W. Ertmer: Magneto-optical compression of a monoenergetic sodium atomic beam. Opt. Commun. **78**, 300 (1990)

9.61   W. Petrich: Ultrakalte Atome: Die Jagd zum absoluten Nullpunkt. Physik in unserer Zeit **27**, 206 (September 1996)

9.62   S. Chu, L. Holberg, J.E. Bjorkholm, A. Cable, A. Ashkin: Threedimensional viscous confinement and cooling of atoms by resonance radiation pressure. Phys. Rev. Lett. **55**, 48 (1985)

9.63   J. Dalibard, C. Cohen-Tannoudji: Laser cooling below the Doppler limit by polarization gradients: Simple theoretical model. J. Opt. Soc. Am. B **6**, 2023 (1989)

9.64   A. Aspect, E. Arimondo, R. Kaiser, N. Vansteenkiste, C. Cohen-Tannoudji: Laser cooling below the one-photon recoil energy by velocity-selective coherent population trapping. J. Opt. Soc. Am. B **6**, 2112 (1989)

9.65   C.N. Cohen-Tannoudji, W.D. Phillips: New mechanisms for laser cooling. Phys. Today **43**, 33 (October 1990)

9.66   S. Chu, C. Wieman (guest ed.): Laser Cooling and Trapping. J. Opt. Soc. Am. B **6** (November 1989)

9.67   J. Reichel, F. Bardoi, M.B. Dasan, E. Peik, S. Rand, C. Salomon, C. Cohen-Tannoidji: Raman cooling of cesium below 3 nK. Phys. Rev. Lett. **75**, 4575 (1995)

9.68   W. Ertmer, G. Birkl, K. Sengstok: Wie kühlt und speichert man Atome mit Laserlicht?. Phys. Blätter **53**, 1189 (1997)

9.69   S. Stenholm: The semiclassical theory of laser cooling. Rev. Mod. Phys. **58**, 699 (1986)

9.70   E. Arimonto, W.D. Phillips, F. Sturmia (eds.): *Laser Manipulation of Atoms and Ions*, Varenna Summer School 1991 (North-Holland, Amsterdam 1992)

9.71   C. Cohen-Tannouchji: Laserkühlung an der Grenze des Machbaren. Phys. Blätter **51**, 91 (1995)

9.72   W. Phillips: Laser Cooling and Trapping. Rev. Mod. Phys. **70**, 721 (1998)

9.73   G. Stern, B. Allard, M.R. de Saint Vincent, J.-P. Brantut, B. Battelier, T. Bourdel, P. Bouyer: A frequency doubled 1534 nm laser system for potassium laser Cooling. Appl. Opt. **49**, 1 (2010)

9.74   A.J. Berglund, S. Lee, J.J. McClelland: Sub-Doppler Laser Cooling and Magnetic Trapping of Erbium. Phys. Rev. A (Atomic, Molecular and Optical Physics) **76** (5)
C.E. Wieman, D.J. Wineland, D.E. Pritchard: Atom Cooling, Trapping, and Quantum Manipulation. Rev. Mod. Phys. **71**, 253–262 (1999)

9.75   J.P. Gordon: Radiation forces and momenta in dielectric media. Phys. Rev. A **8**, 14 (1973)
A. Ashkin, J.P. Gordon: Cooling and trapping of atoms by resonance radiation pressure. Opt. Lett. **4**, 161 (1979)

9.76   J.E. Bjorkholm, R.R. Freeman, A. Ashkin, D.B. Pearson: Transverse resonance radiation pressure on atomic beams and the influence of fluctuations, in *Laser Spectroscopy IV*, ed. by H. Walther, K.W. Rothe, Springer Ser. Opt. Sci., Vol. 21 (Springer, Berlin, Heidelberg 1979) p. 49

9.77   V.S. Letokhov, V.G. Minogin, B.D. Pavlik: Cooling and capture of atoms and molecules by a resonant light field. Sov. Phys. – JETP **45**, 698 (1977); Opt. Commun. **19**, 72 (1976)

9.78   J. Söding et al.: Gravitational laser trap for atoms with evanescent wave cooling. Opt. Commun. **119**, 652 (1995)
Ovchinnikov et al.: Surface trap for Cs-atoms based on evanescent wave cooling. Phys. Rev. Lett. **79**, 2225 (1997)

9.79   A. Shevchenko: Atom Traps on an evanescent wave mirror. PhD. Thesis, Helsinki, University of Technology (2004)

9.80   M.R. de Saint Vincent, J.-P. Brantut, Ch.J. Bordé, A. Aspect, T. Bourdel, P. Bouye: A quantum trampoline for ultra-cold atoms. Europhys. Lett. **89**, 10002 (2010)

9.81   J. Fortagh et al.: Miniaturized wire trap for neutral atoms. Phys. Rev. Lett. **81**, 5310 (1998)
J. Fortagh, C. Zimmermann: Bose-Einstein Kondensate in magnetischen Mikrofallen. Phys. J. **2** (6), 39 (2003)

9.82   C. Zimmermann: Small is Beautiful, in *Laser Physics at the Limits*, ed. by H. Figger, D. Meschede, C. Zimmermann (Springer, Berlin, Heidelberg 2002) p. 459

9.83   D.E. Pritchard: Cooling neutral atoms in a magnetic trap for precision spectroscopy. Phys. Rev. Lett. **51**, 1336 (1983)

9.84   W. Nörtenshäuser, F. Herfurth: *Präzisionsexperimente an gespeicherten Teilchen*, Vorlesung S.S. 2008, www.quantum.physik.uni-mainz.de/lectures/2008/ss08_praezisions-experimente

9.85   W. Hensel: PhD Thesis, Fakultät für Physik, LMU München (2000)

9.86   C. Bradley, R.G. Hulet: Laser Cooling and Trapping of Neutral Atoms, in *Experimental Methods in the Physical Sciences*, Vol. 29B (Elsevier, Amsterdam 1996) p. 129

9.87   P. Hommerhof: PhD Thesis, Fakultät für Physik LMU München (2002)

9.88   http://edoc.ub.uni-muenchen.de/312/1/Haensel_Wolfgang.pdf

9.89   T. Esslinger, I. Bloch, T.W. Hänsch: Phys. Rev. A **58**, 4 (1998)

9.90   M. Weidemüller, R. Grimm: Optische Dipolfallen. Phys. Blätter **55**, 41 (1999)

9.91   V.S. Letokhov, B.D. Pavlik: Spectral line narrowing in a gas by atoms trapped in a standing light wave. Appl. Phys. **9**, 229 (1976)

9.92   W. Ketterle, N.J. van Druten: Evaporative cooling, in *Adv. Atomic, Molecular and Opt. Phys.* **37**, 181 (Academic, San Diego 1996)

9.93   M.H. Anderson, J.R. Ensher, M.R. Mathews, C.E. Wieman, E.A. Cornell: Observation of Bose-Einstein condensation in a dilute atomic vapor. Science **269**, 198 (July 1995)

9.94   M.O. Mewes, M.R. Andrews, N.J. van Druten, D.M. Kurm, D.S. Durfee, W. Ketterle: Bose-Einstein condensation in a tightly confining DC magnetic trap. Phys. Rev. Lett. **77**, 416 (1996)

9.95   U. Ernst, A. Marte, F. Schreck, J. Schuster, G. Rempe: Bose-Einstein condensation in a pure Ioffe-Pritchard field configuration. Europhys. Lett. **41**, 1 (1998)

9.96   V. Vuletic, T.W. Hänsch, C. Zimmermann: Steep magnetic trap for ultracold atoms. Europhys. Lett. **36**, 349 (1996)
T. Esslinger, I. Bloch, T.W. Hänsch: Bose-Einstein condensation in a quadrupole-Ioffe-configuration trap. Phys. Rev. A **58**, R2664 (1998)

9.97   M. Schiffer, M. Raunen, S. Kuppens, M. Zinnen, K. Sengstock, W. Ertmer: Guiding, focussing and cooling atoms in a strong dipole potential. Appl. Phys. B **67**, 705 (1998)

9.98   C.C. Bradley, CA. Sackett, J.J. Tollet, R.G. Hulet: Evidence of BEC in an atomic gas with attrative interactions. Phys. Rev. Lett. **75**, 1687 (1995)

9.99   I. Bloch, T.W. Hänsch, T. Esslinger: Atom laser with a CW output coupler. Phys. Rev. Lett. **82**, 3008 (1999)
S. Martelucci, A.N. Chester, A. Aspect, M. Inguscio (eds.): *Bose–Einstein Condensates and Atom Lasers* (Springer, Berlin, Heidelberg 2000)

9.100   W. Petrich: Bose-Einstein-Kondensation eines nahezu idealen Teilchengases. Phys. Blätter **52**, 345 (1996)

9.101   A. Lambrecht, G.L. Ingold: Identitätsverlust mit Folgen: Vom Quantengas zur Bose-Einstein-Kondensation. Physik in unserer Zeit **27**, 200 (1996)

9.102   E. Cornell: Very cold indeed: The nanoKelvin physics of Bose-Einstein condensation. J. Res. Nat'l Inst. Standards and Technology **101**, 419 (1996)

9.103   E. Cornell, C.E. Wieman: Die Bose-Einstein Kondensation: Spektrum Wiss. **44** (Mai 1998)

9.104   D.S. Durfee, W. Ketterle: Experimental studies of Bose-Einstein condensation. Opt. Exp. **2**, 299 (1998)

9.105   A. Griffin, D.W. Snake, S. Stringani (eds.): *Bose-Einstein Condensation* (Cambridge Univ. Press, Cambridge 2002)

9.106   Bose-Einstein Condensation. Journal of Research of the National Institute of Standards and Technology. Special issue (July–August 1996)

9.107   P. Julienne: Cold Binary Collisions in a Light Field. J. Res. Nat. Inst. Stand. Techn. **101**, 487 (1996)

9.108   E. Tiesinga et al.: A Spectroscopic method for determination of Scattering lengths of sodium atom collisions. J. Res. Nat. Inst. Stand. Techn. **101**, 505 (1996)

9.109   S.E. Pollack, D. Dries, R.G. Hulet, K.M.F. Magalhaes, E.A.L. Henn, E.R.F. Ramos, M.A. Caracanhas, V.S. Bagnato: Collective excitation of a Bose-Einstein condensate by modulation of the atomic scattering length. Phys. Rev. A **81**, 053627 (2010)

9.110   S.E. Pollack, D. Dries, M. Junker, Y.P. Chen, T.A. Corcovilos, R.G. Hulet: Extreme Tunability of Interactions in a ^{7}Li Bose-Einstein Condensate. Phys. Rev. Lett. **102**, 090402 (2009)
A.W. Hagley, Lu Deng, W.D. Phillips, K. Burnett, Ch.W. Clark: The Atom Laser. Opt. Photonics News **12** (5), 22–26 (2001)

9.111   J. Weiner: *Cold and ultracold collisions in quantum microscopic and mesoscopic systems* (Cambridge Univ. Press, Cambridge 2003)

9.112   Ch. Lisdat: PTB Jahresbericht 2010

9.113   J. Klärs, J. Schmitt, T. Damm, F. Vewinger, M. Weitz: Bose–Einstein condensation of paraxial light. Appl. Phys. (im Druck)

9.114   W. Ketterle: The Atomlaser. http://cua.mit.edu/ketterle_group/projects_1997/atomlaser
J.E. Debs, D. Döring, P.A. Altin, C. Figl, J. Dugue, M. Jeppesen, J.T. Schultz, N.P. Robins, J.D. Close: Experimental comparison of Raman and rf outcouplers for high-flux atom lasers. Phys. Rev. A **81**, 013618 (2010)

9.115   R. Hulet: Atomic Fermi gases, in *McGraw-Hill Yearbook of Science & Technology* (McGraw-Hill, New York 2004) pp. 19–21

9.116   G.H. Dehmelt: Radiofrequency spectroscopy of stored ions. Adv. At. Mol. Phys. **3**, 53 (1967) und **5**, 109 (1969)

9.117   W. Ketterle: Workshop on Ultracold Fermi-Gases. Levico 2005

9.118   W. Ketterle, Yong Il Shin: Fermi Gases go with the superfluid flow. Physics World (June 2007), p. 38

9.119   C.A. Regal, M. Greiner, D.S. Jin: Observation of Resonance Condensation of Fermionic Atom Pairs. Phys. Rev. Lett. **92**, 040403 (2004)

9.120   I. Bloch: Ultracold quantum gases in optical lattices. Nat. Phys. **1**, 23–30 (2005)

9.121   I. Bloch, M. Greiner: Exploring Quantum Matter with Ultracold Atoms in Optical Lattices. Adv. At. Mol. Phys. **52**, 1–47 (2005)

9.122   M. Greiner, T.W. Hänsch, I. Bloch: Mott-Isolator-Zustand – Perfekte Ordnung am Nullpunkt. Physik in unserer Zeit **33**, 51 (2002)

9.123   J.F. Sherson, Ch. Weitenberg, M. Endres, M. Cheneau, I. Bloch, St. Kuhr: Single-atom-resolved fluorescence imaging of an atomic Mott insulator. Nature **467**, 68 (2010)

9.124   M. Snoek, I. Titvinidze, I. Bloch, W. Hofstetter: Effect of Interactions on Harmonically Confined Bose-Fermi Mixtures in Optical Lattices. Phys. Rev. Lett. **106**, 15301 (2011)

9.125   T. Rom, Th. Best, O. Mandel, A. Widera, M. Greiner, T.W. Hänsch, I. Bloch: State Selective Production of Molecules in Optical Lattices. Phys. Rev. Lett. **93**, 073002 (2004)

9.126   M.W. Zwierlein et al.: Observation of Bose-Einstein Condensation of Molecules. Phys. Rev. Lett. **91**, 250401 (2003)

9.127   P.E. Toschek, W. Neuhauser: Spectroscopy on localized and cooled ions, in *Atomic Physics 7*, ed. by D. Kleppner, F.M. Pipkin (Plenum, New York 1981)

9.128   W. Neuhauser, M. Hohenstatt, P.E. Toschek, H.G. Dehmelt: Visual observation and optical cooling of electrodynamically contained ions. Appl. Phys. **17**, 123 (1978)

9.129   W. Paul, M. Raether: Das elektrische Massenfilter. Z. Physik **140**, 262 (1955)

9.130   W. Paul: Elektromagnetische Käfige für geladene und neutrale Teilchen. Phys. Blätt. **46**, 227 (1990)

9.131   R.E. Drullinger, D.J. Wineland: Laser cooling of ions bound to a Penning trap. Phys. Rev. Lett. **40**, 1639 (1978)
         P.K. Gosh: *Ion Traps* (Oxford Univ. Press, Oxford 1995)

9.132   E. Fischer: Die dreidimensionale Stabilisierung von Ladungsträgern in einem Vierpolfeld. Z. Physik **156**, 1 (1959)

9.133   Siehe z. B. E.T. Whittacker, S.N. Watson: *A Course of Modern Analysis* (Cambridge Univ. Press, Cambridge 1963)

9.134   P.E. Toschek, W. Neuhauser: Einzelne Ionen für die Doppler-freie Spektroskopie. Phys. Blätter **36**, 1798 (1980)

9.135   Th. Sauter, H. Gilhaus, W. Neuhauser, R. Blatt, P.E. Toschek: Kinetics of a single trapped ion. Europhys. Lett. **7**, 317 (1988)

9.136   P.E. Toschek: Absorption by the numbers: Recent experiments with single trapped and cooled ions. Physica Scripta **T23**, 170 (1988)

9.137   W. Neuhauser, M. Hohenstatt, P.E. Toschek, H. Dehmelt: Optical sideband cooling of visible atom cloud confirmed in a parabolic well. Phys. Rev. Lett. **41**, 233 (1978)

9.138   R.E. Drullinger, D.J. Wineland: Laser cooling of ions bound to a Penning trap, in *Laser Spectroscopy IV*, ed. by H. Walther, K.W. Rothe, Springer Ser. Opt. Sci., Vol. 21 (Springer Berlin, Heidelberg 1979) p. 66; und Phys. Rev. Lett. **40**, 1639 (1978)

9.139   D.J. Wineland, W.M. Itano: Laser cooling of atoms. Phys. Rev. A **20**, 1521 (1979)

9.140   H.G. Dehmelt: Proposed $10^{14}\Delta\nu > \nu$ laser fluorescence spectroscopy on a Tl^+ mono-ion oscillator. Bull. Am. Phys. **20**, 60 (1975)

9.141   Th. Sauter, R. Blatt, W. Neuhausser, P.E. Toschek: Quantum jumps in a single ion. Phys. Scripta **22**, 128 (1988); und Opt. Commun. **60**, 287 (1986)

9.142   W.M. Itano, J.C. Bergquist, R.G. Hulet, D.J. Wineland: The Observation of quantum jumps in Hg^+, in *Laser Spectroscopy VIII*, ed. by S. Svanberg, W. Persson, Springer Ser. Opt. Sci., Vol. 55 (Springer, Berlin, Heidelberg 1987) p. 117

9.143   G. Rempe, H. Walther: Sub-Poissonic atomic statistics in a micromaser. Phys. Rev. **42**, 1650 (1990)

9.144   R. Blümel, J.M. Chen, E. Peik, W. Quint, W. Schleich, Y.R. Chen, H. Walther: Phase transitions of stored laser-cooled ions. Nature **334**, 309 (1988)

9.145   F. Diedrich, E. Peik, J.M. Chen, W. Quint, H. Walther: Ionenkristalle und Phasenübergänge in einer Ionenfalle. Phys. Blätter **44**, 12 (1988)

9.146   G. Birkl, S. Kassmer, H. Walther: Geordnete Ionenstrukturen in einem Quadrupol-Speicherring. Phys. Blätter **48**, 359 (1992)

9.147   F. Diedrich, E. Peik, J.M. Chen, W. Quint, H. Walther: Observaion of a phase transition of stored laser-cooled ions. Phys. Rev. Lett. **59**, 2931 (1987)

9.148   R. Blatt: Ionen in Reih und Glied. Quantencomputer mit gespeicherten Ionen. Phys. J. **4** (11), 37 (2005)

9.149   J.I. Cirac, P. Zoller: Qubits, Gatter und Register. Phys. J. **4** (11), 30 (2005)

9.150   B. Lanyon, C. Hempel, D. Nigg, M. Müller, R. Gerritsma, F. Zähringer, P. Schindler, J.T. Barreiro, M. Rambach, G. Kirchmair, M. Hennrich, P. Zoller, R. Blatt, C.F. Roos: Universal digital quantum simulations with trapped ions. Science **334**, 57 (2011)

9.151   J. Stolze, D. Suter: Quantum Computing: A Short Course from Theory to Experiment (Wiley-VCH, Weinheim 2008)

9.152   W. Quindt: Chaos und Ordnung von lasergekühlten Ionen in einer Paul-Falle. MPI für Quantenoptik, Garching, Bericht MPQ 150 (1990)

9.153   J. Javamainen: Laser cooling of trapped ion-clusters. J. Opt. Soc. Am. B **5**, 73 (1988)

9.154   F. Diedrich, J. Krause, G. Rempe, M.O. Scully, H. Walther: Laser experiments with single atoms and the test of basic physics. Physica B **151**, 247 (1988); also IEEE J. QE-**24**, 1314 (1988)

9.155   S. Haroche, J.M. Raimond: Radiative properties of Rydberg states in resonant cavities. Adv. At. Mol. Phys. **20**, 347 (1985)

9.156   G. Rempe, H. Walther: The one-atom maser and cavity quantum electrodynamics, in *Methods of Laser Spectroscopy*, ed. by Y. Prion, A. Ben-Reuven, M. Rosenbluth (Plenum, New York 1986)

9.157   H. Walther: Single-atom oscillators. Europhys. News. **19**, 105 (1988)

9.158   F. Casagrande, A. Ferraro, A. Lulli, R. Bonifacio, E. Solano, H. Walther: How to Measure the Phase Diffusion Dynamics in the Micromaser. Phys. Rev. Lett. **90**, 183601 (2003)

9.159   E. Solano, G.S. Agarwal, H. Walther: Strong-Driving-Assisted Multipartite Entanglement in Cavity QED. Phys. Rev. Lett. **90**, 027903 (2003)

9.160   B. Burghard, M. Dubke, W. Jitschin, G. Meisel: Sub-natural linewidths laser spectroscopy of Doppler-free two-photon resonances. Phys. Lett. A **69**, 93 (1978)

9.161   H. Metcalf, W. Phillips: Time resolved subnatural width spectroscopy. Opt. Lett. **5**, 540 (1980)

9.162   J.N. Dodd, G.W. Series: Time-resolved fluorescence spectroscopy, in *Progress in Atomic Spectroscopy A*, ed. by W. Hanle, H. Kleinpoppen (Plenum, New York 1978)

9.163   S. Schenk, R.C. Hilburn, H. Metcalf: Time resolved fluorescence from Ba and Ca, excited by a pulsed tunable dye laser. Phys. Rev. Lett. **31**, 189 (1973)

9.164   W. Rasmussen, R. Schieder, H. Walther: Atomic fluorescence under monochromatic excitation. A level crossing experiment on the $6s6p^1\,P_1$ level of BaI. Opt. Commun. **12**, 315 (1974)

9.165   H. Figger, H. Walther: Optical resolution beyond the natural linewidth: a level crossing experiment on the $3^2P_{3/2}$ level of sodium using a tunable dye laser. Z. Physik **267**, 1 (1974)

9.166   F. Shimizu, K. Umezu, H. Takuma: Observation of subnatural linewidth in Na D_2-lines. Phys. Rev. Lett. **47**, 825 (1981)

9.167   P. Meystre, M.O. Scully, H. Walther: Transient line narrowing: A laser spectroscopic technique yielding resolution beyond the natural linewidth. Opt. Commun. **33**, 153 (1980)

9.168   G. Bertuccelli, N. Beverini, M. Galli, M. Inguscio, F. Strumia: Subnatural coherence effects in saturarion spectroscopy using a single travelling wave. Opt. Lett. **10**, 270 (1985)

9.169   V.S. Letokhov, V.P. Chebotayev: *Nonlinear Laser Spectroscopy*, Springer Ser. Opt. Sci., Vol. 4 (Springer, Berlin, Heidelberg 1977)

9.170   H. Weickenmeier, U. Diemer, W. Demtröder, M. Broyer: Hyperfine interaction between the singlet and triplet ground States of Cs_2 . Chem. Phys. Lett. **124**, 470 (1986)

9.171   A. Guzman, P. Meystre, M.O. Scully: Subnatural spectroscopy, in *Advances in Laser Spectroscopy*, ed. by F.T. Arecchi, F. Strumia, H. Walther (Plenum, New York 1983) p. 465

9.172   F. Bayer-Helms: Neudefinition der Basiseinheit Meter im Jahr 1983. Phys. Blätter **39**, 307 (1983)

9.173   K.M. Evenson, D.A. Jennings, F.R. Peterson, J.S. Wells: Laser freqency measurements: A review, limitations, extension to 197 THz (1.5 μm). In *Laser Spectroscopy III*, ed. by J.L. Hall, J.L. Carlson, Springer Ser. Opt. Sci., Vol. 7 (Springer, Berlin, Heidelberg 1977)

9.174   K.M. Evenson, M. Inguscio, D.A. Jennings: Point contact diode at laser frequencies. J. Appl. Phys. **57**, 956 (1985)

9.175   A. De Marchi (ed.): *Frequency Standards and Metrology* (Springer, Berlin, Heidelberg 1989)

9.176   T. Udem, A. Huber, B. Gross, J. Reichert, M. Prevedelli, M. Weitz, T.W. Hänsch: Phase coherent measurement of the hydrogen 1S-2S transition frequency with an optical frequency interval divider chain. Phys. Rev. Lett. **79**, 2646 (1997)

9.177   T.W. Hänsch: Passion for Precision. Nobel Lecture. Ann. Phys. (Leipzig) **15**, 627 (2006)
        J.L. Hall: Defining and Measuring Optical Frequencies. Nobel Lecture, Stockholm 2005, Rev. Mod. Phys. **78**, 1279 (2006)
        J.L. Hall, S.A. Diddams, D.J. Jones, L.S. Ma, S.D. Cundiff: Optical frequency measurements across a 104 THz gap using a femtosecond laser frequency comb. Opt. Lett. **25**, 186 (2000)

9.178   T. Udem, J. Reichert, R. Holzwarth, T.W. Hänsch: Absolute Optical Frequency Measurement of the Cesium D_1 Line with a Mode-Locked Laser. Phys. Rev. Lett. **82**, 3568 (1999)

9.179   T. Udem: Habilitationsschrift, LMU München (1995)
        T. Udem, R. Holzwarth, T. Haensch: Femtosecond optical frequency combs. Euro. Phys. J. (Special Topics) **172** (1), 69–79 (2009)
        T. Udem: Messung der Frequenz von Licht. Habilitationsschrift, LMU München (2005), http://www.mpq.mpg.de/~haensch/comb/prosa/prosa.html

9.180   J. Ye, S.T. Cundiff (eds.): *Femtosecond optical frequency comb technology* (Springer, New York 2005)

9.181   J.L. Hall: Defining and measuring optical frequencies. Nobel Lecture, 8. Dec. 2005, available at: http://nobelprize.org/physics/laureates/2005/hall-lecture.html

9.182   S. Diddams, D. Jones, J. Ye, S.T. Cundiff, J.L. Hall, J. Ranka, R. Windeler, R. Holzwarth, T. Udem, T. Hänsch: Direct link between optical and microwave frequencies with a 300 THz femtosecond laser comb. Phys. Rev. Lett. **84**, 5102–5105 (2000)

9.183   T. Steinmetz et al.: Laser Frequency Combs for Astronomical Observations. Science **321**, 1335 (2008)

9.184   M. Thorpe, J. Ye: Cavity-enhanced direct frequency comb spectroscopy. Appl. Phys. B **91**, 397 (2008)

9.185   B. Bernhardt et al.: Cavity-enhanced dual comb spectroscopy. Nat. Photonics **4**, 55 (January 2010)

9.186   A. Ozawa et al.: High Harmonic Frequency Combs for High Resolution Spectroscopy. Phys. Rev. Lett. **100**, 253901 (2008)

9.187   S.A. Diddams, T.W. Hänsch et al.: Direct link between microwave and optical frequencies with a 300 THz femtosecond pulse. Phys. Rev. Lett. **84**, 5102 (2000)

9.188   Ch. Gole: A frequency comb in the extreme Ultraviolet, Dissertation, LMU München (2005)

9.189   J. Lee, D.R. Carlson, R.J. Jones: Optimizing intracavity high harmonic generation for VUV frequency combs. Opt. Express **19**, 23315 (2011)

9.190   T. Udem, R. Holzwarth, T.W. Hänsch: Optical Frequency Metrology. Nature **416**, 233–237 (2002)
        Y. Kim et al.: Er-doped fiber frequency comb with mHz relative linewidth. Opt. Express **17**, 11972 (2009)
        N.R. Newburry et al.: Fiber laser based frequency combs with high relative frequency stability. IEEE J. Quantum. Electron. **412**, 1388 (2005)

9.191   Chr. Gohle et al: A frequency comb in the extreme ultraviolet. Nature **436**, 234 (2005)

9.192   B. Bernhardt et al.: Vacuum ultraviolet frequency comb generated by a femtosecond en-hancement cavity in the visible. Opt. Lett. **37** (4), 503 (2012)

9.193   H.A. Bachor: *A Guide to Eperimentalists in Quantum Optics* (Wiley-VCH, Weinheim 1998)

9.194   R. Loudon: *The Quantum Theory of Light* (Clarendon, Oxford 2000)

9.195   H. Paul: Squeezed states – nichtklassische Zustände des Strahlungsfeldes. Laser und Opto-elektronik **19**, 145 (Marz 1987)

9.196   H. Vahlbruch, S. Chelkowski, B. Hage, A. Franzen, K. Danzmann, R. Schnabel: Coherent control of vacuum squeezing in the gravitational-wave detection band. Phys. Rev. Lett. **97**, 011101 (2006)

9.197   F. Seifert, P. Kwee, M. Heurs, B. Willke, K. Danzmann: Laser power stabilization for second generation gravitational wave detectors. Opt. Lett. **31** (13), 2000–2002 (2006)

9.198   A. Bunkowski, O. Burmeister, T. Clausnitzer, E.-B. Kley, A. Tünnermann, K. Danzmann, R. Schnabel: Optical Characterization of ultra-high efficiency gratings. Appl. Opt. **45**, 5795 (2006)

9.199   R.J. Glauber: Optical coherence and photon statistics, in *Quantum Optics and Electronics*, ed. by C. DeWitt, A. Blandia, C. Cohen-Tannoudji (Gordon & Breach, New York 1965) p. 65

9.200   J.D. Cresser: Theory of the spectrum of the quantized light field. Phys. Repts. **94**, 48 (1983)

9.201   CM. Caves. Quantum-mechanical noise in an interferometer. Phys. Rev. D **23**, 1693 (1981)

9.202   G. Wagner, G. Leuchs: Das Photonenrauschen – keine Grenze der Meßempfindlichkeit. Laser und Optoelektronik **19**, 45 (1987)

9.203   R.E. Slusher, L.W. Holberg, B. Yurke, J.C. Mertz, J.F. Valley: Observation of squeezed states generated by four-wave mixing in an optical cavity. Phys. Rev. Lett. **55**, 2409 (1985) G. Breitenbach, S. Schiller, J. Mlynek: Measurement of the quantum states of squeezed light. Nature **387**, 471 (1997)

9.204   H.P. Yven: Two-photon coherent states of the radiation field. Phys. Rev. A **13**, 2226 (1976)

9.205   M. Xiao, L.A. Wu, H.J. Kimbel: Precision measurement beyond the shot-noise limit. Phys. Rev. Lett. **59**, 298 (1987)

9.206   R.L. Foreward: Wideband laser-interferometer gravitational-radiation experiment. Phys. Rev. D **17**, 379 (1978)

9.207   P. Tombesi, E.R. Pike (eds.): *Squeezed and Nonclassical Light*, NATO ASI Series B, Vol. 190 (Plenum, New York 1989)

9.208   E.R. Pike, H. Walther (eds.): *Photons and Quantum Fluctuations* (Hilger, Bristol 1988)

9.209   H.J. Kimble, D.F. Walls (guest eds.): Feature issue on squeezed states of the electromagnetic field. J. Opt. Soc. Am. B **4**, 1449 (1987)

9.210   J.D. Harvey, D.F. Walls (eds.): *Quantum Optics IV*, Springer Proc. Phys. **12** (1986)

9.211   J.D. Harvey, D.F. Walls (eds.): *Quantum Optics V*, Springer Proc. Phys. **41** (1989)

9.212   Siehe z. B. H.J. Kimble, D.F. Walls (guest eds.): Special Issue on Squeezed States of the Elec-tromagnetic Field. J. Opt. Soc. Am. B **4**, 1453–1741 (1987) O. Hiroto (ed.): *Squeezed Light* (Elsevier Publ. Comp., Amsterdam 1992)

9.213   K.P. Thorne (ed.): *Quantum Measurement* (Cambridge Univ. Press, Cambridge 1992)

9.214   P.R. Saulson: *Fundamentals of Interrefractive Gravitational Wave Detectors* (World Sci., Sin-gapore 1994)

9.215   M.O. Scully, M.S. Zubairy (eds.): *Quantum Optics* (Cambridge Univ. Press, Cambridge 1997)

Kapitel 10

10.1   A. Mooradian, T. Jaeger, P. Stokseth (eds.): *Tunable Lasers and Applications*, Springer Ser. Opt. Sci., Vol. 3 (Springer, Berlin, Heidelberg 1976)

10.2   C.T. Lin, A. Mooradian (eds.): *Lasers and Applications*, Springer Ser. Opt. Sci., Vol. 26 (Springer, Berlin, Heidelberg 1981)

10.3   J.F. Ready, R.K. Erf (eds.): *Laser Applications*, Vols. 1–5 (Academic, New York 1975–1984)

562   Literatur

10.4   C.B. Moore (ed.): *Chemical and Biochemical Applications of Lasers*, Vols. 1–5 (Academic, New York 1974–1984)
10.5   S. Svanberg: *Atomic and Molecular Spectroscopy*, Springer Ser. Atoms Plasmas, Vol. 6 (Springer, Berlin, Heidelberg 1991)
10.6   A.Y. Spasov (ed.): *Lasers: Physics and Applications* (World Scientific, Singapore 1989)
10.7   D.L. Andrews: *Lasers in Chemistry*, 3rd edn. (Springer, Berlin, Heidelberg 1997)
10.8   R.T. Rizzo, A.B. Myers: *Laser Techniques in Chemistry* (Jones & Bartlett Publ., Boston 1997)
10.9   A.H. Zewail: *Femtochemistry* (World Scientific, Singapore 1994)
10.10   F.C. de Schryver, St. De Feyter: *Femtochemistry* (Wiley, New York 2001)
10.11   A.H. Zewail (ed.): *Advances in Laser Chemistry*, Springer Ser. Chem. Phys., Vol. 3 (Springer, Berlin, Heidelberg 1978)
10.12   A. Ben-Shaul, Y. Haas, K.L. Kompa, R.D. Levine: *Lasers and Chemical Change*, Springer Ser. Chem. Phys., Vol. 10 (Springer, Berlin, Heidelberg 1981)
10.13   K.L. Kompa, S.D. Smith (eds.): *Laser-Induced Processes in Molecules*, Springer Ser. Chem. Phys., Vol. 6 (Springer, Berlin, Heidelberg 1979)
        K.L. Kompa, J. Warner: *Laser Applications in Chemistry* (Plenum, New York 1984)
10.14   V.S. Letokhov: *Nonlinear Laser Chemistry*, Springer Ser. Chem. Phys., Vol. 22 (Springer, Berlin, Heidelberg 1983)
10.15   H. Stafast: *Angewandte Laserchemie* (Springer, Berlin, Heidelberg 1993)
10.16   D. Wöhrle, M.W. Tausch, W.D. Stohren: *Photochemie* (Wiley-VCH, Weinheim 1998)
10.17   J.J. Snyder, R.A. Keller (eds.): Ultrasensitive laser spectroscopy. J. Opt. Soc. Am. B **2**, 1385 (1985); also Laser Focus **22**, 86 (March 1986)
10.18   P. Werle: A review of recent advances in semiconductor laser based monitors. Spectrochimica Acta A **54**, 197 (1998)
10.19   E. Bachern, A. Dax, T. Fink, A. Weidenfeller, M. Schneider, W. Urban: Recent progress with the CO-overtone laser. Appl. Phys. B **57**, 185 (1993)
10.20   J. Henningsen, A. Olafson, M. Hammerich: Trace gas detetection with infrared gas lasers, in *Applied Laser Spectroscopy*, ed. by W. Demtröder, M. Inguscio (Plenum, New York 1990) p. 403
10.21   R. Großkloß, P. Kersten, W. Demtröder: Sensitive amplitude- and phase-modulated absorption spectroscopy with a continously tunable diode laser. Appl. Phys. B **57**, 185 (1994)
10.22   M. Trautmann, K.W. Rothe, J. Wanner, H. Walther: Determination of the deuterium abundance in water using a cw chemical DF-laser. Appl. Phys. **24**, 49 (1981)
10.23   E.P. Wagner, B.W. Smith, J.D. Winefordner: Ultratrace determination of lead in whole blood using electrothermal atomisation laser-excited atomic fluorescence spectroscopy. Analyt. Chemistry **68**, 3199 (1996)
        C. Vandecasteele, C.B. Block: *Modern Methods for Trace Element Determination* (Wiley, Chichester, UK 1993)
10.24   W. Gries, A. Hese: Laser-Atom-Fluoreszenz Spektrometrie für die Spurenelement-Analytik. Laser Optolektronik **18**, Nr. **2**, 120 (1986)
10.25   G.S. Hurst, M.G. Payne, S.P. Kramer, J.P. Young: Resonance ionization spectroscopy and single atom detection. Rev. Mod. Phys. **51**, 767 (1979)
10.26   G.S. Hurst, M.P. Payne, S.P. Kramer, C.H. Cheng: Counting the atoms. Phys. Today **33**, 24–29 (Sept. 1980)
10.27   V.S. Letokhov: *Laser Photoionization Spectroscopy* (Academic, Orlando, FL 1987)
10.28   J.C. Travis, G.C. Turk: *Laser Enhanced Ionisation Spectrometry*, Monographs in Chem. Analysis, Vol. 136 (Wiley Interscience, New York 1996)
10.29   P. Peuser, G. Herrmann, H. Rimke, P. Sattelberger, N. Trautmann: Trace detection of plutonium by three-step photoionization with a laser system pumped by a copper vapor laser. Appl. Phys. B **38**, 249 (1985)
10.30   T. Whitaker: Isotopically selective laser measurements. Lasers Appl. **5**, 67 (August 1986)
10.31   K. Wendt, G. Prassler, N. Trautmann: Trace detection of radiotoxic isotopes by resonance ionization mass spectrometry. Physica Scripta T **58**, 104 (1995)

10.32   E.S. Piepmeier (ed.): *Analytical Applications of Lasers* (Wiley, New York 1986)

10.33   V.S. Lethokov: *Laser Analytical Spectrochemistry* (Hilger, London 1985)

10.34   R. Snock: Laser techniques for chemical analysis. Chem. Soc. Rev. **26**, 319 (1987)
        K. Niemax: *Analytical Aspects of Laser Spectrochemistry* (Harwood, Chur 1988)

10.35   V. Malatesta, C. Willis, P.A. Hacket: J. Am. Chem. Soc. **103**, 6781 (1981)

10.36   M. Schneider, J. Wolfrum: Mechanisms of by-product formation in the dehydro-chlorination of dichlorethane. Ber. Bunsenges. Phys. Chem. **90**, 1058 (1986)

10.37   A. Baronarski, J.E. Butler, J.W. Hudgens, M.C. Lin, J.R. McDonald, M.E. Umstead: Chemical Applications of Lasers, in [Lit. 15.11, S. 62]

10.38   C. Murray, A.J. Orr-Ewing: The dynamics of chlorine atom reactions with polyatomic organic molecules. Int. Rev. Phys. Chem. **23**, 435–482 (2004)

10.39   http://www.chm.bris.ac.uk/laser/

10.40   B. Raffel, J. Wolfrum: Spatial and time resolved observation of CO_2-laser induced explosions of $O_2 - O_3$-mixtures in a cylindrical cell. Z. Phys. Chem. (NF) **161**, 43 (1989)

10.41   R.L. Woodin, A. Kaldor: Enhancement of chemical reactions by infrared lasers. Adv. Chem. Phys. **47**, 3 (1981)

10.42   J.H. Clark, K.M. Leary, T.R. Loree, L.B. Harding: Laser Synthesis Chemistry and Laser Photogeneration of Catalysis, in [Lit. 15.11, S. 74]

10.43   T. Baumert, J. Helbing, G. Gerber: Coherent control with femtosecond laser pulses. Adv. Chem. Phys. **101**, 47 (1997)

10.44   R.N. Zare: Laser control of chemical reactions. Science **279**, 1875 (1998)

10.45   A. Assion, T. Baumert, M. Bergt, T. Brixner, B. Kiefer, V. Seyfried, M. Strehle, G. Gerber: Control of chemical reactions by feedback-optimized phase-shaped femtosecond laser pulses. Science **282**, 919 (1998)
        T. Brixner, M. Strehle, G. Gerber: Feedback-controlled optimization of amplified femtosecond laser pulses. Appl. Phys. B **68**, 281 (1999)

10.46   D. Bäuerle: *Laser Processing and Chemistry*, 2nd edn. (Springer, Berlin, Heidelberg 1996)

10.47   K.K. Kompa: Laser photochemistry at surfaces. Angew. Chem. **27**, 1314 (1988)

10.48   J. Wolfrum: Laser spectroscopy for studying chemical processes. Appl. Phys. B **46**, 221 (1988)
        K. Kleinermanns, J. Wolfrum: Laser in der Chemie – Wo stehen wir heute? Angew. Chemie **99**, 38 (1987)

10.49   J. Wolfrum: Laser studies on the selectivity of elementary chemical reactions: Products, energy, orientation, in *Selectivity in Chemical Reactions*, ed. by J.C. Whitehead (Kluwer, Dordrecht 1988) pp. 23–45

10.50   M. Chergui (ed.): *Femtochemistry* (World Scientific, Singapore 1994)

10.51   H.H. Telle, A.G. Urena, R.J. Donovan: *Laser Chemistry: Spectroscopy, Dynamics and Applications* (John Wiley & Sons, New York 2007)

10.52   M. Lackner: Lasers in Chemistry (Wiley VCH, Weinheim 2008)

10.53   A.H. Zewail: *Femtochemistry* (World Scientific, Singapore 1994)

10.54   D. Zeidler, S. Frey, K.L. Kompa, M. Motzkus: Evolutionary algorithms and their application to optimal control studies. Phys. Rev. A **64**, 023420 (2001)

10.55   S. Frey: Kontrolle nichtlinearer optischer Effekte mit evolutionären Algorithmen. MPQ Report 237 (2001), Dissertation, LMU München (2001)

10.56   M. Bergt, T. Brixner, B. Kiefer, M. Strehle, G. Gerber: Controlling the femtochemistry of $Fe(CO)_5$. J. Phys. Chem. **103**, 10381 (1999)

10.57   A.H. Zewail: Femtochemistry: Past present and future. Pure Appl. Chem. **72**, 2219 (2000)
        Y. Tanimura, K. Yamashita, P.A. Anfinrud: *Femtochemistry* (Proceedings Nat. Acad. of Science, USA, Vol. 96, 8823 (1999)

10.58   J.P. Aldridge, J.H. Birley, C.D. Cantrell, D.C. Cartwright: Experimental and theoretical studies of laser iosotope separation, in *Laser Photochemistry, Tunable Lasers*, ed. by S.E. Jacobs, S.M. Sargent, M.O. Scully, C.T. Walker (Addison-Wesley, Reading, MA 1976)

10.59   A. von Allmen: *Laser-Beam Interaction with Materials*, 2nd edn., Springer Ser. Mater. Sci., Vol. 2 (Springer, Berlin, Heidelberg 1998)

10.60   F.S. Becker, K.L. Kompa: The practical and physical aspects of uranium isotope Separation with lasers. Nucl. Technol. **58**, 329 (1982)

10.61   M. Stuke: Isotopentrennung mit Laserlicht. Spektrum Wiss. **4**, 76 (1982)

10.62   L. Mannik, S.K. Brown: Laser enrichment of carbon-14. Appl. Phys. B **37**, 75 (1985)

10.63   C. D'Ambrosio, W. Fuss, K.L. Kompa, W.E. Schmid, S. Trusin: ^{13}C separation by a continuous discharge CO_2 laser Q-switched at 10 kHz. Infrared Phys. **29**, 479 (1989)

10.64   A. Outhouse, P. Lawrence, M. Gauthier, P.A. Hacket: Laboratory scale-up of two stage laser chemistry separation of ^{13}C from CF_2HCL^*. Appl. Phys. B **36**, 63 (1985)

10.65   A. Lindinger et al.: Isotope Selective Ionization by Optimal Central Using Shaped Femtosecond Laser Pulses. Phys. Rev. Lett. **93**, 033001 (2004)

10.66   C.D. Cantrell, S.M. Freund, J.L. Lyman: Laser-induced chemical reactions and isotope separation, in *Laser Handbook*, ed. by M.L. Stitch (North-Holland, Amsterdam 1979) Vol. 3

10.67   A. Obrebski, J. Lawrenz, K. Niemax: On the potential and limitations of spectroscopic isotope ration measurements. Spectrochemica Acta B **44**, 1 (1989)

10.68   J.A. Paisner (ed.): Proc. Int'l Conf. on Laser Isotope Separation (SPIE, Bellingham, WA 1993)

10.69   A. Tönnissen, J. Wanner, K.W. Rothe, H. Walther: Application of a cw chemical laser for remote pollution monitoring and process control. Appl. Phys. **18**, 297 (1979)

10.70   W. Meinburg, H. Neckel, J. Wolfrum: Lasermeßtechnik und mathematische Simulation von Sekundärmaßnahmen zur NO_x-Minderung in Kraftwerken. Appl. Phys. B **51**, 94 (1990)

10.71   J. Werner, K.W. Rothe, H. Walther: Monitoring of the stratospheric ozone layer by laser radar. Appl. Phys. B **32**, 113 (1983)

10.72   W. Steinbrecht, K.W. Rothe, H. Walther: Lidar setup for daytime and nighttime probing of stratospheric ozone and measurements in polar and equitorial regimes. Appl. Opt. **28**, 3616 (1988)

10.73   H.J. Kölsch, P. Rairoux, D. Weidauer, J.P. Wolf, L. Wöste: Analysis of the tropospheric ozone dynamics by LIDAR. J. de Physique IV **4**, C4, 643 (1994)

10.74   J. Shibuta, T. Fukuda, T. Narikiyo, M. Maeda: Evaluation of the solarblind effect in ultraviolet ozone lidar with Raman lasers. Appl. Opt. **26**, 2604 (1987)

10.75   U. v. Zahn, P. von der Gathen, G. Hansen: Forced release of sodium from upper atmospheric dust particles. Geophys. Res. Lett. **14**, 76 (1987)

10.76   G.P. Collins: Making stars to see stars: DOD adaptive optics. Phys. Today, 17–21 (Febr. 1992)

10.77   G. Mejean, J. Kasparian, J. Yu, S. Frey, E. Salman, J.P. Wolf: Remote detection and identification of biological aerosols using femtosecond terawatt lidar system. Appl. Phys. B **78**, 536 (2004)

10.78   R.M. Measure: *Laser Remote Sensing: Fundamentals and Applications* (Wiley, Toronto 1984)

10.79   J. Looney, K. Petri, A. Salik: Measurments of high resolution atmospheric water vapor profiles by use of a solarblind Raman lidar. Appl. Opt. **24**, 104 (1985)

10.80   H. Edner, S. Svanberg, L. Uneus, W. Wendt: Gas-correlation LIDAR. Opt. Lett. **9**, 493 (1984)

10.81   J.A. Gelbwachs: Atomic resonance filters. IEEE J. QE-**24**, 1266 (1988)

10.82   R. Lange, A. Chiron, E. Nibberling, G. Grillon, J.-F. Ripoche, M. Franco, B. Lamouroux, B. Prade, A. Mysyrowicz: Anomalous long range propagation of femtosecond laser pulses through air. Opt. Lett. **23**, 120 (1998)
         M. Rodriguez et al.: Kilometer Range Nonlinear Propagation of Femtosecond Laser Pulses. Phys. Rev. E **68**, 036607 (2004)

10.83   H. Schillinger, R. Sauerbrey: Electrical conductivity of long plasma channels in air generated by self-guided femtosecond laser pulses. Appl. Phys. B **68**, 753 (1999)

10.84   W. Zimmer, M. Rodriguez, L. Wöste: Application Perspectives of Intense Laser Pulses in Atmospheric Diagnostics, in: P. Hering (ed.): *Laser in Environmental and Life Sciences* (Springer, Berlin, Heidelberg 2004)

10.85   L. Wöste, C. Wedekind, H. Wille, P. Rairoux, B. Stein, S. Nikolov, Ch. Werner, S. Nieder-
meyer, L. Ronneberger, H. Schillinger, R. Sauerbrey: Femtosecond atmospheric laser pulses:
Laser und Optoelektronik **29**, 51 (Mai 1997)

10.86   E.D. Hinkley (ed.): *Laser Monitoring of the Atmosphere*. Topics Appl. Phys., Vol. 14 (Springer,
Berlin, Heidelberg 1976)
Ph.N. Slater: *Remote Sensing* (Addison-Wesley, London 1980)

10.87   R.M. Measures: *Laser Remote Chemical Analysis* (Wiley, New York 1988)

10.88   D.K. Killinger, A. Mooradian (eds.): *Optical and Laser Remote Sensing*, Springer Ser. Opt.
Sci., Vol. 39 (Springer, Berlin, Heidelberg 1983)

10.89   H. Walther: Laser investigations in the atmosphere, in *Festkörperprobleme* **20**, 327 (Vieweg,
Braunschweig 1980)

10.90   E.J. McCartney: *Optics of the Atmosphere* (Wiley, New York 1976)

10.91   J.W. Strohbehn (ed.): *Laser Beam Propagation in the Atmosphere*, Topics Appl. Phys., Vol.
25 (Springer, Berlin, Heidelberg 1978)

10.92   V.E. Zuev, I.E. Naats: *Inverse Problems of Lidar Sensing of the Atmosphere*. Springer Ser. Opt.
Sci., Vol. 29 (Springer, Berlin, Heidelberg 1983)

10.93   C. Weitkamp: *Lidar – range-resolved optical remote sensing of the atmosphere* (Springer, New
York 2005)

10.94   P. Brätter, P. Schramel (eds.): *Trace Element Analytical Chemistry in Mediane and Biology*
(DeGruyter, Berlin 1988) Vols. 1–5

10.95   U. Heitmann, T. Sy, A. Hese, G. Schoknecht: High-sensitivity detection of selenium and ar-
senic by laser-excited atomic fluorescence spectrometry using electrothermal atomization.
J. Analyt. Atomic Spectr. **9**, 437 (March 1993)

10.96   W. Schade: Experimentelle Untersuchungen zur zeitaufgelösten Fluoreszenzspektroskopie
mit kurzen Laserpulsen. Habilitationsschrift, Universität Kiel (1992)
W. Schade: Time-resolved laser-induced fluorescence spectroscopy for diagnostics of oil-
pollution in water, in *Laser in Remote Sensing*, ed. by C. Werner, V. Klein, K. Weber (Springer, Berlin, Heidelberg 1991) pp. 53–61

10.97   http://www.pe.tu-clausthal.de/AGSchade/index.html

10.98   V. Westphal, S.W. Hell: Nanoscale resolution in the focal plane of an optical microscope.
Phys. Rev Lett. **94**, 143903 (2005)
K. Willig, J. Keller, M. Bossi, S.W. Hell: STED-microscopy resolves nanoparticle assemblies.
New J. Phys. **8**, 106 (2006)

10.99   M. Bates: A new approach to fluorescence microscopy. Science **330**, 1334–1335 (2010)

10.100 D. Wildanger, J. Bueckers, V. Westphal, S.W. Hell, L. Kastrup: A STED microscope aligned
by design. Opt. Express **17**, 16100–16110 (2009)

10.101 P. Karlitschek, F. Lewitzka, U. Bünting, M. Niederkrüger, G. Marowsky: Detection of aro-
matic pollutants in the environment using UV-laser-induced fluorescence. Appl. Phys. B
67, 497 (1998)

10.102 J. Wolfrum: Laser in combustion: From simple models to real devices. *27th Int'l Symp. on
Combustion* (Combustion Inst., Pittsburgh, PA 1998) p. 1
R. Suntz, H. Becker, P. Monkhouse, J. Wolfrum: Two-dimensional visualization of the flame
front in an internal combustion engine by laser-induced fluorescence of OH radicals. Appl.
Phys. B **47**, 287 (1988)

10.103 A.M. Wodtke, L. Hüwel, H. Schlüter, H. Voges, G. Meijer, P. Andresen: High sensitivity
detection of NO in a flame using a tunable Ar-F-laser. Opt. Lett. **13**, 910 (1988)

10.104 A. Koch, H. Voges, P. Andresen, H. Schlüter, D. Wolff, E. Rothe: Planar imaging of a laboratory flame and of internal combustion in an automobile engine. Appl. Phys. B **56**, 177
(1993)
M. Knapp, A. Luczak, H. Schlüter, V. Beushausen, W. Hentschel, P. Andresen: Crank an-
gle resolved LIF imaging of NO in a SI engine at 248 nm and correlations to flame front
propagation and pressure release. Appl. Opt. **35**, 4009 (1996)

10.105   M. Köllner, P. Monkhouse: Time-resolved LIF of OH in the flame front of premixed and diffusion flames at atmospheric pressure. Appl. Phys. B **61**, 499 (1995)

10.106   M. Alden, K. Fredrikson, S. Wallin: Application of a two colour dye laser in CARS experiments for fast determination of temperatures. Appl. Opt. **23**, 2053 (1984)

10.107   F.C. Bormann, T. Nielsen, M. Burrows, P. Andresen: Picosecond planar laser-induced fluorescent measurements of OH life timed and energy transfer in atmospheric pressure flames. Appl. Opt. **36**, 6129 (1997)

10.108   V. Beushausen: Laserdiagnostische Meßverfahren für zeit- und ortsaufgelöste Verdampfungs- und Mischungsanalyse für DI-Brennverfahren, in *Jahresbericht* (Laser Laboratorium, Göttingen 1998) S. 121ff

10.109   A. Wucha: *Oberflächenanalytik mit dem Laser*, Colloquia Academia (Franz Steier Verlag, Stuttgart 1995) S. 55ff
          D.A. Cremers, L.J. Rudzienski: *Handbook of Laser-induced Breakdown-Spectroscopy* (John Wiley & Sons, New York 2006)

10.110   R.S. Dreyfus, J.M. Jasinski, R.E. Walkup, G. Selwyn: Laser spectroscopy in electronic materials processing research. Laser Focus **22**, 62 (December 1986)
          R.W. Dreyfus, R.W. Walkup, R. Kelly: Laser-induced fluorescence studies of excimer laser ablation of Al_2O_3. Appl. Phys. **49**, 1478 (1986)

10.111   J.M. Jasinski, E.A. Whittaker, G.C. Bjorklund, R.W. Dreyfus, R.D. Estes, R.E. Walkup: Detection of SiH_2 in silane and disilane glow discharge by frequency modulated absorption spectroscopy. Appl. Phys. Lett. **44**, 1155 (1984)

10.112   H. Bette, R. Noll: High speed scanning laser-indicated breakdown spectroscopy at 1000 Hz with single pulse evaluation for the detection of inclusions in steel. J. Laser Applications **17**, 183 (2005)

10.113   D. Bäuerle: *Laser Processing and Chemistry*, 2nd edn. (Springer, Berlin, Heidelberg 1996)

10.114   J.C. Miller (ed.): *Laser Ablation*, Springer Ser. Mater. Sci., Vol. 28 (Springer, Berlin, Heidelberg 1991)
          J.C. Miller, R.F. Haglund (eds.): *Laser Ablation and Desorption* (Academic Press, New York 1998)

10.115   F. Durst, G. Richter: Laser Doppler measurements of wind velocities using visible radiation, in *Photon Correlation Techniques in Fluid Mechanics* ed. by E.O. Schulz-Dubois, Springer Ser. Opt. Sci., Vol. 38 (Springer, Berlin, Heidelberg 1983) p. 136

10.116   L.E. Drain: *The Laser Doppler Technique* (Wiley, New York 1980)

10.117   B. Rück: *Laser-Doppler Anemometrie* (AT-Fachverlag, Stuttgart 1987)

10.118   B. Rück (Herausg.): *Lasermethoden in der Strömungsmeßtechnik* (AT-Fachverlag, Stuttgart 1990)

10.119   R.A. Mathies, St.W. Lin, J.B. Arnes, W.Th. Pollard: From Femtoseconds to Biology. Ann. Rev. Biophysics and Biopys. Chem. **20** (1991)

10.120   A. Anders: Dye-laser spectroscopy of bio-molecules. Laser Focus **13**, 38 (Febuary 1977); also Selective laser excitation of bases in nucleic acids. Appl. Phys. **20**, 257 (1979)

10.121   A. Anders: Models of DNA-dye-complexes: Energy transfer and molecular structure. Appl. Phys. **18**, 373 (1979)

10.122   P. Cornelius, R.M. Hochstrasser: Picosecond processes involving CO, O_2 and NO derivatives of hemoproteins, in *Picosecond Phenomena III*, ed. by K.B. Eisenthal, R.M. Hochstrasser, W. Kaiser, A. Lauberau, Springer Ser. Chem. Phys., Vol. 23 (Springer, Berlin, Heidelberg 1982)

10.123   D.P. Miliar, R.J. Robbins, A.H. Zewail: Torsion and bending of nucleic acids, studied by subnanosecond time resolved depolarization of intercalated dyes. J. Chem. Phys. **76**, 2080 (1982)

10.124   L. Stryer: Die Sehkaskade. Spektrum Wiss. (September 1987) S. 86
          J. Wachtveitl, W. Zinth: Electron transfer in photosynthetic reaction center. in: *Chlorophylls and Bacteriochlorophylls: Advances in Photosynthesis and Respiration*, ed. by B. Grimm, R.J. Porra, W. Rudiger, H. Scheer (Springer, Dordrecht 2006)

10.125 D.C. Youvan, B.L. Marrs: Molekulare Mechanismen der bakteriellen Photosynthese. Spektrum Wiss. (August 1987) S. 62

S. Lochbrunner, C. Schriever, E. Riedle: Direct Observation of the Nuclear Motion During Ultrafast Intramolecular Proton Transfer, in: *Handbook of Hydrogen Transfer*, ed. by J.T. Haynes and H.H. Limbach (Wiley-VCH, Weinheim 2006)

10.126 M.A. El-Sayed, I. Tanoka, Y. Molin (eds.): *Ultrafast Processes in Chemistry and Biology* (Blackwell, Oxford 1995)

10.127 R.M. Hochstrasser, C.K. Johnson: Biological processes studied ultrafast laser techniques, in *Ultrashort Laser Pulses*, ed. by W. Kaiser, 2nd edn., Topics Appl. Phys., Vol. 60 (Springer, Berlin, Heidelberg 1993)

10.128 A.H. Zewail (ed.): *Photochemistry and Photobiology* (Harwood, London 1983)

10.129 R.R. Alfano (ed.): *Biological Events Probed by Ultrafast Laser Spectroscopy* (Academic, New York 1982)

10.130 V.S. Letokhov: *Laser Picosecond Spectroscopy and Photochemistry of Biomolecules* (Hilger, London 1987)

10.131 E. Klose, B. Wilhelmi (eds.): *Ultrafast Phenomena in Spectroscopy.* Springer Proc. Phys. **49** (1990)

10.132 R. Nossal, S.H. Chen: Light scattering from motile bacteria. J. Physique, Suppl. **33**, C1-169 (1972)

10.133 A. Andreoni, A. Longoni, C.A. Sacchi, O. Svelto: Laser-induced fluorescence of biological molecules, in [Lit. 15.1, S. 303]

10.134 R. Wiegand, K. Zimmermann, S. Monajembashi, H. Schäfer, G.M. Hänsel, K.O. Greulich, J. Wolfrum: Laser-induced cell fusion of myeloma cells. Immunobiology **193**, 320 (1986)

10.135 K. Rink, G. Delacritaz, R. Salathé, A. Senn: Non-contact microdrilling of mouse zond pellucida with an objective-delivered 1.48 μm diode laser. Lasers in Surgery and Medizine **18**, 52 (1996)

10.136 A. Rück: Photochemische Wirkungen, in [Lit. 15.128, VI, Abschn. 1.3.2]

10.137 J. Pawley (ed.): *Handbook of Biological Confocal Microscopy* (Springer, Berlin, Heidelberg 2006)

10.138 V. Westphal, St. Hell: Nanoscale resolution in the focal plane of an optical microscope. Phys. Rev. Lett. **94**, (2005)

10.139 A. Kiraz, M. Ehrl, C. Bräuchle et al.: Indistinguishable photons from a single molecule. Phys. Rev. Lett. **94**, 223602-1 (2005)

10.140 C. Bräuchle, T. Basché: Detektion und Dynamik einzelner Moleküle. Bunsenmagazin **7**, 28 (2005)

10.141 A. Zumbusch, G. Jung, C. Bräuchle: Studying the green Fluorescence Molecule with Single Molecule Spectroscopy. Series of Chemical Physics Vol. 67. Springer, Berlin, Heidelberg 2001, S. 338

T. Lebold, J. Michaelis, T. Blin, C. Bräuchle: Single Molecule Spectroscopy. Wiley-VCH, Weinheim 2012

10.142 C. Bräuchle, G. Leisenberger, T. Endress, M.C. Ried: Single Virus Tracing: Vizualization of the infection pathway of a virus into a living cell. Chem. Phys. Chem. **3**, 299 (2002)

10.143 E. Bründermann et al.: Fast quantification of water in single living cells by near infrared microscopy. The Analyst **129** (10), 893 (2004)

10.144 H.P. Berlien, G. Müller (eds.): *Angewandte Lasermedizin* (Ecomed, Landsberg, FRG 1989)

10.145 H. Albrecht, G. Müller, M. Schaldach: Entwicklung eines Raman-spektroskopisches Gasanalysesystems. Biomed. Tech. **22**, 361 (1977); in Proc. VHth Int'l Summer School on Quantum Optics, Wiezyca, Poland (1979)

10.146 M. Mürtz, D. Halmer, M. Horstian, S. Thelen, P. Hering: Ultrasensitive trace gas detection for biomedical applications. Spectrochimica Acta A **63**, 963, (2006)

Chae-Ryon Kong et al.: A novel non-imaging optics based Raman spectroscopy device for transdermal blood analyte measurement. AIP Advances **1**, 032175 (2011). doi:10.1063/1.3646524

S. Koke, Ch. Grebing, H. Frei, A. Anderson, A. Assion, G. Steinmeyer: Direct frequency comb synthesis with arbitrary offset and shot-noise-limited phase noise. Nat. Photonics **4**, 462–465 (2010)

10.147   M. Mürtz, T. Kaiser, D. Kleine, S. Stry, P. Hering, W. Urban: Recent developments on cavity ringdown spectroscopy with tunable cw lasers in the mid infrared. Proc. SPIE **3758**, 7 (1999)

10.148   J. Spigulis, L. Gailite, A. Lihachev, R. Erts: Simultaneous recording of skin blood pulsations at different vascular depths by multiwavelegth photoplethys-mographie. Appl. Opt. **46**, 1754 (2007)

10.149   D. Chorvat, A. Chorvata: Spectrally resolved tine-correlated single photon counting: a novel approach for characterization of endogenous fluorescence in isolated cardiac myocytes. Eur. Biophys. J. **36**, 73 (2006)

10.150   T.J. Dougherty, J.E. Kaulmann, A. Goldfarb, K.R. Weishaupt, D. Boyle, A. Mittleman: Photoradiation therapy for the treatment of malignant tumors. Cancer Res. **38**, 2628 (1978)

10.151   P.J. Bugelski, C.W. Porter, T.J. Dougherty: Autoradiographic distribution of HPD in normal and tumor tissue in the mouse. Cancer Res. **41**, 4606 (1981)

10.152   A.S. Svanberg: Laser spectroscopy applied to energy, environmental and medical research. Phys. Scr. **23**, 281 (1988)

10.153   Y. Hayata, H. Kato, Ch. Konaka, J. Ono, N. Takizawa: Hematoporphyrin derivative and laser photoradiation in the treatment of lung cancer. Chest **81**, 269 (1982)

10.154   S. Karver, R.M. Szeimis, C. Abels, M. Landthaler: The use of photodynamic therapy for skin cancer. Onkologie **21**, 20 (1998)

10.155   Siehe z. B.: P. Spinelli (ed.): *Photodynamics Therapy and Medical Laser Applications* (Elsevier, Amsterdam 1992)

10.156   C. Hopper: Photodynamic therapy: A clinical reality in the treatment of cancer. Lancet Oncol. **1**, 211 (2000)

10.157   Ch. Zander. J.Enderlein, R.A. Keller (eds.): *Single Molecule Detection in Solution* (Wiley VCH, Weinheim 2002)

10.158   R. Riegler. M. Orrit, T. Basché: Single Molecule Spectroscopy (Springer, Berlin, Heidelberg 1992)

10.159   M. Börsch: Single-Molecule Fluorescence Resonance Energy Transfer Techniques on Rotary ATP Synthases. Biol. Chem. **392**, 135 (2011)

10.160   S. Brown, E.A. Brown, I. Walker: The present and future role of photodynamic therapy in cacer treatment. Lancet Oncol. **5**, 497 (2004)

10.161   St. Anderson-Engels, K. Svanberg, S. Svanberg: Fluorescence Imaging in Medical Diagnostics, in *Biomedical Optical Imaging*, ed. by J.G. Fujimoto (Oxford University Press 2009), Chapter 10

10.162   W. Drexler: *Optical Coherence Tomography* (Springer, Berlin, Heidelberg 2008)
M.J. Thorpe, D. Balslev-Clausen, M.S. Kirchner, J. Ye: Human breath analysis via cavity enhanced optical frequency comb spectroscopy. Opt. Express **16** (4), February 18, 2387–2397

10.163   K. König: Laser in der Medizin. www.uni-jena.de/clm

10.164   L. Prause, P. Hering: Lichtleiter für gepulste Laser: Transmissionsverhalten, Dämpfung und Zerstörungsschwellen. Laser Optoelektron. **19** (1), 25 (1987); ibid. **20**, (5), 48 (1988)

10.165   A. Katzir: Faseroptiken in der Medizin. Spektrum Wiss. **78** (July 1989); Proc. SPIE **906** (1988)

10.166   W. Simon, P. Hering: Laser-induzierte Stoßwellenlithotripsie an Nieren- und Gallensteinen. Laser Optoelektron. **19** (1) 33 (1987)

10.167   H. Schmidt-Kloiber, E. Reichel: Laser Lithotripsie, in [Lit. 15.128, VI, Abschn. 2.13.1]

10.168   R. Steiner (ed.): *Laser Lithotripsy* (Springer, Berlin, Heidelberg 1988)

10.169   C. Tillman, A. Persson, C.-G. Wahlström, S. Sanberg, K. Herrlin: Imaging using hard X-rays from a laser-produced plasma. Appl. Phys. B **61**, 333 (1995)

10.170   G. Müller (ed.): *Optical Tomography* (SPIE, Bellingham 1994)

10.171 M.E. Brezinski: *Optical Coherence Tomography* (Academic Press, New York 2006)
See also: Conference Proc. of „Progress in Biomedical Optics and Imaging" (SPIE Int. Soc. for Opt. Eng., Orlando 2003–2007)

10.172 A.P. Shepherd, P.A. Öbers (eds.): *Laser Doppler Blood Flowmetry* (Klüwer, Boston 1990)

10.173 Siehe z. B. viele Beiträge in der Zeitschrift *Lasers in Medical Sciences*

10.174 R. Pratesi, C.A. Sacchi (eds.): *Lasers in Photomedicine and Photobiology*, Springer Ser. Opt. Sci., Vol. 31 (Springer, Berlin, Heidelberg 1980)

10.175 G. von Bally, P. Greguss (eds.): *Optics in Biomedical Sciences*, Springer Ser. Opt. Sci., Vol. 31 (Springer, Berlin, Heidelberg 1982)

10.176 L. Goldmann (ed.): *The Biomedical Laser* (Springer, Berlin, Heidelberg 1981)

10.177 S.L. Marcus: In *Lasers in Medicine*, ed. by G. Pettit, R.W. Wayant (Wiley, New York 1995)

10.178 S. Svanberg: New developments in laser medicine. Physica Scripta T **72**, 69 (1997)

10.179 G. Pettit, R.W. Wayant: *Lasers in Medicine* (Plenum, New York 1995)

10.180 Siehe z. B. Beiträge in der Zeitschrift: Lasermedizin (Fischer Verlag, Stuttgart)

10.181 P. Hering, J.P. Lay, H. Stry (eds.): *Laser in Environment and Life Sciences: Modern Analytical Methods* (Springer, Berlin, Heidelberg 2003)

10.182 R. Noll (ed.): *Laser-based Environmental and Process Measurement* (Springer, Berlin, Heidelberg Januar 2008)

10.183 V.V. Tuchin (ed.): *Coherent-Domain Optical Methods: Biomedical Diagnostics, Environment and Material Science* (Springer, Berlin, Heidelberg 2004)

10.184 M.H. Niemz: *Laser–Tissue Interactions: Fundamentals and Applications*, 3rd edn. (Springer, Berlin, Heidelberg 2003)

10.185 R.W. Steiner (ed.): *Therapeutic Laser Applications and Laser–Tissue-Interactions* (SPIE Int. Soc. for Opt. Eng., Orlando 2003)

10.186 D.R. Vij, K. Mahesh: *Medical Applications of Lasers* (Springer, Berlin, Heidelberg 2002)

10.187 A. Bunkin, K. Voliak: *Laser Remote Sensing of the Ocean* (Wiley, New York 2001)

Sachverzeichnis